W0257616

MITTEILUNGEN AUS DEM FORSTLICHEN VERSUCHSWESEN
ÖSTERREICHS, 43. HEFT.

DIE NATÜRLICHE VERBREITUNG DER LÄRCHE IN DEN OSTALPEN

EIN BEITRAG ZUR ABLEITUNG DER STANDORTSANSPRÜCHE DER LÄRCHE

VON

a. o. PROFESSOR Dr. LEO TSCHERMAK

MIT EINER ABHANDLUNG ÜBER DIE VERBREITUNG IN DEN
ITALIENISCHEN OSTALPEN VON **PROF. DR. L. FENAROLI,**
KGL. FORSTLICHE VERSUCHSANSTALT IN FLORENZ

MIT 60 TEXTABBILDUNGEN UND 1 KARTE IM ANHANG

SPRINGER-VERLAG WIEN GMBH

ISBN 978-3-7091-9557-4   ISBN 978-3-7091-9804-9 (eBook)
DOI 10.1007/978-3-7091-9804-9

VORWORT.

Seit 150 bis 200 Jahren wird die Lärche außerhalb ihres natürlichen Verbreitungsgebietes angebaut, und zwar auch innerhalb der Grenzen des heutigen Österreich, im Deutschen Reiche, in den Sudetenländern, in der Schweiz, in Italien, im westungarischen Hügelland, in Skandinavien, Dänemark, in Groß-Britannien und anderen europäischen Ländern; auch in den Vereinigten Staaten von Nordamerika kamen Anbauversuche mit der europäischen Lärche zur Ausführung. Sonst pflegt man heutzutage beim Anbau ausländischer Holzarten aus der möglichst genauen Kenntnis der natürlichen Verbreitungsgebiete die Standortsansprüche abzuleiten. Beim künstlichen Anbau der Lärche hat man dies unterlassen, man war, wie in der Übersicht über das Schrifttum gezeigt werden soll, bis vor ganz kurzem nur äußerst ungenau z. B. über den großen ostalpinen Verbreitungsbezirk unterrichtet.

Die mangelnde Kenntnis der Standortsansprüche hatte nicht selten unzweckmäßigen Anbau, Vergeudung eines bedeutenden Aufwandes an Kulturkosten und — seit etwa 70 Jahren — die Feststellung einer scheinbar unerklärlichen Ungleichmäßigkeit der Anbau-Ergebnisse, eines „Lärchenrätsels" zur Folge. Trotz wertvoller Beiträge zur Biologie der Lärche ist eine befriedigende Lösung dieses Rätsels, wie Dengler im „Waldbau auf ökologischer Grundlage" noch 1930 feststellte, noch nicht gelungen. Die Standortsansprüche der wertvollen Holzart interessieren die Forstwirte weiter Ländergebiete auch außerhalb des Bezirkes der natürlichen Verbreitung. Es war daher eine sehr anziehende Aufgabe, der sich der Verfasser seit dem Jahre 1929 unterzog, im größten natürlichen Verbreitungsgebiet der Holzart innerhalb Europas, in den Ostalpen, das Vorkommen und die standörtlichen Bedingungen zu untersuchen und auf diesem Wege Grundlagen für die Auswahl geeigneter Standorte beim Anbau, für die Lösung des Rätsels zu schaffen.

Über den Rahmen der Lärchenfrage hinaus bietet die Arbeit eine Darstellung der wichtigsten ökologischen Grundlagen des Waldbaus in den Ostalpen, denn für alle einzelnen Teile des ostalpinen Lärchenverbreitungsgebietes wurden die wesentlichsten standörtlichen Bedingungen geschildert, gesetzmäßige Beziehungen zwischen Standort und Holzartenverbreitung aufgezeigt, die Mischholzarten und Waldtypen mit berücksichtigt und Vergleiche mit der Verbreitung der Buche und anderer Holzarten durchgeführt. Durch diese Vergleiche wurde sozusagen die biologische Probe auf das Zutreffen der standörtlichen und besonders klimatischen Angaben gemacht. Der Umstand, daß der Verfasser im Jahre 1929 die Arbeit „Die Verbreitung der Rotbuche in Österreich" zum Abschluß gebracht hat, kam ihm bei solchen Vergleichen zugute.

Durch eine ungewöhnlich große Mannigfaltigkeit der Standortsbedingungen sind die Alpen mehr als alle anderen Länder Europas ausgezeichnet. Die Gesteine, von denen die Bodenbeschaffenheit abhängt, treten im Gebirge zutage; „das wechselnde Relief aber mit seinen Hohl- und Vollformen, der verschiedenen Exposition und Beschattung durch die Berge, der freien oder gehemmten Luftzirkulation schafft Verschiedenheiten in einer Fülle, wie sie keine andere Landschaft Europas aufzuweisen hat" (N. K r e b s, Die Ostalpen und das heutige Österreich, Stuttgart 1928, I. Bd. S. 130). In Niederungen und in Mittelgebirgen ist die Verschiedenheit der ökologischen Bedingungen wesentlich geringer, die Grenzen sind weniger scharf, die Abhängigkeit des Waldes von den pflanzengeographischen Grundlagen tritt weniger deutlich in Erscheinung. Deshalb ist es auch für denjenigen, der der Alpennatur sei es als Naturwissenschaftler oder als Techniker des Waldbaus oder als Freund der Berge gegenübertritt, jedenfalls lohnend, den standörtlich bedingten Gesetzmäßigkeiten in der Verteilung der Waldvegetation nachzugehen.

Weil in dicht besiedelten Ebenen und Mittelgebirgen die Verteilung der Holzarten, die Beschaffenheit der Wälder durch die Wirtschaft stark beeinflußt und verändert wurde, so lag es für viele Forscher nahe, den „Forst" auch im Hochgebirgsland hauptsächlich als Ergebnis der Kultur anzusehen und bei Untersuchung des n a t ü r l i c h e n Pflanzenkleides außer Betracht zu lassen. Deshalb konnte ein Schweizer Pflanzengeograph (B r o c k m a n n - J e r o s c h, Die natürlichen Wälder der Schweiz, Ber. d. Schweiz. Bot. Ges. 1910, S. 172) mit Recht äußern: „Als wir uns an die hier gestellte Aufgabe heranmachten, waren wir sehr häufig darüber erstaunt, wie wenig man eigentlich über das Verhalten der gewöhnlichsten Waldbäume orientiert ist, so daß die Verbreitung der seltenen Arten unserer Flora eigentlich besser bekannt ist, als die der alltäglichen Erscheinungen der Vegetation." „Die Wälder sind die für die pflanzengeographische Kenntnis der Schweiz wichtigsten Pflanzengesellschaften" (S. 213).

Der Abschnitt über die Italienischen Ostalpen ist der sehr begrüßenswerten Mitarbeit des Herrn Professors Dr. L. F e n a r o l i, kgl. Forstliche Versuchsanstalt in Florenz, zu verdanken; hinsichtlich der Alpen Jugoslawiens war ein Beitrag des Herrn Forstinspektors Š i v i c in Laibach in Aussicht genommen, dieser trat aber wegen Arbeitsüberbürdung von seinem Vorhaben später zurück, weshalb der Verfasser dann auch diesen Teil der Alpen selbst bearbeitete. Jedenfalls war es vom wissenschaftlichen Standpunkt zweckmäßiger, nicht nach politischen Grenzen, sondern nach geographischen Einheiten vorzugehen und somit die Verbreitung nicht bloß in Österreich, sondern in den Ostalpen überhaupt darzustellen.

Weiter gebührt der besondere Dank des Verfassers für die Beantwortung der ausgesandten Fragebogen der Forstabteilung des Bundesministeriums für Land- und Forstwirtschaft sowie den Landes- und Bezirksforstinspektionen, den Forstverwaltungen der Österreichischen Bundesforste, den kommunalen und größeren privaten Forstämtern; hinsichtlich der Alpen B a y e r n s in gleichem Maße der Ministerial-Forstabteilung in München und den bayerischen Forstämtern des Hochgebirges und der Voralpen; betreffs der Forste des Kantons G r a u b ü n d e n aber dem Kantonsforstinspektorat in Chur und den zuständigen Kreisforstämtern. Der niederösterreichischen Landeshauptmannschaft dankt der Verfasser für einen Beitrag zu den Druckkosten, Herrn Ing. H. M e l z e r in Mariabrunn für die Mitwirkung beim Entwerfen der Punktkarte (Verbreitungskarte), ferner zahlreichen staatlichen und privaten Archiven des In- und Auslandes für die Ermöglichung der erforderlichen forstgeschichtlichen Erhebungen.

Mariabrunn, im März 1935.

L. Tschermak.

IV

INHALTSVERZEICHNIS

VI

Berichtigung.

S. 49, im Text zur Abb. 8, soll es statt „Großes Höllental, Weg nach Naßwald" richtig heißen: „Reißtalklamm oberhalb Hinter-Naßwald".

Nachweis des Schrifttums.

Die hauptsächliche Grundlage für einen Überblick über die Lärchenverbreitung
in den Österreichischen Alpen war bis vor kurzem eine knappe Skizze, die C i e s l a r in
der Arbeit: „Waldbauliche Studien über die Lärche“, Centralblatt für das gesamte Forstwesen 1904, veröffentlicht hatte. Cieslar selbst hielt eine bessere Erforschung für drin-
gend notwendig, er schrieb: „Der alpine Verbreitungsbezirk ist ein außerordentlich weit
gedehnter; seine Grenzen sind, trotzdem über diesen Gegenstand bereits so viel ge-
schrieben worden, bisher in Wirklichkeit nicht genügend erhoben und daher in der Literatur auch nicht genau festgelegt; es wird dies wohl erst nach Abschluß der beinahe von
allen europäischen Versuchsanstalten betriebenen Erhebungsarbeiten über die geographische Verbreitung der Holzarten möglich sein.“ Speziell über die Verbreitung in Österreich konnte C i e s l a r nur „andeutungsweise“ einiges aussagen.

Trotzdem konnte noch 1930 zwei dänischen Forschern, C. H. O s t e n f e l d und
C. S y r a c h L a r s e n, die Veröffentlichung Cieslars als eine der „neuesten und genaue-
sten Beschreibungen der geographischen Verbreitung der europäischen Lärche“ gelten
und als d i e Arbeit, an welche sie sich, wohl hinsichtlich der Ostalpen, am engsten an-
schlossen (C. H. Ostenfeld und C. Syrach Larsen, The species of the genus Larix and
their geographical distribution, Danske Videnskabernes Selskab, Kopenhagen 1930)[1].

1929 hob T s c h e r m a k („Die Verbreitung der Rotbuche in Österreich“, S. 34,
und „Lehrreise des Österr. Reichsforstvereins in die Schweiz“, Österr. Vierteljahrsschr.
f. Forstw. 1929, S. 326) den klimabedingten beträchtlichen Unterschied in der Besiedlung
der Randgebirge durch die Lärche, und zwar einerseits im W e s t e n der Ostalpen (Vorarlberg), anderseits in ö s t l i c h e n Gebieten hervor. Seit 1930 veröffentlichte er vor-
läufige Ergebnisse seiner Untersuchungen für die einzelnen Teilgebiete Österreichs und
wies auch für tiefer gelegene Standorte am Gebirgsrand im Osten Östereichs die Ursprünglichkeit des Lärchenvorkommens nach [2].

---

[1] Von denselben Verfassern erschien im gleichen Jahre: Der Beitrag „Larix Mill.“ in „Pflanzenareale“, 2. Reihe, Heft 7 (1930); hier sei auch verwiesen auf S o ó, Formes, distribution et genése du
mélèze européen, 1932, Bull. Soc. Bot. France.

[2] T s c h e r m a k L., Die autochthone Lärche der tieferen Lagen in den Ostalpen, Wiener Allg.
Forst- u. J.Ztg. 1930, S. 228; d e r s e l b e, Die im Wienerwald ursprünglich natürlich vorkommenden Holzarten, Wiener Allg. Forst- u. J.Ztg. 1931, S. 71 ff., 78 ff.; d e r s e l b e, Die natürlich vorkommenden Holzarten am Ostrand der Alpen in Niederösterreich, Österr. Vierteljahresschrift f. Forstwesen 1931, S. 57;
d e r s e l b e, Aus der Heimat der euorpäischen Lärche, Forstarchiv, Verlag Schaper, Hannover, 1932,
S. 14—20; 49—57; d e r s e l b e, Die natürliche Holzartenverbreitung (mit besonderer Berücksichtigung
der Lärche) und die ökologischen Bedingungen im Waldviertel und Dunkelsteiner Wald in Niederösterreich,
Centralbl. f. d. g. Forstwesen 1932, 73 bis 106; d e r s e l b e, Zur Lärchenfrage, Sudetendeutsche Forst-
u. Jagd-Ztg. 1932; d e r s e l b e, Die Mischung Lärche-Buche in den Ostalpen, Forstarchiv 1933; d e r -
s e l b e, Voraussetzungen erfolgreichen Anbaues der europäischen Lärche außerhalb ihres natürlichen
Verbreitungsgebietes, Deutscher Forstverein, Jahresbericht 1933, S. 153 ff.; derselbe, Die Standortsansprüche der Lärche, Dt. Forstwirt 1933, S. 581 ff., 589 ff.; Nochmals Standortsansprüche der Lärche, Dt.
Forstwirt 1934, S. 245 ff.; d e r s e l b e, Zum Artikel von R. Lang, Standort der Lärche im Hils, Forstwis-
senschaftl. Centralbl. 1934, S. 245 ff. und 661 ff.

1931 erschien die Arbeit Rubners: Beiträge zur Verbreitung und waldbaulichen Behandlung der Lärche, Mitteilung der Sächs. Forstl. Versuchsanstalt (Thar. Forstl. Jahrbuch 1931, S. 153—210); sie enthält u. a. eine verbesserte Darstellung des natürlichen Verbreitungsgebietes der Lärche und der standörtlichen Bedingungen ihres Vorkommens; die Grenzen dieser Verbreitung hatte Rubner zum Teil auf Reisen erhoben, zum Teil nach Angabe verschiedener Gewährsmänner und Forscher aus den einzelnen Ländern gezeichnet, für Österreich hauptsächlich nach den Angaben Cieslars und Tschermaks. Auch in der 3. Auflage des Rubner'schen Werkes: Die pflanzengeographischen Grundlagen des Waldbaus, Neudamm 1934, fanden die Arbeiten der letzten Jahre, soweit sie bereits veröffentlicht waren, Berücksichtigung.

In einer 1932 erschienenen Arbeit (Der Standort der Lärche innerhalb und außerhalb ihres natürlichen Verbreitungsgebietes, Forstwissensch. Centralbl.) gelangte R. Lang zu der Annahme, daß die Lärche an ihrer Wärmegrenze (also an der natürlichen Grenze gegen die für sie zu warmen Gebiete) Böden mit saurer Reaktion vorziehe und daß in den wärmeren Gebieten Deutschlands nährstoffarmer und damit saurer Boden der für ihr Wachstum am besten geeignete sei. Mit den Tatsachen der natürlichen Verbreitung läßt sich aber diese Annahme nicht in Übereinstimmung bringen.

Viele Schriftsteller berücksichtigten bei Angaben über die Verbreitung der Lärche nur die Gebiete des Maximums ihres Vorkommens und bezeichneten sie dann als „ausgesprochenen Hochgebirgsbaum", während sie in Wirklichkeit auch in tieferen Lagen auf ausgedehnten Flächen, wenn auch mit kleinerem Bestockungsanteil, natürlich vorkommt. Wir finden jene Angabe bei Klein, Charakterbilder mitteleuropäischer Waldbäume, Jena 1905, I, S. 3; auch Hempel und Wilhelm, Die Bäume und Sträucher des Waldes in botanischer und forstlicher Beziehung, Wien und Olmütz 1889—98, I. Bd., S. 114, nennen sie einen „entschiedenen Hochgebirgsbaum"; Ascherson und Graebner, Synopsis der mitteleuropäischen Flora, I. Bd., 1896—98, S. 203, geben von ihr an, sie finde sich in höheren Lagen (etwa zwischen 900 und 2100 m) des Alpen- und Karpathensystems in ausgedehnten, „lichten, öfter mit Pinus Cembra gemischten, die Baumgrenze bildenden Beständen". Hingegen sind in Hegi, Illustr. Flora von Mitteleuropa, I. Bd., 1906, auch tiefer gelegene Standorte, allerdings nur einzelne in der Schweiz und in Südtirol, angeführt, ohne aber auf die Verbreitung in den Ostalpen näher einzugehen.

Auch die „Lebensgeschichte der Blütenpflanzen Mitteleuropas" von O. Kirchner, E. Loew und C. Schröter, I. Bd., Abt. 1, Stuttgart 1906, läßt bei Darstellung des Verbreitungsbezirkes der Lärche (S. 156) erkennen, daß damals das natürliche Vorkommen der Holzart z. B. in den Randgebirgen Oberösterreichs, Niederösterreichs, Steiermarks oder im Rheintal nördlich Chur (auch bei geringen Meereshöhen) noch unbekannt war. Auch hier wird die Lärche als echter Hochgebirgsbaum bezeichnet; als ihre Mischholzarten, mit denen sie vergesellschaftet auftritt, werden Pinus Cembra, Picea excelsa und Pinus montana var. uncinata genannt, hingegen bleiben die weiten Gebiete der Ostalpen außer Betracht, wo im Grenzgebiet des Vorkommens ein flächenweises Überschneiden des Buchenverbreitungsgebietes mit jenem der Lärchenverbreitung stattfindet und wo die Lärche in gut geschlossenen Waldungen mit Buche, Tanne, Fichte von Natur aus vergesellschaftet ist. Hervorzuheben ist der zutreffende Hinweis, daß die Lärche wegen der Unempfindlichkeit, welche sie in ihrem natürlichen Verbreitungsgebiete gegen die Winterkälte zeigt, in ihrem Gedeihen von der im Sommer herrschenden Wärme abhänge und Gegenden mit einem beständig und gleichmäßig warmen Sommer liebe. Auch gegen starke Trockenheit während des Winters sei sie geschützt und gebe sich durch alle diese Eigenschaften als k o n t i n e n t a l e r B a u m zu erkennen.

A. K e r n e r, Das Pflanzenleben der Donauländer, Innsbruck 1863, enthält zerstreute Angaben über das Vorkommen der Lärche, ein Hinweis (S. 158) auf ein angeblich natürliches Vorkommen im Waldviertel am „Böhmisch-mährischen Plateau", von C i e s l a r 1904 als unrichtig abgelehnt, veranlaßte eingehendere Untersuchungen des Verfassers (vgl. Abschnitt „Niederösterreich" und die Abhandlung des Verfassers über das Waldviertel im „Centralbl. f. d. ges. Forstw." 1932). Aus dem Quellengebiet der Brandenberger Ache in Tirol beschrieb K e r n e r urwüchsige Mischwälder von Fichten, Tannen, Lärchen, Föhren, Buchen, Ahornen, Birken und Eiben (S. 221). Auch der sogenannten „Lärchwiesen" („lichte Lärchenwälder mit grasreicher unterer Vegetationsschichte") gedachte er.

In den Floren und pflanzengeographischen Werken der einzelnen Länder sind Angaben auch über die Verbreitung der Lärche enthalten; so schilderte hinsichtlich Bayerns O. S e n d t n e r in dem Werke: Die Vegetationsverhältnisse Südbayerns, München 1854, S. 553—556, die dortige natürliche Verbreitung der Lärche. Wertvolle Ergänzungen hinsichtlich des bayerischen Vorkommens mit Feststellungen über die ursprüngliche Verbreitung auf Grund von Archivstudien enthält die Arbeit: E. V o i t, Geschichtliche Darstellung des Einflusses der künstlichen Verjüngung auf die Verbreitung der Holzarten im Königreich Bayern, München 1908.

D a l l a T o r r e und L. G r a f v o n S a r n t h e i n, Flora der gefürsteten Grafschaft Tirol, des Landes Vorarlberg und Fürstentums Liechtenstein, VI., 1, Die Farn- und Blütenpflanzen (S. 97—101), bietet reichliche Angaben über Standorte und obere Grenzen der Lärche in den genannten Ländern. Eine neue Arbeit über die „Pflanzenwelt Vorarlbergs" von H. G a m s ist als Heft 3 der Heimatkunde von Vorarlberg, herausgegeben vom Vorarlberger Landesmuseum in Bregenz, 1932 erschienen; dann 1933 „Die Pflanzenwelt Tirols" von H. G a m s als Beitrag zu dem Werk „Tirol, Land, Natur, Volk und Geschichte", herausgegeben vom Hauptausschuß des Deutschen und Österr. Alpenvereins, München. Angaben über die Südgrenze der Lärche enthält L. A d a m o v i ć, Die pflanzengeographische Stellung und Gliederung Italiens, 1933.

Hinsichtlich K ä r n t e n s finden wir in P a c h e r - J a b o r n e g g, Flora von Kärnten, Klagenfurt 1884, I, 2, „Systematische Aufzählung der in Kärnten wildwachsenden Gefäßpflanzen", von D. Pacher, S. 5 die Anführung einiger Standorte des Lärchenvorkommens.

Betreffs der Verbreitung der Lärche in N i e d e r ö s t e r r e i c h enthält das Werk G. B e c k v o n M a n n a g e t t a, Flora von Niederösterreich, I. Bd., Wien 1890, nur vereinzelte Hinweise. Daß in Niederösterreich auch in der Formation der Buche (S. 50), und zwar in ausgedehnten Teilgebieten ihres Bereiches, die Lärche n a t ü r l i c h vorkommt, war damals noch nicht bekannt, jedenfalls weil beim Fehlen forstgeschichtlicher Untersuchungen die vorhandenen Mischbestände für ein ausschließliches Produkt forstwirtschaftlicher Tätigkeit angesehen wurden. Hingegen wird Larix decidua bei der „Formation der Fichte" unter den Bestandteilen des Oberholzes mit aufgezählt, und zwar wird sie unter Berufung auf Kerner auch für höhere Lagen des Waldviertels (Böhm.-mähr. Berglandes) angegeben, diesbezüglich gilt die hier schon beim Hinweis auf Kerner vorgebrachte Bemerkung.

Die in den „Mitteilungen des naturwissensch. Vereins für S t e i e r m a r k, Band 59", erschienene „Pflanzengeographie von Steiermark" von A. H a y e k, Graz

1923, erwähnt auch bei Besprechung der Mischgehölze und im besonderen des Buchen-Fichten-Mischwaldes die Lärche, ebenso ist sie als ein Bestandteil des Fichtenwaldes (Picetum) angeführt, auch dem Lärchenwald (Laricetum) in Steiermark sind einige Worte gewidmet.

Wertvolle Angaben enthalten auch die „Vorarbeiten zu einer pflanzengeographischen Karte Österreichs", Abh. d. Zoolog.-Botan. Ges. Wien: I., E b e r w e i n und H a y e k, Die Umgebung von Schladming, 1904, II/3; II. J. N e v o l e, Ötscher und Dürrenstein, 1905, III/1; III. F a v a r g e r und R e c h i n g e r, Umgebung von Aussee, 1905, III/2; IV. v. H a y e k, Sanntaler Alpen, 1907, IV/2; VII. S c h a r f e t t e r, Umgebung von Villach, 1911, IV/3; VIII., N e v o l e, Eisenerzer Alpen, 1913, VII/2; XI., B e n z Lavanttaler Alpen, 1922, XIII/2; V i e r h a p p e r, Klima, Vegetation und Volkswirtschaft im Lungau, Dt. Rundschau f. Geogr. 1913.

M. W i l l k o m m hebt in der „Forstlichen Flora von Deutschland und Österreich", 2. Aufl., Leipzig 1887 (S. 145), hervor, daß ihm aus den österr. Alpen, ebenso aus Kroatien, Slavonien, Ungarn und Siebenbürgen, endlich aus dem „Böhm.-mährischen Waldviertel" (gemeint ist das zur Böhm. Masse gehörige n i e d e r ö s t e r r e i c h i s c h e Waldviertel) „keine Angaben über die Höhengrenzen der Lärche bekannt geworden sind", dagegen standen ihm aus den bayerischen Alpen, aus der Schweiz und den italienischen Alpen Zahlen zur Verfügung; doch hätte Willkomm in dem Werke: W e s s e l y, Die österreichischen Alpenländer und ihre Forste, Wien 1853, I., S. 160/61, immerhin recht brauchbare Zahlenangaben finden können.

1896 veröffentlichte R. J u g o v i z in der Wiener Allg. Forst- u. Jagd-Ztg. (S. 377 ff.) eine Abhandlung „Über die Lärche, deren Urheimat, Verbreitung und Standortsansprüche". Er fordert, die Frage nach der V e r b r e i t u n g sollte „z u e r s t g e l ö s t werden, so schwierig dies auch infolge störender Eingriffe des Menschen heute sein mag, denn zur richtigen Kenntnis der Ansprüche . . . . gelangen wir nur durch Studium des Standorts der Lärchenheimat". Die Angaben (Kärtchen) von J u g o v i z über die Urheimat der europäischen Lärche (auf Grund der Darstellung von Willkomm) sind aber nach dem heutigen Stand unseres Wissens zu allgemein und z. T. nicht zutreffend, schon R u b n e r hat (1931, Thar. Forstl. Jahrb., S. 156) mit Recht angegeben, daß wir heute bezüglich der ursprünglichen Verbreitung der Lärche weitaus besser unterrichtet sind, als es auf Grund dieses Kärtchens der Fall war. Hingegen ist in der gleichen Veröffentlichung ein zweites Kärtchen des erfolgreichen und des mißglückten „A n b a u e s der Lärche außerhalb ihrer Heimat" auch heute noch nicht überholt.

In dem Werke von J o s. W e s s e l y, Die österreichischen Alpenländer und ihre Forste, Wien 1853, I. Teil, ist in dem Abschnitt „Höhenverteilung . . . der bemerkenswertesten Holzgewächse" (S. 160/161) die „Seehöhe in Fußen" für die Lärche „in Beständen und einzeln" angegeben, wobei die untere und obere Grenze für den Hauptstock der Alpen, den Süd-, den West-, Nord- und Ostabfall und die „obere Grenze in den österr. Alpen überhaupt" unterschieden wird. Auch sonstige ökologische Angaben finden sich gelegentlich, insbesondere im Abschnitt über die Holzarten der Alpen (S. 271 ff.); in jenem über den „Alpenwald nach Regionen" finden wir u. a. eine Darstellung (S. 283), die an M a y r's klimatisches Optimum (mehr als ein halbes Jahrhundert v o r Erscheinen des Mayr'schen Waldbau-Buches) erinnert:

„In vollendeter Größe und Fülle entwickeln sich die Holzgewächse nur in den m i t t l e r e n R ä u m e n ihrer Regionen, denn hier allein gesellt sich zu üppigem Wuchse auch die größte Ausdauer. So üppig sie auch an der unteren Regionsgrenze oft in der

Jugend emporwachsen, so schließen sie doch ihr Wachstum sehr bald ab, und gelangen daher auch zu keiner namhaften Größe. Gegen die obere Regionsgrenze zu mindert sich zwar weniger die Ausdauer, auffallend jedoch der Zuwachs und vorzüglich der Höhenwuchs. Holzarten, welche im tieferen Teile ihrer Region als stattliche Bäume auftreten, kommen im oberen Teile nur mehr strauchartig vor, und andere, welche dort ansehnliche Sträucher waren, verkrüppeln hier zu niedrigen Erdsträuchern". Ein besonderer Abschnitt (S. 363—370) „Der Lerchwald und die Wieslerche" ist unserer Holzart gewidmet, hier findet sich u. a. die richtige und bedeutsame Beobachtung, daß im allgemeinen die Verbreitung der Lärche in den Alpen auffallend von Norden nach Süden und von Westen nach Osten steigt, „dieser Baum ist daher auch im Ost- und Südabfall der Alpen von höherer Bedeutung".

Das vor mehr als 100 Jahren erschienene „Handbuch der Forstwirthschaft im Hochgebirge" von G o t t l i e b Z ö t l, Assistent der k. k. Forstlehranstalt in Mariabrunn, I., Holzerziehungskunde, Wien, Gerold, 1831" widmet im Abschnitt über die vorzüglichsten Holzarten auch der Lärche ein Kapitel (S. 184—199). Z ö t l unterscheidet auch schon die „Jochlärchen" (die obersten Vorkommen), die „Steinlärchen" (auf den angemessensten Standorten, „ersetzen dem Alpenbewohner die Eiche") und die „Graslärchen" (schnellwüchsig, minderwertig, auf fettgründigen Wiesen tiefer gelegener Standorte erwachsen). Von Mischholzarten, mit denen die Lärche vermengt auftritt, nennt er die Fichte („am häufigsten"), „da diese sowohl in alle Höhe, als in alle Lagen und Bodenarten sie zu begleiten geeigenschaftet ist"; für höhere Regionen die Zirbe, für tiefere die Tanne, Föhre und Buche.

Das treffliche Werk von R o ß m ä ß l e r, Der Wald, den Freunden und Pflegern des Waldes geschildert, 2. Aufl. von M. W i l l k o m m, Leipzig 1871, gab von den „Lärchenbeständen" irrtümlich an, daß sich „nirgends in den genannten Hochgebirgen geschlossene Bestände" finden (S. 355). Diese Anpassung an Bestände, denen der Schluß mangelt, hielt Roßmäßler für den Grund, warum die Holzart in den geschlossenen Beständen des Mittelgebirges, Hügel- und Flachlandes Deutschlands nicht zu gedeihen und den von ihr gehegten Erwartungen nicht zu entsprechen vermocht habe.

Nur zum Teil auf die Verbreitung in den O s t a l p e n bezieht sich das schweizerische Schrifttum; sehr wichtige Feststellungen enthält H. C h r i s t, Das Pflanzenleben der Schweiz, Zürich 1879 (S. 226 und Beilage: Pflanzenzonenkarte II), der mit Recht die Grenzen der Verbreitung unserer Holzart in der Schweiz mit dem Klima der inneralpinen Landschaft in Zusammenhang brachte. Weiter ist die Abhandlung von B ü h l e r, Streifzüge durch die Heimat der Lärche in der Schweiz (Forstwissensch. Centralbl. 1886, S. 1 ff.) beachtenswert. Pflanzengeographischen Studien über die Schweizer Wälder ist die Arbeit gewidmet: B r o c k m a n n - J e r o s c h, Die natürlichen Wälder der Schweiz (Ber. d. Schweizer. Bot. Ges. 1910, S. 171); ferner von demselben Verfasser: Die Vegetation der Schweiz (Beitr. z. geobot. Landesaufnahme), 1. Bd., 1925—29. Auch pflanzengeographische Monographien sind zu berücksichtigen, so: R ü b e l, Pflanzengeographische Monographie des Berninagebietes (Bot. Jahrb. 47, Leipzig 1912); B r a u n - B l a n q u e t, Eine pflanzengeographische Exkursion durch das Unter-Engadin, Beitr. z. geobot. Landesaufnahme, Zürich 1918; H. H a g e r, Verbreitung der wildwachsenden Holzarten im Vorderrheintal, Bern 1916; B r o c k m a n n - J e r o s c h, Die Flora des Puschlav und ihre Pflanzengesellschaften, 1907.

An Schweizer forstlichen Arbeiten über die Lärche seien genannt: F a n k h a u - h a u s e r, Zur Kenntnis der Lärche, Zeitschr. f. Forst- u. Jagdw. 1919, S. 289; F l u r y,

Über die forstliche und volkswirtschaftliche Bedeutung der Lärche in der Schweiz, Schweizer. Zeitschr. f. Forstw. 1929, S. 326 ff.; E n d e r l i n, Über die Bedeutung der Lärche im Kanton Graubünden, Schweizer. Zeitschr. f. Forstw. 1929, S. 321.

Die Grenzen des natürlichen Verbreitungsgebietes der S u d e t e n lärche stellte H e r r m a n n fest: Die Sudetenlärche, ihr natürliches Vorkommen, ihre Ansprüche an Klima und Boden, ihr Wachstum und forstliches Verhalten, Thar. Forstl. Jahrb. 1933, S. 363—431.

Eine Reihe weiterer wertvoller Arbeiten betrifft die Biologie und den Waldbau, nicht die Verbreitung der Lärche; die Anführung dieses Schrifttums wird in Form von A n m e r k u n g e n erfolgen.

D e r   G a n g   d e r   U n t e r s u c h u n g.

Gegenstand der vorliegenden Untersuchung ist die n a t ü r l i c h e Verbreitung unserer Holzart, insbesondere stellen die Karten nur diese dar; erst in zweiter Linie wurden auch Ergebnisse der künstlichen Kultur außerhalb des natürlichen Verbreitungs-gebietes in Betracht gezogen (jedoch nicht in die Karte aufgenommen). Zur Entscheidung der Frage, ob das Vorkommen einer Holzart an einem gegebenen Orte ein ursprüngliches ist oder nicht, stehen uns im allgemeinen verschiedene Hilfsmittel zur Verfügung. Da c h a r a k t e r i s t i s c h e   B e g l e i t p f l a n z e n   d e r   L ä r c h e bisher n i c h t sicher-gestellt sind, konnten Schlüsse aus solchen für das Urteil über die Ursprünglichkeit des Vorkommens nicht herangezogen werden. Die v e g e t a t i o n s k u n d l i c h e   M e t h o d e zur Klärung der Frage nach der natürlichen Bestockung ist also im vorliegenden Falle, betreffs der Lärche, nicht anwendbar. Erst in einem anderen Zusammenhange wurden auch hier pflanzensoziologische Gesichtspunkte berücksichtigt (bei den Angaben über die Mischholzarten und Waldtypen).

Auch die p a l ä o f l o r i s t i s c h e   M e t h o d e, die Feststellung fossiler Holz-pflanzenteile zur Aufhellung der nacheiszeitlichen Waldgeschichte, und im besonderen die P o l l e n a n a l y s e [1]) konnte wegen der geringen Erhaltbarkeit des Lärchenpollens nicht in Frage kommen. Diese Methode hat bekanntlich zur Voraussetzung, daß die Blütenstaubkörner der meisten Waldbäume sich im Torf als luftabschließendem, konser-vierendem Medium (sowie in manchen Seeablagerungen) [2]) in bedeutenden Mengen fossil erhalten. Bei den wichtigsten Waldbäumen (so bei Kiefer, Fichte, Tanne, Buche, Eiche, Ulme, Linde, Birke, Erle, auch bei Hasel) trifft dies zu; andere haben einen leicht zerstör-baren und daher fossil nur selten oder überhaupt nicht gefundenen Pollen, so die Pappeln und Ahorne, die Eschen, Wacholder und Eibe. Eine gewisse Zwischenstellung nimmt der Lärchenpollen ein; K. R u d o l p h äußert sich über dessen Erhaltbarkeit 1931 wie folgt: „Über die fossile Erhaltbarkeit und Bestimmbarkeit des Lärchenpollens sind die Meinungen noch geteilt. Es scheint aber festzustehen, daß er höchstens unter besonders günstigen Bedingungen erhaltbar ist und auch dann wäre seine Bestimmbarkeit noch zweifelhaft, da er wegen seiner einfachen unskulpturierten Kugelgestalt leicht mit anderen

---

[1]) v. P o s t, Die postarktische Geschichte der europäischen Wälder nach den vorliegenden Pollendiagrammen, Verh. Intern. Kongr. Forstl. Vers.-Anstalten, Stockholm 1930.

R u d o l p h, Grundzüge der nacheiszeitlichen Waldgeschichte, Beihefte z. Bot. Centralbl. Bd. 47, 1930.

H e s m e r, Die natürliche Bestockung und die Waldentwicklung auf verschiedenartigen märkischen Standorten, Zeitschr. f. Forst- u. Jagdw. 1933.

[2]) G a m s, Die Geschichte der Lunzer Seen, Moore und Wälder, Intern. Revue d. g. Hydrobiol. u. Hydrographie, 1927, Bd. 18.

6

Mikrofossilien, z. B. mit Cladocereneiern, verwechselt werden kann"[1]). Auch G a m s
gab 1931 an, daß der Lärchenpollen schwer zu erkennen sei und daher meist nicht gezählt
werde[2]), ähnlich F i r b a s 1929[3]). Immerhin hat G a m s 1927 in der Arbeit über „Die
Geschichte der Lunzer Seen, Moore und Wälder" (S. 310, 359) auch ein „reiches Auftreten von Pinus- und Larix-Pollen", beziehungsweise ein Larix-Maximum bald nach dem
Pinus-Maximum festgestellt.

1930 hat G e r a s i m o v[4]) eine ausführliche, mit Abbildungen versehene Beschreibung des fossilen Lärchenpollens gegeben, die eine bessere Unterscheidung dieses
unskulpturierten Pollens ermöglicht. Trotzdem konnte auch bei späteren Untersuchungen
in Torf mit beträchtlichen Mengen von Lärchenzapfen und Lärchennadeln nur ein sehr
s p ä r l i c h e s Auftreten von Lärchenpollen festgestellt werden. So teilte F i r b a s 1932
über Untersuchungen im Gebiete von Mühlbach-Bischofshofen[5]) mit: Er habe früher
die Möglichkeit einer zuverlässigen Bestimmung des Lärchenpollens abgelehnt; anderen
Untersuchern der Alpenmoore sei es ähnlich ergangen. Seither habe G e r a s i m o v die
ausführliche Beschreibung gegeben; die im neuen Material vom Mitterberg bei Bischofshofen gefundenen Pollen stimmen nun in allen, auch von Gerasimov angegebenen Merkmalen; doch bleibe auffällig, daß der Pollen in allen Schichten so spärlich auftritt (bis
3·3 v. H.), trotzdem in beiden Mooren Reste (Zweige, Nadeln und Zapfen) der Lärche
so häufig sind, wie die der Fichte und starken lokalen Pollenniederschlag erwarten
lassen.

Für einen interglazialen Torf aus Polen gab S z a f e r 1931 an[6]), daß er darin
Lärchenzapfen und Lärchennadeln in beträchtlicher Menge gefunden habe, Lärchenpollen
dagegen kamen in diesen Schichten zwar regelmäßig, aber nur geringprozentig vor.
S z a f e r schreibt daher (S. 33): "This divergence, of the picture presented by pollen
analysis from the picture presented by the macroscopic analysis of the quantity of larch
relicts proves clearly, that the pollen of this tree as a rule is preserved only in very
small quantity in a fossil state".

Aus all dem geht hervor, das man g e r a d e   h i n s i c h t l i c h   d e r   L ä r c h e
bei dem gegenwärtigen Stande des Wissens die P o l l e n a n a l y s e   n i c h t   a l s   d i e
h a u p t s ä c h l i c h e   M e t h o d e   z u m   N a c h w e i s   d e r   U r s p r ü n g l i c h k e i t   d e s   V o r-
k o m m e n s   d e r   H o l z a r t   i n   g r o ß e n   G e b i e t e n   a n w e n d e n   k a n n.

Zur Entscheidung über die Ursprünglichkeit kann noch die B e u r t e i l u n g   d e r
A r t   d e s   g e g e n w ä r t i g e n   V o r k o m m e n s   herangezogen werden. Inmitten großer
Gebiete des Höchstmaßes (Maximums) der Verbreitung einer Holzart wird kaum jemand
an der Ursprünglichkeit ihres Vorkommens zweifeln, besonders wenn auch noch, wie
dies in solchen Fällen zuzutreffen pflegt, das erreichbare hohe Lebensalter, der gute
Gesundheitszustand, die Fähigkeit zur natürlichen Verjüngung, die vorzügliche Eignung
zum Wettbewerb mit anderen Holzarten im Mischbestand, endlich die Zuwachsverhält-

---

[1]) R u d o l p h, Paläofloristische Untersuchungen des Torflagers auf der „Dammwiese" bei Hallstatt, Sitzgs.-Ber. Akad. d. Wissensch. Wien, math.-nat. Kl. I, 140. Bd., 1931, S. 343.

[2]) G a m s, Die Waldgeschichte Vorarlbergs, „Heimat, Vorarlberger Monatshefte", 1911, S. 124.

[3]) F i r b a s, Einige Bemerkungen zur heutigen Anwendung der Pollenanalyse, Centralbl. f.
Mineralogie 1929, Abt. B, S. 395.

[4]) G e r a s i m o v, D. A., On the characteristics of the pollen of Larix and Pinus cembra in
peat. Geologiska Föreningens I, Stockholm Förhandlingar 1930, S. 112—113.

[5]) F i r b a s, Die Beziehungen des Kupferbergbaues im Gebiete von Mühlbach-Bischofshofen zur
nacheiszeitlichen Wald- und Klimageschichte, Materialien zur Urgeschichte Österreichs, 1932.

[6]) S z a f e r, The oldest Interglacial in Poland, Cracovie, Imprimerie de l'Université 1931.

nisse für die Ursprünglichkeit sprechen. Aber auch da, wo eine Art in ununterbrochenem, großem Flächenzusammenhang im Anschluß an das übrige geschlossene Verbreitungsgebiet als Mischholzart, wenn auch nicht mehr mit einem Höchstmaß ihres Bestockungsanteils, vertreten ist und entsprechende Lebenskraft zeigt, ist es sehr wahrscheinlich, daß auf ihre Urwüchsigkeit gefolgert werden darf. Doch muß man sich hiebei vor Trugschlüssen hüten. Wenn z. B. die Lärche im westlichen Wiener Wald auf sehr ausgedehnten Flächen, auf vielen Tausenden von Hektar, in Mischung m i t B u c h e u n d T a n n e vorkommt, also in Waldbeständen, deren Holzartenzusammensetzung in der Regel nur auf die Entstehung durch n a t ü r l i c h e V e r j ü n g u n g ehemaliger ursprünglicher Bestände zurückgeführt werden muß, so läßt sich daraus und aus ihrem Verhalten im Wettbewerb auf die Ursprünglichkeit des Vorkommens schließen; würde aber im Buchen-Tannen-Mischbestand nur k l e i n f l ä c h e n w e i s e auch die Lärche vorkommen, so wäre der gleiche Schluß n i c h t mehr berechtigt, denn dann würde es sich sehr wahrscheinlich bloß um natürliche Verjüngung der Buche und Tanne, jedoch mit künstlicher Komplettierung mittels Lärche handeln. Doch kann auch bei manchen isolierten Kleinst-Vorkommen aus der Art des gegenwärtigen Vorkommens auf dessen Bodenständigkeit geschlossen werden: Wenn wir z. B. in großer Meereshöhe, auf sehr steilem felsigen Standort, in Lagen, in denen das Holz heute noch kaum bringbar ist oder die Bringung nicht wirtschaftlich ist, und wo daher auch kein wirtschaftlicher Ansporn zur künstlichen Kultur bestand, die Lärche in allen Altersklassen und auch in hochaltrigen Exemplaren finden, so ist der Schluß auf Ursprünglichkeit des Vorkommens wohl berechtigt.

In der Hauptsache sind wir aber betreffs der Beurteilung der natürlichen Heimat der Lärche auf g e s c h i c h t l i c h e U n t e r s u c h u n g e n , A r c h i v s t u d i e n z u s a m m e n m i t d e r W ü r d i g u n g d e s g e g e n w ä r t i g e n V o r k o m m e n s angewiesen. E s s p r e c h e n d a n n g e w ö h n l i c h v i e l e r l e i B e w e i s e z u g l e i c h e i n d e u t i g in gleichem Sinne und das Beweisverfahren gewinnt dadurch außerordentlich an Sicherheit.

Während also in der früheren Arbeit des Verfassers über die Verbreitung der Rotbuche in Österreich (1929) vorausgesetzt werden durfte, daß jedes bedeutendere Buchenvorkommen in Österreich, das auch Buchenaltholz auf größerer Fläche umschließt, unbedenklich und mit Sicherheit als ein natürliches angesehen werden kann, war dagegen bei den vorliegenden Untersuchungen über die Lärche notwendig, durch geschichtliche Erhebungen festzustellen, s e i t w a n n i n d e n e i n z e l n e n T e i l g e b i e t e n d e r O s t a l p e n k ü n s t l i c h e r N a d e l h o l z a n b a u e r f o l g t e , und dann nachzuweisen, für w e l c h e G e b i e t e i n s b e s o n d e r e a n d e n G r e n z e n d e r g e g e n w ä r t i g e n V e r b r e i t u n g schon v o r dieser Zeit einer möglichen künstlichen Einbringung die L ä r c h e a l s W a l d b a u m i n d e n U r k u n d e n g e n a n n t i s t .

Gegen diese a r c h i v a l i s c h e U n t e r s u c h u n g s m e t h o d e zur Klärung der früheren Waldverhältnisse wurde in jüngster Zeit eingewendet, daß die geschichtlichen Quellen mitunter nur bis in jene Zeiten zurückreichen, in denen die Waldverwüstungen bereits groß waren, vielfach sei der Anlaß zur ersten genauen Bestandesbeschreibung gerade der mangelhafte Waldzustand gewesen (H e s m e r , a. a. O., S. 509). Dies trifft häufig zu, behindert aber, wenigstens hinsichtlich der Ostalpen, keineswegs die richtige Beurteilung der ursprünglichen Verbreitung an Hand der geschichtlichen Quellen. Hiefür sprechen folgende Gründe: Im Hochgebirge gab es zur Zeit der Abfassung der alten Waldbeschreibungen trotz der mitunter stärkeren Ausnützung bequem gelegener Waldteile doch noch an anderen Orten förmliche Urwaldreste, die ausdrücklich als solche be-

schrieben wurden. Im Bereich der Salinen z. B. fand jedenfalls stärkere Waldausnutzung
statt; trotzdem nennt die „Generalwaldbeschreibung" von 1609 über alle zum „Reichenhallerischen Salzwesen" gehörigen Wälder des öfteren „überstandenen Wald, der vorher
niemals verhackt worden und fürohin nur zum Verderben stehet", dessen Holz also jedenfalls nicht bringbar ist, und gibt dessen Holzarten und Mischungsverhältnis an. Auch
gehen die geschichtlichen Nachweise des Vorkommens unserer Holzart gerade für den
Gebirgsrand (z. B. Grenze zwischen steirischem Randgebirge und Hügelland) bis zu den
Jahren 1145 und 1300 zurück. Die Folge der Waldausnutzung im Gebirge (im Bereich
von Bergwerken, Salinen usw.) waren vor allem große Schläge; wenn deren Bestockung
in der alten Waldbeschreibung als eine solche von „Erlach und anderem Staudach" oder
als „Laubgesträuß", als „unartiges und staudiges Holz, woraus kein nutzbar Holz und
rechter Stamm zu erhoffen", angegeben ist, so darf daraus selbstverständlich nur geschlossen werden, daß auf den Kahlschlagflächen noch nicht der Klimax-Zustand (das
Endstadium in der Reihe der Pflanzenbestände bei gegebenen Standortsverhältnissen)
erreicht war, sondern daß zuerst Pionierholzarten (Weißerle, Birke usw.) die Kahlschlagflächen besiedelten. Da aber in den Beschreibungen nicht die Schläge überwiegend vertreten sind, sondern die Bestände mit Klimax-Assoziation und somit natürlichen Waldtypen, deren Dauer durch die Jahrhunderte aus geschichtlichen Quellen verschiedenen
Alters erschlossen werden kann, so lassen sich Trugschlüsse unschwer vermeiden. Ver-
schiedenartige Behandlung: übermäßige Ausnützung in dem einen Zeitabschnitt, Schonung,
um der eingerissenen Mißwirtschaft zu steuern, in der anderen Zeitspanne kann wohl
zeitweise und örtlich Verschiebungen im Bestockungsanteil der einzelnen Holzarten hervorrufen, aber g r u n d l e g e n d e Änderungen der Häufigkeit einer Holzart in größeren
Gebieten oder nennenswerte V e r ä n d e r u n g e n a n d e n G r e n z e n des Verbreitungsgebietes sind hiedurch in den Zeiträumen, auf die sich die Urkunden beziehen, gerade
in den Ostalpen, deren Wälder einer intensiven wirtschaftlichen Einwirkung weniger zugänglich sind, n i c h t hervorgerufen worden.

Die bei den archivalischen Untersuchungen im Laufe der Zeit gewonnene Er-
fahrung bestätigt, daß wenigstens für die O s t a l p e n (um zu weitgehende Verallgemeinerung zu vermeiden) d i e f o r s t g e s c h i c h t l i c h e U n t e r s u c h u n g s-
methode an Hand älterer Urkunden wohlbegründete Schluß-
folgerungen hinsichtlich der natürlichen Holzartenverbreitung gestattet.
Trotz der auch von R u b n e r [1]), jedoch nur für manche Fälle, geäußerten Bedenken kann
also für die Holzartenverbreitung in den Ostalpenländern noch immer die Definition
D e n g l e r s [2]) gelten, die ein natürliches Vorkommen einer Holzart dann annimmt, wenn
es sich um ein heutiges Vorkommen handelt, das sich ohne wesentliche Lücken bis zu
einer Zeit geschichtlich zurückverfolgen läßt, in der eine künstliche Einführung nach dem
damaligen Stand der Forstwirtschaft als ausgeschlossen erscheinen muß.

Die Feststellung der Verbreitung erfolgte wiederum (ähnlich wie bei der 1929 veröffentlichten Arbeit über die Verbreitung der Rotbuche) teils mit Hilfe von Fragebogen,
teils durch Erhebung an Ort und Stelle. Diese ist unentbehrlich zur Gewinnung eines
sicheren eigenen Urteils, jene ist es gleichfalls zur Sammlung der vielen Einzelangaben,
die in das zu entwerfende Gesamtbild eingefügt werden können, sobald sie mit den durch
eigene Erhebungen gewonnenen Anschauungen vollauf übereinstimmen. Der Fragebogen

---

[1]) R u b n e r, Die pflanzengeographisch-ökologischen Grundlagen des Waldbaus, 1934, S. 295.
[2]) D e n g l e r, Die Horizontalverbreitung der Kiefer (Pinus silvestris), Mitt. a. d. forstl. Versuchswesen Preußens, 1904, S. 13.

wurde auf Grund der früher gemachten Erfahrungen erweitert durch solche Erkundungen, deren Beantwortung für die Forstämter nicht schwierig, für den Bearbeiter aber wichtig ist. Um folgende Angaben wurden die Forstämter ersucht: Waldorte des Vorkommens, deren geographische Länge und Breite, geologische Formation bezw. Formationsgruppe, Grundgestein, Form des Vorkommens (entweder im geschlossenen oder im räumdigen Bestand, in Baumform über 8 m Höhe oder in Zwergform, rein oder vorherrschend, Mischholz, eingesprengt; beim räumdigen Bestand: Baumform mit normaler Schaftbildung, Baumform der Kampfzone, z. B. Kandelaber-Form oder Zwergform); Meereshöhe der Punkte, an denen die örtliche Erhebung stattfand; Hangrichtung, Neigung; Bestockungsanteil in Zehnteln nach Schätzung für ganze Reviere oder für die ganze Forstverwaltung; Gesamtwaldfläche, auf welche sich diese Schätzung bezieht; Mischholzarten, mit denen die Art vergesellschaftet auftritt; Wahrnehmungen über erreichbares Alter, Wuchsleistungen, Wuchsform, Holzgüte, wirtschaftlich merkbares Auftreten von Schäden. Die Frage nach der Häufigkeit, nach dem durchschnittlichen Bestockungsanteil in größeren Gebieten, die auf Grund der Forsteinrichtungspläne beantwortet werden kann, erwies sich als wertvoll; denn für die Ableitung der Gesetzmäßigkeiten der Verbreitung und der Standortsansprüche ist die Kenntnis der durchschnittlichen Häufigkeit in großen Gebieten von wesentlicher Bedeutung.

Bei den Erhebungen an Ort und Stelle wurde auf folgendes geachtet: auf die horizontale und vertikale Verbreitung, die Beurteilung der Ursprünglichkeit, die Waldtypen, Bestandesmischungen, Verhalten im Wettbewerb mit anderen Arten, Verjüngungsfähigkeit, Wuchsformen und Wuchsleistungen, das erreichbare Alter und nicht minder auf die Durchführung von Archivstudien. Als Ausrüstung im Walde wurde verwendet: Höhenmeßbarometer, schwedischer Zuwachsbohrer, bis 25 cm Tiefe reichend, Baumhöhenmesser, Umfangsmeßband, Behelfe zur Entnahme von Bodenproben.

Für die Darstellung der Verbreitung wurde wieder die Punktkarte gewählt, weil diese am besten der induktiven Forschungsmethode entspricht und weil hier jede Einzelangabe nur auf Grund tatsächlicher Erhebungen gemacht wird. Eine weitgehende Schematisierung wird bei dieser Art der Darstellung vollkommener als sonst vermieden. Selbstverständlich kann es sich bei einer Punktkarte nicht um eine erschöpfende Aufzählung aller Vorkommen handeln (nicht um eine „Volkszählung“ der Holzart), sondern nur um Beispiele, doch müssen wegen des Wechsels der Standortsbedingungen die Punkte der Erhebungen im Gebirge dichter angeordnet sein als es bei Darstellungen im Flachlande möglich ist.

Das Zeichen für „vorherrschend oder rein“ wurde in der Punktkarte angewandt, wenn unsere Holzart mehr als die Hälfte der Bestockung einnimmt (also für Bestockungsanteil 1 bis 0·6); jenes für „gemischt“ dann, wenn ihr Anteil 0·5 bis 0·1 beträgt; „eingesprengt“ in dem Falle, wenn der Anteil kleiner als 0·1 ist, wenn es sich aber nicht um ein ganz vereinzeltes, kleines, isoliertes Vorkommen inmitten lärchenfreier Gebiete handelt.

Für solche kleine inselförmige Stellen der Verbreitung wurde ein besonderes Zeichen für „Mindestvorkommen“ eingeführt, dieses bedeutet somit kleine isolierte Teilareale außerhalb des zusammenhängenden Verbreitungsgebietes inmitten von Flächen, die eigentlich so gut wie kein Lärchenvorkommen aufweisen, vereinzelte kleine Bestände oder Horste im entlegenen schwer zugänglichen Hochgebirgswald, ursprünglich, wahrscheinlich Relikte (Rückzugsposten einer unter abweichendem Klima entstandenen größeren Verbreitung).

Im Gebiete solcher „Mindestverbreitung" ist zwar jedes Einzelvorkommen, sozusagen jeder Horst, wenn ursprünglich n a t ü r l i c h, von Interesse; wollte man aber im Minimum-Gebiet tatsächlich jeden Horst in die Punktkarte eintragen, während man im Inneren des zusammenhängenden Areals nur B e i s p i e l e als Punkte berücksichtigt, so könnte unter Umständen die Karte dort, wo es sich um ein Mindestvorkommen handelt, mit Zeichen dichter bedeckt sein als da, wo etwa das Höchstmaß und das Bestmaß der Verbreitung festzustellen ist. Daher muß auch im Gebiet der Mindestverbreitung unter Umständen e i n Zeichen als Beispiel für mehrere kleine Vorkommen, die nicht allzu weit voneinander entfernt sind, dienen.

Bei der Erörterung der Untersuchungsergebnisse in den E i n z e l g e b i e t e n wurde die Gliederung der Darstellung nach Bundesländern (für den italienischen Alpenanteil nach Provinzen) gewählt. Zwar sind die Beziehungen zwischen der Holzartenverbreitung und den ökologischen Bedingungen (Klima, Boden) am besten für n a t ü r - l i c h a b g e g r e n z t e Gebiete, nicht für politische Einheiten, zu untersuchen. Aber die politische Einteilung diente nur als ein äußerer Behelf, in den dann doch die Betrachtung nach natürlichen Einheiten eingefügt wurde. Innerhalb jedes Landes wurde schon bei Abfassung der Tabellen immer mit j e n e m Gebiete begonnen, in welchem die Holzart verhältnismäßig am r e i c h s t e n auftritt, als letzte kamen dann die Fälle des allmählichen Ausklingens der Verbreitung, wo solche vorhanden, zur Besprechung. Z. B. ist innerhalb Graubündens der Lärchenanteil am größten im Oberengadin von Bevers bis Sils (Lärche 52 v. H. der Gesamtholzmasse auf Grund der Holzvorratsermittlung in eingerichteten Waldungen); demgemäß beginnt die tabellarische Darstellung für Graubünden mit diesem Vorkommen.

Die wesentlichsten Fragen der Verbreitung, des Nachweises der Ursprünglichkeit und der ökologischen Bedingungen wurden im I. Abschnitt bei jedem e i n z e l n e n Lande behandelt, einige andere Themen hingegen kommen nur im a l l g e m e i n e n (II.) Teil zur Darstellung, so z. B. die Ausbreitungsgeschichte, dann auch die Bodenazidität, ferner die Schädlinge der Lärche.

Die wichtigsten Gesetzmäßigkeiten hinsichtlich der Standortsansprüche lassen sich nur auf Grund eines Überblickes über die Verbreitung in g r ö ß e r e n G e b i e t e n ableiten. Da es für den einzelnen Forscher selbstverständlich unmöglich ist, die klimatischen Verhältnisse großer Gebiete durch eigene Untersuchungen feststellen zu wollen, so erweist sich die Auswertung der vorhandenen Klimabeschreibungen als unbedingte Notwendigkeit, auch dann, wenn diese selbstverständlich nicht in allen Einzelheiten den Bedürfnissen der ökologischen Untersuchung angepaßt sein können.

I. Natürliche Verbreitung der Lärche in den einzelnen Ländern.

1. Salzburg.

Mit der Darstellung beim Bundeslande Salzburg zu beginnen, bietet Vorteile: Zum Unterschied z. B. von Nieder- und Oberösterreich hat Salzburg nicht nur an der Außenlandschaft der Alpen Anteil, sondern es reicht vom äußersten Alpenrand mit winterwarmem, sommerkühlem Westwetter (lärchen f r e i e s Gebiet) bis in die zentralalpine Innenlandschaft des Lungaus mit ausgesprochen binnenländischen Wärmeverhältnissen (Höchstmaß der Lärchenverbreitung) hinein. Außerdem liegt Salzburg, wenn wir den Ostalpenbogen seiner Länge nach in Betracht ziehen, fast genau in dessen Mitte; während nun im Nordwesten der Alpen (Schweiz, Vorarlberg, Allgäu usw.) die Randgebirge, von einigen kleinen Ausnahmen abgesehen, bis hinauf zur oberen Baumgrenze von der Lärche gemieden werden, sind sie im Osten, z. B. Niederösterreich, Steiermark, von ihr (in Mischung und eingesprengt) bis an den äußersten Gebirgsrand auch bei geringen Höhen besiedelt; im Bundesland Salzburg aber hält der Verlauf der Arealgrenzen, wie wir sehen werden, die M i t t e zwischen jenem des Ostens und des Westens ein: Nur ein schmaler Streifen der Vorberge liegt hier (trotz ansehnlicher Höhen dieser, z. B. Gaisberg 1286 m, Colomannsberg 1115 m) außerhalb des natürlichen Verbreitungsgebietes unserer Holzart. Dabei finden wir als Grundgestein dieselben Schichten vor, die in anderen Gebieten Standorte der Lärche darstellen.

Horizontale Verbreitung.

Aus den in den Tab. 1—3 niedergelegten Erhebungsresultaten ergibt sich vor allem, daß sich das Höchstmaß der natürlichen[1]) Lärchenverbreitung, bezogen auf das Land Salzburg, im L u n g a u (Tab. 1) findet. Hier beträgt der Bestockungsanteil unserer Holzart in tieferen Lagen (die geringste Meereshöhe im Lungau ist 928 m) 0·1 bis 0·3, in höheren häufig 0·4 bis 0·6, stellenweise, nahe der oberen Baumgrenze sowie auf bestockten Hutweiden und Almen, 0·7 bis 1. Von der Fläche des Lungaus von etwas über 100.000 ha sind 30 v. H. Wald, 40 v. H. (z. Teil bestockte) Almen und 5 v. H. Hutweiden, so daß dem Wald einschließlich ·der bestockten Almen und Weiden fast die Hälfte der Bezirksfläche zufällt; von diesen rund 50.000 ha hat gleich nach der Fichte die Lärche den größten Anteil, durchschnittlich gegen 0·5 der Fläche nach. Örtlich entscheidet über das Maß ihrer Beimengung hauptsächlich der Wettbewerb anderer Arten, vor allem der Fichte.

Schon im Schiefergebirge des Pongaus und im Pinzgau, deren Klima einen etwas weniger ausgeprägt kontinentalen Charakter hat und in deren Bereich die Schieferböden

---

[1]) Der Nachweis der Ursprünglichkeit folgt weiter unten.

besserer (II. und III.) Ertragsklasse [1]) die Fichte begünstigen, ist der Anteil der Lärche kleiner (Tab. 2); in den Kalkalpen, und zwar auf der Leeseite des gewaltigen Kalkplateaus (südlich vom Passe Lueg), mit schrofferen Formen, abgeschlossenen, mangelhaft ventilierten, daher winterkalten und sommerwarmen Tälern und im Durchschnitt weniger günstigen Böden, nimmt der Anteil der Lärche eher wieder etwas zu (Tab. 3). — Auf der Luvseite der den Lungau nach Norden abschließenden Radstädter Tauern ist die Lärchenbeimischung auch bei gleicher Seehöhe wesentlich kleiner als im Lungau, sie beträgt z. B. in den Forstverwaltungen Radstadt, Flachau und Zauchtal nur 0·1 der Bestockung auf Waldflächen von zusammen 10.733 ha. In den Forstverwaltungen Eben i. P., St. Johann i. P., Bischofshofen, Zell am See usw. kann zwar die Lärche auch auf den Tonschieferböden der Grauwackenzone sehr gut gedeihen, denn sie erreicht gelegentlich, wo es die Wirtschaft zuläßt, ein Alter von 200 bis 300 Jahren, weist unter entsprechenden Verhältnissen befriedigende Massenleistungen und gute Wuchsformen auf und bildet auf ehemaligen Weideflächen, wo die Konkurrenz der Fichte durch die

Abb. 1. Lärche im Lungau, nördlicher Zickenberg, Meereshöhe 1330 m, Beispiel dortiger guter Wuchsformen mit schlanken Kronen.

Abb. 2. Lärchen am Schwarzberg südlich von Salzburg, Meereshöhe 700 m, Hauptdolomit, Scheitelhöhen bis 34 m; Fichte, Tanne, Buche, Lärche in Mischung. Aufnahme von Ing. E. Bitterlich.

Wirtschaft ausgeschaltet ist, auch reine Bestände; aber in geschlossenen Waldbeständen ist hier infolge des durch Klima und Boden bedingten guten Gedeihens der Fichte ihr Bestockungsanteil nur etwa 3 bis 5 v. H., der Einfluß des Wettbewerbs ist für unsere Lichtholzart ausschlaggebend. Auch die Zunahme des Lärchenanteils gegen die obere Waldgrenze zu dürfte mit der Abnahme des Wettbewerbs anderer Arten (Fichte) zusammenhängen; denn der rasche Wuchs, das erreichbare Lebensalter, die Holzbeschaffen-

---

[1]) D o m e s, Studien über die Verbreitung des Waldes und der forstlichen Standortsbonitäten im Bundeslande Salzburg und deren klimatische und edaphische Grundlagen, Forstw. Centralbl. 1933, S. 383 ff., 417 ff.

heit und der Gesundheitszustand der Lärche auch in den etwas tieferen Lagen des natürlichen Verbreitungsgebietes beweist ebenso wie das gute Gedeihen hochaltriger reiner Bestände auf ehemaligen Weideflächen, daß ihr die Standortsverhältnisse auch dieser tieferen Lagen nicht minder zusagen würden. Im oberen Pinzgau wird der Lärchenanteil wieder etwas größer, z. B. beträgt er auf der Schattseite bei Mühlbach, Bramberg (Roßangerwald, Schönbach) etwa 0·3 auf 1700 ha in 1000—1200 m Höhe auf Tonschiefer (Grauwackenzone der Kitzbühler Alpen).

Aus der Tabelle 3 ist zu ersehen, daß die Lärche im Inneren des Kalkalpenzuges und auf dessen Leeseite, im Bereich der bedeutenden Massenerhebung der großen Kalkplateaus, mit Anteilen von 0·1 bis 0·2 vorkommt, ein hohes Alter, sehr gute Wuchsformen und ebensolche Holzbeschaffenheit erreicht; hingegen ist sie auf der Außenseite des Hauptzuges der Kalkalpen (noch südlich von den Flysch-Vorbergen und vom Gaisberg) an der Grenze ihrer natürlichen Verbreitung schon schwach vertreten: Forstverwaltung der Ö. B. F. Hallein mit höchstens 1 v. H. von 2900 ha; Hintersee (Österr. B. F.) 1 v. H.; Bayer. Forstamt Unkental weit unter 0·1; Mayr-Melnhof'sches Forstamt Parsch bei Salzburg, Revier Schwarzberg: weit unter 0·1; Bundesforst St. Gilgen: nur eingesprengt.

Zusammenfassend kann also über das Vorkommen festgestellt werden: Im Lungau das Maximum, der Fläche nach gegen 50 v. H., der Masse nach weniger infolge Zunahme des Anteils in den höheren Lagen; etwas kleinerer Anteil in den Zentralalpen und im Schiefergebirge des Pinzgaus und Pongaus; ein zweites bedeutendes Vorkommen auf der Leeseite der Kalkalpen, z. B. im Blühnbachtale; hingegen ein allmähliches Ausklingen („1 v. H.") in den Forstverwaltungen Hallein, Hintersee, Bundesforst St. Gilgen usw.; in den Vorbergen nördlich von diesen Gebieten vollständiges Fehlen der Lärche!

Vertikale Verbreitung.

Die natürliche Verbreitung unserer Holzart innerhalb Salzburgs liegt zwischen 550 und 2100 m, doch werden die größten Höhen nur im Gebiet des binnenländischen Zentralgebirgsklimas (Lungau) erreicht. Ebenso wie die polare Waldgrenze im Inneren der Kontinente am weitesten polwärts vorstößt, so bewirkt in der zentralalpinen Innenlandschaft die höhere Sommertemperatur (bei vielleicht niedrigerer Jahresmitteltemperatur) eine Hebung der oberen Wald- und Baumgrenze. Im Moritzental (oberstes Murgebiet) beobachtete Verf. am Südosthang oberhalb des Kawassersees einzelne Zirben und Lärchen an der Baumgrenze in Höhen bis zu 2100 m. Durchschnittlich erreicht die obere Grenze im Lungau die Höhe von 1950 m [1]). Gegen den Alpenrand zu, in den mehr ozeanischen Kalkalpen, liegen die oberen Grenzen tiefer. Doch haben die großen Massenerhebungen der Kalkplateaus verhältnismäßig binnenländische Wärmeverhältnisse und demgemäß eine hohe Lage der oberen Baumgrenze (Steinernes Meer über 1900 m).

Als Beispiel für einen Bestand noch gut geformter Lärchen in hoher Lage sei angeführt: Ein solcher am nördlichen Zickenberg bei St. Michael im Lungau in 1760 bis 1791 m Meereshöhe; die Lärchen waren bei einem Alter von 270 Jahren 30 m hoch, die Stämme zumeist gerade, vollholzig, Verf. hat diesen Bestand im „Centralbl. f. d. ges. Forstw." 1924, S. 234/37 eingehender beschrieben. 100 m oberhalb dieses Bestandes befand man sich bereits inmitten des dort bis ungefähr 2000 m hinaufreichenden Kampf-

---

[1]) V i e r h a p p e r , Klima, Vegetation und Volkswirtsch. im Lungau, Dt. Rundschau f. Geographie XXXVI, 1913/14.

gürtels einzeln stehender, kandelaberförmiger Lärchen, Zirben (und Fichten; Ballonalpe, oberhalb der Alpshütten).

Eine untere Grenze der Lärchenverbreitung wird im Land Salzburg nicht erreicht, sondern die in den Tabellen ausgewiesene von 550 bis 600 m kommt dadurch zustande, daß die tiefsten Punkte, die Talsohlen, diese Höhe aufweisen.

Da bei der Lärche das Höchstmaß der Verbreitung auch vom Zurücktreten der Konkurrenten infolge der standörtlichen Bedingungen abhängt, das häufigste Vorkommen also in vielen Fällen unter ungünstigen Bedingungen (z. B. in hohen Lagen) zu finden ist, so kann sich bei unserer Holzart das Höchstmaß der Verbreitung nicht mit dem Bestmaß (Optimum, Gebiet bester Wuchsleistungen) decken. Die günstigste Massenerzeugung innerhalb Salzburgs treffen wir bei der Lärche in den tieferen Lagen des Vorkommens, z. B. im Blühnbachtal bei Werfen von 600 m aufwärts. Auch in diesen tieferen Lagen pflegen die Lärchen auf ihren natürlichen Waldstandorten normaler Beschaffenheit (also abgesehen etwa von gedüngten Wiesen u. dgl.) durch hohes Lebensalter, guten Gesundheitszustand und vorzügliche Holzbeschaffenheit ausgezeichnet zu sein; doppelter Umtrieb für hochwertige Lärchenüberhälter wurde u. a. im Windbühelwald bei Werfen, Meereshöhe 630—650 m, angewandt.

Abb. 3. Wiesenlärchen im Rauriser Tal, Hinterbichl-Halt, 1290 m.
Aufnahme von L. Tschermak.

Im Lungau erwies sich an einzelnen der besten Lärchenbestände in 1450—1500 m Meereshöhe die Höhenwuchsleistung auf Grund der Stammanalysen der Mittelstämme im Vergleich zu der im Blühnbachtal festgestellten als nicht sehr wesentlich geringer; daraus und aus anderen ähnlichen Beobachtungen hat Verfasser (Centralbl. 1924, S. 224) geschlossen, daß der Gürtel, in welchem sich dieser Standort im Lungau befindet, n o c h zum Gebiet des besten Gedeihens, zum Optimum, gehört. Es ist aber eine zuweit gehende Verallgemeinerung dieser Angabe, wenn andere Autoren aus der Feststellung des Verfassers schließen, er hätte „das Optimum für die österreichischen Alpen zu etwa 1400 m angegeben"; denn was im binnenländischen Klima des Lungaus gilt, wo die Waldvegetation wegen der höheren Tages- und Sommertemperaturen in Höhen geringerer Mitteltemperaturen emporsteigt [1]), das darf nicht von den österreichischen Alpen schlechtweg angenommen werden. In ozeanisch beeinflußten Randgebirgen auch der Ost-

---

[1]) B r o c k m a n n - J e r o s c h, Baumgrenze und Klimacharakter, 1919.

alpen findet eine starke Herabdrückung der oberen Wald- und Baumgrenze statt; auch das Optimum der Lärche reicht d o r t weniger hoch hinauf. Dabei handelt es sich um mittlere o b e r e Grenzen des betreffenden Gürtels.

<h2 style="text-align:center">Klima und Grundgestein.</h2>

Aus den Tabellen ist ersichtlich, daß innerhalb des klimatisch bedingten Verbreitungsgebietes Böden verschiedensten Grundgesteins ohne gesetzmäßigen Unterschied Standorte der Lärche abgeben können. Bodenuntersuchungen an Lärchenstandorten bes. im Lungau mit Feststellung des Grundgesteins, der physikalischen Eigenschaften wie Lockerheit, Raumgewicht, spez. Gewicht, Porenvolumen, Korngröße, Wurzelverbreitung hat der Verfasser durchgeführt und im Centralbl. f. d. ges. Forstwesen 1924 veröffentlicht [1].

Die standörtlichen Bedingungen des Lungaus als des Gebietes des Höchstmaßes der Lärchenverbreitung sind hauptsächlich durch das binnenländische Klima, und zwar durch t h e r m i s c h e Kontinentalität noch mehr als durch hygrische, gekennzeichnet. Da der salzburgische Lungau· klimatisch in das Gebiet des steirischen Murgaues gehört, ist sein Klima in der „Klimatographie von Österreich", herausgegeben von der Zentralanstalt für Meteorologie und Geodynamik in Wien, zweimal behandelt: In der „Klimatographie von Steiermark" von Dr. R o b. K l e i n, Wien 1909, und in der „Klimatographie von Salzburg" von Dr. A. F e ß l e r, 1912. Das oberste Murtal, der Lungau, ist gegen Norden und Westen durch die Niederen Tauern abgeschlossen, gegen Süden durch die östlichsten Berge der Hohen Tauern (Hafnereck 3061 m) und den westlichen Teil der Gurktaler Alpen; nur gegen Osten ist er offen, von dort kommen aber nur festländische Einflüsse, Sommerwärme und Winterkälte, ins Land, hingegen ist das immerhin weniger binnenländische Klima des steirischen Ennsgaues und des salzburgischen Pongaues von ihm durch hohe Gebirgswälle abgehalten. V i e r h a p p e r [2] weist darauf hin, daß die Sommer im Lungau zwar nicht gerade trocken, aber doch viel weniger feucht sind als in den übrigen Gauen; die Abnahme der Niederschläge (Monate Juli bis einschließlich September) vom Gebirgs r a n d Salzburgs gegen die zentralalpine I n n e n landschaft des Lungaus (Tamsweg 1020 m) zeigen folgende Zahlen:

Salzburg:	St. Johann:	Gastein:	Tamsweg:
532 mm	456 mm	414 mm	292 mm

Die mittlere jährliche Niederschlagsmenge in Tamsweg beträgt 783 mm, die Bewässerung ist also immerhin eine genügende. Im Pinzgau ist der Jahresniederschlag um ca. 300 mm größer, in Salzburg um weitere 300 mm (1358 mm). Die Kontinentalitätskarte von G a m s [3] gibt für den Lungau hinsichtlich der h y g r i s c h e n Kontinentalität nicht den höchsten und auch nicht den zweithöchsten Kontinentalitätsgrad an, sondern erst den 3. und 4. — Aus den Zahlen über die mittlere Bewölkung geht hervor, daß der Himmel über dem Murgau heiterer ist als z. B. der des Ennsgaues, wobei allerdings der Winter die heiterste Jahreszeit [4] ist (dies deutet auf Ausstrahlung, Fehlen wintermilder Westluft, also festländische Wärmeverteilung!).

---

[1] T s c h e r m a k, Die Formen der Lärche in den Österreichischen Alpen und der Standort, Centralblatt f. d. g. Forstw. 1924, 201, 283.

[2] V i e r h a p p e r, Klima, Vegetation und Volkswirtschaft im Lungau, Sonderdr. aus d. Dt. Rundschau für Geographie, XXXVI. Jg., 1913/14.

[3] G a m s H., Die klimatische Begrenzung von Pflanzenarealen und die Verteilung der hygrischen Kontinentalität in den Alpen, Sonderdr. aus d. Zeitschr. d. Ges. f. Erdkunde Berlin, 1931, 1932.

[4] Größere Häufigkeit heiteren Himmels im Winter (Dez.) ist im ostalpinen Lärchenverbreitungs-

Die Wärmeverhältnisse lassen den Klimacharakter des Lungaus als den eines verhältnismäßig kontinentalen Gebirgslandes in der gemäßigten Zone erkennen. K l e i n s Vergleich mit dem Klima des Ennsgaues ergibt, daß im viel mehr abgeschlossenen Murgau der festländische Einfluß auch im Sommer viel mehr fühlbar ist, so daß sich ihm auch größere Höhen und Berglehnen nicht mehr ganz entziehen können; die Berglehnen des Murgaues (einschließlich des Lungaus) sind im Winter um nahezu 1⁰ kälter, i m S o m m e r u m 1½⁰ w ä r m e r : „Ein unzweideutiger Ausdruck der größeren Kontinentalität" des Lungaus! Die äußerste Wärmeschwankung während der kurzen Dauer von 15 Jahren betrug in Tamsweg 67⁰ (Klein, S. 53), auf Grund der Temperatur-Extreme besitzt Tamsweg den „Ruhm", d i e g r ö ß t e W ä r m e s c h w a n k u n g v o n g a n z Ö s t e r r e i c h zu haben, es sind dies starke Anklänge an das sibirische Klima.

Die mittlere Jännertemperatur für Tamsweg (1020 m) beträgt —8·2⁰ (dagegen in dem in gleicher Meereshöhe gelegenen Badgastein —4·2⁰), das Wintermittel —6·6⁰ (Badgastein —3·5⁰). Die mittlere Jahresschwankung ist 22·6⁰ (Gastein 18·7⁰), im Jänner sinkt die Temperatur von Tamsweg durchschnittlich auf ein Minimum von —20⁰, jedes 3. bis 4. Jahr aber auf —30⁰. An einer zweiten Lungauer Beobachtungsstelle, in Mauterndorf (1150 m), ist das Jännermittel —7·0, das Julimittel 15·2⁰, die Jahresschwankung 22·2⁰, das Jahresmittel 4·5⁰.

Nach V i e r h a p p e r (a. a. O., S. 12) ist die Waldstufe des Lungaus klimatisch dem subarktischen Sibirien ähnlich, ähnlicher als die des benachbarten Pongaus, „ja als irgend eines anderen Gebietes in der Alpenkette"; dieser Charakter des Klimas komme auch in der Beschaffenheit der Vegetation zum Ausdruck. Besonders in der oberen Waldstufe äußere sich die Ähnlichkeit im gemeinsamen Besitz einer ganzen Reihe von Arten der sog. sibirisch-subarktischen Artgenossenschaft, zu deren Vertretern seien zwei bezeichnende Bäume des Lungaus zu zählen, die Zirbe und die Lärche, „beide ausgesprochen kontinentale Arten, welche im Norden und im kontinentalen Sibirien bis an die Grenze des Baumwuchses überhaupt reichen, während sie im ozeanischen Skandinavien fehlen. Sie verleugnen nun auch in den Alpen ihre kontinentalen Ansprüche nicht und sind speziell innerhalb des Landes Salzburg im kontinentalen Lungau häufiger als im Pongau und Pinzgau, deren Klima ein weniger kontinentales Gepräge hat".

Die Hohen Tauern, rechte Talseite des Pinzgaus, sind im Vergleich zu den Zentralalpen westlich des Brenner wegen der geringeren Breite des Geländes vom Regen stärker heimgesucht [1]), die Täler haben 1000 bis 1200, die Höhen über 1600 mm Niederschlag, dieser sinkt erst im Lee der Südseite (Prägraten, Kals, also Osttirol) unter 800 mm, das ist auf der Nordseite nirgends der Fall. Hinsichtlich der Wärmeverhältnisse ist das Klima des Pinzgaus und Pongaus ausgesprochener binnenländisch als in den Niederschlägen, dies wird durch die Abgeschlossenheit und mangelhafte Durchlüftung der Täler bewirkt, im Winter ist regelmäßig Temperaturumkehr zu beobachten; die Jahresschwankung, berechnet aus dem Jänner- und Julimittel, beträgt in Mittersill 22·6⁰, Zell am See 22·3⁰, St. Johann i. P. 22·2⁰, Werfen 22·4⁰. Nach T r a b e r t stellt das zusammenhängende Gebiet Salzach-Ennstal im Winter eine ausgesprochene Kälteinsel dar, ja die ganzen Ostalpen können in ihren Tälern als eine Erweiterung des nordöstlichen Kältegebietes erscheinen [2]).

---

gebiet die Regel, vgl. L o i d l, J., Die Bewölkung von Österreich (bes. Karte 6), Jb. der Zentralanstalt f. Meteorologie u. Geodynamik, 61. Bd., Wien 1927.

[1]) K r e b s N., Die Ostalpen und das heutige Österreich, Stuttgart 1928, II. Bd., S. 110.

[2]) T r a b e r t W., Isothermen von Österreich, Bd. LXXIII der Denkschr. d. math.-nat. Kl. der k. Akademie d. Wissensch.; Ergebnisse auch im Jb. der Zentralanst. f. Meteorologie u. Geodynamik, neue Folge, 38. Bd., Wien 1903.

Wenn man aus der Lage des Höchststandes der Verbreitung im Lungau schließen würde, daß unsere Holzart an einen auch in Bezug auf die Höhe der Niederschläge binnenländischen Klimacharakter gebunden sei, so stünde damit das Lärchenvorkommen in den Kalkalpen Salzburgs und auch anderer benachbarter Länder bei h o h e n N i e d e r - s c h l ä g e n in Widerspruch, desgleichen das Vorkommen in den Hohen Tauern des Pinzgaus. In Bezug auf die Wärmeverteilung hat aber auch das Klima dieser Lärchenverbreitungsgebiete festländischen Einschlag. Wenn man unter dem Bestmaß (Optimum) ein Vorkommen versteht, das durch hohes Lebensalter, guten Gesundheitszustand und hohe Wuchsleistungen gekennzeichnet ist, so ist z. B. das Lärchenvorkommen im Blühnbachtale bei Werfen zum Optimum zu rechnen. Die mittlere jährliche Niederschlagsmenge beträgt im vorderen Blühnbachtale 1400 bis 1600 mm, im Hinterblühnbachtale noch mehr. Die Luftfeuchtigkeit ist bedeutend, dafür sprechen die klimatographischen Angaben (Feßler S. 53) und die Vegetationsverhältnisse; in hygrischer Hinsicht kann nicht von festländischem Klimacharakter gesprochen werden, wohl aber betreffs der W ä r m e v e r h ä l t n i s s e; die Lage südlich vom Paß Lueg, zwischen Hagengebirge, Hoch-König und Steinernem Meer, zwischen mächtigen Kalkplateaus, bedingt eine Abgeschlossenheit mit festländischem Klimaeinschlag in Bezug auf die Temperaturverhältnisse. Nach F e ß l e r, Klimatographie von Salzburg (S. 40), ist gleich südlich vom Paß Lueg eine ganz unvermittelte Senkung des winterlichen Wärmeniveaus festzustellen, der Wärmeabfall pro 100 m Erhebung der Talsohle gibt für die Talstrecke diesseits und jenseits des Lueg-Passes im Winter 1·93⁰ (!), im Jahresdurchschnitt noch 0·98⁰ (im Winter also fast viermal so viel als im Durchschnitt auf je 100 m Erhebung zu entfallen pflegt), im Sommer aber nur 0·30⁰; auch im Sommer äußert sich also, trotz der häufigen Abkühlung durch die hohen Niederschläge, die geringe Ausgeglichenheit der Wärmeverhältnisse!

Diese thermischen Verhältnisse bewirken es, daß in den Mischbeständen von Fichte + Tanne + Lärche + Buche im Blühnbachtal die Buche schon bei der geringen Meereshöhe von 650 m durchaus nicht im Optimum ist, zum Unterschied vom lärchenfreien Gebirgsrand nördlich von Salzburg bei g l e i c h e r Meereshöhe; die Baumhöhen der Buchen im Blühnbachtale sind in allen dortigen Waldtypen beträchtlich geringer als die der Lärchen und Fichten, z. B. (in einem 73jährigen Mischbestand mit einem durch Oxalis acetosella-Sanicula europaea-Cardamine trifolia-Majanthemum bifolium gekennzeichneten Unterwuchsverein):

Lärche   28   m,
Fichte   25·5 m,
Tanne   25   m,
Buche   22·5 m.

Ein anderes Beispiel aus dem Land Salzburg für ein Lärchenverbreitungsgebiet mit h ö h e r e n Niederschlägen und verhältnismäßig binnenländischen Wärmeverhältnissen ist Abtenau; die Jahressumme der Niederschläge beträgt in Abtenau (710 m Seehöhe) 1400 mm, auf den Bergen der Umgebung mindestens 1600 mm. Dem Einfluß des Westwetters ist Abtenau zum Unterschied von Salzburg durch seine gegen Nordwesten mehr geschützte Lage „im Lee der Nordwestströmung" (Feßler, Klimatogr., S. 7) mehr entrückt und besitzt mehr festländische Wärmeverhältnisse, die mittlere Jahresschwankung in Abtenau beträgt 20·3⁰, die mittlere Zahl der Frosttage 147·8 im Jahre, in Salzburg (428 m) dagegen nur 81·2. Wie weiter unten nachgewiesen wird, ist in der Gegend von Abtenau die Lärche ursprünglich.

Gams, der in der angeführten Arbeit nur die h y g r i s c h e Kontinentalität auf Grund des Ausdruckes $\dfrac{\text{Jahressumme der Niederschläge in mm}}{\text{Meereshöhe in m}}$ zu erfassen und für die Alpen kartographisch darzustellen suchte, gibt (1932, S. 58) an, daß die Verbreitung der Lärche in den östlichsten Alpen keine deutliche Beziehung zu dem von ihm errechneten Grade der hygrischen Kontinentalität erkennen lasse; dem gegenüber haben wir auf Beziehungen zwischen Lärchenverbreitung und kontinentalem Klimacharakter, hauptsächlich in t h e r m i s c h e r Hinsicht, hingewiesen.

Die lärchenfreien Vo r b e r g e v o n S a l z b u r g stellen ein typisches Westwettergebiet dar, sie fangen die vorherrschenden, im Winter feuchtwarmen Nordwestwinde auf und haben sehr milde Winter und kühlere Sommer; nach Feßler (S. 8) besitzen ihre Temperaturverhältnisse viel Ähnlichkeit mit denen Vorarlbergs in der nördlichen Randzone der Kalkalpen, wo ebenfalls die Täler gegen die Nordwestwinde schutzlos geöffnet sind, die Temperaturabnahme im Winter für je 100 m Steigung nur 0·20⁰ beträgt und die Lärche gleichfalls nicht vertreten ist.

Im Krimmler Achental, das als nordwärts gerichtetes Tal einen „Leitkanal"[1]) für den F ö h n bildet, findet sich die Lärche hauptsächlich in seitlichen Einbuchtungen des Tales, auf Lehnen, die von der Richtung des Föhns abgewandt sind, z. B. Seekaarwald, Grünbergwald und Nordhang der Neßlinger Wand („Lerchach"); im Achental selbst herrscht oberhalb der Wasserfälle die Zirbe, die Lärche ist dort nur sehr spärlich vertreten; der Zirbenbestand enthält einzelne Fichten, Krummholzkiefern, Birken, Vogelbeerbäume, Grünerlen, aber fast keine Lärche. P o d h o r s k y [2]) bezeichnet die Zirbe als den „geborenen" Föhnbaum (in höheren Föhnlagen).

Am Untersberg, im Grenzgebiet der horizontalen Lärchenverbreitung (im Mayr-Melnhof'schen Waldbesitz), erreicht die Lärche bei ca. 1600 m die obere Baumgrenze. Die Wetterbeobachtungsstelle Untersberg liegt 1663 m hoch, die Klimadaten sind: Jahr 2·5⁰, Jänner —4·7⁰, Juli 10·4⁰, Jahresschwankung 15·1, mittleres Minimum —21·5⁰, mittleres Maximum 23·0⁰, Sommer 9·7, Winter —4·4⁰ (Temperaturmittel der 4 Monate Mai bis August 4·6⁰, 8·2⁰, 10·4⁰, 10·4⁰), Viermonatstemperatur 8·4⁰, Bewölkung 6·0⁰, Niederschlag 2093 mm, Niederschlag der Monate Mai bis September 1276 mm.

In der Forstverwaltung Gastein geht die Lärche bis 2000 m, die Beobachtungsstelle Rathhausberg im Bereich dieser Forstverwaltung lag 1915 m hoch, die Klimadaten auf Grund der Beobachtungen dieser Station sind: Jahr 1·6, Jänner —6·0, Juli 10·3, Jahresschwankung 16·3, mittlere Frostgrenzen 1. Juni, 20. September, extreme Frostgrenzen 22. Juni, 7. August. Die Temperaturmittel der 4 Monate Mai bis August sind 4·5, 7·8, 10·3, 9·5⁰; mittlere Niederschlagsmenge 1736 mm.

Als Beispiel für die untere Grenze des Vorkommens (Höhe der Talsohle, also nicht klimatische Grenze) sei angeführt: Werfen 550 m: Jahr 6·3, Jänner —5·3, Juli 17·1⁰, Schwankung 22·4⁰.

In den hoch gelegenen Stationen (Untersberg, Rathausberg) sind zwar die mittleren Jahresschwankungen der Temperatur verhältnismäßig klein, allein dort sind die Sommer durch hohe Strahlungswärme ausgezeichnet, sonnige Sommernachmittage weisen beträchtliche Wärmegrade auf, die in den Tages- und Monatsmitteln nicht mehr entsprechend zum Ausdruck kommen.

---

[1]) K r e b s, Die Ostalpen und das heutige Österreich, I. Bd., Stuttgart 1928, S. 156.

[2]) P o d h o r s k y, Die forstschädlichen Eigenschaften des Föhns und deren waldbauliche Bekämpfung, Schweizer. Zeitschr. f. Forstw. 1927.

Vergleich mit der Verbreitung der Buche und anderer Arten im Lande Salzburg.

Im mittleren Teile des Landes, in den Kalkalpen und einem Teile des Schiefergebirges, finden wir b e i d e Holzarten (Buche und Lärche) von Natur aus zugleich mit Fichte und Tanne in Mischung; beispielsweise beträgt im Blühnbachtale der Anteil der Buche etwa 20 v. H. der Waldfläche, jener der Lärche 15 v. H., auf der Schattseite mehr. Daraus könnte man irrtümlich schließen, daß die natürliche Verbreitung für g l e i c h e Ansprüche beider Arten spreche; allein die Buche hat im Bundesland Salzburg das Höchstmaß und Bestmaß ihrer Verbreitung am Außenrande des Gebirges und in den Vorbergen[1]), denen die Lärche von Natur aus gänzlich fehlt und wo sie auch künstlich nicht mit nennenswertem Erfolg eingebracht werden konnte; im Blühnbachtal ist wohl die Lärche, nicht aber die Buche in ihrem Optimum. Anderseits fehlt dem Gebiete häufigster Lärchenverbreitung, dem Lungau, die Buche von Natur aus vollständig, und zwar auch in Meereshöhen, in denen sie im Randgebirge der Alpen noch mittlere bis sehr gute Bonitäten aufweisen kann. Nur in einem Ü b e r g a n g s k l i m a, das beiden Arten noch zusagt, finden sie sich vergesellschaftet.

Der festländische Klimacharakter des Lungaus äußert sich, worauf V i e r h a p p e r (a. a. O.) hinweist, sehr deutlich auch darin, daß die meisten ein ozeanisches und auch manche ein mittleres Klima bevorzugenden Arten fehlen, andere selten sind. Die Eibe (Taxus baccata), die Stechpalme (Ilex aquifolium) als Arten eines ozeanischen Klimas fehlen ebenso wie Fagus silvatica als Art eines mittleren Klimas. „Es ist nicht die allzu große Höhenlage, welche diesen Baum aus dem Lungau ausschließt, denn im benachbarten Pongau kommt er im Radstädter Taurachtal noch in über 1200 m Meereshöhe ziemlich häufig vor. Auch Mangel an Kalk, den sie bekanntlich bevorzugt, kann hiefür nicht verantwortlich gemacht werden, denn es ist diese Gesteinsart in gewissen Teilen des Gaues, z. B. im Taurach- und Zederhauswinkel, reichlich vertreten" (Vierhapper, a. a. O., S. 13). Daß dabei das Klima eine wesentliche Rolle spielt, schließt Vierhapper daraus, daß im Norden die Buche — ganz im Gegensatz zur Zirbe und Lärche — im kontinentalen Sibirien fehlt, im ozeanischen Südskandinavien aber eine häufige Erscheinung ist. Die Tanne, die in den Vorbergen Salzburgs und auch noch in den Kalkalpen häufig ist, findet sich im Lungau nur sporadisch.

Nachweis der Ursprünglichkeit der angegebenen Verbreitung der Lärche.

Die mitgeteilten Folgerungen setzen die Richtigkeit der Grenzziehung der natürlichen Verbreitung der Lärche voraus. Diese wurde daher auf Grund geschichtlicher Quellen sorgfältig festgestellt. Zunächst war zu erheben, s e i t w a n n i m L a n d e S a l z b u r g e i n k ü n s t l i c h e r F o r s t k u l t u r b e t r i e b, nicht nur hinsichtlich der Eiche, sondern auch der Nadelhölzer, wenn auch anfangs nur in bescheidenem Umfang, geübt wurde. „Die Salzburgischen Forstordnungen von 1524, 1550, 1555, 1563, 1592, 1659, 1713, 1755, Salzburg, Mayr, 1796"[2]), enthalten in der Ordnung von 1755 z u m e r s t e n M a l die Bestimmung, daß anstatt eines abzuhauenden Eichbaumes durch denjenigen, „so denselben genießet", 3—4 junge Eichen am selben oder nächst gelegenen

---

[1]) Vgl. T s c h e r m a k, Die Verbreitung der Rotbuche in Österreich, Wien 1929, S. 60 ff.
[2]) Landesregierungsarchiv Salzburg XII, C a, 1.

bequemen Ort „gepflanzt, erzügelt und aufgebracht" und zu diesem Zweck zum Schutz gegen Viehverbiß mit Dornen, Reisig usw. verwahrt werden sollen.

1746 ordnete Fürst-Erzbischof Jacob Ernst an, daß „in der Groß-Arl . . . alle zum Holzwachs tauglichen . . Blößen, Reutt oder Einfäng . . nach Gestalt der Situation und Eigenschaft des Grundes waldmännisch und kunstgemäß mit Lerch-Thannen- oder Feichten-Saamen gesäet oder mit Poschen besetzt werden"; allein dieses Dekret ist, wie in einem Bericht des Oberst-Waldkommissärs Michl in Salzburg 1774 angedeutet wurde, nicht befolgt worden. Ähnlich erging es einer im Jahre 1747 nur für den Waldmeister des Flachlandes erlassenen Instruktion über Saat. 1773 wurde eine neue Verfügung über Saat auf „verderbten, herabgekommenen Maißörtern" (also Schlägen, die sich, wohl infolge der Weideeinwirkung u. dgl., nicht ansamten) erlassen, von den Pflegegerichten mußte systematisch alljährlich über den Vollzug berichtet werden, zahlreiche solche Berichte wurden erstattet [1] und lassen erkennen, daß von d i e s e r Zeit (1773/74) an t a t s ä c h - l i c h b e g o n n e n wurde, neben der „Selbstbesamung" gleichsam als Nachhilfe auf herabgekommenen Blößen d i e S a a t a n z u w e n d e n. Der Wortlaut der Berichte ergibt, daß es sich um eine Neueinführung handelte; auch über die „solcher Manipulation entgegenstehenden Bedenken" und darüber, daß sich „hierselbst ohnehin niemand auf derlei Waldbesäung verstehen würde", wurde gelegentlich berichtet [2].

Nachstehende Fragen sollen im Folgenden beantwortet werden: Waren die nördlichen Vorberge, so der Gaisberg (1286 m), Colomannsberg (1115 m), Heuberg (899 m), Haunsberg (833 m), Tannberg (784 m) schon vor Jahrhunderten, also von Natur aus, von der Lärche gemieden? Und ist die im übrigen im Vorstehenden nachgewiesene Verbreitung der Lärche eine natürliche?

Auf die Umgebung von Neumarkt und Köstendorf (zwischen Colomannsberg und Tannberg) bezieht sich eine Handschrift von 1625, Landrecht des Pflegegerichtes Altenthan [3]), die u. a. Verfügungen über das Schlagen von Buchen, Tannen, Fichten und über das „Fahren an den Tannwald" trifft, hingegen ist hier von Lärchen nicht die Rede. (Anders im Verbreitungsgebiet der Lärche: Dieselben Taidinge enthalten, S. 150, das Landrecht des Landgerichtes Golling, Handschr. von 1694, mit der Bestimmung, daß alles Holz, „lerches, fichtes oder pueches", so zum fürstlichen Salzwesen in Hallein gehört, einem jeden wegzubringen verboten sein soll. Auch ein Taiding zu Lofer und Unken, 17. Jahrhundert, gebietet die Schonung von zu Zeugholz tauglichen Lärchen, Zirben, Buchen, Ahornen, Ulmen, Eschen.)

Eine „Beschreibung der Forst- und Schwarzwälder auch Hof- und Hayhölzer in denen hochfürstlichen . . . Landgerichten Neuhauß Glanegg und Glan 1623" bezieht sich auf Waldungen im Umkreis der Stadt Salzburg [4]); die Waldungen nächst zahlreicher Orte in der Umgebung werden mit ihren Holzarten angeführt: Lengfelden, Kasern, Hallwang, am Plain, Plainfelder Bach, Gnigler Steg usw., am Heuberg, Kueberg ob Schloß

---

[1] z. B. „die berichtlichen Anzeigen der angebauten Maise und die Beschreibung derselben von den Pflegegerichten Abtenau, Gastein, Goldeck, Hüttenstein, St. Johann, Saalfelden, von 1776 bis 1780", Salzburger Landesregierungsarchiv.

[2] Akten von 1773 bis 1784 über die sämtlichen Unterwaldmeistern anbefohlene Sammlung von Waldsamen, Landesregierungsarchiv Salzburg, Hofkammer-Akten, Waldmeisterei, 1784, B.

[3] Die Salzburgischen Taidinge, Österr. Weistümer, I. Bd., Wien, Braumüller 1870, S. 30; Altentann und Lichtentann am Fuße, Nordwesthang, des Colomannsberges südlich und östlich von Henndorf.

[4] Salzburger Landesarchiv, Oberstwaldmeisterei, Allerhand Waldbücher, Nr. 45 (Schloß Neuhauß etwa 1 km nordöstlich vom Stadt Salzburger Kapuzinerberg; Schloß Glanegg 6 km süd-südwestlich von Salzburg; Glan westlich der Stadt).

Neuhaus, also ein Vorberg des Gaisberg. Der „Gaißberg“ selbst (mit zahlreichen Angaben über Buchen, Fichten, Tannen), der Nockstein, Salzburghofen (Fichten, Hainbuchen, Eichen); in der ganzen Beschreibung der Wälder von Neuhauß, Glanegg und Glan 1623 ist nicht eine einzige Lärche genannt, hingegen immer wieder Fichten, Tannen, Buchen, Hainbuchen, Eichen, Erlen, mit Unterscheidung wie: „ein alte Markpuechen“, „ein junges Tannl“, „ein große Feichten“ usw.; die Lärche hat in diesem Gebiet ohne Zweifel schon damals (1623) gefehlt. Diese Schlußfolgerung stimmt auch mit dem heutigen Waldbild überein. Beim Aufstieg auf den Gaisberg z. B. findet man Buche, Tanne, Fichte, ferner eingesprengt Berg- und Spitzahorn, Eschen, Schwarzerlen, Stieleichen, Ulmen, auch Sorbus Aria; aber keine Lärchen (oder nur ganz vereinzelte, kümmerliche Reste künstlicher Lärchenkultur).

Mit dem gleichen Ergebnis hinsichtlich Fehlens der Lärche wurde ein Band „Extrakt aus der . . . Beschreibung der im hochfürstlich Salzburgischen Pflege- und Landgericht Alt- und Lichtenthann entlegenen und denen Kloster Peterischen Unterthanen erblichen, dem uralten Stift St. Peter in Salzburg aber mit Grundeigenthum angehörenden Waldungen und Holzgründe 1784 bis 1790“[1]) durchgesehen. Hier sind die erblichen Inhaber von Waldungen in namentlich angeführten Ortschaften dieser Gegend samt den vorkommenden Holzarten (Fichte, Tanne, Buche, dann einzelne, besonders sorgfältig verzeichnete Eichen) eingetragen.

„Allerhand Waldbücher Nr. 13“ enthält für das gleiche Gericht eine ähnliche Beschreibung hinsichtlich der der Graf Lodron'schen Primogenitur eigentümlichen Waldungen aus dem Jahre 1792; außer den schon genannten Holzarten sind hier auch Föhren („Färchen“) aufgezählt.

Die „Seekirchner und Reitbacher Forstbeschreibung, Alten- und Lichtenthann, 1782“ (Oberst-Waldmeisterei, allerhand Waldbücher, Nr. 14) beschreibt auf 196 Seiten einzeln angeführte Waldungen, die vorkommenden Holzarten sind Fichten, Tannen und Buchen, in einem Einzelfall „Ferchen oder Kiefer“, „Birchen“, auch „prunröhrmässige feichten und Thannen“ werden genannt, es stand also selbst zur Erzeugung von Brunnröhren das dauerhaftere Lärchenholz nicht zur Verfügung.

Die Waldordnungen geboten insbesondere die Hege von Eichen und Lärchen und setzten für eigenmächtige Schlägerung dieser Holzarten ohne vorherige Bewilligung Strafen fest; die alten Amtsrechnungen enthielten sowohl Empfänge aus „Forstgeldern“ (mit Nennung der zur Nutzung angewiesenen Holzarten), als auch solche aus Waldstrafen (mit Anführung der eigenmächtig gefällten Bäume) verzeichnet; so z. B. „Alt- und Liechtentann, Extrahiert aus denen . . . Amtsrechnungen, von 1623 an“ (Nr. 20). Auch hier ergab die Durchsicht des Buches nur Hinweise auf Tannen, die z. B. aus dem Thannerwald (wohl am Tannberg) nach dem nahen Steindorf geholt wurden, dann auf Buchen, Fichten („eine große Schintlfeichten“), Eichen (z. B. „ein fruchtbar Aichpaumb umgehackt, gestraft“), aber nicht auf Lärchen. Strafe wegen eigenmächtiger Fällung von Eichen war hingegen häufig.

Nur in einem einzigen unter sehr vielen Fällen ist die Lärche, auf dem Zifanken, Cote 916, westlich vom Colomannsberg, genannt, was auf ein ganz vereinzeltes eingesprengtes Vorkommen schließen läßt: „Alt- und Liechtenthann, Extracte aus den älteren Wald-Strafs-Relationen, begonnen 1686“ führt (nach häufiger Nennung von Buchen, Eichen, Fichten, Hainbuchen, auch Birken), unter Jahreszahl 1760 an, daß „Mathias Nidbrugger zu Plathub“ (die Platthub liegt etwa 2 km südlich vom Zifanken) „im Tallgau in seinem zum Pfarrhof daselbst dienstbaren Zulehen ohnweit des Zifanggen in sein eigentumblich

<hr>

[1]) Salzburger Landesregierungsarchiv, Oberstwaldmeisterei, Allerhand Waldbücher, Nr. 12 (das Verzeichnis der „Allerhand Waldbücher“ umfaßt 72 Nummern!).

Waldung 4 schene Lerchen, deren zwei 1½, die andern jede 1 schuh dickh, ohne Anfrag zum Verkauf
geschlagen". (1 Schuh = 0.2966 m, die beiden stärkeren waren also etwa je 45 cm stark.) Die Strafe
betrug für die 2 stärkeren je 2 Gulden, für die schwächeren je 1 Gulden, zusammen 6 Gulden. Jedoch
beweist eine Beschreibung der Waldung „Zifanggen" vom Jahre 1782, in der die Lärche n i c h t genannt
ist, daß diese Holzart dort nicht etwa häufig war, es dürfte sich nur um ein Minimum-Vorkommen handeln: Die „Henndorfer Forstbeschreibung ex 1782", Oberst-Waldmeisterei, allerhand Waldbücher, Nr. 17
(„Beschreibung derjenigen Hölzer, welche die Unterthanen als ihre eigenthümliche behaupten wollen")
enthält auf S. 125 Angaben übe die „Waldung Zifanggen"; von drei dortigen Gütern sind die Waldungen
beschrieben, die aus „Feichten, Thannen und etwas Buchen" bestehen. Das Buch zählt recht genau bei
jeder Waldung die Holzarten mit Bemerkungen über die Stärke auf, dabei sind stets „Thannen, Feichten",
des öfteren auch Buchen genannt, n i e m a l s L ä r c h e n.

Ein im Jahr 1813 erschienenes Buch: G e o r g P u r e b e r l, Die Reise nach Neumarkt nächst Salzburg, den Freunden Thannbergs gewidmet, sagt im Kapitel „Der Thann-
berg", der Weg führe den Fremden „durch einen mit Tannen, Fichten und Buchen
bewachsenen Wald".

Aus all dem ist zu folgern: A u f d e m G a i s b e r g (Hauptdolomit, Dachsteinkalk,
Gosaukonglomerat) u n d a u f d e n i n s e l a r t i g a u s d e r G l a z i a l d e c k e
e m p o r r a g e n d e n F l y s c h b e r g e n d e s S a l z b u r g e r V o r l a n d e s s o w i e
a u f d i e s e n G l a z i a l b i l d u n g e n s e l b s t f e h l t d i e L ä r c h e v o n N a t u r
a u s. Das Grundgestein kann nicht die Ursache dieses Fehlens sein, da die Lärche z. B.
im westlichen Wiener Wald auch auf Flysch natürlich vorkommt und sich auch auf den
den Gaisberg aufbauenden Gesteinen südlich von diesem im Lande Salzburg findet;
ebenso wenig schließt die Meereshöhe, zu der die Vorberge aufragen, das Lärchenvorkommen aus, denn schon bei Werfen läßt sich ihr n a t ü r l i c h e s Vorkommen bei etwa
550 bis 700 m Seehöhe geschichtlich nachweisen. Vielmehr ist in den Salzburger Vorbergen als bekanntem typischen W e s t w e t t e r g e b i e t die Lärche a u s k l i m a t i -
s c h e n G r ü n d e n n i c h t w e t t b e w e r b s f ä h i g. Die lange Vegetationsperiode
und die milden Winter begünstigen die Zuwachsverhältnisse der anderen Holzarten. Den
Untergang künstlich eingebrachter Lärchen im Wettbewerb mit der Fichte (in der Abteilung Geberholz, Revier Thalgauberg) habe ich im Centralbl. f. d. ges. Forstw. 1924,
S. 252—255, geschildert.

Als ein Beispiel a l l m ä h l i c h e n A u s k l i n g e n s der Lärchenverbreitung wurde
früher der Bundesforst St. Gilgen genannt, in welchem sich unsere Holzart nur mehr
eingesprengt findet.

Laut „Landgerichtskarte" lag St. Gilgen ehemals inmitten des Landgerichtes Hüttenstein. „Allerhand Waldbücher", Nr. 2, enthält (Fol. 6) für „Hietenstain" (jetzt Schloß Hüttenstein an der Ischler
Bahn unweit vom Nordende des Aber- oder Wolfgangsees) die Abschrift eines Bewilligungszettels vom
13. III. 1586, mittels dessen einem Schindelmacher bewilligt wird, Lärchen zu schlagen und eine Anzahl
Klafter Lärchenschindeln zu machen [1]).

Die Salzburger Waldordnung vom Jahre 1659, unter der Regierung des Erzbischofs
Guidobald erlassen, zählt im Art. V jene Pflege- und Landgerichte auf, in denen das
Lärchenholz mit besonderem Fleiß „zu hayen" ist: Der Satz „darin das Lärchenholz zu
Nothdurft unserer Hof- und Haubtstadt, auch dem Hällingischen Saltz-Weesen mit
sonderm fleiss zu hayen ist" bezieht sich auf die unmittelbar vorhergehende Aufzählung:
„In Unseren Pflege- und Landgerichten Golling, Werffen, Radstadt, Abtenau, Sanct-
Johannes, und Clain Arl".

Ein Lärchenstandort von g e r i n g e r M e e r e s h ö h e (e t w a 550 b i s 700 m) ist
der Setzenberg nördlich von Werfen, nahe der Mündung des Blühnbachtales ins Salzach-

---

[1]) Allerhand Waldb. Nr. 2, Salzburger Landesregierungsarchiv, Oberstwaldmeisterei.

tal. Fol. 15 des Waldbuches Nr. *2* enthält die Verfügung vom 5. November 1586, daß für die Wiederherstellung der baufälligen Brücke zu Golling Lärchen aus dem Werfner Gericht, und zwar am Zezenberg und am Plientauer, zu schlagen sind. Somit ist d i e U r s p r ü n g l i c h k e i t d e s L ä r c h e n v o r k o m m e n s i n H ö h e n v o n e t w a 550 bis 700 m b e i W e r f e n a u c h b e s t a n d e s g e s c h i c h t l i c h b e s t ä t i g t[1]), es spricht auch die Häufigkeit und Ausdehnung des dortigen gegenwärtigen Vorkommens und das erreichbare Lebensalter durchaus dafür. Auch die Waldordnung von 1524 schreibt vor, „unser Waldmeister soll auch ob den L e r c h - W ä l d e r n b e y W e r f e n und anderswo mit Vleiß hallten, auch nit gestatten", daß das „Lergät" (Lärchenharz) gebohrt werde.

Überreich ist das geschichtliche Material in Salzburg, das über die Zusammensetzung der Wälder unter Anführung auch der Lärche aussagt, hier sollen hievon nur wenige Beispiele für einzelne Standorte angeführt werden. Im Abtenauer Gebiet ist die Lärche ursprünglich; „Allerhand Waldbücher" Nr. 1, 1568—1584, verzeichnet (Fol. *32*), daß in Abtenau i. J. 1570 Hofbaumeister Vischer „100 Klafter Lärchenscharschindl im Lerchschach" angewiesen erhielt. Ebendort sind auch unter der Aufschrift „Golling" i. J. 1570 Lärchen und Zirben, bei Werfen Lärchen angeführt.

Für die b a y e r. F o r s t e im Lande Salzburg (St. Martin bei Lofer, Unken) ergibt die „Generalwaldbeschreibung über alle und jede . . Vorst- und Schwarzwäldt, so . . zum Reichenhallerischen Salzweesen mit Rießen, Laiten unnd Clausen zu bringen, 1609"[2]) die Ursprünglichkeit des Lärchenvorkommens. Vom Waldort Lindau (heute noch Lärchenstandort) heißt es hier (Fol. *49*), daß er „Lerchen, Tannen, Veichten und Puchenholz helt", das mit Riesen gegen St. Martin zu bringen sei; vom Waldort „Neppelsperg" (Nebelsberg), daß er in der Höhe bis an das Dietrichshorn „Veichtholz mit lerchen vermischt" enthalte.

Im Mai 1564 wurde eine Waldbeschau im Lungau durch die beiden Unterwaldmeister Egidi Winter zu Radstadt und Christoph Salz aus dem Pinzgau durchgeführt[3]); von Ramingstein ausgehend, verzeichneten sie, „wenn man in dem Millpach an der linken Hand hineingehet, ein schenen jungen Lerchwald" (die Mündung des Mühlbaches in die Mur unterhalb Ramingstein liegt nahe der tiefsten Stelle des ganzen Lungaus). Vom Waldort „Bundschuh" (südlich Pichlern) heißt es Fol. 6: „Von Kalten Bründl hinein auf die Plöss . . . Windwürfig, ist halber Wald Lerchach". Betreffs des Zederhaustals ist von Wäldern „von Lerchen und feichten", beim Taurachtal von „schenen Schachen, aber vast Lerchach" die Rede. Diese Beispiele mögen genügen.

Was die Ausbreitungsgeschichte der Lärche in den Alpen in vorgeschichtlicher Zeit anbelangt, so enthalten bisher in der Regel pollenanalytische Untersuchungen, wie schon ausgeführt, wegen der schwierigen Bestimmbarkeit des Lärchenpollens keine Angaben über die Lärche. Doch wurde 1932 in einer Veröffentlichung von F. F i r b a s, „Die Beziehungen des Kupferbergbaues im Gebiete von Mühlbach-Bischofshofen zur nacheiszeitlichen Wald- und Klimageschichte"[4]), auch der Lärchenpollen auf Grund der

---

[1]) Zum Zezenberggut (ca. 550 m) gehören gegenwärtig Waldungen oberhalb des Bauernhauses in einer Seehöhe von etwa 650 bis 700 m, meist Mischbestände mit Lärche; der Waldzustand spricht keineswegs für künstliche Einbringung der Lärche; starkes, geradschaftiges, gut spaltbares Lärchenbauholz wurde, wie der Gutsverwaltung Blühnbach, Forstrat Nölscher, bekannt ist, auch in jüngster Zeit dort öfter abgegeben.

[2]) Hauptstaatsarchiv München, K. B. allgem. Reichsarchiv Reichenhall, Gericht I, 77, 34½.

[3]) Salzburger Landesregierungsarchiv, Oberst-Waldmeisterei, Allerhand Waldbücher Nr. 37.

[4]) Materialien zur Urgeschichte Österreichs, Heft 6, 1932, S. 173—183.

von Gerasimov gegebenen ausführlichen Beschreibung verzeichnet, außerdem fand
Firbas in dem untersuchten, etwa 1540 m hoch gelegenen Moor auf dem Troiboden
bei Mühlbach-Bischofshofen in Ablagerungen aus der Bronzezeit Baumstöcke sowie
„viele Zweige, Nadeln und Zapfen von Lärchen und Fichten". Das Vorkommen der Lärche im Lande Salzburg auch in vorgeschichtlicher Zeit ist damit
bewiesen.

Waldtypen (Mischholzarten, herrschende und charakteristische Arten des Unterwuchsvereins, Güteklasse).

In den im Lande Salzburg nur sporadisch vorkommenden besten Ertragsklassen
(II. von fünf) erreichen die Lärchen Scheitelhöhen von 35 bis 40 m und sehr gute Wuchsformen, sind aber in der Regel nur eingesprengt:

1. Picea excelsa + Fagus silvatica + Larix europaea (eingesprengt, spärlich) +
Acer Pseudoplatanus (eingesprengt) — Impatiens noli tangere — Asperula odorata —
Sanicula europaea — Actaea spicata — Dentaria bulbifera — Galeobdolon luteum; beobachtet z. B. Blühnbachtal, Sonnseite, 850 m, auf Werfener Schiefer; Scheitelhöhen von
35 bis 40 m im Alter von 120 Jahren.

2. Ein etwas häufiger vertretener Waldtyp in einem Gebiete, in welchem der Lärche
auf ganzen Talseiten etwa 2 Zehntel der Bestockung zufallen, zeigt folgende Charakte-
ristik: Picea excelsa (Mischungsanteil 0·5) + Abies pectinata (0·2) + Larix eurpaea (0·2)
+ Fagus silvatica (0·1) — Oxalis acetosella (wenigstens die Hälfte deckend, scharenweise) — Sanicula europaea — Paris quadrifolia — Mercurialis perennis — Lilium
Martagon — Majanthemum bifolium; Scheitelhöhen der Lärchen im Alter von 73 Jahren
26 bis 27 m (entspricht im 100jährigen Bestand einer Höhe von 30 m), Masse des 73jäh-
rigen Mischbestandes 500 fm, des 100jährigen 620 fm; ziemlich bindiger Lehmboden,
Grundgestein Gutensteiner Kalk, Nordlehne, 650 m ü. M.

3. Das weit verbreitete Sauerkleegelände weist nicht immer so gute Bonitäten
auf wie die eben dargestellte; eine nächst geringere wird durch folgenden Bestand vertreten: Picea excelsa (Mischungsanteil 0·6) + Abies pectinata (0·1) + Larix europaea
(0·3) + Fagus silvatica (eingesprengt) — Oxalis acetosella — Sanicula europaea — Pirola
uniflora — Majanthemum bifolium — Polypodium Phegopteris — Polygonatum verticillatum — Homogyne alpina; im 110jährigen Bestand, Nordlehne, Gutensteiner Kalk,
700 m ü. M., betragen die Scheitelhöhen:

bei Lärche im Mittel	29 m,	im unteren Teil der Lehne 31 m;
bei Fichte, Tanne im Mittel	26 m,	im unteren Teil der Lehne 28 m;
bei Buche im Mittel	23·5 m,	im unteren Teil der Lehne 24 m.

Es handelt sich um ein Gebiet mit strengen Wintern, unweit von Werfen, in welchem die Buche zwar noch häufig vorkommend, aber nicht mehr im Optimum ist. Das
gleiche Verhältnis hinsichtlich der Scheitelhöhen der miteinander vermischten Holzarten
wiederholt sich dort in zahlreichen Beständen.

4. In der gleichen Gegend sind die Wuchsleistungen von Beständen, die als Vertreter des Heidelbergeländes gelten können, geringer: Picea excelsa (Mischungsanteil
0·3) + Abies pectinata (0·1) + Larix europaea (0·3) + Fagus silvatica (0·3) — Vacinium
Myrtillus (wenigstens die Hälfte deckend, scharenweise) — Pirola secunda — Helleborus
niger — Prenanthes purpurea; Nordlehne, Gutensteiner Kalk, 700 m ü. M.; mittlere
Scheitelhöhe des 100jährigen Bestandes:

Lärche 24 m,
Fichte 22 m.
Tanne   20 m,
Buche   19 m.

5. Auf felsigen, seichtgründigen Stellen der Kalkalpen Salzburgs können wir finden: räumdige kurzschaftige Baumbestände von Picea excelsa + Fagus silvatica + Larix europaea + Taxus baccata (vereinzelt) + Amelanchier ovalis — Erica carnea — Rhodothamnus Chamaecystus — Polygala Chamaebuxus — Dryas octopetala — in Felsritzen Primula Clusiana mit prachtvollen Blüten; auf solchen Standorten zeigen auch bei geringen Meereshöhen (800 bis 900 m) die Bäume nur geringen Zuwachs, die Scheitelhöhen betragen im 100- bis 120jährigen Alter für Nadelholz kaum 15 m, für die Buche noch weniger.

6. Noch ungünstigere Standorte für den Baumwuchs sind trockene, flache Schuttkegel am Fuße der Felswände; der äußerst geringe Zuwachs spricht dafür, daß Larix, entgegen der im Schrifttum öfter geäußerten Vermutung, hier kaum mit den Wurzeln bis in eine ständig durchfeuchtete Bodenschicht hinabreicht, sondern tatsächlich mit dem trockenen Standort (in niederschlagsreichem Klima) Vorlieb nimmt. Wir finden eine schüttere Bestockung von Picea excelsa + Larix europaea + Pinus montana + Fagus silvatica — Erica carnea — Polygala Chamaebuxus — Globularia cordifolia — Globularia nudicaulis — Vaccinium Vitis idaea — Linaria alpina — Pinquicula alpina; an schattigen Stellen unter Krummholzkiefern Hypnum splendens. Die über 100jährigen Bäume haben geringe Höhen, Lärche 14 bis 15 m, Fichte 10 bis 14 m, Buche nur 6 bis 8 m.

Die dargestellten Beispiele betreffen das Gebiet, in welchem noch die Buche vorkommt, das ist die Außenlandschaft und der Übergang von dieser gegen das Gebirgsinnere, also hauptsächlich die Kalkalpen und einen Teil des Schiefergebirges. Auf der Leeseite des Hagen- und Tennengebirges ist die Buche, wenn auch nicht mehr sehr gut gedeihend, noch vertreten, die Lärchen erwachsen in dortigen Mischbeständen von Fichte + Tanne + Buche + Lärche zu vollholzigen, vollkernigen, astreinen Stämmen von sehr guter Holzbeschaffenheit. Auch Bergahorn, Esche, Ulme, Birke sind häufig als eingesprengte Holzarten in den Beständen anzutreffen, an einzelnen Standorten auch die Eibe. An sonnigen Süd- und Westhängen ist im Mischbestand mit Fichten, Buchen, Lärchen auch der Mehlbeerbaum (Sorbus Aria) keineswegs selten. Auf warmen, trockenen Dolomit- und Kalkböden, auf den Südabhängen des Steinernen Meeres, auf denen der Leoganger und Loferer Steinberge nimmt aus edaphischen Gründen auch die Weißkiefer am Bestandesaufbau in Mischung mit Fichte, Tanne und Lärche teil.

In den Hochlagen der großen Plateaus sind auch in den Kalkalpen (z. B. Hagengebirge, 1500 bis 1700 m) Fichte, Lärche und Zirbe vergesellschaftet. Unter lichtem Schirm der Lärchen finden wir dort Pinus montana, Rhododendron hirsutum, Rhodothamnus Chamaecystus, Ranunculus alpestris, Soldanella alpina, Bartschia alpina, Salix retusa und andere Pflanzen der Hochregion. Auf Almen treffen wir in Gesellschaft einzeln stehender Lärchen: Bergahorne, oft in hochaltrigen Stämmen; in der Grasnarbe Alchemilla alpina, Gentiana verna, Pinquicula alpina, ferner Trollius europaeus, Saxifraga rotundifolia, Gentiana asclepiadea, Veratrum album, Primula elatior und andere.

7. In der b u c h e n f r e i e n z e n t r a l a l p i n e n I n n e n l a n d s c h a f t, z. B. im Lungau, herrschen Fichten + Lärchen = Mischbestände vor, denen sich in höheren Lagen die Zirbe beigesellt. Das „sibirische" Klima des Lungaus drückt die Fichtenbonität herab, und zwar auch auf jenen geologischen Formationen, die in anderen Klimagebieten

des Landes besonders bevorzugt sind, wie Kalkglimmerschiefer und Radstädter Schiefer. Die Hemmung der Fichte durch das rauhere Klima kommt der Lärche insofern zugute, als sie hier durch hohen Bestockungsanteil, durch ein Höchstmaß ihrer Verbreitung ausgezeichnet ist, wenn auch die Massenleistungen, die lange Lebensdauer und die Holzgüte, wie sie bei weniger rauhem Klima, z. B. im Blühnbachtal, vorliegen, nicht übertroffen, ja hinsichtlich der Wuchsleistungen innerhalb einer bestimmten Umtriebszeit kaum erreicht werden können.

Was den W e t t b e w e r b durch die Fichte anbelangt, so sei auf folgenden Vergleich hingewiesen: In den Vorbergen des Landes Salzburg, wo die Lärche von Natur aus fehlt und bei künstlicher Einbringung in der Regel im Alter von etwa 30 Jahren durch die Fichte verdrängt wird, ergibt die vorkommende beste Fichten-Ertragsklasse (Fichte mit einzelnen Tannen und Buchen, Beispiel Revier Henndorf, Waldort Ratzerköpfl, Mayr-Melnhof'sches Forstamt Parsch b. Salzburg) im 100jährigen Bestand einen Holzmassenvorrat von rund 1200 fm je Hektar. D e r   r a s c h e r e   H ö h e n w u c h s   d e r   F i c h t e im a u s g e g l i c h e n e r e n K l i m a s t e l l t im D i c k u n g s a l t e r d i e W e t t b e w e r b s f ä h i g k e i t d e r L ä r c h e i n F r a g e. Im Lungau dagegen ist auch auf den besten Böden der Wachstumsgang der Fichte ein langsamerer; das beweisen auch die Forsteinrichtungspläne der Forstverwaltungen St. Michael im Lungau, Mauterndorf, Bundschuh und Ramingstein, die erkennen lassen, daß die besten Wuchsleistungen im Durchschnitt ganzer Bestände (Unterabteilungen) kaum die Hälfte der eben für die Vorberge angegebenen im gleichen Alter erreichen; z. B. Fichte (Mischungsanteil 0·7) + Lärche (0·3) + Zirbe (eingesprengt) — Oxalis acetosella — Hypnum-Arten, 100jährig 590 fm bei voller Bestockung. Nur wenn man für die b e s t e n T e i l e eines solchen günstigsten Bestandes (als Repräsentanten der besten Ertragsklasse im Lungau) im untersten Teile nahe der Talsohle eine gesonderte Holzmassenermittlung durchführt, so sind auch im Lungau Wuchsleistungen von 900 fm je Hektar mit Mittelhöhen von 35 m im Alter von 100 bis 110 Jahren zu erreichen (Beispiel Bundschuh 34 c und 24 c), in diesen Beständen sind auch im Lungau Lärchen nur eingesprengt. Auch diese Wuchsleistung beträgt nur 75 v. H. der besten der Vorberge. In Meereshöhen von 1000 bis 1200 m, wie sie auch im Lungau vorkommen, gibt es im Randgebirge noch beste Güteklassen der Fichtenbestände!

Der Waldtyp solcher Fichten-Lärchenmischbestände g ü n s t i g s t e r Standorte des Lungaus auf Flächen geringer Ausdehnung mit Scheitelhöhen von 35 m im Alter von 100 bis 110 Jahren ist gekennzeichnet wie folgt: Picea excelsa + Larix europaea — Oxalis acetosella — Majanthemum bifolium — Pirola uniflora und secunda — Veronica officinalis — Polytrichum- und Hypnum-Arten — Vaccinium Myrtillus und Vitis idaea, beide Arten nur in einzelnen Exemplaren geringer Vitalität.

Bis zu Höhen von etwa 1400 m ist im Lungau die Fichte vorherrschend, die Lärche mit 0·1 bis 0·3 der Bestockung beigemischt, während die Zirbe noch fehlt. Tanne, Föhre, Bergahorn finden sich in seltener Beimengung. An trockenen, warmen Stellen sind horstweise Hasel, Zitterpappel, Moorbirke, Grauerle, Traubenkirsche und Salweide an der Mischung beteiligt.

In Fichten-Lärchen-Beständen mittlerer Güteklasse mit einer Scheitelhöhe des Lärchen-Mittelstammes von 22 bis 25 m bei 100jährigem Alter, Meereshöhe 1450 m (Stammanalyse: T s c h e r m a k, Die Formen der Lärche, Centralbl. f. d. ges. Forstw. 1924, S. 239) sind als Bodenpflanzen Vaccinium Myrtillus, stellenweise mit zusammenhängendem Wurzelfilz, und Vaccinium Vitis idaea verbreitet. An trockenen Orten stellt sich Juniperus communis ein; auf feuchten Waldböden siedeln Moose, so Dicranum scoparium und Hypnum splendens und triquetrum; auf mageren Böden, bei noch geringerer Bestandeshöhe und schütterer Bestockung, Cladonia rangiferina, Cetraria islandica, Calluna vulgaris, Melampyrum silvaticum.

In größerer Höhe des Lungaus (über 1500 m) wird die Lärche immer häufiger, im Unterwuchs finden wir die Sumpfheidelbeere, Vaccinium uliginosum, den Zwergwacholder, Juniperus nana, die Alpenrose, Rhododendron ferrugineum. Nach oben, in der Kampfzone, wo der Bestandesschluß fehlt, bilden zwischen locker gestellten Lärchen und Zirben die Alpenrosen im Verein mit anderen Zwergsträuchern größere Bestände, die von Grasfluren unterbrochen werden, in denen Borstgras, Nardus stricta, nicht selten ist. In diesem Gürtel von 1600 bis 1800 m kommen auch des öfteren lichte, fast reine Lärchenbestände vor.

Erreichbares Lebensalter, Urwaldreste.

Auf der Frohnalpe bei Bucheben im Rauriser Tal wurde im Jahre 1921 eine mächtige Lärche gefällt (Meereshöhe 1270 m), auf deren Stock vom Verfasser i. J. 1932 330 Jahrringe gezählt wurden. Der freistehende Baum war in der Jugend rasch erwachsen, die innersten 47 Jahrringe ergaben einen Halbmesser von 37 cm, für die nächsten 42 Ringe betrug das Ausmaß in der Richtung des Halbmessers nur noch 13 cm, dann wurden sie immer enger, in den äußersten Splintholzlagen gingen auf 1 cm 16 Jahrringe. Der Durchmesser des Stockes betrug ohne Rinde in einer Richtung 2·50 m, in einer zweiten 2·10 m.

Nach dem „Katalog der Ausstellung des k. k. Ackerbauministeriums, Wien, Verlag des Ackerbauministeriums, 1873“, S. 204, befanden sich auf der Wiener Weltausstellung im Jahre 1873 die Stammscheibe und Eisenbahnschwellen „von einer Lärche aus dem Blümbacher Forste, erwachsen in einer Höhe über der Meeresfläche von 1400 m, in nordwestlicher Lage, auf trockenem, kaltem Standorte; Alter des Baumes 530 Jahre, Durchmesser desselben in Brusthöhe 86 cm, Länge 26·68 m und Holzmassengehalt 6·75 Kubikmeter“. Eine zweite ausgestellte Lärchenstammscheibe „aus dem Forst Tyrolerstelle (Salzburg)“ hatte 575 Jahrringe.

Im Blühnbacher Forst (Forstverwaltung in Werfen) hat der Verfasser am Stocke einer 1933 frisch gefällten Lärche auf der Blühnteckalpe in 1450 m Höhe das Alter mit 385 Jahren ermittelt; der Durchmesser in Stockhöhe betrug 130 cm. Nur ca. 3 v. H. der Holzmasse war (auf der Bergseite, vermutlich infolge Steinschlages) faul. In den ersten 70 Jahren war der Stamm breitringig erwachsen (mit Jahresringen von durchschnittlich 3 bis 4 mm, einzelne 8 bis 9 mm), dann folgten engere Ringe. Der intensiv rote Kern war von einem nur 1 bis 2 cm breiten Splint umschlossen. In geringer Entfernung von dieser Lärche, an der Grenze der Alpe gegen den Blühntecks-Alpswald, stockten ein Bergahorn von 130 cm Brusthöhendurchmesser und 17 bis 18 m Scheitelhöhe, ferner (in 1430 m Seehöhe) ein Horst mächtiger, aber kurzschaftiger Buchen, die stärkste von diesen (mit innen morschem Stamm) hatte einen Brusthöhendurchmesser von 150 cm, eine Scheitelhöhe von 12 und eine Kronenbreite von 14 m; eine zweite war in Brusthöhe 133 cm stark, die Baumhöhe betrug 15 m, die Kronenbreite 14 m.

Wie in den Tabellen (Anmerkung) wiederholt angegeben ist, erreichen einzelne Lärchen in entlegenen Waldteilen, wo die Wirtschaft dies zuläßt, ein Alter von 300 bis 400 Jahren, so wurde beispielsweise im oberen Jochwald des Revieres Golling-Bluntau in 1400 m Seehöhe an dortigen Lärchen von Forstrat Ing. Nölscher ein Alter von 350 Jahren festgestellt.

Wo in hohen Lagen wegen vorhandener steiler Wände die Bringung des Holzes wirtschaftlich nicht durchführbar ist, sind noch kleinere Urwaldreste erhalten. Einen solchen lernte Verf. im „Rennangeralpswald" im Hagengebirge in 1500 m Meereshöhe kennen; bestandbildende Holzart ist die Fichte („Spitzfichte") mit eingesprengten Lärchen und vereinzelten Zirben. Bei Fichte und Lärche betrugen die Scheitelhöhen bis 30 m. Stämme von fast 1 m Brusthöhendurchmesser kamen vor, ihr Alter konnte auf Grund der Wahrnehmungen über die Breite der Jahrringe auf 300 bis 400 Jahre geschätzt werden.

Auch im Murursprungsgebiet im obersten Teil des Lungaus mit Mischwald von Fichte, Lärche, Zirbe, stellenweise auch reinem Lärchenbestand, sind in Meereshöhen von 1700 bis 1900 m noch Reste von Urwald vorhanden.

Künstliche Kultur.

Im natürlichen Verbreitungsgebiet der Lärche ist künstliche Kultur dieser Holzart nicht erforderlich. Wie schon Wessely[1] hervorgehoben hat, wird der Anflug der Lärche auf Kahlflächen durch die Häufigkeit der Samenjahre und den weiten Flug ihres Samens (im Vergleich zu jenem der Fichte) begünstigt. Die Belassung einer kleinen Anzahl von Überhältern auf den Schlagflächen genügt daher in der Regel, um einen entsprechenden Anteil von Lärchenbeimischung zu erreichen. Schmale Kahlschläge mit Lärchenüberhältern sind im Fichten-Lärchen-Mischwald vom Standpunkt der Verjüngung unserer Holzart empfehlenswert.

Anders verhält es sich außerhalb des natürlichen Verbreitungsgebietes, innerhalb Salzburgs, also insbesondere auf den Flyschbergen des Vorlandes, denen die Lärche von Natur aus fehlt. Auf dem Haunsberg (833 m) wurde der Lärchenanbau seit langem versucht; Pillwein, Das Herzogthum Salzburg oder der Salzburger Kreis, Linz 1839, teilt (S. 411) über den Haunsberg mit, er sei mit Gärten, Äckern, Wiesen und Wäldern versehen, auch sei „seit 1793 der Lerchenanbau in Aufnahme". Über den Erfolg in der Gegenwart berichtet Forstdirektor Ing. E. Bitterlich, daß am Weitwörther und Nußdorfer Haunsberg (ebenso wie im nahen Henndorfer und Neufahrner Wald) ein „nicht nennswertes" künstliches Vorkommen der Lärche in Mischung mit Fichte, Tanne und Buche festzustellen sei und daß in den Kulturen die Lärche in Einzelmischung mit Fichte im Alter von etwa 30 Jahren durch letztere verdrängt werde. Es zeigen sich also außerhalb des natürlichen Verbreitungsgebietes der Lärche schon in der Nähe seiner Grenzen ähnliche Erscheinungen, wie sie auch sonst vom künstlichen Anbau in Mitteleuropa in vielen Fällen (in Lagen ungeeigneten Klimas) bekannt sind.

2. Oberösterreich.

Horizontale Verbreitung.

Außerhalb der Alpen kommt die Lärche in Oberösterreich nirgends ursprünglich natürlich vor; das beweisen, wie weiter unten gezeigt wird, die geschichtlichen Quellen und die geringen Erfolge der dort versuchten künstlichen Lärchenkultur. Die Grenze des Landes Oberösterreich gegen Steiermark folgt den höchsten Erhebungen des Kalkhochgebirges, und zwar des Dachstein (Dachsteinspitze 2993 m), des Toten Gebirges (Hoher

---

[1] Wessely J., Die österreichischen Alpenländer und ihre Forste, Wien 1853, S. 275, 314, 317, 318.

Priel 2514 m), Warscheneck (2386 m) und Pyhrgas (2244 m); außer einem Teil der Kalkplateaus gehört nur die Außenabdachung des Kalkhochgebirges zu Oberösterreich, der Anteil der Lärche an dem Waldkleid ist daher kleiner als im benachbarten Steiermark, dem Lande im Inneren des Gebirges. Die Abnahme der Lärchenverbreitung von der Innenlandschaft gegen die Außenlandschaften hin tritt am deutlichsten in Erscheinung, wenn wir etwa vom Murtal bei Stadl und Murau nach Norden zum Ennstal und dann weiter bis ins oberösterreichische Seengebiet (Attersee, Gmunden) wandern.

Aber auch innerhalb der A l p e n O b e r ö s t e r r e i c h s ergeben sich noch bedeutende Unterschiede in der Lärchenverbreitung und in den ökologischen Bedingungen. Nördlich vom Hauptkamm des Kalkhochgebirges breitet sich ein weniger hohes, aber für die Gliederung des Reliefs noch immer bedeutsames Gebirgsland aus: An der Salzburger Grenze ragt die Schafberggruppe zu 1780 m empor; zwischen den südlichen Teilen des Attersees und Traunsees zieht sich das Höllengebirge (Höllenkogel 1862 m) hin; vom Ostufer des Traunsees erhebt sich der 1691 m hohe Traunstein und nördlich von Stoder und Windischgarsten breitet sich der Rücken des Sengsengebirges aus (höchste Erhebung 1961 m). S o w o h l ö k o l o g i s c h a l s a u c h i n B e z u g a u f d i e V e r b r e i t u n g unserer Holzart ist das östliche Alpengebiet Oberösterreichs verschieden vom Salzkammergut.

Im ö s t l i c h e n A l p e n g e b i e t, auf der Ostseite des großen Kalkplateaus des Toten Gebirges mit dem Warscheneck, besonders in den inneralpinen Lagen (Spital a. P., Hinterstoder, Windischgarsten), ist der Lärchenanteil verhältnismäßig (für das Land Oberöstererich) am größten, auch nähert sich im östlichen Alpengebiet die nördliche Grenze der Lärchenverbreitung sehr dem äußersten Gebirgsrand (südlich von Steyr); im Salzkammergut ist dagegen der Anteil der Lärche an der Bestockung recht klein und die Nordgrenze der Verbreitung hält noch sehr deutlich Abstand vom Nordrand des Alpengebietes (dessen Begrenzung vom Nordende des Zeller Sees über das nördliche Ufer des Attersees nach Gmunden und Steyr verläuft).

In der Forstverwaltung der Österreichischen Bundesforste Spital a. P. beträgt der durchschnittliche Lärchenanteil 0·12 auf 1670 ha, in der Herzogl. Forstverwaltung Hinterstoder etwa 0·2, im Wirtschaftsbezirk Windischgarsten (Österr. B.-F.) 0·1 bis 0·18, einzelne Teile, z. B. Nordseite des Tamberg, 0·3; auch das feststellbare Höchstalter von 200 Jahren für ganze Bestände, von über 400 Jahren für einzelne Lärchenstämme spricht für zusagendes Klima; die Nutzung 180- bis 200jähriger Bestände (z. B. Waldort Schalchgraben, 1200 m ü. M. am Tamberg der Forstverwaltung Windischgarsten) ergab noch durchaus gesundes Lärchenholz, nicht einmal ½ v. H. war faul. Die Wuchsformen der Lärchen sind befriedigend (vgl. Abb. 5, S. 41), die Holzbeschaffenheit ist hochwertig. Die Lärche findet sich hier auch in massenreichen Beständen recht guter Ertragsklasse (Fichte + Tanne + Lärche + Buche ergeben, umgerechnet auf volle Bestockung, 600 bis 700 fm je Hektar im 150jährigen Alter).

In der Richtung gegen den Nordrand des Alpengebietes wird der Bestockungsanteil der Lärche allmählich kleiner (Steyrling etwa 5 v. H. auf 7560 ha; Landesgut Leonstein: auf Nordhängen noch 0·1 bis 0·2 Lärchen-Mischungsanteil, auf Südhängen, 580 ha, aber nur mehr 1 bis 5 v. Tausend), doch umfaßt das natürliche Verbreitungsgebiet im Nordosten immerhin noch das Mittelgebirge in den nahe von Steyr gelegenen Gemeinden Garsten, St. Ulrich und Aschach.

Hingegen ist im S a l z k a m m e r g u t mit seinem durch ozeanische Einwirkungen mehr beeinflußten Klima die Dichte des Lärchenvorkommens auch in Lagen mehr im

Inneren des Gebirges geringer, der Anteil beträgt in den Bundesforsten von Goisern etwa 6 v. H. auf 10.540 ha und ist auch in den Bundesforsten von Gosau, Ischl, Offensee und Ebensee, weiters in beiden Forstämtern zu Grünau im ganzen nur gering, nur in einzelnen Beständen und in Hochlagen größer. Nähere Angaben enthält Tabelle 5. In den Bundesforsten von Goisern, zu denen derzeit auch das Gebiet von Hallstatt gehört, ist die Lärche häufiger auf Felsen und seltener auf Standorten des eigentlichen Forstbetriebes zu finden. Im Gebiete von Grünau ist das Klima der Buche günstiger als der Lärche, dafür spricht die ganz geringe Einsprengung der Lärche trotz noch vorhandener ansehnlicher Höhen und der hohe Bestockungsanteil der Buche (Herzog zu Braunschweig und Lüneburgsches Forstamt Grünau 70 v. H. Buche auf rund 3500 ha; Herring-Frankensdorf'sche Forstverwaltung Grünau Buche 65 v. H. auf 2800 ha); auch im Jahre 1630 fanden die Waldbeschauer, als sie „durch die Grienau nach der Alm hinein in die Prenntaw" gingen, einen von Fichten und Tannen gemischten Wald und erwähnten nichts von Lärchen [1]. Das Verkaufsurbar der Herrschaft Scharnstein vom Jahre 1585 nennt unter zahlreichen anderen Grenzbäumen (Tanne, Buche, Fichte usw.) ein einziges Mal, und zwar im Gebiet der Lanner Alm, Quellgebiet des Schindlbaches, auch einen „jungen Lehrpamb" [2].

Nach Norden reicht die natürliche Lärchenverbreitung im oberösterreichischen Salzkammergut nur wenig über die Linie: Südufer des Mondsees, Attersees und Traunsees; nur am Traunstein ist die Grenze weiter nach Norden vorgeschoben. Die Häufigkeit der Lärche am Traunstein ist gering, ähnlich verhielt es sich, wie weiter unten gezeigt wird, auch schon laut Waldbuch vom Jahre 1630; doch erreicht die Holzart auch da noch ein beträchtliches Alter, bis 200 Jahre, bei guter Wuchsform und Holzbeschaffenheit.

In dem Gebiete nördlich von den angegebenen Grenzen f e h l t die Lärche im Salzkammergut von Natur aus gänzlich, auch a u f d e n V o r b e r g e n, z. B. R i c h t b e r g 1047 m, M i e s e n b e r g 1007 m (zwischen Gmundner- und Attersee), sowie weiter westlich, so im nördlichen Teil des Wirtschaftsbezirkes Mondsee mit Flyschvorbergen (bei Golau 863 m). Die Flyschzone erlangt hier die Breite von 15 km. Die hier künstlich in Fichtenkulturen eingebrachten Lärchen bedecken sich im Alter von 30 bis 40 Jahren mit Flechten, kümmern und sterben ab (noch innerhalb des Alpenlandes, wenige Kilometer nördlich von der Grenze des natürlichen Verbreitungsgebietes, aber im Bereich des Westwetters der Randberge, in der [winterlichen] „Wärmeinsel" der Salzkammergutseen!).

V e r t i k a l e   V e r b r e i t u n g.

Eine untere Grenze der Lärchenverbreitung ist im Alpengebiet Oberösterreichs nicht festzustellen, sondern das tiefste Vorkommen findet sich jeweils in den tiefsten Lagen. Die untersten Lärchenstandorte des natürlichen Verbreitungsgebietes sind somit im Mittelgebirge südlich von Steyr in den Gemeinden Garsten, Aschach, St. Ulrich in Höhen von etwa 400 m; wie weiter unten nachgewiesen wird, ist auch das Vorkommen wenige (etwa 6 bis 7) Kilometer südlich von Steyr in geringen Meereshöhen in der Gegend Dambach-Mühlbach als ein natürliches anzusehen, wahrscheinlich also auch dasjenige in den eben genannten Gemeinden.

Nächst Bad Ischl befindet sich das dortige tiefste Lärchenvorkommen nahe der Talsohle bei 480 m, im allgemeinen kommt sie im Wirtschaftsbezirk Ischl in Höhen von 500 bis 1500 m vor; in einzelnen Fällen, so im Gebiet der Hohen Schrott (Mitter- und

---

[1] Waldbuch über die Bewäld des Gmundnerischen Salzwesens, 1630, fol. 259, Oberösterreichisches Landesarchiv, Linz.

[2] Kremsmünster, Inneres Archiv, Verkaufsurbar.

Hinteralpe) steigt sie in Zwergform bis 1700 m empor (Hohe Schrott 1786 m). In der Forstverwaltung Ebensee ist (laut Mitteilung des Forstmeisters Ing. J u l. R o ß m a n i t h) das tiefste Lärchenvorkommen bei 500 m, das beste bei 800 m, das höchste bei 1500 m festzustellen. In der Forstverwaltung Traunstein der Ö. B.-F. reicht das Lärchenvorkommen von 450 bis 1400 m.

Es trifft zu, was N. K r e b s[1]) über die Vegetation im Salzkammergut sagt: „Mischwald steigt noch bis zur niedrig gelegenen Waldgrenze in 1400 bis 1500 m Höhe. Darüber breiten sich ausgedehnte Flächen von Krummholz aus, und fast vegetationslose Gebiete haben weite Verbreitung. Nur wo die Menschen nicht hinkommen, geht der Wald höher.... auf dem Plateau der Warscheneck-Gruppe bis 1870 m". Am Warscheneck-Plateau finden sich noch ober der Waldgrenze (Purgstall, zum Revier Hinterstein gehörig) Lärchen der Kampfzone in Kandelaber- und Zwergform b i s 2000 m (H e b u n g d e r o b e r e n B a u m g r e n z e i m G e b i e t e b e d e u t e n d e r M a s s e n e r h e b u n g e n der großen Kalkplateaus: Totes Gebirge und Warscheneck!).

Im Abschnitt „Nachweis der Ursprünglichkeit der angegebenen Verbreitung in Oberösterreich" wird noch darauf hingewiesen, daß durch die Ausstellung hochaltriger Lärchenstämme, geworben aus 790 und 740 m Seehöhe im Salzkammergut (Wiener Weltausstellung 1873), deren schon vor 248, bezw. 218 Jahren begonnener Lebensablauf auf den genannten tiefer gelegenen Standorten nachweisbar ist; auch dies vermag die auch sonst sich ergebende Schlußfolgerung, daß die Lärche auch in tieferen Lagen ursprünglich natürlich vorkommt, zu stützen. Ähnliche Angaben finden sich auch in dem Ausstellungsführer „Die forstliche Ausstellung in Steyr 1884"[2]); dort wurden vor 50 Jahren 130jährige Lärchenstämme von Standorten in 800 m und in 950 m Seehöhe aus dem Revier Ternberg (etwa 10 km südlich von Steyr) und dem Revier Annaberg gezeigt. Somit ist in den Alpen Oberösterreichs die Verbreitung der Lärche a u c h i n L a g e n g e r i n g e r M e e r e s h ö h e e i n e n a t ü r l i c h e, wie dies auch für das benachbarte Niederösterreich eingehend nachgewiesen wurde[3]) (vgl. auch Abschnitt „Niederösterreich").

D i e ö k o l o g i s c h e n B e d i n g u n g e n.

Die Unterschiede zwischen den Graden der Häufigkeit der Lärche im östlichen Alpengebiet Oberösterreichs einerseits und im Salzkammergut anderseits sind ursprüngliche; das ergeben auch die weiter unten darzustellenden Archivstudien. Die Unterschiede können in der Hauptsache nicht geologisch bedingt sein, denn dieselben Formationen und Formationsgruppen wiederholen sich in beiden Gebieten. Vielmehr ist es das Klima, mit dessen Ungleichheit auch die Verschiedenartigkeit der Lärchenverbreitung parallel geht. Ein Teil des Salzkammergutes wird in der Klimatographie von T h. S c h w a r z[4]) unter Hinweis auf die Isothermenkarte von T r a b e r t als die „Wärmeinsel der Salzkammergutseen" bezeichnet, die im Winter augenfällig ist und auch im Jahresmittel erhalten bleibt. Wie ausgeführt wurde, meidet die Lärche dieses Seengebiet bis auf dessen südlichen Teil. Die Orte des Salzkammerguts zeichnen sich mit wenigen Ausnahmen durch m i l d e n W i n t e r u n d k ü h l e n S o m m e r aus. Für Gmunden (430 m) beträgt die mittlere Jännertemperatur —0·8⁰, die Julitemperatur 17·2⁰, die Jahresschwankung 18⁰; am

---

¹) K r e b s N., Die Ostalpen und das heutige Österreich, 2. Bd., Stuttgart 1928, S. 322.

²) Die forstl. Ausstellung in Steyr 1884, ein Führer f. d. Besucher d. Ausst., Steyr, Selbstverlag des Ausst.-Komitees, 1884.

³) T s c h e r m a k, Die natürl. vorkommenden Holzarten am Ostrand der Alpen in Niederösterr., Österr. Vierteljschr. f. Fw. 1931, S. 73 ff.

⁴) S c h w a r z Th., Klimatographie von Oberösterreich, Wien 1919, S. 10.

Südende des Gmundner Sees, bei Ebensee, wo die Lärche bereits vorkommt,
befinden wir uns auf der Schattseite in einem Becken mit im Winter erniedrigten,
im Sommer gesteigerten Temperaturen, während Gmunden am Nordende
des Sees eine freiere, den Luftbewegungen zugänglichere Lage aufweist. Die Jahresschwankung in Ebensee (426 m ü. M.) ist 19·8⁰ (Jänner —2·2⁰, Juli 17·6⁰). Im östlichen
Alpengebiet beträgt die Jahresschwankung in Weyer bei ähnlicher Höhe (400 m) 20·9⁰,
in Steyr (318 m) 21·2⁰, in Windischgarsten (603 m) 19·9⁰, Spital a. P. (647 m) 19·0⁰.
Allerdings gibt es auch im Salzkammergut Orte mit größerer Schwankung (z. B. Sankt
Georgen i. A., 563 m, Jänner —3·2⁰, Juli 17·2⁰, Schwankung 20·4⁰ [1])), allein im allgemeinen
ist die Kontinentalität im östlichen Alpengebiet Oberösterreichs doch größer als im Salzkammergut; dafür spricht auch die Untersuchung der mittleren und absoluten Extreme,
die während der einzelnen Monate vorkommen (S c h w a r z, a. a. O., S. 12, 51).

Sind nun etwa die Temperaturverhältnisse im Salzkammergut, auch im südlichen
Teil, wo die Lärche vorkommt, ausgeglichener als im Landesteil Oberösterreichs nördlich
der Donau, in dem zur Böhmischen Masse gehörigen, die Fortsetzung des Bayerischen
und Böhmerwaldes darstellenden „Mühlviertel", dem die Lärche von Natur aus fehlt?
Dies ist nicht der Fall, vielmehr ergeben die Erhebungen zur Klimabeschreibung Oberösterreichs (Schwarz, S. 90), daß im Winter im Mühlviertel die Wärmeabnahme mit der
Höhe sehr langsam stattfindet, es herrscht in dieser Hinsicht Übereinstimmung mit den
durch J. v. H a n n [2]) für das niederösterreichische Waldviertel festgestellten Wärmeverhältnissen. Beim Vergleich der Mittel für die Höhenzone von 1000 m (zwischen
Wald-, bezw. Mühlviertel einerseits und Alpen anderseits) erweisen sich also die Gebiete
nördlich der Donau als gut ventiliert, der westeuropäischen wintermilden Seeluft gut
zugänglich. Das Relief in den Alpen mit hoch gelegenen Gipfeln und Karstflächen, tief
eingeschnittenen Tälern und Karen schafft eine größere Mannigfaltigkeit der Standortsbedingungen. Örtlich ist dann auch im Salzkammergut die Konkurrenzfähigkeit und das
Vorkommen auch solcher Pflanzen begünstigt, die in der Hauptsache erst unter der Ungunst festländischer Verhältnisse — dank ihrer Schutzeinrichtungen gegen die Gefahren
des binnenländischen Klimas — wettbewerbsfähig sind (Beispiel: Lärche). Auch ungünstige Bodenverhältnisse auf felsigem Dolomit- und Kalkgrundgestein können, worauf
zuerst G a m s [3]) hingewiesen hat, in Bezug auf das Fernhalten der Wettbewerber eine
Rolle spielen („auslesende Wirkung des Substrates").

Der N i e d e r s c h l a g s r e i c h t u m im östlichen Alpengebiet Oberösterreichs
ist zwar an und für sich auch in dem Gebiet, in welchem unsere Holzart größeren Bestockungsanteil und ein hohes Alter erreicht, keineswegs gering,
doch ist er immerhin etwas kleiner als im Salzkammergut, und zwar auch dann, wenn
man den Vergleich auf Orte annähernd gleicher Seehöhe beschränkt. Ebenso gibt die
Karte von G a m s [4]) (Die Verteilung der Kontinentalität in den Alpen) die hygrische
Kontinentalität im größten Teil der ö s t l i c h e n Alpen Oberösterreichs größer an als
zum größten Teil im Salzkammergut. Es haben z. B. Orte (Stationen) des S a l z k a m -
m e r g u t e s: Ischl (467 m Seehöhe) 1620 mm Niederschlag; St. Wolfgang (553 m)
1938 mm; Ebensee (426 m) 1698 mm; dagegen Orte im ö s t l i c h e n A l p e n g e b i e t:

---

[1]) S c h w a r z Th., a. a. O., S. 110.

[2]) H a n n J., Klimatographie von Niederösterreich, Wien 1904, S. 20, 46.

[3]) G a m s H., Über Reliktföhrenwälder und das Dolomitphänomen, Veröff. d. Geobot. Instit. Rübel,
Zürich, 6. H., 1930.

[4]) G a m s H., Die klimatische Begrenzung der Pflanzenareale und die Verteilung der hygrischen
Kontinentalität in den Alpen, Zeitschr. d. Ges. f. Erdkunde, Berlin 1931, 1932.

Weyer (400 m) 1448 mm; Windischgarsten (603 m) 1436 mm; Kirchdorf (450 m) 1255 mm; Steyr (318 m) 977 mm; Spital a. P. (647 m) 1400 mm. In den Sommermonaten folgt im Salzkammergut ein „Schnürlregen" dem anderen und die stolzen Bergeshäupter stecken tief in Wolken (K r e b s)[1]. Daß die V e r t e i l u n g der Niederschläge in den Alpen gegen Osten etwas weniger günstig wird, dafür spricht die auch von S c h w a r z (S. 37) festgestellte Tatsache, daß die Trockenperioden in den einzelnen Monaten und im Jahresmittel in Oberösterreich durchgehends kürzer sind als in Niederösterreich.

V e r g l e i c h m i t d e r V e r b r e i t u n g d e r B u c h e u n d e i n i g e r a n d e r e r H o l z a r t e n.

Wenn auch feststeht, daß das Höchstmaß der Lärchenverbreitung in binnenländischen Gebieten liegt, so kann doch nicht in Abrede gestellt werden, daß sie in den Alpen Oberösterreichs in einem Gebiet des Übergangsklimas natürlich verbreitet ist. Auch die Stechpalme, Ilex aquifolium, die nach G a m s[2] „seit Grisebachs Zeiten als Urbild einer atlantischen Pflanze gilt", findet sich, wenn auch spärlich, in den Alpen Oberösterreichs, besonders im wintermilden Seengebiet, jedoch immerhin auch noch im Verbreitungsgebiet der Lärche, in Gesellschaft dieser, meist in Strauchform oder als kleiner Baum an Orten mit gutem Schneeschutz und unter einem schützenden Kronendach, so im Traunsteiner Gebiet, dann im Attergau, Waldorte Leitenbrunn, Schradlkopf[3]) und andere. Im Schalchgraben, Forstverwaltung Windischgarsten, wo die Lärche in Mischbeständen von Fichte, Tanne, Buche, Lärche häufig und auch in hochalterigen Beständen vorkommt, wurde auch Ilex aquifolium, und zwar in einem Fall auch als ein kleiner, 4·8 m hoher Baum mit dürftiger Kronenbildung, 11 cm Brusthöhendurchmesser des geraden Stammes in einem Mischbestand mit 120—150jährigen Lärchen, in nächster Nähe dieser beobachtet. Allerdings ist in den Alpen Oberösterreichs Ilex nicht sehr häufig und bei weitem nicht in solcher Lebenskraft wie etwa in den in höherem Maße ozeanischen Gebieten Vorarlbergs zu finden, denen die Lärche von Natur aus fehlt. Eine andere ozeanische Pflanze, der aber hier im Winter gleichfalls Schneeschutz zuteil wird, ist der lorbeerblättrige Seidelbast (Daphne Laureola), der z. B. in der Gegend südöstlich von Molln (Polzgraben, dann Eingang zum Hilgerbach, Breitenau) vorkommt, und zwar auch in Beständen von Buche, Tanne, Lärche, Fichte. Die Buche ist im ganzen Alpengebiet Oberösterreichs verbreitet und somit sehr häufig auch in Gesellschaft der Lärche, d o c h w i r d d e r A n t e i l d e r B u c h e g e g e n d i e V o r b e r g e u n d d e n A u ß e n r a n d d e s G e b i r g e s i m m e r g r ö ß e r , b e i d e r L ä r c h e v e r h ä l t e s s i c h i n v o l l e r D e u t l i c h k e i t g e r a d e u m g e k e h r t. Dabei ist n i c h t i n e r s t e r L i n i e d i e M e e r e s h ö h e , s o n d e r n d i e L a g e m e h r i m I n n e r e n d e s G e b i r g e s o d e r a m A u ß e n r a n d e e n t s c h e i d e n d. Z. B. sind in den Flysch-Vorbergen zwischen Traun- und Attersee, am Außenrande (Umgebung des Richtberg, 1047 m) in Höhen von 900 bis 950 m noch reine Buchenbestände sehr guter Standortsklasse vorherrschend, hingegen finden wir in der Gegend von Spital a. P. schon bei 700 m (am Wuhrberg und am Fuße des Schwarzberg) 0·2 bis 0·4 Lärche in Fichten-, Tannen-Buchen-Mischbeständen.

---

[1]) K r e b s N., Die Ostalpen und das heutige Österreich, I., Stuttgart 1928, S. 159.

[2]) G a m s H., Das ozeanische Element in der Flora der Alpen, Jahrb. d. Ver. zum Schutz d. Alpenpflanzen, München 1931, S. 15.

[3]) Die Volksbezeichnung für die Stechpalme ist Schrattlbaum; schon das Waldbuch über die zum Gmundnerischen Salzwesen gehörigen Wälder von 1630 erwähnt (fol. 235) in der Gegend von Offensee ein „Schratlbaumeck" (im Grenzgebiet der natürl. Lärchenverbreitung).

Auch ist die B u c h e nur am nördlichen Außenrand des Alpenlandes, in der Flyschzone, im Optimum, sie kommt hier teils in Reinbeständen, teils (südlich von Steyr) mit
geringer Fichten- und Lärchen-Beimischung vor und zeichnet sich daselbst durch große
Verjüngungsfreudigkeit und bedeutende Wuchsleistungen aus (120jährige Buchenbestände
800 bis 900 fm Derbholzmasse je Hektar). In den inneren Lagen des Randgebirges
dagegen, zwischen den „Mauern“ der Kalkberge, wo die Lärche häufiger wird, bleibt die
Buche im Höhenwuchs beträchtlich hinter den Nadelhölzern zurück, wohl weil das Klima,
das in hygrischer Hinsicht ozeanisch ist, betreffs der Wärmeverhältnisse besonders im
östlichen Alpengebiet b i n n e n l ä n d i s c h e Anklänge, winterliche Temperatur-Umkehr
aufweist.

Eibe (Taxus baccata) und Tanne (Abies pectinata) vermögen zwar noch etwas
tiefer als die Buche in das Gebirgsinnere einzudringen, sind aber im Gegensatz zur Lärche
doch am Außenrand häufiger als im Inneren. Beispiele sind die Tannenreviere Tiefenbach
und Sattel im Flyschgebiet bei Obergrünburg südwestlich von Steyr, das Vorkommen
der Eibe am Johannisberg in Traunkirchen, dann unterm Traunstein, im Försterbezirk
Ehrenfeld; Eibenfunde in Pfahlbauten von Mondsee [1]. Von ozeanischen Arten fand sich
auch ein fossiles Stammstück von Buchsbaum, Buxus sempervirens, in den genannten
Pfahlbauten [2], der Buchs wächst nach G a m s in den Nordalpen vielleicht nur noch am
Schoberstein bei Steyr wild [3], doch bezweifelt M u r r [4] die Ursprünglichkeit dieses Vorkommens.

N a c h w e i s d e r U r s p r ü n g l i c h k e i t d e r a n g e g e b e n e n V e r b r e i t u n g
d e r L ä r c h e.

In den a u ß e r a l p i n e n Landesteilen Oberösterreichs, und zwar schon
im Alpenvorland auch in höheren Lagen (700 bis 800 m, im Hausruck und Kobernauser
Wald) f e h l t die Lärche von Natur aus. Auch der künstliche Lärchenanbau ist dort nur
selten von Erfolg. Das Gleiche gilt bezüglich des Landesteiles nördlich der Donau, des
Mühlviertels (Rumpfgebirge der Böhmischen Masse, Fortsetzung des Bayer. und Böhmerwaldes); eine gesonderte bestandesgeschichtliche Untersuchung zum Nachweis der
ursprünglich vorkommenden Holzarten für dieses Gebiet ist entbehrlich, da volle Analogie
mit dem im Osten angrenzenden Waldviertel herrscht, das hier im Abschnitt über das
Bundesland Niederösterreich eingehend behandelt wird [5].

Für die bestandesgeschichtlichen Untersuchungen sei hiemit als Vertreter des Alpenvorlandes der K o b e r n a u s e r W a l d mit Höhen bis zu 700 m herausgegriffen. Die
geschichtlichen Quellen, die auch die vorkommenden Holzarten aufzählen, hat
M. S c h l i c k i n g e r, Geschichte des Kobernauser Forstes (Handschrift von 1908, im
oberösterr. Landesarchiv zu Linz) nachgewiesen, und zwar:

---

[1] T s c h e r m a k L., Einiges über die Eibe in Österreich einst und jetzt, Wiener Allg. Forst- u.
Jagd-Ztg. 1932.

[2] H o f m a n n E., Pflanzenreste der Mondseer Pfahlbauten, Sitzgs.-Ber. d. Akad. d. Wissensch.,
math.-nat. Kl. I., 133. Bd., 9. Heft, 1924, S. 383.

[3] G a m s H., Das ozeanische Element in der Flora der Alpen. Jahrb. d. Ver. zum Schutz der
Alpenpfl., 3, München 1931.

[4] M u r r, Neue Übersicht über die fossile Flora der Höttinger Breccie, Jahrb. geol. Bundesanst.,
76. Bd., Wien 1926, 162.

[5] Vgl. T s c h e r m a k, Die natürliche Holzartenverbreitung (mit bes. Berücksichtigung der
Lärche) und die ökologischen Bedingungen im Waldviertel und Dunkelsteiner Wald in Niederösterreich,
Centralbl. f. d. ges. Forstw. 1932, S. 73—106.

Ein Salbuch von 1363, das (fol. 82—86) „die herrlichkeit der herrschaft Ffridburg vnd des waldes Honhartt vermerkt" enthält; eine Forstbeschreibung von 1591, welche die Holzarten der einzelnen „Huten" aufzählt, und zwar Tanne, Fichte, Buche, Eiche, Ahorn, Leinbaum (das ist Acer platanoides), Birke, Föhre; detailierte Waldbeschreibung, verfaßt von Melchior Schweckersreiter, Forstmeister etc., wahrscheinlich um 1600; ein Kommissionsprotokoll vom 15. Oktober 1728 über den Zustand des Forstes, mit Nennung der vorhin aufgezählten Holzarten; das gleiche ist in einer Beschreibung von 1770 der Fall. Ziemlich genaue Angaben über den Bestockungsanteil der Holzarten in den einzelnen Waldorten (23 „Huten") enthält eine Taxation für 6 Reviere von 1816 (Tanne, Weißbuche, Buche, Eiche, Fichte, Föhre); einen Bericht von 1813, veröffentlicht in der Zeitschrift für das Forst- und Jagdwesen in Bayern, I. Jg., 1813, 11. Heft, p. 52 ff.; in diesem Bericht sind zum erstenmal auch Lärchen, und zwar „junge Lärchenbestände in kleinen Parzellen" genannt; da sie in allen früheren Beschreibungen fehlen, so e r g i b t s i c h, d a ß m a n d o r t E n d e d e s 18. J a h r h u n d e r t s b e g o n n e n h a t, d i e L ä r c h e k ü n s t l i c h e i n z u b r i n g e n.

Wir wenden uns nun dem o b e r ö s t e r r e i c h i s c h e n A l p e n l a n d zu und wollen folgende Fragen beantworten: 1. Seit wann wurde in den oberösterreichischen Gebirgswäldern künstlich kultiviert, bis zu welchen Zeiträumen müssen wir also zur Feststellung der natürlichen Verbreitung in der bestandesgeschichtlichen Forschung zurückgehen? 2. Welche geschichtlichen Beweise stehen uns für die Ursprünglichkeit des Lärchenvorkommens, dann für die Feststellung seiner Nordgrenze und endlich dafür zur Verfügung, daß im Salzkammergut die Lärche von Natur aus weniger häufig vertreten war als im östlichen Alpengebiet Oberösterreichs?

Vorweg sei bemerkt, daß auch die Art des Vorkommens, das erreichbare hohe Lebensalter, Vorhandensein von Urwaldresten usw. für die Ursprünglichkeit eindeutig spricht. Auch daß die Lärche auch in Höhen unter 1000 m bodenständig ist, ergibt sich in diesem Zusammenhang. So enthält der „Catalog der Ausstellungen des k. k. Ackerbauministeriums, Weltausstellung 1873 in Wien, Verlag des Ackerbauministeriums", S. 193, unter den aus den S t a a t s f o r s t e n i m o b e r ö s t e r r e i c h i s c h e n S a l z k a m m e r g u t ausgestellten Objekten auch aufgezählt: Ausschnitte und Stammscheiben von einer Lärche von 188 Jahren, erwachsen auf Kalk „in einer Höhe über der Meeresfläche von 790 m"; da die Ausstellung vor 60 Jahren stattfand, liegt das erste Lebensjahr dieser 188jährigen Lärche 248 Jahre zurück, ihre Entstehung in 790 m Meereshöhe ist also eine natürliche. Eine zweite ausgestellte, vor 218 Jahren entstandene Lärche entstammte einem Standort von 740 m Seehöhe.

Die erste Nachricht über künstliche Bestandesbegründung durch Saat in Oberösterreich ist im „Resolutionsbuch des Gmundner Salzoberamtes von 1765" (oberösterreichisches Landesarchiv in Linz) enthalten, und zwar wurde zur Emporbringung der Kammergutswaldungen Karl Springinsfeld als Holzsaatförster angestellt. Von da an ist in demselben Resolutionsbuch wiederholt (z. B. 1769, 1777, 1790, 1793) berichtet, daß Springinsfeld Samen sammeln und die „ohne Anflug stehenden, mit Gesträuchen verwachsenen Waldorte aufhacken, reinigen und ansäen" ließ, sowie daß er für den durchaus schönen Aufwuchs der angesäeten Waldsamen Remunerationen erhielt. Von 1794 gibt es auch in der Graf Lamberg'schen Herrschaft Steyr Akten über „Waldsamenaussaat in Holzschlägen unter der hochfürstlichen Herrschaft Steyr, anno 1794" (Fasc. 352, Nr. 1). Vor der Anstellung des Saatförsters war in den alten Aufzeichnungen noch nicht von künstlicher Bestandesbegründung, sondern nur vom Vorhandensein der natürlichen Anflüge die Rede,

z. B.: Oberösterr. Waldungsuntersuchungs-Acta vom Jahre 1750 [1]), fol. 255; hier wird von einem Waldort östlich von Weyer, Saurüssel, angegeben, „thun sich mit Gräßling wiederum beschütten" (Gräßling = junge Nadelholzpflanzen).

Die Frage, ob auch auf Grund der geschichtlichen Beweise die Lärche im Salzkammergut von N a t u r ähnlich wie in der Gegenwart w e n i g e r h ä u f i g vertreten war als im östlichen Alpengebiet Oberösterreichs, ist zu bejahen; die Lärche ist nämlich in der Beschreibung der Waldungen des Salzkammergutes „Waldtbuch über die Bewäld, so zu dem Gmunttnerischen Salzwesen gehörig" von 1630 bis 1632 [2]) zwar in sehr vielen Waldorten angeführt, aber des öfteren als l e t z t e in der Reihe der aufgezählten Holzarten, z. B.: „Buchen mit Feichten, Tannen, Ihlm (= Ulme), Ahorn, Eschen, Eiben und etwas wenig mit Lerchen vermischt". Anders lauten die Beschreibungen im östlichen Alpengebiet Oberösterreichs, z. B. Gegend Spital am Pyhrn, „Vorstbeschau" von 1753 [3]), über den „Tragthall Vorst" „zaigt sich lauther sehr schener Herwachs an Lerchen, Veichten und thannen". Dieser U n t e r s c h i e d zwischen den beiden Gebieten hinsichtlich R e i h u n g d e r L ä r c h e wiederholt sich häufig.

Hallstatt, im Süden des oberösterreichischen Salzkammergutes, ist ein berühmter vorgeschichtlicher Fundplatz, von dem die Hallstattperiode (in Mitteleuropa etwa 1000 bis 400 v. Chr. [4]) den Namen erhalten hat. Pflanzenreste haben sich im Salz der alten Gruben gut erhalten. Hallstätter Holzfunde ergeben neben Fichten-, Tannen-, Buchen-, Bergahorn-, Eschen-, Eichenholz, Erlen-, Linden-, Ulmen- und Eibenholz auch solches von Lärchen und Zirben. Die Hallstattleute haben zum Bau einer Blockhütte auch Lärchenholz verwendet [5]).

In durchschnittlich 1300 m Seehöhe bei Hallstatt liegt die „Dammwiese", ein Moor, das als Fundstelle einer ausgedehnten La Tène-Siedlung (in den Ostalpen 400 v. Chr. und teilweise noch später) Berühmtheit erlangt hat. Auf der Dammwiese (nasser Boden) finden sich in lichter Stellung Lärchen, Tannen, Fichten, einzelne Buchen, in ihrer Umgebung herrscht heute „typischer subalpiner Mischwald, in dem die Fichte der häufigste Baum ist, die Tanne aber auch noch ausgedehnte, zum Teil fast reine Bestände bildet; bei ca. 1400 m tritt sie dann stark zugunsten von Lärche und Zirbel zurück. Die Buche wächst vereinzelt selbst noch oberhalb des Moores auf den benachbarten Kuppen in 1417 m Höhe" [6]). Die Schlüsse aus den Holzfunden und die heutige Waldzusammensetzung ergeben also übereinstimmende Bilder.

Auch das bereits erwähnte Waldbuch über die zum Gmundnerischen Salzwesen gehörigen Wälder von 1630 nennt für zahlreiche Waldorte in der Umgebung von Hallstatt die Lärche als Mischholzart, z. B. (fol. 6) für den Plankenstein (ca. 5 km westlich von Lahn bei Hallstatt) „ainen meistens Fichten, item mit Thanen, Puchen und Lerchen vermischten Wald". Auch für die Silberleiten (westlich von Gosauzwang), den gegenüberliegenden Rottengrabenkogel, die Gegend von Ober-Traun, Koppenwinkel, den Sarstein usw. wurde auch damals Lärchenbeimischung angeführt.

---

[1]) Lamberg'sches Archiv, MS III, 210.

[2]) Oberösterr. Landesarchiv Linz, Dokumenten-Fasz. Nr. 278, Papier-Handschr. mit 845 beschriebenen Blättern.

[3]) Oberösterr. Landesarchiv, Aktenbund Nr. 357 (Archiv des Collegiat-Stiftes Spital a. P., Waldamt).

[4]) M a h r A., Das vorgeschichtliche Hallstatt, Veröff. d. Vereins d. Freunde d. Naturhistor. Museums Wien, 1925, S. 12.

[5]) H o f m a n n E., und M o r t o n Fr., Der prähistorische Salzbergbau auf d. Hallstätter Salzberg, Wiener prähist. Zeitschr. XV, Wien 1928, S. 82—101.

[6]) K. R u d o l p h, Paläofloristische Untersuchung des Torflagers auf der „Dammwiese" bei Hallstatt, Sitzgs.-Ber. d. Akad. d. Wissensch. Wien, math.-nat. Kl. I, 140, 1931, S. 339.

Ähnliche Angaben finden wir, uns nordwärts wendend, für die Umgebung von Goisern und von Ischl; für den „Lerchkogl" bei Ischl gibt das Waldbuch (fol. 64) an, „ein fainer junger faichten, Thanen, Puechen und bei der höch Lerchenwaldt".

Aus der recht eingehenden, umfangreichen, die Waldungen aller einzelnen Gräben und Berge des ganzen Salzkammergutes umfassenden Beschreibung des Waldbuches von 1630 können hier nur wenige Beispiele angeführt werden. Im Schafberggebiet, zwischen Atter- und Wolfgangsee, kommt auch heute die Lärche, z. B. am Feichtingeck, Eisenauer usw. in Mischbeständen von Fichte, Tanne, Buche, Lärche, Ahorn, Esche und anderen vor; das „Waldbuch" nennt für „Eisenauergraben, Veichtegg . . . maistens faichten und Thannen, auch mit Puechen und Lerchholz gemischt". Auf Grund der Angaben von 1630 und der mit ihnen im großen ganzen heute noch übereinstimmenden Verbreitung der Lärche kann die N o r d g r e n z e   i h r e s   n a t ü r l i c h e n   V o r k o m - m e n s   i m   o b e r ö s t e r r e i c h i s c h e n   S a l z k a m m e r g u t wie folgt bestimmt werden: Noch für das Höllengebirge, auch für seinen Nordhang, ist die ursprüngliche Lärchenbeimischung nachweisbar, hingegen für den Aurachwald und die Flysch-Vorberge westlich von Traunkirchen nicht mehr; doch ist für Waldorte am Traunstein noch die Lärche als Mischholzart genannt. In der Umgebung von Offensee war die Lärche auch 1630 ähnlich wie heute sehr selten (gegenwärtig 4 v. H. auf 7711 ha). Für diese Schlußfolgerungen sprechen unter anderem folgende Stellen:

Über Orte am Ostrand des Höllengebirges: Gsoll (1226 m), Kranabetsattel, heißt es im „Waldbuch" (fol. 169): „Mühlleiten, Gsoll . . gegen den Khranabethsadl . . . dieser Orten maistens einen faichten und thannen, doch mit Puechen und Lerchenholz vermischten Wald, so all bereits würkmässig, 176 Pfann"[1]. — Auf den Nordrand des Höllengebirges, Langbathbach, bezieht sich die Beschreibung (fol. 141): „Lambatpach sambt des selbigen schatthalben zugehenden Tälern: von faichten, thannen, Puechen, Lerchen und Eiben vermischter Wald, 199 Pfann".

Für weiter nördlich gelegene Gegenden, z. B. nördlich von Steinbach am Attersee oder im Traunseegebiet westlich von Traunkirchen: Rabenstein (1084 m), sind in eingehender Beschreibung immer wieder nur Tannen, Buchen und Fichten angegeben, z. B. (fol. 187):

„Dann sind die Beschauer sämmtlich . . . gegen Thraunkhirchen gefahren hinauf in den Kirchberg und zum Rabenstein . .", sie fanden dort „meistens Thannen, feichten und Puechenholz, bereits würkmässig, auf 150 Pfann[1]) angeschlagen".

Auch vom Miesenberg, 1007 m, ist nur Tannen-, Fichten- und Buchenholz angeführt. „Unterm Traunstein" hingegen gaben sie einen „mit Thannen und feichten und etwas mit Puchen und Lerchen vermischten Wald" an. Die Vorberge nördlich vom Toten Gebirge, um den Offensee, hatten, wiewohl sie meist über 1000 m hoch sind, schon vor 300 Jahren ein Waldkleid von Tannen, Fichten und Buchen, Eschen und Ulmen, ohne Lärche, dies ist u. a. z. B. vom Seeberg, 1148 m, angegeben. Immerhin ist vom Nordwesthang des Toten Gebirges auch ein Waldort, Nestler Graben und Hochkogel (1588 m) m i t Lärchenbeimischung angeführt[2].

Auch für die Gegend südöstlich von Grünau, nächst der Lanner Alm (Quellgebiet des Schindlbaches) wurde im Verkaufsurbar der Herrschaft Scharnstein vom Jahre 1585

---

[1] Die sog. „Pfanne" war die Maßeinheit für das Salinen-Sudholz. Nach P o d h o r s k y (Schweizer. Zeitschr. f. Forstw. 1927, S. 391) entspricht sie 210 Ster; in dem Buche von Ing. C a r l   S c h r a m l, Das oberösterreichische Salinenwesen, Verlag der Generaldirektion der österr. Salinen, Wien 1932, wird angegeben, daß eine Pfanne Holz „etwa 400 Raummeter" betragen habe.

[2] Waldtbuch über die Bewäld, so zu dem Gmunttnerischen Salzwesen gehörig, 1630 bis 1632, Oberösterr. Landesarchiv Linz, Dok.-Fasz. 278, fol. 236.

als Grenzbaum ein „jung Lehrpamb“ neben häufig angeführten Tannen, Buchen und Fichten genannt [1]).

Was das ö s t l i c h e A l p e n g e b i e t d e s L a n d e s anbelangt, so wurde bereits oben für Spital a. P. auf eine Forstbeschau von 1735 (mit Nennung der Lärche an erster Stelle) hingewiesen. Auch bei Windischgarsten ist in alten Urkunden die Lärche oft genannt, so in den „Oberösterr. Waldungsuntersuchungs-Acta vom Jahre 1750 [2]), fol. 461 ff., Ternberg-Sonnseite und Imitz-Forst „mit haumässigen Lerchen- und feichtholz bewachsen“; der Imitzberg südöstlich von Windischgarsten ist auch heute noch ein Lärchenstandort. Ähnliche Angaben finden sich für das im Lee des Gr. Priel gelegene Stoder, und zwar mehrere Grenzbeschreibungen von 1724, 1736 und 1738 [3]) mit häufiger Nennung der Lärche als Grenzbaum neben Fichten, Tannen und Buchen, Ahornen und Föhren; auch genaue Ortsangaben, z. B. „Forstort oberhalb des Hutterer Bauern“, sind in den Grenzbeschreibungen enthalten.

Aber nicht nur im Gebirgsinneren, sondern auch weiter im Norden, gegen den Außenrand des Gebirges zu, ist im östlichen Alpengebiet Oberösterreichs die Lärche natürlich verbreitet. So finden wir in den erwähnten „Waldungsuntersuchungs-Acta vom Jahre 1750“ (S. 222) unter „Vorst Weyer“ „mittelgewachsenes Feicht- und Lerchholz, kann in 40 Jahren . . . 8000 Faß Kohl geben“. Vom Forst Gaflenz ist (S. 187) über einen Waldort „Röckengräben“ mit vermischtem Fichten- und Lärchenholz berichtet, das in wenigen Jahren „würkmäßig“ werde. Vom „Forst Molln“ wird (S. 322) für einen Waldort nächst dem Sandbauerngut (südöstlich von Molln-Breitenau, rechte Talseite der Krummen Steyerling) „ein mit Lerch-, feicht- und Puchholz gemischte Waldung“ angeführt. Auch unter „Forst Ternberg“ (an der Enns, südlich von Steyr) sind wiederholt Waldungen, die auch Lärchen enthalten, beschrieben, so (S. 51): „Egger unter der Herrschaft Steyer hat eine mittlere vermischte Waldung, kann außer seiner Hausnotdurft alle 5 oder 6 Jahr einen Floß Lerchpaumb“ (lag also nahe der Enns) „zu Brugg Stecken“ (Brückenbelag) „naher Steyr verführen“. Als 1804 die Papierfabrik zu Liebau die käufliche Überlassung „mehrerer Lehrbäume“ als Bauholz wünschte, antwortete das Waldamt in Steyr [4]), daß solches Lärchenbauholz mit geringeren Bringungskosten (als aus dem entlegeneren Herrschaftswald) in der Gegend Dambach, Mühlbach (dies- und jenseits der Enns) von dortigen Unterthanen erkauft werden könne, wenn die Anzahl nicht gar zu groß sein sollte; die genannten Orte liegen nur 6 bis 7 km südlich von der Stadt Steyr; 1804 erntereife Bauholzstämme müssen v o r der Einführung der künstlichen Bestandesbegründung durch Saat (um 1765) ihr Wachstum begonnen haben. Somit ist e r w i e s e n , d a ß d i e L ä r c h e i m ö s t l i c h e n A l p e n g e b i e t O b e r ö s t e r r e i c h s , s o w i e d i e s g e g e n w ä r t i g d e r F a l l i s t , a u c h u r s p r ü n g l i c h n o r d w ä r t s b i s i n g e r i n g e E n t f e r n u n g v o n S t e y r , a l s o v o n d e r N o r d g r e n z e d e s A l p e n l a n d e s , r e i c h t e . Übrigens haben im Jahre 1652 auch die Augustiner zu Mariabrunn „zur Beendigung ihres angefangenen Kirchen- und Klostergebäudes“ (in welchem derzeit die forstliche Bundesversuchsanstalt untergebracht ist) um unentgeltliche Überlassung des nötigen Bauholzes, darunter „Achtzig Lerchbäumene Pfosten“, von der damals kaiserlichen Herrschaft Steyr angesucht, der kaiserliche Burggraf, spätere Pfandherr und noch spätere Erbherr von Steyr, Max Graf Lamberg, bemerkte am 24. Mai 1652

---

[1]) Kremsmünster, Inneres Archiv, Verkaufsurbar, 1585, fol. 22.

[2]) Lamberg'sches Archiv in Steyr, Oberösterr., MS III, 210.

[3]) Lamberg'sches Archiv in Steyr, Aktenbund Nr. 357, darin enthaltenes Aktenpäckchen „Markerneverungen“.

[4]) Graf Lamberg'sches Archiv zu Steyr, Fasz. 352, Nr. 122, Waldamt.

auf dem Akte, „daß zwar solche begehrte Holzsorten aufgebracht und geliefert werden mögen", allein wegen der „erlittenen starken Einquartierungen und Contributionen" nicht unentgeltlich [1]).

M i s c h h o l z a r t e n   u n d   W a l d t y p e n.

In den besten Standortsklassen nahe dem Gebirgsrand auf Flyschböden (südlich von Steyr) ist die Lärche häufig nur eingesprengt:

1. Picea excelsa + Abies pectinata + Fagus silvatica + Larix europaea — Asperula odorata — Oxalis acetosella — Sanicula europaea — Cyclamen europaeum — Viola silvestris; im 100. Jahre erreichen die Bestände Höhen von 35 m, Hektar-Erträge, auf volle Bestockung umgerechnet, von 800 bis 900 fm. Die Lärchen sind vollholzig, langschaftig, gerade, von sehr guter Holzbeschaffenheit mit rotem Kern und ganz schmalem Splint; Meereshöhe 400 bis 800 m; in dieser niedersten Stufe in den Vorbergen am Gebirgsrand ist der Anteil der Buche (und Tanne) groß; die Böschungen sind sanfter als im Gebirgsland, das Klima milder, die Bestände weisen größere Regelmäßigkeit, Gleichstufigkeit, besseren Schluß auf, auch Eschen und Ahorne sind nicht selten. Die hier meist in Einzelmischung und eingesprengt natürlich vorkommenden Lärchen sind besonders wertvoll (Abb. 4).

Unter ähnlichen Verhältnissen gibt es im Forstbezirk Weyeregg, Forstverwaltung Attergau, Lärchen von vorzüglichen Wuchsformen, 43 m Scheitelhöhe, 60 bis 80 cm Brusthöhendurchmesser bei einem Alter von 110 bis 120 Jahren (U. Abt. 135 c).

2. Südlich von der Flyschzone, in den Kalkalpen (z. B. Gegend von Breitenau-Molln) ist der Mischungsanteil der Lärche oft schon ein bedeutender, es finden sich Typen wie: Larix europaea + Picea excelsa + Abies pectinata + Fagus silvatica — Oxalis acetosella — Daphne Laureola — Helleborus niger — Polygonatum verticillatum — Paris quadrifolia; die Bestände erreichen im 100. Jahre noch 30 m Höhe. Die immergrünen Arten, wie lorbeerblättriger Seidelbast, schwarze Nießwurz, Immergrün (Vinca minor) und andere sind ozeanische Elemente [2]) der Flora, die hier, im Winter durch Schnee geschützt, am Übergang gegen das Klima der inneren Lagen des Randgebirges zusammen mit der mehr kontinental gestimmten Lärche vorkommen können.

In wechselndem Mischungsverhältnis der Holzarten des Baumbestandes, meist mit der Fichte als der am stärksten vertretenen Baumart, ist der eben bezeichnete Waldtyp nicht selten anzutreffen. Die Lärchen überragen in der Regel mit ihren Kronen den übrigen Bestand um etwa 2 bis 3 m; die Buchen und übrigen Laubhölzer bleiben im Höhenwuchs besonders in Lagen über 1000 m hinter dem Nadelholz zurück. Auf bindigen, kalten Böden, an feuchten Waldstellen, erscheinen die Buchen in solchen höheren Lagen nur als niedrige Bäume und Sträucher, während das Nadelholz weit besser gedeiht und die eben angegebene Höhenbonität aufweist, z. B.: Picea excelsa + Abies pectinata + Larix europaea (+ Fagus silvatica Strauchform) — Petasites albus — Hypnum splendens — Oxalis acetosella — Sanicula europaea; der Nadelholzbestand erreicht im Mittel mit 90 Jahren 30 m. Andere feuchte Stellen innerhalb des Sauerkleegeländes sind durch das Vorkommen von Caltha palustris gekennzeichnet. Auf steilen Nordhängen und in höherer Lage (von etwa 1200 m) erreichen die Mischbestände auch im Waldmeister-Sauerkleegelände (zusammen mit Mercurialis perennis, Cardamine trifolia usw.) erst im Alter von 120 bis 150 Jahren die mittlere Bestandeshöhe von 30 m. In 150 bis 180jährigen Beständen, die

---

[1]) Lamberg'sches Archiv, Fasz. 346, Nr. 19, Waldamt.

[2]) G a m s H., Das ozeanische Element in der Flora der Alpen, Jahrb. d. Ver. zum Schutze d. Alpenpfl., 3, München, 1931.

40

in solchen Lagen nicht selten sind, weisen die Lärchen Scheitelhöhen von *35* bis *36* m auf, vereinzelt bis 40 m (Masse des Mischbestandes bei voller Bestockung 550 bis 600 fm, hievon ¹/₄ Laubholz); vgl. Abb. 5.

3. Häufig ist im weit verbreiteten Sauerkleegelände (ohne Waldmeister) die Höhenbonität etwas geringer als soeben angegeben wurde, z. B. Fagus silvatica + Larix europaea — Dentaria enneaphyllos — Cyclamen europaeum — Hepatica triloba — Oxalis acetosella, auf Dolomit, 800 bis 1000 m Seehöhe. Der Bestand erreicht im Alter von 90 Jahren *22* m bei der Lärche, etwas weniger bei der Buche. Ähnliche Verhältnisse hin-

Abb. 4. Revier Sattel (Unterhaus) der Graf Lamberg'schen Herrschaft Steyr, 600 m ü. M., Mischbestand von Fichte, Tanne, Buche, Lärche.

Aufnahme Forstm. Ing. Rendl.

Abb. 5. Revier Tamberg bei Windischgarsten, 1150 m, N, 150- bis 180-jähriger Mischbestand von Fichte, Lärche, Buche.

Aufnahme Ing. Enzinger, Weyer.

sichtlich der Ertragsklasse und des Unterwuchsvereins ergeben sich auch in Mischbeständen von Fichte + Tanne + Lärche + Buche.

Innerhalb dieses Waldtyps findet man nicht selten Lärchen von hohem Alter, wie die im nächsten Abschnitt („Erreichbares Lebensalter") enthaltene Beschreibung eines 400- bis 500jährigen Lärchenstammes von 170 cm Durchmesser beweist; der diesen „Vater des Schalchgrabens" umgebende Mischbestand (1200 m Seehöhe) besteht aus: Picea excelsa + Fagus silvatica + Larix europaea + Abies pectinata — Oxalis acetosella — Dentaria enneaphyllos — Paris quadrifolia — Cardamine trifolia — Polygonatum verticillatum, mittlere Höhe des Nadelholzes 30 m im Alter von 150 Jahren.

4. Im „Heidelbeergelände" lassen die Wuchsleistungen des Baumbestandes in der Regel noch weiter nach: Picea excelsa + Larix europaea + Fagus silvatica + Sorbus

Aria + Cotoneaster integerrima — Vaccinium Myrtillus — Luzula nemorosa — Majanthemum bifolium — Vaccinium Vitis idaea — Rhododendron hirsutum; das Nadelholz ist im Alter von über 100 Jahren nicht selten nur 15 bis 16 m hoch, das Laubholz nur 10 bis 12 m. Nicht nur die Beschaffenheit des Bodens, sondern auch klimatische Verhältnisse beeinträchtigen die Bonität, dies auch bei geringen Meereshöhen (650 bis 700 m), z. B. an Stellen, an denen sich der Lawinenschnee sammelt und oft bis zum Juni liegen bleibt. An trockenen Örtlichkeiten auf Kalk und Dolomit findet sich auch Erica carnea und Juniperus communis. Unter schütterer Bestockung auf Kalkfelsen und im Gerölle entfaltet Primula Clusiana ihre prachtvollen Blüten.

Wo der Wald etwa infolge von Lawinengängen räumdig wird, dort pflegen sich lichtliebende Pflanzen der Alpen einzufinden, wie Soldanella alpina, Aconitum Napellus, Veratrum album usw.

5. Auf trockenen Sonnseiten ist unsere Holzart auch mit der Weißkiefer gemischt anzutreffen: Pinus silvestris + Larix europaea + Picea excelsa — Juniperus nana — Erica carnea — Globularia nudicaulis — Vaccinium Myrtillus — Polygala Chamaebuxus; der Bestand ist sehr räumdig und erreicht im Alter von 100 Jahren kaum 20 m Höhe.

6. Auf seichtgründigen, erdarmen, trockenen Böden, etwa von Dolomit oder Wettersteinkalk, finden sich wohl die ungünstigsten Standortsbedingungen für den Waldwuchs: Larix europaea + Fagus silvatica + Picea excelsa + Abies pectinata + Pinus montana + Sorbus aucuparia + Sorbus Aria + Amelanchier ovalis — Erica carnea — Rhodothamnus Chamaecystus mit reicher Blütenfülle seiner rasenbildenden Sträuchlein — die gleichfalls rasenbildende Silberwurz Dryas octopetala — Globularia nudicaulis — Primula Clusiana — Rhododendron hirsutum.

Wo Lagen von Rohhumus den Kalkboden decken, treffen wir auch Calluna vulgaris. Unter dem räumdigen Lärchen + Fichten + Renk- und Strauchbuchenbestand ist mitunter mit den Alpenrosen und Legföhren auch die Zwergmispel, Sorbus Chamaemespilus, vergesellschaftet.

7. In Höhen von 1500 bis 1600 m, Warscheneckgruppe, nahe der steirischen Grenze, finden wir auch die Mischung Lärche + Fichte + Zirbe (vereinzelt) + Bergkiefer — rauhhaarige Alpenrose.

8. Auf Wiesen- und Weideflächen, die dem Wald benachbart sind, entstehen Gruppen und kleine Bestände von Lärchen durch Samenanflug und durch Duldung der lichtkronigen Holzart seitens der auf Viehzucht angewiesenen Landwirtschaft; im östlichen Alpengebiet Oberösterreichs (sowie auch in gewissen Teilen Niederösterreichs, z. B. in der Lunzer Gegend und in benachbarten steirischen Gebieten) prangen solche Wiesen im Juni im Blütenschmuck von Tausenden von Narzissen (Narcissus poeticus); hier ergibt sich daher des öfteren auch eine natürliche Vergesellschaftung von Wiesenlärchen mit Narzissen. Diese Pflanze, die in der nördlichen Randzone der Alpen in einem beschränkten Gebiet vorkommt, ist im südlichen und östlichen Europa weiter verbreitet; sie gehört nach Wettstein zu jenen Arten, die in einer nacheiszeitlichen oder zwischeneiszeitlichen Wärmezeit aus dem Südosten in unser Land eingewandert sind und sich auf vereinzelten Standorten als Relikt erhalten haben [1].

Erreichbares Lebensalter.

Wiewohl Oberösterreich an der zentralalpinen Innenlandschaft mit ihrem Höchstmaß der Lärchenverbreitung nicht Anteil hat, vermag doch die Lärche auch hier ein hohes

---

[1] R. v. Wettstein, Die Geschichte unserer Alpenflora, Schriften d. Ver. zur Verbreitung naturwissensch. Kenntnisse in Wien, Selbstverlag d. Ver., Wien 1896, S. 22.

Alter bei gutem Gesundheitszustand zu erreichen. So zählte Verfasser am Nordhang des
Sengsengebirges am Stock einer gefällten Lärche (Durchmesser 1·10 und 1·20 m) 420 Jahrringe, der Stamm hatte sich bei der Fällung, laut Auskunft des zuständigen Revierförsters,
als gesund erwiesen. Der Standort bei etwa 1200 m, zwischen Niklbach und der Kammlinie
Größtenberg—Gamskogel (ein Lawinengang im Revier Ramsau des Graf Lamberg'schen
Forstamtes Molln), bedingt insofern das hohe Alter der dort stockenden Lärchen, Fichten und Buchen, als eine Holzbringung bis nun unmöglich ist, außer sie würde über eine
zum Niklbach abfallende, etwa 200 m hohe Wand bewirkt.

   Die Fällung des 420jährigen Stammes war vor Jahren ausnahmsweise erfolgt, weil für ein Sen-
senwerk starke Amboß-Stöcke gebraucht wurden. Der Versuch, die 3 m langen Abschnitte, am Gefälls-
bruch in den Lawinenzug gelegt, durch die Lawine zu Tal bringen zu lassen, mißlang, die Lawine ging
über die im Schnee gebetteten Stämme hinweg, erst das nächste Hochwasser warf das Holz in zer-
trümmertem Zustand auf den Talboden.

Abb. 6. Gestürzte Lärche, 160 cm Brusthöhendurchmesser, der „Vater des
Schalchgrabens" bei Windischgarsten, mindestens 400- bis 500-jährig.

Aufnahme Ing Enzinger.

Die dortigen Mischbestände von Lärche, Fichte, Buche weisen bei einem hohen Lärchenanteil (0·5) ein Alter von über 150 Jahren auf, mit Scheitelhöhen von 30 bis 35 m, Brusthöhen-Durchmessern von 60 bis 70 cm. Auf anderen benachbarten Standorten, oberhalb weniger hoher Wände, wurde das Holz ehemals genutzt, gegenwärtig ist dort der 120- bis 150jährige Bestand Schutzwald („Baiernschlag", 0·4 Lärche, 0·3 Buche, 0·2 Fichte, 0·1 Tanne).

   Auch in der Forstverwaltung Windischgarsten der Ö. B.-F. sind ältere Bestände
nicht selten, da in der Betriebsklasse „Schutzwald" die Umtriebszeit 140jährig ist und
häufig noch überschritten wird, während sie im Wirtschaftswald 120 Jahre (und mehr)
beträgt. Im Schalchgraben, Försterbezirk Tamberg, des genannten Wirtschaftsbezirkes
hat Verf. außer einem 180 bis 200jährigen Mischbestand von Lärche + Fichte + Buche +
Tanne (mit Sauerklee, Waldmeister) in 1200 m Meereshöhe (Abb. 5) auch eine hochaltrige
mächtige Lärchen-Baumleiche als Zeugen des dort erreichbaren hohen Lebensalters
unserer Holzart feststellen können: Inmitten eines etwa 150jährigen Mischbestandes von
Buche + Lärche + Fichte, Scheitelhöhen etwa 30 m, liegt eine samt den Wurzeln gewor-
fene riesige Lärche, die von den Holzarbeitern der Gegend den bezeichnenden Namen „der
Vater des Schalchgrabens" erhalten hat; die Messung des Brusthöhendurchmessers (ohne
Rinde, die längst abgefallen ist) ergab 170 und 150, im Mittel 160 cm (Abb. 6).

   Nach mündlicher Überlieferung soll der Sturz dieses Riesen vor etwa 100 Jahren erfolgt sein, der
verwitterte Zustand der äußersten Holzlagen, die vollständig von Moos überzogen sind, spricht nicht gegen
diese Angabe; aber nur die äußersten Lagen von wenigen Zentimetern Tiefe sind vermodert, unter ihnen

befindet sich noch festes, engringiges Lärchenkernholz, das in radialer Richtung auf 9 cm Tiefe 93 Jahrringe aufwies. Das Alter des Stammes muß auf wenigstens 400 bis 500 Jahre geschätzt werden. Die Längenmessung ergab vom unteren Ende bis zu dem 25 cm (mit Hinzurechnung der abgefallenen Holzteile schätzungsweise 35 cm) starken Zopfende 30 m, der ganze Stamm dürfte somit etwa 38 bis 40 m hoch gewesen sein. Hier wie in anderen ähnlichen Fällen wurde beobachtet, daß der „Waldrechter" drehwüchsig war (Drehung etwa 20 v. H.), während die in geschlossenem Bestand aufgewachsene und somit gegen Windwirkung besser geschützte Nachkommenschaft vollkommen geraden Wuchs aufwies.

Sonstige Angaben über das erreichbare Alter der Lärche sowohl im östlichen Alpengebiet Oberösterreichs als auch im Salzkammergut enthalten die Tabellen 4 bis 5 (Anmerkung). Auch im Abschnitt über die vertikale Verbreitung (S. 31/32) wurde über hochaltrige Lärchenstämme, deren Ausschnitte und Stammscheiben auf Ausstellungen gezeigt wurden, berichtet.

Künstliche Kultur.

Im natürlichen Lärchenverbreitungsgebiet auch Oberösterreichs vollzieht sich die Verjüngung durch Anflug ohne Schwierigkeiten, außerdem wird gelegentlich auch die künstliche Kultur gehandhabt. Auf den Flysch-Vorbergen zwischen Krems und Enns (Güter-Direktion Steyr) werden die Lärchen behufs besserer Kronenausbildung schon im Bestandesinneren (Mischung Fichte, Tanne, Buche, Lärche) frühzeitig umhauen und bleiben, wenn der Saumschlag gegen sie vorrückt, zunächst vom Hiebe unberührt. Sie werden einige Jahre hindurch auf dem sonst abgetriebenen Außensaum übergehalten und bewirken an offenen Bodenstellen Lärchenanflug.

Im Grenzgebiet der natürlichen Lärchenverbreitung, z. B. in der Forstverwaltung Mondsee des oberösterreichischen Salzkammergutes, läßt sich folgendes beobachten: In den Kalkbergen südlich vom Mondsee kommt die Lärche noch natürlich vor. Im nördlichen Teil des gleichen Wirtschaftsbezirkes dagegen, also gegen den Gebirgsrand zu, wurde sie künstlich in Fichtenkulturen auf den Flysch-Vorbergen eingebracht in Höhen von 750 bis 900 m, sie wird dort durch die Fichte bedrängt, kümmert, wird krummwüchsig, bedeckt sich mit Flechten und stirbt im Alter von 30 bis 40 Jahren ab. Nur einzelne, zumeist freistehende Stämme kommen gut fort, ergeben aber überall da, wo sie frohwüchsig bleiben, zu breite Jahrringe mit wenigerwertigem Holz. Im Försterbezirk Oberhofen, nördlicher Teil des Wirtschaftsbezirkes Mondsee, gibt es keine älteren Lärchen, und von den in Fichtenkulturen eingebrachten jüngeren (10 v. H. der Pflanzenzahl) ist nur mehr ein kleiner Teil am Leben; im gleichen Klimagebiet ist dagegen der Tannenanteil beträchtlich, in Althölzern oft 40 bis 50 v. H.

Auch die Waldungen um Grünau (Herzog zu Braunschweig'sches Forstamt Grünau und Herring'sche Forstverwaltung Grünau) stellen ein Grenzgebiet der Lärchenverbreitung dar, unsere Holzart ist dort von Natur aus nur eingesprengt. In Kulturen künstlich eingebrachte Lärchen (Forstamt des Herzogs zu Braunschweig und Lüneburg) kränkeln im Alter von etwa 30 Jahren und fallen dem Krebs zum Opfer. Der hohe Bestockungsanteil der Buche (etwa 70 v. H. auf 3500 ha; Herring'sche Forstverwaltung 65 v. H. auf 2800 ha) deutet auf ein ozeanischen Einflüssen zugängliches Klima. Die Meereshöhe (Waldungen bis 1600 m. ü. M.) ist für sich allein nicht entscheidend.

Außerhalb des natürlichen Verbreitungsgebietes, im Alpenvorland, also der Gegend zwischen den Alpen und der Donau, erwiesen sich die Versuche des künstlichen Lärchen-Einbaues nach einer Dauer von 20 bis 30 Jahren zumeist als erfolglos. Das Alpenvorland ist, worauf Krebs (Die Ostalpen und das heutige Österreich, 1928, II. Bd., S. 362) hinweist, gegen Westen gut geöffnet, es verfügt über ein mildes Klima von typisch mitteleuropäischem Charakter. (Die Kontinentalitätskarte von Gams gibt allerdings die Ozeanität in diesem Gebiet um eine Stufe kleiner an als in Gegenden der Lärchenverbreitung des Salzkammergutes, z. B. bei Goisern, Ischl, Ebensee und südlich vom Mondsee; doch wurde auf die Bedeutung des Reliefs in den Alpen für örtliche Standorts-Unterschiede, das Kleinklima, bereits hingewiesen.)

Die mittlere Höhe des Alpenvorlandes in Oberösterreich beträgt 300 bis 500 m, die höchsten Erhebungen — im Hausruck und Kobernauser Wald — sind der Göbelsberg (800 m) und der Steiglberg (764 m). In der Gutsverwaltung Mattighofen des Kriegsgeschädigtenfonds (Kobernauser Wald), in Höhen von 600 bis 700 m, gibt es wohl auch im Altholz vereinzelt eingesprengte Reste früheren Lärchenanbaus mit guten Wuchsformen, doch kümmern in der Regel die Lärchen in Kulturen, besonders in geschützten Lagen, und gehen im Alter von 20 bis 30 Jahren ein. Der Lärchen-Bestockungsanteil ist daher gering.

Auch in der Forstverwaltung Haag a. Hausruck wurde um das Jahr 1900 mit künstlichem Anbau der Lärche rege gearbeitet, doch erwies sich 30 Jahre später der Versuch im allgemeinen als erfolglos, im Mischbestand mit Fichte sehr oft auch schon früher. In der Gutsverwaltung Aistershaim (unweit Haag a. H.) finden sich eingesprengte Altholz-Lärchen mit guten Wuchsformen, Scheitelhöhen bis 36 m und guter Holzbeschaffenheit. Wohl mit geringer Aussicht auf dauernden Erfolg wird die Lärche dort zur N a c h b e s s e r u n g der jungen Kulturen verwendet.

Im Revier Simmering bei Manning, Hausruck-Gebiet, wurde schlechter Zuwachs und Wipfeldürre der 20- bis 30jährigen kultivierten Lärchen (in Höhen von 600 bis 756 m, Mischung mit Fichte, Tanne, Buche) beobachtet.

In den Forsten der Domäne Hochburg-Ach, Gebiet des Weilhart, gibt es an vereinzelten Waldorten eingesprengte Altholz-Lärchen von normalem Aussehen, bis 100jährig; die Lärchen in den Kulturen gedeihen anfangs, bedecken sich aber später mit Flechten, werden vom Krebs befallen und gehen meist im Alter von 20 bis 50 Jahren zugrunde. Im Bereich des Forstamtes St. Martin im Innkreis ergeben eingesprengte Lärchen in Fichten-, Tannen- und Kiefern-Beständen im Nutzungsalter von 70 bis 80 Jahren Massen der Einzelstämme von 1 bis 1·5 fm.

Ähnliche Erfahrungen, daß sich v e r e i n z e l t e g e s u n d e A l t h o l z - L ä r c h e n e r h a l t e n h a b e n , d a ß a b e r i n d e r R e g e l d i e L ä r c h e n i m D i c k u n g s - u n d S t a n g e n h o l z a l t e r a l s d e m k r i t i s c h e n A l t e r k r ä n k e l n u n d z u g r u n d e g e h e n , liegen auch aus dem zum Rumpfgebirge der Böhmischen Masse gehörigen Gebiet n ö r d l i c h d e r D o n a u , dem Mühlviertel, vor; so von der Domäne Aschach an der Donau (Absterben im Alter von 25 bis 35 Jahren), von der Güterverwaltung Grein an der Donau (vor 30 Jahren gepflanzte Lärchen sind bis auf einige klägliche Reste verschwunden). Bei der Güterverwaltung des Linzer Domkapitels in Windhaag bei Perg wurden in den Jahren 1885 bis 1895 auf ehemals landwirtschaftlichen Gründen reine Lärchen-Horste auf Einzelflächen bis zu 0·5 ha Ausmaß gepflanzt, im Alter von etwa 25 Jahren gingen sie zugrunde; die gleiche Erscheinung des Einganges der Lärchen auf ehemals landwirtschaftlich bebauten Gründen konnte aber auch im alpinen natürlichen Lärchenverbreitungsgebiet beobachtet werden. Von vielen Tausenden von in Windhaag kultivierten Lärchen ist gegenwärtig kaum ein Dutzend vorhanden, außerdem finden sich ganz vereinzelt eingesprengte ältere Lärchen. In manchen Revieren, z. B. in solchen des Stiftes Schlägl, Mühlviertel, erreichen einzelne Lärchen immerhin ein Alter von 60 bis 70 Jahren bei zufriedenstellender Wuchsform und Holzbeschaffenheit, mit Massen der Einzelstämme von 1½ bis 2 fm; in höherem als dem angegebenen Alter tritt langsames Absterben ein.

Horizontale Verbreitung.

In keinem Einzelgebiet des Bundeslandes Niederösterreich ist der Bestockungsanteil der Lärche so bedeutend wie in den in anderen Bundesländern liegenden Alpen-Innenlandschaften, als deren Vertreter wir bisher den Lungau Salzburgs kennen gelernt haben. Niederösterreich hat eben nur an den Randgebirgen, den Außenseiten der Alpen, Anteil. Verhältnismäßig am meisten an natürlicher Lärchenbestockung innerhalb des Landes weisen noch die niederösterreichischen K a l k a l p e n auf sowie auch der w e s t l i c h e T e i l der Sandsteinzone d e s W i e n e r w a l d e s. Doch auch in den Kalkalpen beträgt die durchschnittliche Lärchenbeimischung (Durchschnitt für ganze Reviere) meist nur 0·1, in manchen Fällen, z. B. in einzelnen Revieren des Stiftes Lilienfeld sowie des

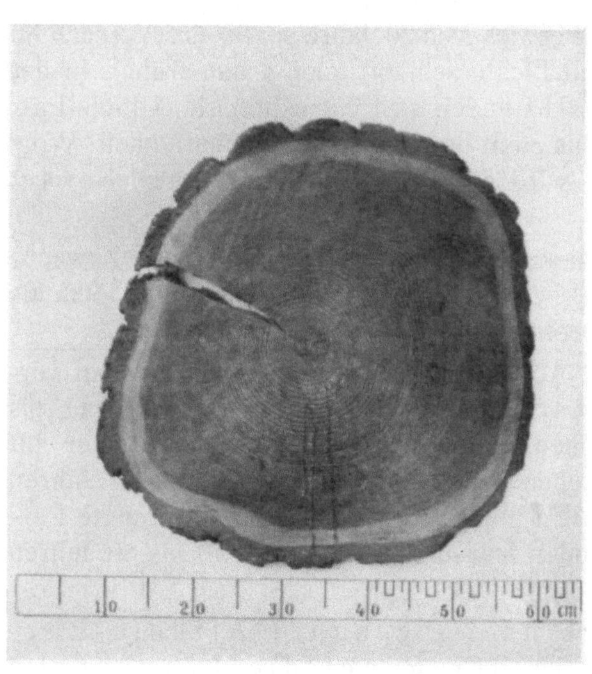

Abb. 7. Revier Klamm, Semmeringgebiet, Stammscheibe einer 103-jährigen Lärche (0·3 m über dem Boden entnommen) aus 1000 m ü. M., Mischbestand Fichte, Tanne, Lärche, Buche.

Aufnahme Ing. H. Melzer.

Forstamtes Gleiß bei Hollenstein a. d. Ybbs, auch 0·2. Gegen den Ostrand der Kalkalpen zu, so in den Herrschaften Merkenstein, Stixenstein, Hernstein, ist das Lärchenvorkommen zwar noch nachweisbar ursprünglich natürlich, der Anteil am Waldkleid ist aber bescheiden, und zwar beträgt er auf den der Ebene unmittelbar benachbarten Randbergen meist nur im Durchschnitt 1 bis 2 v. H. — Dabei sind bis zum Gebirgsrand hin in der Regel die Wuchsformen, die Massenleistungen und die Holzbeschaffenheit hervorragend, das von Lärchen in gesundem Zustand erreichbare Alter ist ein hohes (160 bis 250 Jahre, in Einzelfällen noch wesentlich mehr). Die betreffenden Randberge sind (z. B. in der Herrschaft Merkenstein, Lindkogel, 847 m) oft höher als jene Lagen, die in der zentralalpinen Innen-Landschaft nicht selten schon reiche Lärchenbestockung aufweisen.

In den östlichsten Ausläufern d e r Z e n t r a l a l p e n in Niederösterreich, im Wechselgebirge und in der Buckligen Welt (nordöstlicher Sporn des Alpenbogens) ist die Lärche ebenfalls natürlich verbreitet, ihr Anteil an der Waldzusammensetzung ist aber meist noch kleiner als in den Kalkalpen; er erreicht z. B. im Bereich der Forstämter Kirchberg am Wechsel und Steyerling auf Waldflächen von über 2000 ha durchschnittlich nur 3 bis 4 v. H.; im Bundesforst Ofenbach nur 1 v. H.; auch in der Forstverwaltung Krumbach war die Lärche (ebenso wie Kiefer und Fichte) in den dortigen Tannen-Buchenbeständen ursprünglich nur eingesprengt, seit 1870 wurde durch Mischsaaten von Kiefer, Fichte, Lärche ihr Anteil etwas vergrößert (im Mittel auf etwa 0·1). Ebenso ist in den zum Forstamt Schottwien gehörigen Forsten des Semmeringgebietes (Revier Klamm) die Lärche im allgemeinen nur eingesprengt und bloß auf etwa 80 ha ist sie dort als Mischholz stärker vertreten (0·1 bis 0·9). Die Wuchsformen und die Holzbeschaffenheit sind auch in diesen Grenzgebieten des natürlichen Vorkommens in der Regel sehr günstig (Abb. 7).

Gleichfalls bloß eingesprengt ist Larix im D u n k e l s t e i n e r W a l d, hier sprechen insbesondere auch die später darzustellenden geschichtlichen Nachweise nur für ein sehr bescheidenes natürliches Vorkommen. Der Dunkelsteiner Wald, zum südlichen Teil der Böhmischen Masse gehörig, ist durch den Donau-Durchbruch in der Wachau, zwischen Melk und Krems, vom Waldviertel abgetrennt.

In den übrigen Teilgebieten Niederösterreichs, besonders auch im Waldviertel, kommt die Lärche nicht mehr natürlich vor, wie in dem weiter unten folgenden Abschnitt über waldgeschichtliche Untersuchungen dargetan wird. Aus dem Inhalt des eben genannten Abschnittes und aus der beigegebenen Karte ergibt sich auch die Antwort auf die Frage nach den Grenzen des natürlichen Lärchenvorkommens im Lande. Auch innerhalb dieses Verbreitungsgebietes der Lärche in Niederösterreich gibt es Waldstrecken, in denen die Holzart nur sehr spärlich auftritt oder ganz fehlt. Dies soll im Zusammenhang mit der vertikalen Verbreitung noch behandelt werden.

V e r t i k a l e V e r b r e i t u n g.

Während im Lungau, im steirischen Murgau, in Tirol, in Kärnten der Lärchen-Bestockungsanteil in den Höhen, mit der Annäherung an die obere Baumgrenze, in der Regel bedeutend zunimmt, läßt sich in den östlichen niedrigeren Randbergen Niederösterreichs und des steirischen Randgebirges das Gegenteil beobachten. So kann man z. B. auf der Raxalpe zwischen Gsohlboden (1546 m) und Ottohaus (1640 m) außer Latschenfeldern einzelne Fichten, auch Bergahorne in Zwergform feststellen, hingegen ist die Lärche als Mischholzart erst etwas unterhalb der Höhe zu sehen. Auf der Pretulalpe in Steiermark (1668 m) finden sich auf der Höhe selbst nur einzelne kleine Gruppen niedriger, windgescherter, vielfach Fahnenwuchs aufweisender Fichten. Auch G a m s beobachtete, daß die Baumgrenze am Wechsel, an der Schneealpe und im Dürrensteingebiet (bei 1500—1550 [1]) m) fast durchwegs von der Fichte gebildet wird [2]. Ähnliche Beobachtungen machte vor mehr als 100 Jahren G. Z ö t l, er schrieb im „Handbuch der Forstwirthschaft im Hochgebirge" Wien 1831: „In Unter-Steyermark, wo die meisten Berge die Höhe von 5000′ nicht übersteigen, und wo also der Holzwuchs auch über ihre Gipfel hinausreicht, werden die obersten Höhenpunkte vorherrschend von der Fichte eingenommen, und nur einzelne von der Lärche meliert. An den Abhängen in einer Höhe zwischen 3000—4000′ fängt sie jedoch wieder an sich mehr geltend zu machen und stellt oft ein Mischungsverhältnis bis zu ein Drittel des Ganzen dar" [3]. Es hängt dies jedenfalls damit zusammen, daß im Gebiete nur in den Tälern und Einsenkungen binnenländische Wärmeverhältnisse herrschen (vgl. den nächsten Abschnitt), während die obere Baumgrenze dort auf freier Höhe liegt; dies ist in den Zentralalpen von Tirol, Salzburg, steirischem Murgau, Kärnten usw. nicht der Fall.

Die untere Grenze des natürlichen Lärchenvorkommens in Niederösterreich befindet sich im westlichen Wienerwald (Forstdirektion Neulengbach) bei 240 m. Sie reicht so tief herab in den Waldorten Dreiföhren bei Neulengbach, Sichelbacher Eichberg bei Böheimkirchen, Auberg bei Judenau und anderen. — Auch das Holz der bei geringer

---

[1]) In den Randgebirgen liegen die oberen Wald- und Baumgrenzen tiefer als in den Alpeninnenlandschaften, wo die höhere Sommertemperatur — bei vielleicht niedrigeren Jahresmitteltemperaturen — eine Hebung dieser Grenzen bewirkt.

[2]) G a m s, Die klimatische Begrenzung von Pflanzenarealen, II; Zeitschr. d. Ges. f. Erdkunde Berlin, 1932, S. 58.

[3]) Z ö t l G., Handbuch der Forstwirtschaft im Hochgebirge, I. Holzerziehungskunde, Wien 1831, S. 186.

Meereshöhe, aber noch im natürlichen Verbreitungsgebiet erwachsenen Lärchen hat nicht zu breite Jahrringe, ist von sehr guter Beschaffenheit und wird sowohl von einheimischen Brückenbaufirmen gerne gekauft als auch als Handelsware in die Schweiz ausgeführt.

Wenn in anderen Teilen des niederösterreichischen Lärchenverbreitungsgebietes die untersten Lärchenstandorte etwas höher liegen, so ist dies meist nur die Folge der etwas höheren Lage der Talsohlen. Nur am Gebirgsrand, außer Neulengbach also z. B. in der Herrschaft Merkenstein, wird (und zwar hier bei 310 m) eine untere Grenze des Lärchenvorkommens erreicht. Nach oben hin ist, wie aus den beigegebenen Tabellen ersichtlich, das Vorkommen bis 1550 m festzustellen. Die beste Wuchsform und Holzbeschaffenheit der Lärche in Niederösterreich findet sich in der Regel von den unteren Lagen des natürlichen Vorkommens angefangen bis zu Höhen von etwa 1100 m; doch hat Verfasser noch Lärchen sehr guter Beschaffenheit und ausgedehnte, aus natürlicher Verjüngung hervorgegangene, geschlossene Lärchenjungwuchsflächen bis zu 1400 m im Lande beobachtet: so in den Waldorten „Am Sänger" und „Ochner" des Revieres Klamm, Forstamt Schottwien; auf der Nordlehne eines Kalkrückens, auf Flächen von etwa 30 ha, entsprechen dort die Standortsverhältnisse der Lärche in solchem Maße, daß großenteils die Fichte kaum wettbewerbsfähig ist. Scheitelhöhen bis 34 m der vollkernigen, geraden und vollholzigen Lärchen finden sich hier noch bei etwa 1100 m Meereshöhe in ca. 100- bis 110jährigen Mischbeständen von Fichte, Lärche, Tanne, Buche. Weitere Beispiele des Vorkommens in verschiedenen Höhenstufen enthält der Abschnitt über „Mischholzarten und Waldtypen".

Die ökologischen Bedingungen.

Im nordwestlichen Teil Niederösterreichs, in dem nördlich der Donau gelegenen Waldviertel, fehlt die Lärche von Natur aus. Dieses Gebirgsland ist durch einen in der Gegend von St. Pölten nur sehr schmalen Streifen des Alpenvorlandes vom alpinen Lärchenverbreitungsgebiete Niederösterreichs getrennt. Es ist daher die Frage naheliegend: Welche standörtlichen Unterschiede gehen parallel mit dem Unterschied hinsichtlich der Lärchenverbreitung zwischen dem Waldviertel einerseits und dem gegenüberliegenden niederösterreichischen Alpen- und Voralpengebiet anderseits?

Viele andere Holzarten, ausgenommen die Lärche, so insbesondere Fichte, Tanne, Kiefer, Buche, einige Nebenholzarten, sind beiden zu vergleichenden Gebieten gemeinsam. Die Lärche dagegen kommt in den niederösterreichischen Alpen und Voralpen — nur mit Ausnahme des vorderen Wienerwaldes, Laubholzgebiet — sowie im Dunkelsteinerwald ursprünglich vor, im Waldviertel aber fehlt sie ursprünglich.

Die Unterschiede im Grundgestein können an und für sich nicht entscheidend sein; denn wenn es sich auch im Waldviertel um Urgesteinsböden, in den niederösterreichischen Alpen und Voralpen hauptsächlich um Kalk- und Dolomitböden handelt, so kommt doch die Lärche im Gebiete der niederösterreichischen Alpen auch auf silikatischen Urgesteinsböden natürlich vor, u. zw. in den östlichsten Ausläufern der Zentralalpen in Niederösterreich, so im Wechsel- und Rosaliagebirge und in der Buckligen Welt (vgl. Tabelle 8). In diesen Gebieten handelt es sich wenigstens zum Teil auch um dieselben Meereshöhen wie im Waldviertel.

Auf dem Wege über die Geländeformen [1]) vermögen aber auch die geologischen Verhältnisse zunächst das Klima und damit auch die Verbreitung der Lärche zu

---

[1]) Vgl. S t i n y , Forstwirtschaft und geologischer Aufbau von Niederösterreich, Österr. Vierteljahresschr. f. Forstw., 1932.

beeinflussen. Jedenfalls sind die sanfteren Altformen (Waldviertel, aber auch die Hoch-
flächen des Schneebergs und der Rax) der Westluft besser zugänglich als die tief eingesenkten Kare und Täler der Kalkalpen (vgl. Abb. 8), in denen sich bei Temperatur-
umkehr die von den Höhen abströmende kalte Luft sammelt. J. Hann fand, daß das
Waldviertel gut „ventiliert" ist, der westeuropäischen wintermilden Seeluft freieren Zu-
gang gewährt, während in den Alpentälern die kalte Winterluft nicht so leicht erneuert
werden kann, oft längere Zeit stagniert[1]. Im Frühling und Sommer dagegen wirkt im
Waldviertel der fehlende Windschutz temperaturerniedrigend; die höheren Lagen der
niederösterreichischen Alpen haben aber auch wenig Windschutz! Die Alpentäler
in Niederösterreich sind also in der Verteilung der Wärme über
das Jahr hin weniger ausgeglichen als das (lärchenfreie) Waldviertel. Das Waldviertel ist (in der Höhenzone von 1000 m, nach Hann) im Winter

und Frühling be-
deutend wärmer
als das gegenüber-
liegende Alpen-
gebiet in gleicher
Seehöhe. Der
Sommer ist da-
gegen in den
Alpentälern
thermisch be-
günstigt. Dies
kommt, wenn man
nur die Monats-
mittel, z. B. für
Juli, in Betracht
zieht, zunächst
nicht zum Aus-
druck, denn die
Morgen und
Abende sind in den
Gebirgstälern
meist sehr kühl,

Abb. 8. Großes Höllental, Weg nach Naßwald, Mischbestände von Fichte, Lärche,
Buche, Tanne.　Aufnahme Österr. Lichtbildstelle.

die Nachmittage aber relativ sehr warm, die tägliche Wärmeschwankung ist beträchtlich. Aus einer Zusammenstellung der „mittleren Temperaturen um 2 Uhr nachmittags"
(Hann, a. a. O., S. 47) aber ergibt sich, daß die winterkalten Täler in
den niederösterreichischen Alpen im Sommer hohe Nachmittagstempera-
turen haben[2]; Hann bemerkt dazu, die relativ hohen Mittagstemperaturen seien
charakteristisch für den milden, meist heiteren Nachsommer der höheren Alpentäler.
Die sommerliche Wärme der Talbecken wird bedingt durch die günstigen Einstrahlungs-
verhältnisse (am Vormittag werden die östlichen, am Nachmittag die westlichen Hänge
stärker erwärmt als die Ebene bei gleicher Sonnenhöhe), durch den Wärmereflex
und die Wärmestrahlung der Talwände, sowie durch den Schutz gegen abkühlende

---

[1] Hann J., Klimatographie von Niederösterreich, Wien 1904, S. 20.

[2] Auch in der Innenlandschaft der Alpen sind es vor allem die Juli-Mittagstemperaturen, welche
die größte Steigerung erfahren, vgl. Brockmann-Jerosch, Baumgrenze und Klimacharakter,
Zürich 1919, S. 40.

Winde. An anderer Stelle (S. 50) bezeichnet H a n n das Klima dieser Täler in den westlichen niederösterreichischen Alpen auch auf Grund der Temperaturschwankung in den Wintermonaten als ein s e h r e,x t r e m e s. Die mittlere Monatsschwankung der Temperatur in den Monaten Dezember bis März erreicht nämlich den „für Mitteleuropa außerordentlich hohen Betrag“ von 29½° im Durchschnitt (im Waldviertel nur *23°*). Das ö s t l i c h e Alpengebiet (Viertel unter dem Wienerwald) hat infolge seiner Lage im Lee der vorherrschenden Westwinde einen in bezug auf die Wärmeverhältnisse ebenfalls mehr binnenländischen Klimacharakter. So beträgt z. B. die Jahresschwankung in Gutenstein (470 m ü. M.) 20·0°, in Station Semmering (896 m ü. M.) 19·9°, Wiener-Neustadt (270 m) *22·3°*, Pitten (310 m) *21·2°*, Baden (240 m) *21·7°*.

Als Station aus dem w e s t l i c h e n W i e n e r w a l d sei angeführt: Schwarzenbach a. d. G. mit einer Jahresschwankung der Temperatur von *20·8°*; sonstige Wetterbeobachtungsstellen des westlichen niederösterreichischen Alpengebietes: Neuhaus am Zellerrain (1000 m) 20·0°, Lahnsattel (935 m) 19·1°, Lilienfeld (370 m) 19·5°, Gresten (420 m) 20·6°.

Die sehr mannigfaltige Geländegestaltung in den Kalkalpen läßt voraussetzen, daß Beobachtungen über das K l e i n k l i m a wertvolle Ergebnisse zeitigen müssen; tatsächlich haben meteorologische Untersuchungen von W. S c h m i d t, Wien, zusammen mit biologischen von H. G a m s und Mitarbeitern dies bestätigt. Ein schönes Beispiel von Temperaturumkehr hat W. Schmidt von der Doline der Gstettneralm (1270 m, Kalkalpen südlich von Lunz) mitgeteilt. Infolge der Kessellage weist die Doline gelegentlich selbst im Hochsommer eine ganze Reihe von Graden unter Null auf; eine Meßreihe vom klaren Morgen des 21. Jänner 1930 ergab: oben, bis etwa 60 m über dem Boden der Doline, Temperaturen kaum unter Null Grad, sodann nach unten zu, gegen den Dolinenboden und etwa 20 m darüber, in der windstillen Tiefe eine äußerst rasche Abnahme der Temperatur bis zu —28·8° C an der tiefsten Stelle! Diese scharfe Umkehr mit einer Temperaturdifferenz von *27°* auf 40 m Höhenunterschied hat ihren Grund in der starken Ausstrahlung und Windstille bei Schneedecke, die eine Wärmezufuhr vom Boden her unterbindet. Die Dolinen und Schluchten in diesem Gebiete zeigen eine untere Krummholzstufe ausgebildet, an den Hängen und Gipfeln steigt dagegen die Buche bis über 1400 und vereinzelt bis 1530 m empor [1]).

M i t h y g r i s c h e r K o n t i n e n t a l i t ä t, a l s o m i t v e r h ä l t n i s m ä ß i g g e r i n g e n N i e d e r s c h l ä g e n, g e h t a b e r d a s L ä r c h e n v o r k o m m e n i n N i e d e r ö s t e r r e i c h k e i n e s w e g s p a r a l l e l. Das in bezug auf die Wärmeverhältnisse ozeanisch beeinflußte Waldviertel hat dennoch k l e i n e r e Niederschläge als selbst Orte gleicher Seehöhe in den nahen niederösterreichischen Alpen, z. B.:

Stationen im L ä r c h e n v e r b r e i t u n g s-gebiet:			Stationen im Waldviertel (a u ß e r h a l b des Lärchen-Verbreitungsgebietes):		
Gutenstein	470 m ü. M.	888 mm	Weitra	599 m ü. M.	706 mm
			Zwettl	525 m ü. M.	688 mm
Schwarzau i. G.	618 m ü. M.	990 mm	Buchbach bei		
			Vitis	570 m ü. M.	650 mm

Innerhalb des Bereiches der Lärchenverbreitung, im westlichen Alpengebiete Niederösterreichs, an der Grenze gegen Steiermark, betragen die jährlichen Regenmengen

---

[1]) S c h m i d t W., Die tiefsten Minimumtemperaturen in Mitteleuropa, Naturwiss. **18**, Heft 17, 367, 1930; W. S c h m i d t, H. G a m s und Mitarbeiter, Bioklimatische Untersuchungen im Lunzer Gebiet, Naturwiss. **17**, Heft 11, 176, 1929.

1500—1600 mm. So hat Neuhaus am Zellerrain (mit seiner beträchtlichen Jahresschwankung von 20^0 trotz der Höhe von 1000 m!) einen durchschnittlichen Jahresniederschlag von 1590 mm, Lahnsattel 1571 mm. Im Wienerwald weisen die tieferen Lagen 700—800 mm, z. B. Neulengbach 730 mm, die höheren 900—1000 mm auf, so Station Schwarzenbach a. d. G. 953 mm. Im östlichen Alpengebiete hat das tiefer (310 m) gelegene Pitten 704 mm, dagegen die höheren Lagen: Gutenstein 888 mm, Mönichkirchen 1028 mm, Semmering 1200 mm.

Es ergibt sich nun die Frage, warum ein Klimacharakter, der hinsichtlich der Verteilung der Wärme über das Jahr hin, hinsichtlich der Ausgeglichenheit der Temperaturverhältnisse als mehr binnenländisch zu bezeichnen ist, das Vorkommen der Lärche begünstigt. Allgemein ist bekannt, daß in ozeanischen Gebieten manchen Pflanzenarten der kühle Sommer schadet, daß für andere Arten hingegen der milde Winter solcher Gebiete erforderlich ist. Umgekehrt vertragen in festländischen Gebieten manche Arten nicht den strengen Winter, der dort herrscht, andere aber bedürfen des heißen Sommers solcher Gegenden und ertragen den langen kalten Winter [1]. In unserem Falle bewirkt ein Klima mit größeren Temperaturausschlägen, daß a) durch die Ausschläge nach der Seite der tiefen Temperaturen hin und durch die größere Dauer des Winters die Konkurrenten der Lärche geschädigt werden; das ist bei einer gegen Verdämmung empfindlichen Lichtholzart wichtig. Ertragskundliche Untersuchungen (Guttenberg [2]) zeigen, daß in den Alpen die Höhen der Mittelstämme von Fichten-(und Tannen-)Beständen selbst bei gleicher Standortsklasse geringer sind als in Weitra, Waldviertel. Auch die Buchen sind im Lärchenverbreitungsgebiete häufig nicht mehr im Optimum; b) der kontinentale Klimacharakter und auch die Ausschläge nach der Seite der hohen Temperaturen hin fördern jedenfalls das Gedeihen der Lärche. Ein sonniger Sommer ist für sie günstig. In winterwarmen Gebieten mit naßfallendem, an den Kronen hängenbleibendem Schnee leidet sie, künstlich eingebracht, durch Schneedruck, gegen den sie empfindlich ist. Der trockene Schnee kontinentaler Gebiete schadet ihr dagegen nicht. Endlich ist in ozeanischen Gebieten mit geringen Temperaturextremen die Vegetationsperiode in einer für die Lärche unnatürlichen Weise verlängert, sie baut ein zu weitringiges, weniger dauerhaftes Holz auf.

Vergleich mit der Verbreitung der Buche, Fichte, Schwarzkiefer und anderer Holzarten.

Im östlichen oder Vorderen Wienerwald, wo die Rotbuche das Höchstmaß und Bestmaß ihrer Verbreitung innerhalb Niederösterreichs aufweist, fehlt die Lärche vollständig. Der Vordere Wienerwald ist wärmer und trockener als der westliche und stellt von Natur aus, wie geschichtliche Untersuchungen ergeben, bis auf das Vorkommen eingesprengter Tannen ein fast reines Laubholzgebiet dar.

In dem vor kurzem erschienenen Werke: „Dr. A. Schachinger, Der Wienerwald, eine landeskundliche Darstellung, Wien 1934, Verlag des Vereins für Landeskunde und Heimatschutz in Niederösterreich und Wien" heißt es (S. 307) unter Berufung auf Schindler, Die Forste der Staats- und Fondsgüter, I, S. 208: „Interessant ist bezüglich der Waldbestände des Wienerwaldes, daß 1720 der Bestand der Tannen gleich dem der Buchen war. Das gegenwärtige Überwiegen der Laubhölzer ist demnach von der Forstwirtschaft bewirkt worden". Hiezu ist zu bemerken, daß ein Überwiegen der Laubhölzer nur im Vorderen (östlichen) Wienerwald vorliegt und daß die Grenzbeschreibung des Wienerwaldes von 1573 (Hof-

---

[1] Vgl. Dengler, Waldbau auf ökologischer Grundlage, Berlin 1930, S. 113 (Vergleich zwischen Irland und Odessa).

[2] Guttenberg, Wachstum und Ertrag der Fichte im Hochgebirge, Wien und Leipzig 1915, S. 51; Tschermak, Centralbl. f. d. g. Fw., 1932, S. 101.

kammer-Archiv) beweist, daß im Vorderen Wienerwald auch schon damals hauptsächlich Laubbäume herrschten. Dies ist klimatisch bedingt.

In ausgedehnten Gebieten Niederösterreichs finden wir die Lärche mit der Buche vergesellschaftet; in den Gebirgswäldern der Alpen handelt es sich häufig um die natürliche Mischung von Fichte, Tanne, Lärche und Buche; im westlichen Wienerwalde (Schöpfl-Neulengbach) fehlt jedoch die Fichte von Natur aus, die Ostgrenze des alpinen Fichtengebietes rückt hier etwas weniger weit gegen den warm-kontinentalen Osten vor, als die des natürlichen Lärchenverbreitungsgebietes (vgl. die Karte: Die Mischung Lärche—Buche in den Ostalpen). In den Altholzbeständen des Revieres Schöpfl z. B. finden wir etwa 50 v. H. der Bestockung Buche gemischt mit je 25 v. H. Lärche und Tanne.

Die Beispiele b e s t e r Standortsklasse der B u c h e im Wienerwalde treffen wir im r e i n e n Laubholzgebiet; immerhin ist aber auch dort, wo am Gebirgsrande oder in tieferen Lagen Buche und Lärche vergesellschaftet auftreten, die Güteklasse des Buchenbestandes noch keineswegs gering, dies gilt sowohl vom westlichen Wienerwalde als auch von Teilen der Kalkalpen; so sah ich z. B. in der Fürst Liechtenstein'schen Forstverwaltung Freiland, Waldort Pichlstuben, Kalkalpen, auf einer NE-Lehne zwischen 500—780 m einen Bestand langschaftiger Buchen mit eingesprengten, bis 40 m hohen Lärchen von vorzüglicher Wuchsform. Erst weiter im Inneren der niederösterreichischen Alpen läßt sich beobachten, daß die Buche in Mischbeständen mit Lärche und anderen Holzarten nicht mehr im Optimum ist, und zwar läßt sich dies mit größerer Deutlichkeit erst jenseits der steiermärkischen Grenze feststellen. Doch konnte Verfasser auch innerhalb Niederösterreichs, z. B. in der Forstverwaltung Langau bei Gaming, an zahlreichen Buchen wahrnehmen, daß ihre Wuchsform die Wirkung des in den Wärmeverhältnissen zu wenig ausgeglichenen Klimas erkennen läßt. So war die Krone einer freistehenden Buche beim „Schützenwirt" zu Langau (Meierhöfe) durch wiederholte starke Frühjahrsfröste arg hergenommen; auch an vielen anderen Buchenkronen war zu sehen, daß ihnen die Wärmeverhältnisse bei Temperaturumkehr keineswegs zusagen. Doch schafft das Relief wechselnde Standortsbedingungen, die Buche vermag daher an manchen Orten, auch im Gebirge, ein hohes Alter und bedeutende Dimensionen zu erreichen; im Rothschild'schen Urwald z. B., dem die Lärche fehlt, finden sich Buchen mit Brusthöhendurchmessern von 90 cm neben 140—150 cm starken Tannen. Nicht weit vom Urwald, am Kleinen Rothkogl, gibt es sowohl starke Buchen, Tannen und Fichten, als auch ebensolche etwa 130jährige Lärchen, die alle anderen Holzarten an Höhe überragen. Auch in anderen Waldorten Niederösterreichs ist die gleiche Erscheinung (Vorsprung der Lärche im Höhenwuchs noch in Altholzbeständen vor der Buche und den anderen Holzarten) zu beobachten, z. B. im Kleinen Ötscher-Gebiet, Waldorte Saurüssel, Seidenschwanzriedl, im Teufelsgraben, Waldort Lärchenriedl.

In milden Lagen, im Gebiete der Mischwälder mit Buche, bevorzugt die Lärche oft auffallend die Schattenseiten, wenn sie auch die anderen Hangrichtungen keineswegs völlig meidet. In solchen Gebieten kommen auch ozeanische Florenelemente in Mischwäldern mit Lärche vor, so die Stechpalme [1]), allerdings meist nur in Strauchform, an Orten mit Schneeschutz und unter dem Schirm von Waldbeständen, in geringer Vitalität und viel seltener als im Westen (z. B. Vorarlberg); der lorbeerblätterige Seidelbast, die Eibe, das Immergrün.

Der gegen die Ebenen Ungarns geöffnete Ostrand der Kalkalpen in Niederöster-

[1]) R o s e n k r a n z Fr., Zur Verbreitung der Stechpalme (Ilex aquifolium L.) in Österreich, Wr. Allg. Forst- u. Jztg. 1933, 209—210.

reich, der in einer verhältnismäßig schmalen Randzone einen vorgeschobenen Posten des festländischen pannonischen Klimas darstellt, weist auf engem Raum bedeutende Höhendifferenzen und Klimaunterschiede auf und stellt eine Zone des Überganges und der gegenseitigen Durchdringung der baltischen und pannonischen Flora dar [1]. Im südöstlichen Teile des Wienerwaldes, bei Baden, und südlich vom Wienerwald, gegen Wr.-Neustadt, Gloggnitz und die Raxalpe zu, ist die Lärche am Gebirgsrande im selben Gebiete wie die Schwarzkiefer natürlich verbreitet. Der Ostrand wird (etwa von Kalksburg bis Ternitz) von zerklüfteten Kalk- und Dolomitgesteinen gebildet; die aufliegenden, meist seichtgründigen Böden sind daher gut drainiert, trocken und deshalb gut erwärmbar. Wo aber, wie z. B. bei Gainfarn, in Buchten zwischen den Dolomit- und Kalkbergen tertiäre Schichten, aus Lehm, sandigem Lehm und Tegel (einem blaugrauen plastischen Ton) bestehend, abgelagert sind, dort bedingt der Wechsel des Grundgesteins, der Unterschied im Wasserspeicherungsvermögen der Böden auch wesentliche Unterschiede im Pflanzenkleide: auf den bindigen Böden, besonders wenn sie noch dazu schattseitig gelegen sind, finden wir im Waldbestand nicht selten hauptsächlich Vertreter der baltischen Flora (und mittlere Standortsklassen), während die unmittelbar benachbarten sonnseitigen Dolomitlehnen vorwiegend von Vertretern der pannonischen Flora besiedelt sind (und geringe Güteklassen aufweisen). So sind z. B. im Bereiche der Forstverwaltung des Gutes Merkenstein beim Meierhof „Am Haidlhof" im Waldort Schlatten auf frischen (tertiären) Lehmböden, Nordosthang, bei Meereshöhen von etwa 310—350 m im 100jährigen Bestand W e i ß - k i e f e r , T a n n e , F i c h t e , L ä r c h e , B u c h e mit vereinzelten Traubeneichen, Weißbuchen, Eschen, Feldahornen, flaumhaarigen Eichen und Elsbeer- und Mehlbeerbäumen gemischt, mit reichlicher natürlicher Verjüngung, insbesondere der Tannen, Fichten, Weißkiefern, Buchen und gelegentlich auch Lärchen, welche Holzarten hier ursprünglich natürlich vorkommen, Masse des 100jährigen Altholzes bei 0·6 Bestockung noch 300 fm je Hektar; gleich gegenüber auf der S o n n s e i t e aber herrscht auf Dolomit die S c h w a r z k i e f e r m i t h ä u f i g e r v o r k o m m e n d e r f l a u m h a a r i g e r E i c h e (Q u e r c u s p u b e s c e n s W.), T r a u b e n e i c h e , E l s b e e r - u n d M e h l b e e r - b ä u m e n , W e i ß b u c h e , L i n d e , F e l s e n b i r n e , g e m e i n e r u n d f i l z i g e r Z w e r g m i s p e l (Cotoneaster vulgaris und tomentosa); Masse des Altholzes bei 0·8 Bestockung 150 fm je Hektar.

Ähnliche Unterschiede in der Zusammensetzung des Waldbestandes, vorwiegend aus Vertretern der baltischen oder der pannonischen Flora, sind je nach der Lage auf der Schatt- oder Sonnseite dort auch bei gleichem Grundgestein zu beobachten. Außerdem findet man des öfteren auch die Schwarzkiefer und Lärche im gleichen Bestand vergesellschaftet. So sah ich z. B. im Waldort Kettenlus des Forstamtes Stixenstein bei 850 m Meereshöhe Buche, Tanne, Schwarzkiefer und Lärche in Mischung, mit Scheitelhöhen der geraden, vollholzigen Lärchen bis 34 m. In den Revieren der Herrschaft Hernstein finden sich Mischbestände von Schwarzföhren, Buchen, Lärchen, Tannen, denen sich häufig noch Weißföhren und Fichten beigesellen, nicht selten. Auf Gleichheit oder Ähnlichkeit der Standortsansprüche kann aus diesem gemeinsamen Vorkommen der Lärche und Schwarzkiefer n i c h t geschlossen werden: Pinus nigra hat ihr Hauptverbreitungsgebiet weiter im Süden, das verhältnismäßig kleine niederösterreichische Vorkommen (auf einer Fläche von nahezu 81.000 ha nach S e c k e n d o r f f [2]) stellt nur den

---

[1]) Vgl. T s c h e r m a k , Die natürlich vorkommenden Holzarten am Ostrande der Alpen in Niederösterreich, Österr. Vierteljahresschr. f. Forstw. 1931.

[2]) S e c k e n d o r f f , Beiträge zur Kenntnis der Schwarzföhre (Pinus austriaca Höß), Wien 1881 (Mittlg. a. d. forstl. Versw. Österr.).

nördlichsten Teil ihres Areales dar. Auch die Lärche befindet sich in den östlichen Randbergen an einer G r e n z e ihrer Verbreitung. Das Entscheidende im Klimacharakter, das
beiden Arten noch den Aufenthalt in diesem Gebiete ermöglicht, ist wohl in den festländischen Wärmeverhältnissen zu suchen. Nicht unerwähnt soll bleiben, daß im Osten
Niederösterreichs, z. B. auf der Strecke Aspang—Pitten, auch die Weißkiefer in Mischbeständen mit Lärchen vorkommt.

N a c h w e i s   d e r   U r s p r ü n g l i c h k e i t   d e r   a n g e g e b e n e n   V e r b r e i t u n g
d e r   L ä r c h e.

Für die Bundesländer Salzburg und Oberösterreich haben wir bereits nachgewiesen,
daß etwa zwischen 1755 und 1774 mit dem künstlichen Forstkulturbetrieb durch Saat in
bescheidenem Umfange, als Nachhilfe auf herabgekommenen Blößen, begonnen wurde.
Auch in Niederösterreich wandte man sich um dieselbe Zeit dieser waldbaulichen Betäti-
gung zu. So handelte eine am 15. September 1766 herausgegebene „Waldordnung für
beide Erzherzogthümer Österreich ob und unter der Enns“[1] im Punkt 13 von der „Belassung von Samenbäumen in abgestockten Holzschlägen“, Punkt 15 vom „Aushieb der
Samenbäume“ nach vollzogener Verjüngung, Punkt 16 aber von den ö d e n   P l ä t z e n,
welche „aus Mangel der zurückgelassenen Samenbäume weder mit Samen angeflogen,
noch mit einem jungen Mais versehen und überzogen sind“; es wurde Anleitung gegeben,
solche öde Plätze entweder durch den Pflug oder, wo es nicht möglich ist, mit Krampen
ordentlich umzukehren, sodann mit Holzsamen, vermengt mit Gerste oder Hafer, zu
besäen. § 56 behandelte den Unterricht, wie der benötigte Same der einzelnen Holzgattungen aussehe, was für einen Grund er liebe, und zu welcher Zeit die Säung vorzunehmen
sei. Ähnliche Bestimmungen enthält auch eine Waldordnung vom 27. Oktober 1758[2]), sie
verfügt, daß auf die vielfältig vorhandenen leeren Flecke jede Obrigkeit bestens bedacht
sein soll, damit solche als Wald genutzt werden, und empfiehlt außer der Saat auch, wenn
man noch schleuniger und eher zu einem Wald gelangen wolle, „dahin kleine, im anderten
Jahr gewachsene Bäumel von verschiedenen Gattungen zu setzen, maßen solche auf
diese Weise ohne Anstand ihren Wachstum erreichen“.

Wir müssen also, wenn wir die Ursprünglichkeit des Vorkommens einer Holzart
in den Gebirgswäldern Niederösterreichs nachweisen wollen, auf Angaben aus der Zeit
v o r   1750 zurückgehen.

Irrtümlich wurde im Schrifttum[3]) angegeben, daß im Wienerwald schon im
15. Jahrhundert Kiefernsaaten ausgeführt worden seien; diese Nachricht müßte, wenn sie
zutreffen würde, bei Untersuchungen über die ursprüngliche Holzartenverbreitung beach-
tet werden; in Wirklichkeit handelte es sich aber nicht um Aufforstungen im Wienerwald, sondern um den Versuch einer Ödlandaufforstung im Steinfeld bei Wiener-Neustadt.
Nicht in dem Waldgebirge des Wienerwaldes, das wegen des Jagdbannes lange Zeit verhältnismäßig unberührt blieb und in welchem die natürliche Verjüngung der Waldbestände
bis heute eine sehr große Rolle spielt, fanden jene Saaten statt, sondern im Heide- und
Ödland des Steinfeldes, in einem in der Nähe einer Stadt (Wiener-Neustadt) gelegenen
diluvialen Schottergebiet.

---

[1]) Sammlung aller k. k. Verordnungen und Gesetze vom Jahre 1740 bis 1780, V. Bd., Wien, Johann
Georg Mößle, 1786, S. 82 ff.

[2]) Obige „Sammlung aller k. k. Verordnungen und Gesetze“, III. Bd., S. 469 ff., besonders S. 481.

[3]) H a u s r a t h, Pflanzengeographische Wandlungen der deutschen Landschaft, 1911, S. 175;
I m m e l, Beiträge zur Frühgeschichte der Nadelholzkultur und der Holzartenverbreitung in Hessen,
Allg. F.- u. J.-Ztg. 109, 173 ff., 1933, bes. S. 174.

Schon im Jahre 1368 wurden im Nürnberger Reichswald künstliche Holzansaaten mit Weißkiefer ausgeführt [1]) und nach dem Muster dieser Saaten ließ Kaiser Friedrich III. seit 1457 und dessen Sohn Maximilian I. nach 1497 auch in Niederösterreich Weißkiefernsaaten auf dem Steinfelde bei Wiener-Neustadt durchführen. G r u n d , der über diese Saaten berichtet und der auch von I m m e l angeführt wird, gibt ausdrücklich an, daß es sich um „das kahle Steinfeld, das bis dahin meist nur für Weidezwecke gedient hatte", gehandelt habe [2]).

Im Walde und gar im Gebirgswalde Österreichs künstliche Holzzucht praktisch auszuüben, hatte man damals noch nicht begonnen; dafür sprechen auch zahlreiche Waldbeschau-Befunde und Waldordnungen aus dieser und späterer Zeit; so wurde z. B. in einer „Relation, die bereitung des Göttweigischen Waldts betreffend, mit angehengtem guetachten, durch was weg Vnnd mitl die Hayung der holzwachs angestelt . . . werden möge" vom 15. Dezember 1590 als Mittel zur Beförderung des Holzwuchses nur Schonung, Ordnung im Holzschlag und Vermeidung der Beschädigung junger Anflüge, Stehenlassen fruchttragender Eichen und Buchen und dgl., nicht aber künstliche Kultur empfohlen.

Schließlich berechnete noch 1831 der Lehrer an der Forstlehranstalt Mariabrunn, Gottlieb Z ö t l, in seinem „Handbuch der Forstwirthschaft im Hochgebirge, I. Holzerziehungskunde" (S. 306/307), daß es in der Regel wirtschaftlicher sei, die Naturbesamung abzuwarten, statt Kosten auf den unmittelbaren Anbau nach dem Abtrieb aufzuwenden.

Im Folgenden sollen geschichtliche Nachweise der Ursprünglichkeit des Lärchenvorkommens zunächst für den O s t r a n d d e r A l p e n in Niederösterreich angeführt werden, sodann für den w e s t l i c h e n W i e n e r w a l d , weiter für die w e s t l i c h e n n i e d e r ö s t e r r e i c h i s c h e n K a l k a l p e n , endlich für den D u n k e l s t e i n e r W a l d .

Aus einem Weistum von Gutenstein, Ostrand der Kalkalpen (Pergamenthandschrift vom Ende des 15. Jahrhunderts) erfahren wir, daß im dortigen Bannwald Lärchen, Föhren und Laubhölzer vorkamen:

„Item ob einer abhacket ein paum in dem pannwalt daraus ein zentner pretter wurd, davon soll man geben 12 Pf . . . . item von einem lerbäumen tausend stecken 10 Pf . . . . von einem vorhen" (= aus Föhrenholz bestehenden) „tausend stecken 4 Pf . . . . item laubholz prenholz wintfehlen und stegholz" (= um den Bachsteg zu machen) „die sind alle frei in dem panwald" [3]).

Föhren, Lärchen, Buchen nebst Fichten und Tannen kommen auch heute noch um Gutenstein vor.

Westlich von Wiener-Neustadt liegt auf einem der Ebene benachbarten Randberge die Ruine Dachenstein, am westlichen Fuß des Kogels liegt das Dorf Netting; die „Taidinge zu Netting" [4]) aus einer Papierhandschrift des 18. Jahrhunderts im Archiv des Neuklosters zu Wiener-Neustadt enthalten Anordnungen über die Höhe der Strafe für eigenmächtige Fällung von „feichten, thannen, lehrpaumb oder ahorn" in den der Herrschaft eigenen Bannhölzern auf dem „Tächenstein".

Westlich von Gutenstein liegt Rohr, südlich davon Schwarzau im Gebirge; die Banntaidinge zu R o h r u n d S c h w a r z a u i. Geb., Papierhandschrift vom Ende des

<hr>

[1]) S c h w a p p a c h , Handbuch der Forstgeschichte, Berlin 1886, S. 186; I m m e l, a. a. O.; E. V o i t, Geschichtliche Darstellung des Einflusses der künstlichen Verjüngung auf die Verbreitung der Holzarten, München 1908, S. 5.

[2]) G r u n d , Veränderungen der Topographie im Wiener Wald und Wiener Becken, Pencks geograph. Abhandlg. VIII, 1, S. 129, Anm.

[3]) W i n t e r G., Niederösterr. Weistümer, I. Teil, Das Viertel unter dem Wienerwald, Wien, Braumüller 1868, S. 359.

[4]) Niederösterr. Weistümer, I. Bd., S. 111.

17. Jahrhunderts [1]), bestimmen die Strafen für Fällung ohne Vorwissen der Forst- und Jägermeister „von ainem geschlachten lehrpaumben oder fahren rinnenpaumb", zugleich wird auch Laub- und Brennholz genannt und die Strafe für das Stümmeln von Fichten und heimliche Wegführen der Aststreu festgesetzt, somit kamen damals wie heute Fichten, Föhren, Lärchen und Buchen vor.

Eine beachtenswerte Quelle stellt auch das Buch „Reise nach Mariazell in Steyermark" von A r n o l d, Wien, Verlag C. F. Wappler, 1785, dar. Nachdem der Verfasser die zu Fuß zurückgelegte Teilstrecke: Mödling—Brühl—Heiligenkreuz—Alland—Kaumberg besprochen und die Schwarzkiefer als erster botanisch richtig beschrieben hat, gibt er Seite 9 an: „Von dem sogenannten Lärbaum (Pinus Larix), welcher in diesen Gegenden häufig wächst . . . .".

Aus dem 1583 erschienenen Buche des Botanikers C l u s i u s: Caroli Clusii atrebatis rariorum aliquot stirpium per Pannoniam, Austriam et vicinas quasdam provincias oberseruatarum historia, quatuor libris expressa, ad Rudolphum II. Imp. . . . . Antverpiae, ex officina Christophori Plantini, MDLXXXIII, S. 24, erfahren wir, daß Weinpfähle um Wiener-Neustadt und „oberhalb der Thermen von Baden", sowie auf jener ganzen Strecke aus der reichlich vorhandenen Lärche hergestellt wurden, ebenso Dachrinnen, die von dort in großer Menge nach Wien geführt wurden:

„Vinetorum pedamenta et pali Viennensi agro ex abiete fiunt; circa Neapolim vero et supra Badenses thermas totoque illo tractu ex larice (nam eae abundant), utpote corruptioni minus obnoxia."

„Fiunt item istic ex larice longissimi canales, tectis supponendi et aptandi, ad pluvias et imbres ex iis decidentes excipiendum, sunt enim commodissimi ... horum magna copia Viennam advehitur quinquaginta pedum aut ampliore longitudine". Nach Nennung der Lärche heißt es: „Omnes porro hae arbores maxima copia crescunt cum in Viennensi saltu, tum aliis ... montibus, Alpibus vicinis atque etiam in ipsis Alpibus...".

Auch heute noch ist in der gleichen Gegend die Erzeugung von Weinbergpfählen aus Lärchenholz üblich, und zwar werden sowohl gespaltene als auch in neuerer Zeit die wohlfeileren gesägten verwendet. Beim Bau einer Wasserleitung wurde vom Bauleiter, Ing. E. Navarini, unmittelbar neben der Schloßkellermauer in Gainfarn unter der Bezirksstraße Gainfarn—Vöslau ein in Dolomitgestein vorgetriebener, vollständig unbenutzer Kellerstollen angeschnitten, in welchem sich ein im trockenen Dolomitsand gut erhaltener gespaltener Lärchenweinpfahl und eine Kupfermünze „Wien ärarisches Münzamt 1812" fand. Die dortige Verwendung der Weinpfähle aus Lärchenholz ist also nachgewiesen für die Gegenwart, für die Zeit vor 120 Jahren und für jene vor 350 Jahren (Clusius).

Auch die allgemeine Verbreitung der Holzart in allen Waldungen des Gebietes einschließlich der Bauernwaldungen, das gute Gedeihen, das erreichbare hohe Lebensalter, die unschwer sich vollziehende natürliche Verjüngung sind Merkmale, die über die Natürlichkeit des Vorkommens dasselbe aussagen wie die Ergebnisse der Archivstudien.

Auch für den Ostrand der Zentralalpen in Niederösterreich, für das kuppige Waldgebiet der „B u c k l i g e n   W e l t", fehlt es nicht an geschichtlichen Beweisen für die Ursprünglichkeit des Lärchenvorkommens. So kommt im Südosten Niederösterreichs, in der nahe der burgenländischen Grenze gelegenen Forstverwaltung Krumbach, die Lärche als Mischholz und eingesprengt in Höhen von 500—800 m vor, in alten Grenzbeschreibungen ist der „Lehrbaum" wiederholt als Grenzbaum genannt; auch mehrere mit der Lärche zusammenhängende Ortsbezeichnungen („Lehrbaumriegel", „Lehrbaumhof") und

---

[1]) Niederösterreichische Weistümer I., S. 346.

das durch eine Urkunde von 1762 [1]) nachgewiesene hohe Alter der einen dieser Bezeichnungen beweisen die Ursprünglichkeit dieses Vorkommens.

Auch im w e s t l i c h e n W i e n e r w a l d ist die Lärche, und zwar bei geringen Meereshöhen, einheimisch. Sie findet sich hier als Mischholzart auf großen Waldflächen in den Waldungen aller Besitzer, verjüngt sich überall sehr gut natürlich, bildet auch auf den den Waldungen benachbarten Wiesen, infolge Anfluges, kleine Bestände oder Horste und erreicht in den durch natürliche Verjüngung entstandenen Mischbeständen mit Buche und Tanne ein hohes Alter in sehr gutem Zustande (vgl. Abb. 9 bis 13). Im „Kaiserlichen Wald- und Forstbuch des Wienerwaldes in Österreich unter der Enns", angefangen 1674, vollendet 1678 [2]), ist der „Lehrbaum" als Grenzbaum wiederholt genannt, so fol. 20: Grenzmarken waren angebracht auf Tannen, L ä r c h e n, Hainbuchen, Eichen, Zerreichen, Buchen; kurz vorher ist in der Handschrift der Hollerberg bei St. Corona, Wienerwald, angeführt. Auf fol. 23 sind neben den heute noch bestehenden Bauerngütern Ruschenbergerhof, Kogelbauer, Stützenreith wiederum als Grenzbäume „Lehrbaum", „fehra". Buchen, „alte umbgefallene Apfalderin", Hainbuchen aufgezählt, also dieselben Arten, die man auch heute dort in Mischbeständen findet.

Aber auch in Waldorten, deren Lage sich noch näher dem Gebirgsrande befindet, ist die Ursprünglichkeit des Lärchenvorkommens nachweisbar. Im Revier Altlengbach, Waldort Hasenriedl, ist für etwa 1749 das Lärchenvorkommen bezeugt, da laut Forsteinrichtungsplan von 1839 ein 90jähriger Bestand von „Rotbuchen und Tannen mit etwas Lehrbaum und Kiefern gemischt" beschrieben wird. Ähnliche Angaben wiederholen sich für zahlreiche Waldorte. Selbst ganz am Gebirgsrande, für den Eichberg bei Neulengbach

Abb. 9. Lärche mit Kiefer, Buche (Tanne) im Wienerwald, Brandwald bei Altlengbach, 380 m ü. M.

Aufnahme L. Tschermak.

---

[1]) Tauff-, Heyrath- und Todenbuch bey der Pfarrkirchen ad St. Stephanum zu Krumbach, angefangen 1762.

[2]) Der Röm. Kay. auch zu Hungarn und Böheimb Königl. May. Leopoldti Erzherzogens zu Österreich Waldtmarch .... angefangen 1674 und vollendet 1678", Hofkammerarchiv Wien, Fasc. 50/1.

in Höhen von etwa 300 m, reichen die Angaben bis etwa 1737 zurück, da in der Waldschätzungstabelle des Anzbacher Revieres von 1837 ein 80—100jähriger Bestand von „Kiefern, Rotbuchen mit Tanne, Lehrbaum, wenig Eichen und Fichten (54 Joch)" angeführt wird. Ganze „Distrikte" mit großen Flächen enthielten schon damals die Lärche als Mischholzart.

Wir haben hiemit das natürliche Vorkommen der Lärche für den w e s t l i c h e n Wienerwald, sowie für den s ü d ö s t l i c h e n (bei Wiener-Neustadt und Baden nach Clusius) nachgewiesen. Aus den Angaben von Clusius wurde i r r t ü m l i c h geschlossen und in verschiedenen heimatkundlichen Werken angegeben, daß auch im Weichbilde Wiens und im Vorderen, östlichen Wienerwald im fast reinen Laubholzgebiete die Lärche

Abb. 10. Lärchenüberhälter, Scheitelhöhen 36 m, Nordhang des Schöpfl, Wienerwald, 740 m.

Aufnahme L. Tschermak.

Abb. 11. Lärche mit Kiefer, Buche im Wienerwald, Brandwald bei Altlengbach, 380 m.

Aufnahme L. Tschermak.

ursprünglich verbreitet gewesen sei. Ein früherer Vorort Wiens, seit 1890 in den XVI. Wiener Gemeindebezirk einbezogen, hieß „Lerchenfeld"; die topographische Bezeichnung kam schon ca. 1295 bis 1304 vor (Geschichte der Stadt Wien, herausgegeben vom Altertumsverein, Bd. I, S. 258). Bereits im 14. Jahrhundert gedieh auf dem Lerchenfeld die Weinrebe; die Gegend soll erst um die Wende des 17. und 18. Jahrhunderts besiedelt worden sein, der Name ging vom Ried auf den Ort über. Nach W. K i s c h [1] hieß die Gegend 1337 „Larichvueld", nach ihm und anderen Autoren soll die Benennung

---

[1] K i s c h W., Die alten Straßen und Plätze von Wiens Vorstädten, ein Beitrag zur Kulturgeschichte Wiens, II. Bd., Wien 1895, S. 426.

R o t t e r H., Neubau, ein Heimatbuch des 7. Wiener Gemeindebezirkes, Wien und Leipzig, New York, Deutscher Verlag für Jugend und Volk, 1925, S. 12.

von dem „einst hier bestandenen Lärchenwald datieren, der mit seinem Laub- und Nadelholz (!) bis zu den Weinbergen der angrenzenden Vorstadt reichte, und nicht vom Lerchenfang"; eine andere Quelle [1]) beruft sich auf H o r n m a y e r s Denkwürdigkeiten (II, 4, 113), der angegeben habe, daß „noch in den Tagen des von Max II. nach Wien berufenen großen Botanikers Clusius der Hochwald von Eichen und Lärchen bis an die Weinberge bei Wien gereicht habe". Diese Auslegung der Stelle von Clusius ist zu weitgehend; bei d e n Orten am Wienerwalde, die Clusius als Lärchenstandorte genannt hat („circa Neapolim et supra Badenses thermas") kommt die Lärche noch heute auf Grund natürlicher Verjüngung vor; in der Nähe von Lerchenfeld, Ottakring, Neuwaldegg dagegen besteht die Klimax-Gesellschaft aus Laubwald o h n e Lärchenbeimischung. Dafür sprechen auch die Angaben des „Waldbuch und Ausmarchung des Wienerwaldes vom Jahre 1572" (Wien, Hofkammerarchiv).

In den w e s t l i c h e n n i e d e r ö s t e r r e i c h i s c h e n K a l k a l p e n ist die Verbreitung der Lärche gleichfalls eine ursprüngliche; dies geht hervor aus der ganzen Art des Vorkommens (vgl. auch den Abschnitt „Erreichbares Lebensalter") sowie aus verschiedenen geschichtlichen Beweisen. In einem im Jahre 1924 abgetragenen Haus in Lunz am See (605 m ü. M.) befand sich ein Tragbalken („Tram") aus Lärchenholz mit der Jahreszahl 1642 und gotischer Schnitzerei (Rosette und Längsleisten, vgl. Abb. 14). Es sei auch darauf hingewiesen, daß G a m s durch Pollendiagramme aus Seeablagerungen des Lunzer Untersees, u. zw. aus spätglazialen und frühpostglazialen Seeprofilen, Lärchenpollen nachgewiesen hat [2]). Wohl handelt es sich um Zeiträume, seit denen Klimaänderungen eingetreten sind, doch stimmt das Vorkommen mit dem in geschichtlicher Zeit nachgewiesenen überein. Zur Gemeinde Opponitz (Ybbstal, etwa 10 km südlich von Waidhofen a. d. Ybbs) gehört der Bauernhof Haselreith, 518 m ü. M. In seiner nächsten Umgebung und auch sonst in der dortigen Gegend findet sich überall, besonders auf den Schattseiten, die Lärche als Mischholzart. Im Bauernhofe selbst ist Lärchenholz als Bauholz reichlich verwendet, ein Durchzugsbalken aus Lärchenholz in der Wohnstube gibt das Jahr 1788 als das der Erbauung an.

Die Rechte des Stiftes Lilienfeld, Banntaiding [3]) von der ersten Hälfte des 15. Jahrhunderts, bestimmen: „Item wer lerpaum oder feuchten verderibt oder absleht, ze wandel 72 Pf. . . . .".

Im D u n k e l s t e i n e r w a l d, wo die Lärche in allen Altersklassen vielfach eingesprengt außerhalb der Alpen vorkommt, spricht für die Ursprünglichkeit dieser Verbreitung eine Urkunde vom Jahre 1663: „Beschreibung waß ich in dem Naheten alß auch Weiten des Closters Herrenwältern in der heunt dato vorgenommenen Bereitung für Unterschidlich Schädliches abmaißen Unrechtes Holzhacken, Ungleiche Maß und anderes mehr befunden . . . . den 23. May 1663". Die Urkunde enthält u. a. die Angabe, daß im Volckherstorffer Holz vor kurzem „zway Lerchpämbern Stamb" (= lärchbäumene Stämme) abgehackt worden seien, „ist die Frag, wo sie hinkhommen".

Der zur Rechenschaft gezogene „Forster Michael Dendorffer" gab an, daß die Lärchen ganz dürr gewesen und deshalb zu Scheitern gehackt worden seien. Aus der Erwähnung des Pfisterhofes unweit Kl.-Wien, zu dem geschlagenes Holz gebracht worden sei, sowie auch der Nennung der Bewohner von Paudorf als Holzbezieher ist ersichtlich, daß das „Volkherstorffer Holz" sich unweit vom Stift Göttweig, wahrscheinlich südlich von diesem, befand.

<hr>

[1]) Topographie von Niederösterreich, herausgegeben vom Verein für Landeskunde von Niederösterreich, Wien, Verlag des Vereines f. Ld.ï., V. Bd., S. 806.

[2]) G a m s, Die Geschichte der Lunzer Seen, Moore und Wälder, Internat. Revue der ges. Hydrobiol. und Hydrogr. 1927, Bd. XVIII, S. 359.

[3]) Niederösterreichische Weistümer III., 1909, S. 302.

Sonst nennt die Urkunde und eine zweite von 1590 (Relation, betreffend die Bereitung des Göttweigischen Waldes) nur Eichen, Föhren, Buchen, Tannen, Birken. Im „Weiten Wald" des Stiftes Göttweig, Statzberg 544 m, wurde 1929 der „große Lehrbaum" gefällt (165 Jahrringe, 95 cm Durchmesser). Von den weinbautreibenden Landwirten der Wachau wird für Erzeugung von Weinpfählen seit alters her Lärchenholz im Dunkelsteiner Wald gekauft. Die Ortsbezeichnungen im Dunkelsteiner Wald aber enthalten nur Hinweise auf Eichen, Buchen, Föhren, Tannen; Grenzbeschreibungen von 1594 und 1602 nennen Eichen, Föhren, Birken und Aspen [1]).

Hinsichtlich des W a l d v i e r t e l s hat A. K e r n e r 1863 im „Pflanzenleben der Donauländer" angegeben, daß auch diesem Gebiete, u. zw. „nur dem von Hornblende-

Abb. 12. Wiesenlärchen im Wienerwald, Hasenriedl bei Altlengbach, ober dem Sandhof, 500 m.

Aufnahme L. Tschermak.

Abb. 13. Natürliche Verjüngung der Lärche, Brandwald bei Altlengbach, 360 m.

Aufnahme L. Tschermak.

gestein und kristallinischem Kalk häufig durchschwärmten Randgebiete des Waldviertels" die Lärche angehört, sie finde sich „dort namentlich im Gebiete von Pöggstall und am Jauerling in unzweifelhaft wildem Zustand vor". Diese Angabe hat schon C i e s l a r 1904 als irrtümlich bezeichnet [2]), spätere Autoren haben dennoch „im Hinblicke auf die Autorität von Kerners positiver Feststellung" an dieser festgehalten [3]). Der Verfasser hat

<hr>

[1]) Vgl. T s c h e r m a k, Die natürliche Holzartenverbreitung (mit besonderer Berücksichtg. der Lärche) und die ökologischen Bedingungen im Waldviertel und Dunkelsteiner Wald, Centralbl. f. d. g. Fw. 1932, 73 ff.

[2]) C i e s l a r, Waldbauliche Studien über die Lärche, Cbl. f. d. g. Fw. 1904.

[3]) C. H. O s t e n f e l d und C. Syrach L a r s e n, The species of the genus Larix and their geographical distribution.... Kopenhagen 1930, S. 71.

genaue Untersuchungen für jede der Einzellandschaften des Waldviertels durchgeführt und das Ergebnis im Centralblatt für das gesamte Forstwesen 1932 veröffentlicht. Zahlreiche geschichtliche Quellen (Archive zu Rosenburg und Horn, Zisterzienserstift Zwettl, Herrschaft Gr.-Pertholz, Niederösterreichisches Landesarchiv) ließen erkennen, daß die Lärche erst seit etwa 150 Jahren durch künstliche Kultur in einzelne Waldungen des Waldviertels eingebracht wurde, während die übrigen gegenwärtig vorkommenden Holzarten (mit Ausnahme der Ausländer auf kleinen Flächen) autochthon sind.

Mischholzarten, Waldtypen.

Beispiele für das beste Wachstum der Lärche, Scheitelhöhen unserer Holzart von etwa 35—36 m im 100—120jährigen Alter, finden sich in Niederösterreich in Lagen von 300—1100 m ü. M.; so im Waldort Kogelgraben (Nordhang des Schöpfl, Wienerwald) bei 580 m: Fagus silvatica + Larix europaea + Abies pectinata + (eingesprengt) Acer Pseudoplatanus — Asperula odorata — Sanicula europaea — Cardamine trifolia — Dentaria bulbifera — Paris quadrifolia — Oxalis acetosella; oder am Auberg bei Judenau (Forstdirektion Neulengbach) in einer Meereshöhe von etwa 300 m: Fagus silvatica + Larix europaea — Impatiens noli tangere — Actaea spicata — Asperula odorata — Vinca minor. In solcher geringer Meereshöhe innerhalb des natürlichen Verbreitungsgebietes erwächst dennoch ein Lärchenholz von hervorragender Güte, auch die

Abb. 14. Durchzugsbalken aus Lärchenholz, Jahreszahl 1642 und gotische Schnitzerei (Rosette und Längsleisten), abgetragenes Haus Lunz am See.

Aufnahme Privatdozent Dr. E. Schimitschek.

Lärchen des Vorbestandes am Auberg, Stämme von je 2—3 fm, waren seinerzeit zur Erzeugung von Weinpfählen sehr begehrt.

Im Gebirge tritt die Fichte hinzu, z. B. Waldort Waldgraben in der Forstverwaltung Freiland, 705 m, Lehmboden auf Triaskalk: Fagus silvatica + Abies pectinata + Picea excelsa + Larix europaea + Pinus silvestris + (eingesprengt) Acer Pseudoplatanus + Acer platanoides — Sanicula europaea — Oxalis acetosella — Daphne Laureola. In diesem Waldort ergab eine gefällte 160jährige Lärche 9 fm, davon 8·2 fm Nutzholz. Laut Mitteilung des Forstamtes Lilienfeld wurden in den letzten dreißig Jahren im Reviere Türnitz in Höhen von 600—1024 m in geschlossenen Mischbeständen 140—160jährige Lärchen genutzt, welche Brusthöhendurchmesser bis zu 1 m und Schaftlängen bis 45 m aufwiesen (in den Waldorten Tettenhegst, Bannwald und Rieglerschlag).

In allen diesen Fällen sind die Lärchen auch im Altholz den übrigen Holzarten bedeutend vorwüchsig. Daß auch in Höhen von 1000—1100 m in Niederösterreich Lärchen von 35 m Scheitelhöhe in 110—120jährigem Alter erwachsen, zeigt folgendes Beispiel: Waldort Lärchriedl der Forstverwaltung Langau, Picea excelsa + Larix europaea (0·3) + Abies pectinata + Fagus silvatica — Pirola secunda — Paris quadrifolia — Oxalis acetosella — Helleborus niger; die Scheitelhöhen betrugen:

bei Lärchen   bis 35 m,
Fichten und Tannen 32 m,
Buche   28 m.

Auch im Revier Klamm, Semmeringgebiet, stocken noch bei 1100 m Meereshöhe, Unterabt. 49 b, 52 a und andere, Mischbestände von Fichte (0·4) + Lärche (0·3) + Tanne (0·1) + Buche (0·2) mit vollkernigen, geraden und vollholzigen Lärchen, deren Scheitelhöhen bis 35 m, Brusthöhendurchmesser bis 50 cm im Alter von 100—110 Jahren betragen.

Noch häufiger als in anderen Bundesländern tritt in Niederösterreich die Lärche in geringen Meereshöhen auf, in sanfter geböschten Lagen, wo Schneeschub, Bodenrutschung u. dgl. weniger auf die Holzart einwirken, ungünstige Modifikationen der Wuchsform seltener zustande kommen. Auf ausgedehnten Flächen stocken daher gut geformte, vollholzige, feinastige, langschaftige Lärchen von sehr guter Holzbeschaffenheit.

Auch auf guten Böden tritt häufig die W e i ß k i e f e r in die Mischung ein; dabei ist auch das Vorkommen der Weißkiefer nachweislich, wie aus Archivangaben hervorgeht, ein ursprüngliches, es handelt sich also nicht immer um ein edaphisch bedingtes Vorkommen der Kiefer, nicht überall bloß um die auslesende Wirkung des Substrates [1]). So begegnen wir auch auf den guten Flysch-Verwitterungsböden im westlichen Wienerwalde Mischungen wie: Pinus silvestris + Abies pectinata + Fagus silvatica + Larix europaea mit Scheitelhöhen von mehr als 30 m im 80—100jährigen Bestand, auch die Begleitpflanzen Waldmeister, Sauerklee, Sanikel (etwa im Hofgrabenholz, Revier Baumgarten) deuten auf guten Boden. Gelegentlich sind in den von der Lärche besiedelten Teilen des Wienerwaldes auch Trauben- und Zerreichen als eingesprengte Holzarten in der Mischung vertreten, ferner kommen hier und in den Kalkalpen auch Sorbus Aria und Sorbus torminalis, Fraxinus excelsior, Ulmus montana und campestris eingesprengt vor. Auch auf Verwitterungsböden von Gneis sind in der Buckligen Welt und im Wechselgebiet, z. B. Forstverwaltung Krumbach, von Natur aus im Grundbestand von Tanne und Buche die K i e f e r [2]) und L ä r c h e mit Scheitelhöhen bis 38 m, also unter g ü n s t i g e n Standortsverhältnissen, eingesprengt. Hier findet sich an Waldrändern bei geringen Meereshöhen (Tannwald 740 m) auch die Grünerle.

Auf geringen Böden ist das Auftreten der Kiefer in Mischbeständen ähnlicher Zusammensetzung weniger auffallend. So stockten auf seichtgründigen Verwitterungsböden über trockenem Kalkschutt (Aufnahme: Langau, Revier Rothwald, Zierbachriedl, 950—1000 m) Fichte + Lärche + Weißkiefer + Tanne + Buche + Bergahorn (eingesprengt) + Eibe, alle Arten in sehr schütterem Bestand, zahlreiche Bäume sind infolge des seichtgründigen Bodens abgestorben. Im Unterwuchsverein zeigen sich auf günstigeren Stellen auch anspruchsvollere Pflanzen, aber zwischen ihnen gibt es doch auch Trockenheit anzeigende, wie Melampyrum pratense, Veronica officinalis, Erica carnea und andere. Die Baumhöhen des unregelmäßigen, lückigen Bestandes betragen bei über

---

[1]) G a m s H., Über Reliktföhrenwälder und das Dolomitphänomen, Veröff. d. geobot. Inst. Rübel, 6. Heft, 1930.

[2]) Das natürliche Vorkommen der Kiefer und Lärche auch auf guten Böden spricht für klimatische Bedingtheit ihrer Verbreitung; nach D e n g l e r (Waldbau 1930, S. 57, und „Die Horizontalverbreitung der Kiefer", Neudamm 1904) zeigt die Kiefer Anpassung an das kontinentale Klima sowohl in dessen kühlerem nördlichen als auch im wärmeren südlichen Teil.

100jährigem Alter an ungünstigeren Stellen 14—15 m, an günstigeren 18—21 m. Unter ähnlichen Verhältnissen wurde in einem anderen Waldort beobachtet, daß die Wurzeln einer etwa 15 cm starken Lärche in bloß 10 cm Bodentiefe über 4 m weit fortstreichen, ohne in tiefere Bodenschichten eindringen zu können. Unter der seichten Verwitterungskrume ist schotteriger, nicht durchwurzelter Boden. Die sehr geringe physiologische Tiefgründigkeit hat die geringe Lebensdauer der Fichten, stellenweise auch der Lärchen zur Folge. Verhältnismäßig am besten vermag unter solchen Verhältnissen noch die Kiefer zu gedeihen, doch stehen ihr auch einzelne Lärchen nicht nach. Hiefür findet man auch auf felsigem Standort Beispiele:

Auf den Dolomitfelsen der „Teufelskirche" beim Jagdschloß Langau, Revier Holzhüttenboden, stocken ohne jeglichen Bestandesschluß bei etwa 900 m ü. M. einzelne Bäume von Picea excelsa + Larix europaea + Pinus silvestris + Sorbus Aria + Pinus montana — Dryas octopetala — Primula Clusiana — Polygala Chamaebuxus; an einer dortigen Lärche von 44 cm Brusthöhendurchmesser, 18 m Baumhöhe, wurden mittels Zuwachsbohrers 200 Jahrringe festgestellt, die stellenweise äußerst schmal waren (6—7 auf 1 mm). Nur wenige Baumindividuen erreichen unter solchen Standortsverhältnissen dieses Alter und die angegebenen Ausmaße.

Auf einem anderen Felsstandort, Kalk, stockten ohne Schluß einzelne 17—18 m hohe Larix europaea + Abies pectinata + Fagus silvatica + Picea excelsa + Sorbus Aria + Sorbus aucuparia — Rhododendron hirsutum — Erica carnea — Vaccinium Myrtillus — Melampyrum pratense (Alter einer 46 cm starken Lärche ähnlich der vorigen).

Am Sonnwendstein, Semmeringgebiet, wurde auf seichtgründigem Kalk in 1400 m Meereshöhe eine Lärche gefällt, deren dem Verfasser vorliegende Stammscheibe von 17 cm Durchmesser 270 durchwegs außerordentlich enge Jahrringe aufweist. Ein Gegenstück stellt eine auf tiefgründigem, gedüngten Wiesenboden bei 900 m Höhe zwischen Schottwien und Semmering (beim Bärenwirtshaus Greis) gezogene Lärche dar, deren Stammscheibe mit bloß 19 Jahrringen einen Durchmesser von 26 cm besitzt.

Schon vor 103 Jahren unterschied Gottlieb Z ö t l (Handbuch der Forstwirthschaft im Hochgebirge, Wien 1831, S. 186) treffend die „Jochlärche, die Steinlärche und die Graslärche". Als J o c h l ä r c h e bezeichnete er „die obersten Vorkommen", die dem Gebirgsbewohner „zwar mehr wert sind als die Fichte, aber nicht so viel als die Steinlärche". „S t e i n l ä r c h e n" nannte er die auf normalen, nicht zu trockenen und nicht zu nassen, „mit Steinen gelockerten" Waldböden erwachsenen. „G r a s l ä r c h e n" aber die „in den niedern fettgründigen Wiesen" vorkommenden, die „ungeachtet ihrer großen Schnellwüchsigkeit im Werte hinter die Fichte gesetzt werden". Daß die sehr engringigen Lärchen der obersten Vorkommen und geringsten Standorte, die „Jochlärchen" Zötls, hinsichtlich der Holzeigenschaften nicht die begehrtesten zu sein pflegen, bestätigen auch neuere Untersuchungen; so hat J a n k a [1] darauf hingewiesen, daß es bei der Verwendung des Lärchenholzes im Erd-, Brücken- und Wasserbau in erster Linie auf Festigkeit und Dauer ankomme, und daß Lärchenhölzer mit m i t t e l b r e i t e n Jahrringen hiezu das geeignetste Material seien, weil nur solches die breitesten und härtesten Spätholzzonen und damit auch die größte Festigkeit und Dauerhaftigkeit aufweise. Ganz Ähnliches ergaben Untersuchungen von L i e s e [2] hinsichtlich des in der Nähe der nördlichen Baum-

---

[1] J a n k a, Untersuchungen über Elastizität u. Festigkeit der österr. Bauhölzer, IV, Lärche, Mitt. a. d. forstl. Versuchsw. Österr., 37. Heft, Wien 1913, S. 59.

[2] L i e s e, Über die mechanischen Eigenschaften des Archangelskholzes, Zeitschr. f. F. u. Jagdw. 1928, S. 43. (Entgegnung: M e l e c h o w, Über die Qualität der nordischen Kiefer, Archangelsk 1932, russisch, Referat: Forstarchiv 1934, S. 47.) Ferner: H. H e m p e l, Deutsche oder hochnordische Kiefer? (Dt. Forstwirt 1933, 181, 188 ff.).

grenze erwachsenen Kiefernholzes („Archangelskholz") und Feststellungen W i j k a n d e r s hinsichtlich des leichteren Holzes der im nördlichen Schweden erwachsenen Fichte [1]. Z ö t l s „Steinlärchen" entsprechen — zwischen den beiden Extremen der „Jochlärchen" und der im Freistand auf gedüngtem Boden milderer Lagen breitringig erwachsenen „Graslärchen" — den Lärchenhölzern mit mittelbreiten Jahrringen. Auch die S c h a f t - f o r m e n der im Freistand erwachsenen „Jochlärchen" und der ebenfalls räumdig er- zogenen „Graslärchen" pflegen infolge Ästigkeit und Abholzigkeit weniger günstig zu sein als bei den im Bestande erwachsenen Bäumen.

Die Waldtypen und Bestandesmischungen am schmalen O s t s a u m d e r K a l k - a l p e n in Niederösterreich lassen bei höherer Sommerwärme und sommerlicher Trocken- heit, wie bereits erwähnt, eine Durchdringung der baltischen mit der pannonischen Flora erkennen. Auf trockenen Sonnseiten mit warmen Kalk- und Dolomitböden pflegen Be- stände wärmeliebender Pflanzen vorzuherrschen, während auf Schattseiten häufig Misch- bestände von Pflanzen sowohl der baltischen als auch der pannonischen Flora zu finden sind. So z. B. kommen zwischen Fahrafeld (der Name rührt von der Föhre her) und Weißenbach a. d. Triesting Fagus silvatica + Pinus nigra + Larix europaea auf der Schattseite vor, während die gegenüberliegende Sonnseite einen Bestand kurzschaftiger hochaltriger Schwarzföhren mit schirmförmigen Kronen aufweist. Auch die Schattseite zwischen Weißenbach und Furth ist auf größeren Flächen mit Mischbeständen von Pinus nigra + Fagus silvatica + Larix europaea (bis 0·2—0·4) + (eingesprengt) Acer plata- noides + Fraxinus excelsior bestockt, auch 130—140jährige Lärchen kommen hier vor. An der Grenze zwischen Weißenbach und Furth steht eine berühmte, hochaltrige Schwarz- föhre, die sogenannte „Bruthenne", mit einem Brusthöhendurchmesser von 140 cm, Kro- nendurchmesser von 20 m. Pinus nigra und Larix europaea sind hier also in der gleichen Gegend einheimisch. Eine reiche Holzartenmischung wird hier durch das Klima und die trockenen, gut erwärmbaren Dolomit- und Kalkböden begünstigt (siehe oben, Vergleich mit der Verbreitung anderer Holzarten, Beispiel „Am Haidlhof"). Außerdem kommen in den Forsten der Herrschaft Merkenstein vor: der gemeine Wacholder, Felsenbirne, Zwergmispel (Cotoneaster), Perückenstrauch (Rhus Cotinus L.), Felsen- und gemeiner Kreuzdorn, seltener der gemeine Faulbaum, Pimpernuß, Traubenkirsche (selten), Roter Hollunder (selten), Cornus mas; als thermophyle, nur an ausgesprochen trockenen und warmen Standorten gedeihende Pflanze findet sich der Diptam (Dictamnus albus L.) vor. Hinsichtlich der aufgezählten Holzarten läßt sich der Nachweis der Ursprünglichkeit ihrer Verbreitung im bezeichneten Gebiete unschwer erbringen (vgl. T s c h e r m a k, Die natür- lich vorkommenden Holzarten am Ostrand der Alpen in Niederösterreich, Österr. Viertel- jahrsschr. f. Fw. 1931).

Erreichbares Lebensalter, Urwaldreste.

In den Forsten des Stiftes Lilienfeld, Revier Türnitz, sah der Verfasser im Waldort Laubgrund (NNW-Lehne des Kl. Höger) bei 720—850 m M e e r e s h ö h e auf Kalk in Mischbeständen von Buche, Lärche, Kiefer, Fichte zahlreiche, vom vorhergehenden Um- trieb stammende 1—2 m h o h e [2] L ä r c h e n s t ö c k e v o n 100, 130 u n d 150 c m

---

[1] T r e n d e l e n b u r g, Über Trockengewicht und Festigkeit des Holzes der Fichte, Silva 1933, S. 321; die Ungunst der Witterung läßt es z. B. auch „in den großen Höhenlagen Südtirols" nicht zur Bildung eines schweren Holzes kommen.

[2] Auch an anderen Orten waren ehemals hohe Stöcke üblich, so berichtet H a z z i (Statist. Aufschlüsse über das Herzogtum Bayern aus aechten Quellen geschöpft, Nürnberg, 1801): „Die Flöz- bäume, die je schöner desto theuerer sind, werden selten am Stock abgehauen, sondern 12—15 Schuh

D u r c h m e s s e r mit schätzungsweise etwa 300—400 Jahrringen. Die Stöcke hatten sich seit dem in den Jahren 1818—1863 erfolgten Abtriebe noch erhalten. Ähnliche alte Lärchenstöcke gibt es auch im Waldorte Koppeltal desselben Revieres sowie in anderen Revieren des Stiftes Lilienfeld; so in den Waldorten Sulzberg und Eiserner Löffel des Revieres Annaberg, dann im Revier Ramsau, wo im Waldorte Gabel, 600—1000 m, über 250jährige Stämme vorkommen. Auf den höheren, felsigen Südlehnen im Reviere Türnitz stocken in räumdiger Stellung bis 300jährige Wetterlärchen mit sehr abholzigen Schäften.

Im Centralblatt f. d. ges. Forstwesen, Jahrgang 1886, veröffentlichte K a r l B ö h m e r l e (Forstl. Versuchsanstalt Mariabrunn) Angaben über eine Lärche, deren Stammscheibe sich in den Amtsräumen der Forstdirektion Gutenstein befand; die Lärche war im Jahre 1872 im Revier Hölltal, Forstort Schwarzriegel-Mitterberg, in einer Meereshöhe von 1350 m im Alter von 455 Jahren gefällt worden. Die Scheitelhöhe betrug 38·2 m, die Stärke am Stock 82 cm, der Derbholzgehalt des Schaftes 7·9 cbm[1]). Auch gegenwärtig gibt es im Bereiche der Graf Hoyos-Sprinzenstein'schen Forstverwaltung Gutenstein Lärchen von über 300jährigem Alter.

Wie aus den beigegebenen Tabellen 6—9 hervorgeht, wurde in zahlreichen Forstämtern Niederösterreichs an unserer Holzart ein erreichbares Lebensalter von 160 —200 Jahren beobachtet, wahrscheinlich wäre auch dort, wenn es die Wirtschaft zulassen könnte, ein noch höheres möglich. Selbst im Wienerwalde wurde im Katastralteil Gern (westlich vom Schöpfl und von Glashütte) noch vor fünf Jahren ein im Volksmund als „der große Lehrbaum" bezeichneter Stamm von etwa 170 Jahren gefällt.

Eine irrtümliche Angabe von J. N e v o l e („Vegetationsverhältnisse des Ötscher- und Dürrensteingebietes in Niederösterreich", Abhandl. d. Zoolog. Botan. Ges., III/1, Wien 1905), der zufolge der Urwald im „Rothwald" neben Tannen, Buchen, Fichten und Ahornen auch Lärchen enthalten soll, veranlaßte den Verfasser, diesen Urwald aufzusuchen. Der Rothwald liegt am SE-Abhang des Dürrenstein und südlich von diesem. Lärchen kommen zwar im R e v i e r Rothwald natürlich vor, aber n i c h t im eigentlichen Urwald. Der „Große Urwald"[2]) hat ein Ausmaß von über 200 ha, ist bisher von jeder Nutzung verschont geblieben und zeigt auch im Vergleich zu Urwaldbeständen anderer Gebiete infolge der günstigen Klima- und Bodenverhältnisse (Mergeleinschaltungen des Kalkgrundgesteines) g r o ß a r t i g e B i l d e r m ä c h t i g e r, k r a f t s t r o t z e n d e r U r w a l d r i e s e n, zwischen ihnen (z. B. in der Nähe des hohen Moderbachsteges) reichlichen 1 bis 1·5 m hohen Buchenaufschlag, die Baumleichen voll Fichtenanflug; nach H a n a b e r g e r (Die Domänen Gaming und Waidhofen a. d. Ybbs, Verlag des n.-ö. Forstvereins, Wien 1910) ergab eine Probeflächenaufnahme je Hektar 1004·96 fm, die sich auf 446 Stämme verteilten, u. zw. 106 Tannen, 70 Fichten, 270 Buchen. Tannen von 148 cm Durchmesser mit Höhen von über 50 m kommen vor, auch der Unterwuchsverein (z. B. Impatiens noli tangere — Asperula odorata — Oxalis acetosella — Blechnum spicant — Cardamine trifolia) deutet auf gute Standortsklasse und bietet Bilder reichlichen und üppigen Pflanzenwachstums.

Lärchenstandorte im Rothwalde, aber außerhalb des Urwaldes, finden sich am Zierbachriedl (vgl. vorigen Abschnitt) und am Rothkogel; hier stocken 130—150jährige Lärchen von vorzüglichen Wuchsformen und sehr guter Holzbeschaffenheit.

---

hohe Gerüste gemacht, um in dieser Höhe den Baum zu stürzen. Die hohen Stöcke bleiben dann unangetastet und unbenutzt..." Zit. nach v. Pechmann, Forstwiss. Centralbl. 1932, S. 652.

[1]) K. B ö h m e r l e, Über das Alter der deutschen Waldbäume, Centralbl. f. d. ges. Forstw. 1886, S. 78.

[2]) Es gibt dort außerdem einen „kleinen Urwald" von etwa 42 ha auf den Langböden.

Einen Urwald in Niederösterreich, der auch Lärchen enthielt, schilderte nach dem Stande vor 1850 J. Wessely[1]). Roßmäßler führte in seinem bekannten Werke[2]) zur „Weihe" seiner Betrachtung der Baum-Architektonik die Angaben Wesselys als „die Schilderung eines deutschen Urwaldes" an. Der Urwald befand sich in den hintersten Quellschluchten der Mürz und hieß seinem Uralter zum Trotz der Neuwald:

„Höchst merkwürdig ist der große, üppige und wohlgeschützte Kessel dieser unabsehbaren Waldwüste. Ein Bild großartiger Schöpfung und prachtvoller Wildnis überwältigt er auch das starrste Gemüt mit scheuer Ehrfurcht vor den gewaltigen Werken Gottes. Die Natur... hat da ein Unglaubliches an vegetativer Kraft und Erzeugung zusammengehäuft... die Fichten, die Tannen und selbst die Lärchen dieses Kessels erreichen eine Länge von 150—200, eine untere Stammstärke von 5—8 Fuß" (1 Wiener Fuß = 0·316 Meter) .... „Die Buchen auch 120—150 Fuß Länge, 3—5 Schuh untere Stärke .... und lassen somit all das weit hinter sich, was wir in unseren modernen Holzbeständen zu sehen gewohnt sind."

Künstliche Kulter außerhalb des natürlichen Verbreitungsgebietes.

Innerhalb Niederösterreichs könnte für künstliche Einbringung der Lärche vor allem das Gebiet im Nordwesten des Landes, nördlich der Donau, das sogenannte „Waldviertel" oder „Viertel ober dem Manhartsberg" in Frage kommen. Es breitet sich westlich des Manhartsberges (536 m) von diesem bis zur oberöstereichischen Landesgrenze und zur tschechoslowakischen Staatsgrenze aus. Die ältesten Lärchen in diesem Gebiete hat wohl das Zisterzienserstift Zwettl aufzuweisen, u. zw. kommt unsere Holzart hier in einem kleinen Altholzbestande im Revier Ratschenhof in 150jährigem Alter vor. Die etwa 40 m, vereinzelt bis 45 m hohen Stämme sind vollkommen geradschaftig, gesund und von wertvoller Holzbeschaffenheit (Kernholz mit ganz schmalem Splint), je Stamm bis 2·5 fm. Die Erhebungen im reichhaltigen Stiftsarchiv haben ergeben, daß hier die Lärche ursprünglich nicht verbreitet war[3]).

Im Reviere Ratschenhof erfolgte die Einbringung etwa 1777—1787 wohl zum ersten Male; in einer handschriftlichen Grenzbeschreibung vom Jahre 1817 („Ausmarchung des großen Ratschenhofer Waldes") wird angeführt, daß „der sogenannte Winkelacker vor beiläufig 30 oder 40 Jahren mit Lehrbäumen und Föhren bebaut wurde". Von diesen Lärchen ist aber keine erhalten geblieben. Um dieselbe Zeit (1787) wurde der Lärchenanbau auch in anderen Revieren des Stiftes versucht, jedoch nicht immer mit bleibendem Erfolg, worauf folgender Vermerk vom August 1837 im Stiftsarchiv hindeutet: „Heuer sind uns eine Menge Lehrbäume in der sogenannten Einsiedeley (Revier Stift), die vor 50 Jahren daselbst angebaut wurden, ausgestanden. Wir ließen sie jetzt umschneiden und meist zu Gartensäulen und Backstall aushauen". Auch gegenwärtig erweist sich in künstlichen Kulturen in verschiedenen Waldteilen des stiftlichen Besitzes das Alter von etwa 20—30 Jahren als ein für die Lärche kritisches; Krebserkrankung, Flechtenbehang und Eingehen der Lärche ist zu beobachten. Dies und die Archivangaben beweisen, daß die gesunden Altholzlärchen hier nur Reste aus einem zahlreicheren Lärchenanbau sind.

Lärchenaltholzreste, teils horstweise, teils einzeln eingesprengt, finden sich auch in anderen Waldungen des Waldviertels, so in jenen der Forstdirektion Gföhl (bis

---

[1]) Wessely, Die österreichischen Alpenländer und ihre Forste, Wien, Braumüller, 1853, I. Teil, S. 308.

[2]) Roßmäßler, Der Wald. Den Freunden und Pflegern des Waldes geschildert. II. Auflg., Leipzig u. Heidelberg, 1871, S. 211 ff.

[3]) Tschermak, Die natürliche Holzartenverbreitung ... im Waldviertel, Centralbl. f. d. g. Fw. 1932.

66

120jährige Lärchen, jedoch ist hier Larix im Altholz viel seltener als in jüngeren Altersklassen), in den Forstverwaltungen Horn, Drosendorf, Gr. Siegharts, Heidenreichstein, Rosenau, Stift Altenburg usw. Über den Anbau der Lärche in Waldungen des Stiftes A l t e n b u r g wird in einer im Jahre 1815 erschienen Schrift: „Der Wanderer im Waldviertel, von F. R e i l, Ein Tagebuch vom Jahre 1815“ ausgesagt: „Seit 20 Jahren sind auch sehr viele Lärchenbäume angepflanzt worden und geraten“. Die Einbringung erfolgte also etwa 1795. Die wenigen vorhandenen Altholzreste zeigen vortrefflichen Wuchs, geraden Schaft, Massen der Einzelstämme von 2—2½ fm. Aber auch hier erweist sich für die Lärche das A l t e r v o n e t w a 25—30 J a h r e n, besonders in Mischung mit der Fichte, als ein k r i t i s c h e s.

Ähnliches wurde in der Forstverwaltung Kirchberg am Walde beobachtet. Im Jahre 1916 wurden bei einem Kahlabtriebe („Tiergarten“) 130jährige eingesprengte Lärchen mit Scheitelhöhen von 36—40 m und Brusthöhendurchmessern von 60—100 cm gefällt, doch sind die in dichten Fichtenbeständen aufwachsenden etwa 25jährigen Lärchen zu 35—40 v. H. vom Lärchenkrebs befallen.

Im Waldviertel besitzen, wie J. H a n n[1]) nachgewiesen hat, gerade die höheren Lagen, also wohl die konvexen Teile des Mittelgebirges, ein mehr ozeanisch beeinflußtes, in den Temperaturverhältnissen weniger extremes Klima. Dieses ausgeglichene Klima begünstigt wesentlich den Höhenwachstumsgang[2]) der Fichten- (und Tannen-)bestände, u. zw. schon vom etwa 20. Jahre ab. D u r c h d e n r a s c h e r e n H ö h e n w u c h s d e r K o nk u r r e n t e n w i r d o h n e Z w e i f e l d i e W e t t b e w e r b s f ä h i g k e i t d e r g e g e n V e rd ä m m u n g e m p f i n d l i c h e n L ä r c h e b e e i n t r ä c h t i g t. Diese ist in Weitra in den ersten 20 Jahren stark vorwüchsig, wird aber später in der Regel von der Fichte eingeholt und unterdrückt. Tiefere Lagen der Rumpffläche des Waldviertels haben dagegen größere Kälteextreme aufzuweisen, G u t t e n b e r g[3]) unterscheidet in Weitra den „Gebirgsforst“ (in 700—1000 m, Granit, mit Fichte, Tanne und Buche in nicht geringem Maße) und den „Ebenenforst“ in der Hochebene von 470—510 m mit jährlich wiederholt eintretenden Spätfrösten, d o r t z e i g e d i e F i c h t e e i n e n w e s e n t l i c h l a n g s a m e r e n E n t w i c k l u n g s g a n g gegenüber jenem des „Gebirgsforstes“, sie „kommt der Fichte des Hochgebirges nahe“.

Gedeiht nun im W a l d v i e r t e l dort, wo das Klima im T e m p e r a t u r g a n g u n a u s g e g l i c h e n e r und das Fichtenwachstum nach den Angaben Guttenbergs jenem des Hochgebirges etwas ähnlicher ist, die k ü n s t l i c h e i n g e b r a c h t e L ä r c h e b e s s e r a l s i n d e n b i s h e r a n g e f ü h r t e n B e i s p i e l e n? Das Verhalten auf ausgedehnten Waldflächen spricht für B e j a h u n g dieser Frage. Im Hochlande (Rumpffläche) an der Lainsitz und oberen Thaya finden sich Beispiele von sehr guten Leistungen künstlich eingebrachter Lärchen in allen Altersklassen auf Flächen von bedeutendem Ausmaß. In den fünf Revieren des Forstamtes Litschau kommen in Höhen von 550—660 m Bestände von Fichten und Weißkiefern mit Tannen und Buchen vor, ferner entfällt auf die Lärche ein durchschnittlicher Bestockungsanteil von 1 v. H. von der Gesamtwaldfläche von rund 4500 ha. Die Lärchen sind vollholzig, langschaftig, vollkernig, mit schmalem Splint. Auch in den Waldungen des Forstamtes D o b e r s b e r g (Waldfläche 970 ha) beträgt der durchschnittliche Bestockungsanteil der Lärche etwa 3 v. H. Während die Buche dort nicht mehr ihr Bestmaß aufweist und häufig schlechte Formen besitzt, jedenfalls infolge

---

[1]) H a n n J., Klimatographie von Niederösterreich, Wien 1904, S. 20, 46.

[2]) G u t t e n b e r g, Die Aufstellung von Holzmassen- und Geldertragstafeln auf Grund von Stammanalysen, Österr. Vierteljahrsschr. f. Fw. 1896, S. 203.

[3]) G u t t e n b e r g, a. a. O., S. 204.

von Frostwirkung, zeigt hingegen die Lärche in allen Altersklassen und auch in den benachbarten Bauernwaldungen vorzüglichen Wuchs, so daß man ihr Vorkommen für ein ursprüngliches halten könnte, welche Vermutung jedoch durch die geschichtlichen Erhebungen nicht bestätigt wurde. Dabei stimmt die Angabe Guttenbergs über die weniger ausgeglichenen Temperaturverhältnisse in der Hochebene im Vergleich zum „Gebirge" mit den Ergebnissen von J. Hann[1]) überein, der hervorhebt, daß die hochgelegene Station (Kl.-Pertenschlag) geringere Kälteextreme aufwies, während in anderen tiefer gelegenen, darunter auch Dobersberg und benachbarten mährischen Orten, sehr niedrige Kälteextreme beobachtet wurden. Auch aus der „Klimatographie von Mähren" ist ersichtlich, daß das dem Waldviertel benachbarte böhmischmährische Hochland, westlicher Teil (in welchem die Lärche als künstlich eingebrachte Holzart öfter zu finden ist) weniger ausgeglichene Temperaturverhältnisse hat[2]). Z. B. beträgt die Jahresschwankung in Datschitz (464 m) 21·1⁰, im Mittel von zehn Stationen 20·5⁰. Die absoluten Wärmeschwankungen in diesem Gebiete werden als sehr exzessive bezeichnet.

Östlich vom Waldviertel, in der Hügellandschaft des Weinviertels, ist die Lärche infolge künstlichen Anbaues hie und da teils in Hochwaldbeständen mit Kiefer und Eiche, teils als Oberholz im Mittelwald eingesprengt, es fällt ihr z. B. in den Waldungen des Forstamtes Ernstbrunn ein Anteil von etwa 0·5 v. H. der dortigen Gesamtwaldfläche von 2733 ha zu, Wuchsform und Holzbeschaffenheit sind sehr gut, doch ist Krebs an jüngeren Lärchen häufig. Auch im Bereich der Forstdirektion Schönborn finden sich auf kleineren Flächen schöne, bis 150jährige Altholz-Lärchen; auch einige fast reine Lärchen-Altholzbestände (80- bis 120jährig) auf einer Gesamtfläche von 15 ha (größter Einzelbestand 5·5 ha) auf Löß in Höhen von 200 bis 250 m sind vorhanden, im kritischen Dickungsalter ist aber auch dort unsere Holzart gefährdet.

4. Steiermark.

Horizontale Verbreitung.

Unter allen Bundesländern Österreichs und unter allen Kantonen der Schweiz hat Steiermark die weitaus größte, mit der Lärche als Mischholzart bestockte Waldfläche aufzuweisen. Die steirische oder „grüne" Mark ist ein Waldland, 51·2 v. H. seiner ertragsfähigen Fläche gehören dem Walde an, dessen Gesamtausdehnung 837.000 ha, d. s. 26·5 v. H. der Gesamtwaldfläche Österreichs, beträgt. Bestockte Almen, auf denen in erster Linie die Lärche geduldet wird, sind hiebei gar nicht mitberücksichtigt. Nur ein kleiner Teil dieses großen Waldgebietes, und zwar das Hügelland im Südosten des Landes, kaum ein Sechstel der Landesfläche, liegt außerhalb des natürlichen Verbreitungsgebietes unserer Holzart. Als Bergland im Inneren des Gebirges und im östlichen Teile des Alpenbogens, als ein Gebiet, dessen Klimacharakter betreffs der Verteilung der Wärme über das Jahr hin festländische Züge aufweist, bietet die steirische Mark der Lärche geeignete Standortsbedingungen.

Am größten ist der Bestockungsanteil unserer Holzart im innersten Teil des Gebirges, also im oberen Murgau; so kann ihr Anteil für den politischen Bezirk Murau, wo sie von der Talsohle bis zur oberen Baumgrenze überall vorkommt, bei Mitberücksichtigung der höheren Lagen auf durchschnittlich 30 v. H. der Fläche geschätzt werden. In den unteren Lagen ist ihre Häufigkeit geringer, in den oberen größer, z. B. im Reviere

---

[1]) Hann, Klimatographie von Niederösterreich, Wien 1904, S. 22.
[2]) Schindler, Klimatographie von Mähren und Schlesien, Wien 1908, S. 22.

Turrach in den tieferen Lagen 12 v. H., in den oberen 70, im Durchschnitt 30 v. H. Ähnliche Angaben (Anteil 30 v. H.) enthält die Tabelle 10 für zahlreiche Einzelwaldungen und Forstverwaltungen dieses Bezirkes, so für den Ziskabergerwald (1200 ha), das Revier Paal (3929 ha), Revier Katsch (1868 ha), Waldort Schwarzkogl, Lindberg usw. In einigen Fällen, insbesondere in Hochlagen von etwa 1600 m aufwärts, ist die Lärche auch vorherrschend, solche Beispiele wurden in den Revieren Turrach, Paal, Schrattenberg u. a. festgestellt.

Auch in der Richtung gegen das Randgebirge hin, z. B. gegen die Gleinalpe, Stubalpe, nimmt innerhalb des Murgaues der Lärchenanteil nur wenig ab, so kann er noch im Gebiete zwischen Kleinlobming und Stubalpe auf 30 v. H. geschätzt werden, in vielen anderen Revieren beträgt er 20 v. H., so in den Forstämtern Glein, dem des Leobner Wirtschaftsvereins, in den Forstverwaltungen Leoben, Göß, Schladnitz, St. Stefan u. a.

Im steirischen **E n n s g a u**, in welchem auch nach den Angaben der Klimatographie[1]) in den Wärmeverhältnissen der festländische Einfluß immerhin etwas weniger stark fühlbar ist als im Murgau, ist auch der Mischungsanteil der Lärche etwas kleiner, er beträgt gleich von der steirisch-salzburgischen Landesgrenze an auf den Hängen beiderseits der Enns meist etwa 20 v. H.; in Außenlagen, z. B. in der Salzkammergut-Lücke, noch weniger, so in der Forstverwaltung Bad Aussee ungefähr 10 v. H., Forstverwaltung Hinterberg in Mitterndorf 9 v. H.; hier nehmen auch Holzarten, die ausgeglichenere Wärmeverhältnisse beanspruchen, am Wettbewerb teil, z. B. beträgt in der Forstverwaltung Bad Aussee der Buchenanteil etwa 15 v. H. der stockenden Holzmasse. Mehr im Inneren des Gebirges nimmt wieder der Lärchenanteil zu (Abb. 15), so beziffert er sich in der Forstverwaltung Rottenmann auf 0·25 der Gesamtfläche von 4705 ha.

In dieser Forstverwaltung sah der Verfasser noch die leider abgestorbene und dürr gewordene S c h l a n g e n l ä r c h e von etwa 8·5 m Scheitelhöhe, *32 cm* Brusthöhendurchmesser, mit mehreren (8) langen, unverzweigten Ästen, Standort in 670 m Meereshöhe am Strechenbach zwischen Erlen, Berberitzen (nächst der Bundesstraße Rottenmann—Selztal).

Im **M ü r z g a u** ist das gemäßigtere Klima (Klein, Seite 71) mehr mit dem des Ennsgaues als mit jenem des Murgaues verwandt. Besonders im Norden, gegen die niederösterreichische Grenze und somit gegen den Gebirgsrand hin, ist die Häufigkeit der Lärche etwas geringer, denn es gibt dort auch Gebiete, in denen sie überhaupt nicht, und andere, in denen sie nur eingesprengt vorkommt. So finden wir z. B. auf der Pretulalpe im Talschluß des Ganzbaches von 1400 m aufwärts reine Fichte, desgleichen am Osthange des Auersbaches von 1350 m aufwärts: gerade die Höhen der **R a n d b e r g e** sind den Einflüssen des Randgebirgsklimas mehr zugänglich. Bei Bruck a. d. Mur und in der Richtung gegen den Hochschwab, also im Gebirgsinneren, wird der Mischungsanteil wieder größer, z. B. Frauenberg bei Bruck an der Mur 25 v. H. von 650 ha, Tragöß 30 v. H. von 1980 ha, ähnlich Büchsengut Thörl bei Aflenz auf 1500 ha.

Auf der **A u ß e n s e i t e d e s s t e i r i s c h e n R a n d g e b i r g e s** (Fischbacher Alpen, Hoch- und Gleinalpe, Stub- und Koralpe) geht der Verbreitungsbezirk der Lärche bis an die Grenzen zwischen Randgebirge und Hügelland, ja stellenweise überschreitet er selbst diese Grenzen noch etwas und reicht dann auch noch ein Stück ins Hügelland hinein. Daß es sich auch da noch um ein natürliches Vorkommen handelt, beweisen die einschlägigen, weiter unten folgenden Untersuchungen. Am äußersten Rande des Vorkommens ist der Bestockungsanteil meist klein und beträgt nur wenige Hundertstel oder gar Tausendstel (vgl. Tabelle 13), so im Forstamt Glashütte 5 v. T., Frauenwald-Feistritzwald 5 v. H., im Haberwald und Knollenwald der Bezirke Friedberg und Hartberg nur

---

[1]) K l e i n R., Klimatographie von Steiermark, Wien 1909, S. 52.

eingesprengt. Aber schon in einer Entfernung von nur wenigen Kilometern von der Grenze des Verbreitungsgebietes, im Gebirge, nimmt die Häufigkeit unserer Holzart gleich wieder beträchtlich zu; es fallen ihr z. B. in den Revieren Waldstein, Kleinthal, Neuhof im Übelbachtale 15 v. H. der Waldfläche zu.

Vertikale Verbreitung.

Wir finden die Lärche als Mischholzart in Steiermark in der Regel von der Talsohle bis zur oberen Wald- und Baumgrenze; ausgenommen sind nur die Höhen der Randberge, z. B. Pretulalpe (vgl. Tabelle 12), wo im obersten Waldkranz die Fichte

Abb. 15. Lärchen im Mischwald im Ennstal, südlich vom Gesäuse-Eingang, im Hintergrund Reichenstein und Sparafeld. Aufnahme Österr. Lichtbildstelle.

allein herrscht, während etwas weiter unterhalb auch die Lärche vorkommt. Auf diese Tatsache wurde schon im Abschnitt über die vertikale Verbreitung in Niederösterreich hingewiesen; dabei wurde bemerkt, daß in solchen Randlagen des Gebirges binnenländische Wärmeverhältnisse infolge Temperaturumkehr usw. nur in Tälern und Einsenkungen vorzukommen pflegen, während die obere Baumgrenze sich dort auf freien, besser durchlüfteten Höhen befindet.

Eine untere Grenze der Lärchenverbreitung wird im größten Teile von Steiermark eigentlich nicht erreicht, sondern die untersten Vorkommen entsprechen dort der Sockelhöhe des Gebirges. Nur am Außenrande des steirischen Randgebirges gegen das Hügelland gibt es eine wirkliche „untere" Grenze des Vorkommens unserer Holzart, so bei Deutschlandsberg bei einer Meereshöhe von 375 m, Stainz bei Graz 500 m.

70

Innerhalb jener Landesteile, welche im Durchschnitt den größten Bestockungsanteil an Lärchen aufweisen (z. B. Murgau), ist die Häufigkeit in den höheren Lagen nahe der oberen Waldgrenze (wohl infolge verminderten Wettbewerbes) größer, in den unteren geringer, z. B. unten 12 v. H., oben 70, im Mittel 30 v. H., die bessere Wuchsform und Wuchsleistung findet sich aber in den unteren Lagen.

Auf der Turracherhöhe kann man bei 1763 m aufgelösten Wald von Lärchen, Zirben, Fichten mit Grünerlen, Krummholzkiefern, Alpenrosen, Heidel- und Preiselbeeren, Zwergwacholder beobachten; stellenweise reicht aber die Baumgrenze viel höher hinauf, so gehen am Eisenhut, Forstverwaltung Turrach (Tabelle 10), im Waldorte Hasenlacken Lärchen und Zirben in Baumform über 8 m Höhe bis 2000 m empor. In der Warscheneck-gruppe (Forstverwaltung Liezen, Tabelle 11) finden sich oberhalb der Wald- und Baum-grenze Lärchen in sperrigen Zwergformen auf der Südseite des Berggipfels der Anger-höhe bei 2000 m. In der Forstverwaltung Rottenmann hat Verfasser beim Aufstieg von der Singsdorfer Alpe über den Hirschriedl, das Einödkar, Bachspreng, Sonnwendriedl, Schönleiten, Wetterkreuz einzelne baumförmige Lärchen und Zirben mit Fahnenwuchs in Höhen bis 1850 m in der alpinen Zwergstrauchheide von Alpenazalee, Sumpfheidelbeere usw. beobachtet.

In einer Untersuchung über die Vegetationsverhältnisse von Schladming haben R. E b e r w e i n und A. v. H a y e k örtliche Erhebungen über die oberen Grenzen des Mischwaldes aus Fichten und Lärchen veröffentlicht, darnach bedeckt dieser Mischwald in geschlossenen Beständen alle Hänge des Tauernzuges, z. B. auch der Ramsau, bis zu einer Höhe von rund 1800 m; die oberen Grenzen wurden ermittelt:

Planei, Westseite, freier Hang,	1900 m
Planei, Ostseite, freier Hang,	1740 m
Planei, Nordseite, freier Hang,	1790 m
Höchstein, Südseite, freier Hang,	1750 m
Wildkarstein, Nordostseite,	1890 m usw.,

im Mittel wurde von den Genannten die Grenze des geschlossenen Waldes an freien Hängen bei 1831 m angegeben. Die obere Baumgrenze liegt selbstverständlich höher, so wurde z. B. ober der Pferdalm am Mandelspitz die Höhe der letzten Lärchen mit 1930 m ermittelt. Am Steinkarzinken wurden einzelne verkrüppelte Fichten und Lärchen noch bei 2100 m angetroffen [1].

In allen ozeanisch beeinflußten Gebieten (kühlere Sommer!) liegen die oberen Gren-zen weniger hoch als in den Innenlandschaften; das geht auch aus den Zahlen in den Tabellen 10—13 hervor. In der Salzkammergutlücke z. B. (Bad Aussee, Mitterndorf) fin-den wir die oberen Grenzen schon bei 1500 und 1600 m. Auf den Aussee umschließenden Bergen ist die obere Waldgrenze auch noch durch die Geländebeschaffenheit: Felswände und steinige Schutthalden, herabgedrückt und reicht meist nicht höher als bis 1400—1500 m (vgl. L. F a v a r g e r und K. R e c h i n g e r, Die Vegetationsverhältnisse von Aussee in Obersteiermark, Wien 1905).

Das beste Wachstum der Lärche findet man in den unteren und mittleren Lagen des Vorkommens, auch bei 1000—1200 m gibt es noch beste Güteklassen, aber auch noch bei 1400—1500 m (Zentralalpen) geschlossene Bestände mittlerer Güte, z. B. oberhalb der Ortschaft Turrach, Waldort Rohrerwald 1400—1500 m, Larix europaea (0·6) + Picea

---

[1] R. E b e r w e i n und A. v. H a y e k, Die Vegetationsverhältnisse von Schladming in Ober-steiermark; Abhandl. d. Zoolog.-Botan. Ges., Wien 1904, Seite 5, 6.

excelsa (0·4) — Oxalis acetosella (4,4) — Vaccinium Myrtillus von geringer Lebenskraft
— Melampyrum, in den unteren Lagen von 1400 m Scheitelhöhen der etwa 100jährigen
Lärchen 30, der Fichten 28 m, in den oberen Lärche 26, Fichte 24 m.

Die ökologischen Bedingungen.

Auf Böden der verschiedensten Gesteinsgruppen ist die Lärche in Steiermark verbreitet, ohne irgend eine davon deutlich zu bevorzugen oder zu meiden; auf kristallinen
Schiefergesteinen der Zentralalpen wie Granitgneis, Sedimentgneis, Glimmerschiefer; auf
den Schiefern der Grauwackenzone mit Phylliten und Gesteinen kalkig-dolomitischer
Zusammensetzung; endlich auf den Schichten der alpinen Trias, des Jura und der Kreide:
auf Werfenerschiefer, Dachsteinkalk und Gutensteinerkalk, Hauptdolomit, Jurakalken und
-mergeln, auf Gosaumergeln und Sandsteinen. Auch auf quartären Ablagerungen, auf
diluvialen Schottern findet sie sich. Ein bedeutender Einfluß des Grundgesteines und
Bodens äußert sich hinsichtlich der Standorts- und Bestandesgüte, der vorkommenden
Waldtypen und gelegentlich auch im Wettbewerb zwischen Fichte und Lärche.

Schon die Darstellung der horizontalen und vertikalen Verbreitung ließ den
ü b e r w i e g e n d e n   E i n f l u ß   d e s   K l i m a s   a u f   d i e   V e r b r e i t u n g   erkennen.
Wie in vielen anderen Alpengebieten, so ergibt sich auch in Steiermark die zunehmende
Häufigkeit der Lärche in der Richtung vom Gebirgsrande gegen die Innenlandschaft,
nur liegen hier die Außenlandschaften, ausgenommen das steirische Randgebirge, in den
Nachbarländern Nieder- und Oberösterreich. Eine Wanderung z. B. von Steyr in Ober-
österreich quer durch die Alpen bis in die Gegend von Murau läßt die angegebene Gesetz-
mäßigkeit erkennen. Auch im Alpeninneren Steiermarks entspricht die Verteilung der
Wärme über das Jahr hin einem festländischen Klimacharakter. Die Klimatographie von
Steiermark[1]) gibt die mittlere Jahresschwankung der Lufttemperatur (Monatsmittel
Jänner—Juli) für Obersteiermark mit 20·5°, Mittelsteier mit 21° an, insbesondere wird auf
den gegensatzreichen Wärmegang in den breiten Längstälern Obersteiermarks hingewiesen. Zum Vergleich sei die Jahresschwankung in Bregenz (außerhalb des natürlichen Lärchenverbreitungsgebietes) angeführt: 18·7°; im Deutschen Reiche beträgt die Jahresschwankung der Monatsmittel der Lufttemperatur im Westen in der Gegend der friesi-
schen Inseln 15°, in Ostpreußen bei Allenstein 21°, Treuburg 22°. Nach den Isothermen
von T r a b e r t, welche die auf das Meeresniveau umgerechneten Mittelwerte für die
einzelnen Monate enthalten, gehören auf Grund der J ä n n e r m i t t e l das steirische
Ennstal und Murtal zu einer großen Kälteinsel, ja nach dem genannten Verfasser erscheinen (ebenfalls auf Grund der Jännermittel) die ganzen Ostalpen in ihren Tälern als eine
Erweiterung des nordöstlichen Kältegebietes[2]).

Im Murgau macht sich der festländische Einfluß noch mehr fühlbar als im Ennsgau,
so daß sich ihm (Klein, S. 52) „auch größere Höhen und Berglehnen nicht mehr ganz
entziehen können“. Diese sind im Murgau, verglichen mit jenen des Ennsgaues, im Winter um nahezu 1° kälter, im Sommer um 1½° wärmer, was mit Recht als unzweideutiger
Ausdruck der größeren Kontinentalität angesehen wurde.

Würde man voraussetzen, daß auch binnenländisches Klima im Sinne von N i e -
d e r s c h l a g s a r m u t den Klimacharakter des Wohngebietes der Lärche kennzeichne,
so würde eine solche Annahme durch die Verhältnisse in Steiermark n i c h t b e s t ä t i g t
werden. Die steirische Mark, in deren Wäldern die Lärche fast überall sehr gut gedeihen

---

[1]) K l e i n, Klimatographie von Steiermark, Wien 1909.
[2]) W. T r a b e r t, Isothermen von Österreich, Wien 1901.

kann, ist „mit Niederschlägen reichlich gesegnet"[1]). Auch in dem weniger niederschlagsreichen, ja verhältnismäßig regenärmsten Landstrich, dem Murgau, betragen die Jahresmittel z. B. in Neumarkt 847 mm, Judenburg 802 mm, Kraubath 753 mm, Leoben 731 mm, Bruck a. d. Mur 795 mm. Mit Recht wurde schon von Klein und von Vierhapper hervorgehoben, daß auch der Murgau „immerhin genügend bewässert" sei. In seinen höheren Lagen sind die Niederschläge noch größer, z. B. hat Turrach (1264 m. ü. M.) 1026 mm im Jahre, davon entfallen die meisten (536 mm) auf die vier Sommermonate. Der Ennsgau ist noch reicher an Niederschlägen, so hat Schladming (Seehöhe 732 m) im Jahre 1051 mm, das höher gelegene Ramsau 1140 mm; ja der Regenwinkel im Traungebiet weist in Altaussee (948 m) einen Jahresniederschlag von 2043 mm auf, im Markt Aussee (651 m) 1596 mm. Dabei kommt auch im Ausseer Gebiete die Lärche immerhin noch mit einem Bestockungsanteil von 10 v. H. vor. Binnenländisches Klima hinsichtlich des Niederschlages herrscht also hier keineswegs, eher hinsichtlich der Wärmeverhältnisse, die Jahresschwankung in Markt Aussee beträgt 20·9°; die größte Schwankung der absoluten Extreme betrug hier in einem Jahre 65°. Auch Hayek[2]) weist darauf hin, daß nirgends im ganzen Lande die jährliche Niederschlagsmenge unter 700 mm herabsinke und daß überall die Sommermonate Juni—Juli—August die regenreichsten seien.

In einer Abhandlung über die Lärche in der Schweiz hat Bühler hervorgehoben, daß im Lärchenverbreitungsgebiete der Schweiz die Bewölkung, wenn man von kleineren unvermeidlichen Beobachtungsfehlern absehe, nirgends 6·0 erreiche (mit Ausnahme des die Nordgrenze des Lärchengebietes bildenden Gäbris). In Deutschland dagegen dürfte als Durchschnitt 6·5 und gegen die Nord- und Ostsee hin 6·8 angenommen werden[3]). Auch im Inneren der Ostalpen finden wir, wenn wir die Jahresmittel in Betracht ziehen, meist verhältnismäßig niedrige Bewölkungsziffern. Zwar ist die Bewölkung eine meteorologische Angabe, die nur auf Schätzungen beruht. Nach Hellmann, Klimaatlas von Deutschland, Berlin 1921 (Erläuterungen, S. 4) liegt die mittlere Bewölkung des größten Teiles von Deutschland zwischen 6 und 7 der 10teiligen Skala. Dagegen ist für Obersteiermark (Klein, S. 154) das Jahresmittel 5·7, für Mittelsteier 5·3; allein das geringe Jahresmittel wird gerade in dem für die Lärchenverbreitung wichtigen Obersteiermark durch die Verhältnisse im Herbst (5·6) und Winter (5·5) bedingt, während Frühling und Sommer mit 6·0 und 5·9 dem Mittel anderer Gebiete nicht nennenswert nachstehen. Speziell für den Murgau wird als 20jähriges Mittel für das Jahr 5·5 angegeben, doch ist die heiterste Jahreszeit der Winter (5·1), dagegen ergibt sich für Mai 6·0, Juni 6·2, Frühling 5·8, Sommer 5·6. Im Lungau hat Tamsweg eine mittlere Bewölkung im Jahre von 5·9, jedoch im Sommer 6·3; Mauterndorf im Jahre 5·7, im Sommer gleichfalls 6·3. Geringere winterliche Bewölkung geht wohl mit Wärmeausstrahlung, somit tieferen Wintertemperaturen, binnenländischen Wärmeverhältnissen parallel. Auch nach Loidl, Bewölkung von Österreich[4]), ist in der Höhe der Winter die heiterste Jahreszeit.

Für den steirischen Ennsgau wurde die mittlere Bewölkung für das Jahr mit 5·7 ermittelt; Juni (6·4) und Juli (6·0) sind am stärksten bewölkt, am heitersten ist der Februar, im allgemeinen der Herbst und Winter (Klein, S. 39).

---

[1]) Klein, a. a. O., S. 18.

[2]) A. Hayek, Pflanzendecke von Steiermark, Graz 1923, S. 10.

[3]) Bühler, Streifzüge durch die Heimat der Lärche in der Schweiz, Forstwiss. Centralbl. 1886, S. 8.

[4]) J. Loidl, Die Bewölkung von Österreich, Jahrb. d. Zentralanst. f. Meteorologie und Geodynamik, 61. Bd., Wien 1927.

Die L i c h t v e r h ä l t n i s s e   h ö h e r e r   G e b i r g s l a g e n sind in Steiermark
für das Lärchenvorkommen nicht gerade ausschlaggebend, da wir Lärchen sehr guten
Gedeihens, natürlich vorkommend, z. B. auf der Außenseite des steirischen Randgebirges
(Tabelle 13) häufig schon von geringen Meereshöhen an auf ansehnlichen Flächen vorfinden (500 m, 425 m, 375 m ü. M. usw.), auch in den Tälern im Inneren ihres Wohngebietes gedeiht sie schon in mäßigen Höhen sehr gut.

Als   h a u p t s ä c h l i c h e s   ökologisches Merkmal der steirischen Lärchenverbreitungsgebiete bleiben somit die binnenländischen Wärmeverhältnisse. Auch die Zahlenangaben über die Jahresschwankung bestätigen sie vor allem für die in Mulden, Becken
und Tälern gelegenen Stationen; so wurde aus der Vereinigung einer Reihe von Talorten
(Radstadt, Schladming, Öblarn, St. Martin, Donnersbach, Wald, Rottenmann, Eisenerz,
Markt Aussee) der Wärmegang für eine mittlere Höhenlage (Tallage) von 726 m
bestimmt (K l e i n, S. 32): Jahr 6·1, Jänner —5·0, Juli 16·2, Schwankung 21·2; zum Vergleich wurden höher gelegene Stationen auf den Gehängen herangezogen (Mittel 1095 m),
diese hatten eine kleinere Jahresschwankung, etwas weniger kalte Winter, weniger tiefe
Extreme. Auch am Außenrande des steirischen Randgebirges sind die Jahresschwankungen beträchtlich: Friedberg (600 m) 21·1⁰, Hartberg (360 m) 22·5⁰, Pöllau (432 m) 22·0⁰,
Weiz (477 m) 21·0⁰, Deutsch-Landsberg (370 m) 21·4⁰. Bereits im Abschnitt über die horizontale Verbreitung wurde gezeigt, daß   i n   d e n   e i n z e l n e n   T a l g e b i e t e n   S t e i e r -
m a r k s   d i e   H ä u f i g k e i t   d e s   V o r k o m m e n s   d e r   L ä r c h e   p a r a l l e l   g e h t   m i t   d e m
G r a d e,   i n   w e l c h e m   d e r   f e s t l ä n d i s c h e   E i n f l u ß   i n   d e n   W ä r m e v e r h ä l t n i s s e n
d e s   b e t r e f f e n d e n   T a l e s   s i c h   f ü h l b a r   m a c h t.   Hier wäre noch zu erwähnen, daß
dort, wo die Lärche innerhalb Steiermarks am häufigsten vorkommt, im oberen Murgau,
auch der   b i o l o g i s c h e   B e w e i s   der binnenländischen Wärmeverhältnisse zu erbringen
ist: durch den Vergleich mit der Verbreitung anderer Holzarten (der betreffende Abschnitt folgt weiter unten), Fehlen der Buche, sehr seltenes Vorkommen der Tanne usw.

Wie ist nun mit den vorliegenden Ausführungen die Tatsache in Einklang zu brin-
gen, daß nach oben hin die   J a h r e s s c h w a n k u n g   abnimmt, die   H ä u f i g k e i t   des
Lärchenvorkommens aber (mit Ausnahme des Randgebirges) zunimmt? Die Antwort
lautet: In den Gebieten, in denen der Lärchenanteil nach oben hin beträchtlich zunimmt,
pflegen die Gipfel mit wesentlich geringerer Schwankung noch bedeutend höher zu liegen
als die obere Waldgrenze; ferner sind jene Erscheinungen, denen die Bevorzugung des
kontinentalen Klimacharakters durch die Lärche zuzuschreiben ist, auch auf höher gelegenen inneralpinen Waldstandorten mit geringerer Jahresschwankung   d e n n o c h   gegeben: Nämlich zunächst a) die Schädigung der Konkurrenten der Lärche durch die
Wärmeverhältnisse; auch die Veränderlichkeit der Temperatur von einem Tag zum anderen, also die Raschheit des Wechsels der Wärmezustände, nimmt mit der Seehöhe
zu [1]; weiterhin b) die Förderung der Lärche durch sonnige, wenn auch kurze Sommer.
Beides trifft trotz der geringen Jahresamplitude auch in den noch innerhalb der Waldstufe und Lärchenverbreitung liegenden Höhen inneralpiner Gebiete zu. Mit der Höhe
nimmt nicht nur die Lufttemperatur ab, sondern auch die Strahlungswärme zu; in 1800 m
(Pontresina) entspricht einer Schattentemperatur von 26·5⁰ eine Temperatur in der Sonne
von 44⁰ [2]. Die trockene, durchsichtige Luft vermehrt die Lichtstärke, die Stärke der Einstrahlung; sonnige Nachmittage können beträchtliche Wärmegrade aufweisen (ohne daß
dies in den Mitteln zum Ausdruck kommt), daher auch die Hebung der oberen Wald-

---

[1] H a n n J., Die Veränderlichkeit der Temperatur in Östereich, Wien 1891.
[2] K r e b s N., Die Ostalpen u. das heutige Österreich. I. Bd., Stuttgart 1928, S. 140.

grenzen [1]) in den Massiven der Zentralalpen; dann folgt starke Ausstrahlung. Übrigens finden wir in den Höhen nahe der Waldgrenze nur ein Höchstmaß, aber nicht ein Bestmaß des Lärchenvorkommens. Sie vermag also bloß die Ungunst des dortigen Klimas besser als ihre Konkurrenten zu ertragen, doch weist auch sie den besten Zustand unter günstigeren Klimaverhältnissen auf. B e i M i t b e r ü c k s i c h t i g u n g d e r S t r a h l u n g s - w ä r m e s i n d j e d e n f a l l s d i e W ä r m e s c h w a n k u n g e n h o c h g e l e g e n e r L ä r c h e n s t a n d o r t e n i c h t g e r i n g. Auch in der Klimatographie von Steiermark wird (S. 14) darauf hingewiesen, daß die mittlere Häufigkeit von bedeutenderen Temperaturänderungen (von einem Tag zum nächsten) oben durchaus größer ist als in geringeren Höhen.

Geeignete Wetterbeobachtungsstellen an der oberen Grenze des Lärchenvorkommens stehen in Steiermark nicht zur Verfügung; eine verhältnismäßig hoch gelegene Station ist Turrach, 1264 m; 100 bis 140 m oberhalb dieser Station finden wir (im Rohrerwald, Westlehne) noch eine r e c h t g u t e L ä r c h e n - S t a n d o r t s k l a s s e: 90- bis 100jährige Lärchen sind 30·5 m hoch in Mischung mit 28 m hohen Fichten: Picea excelsa (0·6) + Larix europaea (0·4) + (eingesprengt) Pinus Cembra — Oxalis acetosella (4,4, mehr als die Hälfte deckend, scharenweise) — Vaccinium Myrtillus (vereinzelt, von geringer Lebenskraft) — Melampyrum pratense. Die Klima-Daten für Turrach sind: Temperaturmittel für das Jahr 3·7°, Jänner —5·6°, Juli 12·7°, Jahresschwankung somit 18·3°; die vier Monate Mai, Juni, Juli, August haben Mittel von 7·4, 11·0, 12·7, 12·2° (September nur mehr 9·1°). D i e A n d a u e r e i n e r m i t t l e r e n T a g e s t e m p e r a t u r v o n 10° o d e r m e h r r e i c h t v o m 10. J u n i b i s 7. S e p t e m b e r, u m s p a n n t a l s o n i c h t e i n m a l 3 M o n a t e; d i e L ä r c h e k a n n s o m i t b e i e i n e r v e r h ä l t n i s m ä ß i g g e r i n g e n D a u e r d e r V e g e t a t i o n s z e i t n o c h r e c h t g u t e B o n i t ä t a u f w e i s e n! Sie treibt übrigens nach Mariabrunner phänologischen Beobachtungen schon früher als bei einer mittleren Tagestemperatur von 10° aus, und zwar schon dann, wenn durch einige Tage hindurch die mittlere Tagestemperatur im Durchschnitt 7—8° betragen hat. D e n g l e r (Waldbau, S. 117) erwähnt die Annahme „von etwa 5° C als untere Schwelle des Beginns der hauptsächlichsten Lebenstätigkeit bei unseren Holzgewächsen“ [2]). Das mittlere Maximum in Turrach aus 20jähriger Beobachtung beträgt 27·2°, das mittlere Minimum —19·7°, die mittlere Zahl der Frosttage 163·9 im Jahre; nur drei Monate (Juni, Juli, August) sind völlig frostfrei. Mittlere Bewölkung 5·5, jedoch im Juni und Juli 6·4. 37·8 v. H. der Niederschlagstage sind Schneetage. Das Jahresmittel des Niederschlages wurde bereits oben angegeben.

V e r g l e i c h m i t d e r V e r b r e i t u n g d e r B u c h e u n d a n d e r e r
H o l z a r t e n.

In dem Teile des steirischen Murgaues, der dem Lungau benachbart ist und der innerhalb Steiermarks das Höchstmaß der Lärchenverbreitung aufweist, fehlt die Buche, und zwar auch in jenen Meereshöhen, in denen sie innerhalb des Randgebirges noch gute bis sehr gute Standortsklassen aufweist. Von Laubhölzern sind im oberen Murgau Birke, Aspe und Vogelbeere als Erstansiedler in der Arten-Folge auf Kahlschlägen (Verjüngungs-

---

[1]) B r o c k m a n n - J a r o s c h, Baumgrenze und Klimacharakter, 1919.

[2]) Über die Bedeutung der S o m m e r w ä r m e, der Mitteltemperatur der vier Monate Juni—September (Septembertemperatur von Bedeutung für die Samenreifung) unter der Voraussetzung, daß gleichzeitig andere Klimafaktoren, wie Länge einer bestimmten Vegetationsperiode und K l i m a c h a - r a k t e r überhaupt mitberücksichtigt werden, vgl. H a g e m, Anbauversuche mit Nadelhölzern aus Nordwestamerika, Meddelelse Nr. 12, Bergen 1931, Kap. „Klima, Waldgrenze und Provenienz“, S. 186—192.

flächen) häufig, ferner kommt die Weißerle und in Hochlagen die Grünerle nicht selten
vor. Die B u c h e weist auf jenen Standorten, auf welchen sie die G r e n z e ihrer Verbreitung in der Richtung gegen die zentralalpine Innenlandschaft erreicht, z. B. im Reviere
Katsch, Waldort Saurau, trotz der verhältnismäßig geringen Meereshöhe von 860—950 m
und trotz kalkhaltigen Grundgesteines (paläozoische Schiefer mit Kalkadern) dennoch
k n o r r i g e k u r z s c h a f t i g e R e n k f o r m e n auf mit Schäften und Ästen, die infolge
wiederholter starker Frostbeschädigung krumme, förmlich gewundene Formen erhalten
haben. Infolge des unregelmäßigen Faserverlaufes ist das Holz nicht spaltbar, bei der
Aufarbeitung zu Brennholz wurde es z. T. mit Dynammon zersprengt. Auch eine durch
wiederholte Frostschäden buschig gewordene „Kugelbuche“, mit einer so dichten Verzweigung der Krone, daß sie an eine künstlich geschnittene Hecke erinnert, fand sich
dort. Es sind dies deutliche Anzeichen dafür, daß durch den der Buche nicht zusagenden,
in Bezug auf den Wärmegang binnenländischen Klimacharakter ihrem Vorkommen eine
Grenze gesetzt ist. Der verbreitetste Waldbaum, nicht nur in der Innenlandschaft, sondern
im ganzen steirischen Berglande einschließlich des Randgebirges ist die Fichte.

Die T a n n e (Abies pectinata), die gleichfalls gegen das Scharfe und Extreme im
Gange der Temperatur empfindlich ist, findet sich im oberen Murgau nur selten; im
Reviere Turrach z. B. wurde bei einer eintägigen Begehung eine einzige Tanne wahrgenommen, hiebei wurde von einem Organ der Forstverwaltung die Auskunft erteilt, daß
im ganzen Reviere (5134 ha) nur 3—4 Tannen vorkommen.

Dagegen bildet auf der A u ß e n s e i t e des steirischen Randgebirges die Buche
noch bei 800—1000 m Bestände I. Standortsklasse mit glatten, geraden, walzenförmigen
Schäften, Scheitelhöhen der Stämme bis zu 40 m, und auch die Tanne ist im steirischen
Randgebirge bis zu beträchtlicher Höhe als Mischholzart sehr häufig zu finden, ja manche
Waldorte sind dort nach ihr benannt, z. B. „Tanneben“ des Gutes Peggau, „Tannriegel“
des Stiftes Rein usw.

Gegen die Außenlandschaften hin, so in der Salzkammergutlücke, im Traungebiet,
oder im Quertale der Enns nördlich vom Gesäuse, nimmt der Buchenanteil in Steiermark
zu [1]), jener der Lärche dagegen nimmt in der gleichen Richtung allmählich ab. Der Unterschied im Waldkleid ist besonders groß zwischen den abgeschlossenen Längstälern einerseits und den für ozeanische Einflüsse geöffneten Quertälern anderseits: Das Murtal von
der Landesgrenze bei Predlitz bis Leoben ist ein solches Längstal, im Wärmegang fest-
ländisch, arm an Buchen, mit vorherrschendem Nadelwalde. Von da an und insbesondere
vom Murknie bei Bruck a. d. Mur ändert sich das Bild, im Quertale ist die Buche häufig.
Im Reviere Frauenburg bei Unzmarkt sind Buchen guter Standortsklasse am Ausgange
eines „Quertales“, nämlich der Tiefenlinie über den Neumarkter Sattel. Ähnlich verhält
es sich im Ennstale (im Längstale vorwiegend Nadelwald, ausgenommen bei der Einmündung der Salzkammergutlücke; dagegen reichliches Buchenauftreten im Quertal nördlich
von Hieflau).

In den Innenlandschaften Steiermarks, in Hochlagen von etwa 1500—1900 m, kommt
zusammen mit der Lärche und Fichte auch die Zirbe vor; diese langsamwüchsige Holzart
ist auf ein Klima angewiesen, das durch den wenig ausgeglichenen Temperaturgang, die
Ungunst der Wärmeverhältnisse, den Wettbewerb der anderen Holzarten zurückhält. Aus
den gleichen klimatischen Gründen finden wir sie und mit ihr die Lärche auch in den
großen Massenerhebungen der Kalkplateaus (Dachstein, z. B. Waldort Burgstall bis
2000 m; Totes Gebirge).

---

[1]) Vgl. T s c h e r m a k, Die Verbreitung der Rotbuche in Österreich, Wien 1929, S. 65 ff.

Da innerhalb Steiermarks die Verbreitung unserer Holzart nur auf der Außenseite des steirischen Randgebirges gegen das Hügelland zu eine natürliche Grenze erreicht, so ist vor allem für dieses G r e n z g e b i e t der geschichtliche Nachweis der Ursprünglichkeit des Vorkommens von Interesse.

Das „W e i z e r Marktbuch" vom Jahre 1644 gibt bei Beschreibung der Grenzen von Unter-Rattmannsdorf durch Aufzählung der Grenzbäume ein gutes Bild der Holzartenmischung, in der auch Larix europaea vertreten war; die Grenze ging vom Schloßtor zum Weizbach, an einem Weingarten vorbei, wurde dann durch eine krumme Eiche, Birnbäume, einen Kirschbaum bezeichnet, ging „ferers auf ain lerchen", „ain farchen, ein grosse feichten" und wieder zum Schloßtor[1]. Tabelle 13 enthält für die Forstverwaltung Thannhausen bei Weiz die Angaben über das g e g e n w ä r t i g e dortige Lärchenvorkommen. Ferner hieß laut einer Urkunde vom Jahre 1430[2] eine Örtlichkeit nordwestlich von Weiz, bei Affenthal, „am Lercheck"; heute gibt es in der Nähe einen „Lerchsattel".

Auch in der Gegend nordöstlich Voitsberg, südlich Stibol, gab es ca. 1300 die Bezeichnung „am Lercheck"[3]. Heute findet man in der gleichen Gegend den Ortsnamen „Lercheck-Kogel", 706 m, neben einem Lercheck-Strunz und einem Lercheck, 683 m, unweit befindet sich ein „Aichegg".

Die Gerichtsbeschreibung des Landgerichtes Graz vom Jahre 1621 („Bereut- und beschreibung der confinen des landgerichts Gräz") nennt bei Aufzählung von Grenzbäumen außer Buchen, Fichten, Föhren, einem alten Eichenstock auch „die Lerchleuten unter dem Hindern Schöggl" (laut Örtlichkeiten-Verzeichnis Gegend von Loregg-Stattegg südöstlich von Peggau[4]); hinsichtlich der Lärchenverbreitung dortselbst in der Gegenwart vgl. Tabelle 13, Gut Peggau.

4·5 km nördlich von Peggau befindet sich die Örtlichkeit Pfannberg (bei Frohnleiten); „der herrschaft Pfannberg panbuech" vom Jahre 1599 berichtet von einem „freiweeg in dem Milpachwald vom Tauttinger durchs Lerhah" (= Lärchengehölz)[5]. Die Gerichtbeschreibungen nennen für den „Burgfried Pfannberg" im Sammelurbare aus dem Ende des 15. Jahrhunderts unter den Grenzen die Mur (Meereshöhe etwa 410 m), das Milpachegg und ein „Lercheregg"[6].

Die Beschreibung des Landgerichtes Waldstein, Übergabs-Urbar vom Jahre 1630, nennt zuerst die Mur und die

„weeg, die sich thailen gen Grädtwein und der auen nach der Muer hinab, ... dann den hofweingarten so gen Rhein" (Stift Rein bei Gratwein!) „gehörig ist... den Hörgaßgrund" (nördlich vom Stift Rein) „hinab ins Stainach genant, da stehet ain g r o ß e l e r c h e n im rain..."[7].

Der „Röm. kais. . . . . . Majestät Mariae Theresiae General-Waldbereit-Berain- und Schätzungs-Kommissions-Beschreibung in Erb-Herzogthum Steyer de anno 1755" enthält im Tomus XXVII, Nr. 444, die Aufzählung von Grenzbäumen im „Gämbsgraben, Prand-

---

[1] M e l l A. und P i r c h e g g e r H., Steirische Gerichtsbeschreibungen, Graz, Leykam, 1914, S. 269—270.

[2] Urkunden des Steir. Landesarchivs, 9. Jahrh. bis 1499, zit. nach v. Z a h n, Ortsnamenbuch der Steiermark im Mittelalter, Wien 1893.

[3] Rationarium Styriae v. ca. 1300, Orig.-Pergament im Landesarch., Handschr. Nr. 3789, nach v. Z a h n, Ortsnamenbuch.

[4] M e l l u. P i r c h e g g e r, a. a. O., 167—168.

[5] Österr. Weistümer, 6. Bd., Steirische und Kärntnerische Taidinge, Wien 1881, S. 344.

[6] M e l l und P i r c h e g g e r, Gerichtsbeschreibungen, S. 214.

[7] M e l l und P i r c h e g g e r, Gerichtsbeschreibungen, S. 216.

stötter Halt" (Gamsgraben bei Frohnleiten), und zwar kamen Fichten, Tannen, „große Lerchen" wiederholt vor, bei den nächsten Waldorten wurden auch Buchen und Föhren neben Lärchen, Fichten und Tannen genannt. Die gleiche Holzarten-Mischung findet sich dort auch heute. Ähnliche Angaben über die Mischung Fichte, Tanne, Buche, Lärche begegnen uns noch für viele Waldorte, z. B. für den Mixnitzgraben (Tom. XXV, Nr. 515), für Thanneben unweit Peggau (Tom. XXVI, Nr. 502) usw.[1]).

Von Deutsch-Feistritz (nördlich von Graz) zweigt nach Westen der Übelbachgraben ab. Tom. XXVIII, Nr. 25, nennt in diesem Graben („Waldsteingraben") u. a. „Lerchen und Feichten"; Tab. 13 enthält Angaben über das heutige Vorkommen von Lärchen mit Fichten, Tannen und Buchen im dortigen Liechtenstein'schen Forstamt Waldstein. Im Jahre 1851 hat der sächsische Oberforstrat von Berg vom Murtal und von Peggau aus das Übelbachertal bereist und dann im Thar. Forstl. Jahrbuch 1854, S. 126 ff., seine Wahrnehmungen dargestellt. Er fand zu unterst auf schlechtem Boden Weißkiefernbestände, sodann Fichten, Weißtannen, Buchen und Lärchen; „diese 4 Holzarten bilden die Bestände beider Einhänge", die Talsohle liegt dort, wo sich das Tal verengt und ausgeprägten Waldcharakter annimmt, 624 m hoch [2]). v. Berg hob besonders hervor, daß er die „Lerche in Steiermark . . . tiefer im Gebirge herabsteigend gefunden als Tschudi aus der Schweiz berichtet".

Bei Ober-Hard, unweit Eibiswald, befand sich laut einer Urkunde ungefähr vom Jahr 1145 [3]) der „Lerichenwald supra Harde".

Ähnliche geschichtliche Nachweise, wie die hiemit angeführten für das Grenzgebiet auf der Außenseite des Randgebirges, liegen auch für andere Landesteile Steiermarks vor, so für den des Mürztales (Tabelle 12). Bei der Grenzbeschreibung des Burgfriends Markt Mürzzuschlag von 1771 [4]) sind wiederholt Föhren, Fichten und Lärchen genannt, auch eine Grenzlärche, die 1748 noch gestanden und seither abgefault ist, so daß das Vorkommen sicher in die Zeit vor dem künstlichen Nadelholzanbau im Gebirge zurückreicht; weiterhin ist auch von Ahornen, Eschen, Fichten, Buchen und Lärchen die Rede. Daß die Lärche dort auch bei geringer Meereshöhe schon damals wie heute vorkam, beweist der Umstand, daß zugleich mit wiederholt genannten Buchen „gegen der straßen hart am zaun zwei junge lerchen" angeführt sind und daß bald darauf der „mittelpunct des Mürzflusses" als Grenze angegeben wird, die Meereshöhe der Sohle des Mürztales beträgt dort 672 m.

Für die Mariazeller Gegend nennt die Mariae Theresiae Generalwaldbeschreibung (Tom. XIX, Nr. 886, 890, 891) Fichten, Föhren, Lärchen, Tannen, Buchen.

Bei Langenwang im Mürztale gibt es nördlich vom Mitterberg einen Lerchkogel, 1231 m; in den Urkunden des Landesarchivs ist schon im Jahre 1434 der „Lärchkogl" in dieser Gegend genannt (v. Zahn, Ortsnamenbuch der Steiermark, Wien 1893).

Im Kotzgraben bei St. Dionysen (565 m) westlich von Bruck a. M. gab es laut der steirischen Banntaidinge schon im 14. und 15. Jahrhundert die Bezeichnung „Lerchenanger".

Das „marktgerichtsprothocoll des Marktes Afflenz de anno 1565" [5]) gibt als Grenz-

---

[1]) Landesarchiv in Graz, Mariae Theresiae General-Waldbeschreibung.

[2]) v. Berg, Welche Bedeutung hat die Lerche für die deutschen Waldungen? Thar. F. Jahrb. 1854, S. 120—151.

[3]) Landesarchiv in Graz, Urkunden-Sammlung für die Zeit vom 9. Jahrh. bis 1499, zit. nach v. Zahn, Ortsnamenbuch der Steierm. im Mittelalter.

[4]) Mell und Pirchegger, Gerichtsbeschreibungen, a. a. O., S. 51.

[5]) Österr. Weistümer, 6. Bd., Steirische und Kärntn. Taidinge, Wien 1881, S. 87, 84.

bäume sehr häufig Lärchen und Fichten an. Die „Marktartikel" aus dem 16. und 17. Jahrhundert verfügen:

„Lerchenprunrohr soll man frümen" (= machen lassen, voraus bestellen) „und bestellen und so man der bedürftig, soll ain huebler" (= Hubenbesitzer) „zwei und ain hofstetter 1 herzu bringen."

Auch für das E n n s - u n d T r a u n g e b i e t und den M u r g a u Steiermarks liegen reichliche ähnliche geschichtliche Beweise vor, auf die hier aber, da es sich nicht um Grenzgebiete der Verbreitung handelt, wohl nicht näher eingegangen zu werden braucht. Nur aus dem Traungebiet, und zwar aus der s o n i e d e r s c h l a g s r e i c h e n G e g e n d v o n A u s s e e sei angeführt, daß die Grenzbeschreibung des Burgfrieds von Aussee von 1568 eine Grenzmarke „bei den zwisling lerchen" und gleich darauf den „gee- und wagenweeg" und den „wassergraben zu der Traun" anführt; die Traun zwischen Unter-Kainisch und Grundlsee befindet sich in Höhen von 600 bis 700 m. In der Nähe von Unter-Kainisch gibt es bei etwa 600 m ü. M. ein Gut Lerchenreith, das schon in der Burgfriedsbereinigung Aussee von 1750 genannt ist [1]).

Um schließlich aus dem M u r g a u nur einen von sehr vielen Belegen zu erwähnen, so sei darauf hingewiesen, daß der „Lerchpach" westlich von Murau bei Stadl schon im Jahre 1454 („Urkunden des Fürst Schwarzenberg'schen Schloß-Archivs zu Murau 1300 bis 1499") genannt ist.

Mischholzarten, Waldtypen.

Die größten Scheitelhöhen pflegt die Lärche stets auf solchen Standorten zu erreichen, die auch den anderen Holzarten sehr zusagen, so daß infolge des Wettbewerbes der anderen Arten der Bestockungsanteil der besonders langschaftigen Lärchen in der Regel kein sehr großer ist. Ein Beispiel hiefür bot ein Bestand im s t e i r i s c h e n R a n d g e b i r g e, Revier Stübing des Stiftes Rein unweit von Gratwein, Waldort Steinbichl, 36 a, Meereshöhe 770—1000 m, NW, 20^0, tiefgründiger Lehm auf mergeligem Kalk, Fagus silvatica + (eingesprengt) Larix europaea — Actaea spicata — Oxalis acetosella — Dentaria bulbifera — Daphne Laureola; die Scheitelhöhen der Buchen betrugen 40, vereinzelt bis 43 m, jene der eingesprengten Lärchen bis 47 m; Lärchen von 65 cm Stockdurchmesser zeigten Splintbreiten von 0·5 bis höchstens 2 cm. Im steirischen Randgebirge, besonders auf der Außenabdachung, ist die Mischung Fichte + Tanne + Buche + Lärche weit verbreitet (Abb. 16), häufig tritt auch noch die Weißkiefer im Mischbestand auf. An klimatisch begünstigten Stellen herrscht die Buche mit eingesprengter Lärche und anderen Nadelhölzern vor. So finden sich z. B. auf einer steil zur Mur abfallenden Lehne bei Gösting, nördlich von Graz, im Buchenbestande eingesprengt einzelne Kiefern, Lärchen und Fichten.

In der Nähe der Ruine Gösting tritt übrigens die Lärche (eingesprengt) auf einem Standorte m i l d e n K l i m a s in Mischung mit zahlreichen Holzarten auf, auch mit solchen, die größere Ansprüche an die Wärme stellen: mit Rotbuche, Weißbuche, Winterlinde, Esche, Silberpappel, auf warmen Kalkböden Traubeneiche, Stieleiche, Mehlbeerbaum, Elsbeerbaum, Weißkiefer, Feldahorn, Flaumhaareiche (in der Nähe des „Jungfernsprungs"), Ulme, Feldahorn; im Unterwuchsverein finden wir Sanicula europaea — Oxalis acetosella — Prenanthes purpurea — Gentiana asclepiadea — Vaccinium Myrtillus; an trockenen, sonnigen Bestandesrändern: Cytisus nigricans, Melampyrum pratense. Da die Lärche auch auf 45^0 geneigter Steillehne im Schutzwald der „Rachleiten" stockt und von mehreren Örtlichkeiten des dortigen Gebietes bekannt ist, daß auch der vor 30 Jahren

---

[1]) M e l l und P i r c h e g g e r, Gerichtsbeschreibungen, a. a. O., S. 23, 25, 27, 29.

gefällte Vorbestand starke Lärchen enthielt, so darf unter Berücksichtigung des im vorigen Abschnitte Angeführten auf Ursprünglichkeit der angegebenen Mischung geschlossen werden.

Auch im Tannenbestand guter Bonität mit Fichtenbeimischung und eingesprengter Weißkiefer und Lärche finden wir unsere Holzart; z. B. südlich von Wenigzell, etwa 900 m ü. M., Abies pectinata + Picea excelsa + Pinus silvestris + Larix europaea — Oxalis acetosella (spärlich unter gut geschlossenem Waldbestand) — Gentiana asclepiadea, am Wegrande Vaccinium Myrtillus.

Im steirischen Randgebirge ist fast in allen Waldtypen, vom sauerklee- und kräuterreichen über den heidelbeerreichen bis zu jenem auf magerem Sandboden mit Heide (Calluna) die Lärche als Mischholzart vertreten. Z. B. nördlich von Pöllau, bei etwa 450 m, Bauernplenterwälder auf Sandboden: Pinus silvestris + Larix europaea + Picea excelsa + Fagus silvatica + Alnus viridis — Calluna vulgaris, Scheitelhöhen der etwa 70jährigen Lärchen (ungleichalteriger Bestand) 16—17 m. Die Grünerle kommt, wohl als Relikt, auch an der Grenze des Hügellandes gegen das steirische Randgebirge bei geringen Meereshöhen vor.

Auch in den n o r d s t e i r i s c h e n K a l k a l p e n findet sich häufig reichere Holzartenmischung in den Beständen, denen die Lärche als Mischholzart angehört. Hier treffen wir unsere Holzart in Gesellschaft von Fichte, Tanne, Buche, Weißkiefer, Bergahorn, Esche, Ulme, Eibe, Mehlbeer- und Vogelbeerbaum, Birke (verrucosa), Haselnuß, Sommerlinde, Vogelkirsche. Hauptholzarten sind aber gewöhnlich Fichte + Tanne + Buche + Lärche, die übrigen genannten finden sich nur eingesprengt. Auch im edaphisch

Abb. 16. Steirisches Randgebirge, Klein-Gößgraben bei Göß, Höhenstufe des Fichten-, Lärchen-, Tannen- und Buchen-Mischwaldes.

Aufnahme K. Krall, Leoben.

bedingten Weißkiefernbestand trockener Kalk- und Dolomitsonnseiten pflegt die Lärche als eingesprengte Holzart nicht zu fehlen. Im Unterwuchsvereine solcher Waldtypen ist Erica carnea als Massenvegetation nicht selten.

In der Krummholzstufe der nordsteirischen Kalkalpen, z. B. bei Aussee, treffen wir gleichfalls noch einzelne Lärchen, Fichten und Zirben, dann Juniperus nana, Salix grandifolia, Alnus viridis, Amelanchier ovalis; von Zwergsträuchern Salix arbuscula, Rhododendron hirsutum, Loiseleuria procumbens (vgl. F a v a r g e r u. R e c h i n g e r, Die Vegetationsverhältnisse von Aussee in Obersteiermark, Vorarbeiten zu einer pflanzengeographischen Karte Österreichs, Wien 1905).

80

In den Vorbergen der Tauern bei Schladming[1]) ist die räumlich ausgedehnteste
ursprüngliche Vegetationsform der Mischwald aus Fichten und Lärchen. Die Buche ist
in den Schladminger Tauern äußerst selten. Als Mischholzarten und eingesprengt treten
auch Kiefer, Zirbe (in höheren Lagen), Vogelbeere, Vogelkirsche und Bergahorn auf, im
Unterwuchsverein Vaccinium Myrtillus, Blechnum spicant, Pteridium aquilinum, Polypodium vulgare, Lycopodium annotinum. Häufig besteht, insbesondere auf den nächst-
gelegenen Bergen südwestlich und südlich von Schladming, am Schladminger Kaibling,
Mitterberg und Steinkarzinken, der Unterwuchsverein fast nur aus Heidelbeerbeständen,
Vaccinium Myrtillus-Vaccinium Vitis idaea, dichten Polstern von Nardus stricta und zahlreichen Individuen von Aira flexuosa.

Auch in der buchenfreien zentralalpinen Innenlandschaft stockt auf
besten Böden noch sauerklee- und kräuterreicher Fichten-Lärchenwald (Piceetum normale), daneben hat der heidelbeerreiche Fichtenwald
mit Lärchenbeimischung (Piceetum myrtilletosum) große Ausdehnung. Als Beispiel dieses Waldtyps sei angeführt: Forstverwaltung Rottenmann, oberhalb Singsdorf,
Poirer Riedl, 1250 m, Quarzphyllit, Picea excelsa + Larix europaea — Vaccinium Myrtillus — Pirola uniflora — Oxalis acetosella — Aspidium filix mas — Phegopteris Dryo-
pteris — Lycopodium annotinum; im 80jährigen Bestande betragen die mittleren Scheitelhöhen der Lärchen 19 m, der Fichten 17 m. In einer um 150 m höheren Lage, Podhardter
Alm, 1402 m ü. M., Unterabt. 10/11 d, ergab ein 0·9 bestockter, 80—90jähriger, also im
Mittel 85jähriger Bestand von Lärche (0·6) + Fichte (0·4) + Tanne (eingesprengt) eine
Abtriebsmasse von 390 fm je Hektar, mittlere Scheitelhöhen der Lärchen von 19 m (einzelne bis 24 m), Fichten 17 m. Auch Mischtypen, deren Unterwuchsverein außer Vaccinium Myrtillus — Majanthemum bifolium usw. auch Kräuter (Prenanthes purpurea, Soli-
dago u. a.) aufweist, kommen vor.

Auf ausgehagerten schlechten Böden sinkt die Güteklasse auf V herab: Gstatthof-
berg, 1200 m, Picea excelsa + Pinus silvestris + Larix europaea + (eingesprengt,
krebsig) Abies pectinata — Vaccinium Myrtillus (herrschende Art, die Oberfläche fast
vollständig deckend, 5, 5) — Cladonia rangiferina — Melampyrum pratense; die Kiefern
sehr sperrig, mittlere Bestandeshöhe nur 15 m bei 115jährigem Alter, die Lärchen etwas
höher.

Bei weiterem Anstiege im gleichen Gebiete folgt bei etwa 1440 m ü. M. lockerer
Plenterwald der Hochlagen, z. B. bei der „Hadernzirbe" unter der Singsdorfer Alpe,
Gneis, lockerer Bestand von Picea excelsa + Larix europaea + (einzeln eingesprengt)
Pinus Cembra + Sorbus aucuparia + Alnus viridis — Rhododendron ferrugineum —
Vaccinium Myrtillus — Vaccinium Vitis idaea — Calluna vulgaris — Melampyrum pra-
tense. Nach oben zu nimmt der Anteil der Lärche zu, so Fichte 0·5 + Lärche 0·4 +
Zirbe 0·1, Lärchen nur bis 12 m hoch, Zirben niedriger, am Boden Cetraria islandica —
Vaccinium Myrtillus — vereinzelt Blechnum spicant — Aconitum Napellus.

Auf der Singsdorfer Alpe bei 1630 m finden wir Fichten, Lärchen und Zirben, diese
mit schönen eiförmigen Kronen, Scheitelhöhen 8—9 m, sowie Juniperus nana in der alpinen Zwergstrauchheide von Rhododendron ferrugineum, Vaccinium uliginosum, Calluna
vulgaris. Diese Bestände sind unterbrochen durch Grasfluren, in denen das Borstgras,
Nardus stricta, häufig vorkommt.

Zwischen 1760—1810 m („Bachspreng, Steinkar") treffen wir noch Gruppen 10 m

---

[1]) R. Eberwein u. A. v. Hayek, Die Vegetationsverhältnisse von Schladming in Obersteiermark, Abh. d. Zool.-Bot. Ges., Wien 1904.

hoher Lärchen, 6—7 m hoher Zirben, die Gipfeltriebe der Lärchen noch 20 cm lang, vereinzelte Vogelbeeren, Grünerlen und Krummholzkiefern innerhalb eines Teppichs der wind- und frostharten Loiseleuria procumbens — sehr niedriger Sträuchlein von Calluna vulgaris — Vaccinium uliginosum (Abb. 17). Auf dem windigen Sonnwendriedl zeigen Zirben und Lärchen starken Fahnenwuchs. Im Rohhumus des Alpenazaleenteppichs wurzelt häufig junger Zirbenaufschlag. Ähnliches wurde auch an anderen Orten Steiermarks an der oberen Waldgrenze beobachtet, z. B. auf der Turracherhöhe, 1763 m.

Im Turracher Gebiete finden sich noch bei 1600 m geschlossene gute Bestände von Fichte + Lärche, bezw. Fichte + Lärche + Zirbe mit Heidelbeere und Sauerklee. Auf das Vorkommen b e s s e r e r S t a n d o r t s k l a s s e n, also des „kräuterreichen Fichten-

Abb. 17. Lärchen und Zirben unterhalb der Turracher Höhe, bei 1700 m ü. M.

Aufnahme K. Rubner.

Abb. 18. Lärchen der Kampfzone in freier Hochlage, Stubalm oberhalb Köflach.

Aufnahme W. Sedlaczek.

waldes mit Lärche" (Piceetum normale) in der zentralalpinen Innenlandschaft wurde schon kurz hingewiesen; Beispiele: Rohrerwald oberhalb Turrach, 1400 m, 90—100jähriger Bestand, Scheitelhöhen der Lärchen 30·5 m, der Fichten 28 m; Picea excelsa + Larix europaea (0·4) + Pinus Cembra (eingesprengt) — Oxalis acetosella (4,4, mehr als die Hälfte deckend) — Vaccinium Myrtillus (vereinzelt, von geringer Lebenskraft) [1].

G r ö ß e r e A u s d e h n u n g hat das S a u e r k l e e g e l ä n d e m i t k r ä u t e r r e i c h e n F i c h t e n - L ä r c h e n w ä l d e r n b e s s e r e r G ü t e k l a s s e auf altpaläozoischen Schiefern mit kalkig-dolomitischer Ausbildung (Silur und Devon) im R e v i e r e M u r a u, Waldort „Hochwald", Unterabt. 18 e, 1000 m ü. M., Bestand 110jährig, Scheitelhöhen der Lärchen bis 35 m, Fichten über 30 m, Picea excelsa + Larix europaea — Oxalis

---

[1] Vgl. auch R. S c h a r f e t t e r, Die Vegetation der Turracherhöhe, Österr. botan. Ztschr. 1921, S. 77—91.

acetosella — Salvia glutinosa — Phyteuma spicatum — Mercurialis perennis — Prenanthes purpurea — Paris quadrifolia — Actaea spicata. Die Säuregrad-Bestimmung an Bodenproben aus diesem Gebiete ergab basische Böden. „Buchenbegleiter“ wie Oxalis acetosella, Lactuca muralis, Phyteuma spicatum, Actaea spicata, Prenanthes purpurea u. a. kommen also hier auf Standorten vor, denen die Buche von Natur aus, aus klimatischen Gründen, fehlt, die angeblich buchentreuen Pflanzen gehen in gleichschattige Fichtenwälder mit gutem, basischen Boden über! [1]

An anderen Stellen des gleichen Gebietes (z. B. Pöllahalt) finden wir bei 1100 m Seehöhe im 115-jährigen Bestand Lärchen von 36—40 m Scheitelhöhe, die gleich alten Fichten nur 30—35 m hoch; Hektarerträge bis 670 fm kommen vor. Die geraden, vollholzigen langschaftigen Lärchenstämme sind für Brückenbauten als Bauholz (Langholz von 14—16 m Länge mit 42 cm Zopfstärke) begehrt. Der kräuterreiche Unterwuchsverein enthält außer den eben genannten Arten noch Dentaria enneaphyllos — Cardamine trifolia — Veronica urticifolia — Lactuca muralis — Aconitum Lycoctonum, in der Strauchschichte Lonicera alpigena. Erst in größerer Höhe (1300 m am Brandstättereck) treffen wir wieder mäßige Güteklasse des heidelbeerreichen Waldes: Fichte (0·6) + Lärche (0·4) + Lärchenüberhälter — Vaccinium Myrtillus — Aira flexuosa — Homogyne alpina, Scheitelhöhen der 90jährigen Lärchen 25 m, Fichten 23 m. Auf dem höchsten Punkte des Geländes weisen Lärchen und Fichten Blitzschäden, entrindete Furchen mit zersplittertem Holze längs eines Teiles des Schaftes, auf.

Erreichbares Lebensalter.

Wenn das Vorkommen hochalteriger Bestände und noch älterer Einzelbäume einer Art in einem bestimmten Gebiete als Anzeichen für zusagende, den Ansprüchen der betreffenden Art angemessene Bedingungen des Klimas und Bodens gewertet werden kann, dann bietet im ganzen steirischen Wohngebiet der Lärche einschließlich des Randgebirges auch das erreichbare Lebensalter eine Bestätigung der Ursprünglichkeit ihres Vorkommens. Als Beispiele aus dem Randgebirge seien angeführt: Im Waldorte Zetz (33⁰ 18′ ö. L. und 47⁰ 18′ n. Br.) der Forstverwaltung Thannhauesen bei Weiz sind in Höhen bis etwa 1200 m 300jährige Lärchenstämme vorhanden. In Waldungen der Gerichtsbezirke Weiz und Birkfeld kommen hie und da sehr alte Lärchenstöcke von außerordentlichen Ausmaßen vor; die Stämme wurden einst in einer Höhe von etwa 2 m über dem Boden gefällt (ähnlich wie dies aus dem Reviere Türnitz des Stiftes Lilienfeld, N.-Ö., bereits geschildert wurde). Auch im Gebiete der Gleinalpe gibt es gelegentlich — laut Mitteilung der Bezirksforstinspektion Graz II — solche Stöcke.

Im Gesäuse, Landesforstamt Admont, wurden bis 250jährige Lärchen (die schönsten Stämme mit Kubikinhalten bis zu 8 fm) festgestellt, in der Forstverwaltung Klachau-Wörschach, u. zw. im Gebiete des Grimming, bis 400jährige. In den Bundesforsten von Bad Aussee kam bei doppeltem Umtriebe von Lärchen ein Abtriebsalter von 250 Jahren in Anwendung. Bei dem langsameren Wachstumsgang der Bestände im Hochgebirge sowie infolge der weniger intensiven Bewirtschaftung entlegener Teile der Gebirgsforste ergibt sich in den Alpen nicht selten ein höheres Abtriebsalter ganzer Bestände, z. B. in der Forstverwaltung Hinterberg der österr. Bundesforste in Mitterndorf, steirisches Salzkammergut, in mittleren Höhenlagen (800—1200 m) ein durchschnittliches Abtriebsalter

---

[1] Vgl. V o g t h e r r, Forstliche Standorts- und Leitpflanzen, Sonderdruck aus „Mitt. d. höheren Forstbeamten Bayerns“, 1933, S. 14.

von 120—150 Jahren, in den oberen Lagen (1200—1600 m) ein solches von 150—250 Jahren.

In der Forstverwaltung Rottenmann wurden an gesunden Lärchen 220 Jahrringe gezählt. In den Bauernwaldungen beiderseits der Enns, von der Landesgrenze bis Gröbming, konnte ein Alter von Lärchenstämmen bis zu 250 Jahren und darüber festgestellt werden. Das Gleiche wurde im Reviere Donnersbachwald beobachtet.

Im Forstamte des Leobner Wirtschaftsvereines erreichen vollholzige, vollkernige gesunde Lärchen-Einzelstämme Stammassen bis 9 fm bei einem Alter bis zu 180 Jahren. Im Bezirke Judenburg gibt es an mehreren Orten (Sonnseite bei St. Johann a. T.; Breitsteingraben 970—1100 m; Feistritzgraben) 200—250jährige Fichten und Lärchen.

Im Reviere Murau hat Verfasser im Quellschutzforst für die Wasserleitung des Schlosses Murau, Waldort Brunnsteigleiten, auf der Sonnseite des Brandstätterecks 250—300jährige Lärchen beobachtet. Im Reviere Paal, Stockerwald, stellte die Forstverwaltung in etwa 1300 m Höhe 250jährige, vollholzige schlanke Lärchen fest (Masse des Fichten-Lärchen-Mischbestandes 460 fm je Hektar). Etwa 200jährige Lärchen gibt es auch in mehreren anderen Waldorten des gleichen Revieres.

K ü n s t l i c h e r   A n b a u   a u ß e r h a l b   d e s   n a t ü r l i c h e n   V e r b r e i t u n g s -
g e b i e t e s.

Wie schon erwähnt, liegt nur das Hügelland im Südosten Steiermarks, kaum ein Sechstel der Landesfläche, außerhalb des Verbreitungsgebietes unserer Holzart. In diesem Gebiete des südlichen Kontinentalklimas (pannonischen Klimas) sind die Erfahrungen mit dem künstlichen Anbau der Lärche in der Regel nicht besonders günstig, so stirbt z. B. in der Forstverwaltung Riegersburg die eingebrachte Lärche in tieferen Lagen häufig schon nach 15—20 Jahren ab. Das Klima begünstigt dort Trauben- und Zerreiche, Weißbuche, Buche, Edelkastanie, Elsbeere. Für ein befriedigendes Gedeihen und Wettbewerbsfähigkeit der Lärche sind die Sommer, die auch die Kultur der Robinie und der Walnuß sowie den Anbau von Mais und Wein gestatten, zu warm.

5. Burgenland.

Der Günser Bergvorsprung, dessen höchste Erhebung der Geschriebenstein mit 883 m ü. d. M. darstellt, ist geographisch ein Teil des steirischen Randgebirges. Die Lärche kommt zwar gegenwärtig in der Berggruppe des Geschriebensteins in der Fürst Esterházy'schen Forstverwaltung Lockenhaus W und O auf rund 6200 ha Waldfläche zumeist „eingesprengt" vor, wobei in jüngeren Altersklassen (1—30jährig) der Bestockungsanteil etwas größer, durchschnittlich 0·1, ist, doch ist es den Bemühungen des Verfassers n i c h t   g e l u n g e n ,   i r g e n d   e i n e n   g e s c h i c h t l i c h e n   N a c h w e i s   f ü r   d i e   U r s p r ü n g l i c h k e i t   d i e s e s   V o r k o m m e n s   a u s f i n d i g   z u   m a c h e n, vielmehr sprechen verschiedene Umstände dafür, daß das heutige Vorkommen d u r c h   M e n s c h e n h a n d   b e g r ü n d e t   i s t.

Da in Niederösterreich noch in der Nähe der burgenländischen Grenze in den Ausläufern des Wechselgebirges, in der Buckligen Welt, die Lärchenverbreitung nachweislich eine ursprüngliche ist, so lag die Vermutung nahe, daß vielleicht auch das Vorkommen am Geschriebenstein ein natürliches sein könnte; dies hat sich jedoch nicht bestätigt.

Zur Zeit der Veröffentlichung des groß angelegten Werkes von F e k e t e und B l a t t n y , „Die Verbreitung der forstlich wichtigen Bäume und Sträucher in Ungarn",

Selmecbánya 1914, gehörte das Gebiet zu Ungarn. Im II. Band des Werkes ist auf Karte III die Verbreitung der Lärche auch im Westen des damaligen Ungarn, in den östlichen Ausläufern der Alpen von der Rosalia bis zum Geschriebenstein, angegeben. Im Text (Bd. I, S. 60, „Horizontale Verbreitung") heißt es allerdings mit Recht: „Die Ursprünglichkeit ihres Vorkommens kann an manchen Stellen der ungarischen Ausläufer der Alpen ... angezweifelt werden", dabei ist auch auf das Bernsteiner Gebirge, zu dem der Geschriebenstein gehört, das Rosalia- und Ödenburger Gebirge hingewiesen.

Auch Dr. J. G á y e r, „Die Pflanzenwelt der Nachbargebiete von Oststeiermark", Graz 1929, hält auf Grund geschichtlicher und geographischen Untersuchungen das Lärchenvorkommen in dieser Berggruppe nicht für ursprünglich [1]).

Die Erhebungen des Verfasser führten zu dem gleichen Ergebnis. Die „Militärische Beschreibung von Hungarn", Josephinische Aufnahme, 1784 [2]) beschreibt die Waldungen der Stadt Güns. Es heißt hier, „die Waldungen ober den Weingärten sind meist hochstämmig und dicht ... das Holz ist E i c h e n, hie und da mit B u c h e n vermischt, bis ... wo sich ein T a n n w a l d anfängt, der b i s i n d i e G e g e n d d e s g e s c h r i e - b e n e n S t e i n e s fortwährt. Hinter selbem ist der Wald mit Tannen, Eichen und Buchen gemischt." An anderer Stelle der Beschreibung sind Tannen, Fichten, Eichen, Birken, „Kronawetgesträuch", aber niemals Lärchen genannt.

Das Hofkammerarchiv in Wien teilte auf Anfrage des Verfassers mit, daß in den Urbaren der Herrschaften Bernstein, Eisenstadt und Forchtenstein ein Vorkommen von Lärchen in den dortigen Wäldern nicht erweisbar ist. Es werden nur Birken, Buchen, Eichen, Föhren und Tannen genannt.

Auch das Fürst Esterházysche Archiv, Archivar Dr. Harich János, gab auf Anfrage bekannt, daß seine Nachforschungen in allen Grenzbeschreibungen und Urbarien der Herrschaft Güns (Köszeg) über ein früheres Vorkommen der Lärche erfolglos blieben, die Holzart war nirgends genannt.

Bei Erhebungen über das Alter der ältesten gefällten oder noch lebenden Lärchen wurde ermittelt, daß im Gebiete des Geschriebensteins im Jahre 1898 mehrere 130jährige Lärchenstämme gefällt wurden. Der Beginn des Lebensablaufs dieser ältesten Bäume reicht somit bloß in eine Zeit zurück, in der künstliche Begründung immerhin schon fallweise, wenn auch in geringerem Umfange, üblich war. Die ca. 115jährigen Lärchen beim „Königsbrunnen" (Bernsteinergebirge, unweit vom Hirschenstein und Geschriebenstein) sollen vom Grafen Ludwig Batthyány, Besitzer der Herrschaft Schlaining, als Pflänzlinge aus den Alpen Niederösterreichs im Jahre 1819 (ein Wagen voll) mitgebracht und zur Verschönerung der Umgebung des nach Matthias Corvinus benannten Königsbrunnens dort angepflanzt worden sein [3]). Das Lärchenvorkommen im Burgenlande ist somit kein ursprüngliches.

6. Kärnten.

Horizontale Verbreitung.

Als ein Land im Inneren der Alpen gehört Kärnten in seiner gesamten Ausdehnung im großen ganzen zum Wohngebiete der Lärche. Das Höchstmaß der Verbreitung unserer Holzart innerhalb des Landes finden wir zunächst in den Gebieten großer Massen-

---

[1]) Mitt. d. Naturwiss. Vereines für Steiermark, Bd 64/65, S. 160 ff. (betrifft das südliche Burgenland bis einschließlich zum Gipfel des Geschriebenen Steines).

[2]) Kriegsarchiv Wien, Col. III, pag. 171.

[3]) D o m a n i a, Wald u. Waldwirtschaft im Burgenlande, Österr. Vierteljahresschr. f. Forstw. 1931, S. 132, u. briefliche Mitteilung v. Forstkommissär Ing. Dürr.

erhebung in den Hohen Tauern, vor allem in der Nordwestecke des Landes, Glocknergruppe; der Gipfel des Großglockner, 3797 m, gehört noch dem Bundeslande Kärnten an. Von den Waldungen der Waldgemeinschaft Obermölltal z. B. enthalten die in Tabelle 14, Anmerkung, ausgewiesenen Waldflächen von zusammen 2679 ha eine „reduzierte" Lärchenfläche von 1189 ha, es entfallen also dort auf die Lärche durchschnittlich 44 v. H. der Bestockung. Auf sehr ansehnlichen Flächen (auf 898 ha von der eben angegebenen Waldfläche, somit auf rund ⅓ dieser) ist die Lärche dort vorherrschend mit einem Anteil von 0·8—0·9. Auch in den südwärts in die Kreuzeckgruppe reichenden Bundesforsten der Forstverwaltung Obervellach kommen unserer Holzart noch 0·3 der Bestockung auf einer Waldfläche von 4071 ha zu. Ähnlich verhält es sich in der Forstverwaltung Gmünd (Ankogelgruppe, von der Lieser entwässert), mit 0·3 Lärche auf 9696 ha. In den zum Mölltale abfallenden Waldteilen der Forstverwaltung Millstatt: Knotenrain, Sachsenweg, Mühldorf-Kolbnitz ist die Lärche ebenfalls mit 0·3 beigemischt.

Ausgedehnte Teile der an dieses Gebiet nach Osten hin angrenzenden Gurktaler Alpen sowie die nördlichen, vom Gebirgsrande entfernteren Teilgebiete der Lavanttaler Alpen sind von unserer Holzart kaum minder dicht besiedelt. Was die Gurktaler anbelangt, so ist z. B. auf der Grundalpe, dem Grethaler Riegl, Kofler- und Schiestlnock (Tabelle 15) der Lärchenanteil ebenfalls 0·3, desgleichen im Gebiete Döbriach-—Mirnock—Ambergeralpe—Wöllanernock. Nördlich von hier, in der Umgebung der Ebene Reichenau, finden wir ähnliche Waldbilder; östlich von Ebene Reichenau, „Bei den drei Kreuzen, In den Kegeln" beträgt auf Flächen in 1500—1700 m Höhe der Lärchenanteil 0·7. Im südlichen Teil der Gurktaleralpen, nahe dem Rande des Klagenfurter Beckens, fällt in ausgedehnten Waldungen der Forstverwaltung Himmelberg der Lärche durchschnittlich ein Anteil von 0·25—0·30 zu.

Was die Lavanttaler Alpen anbelangt, so ist in ihrem nördlichen Teile die Lärche ein sehr wesentlicher Bestandteil des Waldkleides, z. B. in der Forstverwaltung Sankt Leonhard: 0·3 auf einer Gesamtwaldfläche von 3596 ha. Im unteren, dem Gebirgsrande näheren Teile des Lavanttales aber nimmt die Häufigkeit unserer Holzart rasch ab. So ist z. B. in der Forstverwaltung St. Andrä die Lärche, u. zw. nicht nur gegenwärtig unter dem Einflusse der Forstwirtschaft, sondern, wie weiter unten geschichtlich nachgewiesen wird, ursprünglich, von Natur aus, nur spärlich eingesprengt, und dies trotz des Umstandes, daß die zugehörigen Waldungen auf der Koralpe zum größten Teile in Höhen über 1000 m liegen und der Wald, z. B. im Waldorte Krennalpe, bis über 1600 m ansteigt. Auch in der Forstverwaltung St. Paul beträgt der Lärchenanteil auf ansehnlichen Waldflächen nur 5—10 v. H.; im ganzen politischen Bezirke Wolfsberg etwa 8·5 v. H., wobei die näher dem Gebirgsrande gelegene südliche Hälfte des Bezirkes den weitaus kleineren Anteil aufweist. An der Südostgrenze des Landes bei Lavamünd (344 m) befinden sich die tiefsten Lagen des Landes Kärnten.

Das von hohen Gebirgszügen umschlossene Senkungsfeld des Klagenfurter Beckens ist von Hügelgruppen durchzogen, die sich zu 800—1050 m Höhe erheben. Der Boden des Beckens hat eine mittlere Höhe von 400—500 m. Auf den bewaldeten Hügeln ist die Lärche meist nur eingesprengt, z. B. in der Sattnitz in dem zur Graf Goeßschen Forstdirektion gehörigen Waldteile: 2. v. H. Lärche auf 369 ha. Ähnlich verhält es sich auch in den zum Forstamte Finkenstein gehörigen Revieren Velden und Landskron und im Villacher Becken vom Fuße der Karawanken bis zum Ossiachersee (Tabelle 15).

Im Landesteile südlich der Drau, der großenteils ozeanischen Einflüssen zugänglicher ist, beträgt trotz der ansehnlichen Höhen, zu denen sich die Berge in den Gailtaler und Karnischen Alpen und Karawanken erheben, der mittlere Lärchenanteil in der Regel nur 0·1—0·2; in den Gailtaleralpen, die sich in ihren nördlichen Teilen noch etwas mehr vom Gebirgsrande entfernen, kann er (z. B. Forstverwaltung Paternion, Tabelle 16) noch 0·3 erreichen. Örtliche Einflüsse vermögen Abweichungen vom Durchschnitte zu bewirken; so nimmt auf Pässen, Tiefenlinien in den Karawanken, die für ozeanische Einflüsse offen sind, der Anteil der Buche zu, jener der Lärche ab. Auf den südlich exponierten trockenen steilen Felswänden der Villacheralpe (Dobratsch) ist die Lärche nur ganz vereinzelt eingesprengt, während sie am Dobratsch-Nordhang sowie am Südhange des Erzberges und im Bleibergertal mit etwa 0·1 auf 3380 ha vertreten ist.

Vertikale Verbreitung.

In ihrem Kärntner Verbreitungsgebiete finden wir die Lärche zumeist von der Talsohle an bis zur oberen Baumgrenze. Dabei pflegt sie in der Regel in tieferen Lagen, bis etwa 800 m, nur eingesprengt vorzukommen, in mittleren von 800 bis etwa 1400—1600 m (je nach den örtlichen Verhältnissen) ist sie meist Mischholz, in Hochlagen, besonders im Gebirgsinneren, sehr häufig vorherrschend (mit Ausnahme ozeanisch beeinflußter Randgebirgslagen). In den Karawanken wird, worauf R. S c h a r f e t t e r hingewiesen hat, der Fuß der Berge (weil in den Talsohlen binnenländische Wärmeverhältnisse mit großen Jahresschwankungen herrschen) fast allgemein von einem Fichten- und Lärchengürtel gebildet (Rosenbachtal, Bärengraben, Loibltal), erst in einiger Höhe trifft man auf schöne Buchenwälder [1]. Doch findet man in der Regel auch in den Buchenbeständen die Lärche neben der Fichte eingesprengt, und zwar handelt es sich um eine ursprüngliche Mischung. E. A i c h i n g e r weist darauf hin, daß es außer den Fichtenwäldern der Talbecken (als Kältebecken) und jenen der subalpinen, oberhalb des Buchenwaldes befindlichen Stufe auch noch solche in Frostlöchern der montanen oder Buchenwaldstufe gibt, und zwar fast in allen schattig gelegenen Talkesseln der Karawanken, z. B. unweit des Kl. Loiblpasses im Bodentale, einer Bodensenke, in der sich häufig kalte Luft sammelt [2].

An den tiefsten Stellen des Landes, im unteren Lavanttale in der Gegend von St. Paul und Lavamünd (344 m) und weniges südlich von hier in der Umgebung von Bleiburg am Rande der Karawanken (Berg Kömel) steigt die Lärche bis etwa 400—450 m herab. Ihre höchsten Standorte im Lande erlangt sie an der oberen Baumgrenze im Mölltale bei 2100 m. Auch das Vorkommen in den tieferen Lagen ist, wie weiter unten nachgewiesen wird, ein ursprüngliches. Die Höhenlage der oberen Baumgrenze und somit auch des obersten Lärchenvorkommens ist selbstverständlich in den einzelnen Teilen des Landes nicht die gleiche; dies ist vor allem durch den verschiedenen Klimacharakter im Gebirgsinneren und im Randgebirge, dann in Gebieten größerer oder geringerer Massenerhebung usw. bedingt. Außerdem ist durch menschlichen Einfluß, zum Zwecke der Gewinnung von Weideland, die Waldgrenze stellenweise künstlich herabgedrückt. Im Mölltale reicht die obere Baumgrenze bis 2100 m, z. B. in der Forstverwaltung Obervellach (vgl. Tabelle 14), im Malta- und Liesertale, Forstverwaltung Gmünd, bis 2000 m, in den Gurktaleralpen bis 1900 m (Abb. 19), im Lessachtale bis 2000 m (Tabelle 16), am Dobratsch bis 1870 m (Lärche), in den Karawanken geht die Lärche bis 1900 m, vereinzelt bis 1950 m [3], im Görtschitztale bis 1750 m. Für die Lavanttaleralpen gibt M a r e k [4] die

---

[1] S c h a r f e t t e r R., Die Vegetationsverhältnisse von Villach in Kärnten, Abh. der Zool.-Bot. Ges. Wien, Fischer-Jena, 1911, S. 15.

[2] A i c h i n g e r E., Vegetationskunde der Karawanken, Fischer, Jena, 1933, S. 293, 294 u. 3.

[3] A i c h i n g e r E., Über Fragmente des illyrischen Laubmischwaldes und die Föhrenwälder in den Karawanken, Carinthia II, Klagenfurt 1930, S. 26.

[4] R. M a r e k, Waldgrenzstudien in den österreichischen Alpen, Mitt. d. geogr. Ges. Wien, 1905, und Petermanns Mitt., Erg. Hft. 1910.

obere Waldgrenze (mittlere Durchschnittszahl) mit 1661 m, für die Seetaleralpen mit
1733 m, Saualpe 1670 m, Packalpe 1670 m, Koralpe 1621 m an. R. B e n z [1]) bemerkt dazu,
daß die obere Waldgrenze an verschiedenen Stellen der Koralpe zwischen 1480, 1500,
1550, 1600, 1620, 1700, 1750 m schwanke; in den Seetaler Alpen ähnlich zwischen 1400
bis 1850 m. Die Angaben der Tabelle 15 lassen die gleichen Schwankungen erkennen.

Ein Beispiel für künstliche Senkung der oberen Wald- und Baumgrenze durch die
Weidewirtschaft bietet die Gerlitzen, ein Berg von 1900 m Höhe im südlichen Teile der
Gurktaler Alpen am Rande des Klagenfurter Beckens nächst dem Ossiachersee: der Wald

Abb. 19. Gurktaler Alpen, Schoberriegel, 2204 m, Zirben und Lärchen der Kampfzone.

in entlegenen Hochlagen erschien der Wirtschaft wegen schwieriger, kostspieliger Holz-
bringung wertlos; dagegen war die Schaffung von Weideland für die Sömmerung des
Viehs auf der Alpe vorteilhaft. Reste des Waldes, der einst höher stieg, sind auf der
Gerlitzen festzustellen, „ja noch 50 Schritte unter dem Gipfel finden wir auf der Nord-
westseite des Berges, weit voneinander entfernt, 15 junge Lärchen"[2]). Verfasser hat im
Jahre 1931 gemeinsam mit anderen Mitgliedern der „Arbeitsgemeinschaft für forstliche
Vegetationskunde" einzelne Lärchen noch in der Nähe des Gipfels, nicht nur am steilen,
zur Rodung weniger geeigneten, daher besser bewaldeten Nordhange, sondern auch am
Südhange beobachtet, ja eine 30 cm hohe Lärche fand sich auch noch auf der Höhe

[1]) R. B e n z, Die Vegetationsverhältnisse der Lavanttaler Alpen, Wien 1922, S. 70.
[2]) R. S c h a r f e t t e r, Die Vegetationsverhältnisse der Gerlitzen in Kärnten, Wien 1932, Sitzg.-
Ber. d. Akad. d. Wiss., Wien, Math.-Naturwiss. Kl. I, 141, 67 ff.

88

(1900 m) selbst. Auch das Vorhandensein der für den Waldwuchs notwendigen Temperaturen sowie von Begleitpflanzen (Relikten) des Fichtenwaldes (mit Lärchenbeimischung) sprechen nach Scharfetter dafür, daß die Gerlitzen von Natur aus bis zur Spitze ein Waldberg gewesen ist [1]).

Auch gegenwärtig kann man auf anderen Kärntner Bergen in Hochlagen Beispiele der Bekämpfung und Zerstörung des Waldes zugunsten der Almwirtschaft beobachten. Ich sah z. B. auf der Saualpe, Forstverwaltung Eberstein, Görtschitztal, im Gebiete der Weidegemeinschaft Labacher Halt in 1600—1700 m auf der trockenen Sonnseite weite Flächen eines zum Zwecke der Weidegewinnung regellos zerstörten Waldes, dessen Abraum im Jahre 1930 seit zwei Jahren, über die ganze Fläche zerstreut, die Weide behindernd den Boden bedeckte, seine Beseitigung durch Brand war geplant.

Die besten Wuchsformen weist die Lärche in Kärnten in der Regel in tieferen und nicht zu steilen Lagen ihres Verbreitungsgebietes auf. Astreine, gerade, vollholzige Lärchenstämme finden sich bis zu jenen je nach den örtlichen Verhältnissen wechselnden Höhen, in denen noch geschlossene langschaftige Mischbestände vorzukommen vermögen. In den höchsten Lagen des Waldes unterhalb des Kampfgürtels dagegen sowie auch auf künstlich geschaffenen Almlichtungen ist der Bestandesschluß unvollkommen, die Lär-

Abb. 20. Fichte mit Lärche, Säbelwuchs infolge Schneedruckes in der Jugend, 1600 m ü. M.   Aufnahme Dr. Aichinger.

chenstämme werden bei sonst guter Holzbeschaffenheit tief herab beastet, abholzig und astig. So sah ich z. B. im Kaponigforst der Forstverwaltung Obervellach auf Alpsflächen bei 1380 m am Alpswege der Kaponiger Nachbarschaft freistehende knorrige, grobastige Wetterlärchen mit 1 m Brusthöhendurchmesser, dann oberhalb der Säge am Kaponiggraben bei 1450 m eine ähnliche „Almlärche" mit 1·5 m Durchmesser. In diesem Gebiete ist bei 1450 m Seehöhe der Freistand und somit auch die schlechtere Wuchsform noch nicht durch die klimatischen Verhältnisse, sondern durch die wirtschaftlichen Eingriffe bedingt. So sah ich z. B. im nahen Försterbezirke Mallnitz, Seebachtal (Schattseite) in den Waldorten Mitterling und ober dem Stopitzersee noch bei 1600 m geschlossene Mischbestände mit sehr gut geformten 26 m hohen Lärchen. (Dazwischen fanden sich auch einzelne alte, grobastige, mit 1·3 m Brusthöhendurchmesser, mit Faulstellen am Stammfuß

---

[1]) Für sich allein wäre das Vorkommen einzelner Bäume oberhalb einer natürlichen oder künstlichen Waldgrenze selbstverständlich noch kein Beweis dafür, daß ursprünglich auch da Wald vorhanden war.

wohl infolge Steinschlages am Steilhang). Am „Rauchköpfl" bei 1900 m Höhe stocken noch über einem Teppich von Alpenazaleen, Rentierflechte und niederen Heidelbeeren etwa 10 m hohe Lärchen und 8—9 m hohe Zirben. An einzelnen Lärchen in solchen Hochlagen sind ausgeheilte Krebsstellen zu beobachten. In der gleichen Gegend steigt die Lärche und Zirbe in Zwergform (2—3 m hoch) noch um 100 m, also bis 2000 m empor.

Die ökologischen Bedingungen.

Im Gebiete nördlich der Drau herrschen im wesentlichen kristalline Schiefergesteine (gelegentlich auch kristalline Kalke), im Süden hauptsächlich Kalke und Dolomite; das Wohngebiet der Lärche umfaßt beide Landesteile.

Ähnlich wie Steiermark liegt auch Kärnten im Übergangsgebiete zum kontinentalen Klima Osteuropas, da die Haupttäler beider Länder nach Osten hin offen, nach den übrigen Richtungen von Gebirgen umschlossen sind. R. B e n z [1]) teilt eine Zusammenstellung von Temperaturen mit , die er der Freundlichkeit des Prof. Dr. W i l h. S c h m i d t, Wien, verdankte:

Klagenfurt (440 m) hatte 1891 im Jänner eine Mitteltemperatur von —10·8⁰ C, Juli 19·4, Jahresschwankung 30·2⁰; in den folgenden Jahren bis 1905 betrug die Schwankung: 26·6, 28·3, 27·8, 27·8, 26·3, 26·7, 21·9, 25·1, 22·7, 27·0, 22·6, 25·9, 25·1, 28·6 (d. i. 1905, Jänner —7·1, Juli 21·5).

Ähnliche Zahlenreihen enthält die Arbeit von B e n z auch hinsichtlich anderer Beobachtungsstellen mit höherer Jahresschwankung, z. B. für Eberstein: 26·9, 24·2. 26·7, —, 23·4, 19·3, 23·7, 21·3, 25·8, —, 25·0. Die Forstverwaltung Eberstein hat auf einer Waldfläche von 1800 ha rund 60 v. H. Fichte, 30 v. H. Lärche aufzuweisen, die restlichen 10 v. H. entfallen auf Kiefer, Tanne, Buche, eingesprengt Ahorn, Esche, Ulme.

Als das Gebiet des H ö c h s t m a ß e s der Lärchenverbreitung innerhalb Kärntens haben wir vor allem d i e H o h e n T a u e r n, d a s M ö l l t a l (und einen Teil des o b e r e n D r a u t a l e s) angegeben. In diesen Gegenden stehen insbesondere in den Tallagen sehr kalten Wintertemperaturen ziemlich hohe im Sommer gegenüber [2]). Die höchsten mittleren Maxima gehen im oberen Drautale nahe an 30⁰ und erreichen noch in dem 1217 m hohen St. Peter i. Katschtale 25⁰ C. Das tiefste mittlere Minimum beträgt —19·9⁰ C. Die höchsten und tiefsten Temperaturen (absoluten Extreme) einer zehnjährigen Beobachtungszeit ergaben (nach Conrad, S. 59):

Möllbrücken	(520 m)	33·4⁰;	—24·0⁰;
Sachsenburg	(550 m)	33·5⁰;	—24·0⁰;
Oberdrauburg	(610 m)	31·1⁰;	—25·0⁰;
Gmünd	(740 m)	33·8⁰;	—26·0⁰;
St. Peter i. K.	(1217 m)	30·2⁰;	—21·4⁰.

Die Höchstwerte überschreiten 30⁰, die absoluten Mindestwerte gehen unter —20⁰. Die mittlere Jahresschwankung beträgt in Möllbrücken (wo schon im untersten Teile der Lehne in der Nähe der Ortschaft die Lärche vorkommt) 22·7⁰, in Sachsenburg 22·8⁰, Oberdrauburg 23·6⁰, Greifenburg (626 m) 23·9⁰, Obervellach (670 m) 22·2⁰, Gmünd 22·0⁰; in hochgelegenen Beobachtungsstellen ist sie zwar kleiner, z. B. Heiligenblut (1404 m) Schwankung nur 18·7⁰, allein dort sind die Sommer durch höhere Strahlungswärme ausgezeichnet, sonnige Sommer-Nachmittage weisen beträchtliche Wärmegrade auf, die in den Tages- und Monats m i t t e l n nicht mehr entsprechend zum Ausdrucke kommen.

[1]) B e n z, Die Vegetationsverhältnisse der Lavanttaler Alpen, Wien 1922.
[2]) C o n r a d, Klimatographie von Kärnten, Wien 1913, S. 56.

Aus den in der Klimabeschreibung Kärntens (C o n r a d, S. 60) mitgeteilten äußersten Frostdaten darf geschlossen werden, daß im Drautale erst die zweite Hälfte des Mai frostfrei ist. Im Lieser- und Maltatale, wohl auch im Mölltale, dürfte das gleiche erst im letzten Drittel des Mai zutreffen. In den höheren Lagen bringt das letzte Drittel des September schon wieder Fröste mit sich und nur für die unteren dürfte der September nach Terminbeobachtungen frostfrei sein. Die m i t t l e r e S o m m e r t e m p e r a t u r beträgt im untersten Teile des Mölltales, in Möllbrücken, 16·9⁰, das Jahresmittel 7·3⁰; in Heiligenblut Sommer 13·1⁰, Jahr 4·7⁰. Um welche Beträge Heiligenblut noch u n t e r der oberen Wald- und Baumgrenze liegt, ergibt der Vergleich mit dem vorigen Abschnitte [1]).

Die mittlere B e w ö l k u n g ist nach den Beobachtungen im gegenständlichen Gebiete im allgemeinen geringer als sie außerhalb der Alpen in Mitteleuropa zu sein pflegt [2]) (z. B. Sachsenburg 6·0, Oberdrauburg 4·3, Greifenburg 5·4, Berg ob Greifenburg 3·9, St. Peter im Katschtale 5·4), doch fällt der Mindestwert auf den Winter; immerhin ist auch die sommerliche Bewölkung eine mäßige (5·1 im Durchschnitte der genannten fünf Beobachtungsstellen) und deutet gleichfalls den kontinentalen Klimaeinschlag an.

Die mittlere Jahressumme der N i e d e r s c h l ä g e beträgt in unserem Gebiete (Höchstmaß der Kärntner Lärchenverbreitung, Tauern und Vorlagen) 800—1200 mm in den Wetterbeobachtungsstellen, bis 1600 mm in bewaldeten Gebirgen des gleichen Gebietes. Dabei sind die Sommer verhältnismäßig niederschlagsreich, 45 v. H. des Jahresniederschlages fallen in den vier Monaten Mai bis August. Der jährliche Gang des Niederschlages gibt August- und Oktoberhöchstwerte von 14 v. H. Auch hinsichtlich der Zahl der Tage mit Niederschlag fällt das Maximum auf den Sommer. In St. Peter i. K. ist im Juli der mittleren Wahrscheinlichkeit nach jeder zweite Tag ein Regentag. Die längsten Trockenperioden fallen auf die kalten Monate, die kürzesten auf den Monat Juli. Aus diesen Angaben geht hervor, daß die B e w ä s s e r u n g g e r a d e i n d i e s e m L a n d e s t e i l e d e s H ö c h s t m a ß e s d e r L ä r c h e n v e r b r e i t u n g e i n e f ü r d i e W a l d v e g e t a t i o n a u s r e i c h e n d e i s t, d a ß s o m i t h y g r i s c h e K o n t i n e n t a l i t ä t d i e H o l z a r t e n v e r b r e i t u n g h i e r w e n i g e r b e e i n f l u s s e n d ü r f t e a l s d i e t h e r m i s c h e.

Als ein zweites Gebiet reichlichen Lärchenvorkommens haben wir die G u r k t a l e r A l p e n u n d d e n n ö r d l i c h e n T e i l d e r L a v a n t t a l e r A l p e n bezeichnet. Die klimatischen Verhältnisse in diesem Teile der Norischen Alpen sind im großen ganzen den eben geschilderten ähnlich. Die Jahresschwankung beträgt z. B. in Radenthein (700 m) 22·1⁰, Sirnitz (800 m) 20·3⁰, Sörg (840 m) 22·1⁰, Eberstein (570 m) 22·1⁰, Guttaring (642 m) 20·9⁰; a l l e d i e s e O r t e s i n d u m g e b e n v o n M i s c h w ä l d e r n m i t h o h e m L ä r c h e n a n t e i l e. Selbst Ebene Reichenau hat trotz der bedeutenden Höhenlage von 1059 m doch noch eine Schwankung von 19·5⁰. Von den höheren Lagen mit kleinerer Jahresschwankung (Beispiel: Lölling, Berghaus, 1103 m, 17·6⁰) gilt wohl die weiter oben angeführte Bemerkung hinsichtlich der höheren Strahlungswärme an sonnigen Sommernachmittagen. Das Sommermittel beträgt in Radenthein 16·6⁰, die mittlere Jahrestemperatur 7·0⁰; in Ebene Reichenau Sommer 13·4, Jahr 5·0⁰.

Die jährliche Niederschlagsmenge erreicht in den Wetterbeobachtungsstellen dieses Gebietes meist 800—1222 mm, in den zugehörigen Gebirgswaldungen entsprechend der

---

[1]) Neue Temperaturmittel aus späteren Beobachtungsreihen stimmen im wesentlichen mit den hier nach Conrad angeführten überein, vgl. „Temperaturmittel 1896—1915 u. Isothermenkarten von Österr.", Hydrograph. Zentralb. Wien, 1929.

[2]) Im größten Teile von Deutschland zwischen 6 und 7 der 10teiligen Skala (H e l l m a n n, Klimaatlas, S. 4).

höheren Lage 1000 bis über 1200 mm. Auch die Verteilung ist für die Vegetation nicht ungünstig, Sommerregen herrschen vor, die Monate Mai bis Oktober stellen eine Art Regenzeit vor; in diesem Abschnitte fallen 74 v. H. der Jahressumme, in den eigentlichen Sommermonaten 43 v. H. Sirnitz, in dessen Umgebung der Lärchenbestockungsanteil lt. Tabelle 15 durchschnittlich 0·3 beträgt, hat einen Jahresniederschlag von 1222 mm[1]) bei 800 m Seehöhe.

Im unteren Lavanttale (Unterdrauburg, St. Paul, St. Andrä) wird der Lärchenanteil kleiner, weil das wärmere Klima des nach Süden offenen Tales (Unterdrauburg Sommer 18·0⁰, Jahr 8·2⁰, St. Paul Sommer 17·8⁰, Jahr 7·6⁰) den Wettbewerb anderer Holzarten begünstigt. Alte Forstbeschreibungen der Herrschaften St. Paul und St. Andrä geben einen beträchtlichen Anteil von Buchen, Tannen und „Farchen" (neben Fichte und etwas Lärche) an.

Im K l a g e n f u r t e r B e c k e n, auf dessen bewaldeten Hügeln die Lärche meist nur eingesprengt vorkommt, ist die mittlere Jahresschwankung groß, die Sommer sind heiß, die Winter infolge der besonders kräftig ausgebildeten und lange dauernden Temperaturumkehr sehr streng. Die Jännerisotherme entspricht, wie Conrad (S. 5) angibt, häufig jener von Gegenden Ostgaliziens, „die durch ihre Lage schon stark vom kontinentalen russisch-westsibirischen Klima beeinflußt sind". Die jährliche Niederschlagssumme liegt zwischen 870—1200 mm, die größeren Beträge ergeben sich im Süden, also in den dem Randgebirge näheren Lagen. 36 v. H. des Niederschlages entfallen auf Sommerregen, die Regenwahrscheinlichkeit im Sommer ist also im Vergleiche zu anderen Gebieten geringer, dies und die hohe Sommerwärme ermöglichen Vertretern der pannonischen Flora, sich als Relikte zu erhalten[2]); auf durchlässigen Schotterböden sind Weißkiefernbestände weit verbreitet.

Im Landesteile s ü d l i c h d e r D r a u ist die Lärche wieder wesentlich häufiger als im Klagenfurter Becken, wenn auch nicht so häufig, wie in den bereits dargestellten Teilgebieten des Höchstmaßes ihrer Verbreitung. Die K a r n i s c h e n A l p e n mit ihren sehr hohen Niederschlägen (in einzelnen Stationen südlich der neuen Kärntner Grenze über 2000 mm!), die K a r a w a n k e n mit gleichfalls noch hohen Niederschlagssummen haben im Vergleiche zu den übrigen Landesteilen ein Klima mit mehr ozeanischem Einschlage, doch offenbart sich dieser mehr in den Feuchtigkeitsverhältnissen, während in bezug auf die Verteilung der Wärme über das Jahr hin gerade hier größere Mannigfaltigkeit, örtlicher Wechsel je nach der Lage festzustellen ist. Ähnliches gilt auch von den Gailtaler Alpen. Wechselnd wie das Klima ist hier auch das Waldkleid (aus Fichten, Lärchen, Buchen, Tannen, Kiefern und anderen Arten gemischt).

Das Lessach- und Gailtal hat (C o n r a d, Klimatographie S. 88) im Mittel ca. 1530 mm Niederschlag; m i t h y g r i s c h e r K o n t i n e n t a l i t ä t i s t a l s o d a s i m m e r h i n b e d e u t e n d e L ä r c h e n v o r k o m m e n a u c h h i e r n i c h t v e r - b u n d e n, wohl aber mit binnenländischen Wärmeverhältnissen; so hat z. B. Tröpolach (593 m) in einer winterkalten Tallage in dem nach Osten offenen, nach Westen abgeschlossenen Gailtale eine mittlere Jahresschwankung von 24·9⁰, Waidegg (610 m) eine solche von 24·8⁰, das mildere Kornat in 1067 m Seehöhe eine Schwankung von 19·4⁰. Die Umgebung von Bleiberg (920 m) in den Gailtaler Alpen, am Nordfuß der Villacher Alpe, ist, wie die Kursteilnehmer der Arbeitsgemeinschaft für forstliche Vegetationskunde 1931

---

[1]) C o n r a d, Klimatographie, S. 133.
[2]) B e c k v. M a n n a g e t t a, Die pontische Flora in Kärnten, Sitzungsber. d. Wiener Akad. d. Wiss. 1913 (zit. nach N. K r e b s, Die Ostalpen und das heutige Österreich).

gemeinsam feststellten, vorwiegend von Lärchen besiedelt (vgl. Abb. 21), es handelt sich um ein Kälteloch, bei hohem Niederschlage von 1397 mm herrscht örtlich thermische Kontinentalität, die Jahresschwankung beträgt trotz der beträchtlichen Höhe 22·1⁰.

Aus den Karawanken seien als Beispiele angeführt: Eisenkappel (554 m) mit einer mittleren Jahressumme der Niederschläge von 1323 mm, die Jahresschwankung aber 21·8⁰; Liescha (540 m) mit einem mittleren Niederschlage von 1140 mm, Jahresschwankung 21·6⁰; Windisch-Bleiberg (950 m) hat laut Niederschlagskarte etwa 1500 mm Niederschlag, die mittlere Jahresschwankung beträgt 19·7⁰.

Abb. 21. Reichliches Lärchenvorkommen in der Umgebung von Bleiberg (920 m) am Nordfuß der Villacher Alpe, „Kälteloch" bei winterlicher Temperatur-Umkehr, mittl. Jahres-Temperatur 6·1⁰, Jänner —5·4⁰, Juli 16·7⁰, mittl. Jahresschwankung 22·1⁰, Niederschlag 1397 mm.

Aufnahme Österr. Lichtbildstelle.

Die Berücksichtigung der standörtlichen Verhältnisse ergibt also, daß die Tatsache eines immerhin ansehnlichen (wenn auch im Verhältnisse zum Gebiete maximaler Verbreitung kleineren) Bestockungsanteiles der Lärche in Kärntens Randgebirgen mit den weiter oben geäußerten Schlüssen über die Ansprüche der Holzart gut übereinstimmt.

Vergleich mit der Verbreitung der Buche und anderer Holzarten.

Das Schrifttum unterscheidet in der Regel im Gebirge die montane Stufe der Buchen- und Tannenwälder („Buchenwaldstufe") und auf diese nach oben hin folgend die subalpine Stufe oder Region der Fichten- bezw. Fichten-Lärchenwälder. Häufig ist in der

Natur (auch in Urwaldgebieten, z. B. Bosniens) diese Scheidung deutlich ausgeprägt, auch in manchen Randlagen der Alpen kann man sie beobachten. Auf die Besonderheiten des Klimas und der Waldvegetation in der zentralalpinen Innenlandschaft geht aber diese Einteilung wenig ein.

In Kärnten herrscht in den dem Randgebirge näheren südlichen (und südöstlichen) Teilen der Mischwald von Laub- und Nadelholz bis zu bedeutenden Höhen. Für die reine Nadelwaldstufe bleibt dort nur ein verhältnismäßig schmaler oberster Gürtel übrig; in der kontinentalen Innenlandschaft dagegen (Beispiel Mölltal) gibt es auch bei geringen Meereshöhen — Möllbrücken, 520 m — nur ganz bescheidene Andeutungen einer montanen Stufe. Schon in mitlteren Höhen fehlt sie vollständig, im großen ganzen herrscht in solchen Gebieten ausschließlich, u. zw. in breiten Gürteln, die subalpine Stufe.

Die Gebiete des Höchstmaßes der Lärchenverbreitung in Kärnten sind von Natur aus praktisch von der Buche gemieden (bis auf einige, nur in den unteren, der Außenlandschaft näheren Lagen eingesprengte Buchen in kurzschaftigen Renkformen oder in Krüppelform [1])); schon bei Möllbrücken reicht auf der Schattseite der Bestand von Fichten und Lärchen bis zum Fuße der Lehne, in den oberen Lagen kommt auch die Zirbe vor. Während in den Karawanken die Buche durchschnittlich bis 1600 m, ja an Stellen mit stärkerem ozeanischen Einflusse, z. B. Loiblpaß, Seebergpaß, bis 1700 m und mehr [2]) emporsteigt, fehlt sie im 1185 m hoch gelegenen Mallnitz bezw. im zugehörigen Försterbezirke vollständig, u. zw. von Natur aus. Auch die Tanne ist in diesem Försterbezirke äußerst selten, bis zum Jahre 1932 soll es hier im ganzen 3—4 kurzschaftige abholzige Tannen mit abgeflachtem Gipfel gegeben haben, von denen 1932 zwei dem Windwurfe erlagen. Bei Obervellach sind besonders auf der Schattseite Tannen bis zu einer Höhe von etwa 1000—1200 m noch etwas häufiger. In den ozeanisch beeinflußten Randgebirgen dagegen sind Tannen von gutem Wuchse auch bei 1800 m Seehöhe noch keineswegs selten! Von der Eibe habe ich bei Begehungen im Försterbezirke Mallnitz kein einziges Exemplar entdeckt, nach Aussage des zuständigen Staatsförsters Lorenz kommt sie in diesem Bezirke gar nicht vor. Das nahezu vollständige Fehlen der mehr ozeanisch gestimmten Holzarten bestätigt also das im vorigen Abschnitte Ausgeführte über die standörtlichen Bedingungen (binnenländische Wärmeverhältnisse).

In den Randgebirgen dagegen, z. B. in den Karawanken, ist bis durchschnittlich 1600 m Höhe je nach den rasch wechselnden örtlichen Klima- und Bodenverhältnissen eine recht innige Durchdringung und Vermischung der montanen und der subalpinen Stufe gegeben. Mit Recht sagt auch Aichinger, man könne in den Karawanken selten von reinen Fichten- oder Buchenwäldern sprechen, diese Wälder seien nicht streng voneinander getrennt, schließen einander nicht aus, sondern es seien Übergänge festzustellen [3]). Ähnliches gilt vielfach auch von den Randgebirgen außerhalb Kärntens.

Auf trockenen, daher die Wettbewerbsfähigkeit anderer Holzarten herabsetzenden, zugleich warmen, sonnigen Örtlichkeiten in den Karawanken finden wir die Schwarzkiefer (Pinus nigra) und andere wärmeliebende Arten wie die Hopfenbuche (Ostrya

---

[1]) Vgl. Tschermak, Die Verbreitung der Rotbuche in Österreich, Wien 1929, S. 82, 83.

[2]) Aichinger, Vegetationskunde der Karawanken, Jena 1933, S. 278, 279. („Am Reißkofel-Westhang treten sogar in 1830 m Meereshöhe noch baumförmige Buchen auf"; „die Buchengrenze liegt am Selenitzasattel, der dem Loiblpaß benachbart ist, in nahezu 1700 m Seehöhe".)

[3]) Aichinger, Über die Fragmente des illyr. Laubmischwaldes und die Föhrenwälder in den Karawanken, Carinthia II, 1930, S. 24/25.

carpinifolia) und die Blumenesche (Fraxinus Ornus) in Waldungen, deren Entwicklung mit fortschreitender Bodenverwitterung zum Buchenwald führt, mit eingesprengten Lärchen. Die Schwarzkiefer und die genannten Holzarten des illyrischen Laubmischwaldes sind hier nicht etwa Vorposten einer Einwanderung, sondern Reste einer ehemaligen weiteren Verbreitung; von ihrem im Süden gelegenen Hauptverbreitungsgebiet aus konnten sie in einer nacheiszeitlichen oder zwischeneiszeitlichen Wärmezeit[1] ihr Wohngebiet nach Norden ausdehnen, über die Pässe ins Drautal eindringen, später, nach Änderung des Klimas, konnten sich Reste von ihnen nur an warmen, trockenen Örtlichkeiten halten[2].

Nachweis der Ursprünglichkeit der angegebenen Verbreitung der Lärche (und des ursprünglichen Fehlens der Buche in den Zentralalpen).

Die künstliche Kultur von Waldbäumen kam in Kärnten wegen der Wichtigkeit der Eichelmast zuerst bei der Eiche in Anwendung. Die „Gerichts-, Weide- und Waldordnung zu Straßfried und Arnoldstein" (eine Niederschrift der „Ordnung und Satzung" von 1692) enthält nebst Vorschriften über die Ausnutzung der Eichelmast auch die Empfehlung: „wehr auch guet, daß die nachparschaft jedes jahr im frieling etlich hundert junge aichen setzten und verzeinung theten, auf daß der forst wider geheiet und herzue gezügelt wurde"[3].

Dagegen kam die Saat von Nadelholz im Gebirge erst viel später in Frage. Ein von der in Kärnten aufgestellten „Repräsentation und Kammer der röm. kaiserl., zu Hungarn und Böheim königl. Majestät" stammender „Ohnmaßgeblicher Entwurff Einer allgemeinen Waldordnung in Kärnthen" vom Jahre 1756[4] wurde „der Landschaft in Kärnten um ihre gutachtliche Äußerung communicieret". Dieser Entwurf empfahl im Punkte 16 die Vorschrift, daß zur Waldung gehörige leer stehende Plätze, oberhalb deren sich keine Samenbäume mehr befinden, mit neuen Bäumen zu besäen seien. Er gab sodann eingehend Anweisung über das im Monate März zu bewirkende Sammeln der „Kienäpfel oder Jurtschen, in welchen der Samen bekanntermaßen sitzet", das Öffnen dieser in der Sonne auf Brettern, um die „herum ein Ranft gemacht ist", und über die Verwundung des Erdreiches, „wo solcher Samen hin gesäet werden soll". Die „Gegenbemerkung von einer getreuesten Landschaft in Kärnthen" lehnte aber den Punkt 16 ab mit der Begründung, daß „solche besäung in flachen und ebenen orthen zwar thunlich ... in denen gebürgigten abschießenden und erhobenen orthen aber, wann vorhin nicht Baume, oder deren nur schütter gewesen, inpracticabel sein werde aus Ursachen, weillen die gute und fette Erden nur der Tieffe zuschüsset, wie solches an denen in Laiten liegenden Gründen zu ersehen, daß das Getreide in der Höhe ganz schütter und schlecht, gegen der Tiefe hingegen sehr dick und vollkommen gerathe, folglich diese Arbeith in dergleichen Orthen ganz unnutz angewendet wurde". Man hielt also die Bodenverwundung am Steilhang für schädlich, weil man noch nicht bedachte, daß sie auch plätzeweise oder streifenweise möglich wäre; der Hauptgrund für die Ablehnung bestand aber wahrscheinlich darin, daß die Nachfrage nach Holz im waldreichen Kärnten noch zu gering war, um die Aufwendungen für einen

---

[1] Hofmann E., Die Pflanzenreste aus der Kultur- und Sinterplättchenschichte, Beitrag zu O. Abel u. G. Kyrle, Die Drachenhöhle bei Mixnitz, Wien 1931, S. 870. (Weist Kohlenstückchen von Pinus nigra in einer dem Riß-Würm-Interglazial mit wärmerem Klima angehörigen Kulturschichte nach.)

[2] G. Beck v. Mannagetta, Die Vegetation der letzten Interglazialperiode in den österreichischen Alpen; nach einem im „Lotos" 1908 gehaltenen Vortrage.

[3] F. Bischof u. A. Schönbach, Steirische u. kärntnerische Taidinge, Wien, Braumüller, 1881, S. 435.

[4] Landesarchiv von Kärnten in Klagenfurt, Karton 118.

besonderen Forstkulturbetrieb zu ermöglichen. Jedenfalls ist sowohl aus den Einzelheiten, mit denen das Verfahren der Samengewinnung und Saat empfohlen wurde, als auch aus der Antwort der Landschaft zu schließen, daß die künstliche Saat in Kärnten damals noch nicht üblich war und auch nicht gleich nach diesem Entwurfe in Übung kam.

Auch der Band „Mariae Theresiae Waldbereit-, Berain- und Schätzungs-Kommissionsbeschreibung im Erbherzogthum Kärnthen de anno 1767"[1]) enthält keine Erwähnung von künstlicher Forstkultur; dagegen gab es viele abgetriebene und nicht ordentlich in Bestand gebrachte Flächen, z. B. „Nr. 2980, Hollenburg, Hundstorfer unzerteilte Gemeinde ... ist lediglich mit verschiedenem Laubgesträuß bewachsen"; Nr. 2981 „bloß mit Birken und Kronabetstauden[2]) bewachsen". Ein Interims-Waldordnungsentwurf von 1743[3]) hatte daher vorgesehen, daß die Gemeinden alljährlich vom Landgerichte verhalten werden sollen, „das unartig und staudig gewachsene Holz, woraus kein nutzbar Holz und rechter Stamm zu erhoffen" durch je 10 Tage im Frühjahre und ebenso viele im Herbste abzuhacken und auszutilgen, den Waldboden zu säubern und diese Arbeit nach etlichen Jahren, „da das Gesträuß wiederum aufwachsen sollte, zu wiederholen".

Wenn man also Holzarten, die gegenwärtig in den Gebirgen Kärntens vorkommen, schon um 1750 oder früher dort angeführt findet, so darf man auf Ursprünglichkeit des Vorkommens schließen.

Weiters sind einige Angaben aus dem Gebiete der Hohen Tauern von besonderem Interesse. In 17 Gemeinden des Bezirkes Gmünd gab es noch im Jahre 1831 keinen Holzabsatz größeren Umfanges, daher auch keine künstliche Nachzucht des Holzes, die Holzartenverbreitung war also in der Hauptsache hier noch die ursprüngliche, u. zw. wies sie zumeist „³/₄ Fichte und ¹/₄ Lärche" auf, die Buche fehlte auch bei geringen Meereshöhen. Diese Schlüsse ergeben sich aus folgenden Feststellungen:

Um den Schätzungskommissären zur Anlage des Steuerkatasters die Arbeit zu erleichtern, wurden den Gemeinden eingehende Fragen, betreffend „den Zustand der Wirtschaft unter Bezugnahme auf den Stand von 1824" gestellt. Von 17 Gemeinden des Bezirkes Gmünd sind die umfangreichen Hefte mit den im Jahre 1831 beantworteten Fragen vorhanden. Das Kapitel VI enthält die Nachforschungen, welche die Waldkultur betreffen, u. zw. 1., welche Holzgattungen sich in den Wäldern befinden; alle 17 Gemeinden geben in der Hauptsache ³/₄ Fichte, ¹/₄ Lärche an. In diesen Gemeinden gibt es auch Lagen unter 1000 m Meereshöhe; z. B. lautet die Antwort der Stadt Gmünd, 732 m ü. M.: „Hier gibt es bloß Nadelholzwälder, welche aus Fichten, Lärchen und Farchen bestehen". Die Gemeinde Eisentratten, 802 m, antwortete: „Hier gibt es bloß Nadelholzwälder, welche aus Fichten und Lärchen bestehen". Trebesing (749 m): „Bloß Nadelhölzer, welche aus Fichten, Lärchen und im Gebirge aus Zirben bestehen". Bei der Zirbe wird mit Recht auf den höher gelegenen Standort hingewiesen, bei der Lärche konnte dies unterbleiben. Die 5. Frage lautete, auf welche Art der verkäufliche Teil des Holzes benutzt und zu Geld gemacht werde; darauf antwortete z. B. die Gemeinde Malta (ähnlich auch die anderen): Von Bauern- und Gemeindewäldern wird kein Holz verkauft, weil es zur Hausnotdurft, Einfriedungen, Wasserbauten verwendet wird. (Andere Gemeinden, z. B. Kremsbruck, gaben an, es werde ... nur etwas weniges gegen Waldzins verkauft.) „Dem Holzverkaufe sind übrigens folgende Umstände entgegen: a) ist der Holzpreis äußerst niedrig und bezahlt bei weitem die Arbeit nicht, wenn man es verführen will ... b) verhält es sich ebenso

---

[1]) Klagenfurt. Landesarchiv, Nr. 208, Handschriftlicher Band von 1451 fol.
[2]) = Wacholder.
[3]) Landesarchiv Kärnten, Karton 118.

mit der Kohlenerzeugung und wird ebenfalls die Arbeit nicht bezahlt, weil die Gewerke den erforderlichen Kohl selbst erzeugen."

Zur 8. Frage sollte die Gemeinde die Arbeiten und Auslagen angeben, welche die Waldkultur bei ihr verursacht; die Gemeinden sagten aus: „An besonderen Arbeiten zur Bestreitung der Waldkultur gibt es hier keine, außer man rechnet die Herstellung der Wege und Riesen, dann Einfriedungen dazu." Es gab also hier 1831 noch keine Waldkultur, keine künstliche Einbringung von Holzarten, u. zw. ohne Zweifel aus den in der Antwort auf Frage 5 angeführten Gründen (fehlender Holzabsatz zu angemessenen, nicht nur die Bringungskosten deckenden Preisen). Die Zusammensetzung der Waldungen aus $^3/_4$ Fichte, $^1/_4$ Lärche gaben folgende Gemeinden an: Attersberg, Dornbach (831 m), Eisentratten, Stadt Gmünd[1]), Kremsbrücke (952 m, erwähnte außer den $^3/_4$ Fichte, $^1/_4$ Lärche auch „etwas wenige aus Birken und Erlen bestehende Niederwaldungen"), Kreuschlach (750 m), Malta („etwas wenig Laubholz" außerdem), Maltaberg, Nörring, Oberdorf, Puchreith (800 m)[1]), Radl (800 m), Reitern, Rennweg, St. Nikolai, St. Peter, Trebesing (749 m).

Das reiche Vorkommen der Lärche und das Fehlen der Buche ist also in der zentralalpinen Innenlandschaft auch in Höhen unter 1000 m naturbedingt (während im Randgebirge des gleichen Landes die Buche bis 1600 m, ja bis 1800 m noch vorkommt).

Eine Waldordnung der Herrschaft Gmünd, überschrieben „Waldordnungspunkta 1640" (Schloßarchiv zu Gmünd)[2]) zählt bei den Bestimmungen über Holzverkauf gleichfalls nur „feicht-, lerch- und farchenholz" auf.

Im folgenden soll der Nachweis erbracht werden, daß auch das Lärchenvorkommen im Südosten des Landes, nahe der Grenze des Lärchenverbreitungsgebietes, ein natürliches ist. Im östlichen Teile der Karawanken, in der Herrschaft Bleiburg, ist die Lärche (vgl. Tabelle 16) auch gegenwärtig in Mischung mit Fichten, Tannen, Buchen, Kiefern verbreitet. Das „Urbar über die herschaft Pleyburg 1571"[3]) beschreibt die „Wälder und Hölzer" und führt dabei alle eben genannten Holzarten einschließlich der Lärche an, z. B. fol. 383, im „Ambt Schwarzenpach": „ain Wald .... darin schön feichten (zimer- und Sagholz), auch Lerchen, Puechen, Pirken und wenig Tannelholz ..."; im Amte Guttenstein (32° 38′ ö. L., 46° 33′ n. Br.) hatte die Alpe Pleschwitz (fol. 306) „gar schönes feuchten- und Puechenholz, darunter auch wenig Lerchen und Tannen"; andere Stellen weisen auch auf „forchenholz und aichen" hin.

In der Herrschaft St. Andrä im unteren (südlichen) Lavanttale ist die Lärche auch gegenwärtig (vgl. Tab. 15) nur spärlich eingesprengt. In der „Ökonomisch-politischen Beschreibung der k. k. Kameralherrschaft St. Andrä i. L. von 1805"[4]) sind nur in wenigen der damaligen großen „Distrikte" nach Aufzählung der anderen Holzarten auch „etwas Lerchen" angeführt, z. B.: „Oberer und unterer Schwambacherwald, 256 Joch, hat Thannen und Fichten, etwas Farchen und ganz wenig Buchen und Lerchen"; „Zechwald, 615 Joch, Tannen, Fichten, Farchen und etwas Lerchen"; „Wald am Reysperg, 699 Joch, Tannen, Fichten, Farchen und gar wenig Lerchen".

Auch dafür, daß in den Karawanken der Mischwald mit reicher Mannigfaltigkeit der Holzarten einschließlich Lärche naturgegeben ist, liegen geschichtliche Beweise vor. In der „Weide- und Waldordnung der Nachbarschaften zu Arnoldstein und Gailitz" von 1644 wird verboten, „ein jung oder alte lerchen, füchten, farchen, aichen, so zu zimmer- oder zeugholz tauglich, ebenso Obstbäume zu prenholz abzuhacken"[5]). Schließlich seien

---

[1]) Ein untergeordnetes Vorkommen von Renk- und Zwergbuchen in diesem Gebiete hat der Verfasser (Verbreitung der Rotbuche in Österreich, 1929, S. 83) angegeben.

[2]) Steirische und Kärntner Weistümer, Wien 1881, S. 462.

[3]) Kärntner Landesarchiv 373.

[4]) Kärntner Landesarchiv Nr. 270.

[5]) Steirische und Kärnthner Taidinge, Wien 1881, S. 446 ff.

noch Belege dafür erbracht, daß auch das L ä r c h e n v o r k o m m e n i n g e -
r i n g e n M e e r e s h ö h e n in Kärnten ein u r s p r ü n g l i c h e s ist. Im Gurktale liegt
bei einer Meereshöhe von 658 m die Stadt Straßburg. 1402 bestätigte Bischof Konrad II.
von Gurk die althergebrachten Stadtrechte von Straßburg, die Urkunde enthält auch eine
Beschreibung der Grenzen des Stadtgerichtes und darin die Stelle: „wider yber die Gurk
an das paechil vnder Sand Johanns, von dem paechlein herab zu dem Lerchach…“;
St. Johann liegt gegen 800 m hoch, das Bächlein ist u n t e r St. Johann und von dem
Bächlein ging es noch h e r a b zum Lärchach, somit befand sich dort im Jahre 1402 ein
Lärchenwäldchen bei etwa 700 m Höhe; Tabelle 15 besagt, daß auch gegenwärtig dort
von den untersten Teilen der Hänge an die Lärche vorkommt.

Im Drautale unweit Spittal, oberhalb Baldramsdorf, findet sich ein „Lärchriegl“
in weniger als 1000 m Höhe, auch andere auf die Lärche deutende Ortsbezeichnungen in
geringen Höhen sind nicht selten.

Hinweise auf das Vorkommen der Lärche in Kärnten finden sich auch noch in sonstigen geschichtlichen Quellen, z. B. in der Grenzbeschreibung des Landgerichtes und
Burgamtes Villach [1]) von 1579—1586, im Banntaiding der Herrschaft Millstatt [2]) vom
16. und 17. Jahrhundert u. a., doch scheint es entbehrlich, hier noch weiter auf sie einzu-
zugehen.

Mischholzarten, Waldtypen.

Auch die n i e d e r s t e W a l d s t u f e enthält die Lärche, wenn auch nur eingesprengt, als natürlich vorkommende Holzart in Mischwäldern mit H a i n b u c h e ,
S t i e l e i c h e , K i e f e r , Fichte, Tanne, Buche. So konnten die Teilnehmer am „Lehr-
ausflug der Arbeitsgemeinschaft für forstliche Vegetationskunde im Jahre 1931“ im
Rogatschwalde in der Nähe der Ortschaft Drau (Klagenfurter Becken) beobachten, daß
auf der Südseite eines sonnigen Hügels neben einer Trockenrasengesellschaft (Xerobrometum) Reste des ursprünglichen Eichen-Hainbuchen-Mischwaldes mit Kiefern und Lärchen, im Unterwuchs Hasel, zu sehen waren. Ähnlich tragen auch sonst im Klagenfurter
Becken und in den Lavanttaler Alpen [3]) die Hügel und Vorberge bis etwa 900 m als niederste Waldstufe Mischwälder von Eichen, Hainbuchen, mit Weißkiefern, Buchen, Tannen,
Fichten, Lärchen.

In den Randgebirgen, z. B. in den Karawanken, finden wir die Lärche als Mischholzart in Mischwäldern von Buche, Fichte, Tanne, Lärche und Weißkiefer. So weisen
z. B. Bestände der montanen Stufe auf: Fagus silvatica + Abies pectinata + Picea
excelsa + Larix europaea + Acer Pseudoplatanus — Paris quadrifolia — Cardamine trifolia — Oxalis acetosella — Helleborus niger — Asarum europaeum — Majanthemum
bifolium. Gelegentlich nehmen auch einzelne Eiben an der Mischung teil. Im Abschnitte
„Vergleich mit der Verbreitung der Buche und anderer Holzarten“ wurde schon darauf
hingewiesen, daß sich auf trockenen, sonnigen Örtlichkeiten in den Karawanken Pinus
nigra und Reste des illyrischen Laubmischwaldes finden, sowie daß die Entwicklung
solcher Waldungen mit fortschreitender Bodenverwitterung zum Buchenwald (häufig mit
eingesprengten Lärchen) führt, so daß wir z. B. im Loibltale auf felsigem, z. T. aber schon
verwittertem Dolomitboden die Mischung beider Entwicklungsstadien finden können: Pinus
nigra + Ostrya carpinifolia (von geringer Vitalität) + Fraxinus Ornus + Sorbus Aria +

---

[1]) W u t t e , Kärntner Gerichtsbeschreibungen, Klagenfurt 1912, S. 308, 309.

[2]) Steirische und Kärnthner Taidinge, 1881, S. 484.

[3]) R. B e n z , Die Vegetationsverhältnisse der Lavanttaler Alpen, Abh. d. Zool.-Bot. Ges. XIII,
2, Wien 1922, S. 26.

Amelanchier ovalis + Fagus silvatica + Larix europaea — Melampyrum silvaticum —
Erica carnea — Polygala Chamaebuxus. Die Reste des illyrischen Laubmischwaldes finden sich auf einigermaßen ozeanisch beeinflußten Standorten, hier tritt daher die Lärche
selten und nur als eingesprengte Holzart auf.

Auf ein weiteres natürliches Vorkommen eingesprengter Lärchen auf v e r h ä l t n i s -
m ä ß i g   t i e f   g e l e g e n e m   S t a n d o r t sei noch aufmerksam gemacht: In den Drau-Auen
zwischen Sachsenburg (558 m) und Oberdrauburg (622 m) kann man beobachten, daß sich
zwischen den Beständen von Weißerlen und Weiden häufig Gruppen, Horste und selbst
Bestände von Fichten und Lärchen finden. A i c h i n g e r [1] hat darauf hingewiesen, daß
sich aus dem Alnetum incanae erst nach dem Sinken des Grundwasserstandes, Eintiefung
des Baches oder Flusses, und von einem gewissen Reifezustand des Bodens an (Steigen
der Luftkapazität) der Fichtenmischwald entwickeln kann. Diesem ist auch die Lärche
beigemischt. Da die Vegetations-Entwicklung eine rasche ist, so finden wir in einzelnen
Beständen sowohl Reste der vorhergehenden Gesellschaft als auch Vorläufer der kommenden Assoziation, die Artenzahl ist daher groß. Dies trifft auch außerhalb der Drau-
Auen, auf Bach-Alluvionen, z. B. im Zuschüttungsgebiet des Faaker Sees, zu. Der Fichten-
mischwald kann dann bestehen aus Picea excelsa + Larix europaea + Fraxinus excelsior
+ Pinus silvestris + Alnus incana + Salix nigricans — Aegopodium podagraria — Oxalis
acetosella — Pirola secunda — Anemone hepatica — Pulmonaria officinalis und anderen.

Am stärksten vertreten ist auch in den Randgebirgen Kärntens der F i c h t e n -
w a l d, dem fast stets die L ä r c h e   a l s   M i s c h h o l z a r t angehört, dem aber (im
Randgebirge) auch Buche und Tanne bis fast zur oberen Waldgrenze nicht vollständig
fehlen. Wir finden hier die Lärche sowohl im kräuterreichen Fichtenwald (Piceetum normale) als auch im heidelbeerreichen Fichtenwald (Piceetum myrtilletosum).

Nördlich vom Klagenfurter Becken, und zwar auch schon an seinem Rande, in
den höher gelegenen Waldbeständen auf der Gerlitzen (oberhalb der Kanzel, über 1500 m)
herrscht der subalpine F i c h t e n w a l d [2]   m i t   L ä r c h e n (ohne Buche und Tanne), mit
Heidelbeere im Waldschutz: Picea excelsa + Larix europaea — Vaccinium Myrtillus —
Aira flexuosa — Majanthemum bifolium — Listera cordata — Lycopodium annotinum —
Pirola uniflora. Die Scheitelhöhen des Altholzes betragen 14—17 m.

Weiter oben, auf den durch wirtschaftliche Einwirkung entwaldeten Höhen der
Gerlitzen, stocken bei ca. 1800 m noch einzelne kurzschaftige Lärchen und Fichten auf
Weideflächen: Picea excelsa + Larix europaea — Nardus stricta — Arnica montana —
Vaccinium Myrtillus — Calluna vulgaris — Juniperus nana — Genista sagittalis —
Campanula barbata.

Noch weiter im Inneren der z e n t r a l a l p i n e n   I n n e n l a n d s c h a f t nimmt
der Gürtel des F i c h t e n w a l d e s mit reicher Lärchen-Beimischung, von den Talsohlen
bis zur hoch gelegenen oberen Baumgrenze reichend, an Breite gewaltig zu; auch den
kräuterreichen Fichtenwald kann man noch bei 1600 m (z. B. auf der Nordlehne ober dem
Stappitzer See bei Mallnitz) auf steilem, quelligem Verwitterungsboden von Urtonschiefer,
mit Scheitelhöhen des Altholzes von 26 m, beobachten: Picea excelsa + Larix europaea +
Alnus viridis — Oxalis acetosella — Paris quadrifolia — Majanthemum bifolium —
Petasites — Aspidium filix mas. Noch höher hinauf reicht hier der heidelbeerreiche Fichten-Lärchenwald.

In den höheren Lagen beteiligt sich auch die Zirbe an der Bestandesmischung:

---

[1] A i c h i n g e r E., Vegetationskunde der Karawanken, Jena 1933, S. 220 ff.

[2] Genauere Beschreibung: S c h a r f e t t e r, Die Vegetationsverhältnisse der Gerlitzen in Kärnten, Sitzgber. d. Akad. d. Wiss., Wien 1932.

Larix europaea + Pinus Cembra (in lichtem Stande) + Picea excelsa (eingesprengt) — Rhododendron ferrugineum — Loiseleuria procumbens — Vaccinium uliginosum — Vacc. Vitis idaea — Vacc. Myrtillus — Cetraria islandica — Cladonia rangiferina.

Erreichbares Lebensalter.

Beispiele eines erreichbaren sehr hohen Lebensalters der Lärche sind am häufigsten in der Innenlandschaft Kärntens, in den Gebieten des reichlichsten Vorkommens der Holzart, zu treffen, so habe ich im Försterbezirke Mallnitz, Forstverwaltung Obervellach der österreichischen Bundesforste, oberhalb der Brunnriegelhütte bei 1630 m Höhe an einem frischen Lärchenstocke von 130 cm Durchmesser ein Alter von 350 Jahren ermittelt. Der Stamm war zur Herstellung von Dachbrettern für die genannte Hütte gefällt worden. Die äußersten 100 Jahrringe nahmen nur 10 cm vom Halbmesser ein, die nächsten 100 Ringe wiesen schon etwas größere Breiten auf. Eine noch stehende Lärche in der Nähe der gleichen Hütte hatte einen Brusthöhendurchmesser von 120 cm und eine Scheitelhöhe von 22 m. Ein stärkerer, älterer, etwas verwitterter Lärchenstock, an dem eine genaue Zählung nicht mehr erfolgen konnte, hatte etwa 400 Jahrringe und sehr schmalen Splint.

Auch im Kaponigforste der Forstverwaltung Obervellach gibt es noch ziemlich viele alte Wetterlärchen mit mehr als 1 m Brusthöhendurchmesser. Bei den Talsperren im Steggraben in diesem Forste (Meereshöhe bei 1400 m) zählte ich an einem weit über 1 m starken Lärchenstock 330 Jahrringe. Beim Sägewerk im Kaponiggraben, bei 1450 m, hatte eine freistehende astige Wetterlärche auf dem Almboden einen Brusthöhendurchmesser von 1·5 m. Aus wirtschaftlichen Gründen läßt man die gut geformten Stämme im geschlossenen Bestande seltener ein ebenso hohes Alter erreichen wie die frei stehenden Wetterbäume auf den Alpenweiden.

Vom Forstamte Lainach im Mölltale wurde an einzelnen Stämmen ein erreichbares Alter von 500 Jahren und mehr festgestellt.

In den Gurktaler Alpen, in den Gemeinden Albeck, Sirnitz, Gnesau mit einem durchschnittlichen Lärchenanteile von 0·3, wurde ein erreichbares Alter von 300 bis 400 Jahren beobachtet. Bei Widitscher steht eine alte Lärche mit 2·3 m Brusthöhendurchmesser, die in ungefähr 11 m Höhe behufs Gewinnung von Binderholz abgeschnitten wurde. Der unterste Ast 2 m über dem Boden hat 63 cm Durchmesser, die größte Kronenbreite beträgt ca. 20 m. Am Grethalerriegl, Forstverwaltung Millstatt, und auf der Schattseite der Gerlitzen, Teuchenertal, kommen bis 200-jährige Lärchen vor.

In den Karawanken, Forstamt Hollenburg, erreicht die Lärche ein Alter von 200 Jahren und mehr. Zwischen Korpitschalpe und Gr. Mittagskogel (Revier Alt- und Neufinkenstein) wurde ein solches bis zu 250 Jahren festgestellt. In den Gailtaler Alpen, Bleiberger Bergwerksunion, wurde ein Alter bis zu 180 Jahren beobachtet, in den Karnischen Alpen (Lessachtal, Kötschach) ein solches bis zu 200 Jahren. Selbst am Ossiacher Tauern in Höhen von bloß 600—800 m ü. M. (Reviere Landskron und Velden der Forstverwaltung Finkenstein) konnten von den im Fichten-Tannen-Föhren-Buchenwald eingesprengten Lärchen einzelne ein Alter bis zu 250 Jahren erreichen.

7. Nord- und Osttirol.

Horizontale Verbreitung.

Als Land im Gebirgsinneren gehört im großen ganzen das gesamte Nord- und Osttirol zum Verbreitungsgebiete der Lärche, nur am Gebirgsrande bei Reutte ist ein allmähliches Ausklingen, und zwar in Gestalt bloß vereinzelter Mindestvorkommen, trotz bedeutender Höhe der Berge, festzustellen. Das Höchstmaß der Lärchenverbreitung innerhalb des heutigen Tirol läßt sich in zwei Gebieten beobachten: in Osttirol, also im Draugebiete des Landes, und in den Rhätischen Alpen Tirols (zentralalpines Gebirge Nordtirols zwischen Brenner und Arlberg, besonders westlicher Teil, Oberinntal bei Ried i. Tirol), das mit dem Engadin Graubündens, einem Gebiete des Höchststandes der Lärchenverbreitung in den Ostalpen, unmittelbar zusammenhängt.

In Osttirol, Forstbezirk Lienz, dessen Grenzen sich mit denen des gleichnamigen Gerichtsbezirkes decken, beträgt der Lärchenanteil bei Mitberücksichtigung der bestockten Alpen und Lärchwiesen 0·3 von einer Waldfläche von 23.000 ha; im Forstbezirke Matrei in Osttirol durchschnittlich 0·35 von der Gesamtwaldfläche des Bezirkes, wobei der Anteil in höheren Lagen ein größerer ist und häufig auf beträchtlichen Flächen in lichten Weidwaldungen bis 0·9 erreicht. Im Gerichtsbezirke Sillian, der näher dem Randgebirge liegt, ist besonders in Lagen unter 1700 m der Bestockungsanteil unserer Holzart etwas kleiner; im Durchschnitte für ganz Osttirol (politischer Bezirk Lienz) fallen der Lärche bei Mitberücksichtigung der bestockten Weiden (Lärchwiesen, lichten Weidwaldungen) rund 30 v. H. der gesamten Hochwaldfläche zu [1]). Die amtliche Statistik gibt die Gesamtwaldfläche des politischen Bezirkes Lienz mit 58.218 ha an (einschließlich der Krummholzkiefernbestände auf 1355 ha).

In den Rhätischen Alpen Tirols ist der Lärchenanteil am größten im Forstbezirke Ried i. T., also in dem an den Kanton Graubünden grenzenden Teile des Oberinntales; der durchschnittliche Flächenanteil unserer Holzart beträgt dort 0·3 auf einer Waldfläche von 14.450 ha. Auch das dort von der Lärche erreichbare hohe Lebensalter gestattet die gleichen Schlüsse hinsichtlich zusagenden Standortes wie die Häufigkeit des Vorkommens, diesbezüglich geben die Anmerkungen in der nachfolgenden Tabelle 18 Auskunft. Im politischen Bezirke Landeck nimmt die Lärche (nach der Statistik, ohne Einrechnung der bestockten Weiden) mit rund 20 v. H. an der Bestockung teil, mit Einrechnung der „Lärchwiesen" und Weidwälder schätzungsweise mit 25 v. H., dies bei einer Gesamtwaldfläche von 41.800 ha.

In der Richtung talauswärts nimmt dann, auch noch innerhalb des Oberinntales, der Anteil etwas ab, so wird er in der Forstverwaltung Imst der österreichischen Bundesforste durchschnittlich mit 14 v. H. bei einer Waldfläche von 3852 ha beziffert; für den Bereich der Forstinspektion Silz (einschließlich des ganzen Ötztales) mit 20 v. H. bei einer Gesamtwaldfläche von 23.000 ha. Noch kleiner ist die Lärchenfläche in den Forstbezirken Innsbruck und Steinach; durchschnittlich je 0·1 auf 10.000, bezw. 23.000 ha.

In den Zentralalpen östlich vom Brenner: Zillertaler, Tuxer und Kitzbühler Alpen wird in der Richtung von West nach Ost zugleich mit dem Kontinentalitätsgrade auch die Häufigkeit des Lärchenvorkommens allmählich geringer, ohne daß aber dort noch innerhalb des Landes eine Grenze der horizontalen Verbreitung erreicht würde. Im Forstbezirke Hall und in Waldteilen der Forstverwaltung Schwaz entspricht die Häufigkeit der Lärche noch 0·1 der Bestockung, in der Forstverwaltung Mayrhofen schon weniger als 0·1; in den Bundesforsten von Hopfgarten und Kitzbühel findet sie sich nur einzeln oder in Horsten eingesprengt (Urkunden beweisen die Ursprünglichkeit dieses Vorkommens), in größeren Horsten hauptsächlich an Waldrändern und auf Weideflächen, wo der Wettbewerb durch die Fichte weniger in Erscheinung tritt.

---

[1]) Auch Gams, Die Pflanzenwelt Tirols, schätzt den Anteil der Lärche in Osttirol auf $\frac{1}{3}$ der Waldfläche (Beitrag zu dem Werke: Tirol, Land, Natur, Volk und Geschichte, herausgegeben vom Hauptausschuß des D. u. Ö. A. V., Verlag Bruckmann A. G., München.

Auch in den Nordtiroler Kalkalpen ist die Lärche durchschnittlich meist nur eingesprengt (Abb. 22); nur auf der Leeseite des mauergleich abschließenden Hochgebirges: Wetterstein, Mieminger Platte, Karwendelgebirge ist der Kontinentalitätsgrad und der Lärchenanteil größer. Die Forstverwaltung Scharnitz der österreichischen Bundesforste hat daher auf ihrer Gesamtwaldfläche von 3615 ha einen durchschnittlichen Lärchenanteil von 0·2 (erreichbares Alter 200 Jahre) aufzuweisen, auch im wilden Vomperloch (Forstverwaltung Schwaz) zwischen den zerrissenen Kalkketten des Bettelwurfs (2725 m)

Abb. 22. Lärche mit Fichte am Achensee, 929 m.

Nach einem käuflichen Lichtbild von Ritzer u. Braunhoft, Innsbruck.

und der Hinteren Karwendelkette (2756 m) ist unsere Holzart mit einem Anteil von 0·2 (auf 1200 ha) in Höhen von 850—1900 m vertreten, desgleichen ist in der Mieminger Gegend (Mieming, Barwies, Obsteig, Holzleithen) ihr Anteil ein größerer.

Im obersten Lechtale beginnt das Lärchenvorkommen erst auf der Leeseite unmittelbar über der Wasserscheide beim Lechknie etwas oberhalb der Ortschaft Warth: im Lechtale macht der Bestockungsanteil unserer Holzart, im Durchschnitt für den ganzen politischen Bezirk Reutte, nur 4—5 v. H. aus, dabei ist im Schwarzwassertale und Hornbachtale das Vorkommen nur noch ein vereinzeltes; gegen das Gebirgsinnere (Holzgau und Steeg) wird es reichlicher. Am Mittelberg (zwischen Plansee und Eibsee) und nördlich davon (Bundesforst Ammergau, Geierköpfe) finden sich noch vereinzelte, gegen den Gebirgsrand vorgeschobene Vorkommen. Bei Lermoos, Bieberwier wird das Vorkommen reichlicher (Spitzwald 0·7 Lärche, bis 250 Jahre). Urkunden beweisen die Ursprünglichkeit dieser Verteilung.

Wie die Anmerkungen in den beigegebenen Tabellen (20, 21) erkennen lassen, ist sonst in den Kalkalpen die Lärche meist in geringerer Häufigkeit vertreten und nur auf einzelnen Standorten durch Klima und Boden so begünstigt, daß ihr Anteil größer wird. Z. B. ist sie in der Forstverwaltung Brandenberg (in Kramsach, österreichische Bundesforste) mit 5 v. H. an der Mischung beteiligt, bei einer Gesamtwaldfläche von 8317 ha, nur auf einzelnen Standorten ist sie häufiger, ein Alter von 300 Jahren und mehr ist dort erreichbar.

Im Nordosten Tirols (um Kufstein) nehmen die Einflüsse des Randgebirgsklimas etwas zu, der Lärchenanteil beträgt im politischen Bezirke Kufstein höchstens 4 v. H., im nördlichen Teile des Bezirkes noch weniger, trotzdem daß die Berge um Kufstein 2304 m

(Kaisergebirge), bezw. 1999 m (Hinter-Kaiser) erreichen. In der Forstverwaltung Erpfendorf der österreichischen Bundesforste (nördlich von St. Johann in Tirol) fallen der Lärche etwa 6·5 v. H. der bestockten Fläche zu.

Vertikale Verbreitung.

Auch in Tirol ist die Lärche nicht jener entschiedene Hochgebirgsbaum, für den sie häufig gehalten wurde. Nur die isolierten kleinen „Mindestvorkommen" am Gebirgsrande nahe der Grenze der Verbreitung bei Reutte sind auf höhere Lagen beschränkt. Sonst finden wir die Holzart von den Talsohlen (tiefste Lage 500 m im Unterinntale bei Kufstein) bis zur oberen Baumgrenze, diese reicht in den kontinentalen Innenlandschaften bis 2200 m (Abb. 23), in den Randgebirgen Nordtirols bis 1600—1700 m. Besonders in der

Abb. 23. Kandelaber-Lärchen in 2200 m Meereshöhe, Schafberg bei Spiss, Oberinntal.

Aufnahme Ing. Friedl.

Innenlandschaft, z. B. in Osttirol (Bezirk Lienz), ist der Lärchenanteil in höheren Lagen auffallend größer als in tieferen, häufig herrscht in 1600—2000 m fast ausschließlich die Lärche; in anderen Gegenden des gleichen Gebietes ist sie in 1900—2100 oder 2200 m vorherrschend oder selbst rein vorkommend in lichten Weidwaldungen oder in Gruppen und auch als Einzelbaum. In s o h o h e n Lagen finden wir aber nur den H ö c h s t s t a n d (das Maximum) ihrer Verbreitung, jedoch k e i n e s w e g s d e n B e s t s t a n d (das Optimum). Sie vermag also nur besser als ihre Mitbewerber (die Fichte) in den Hochlagen der Innenlandschaft mit kurzen Sommern noch zu bestehen; den besten Wuchs, gute Holzbeschaffenheit, überhaupt das Vorkommen in bestem Zustand finden wir jedoch in tieferen und mittleren Lagen in geschlossenen Beständen der besseren Güteklassen (im Randgebirge bis zu etwa 1200 m, in den Innenlandschaften bis 1400 und 1500 m). So erwachsen z. B. zwischen Mieming, Barwies, Obsteig, Holzleithen auf mehr oder weniger ebenen Böden in etwa 900 m Höhe auf „Lärchwiesen" geradschaftige, feinastige, schlankkronige Lärchen. Auch zwischen Pettneu und Nasserain konnten auf ebenem Talboden

103

sehr gute Wuchsformen der geraden, schlanken Lärche beobachtet werden. An äußeren
Einflüssen, die zu Schrägstellung und daraus folgender Krummschaftigkeit führen können,
fehlt es in Tirol bei der Steilheit, ja Schroffheit zahlreicher Hänge keineswegs, Bodenrutschung, Schneeschub usw. wirken auf die Wuchsform ein; auch sind fast alle Wälder
in Tirol weidebelastet; lichte Stellung der Bestandesglieder, Abholzigkeit, Astigkeit der
freistehenden Stämme, Stümmelung der Äste zur Aststreugewinnung und dgl. sind daher
nicht selten zu beobachten. Wo aber diese äußeren Einwirkungen zurücktreten, dort
erweist sich die Rasse der Alpenlärche auch in Tirol als wertvoll infolge ihrer guten
Wuchsform, ihrer Raschwüchsigkeit, vorzüglichen Holzbeschaffenheit, Vollkernigkeit.

Dafür, daß a u c h i n t i e f e r e n L a g e n, in der Nähe der Talsohlen, das Lärchenvorkommen zumeist ein u r s p r ü n g l i c h e s ist, spricht sowohl der gegenwärtige
Zustand der Wälder als auch bezeugen dies geschichtliche Quellen. So bestimmt ein Weistum von Inzing, Papierhandschrift vom Jahre 1616, „Auch sollen alle lärch, klein und
groß, so herniden" (Glossar: = unten! Inzing liegt bei ca. 600 m im Inntale zwischen
Innsbruck und Telfs) „an den gemeinen" (= der Gemeinde gehörigen) „pergen steen, sein
zu schlagen verpoten". (Nur wer ihrer bedürftig ist, kann sich sie vom Dorfmeister
anweisen lassen.) [1]

Hinsichtlich der oberen Grenzen des Lärchenvorkommens in Tirol sind zahlreiche
Beispiele, die mit den Feststellungen der beigegebenen Tabellen gut übereinstimmen, in
dem Werke von D a l l a T o r r e und G r a f v. S a r n t h e i n, Flora von Tirol und Vor-
arlberg, VI. Band, 1. Teil, S. 98—100, angeführt; z. B. im Jamtale, einem Seitentale des
Paznaunertales, bis mindestens 2100 m; bei Vent bis ca. 2100 m; Innsbrucker Gegend,
Patscherkofel, NW, 2171 m, Strauch; West, 2132 m, Strauch; Isartal, 1884—1917 m;
Frauhitt, SE, 2028 m, Strauch; Juifen bei Achenkirch, NE, 1635 m, Baum u. a.

D i e s t a n d ö r t l i c h e n B e d i n g u n g e n.

Die Lärche besiedelt in Tirol Verwitterungsböden der verschiedensten Gesteine;
die Gesteinsunterlage ist weder für die Grenzen der Verbreitung noch auch für die Häufigkeit des Vorkommens der Holzart in Tirol entscheidend. Wir finden z. B. im Draugebiete
Tirols (Osttirol, Tab. 17) sowohl auf silikatischen kristallinen Schiefer- und Massen-
gesteinen, als auch auf Kalkglimmerschiefer einen Höchststand der Verbreitung. Auf
den Schieferbergen von Hopfgarten, Kitzbühel ist die Lärche meist nur eingesprengt, Verfasser ging daher der Frage nach, ob etwa die Schieferböden der Holzart ungünstig seien.
Er fand aber, daß im dortigen Klimagebiete das Lärchenvorkommen auf allen geologischen
Unterlagen dieselben Eigentümlichkeiten aufweist (eingesprengtes Vorkommen mit Bevorzugung lichter Waldränder und ehemaliger Weideflächen, wo die Lärche weniger mit
der Fichte in Wettbewerb zu treten braucht). Anderseits wurde beobachtet, daß unsere
Holzart sich auch dort in einzelnen Beständen reicheren, selbst vorherrschenden Lärchenvorkommens auf paläozoischen Schiefern ebenso wie auf Kalk findet, dann daß sie auch
auf den Schiefern sehr gut gedeihen und gelegentlich ein hohes Alter erreichen kann (vgl.
auch Abschnitt „Salzburg"); auch ist zu beachten, daß in anderen Klimagebieten auch
Schieferböden, z. B. die Bündnerschiefer im Bezirke Ried i. T. und im Engadin, von der
Lärche sehr reichlich besiedelt sind. Die erwähnten Bündnerschiefer (teils Lias, teils
jünger bis zum eozänen Flysch) enthalten Tonschiefer, Mergelschiefer und Kalkschiefer

---

[1] Die Tirolischen Weistümer, herausgeg. von Zingerle und Inama-Sternegg, II.—V. Bd. der österr.
Weistümer, Wien, Braumüller 1875—1891, II., S. 18.

und „ähneln im Formenschatz den Schieferzonen, die sich weiter im Osten zwischen Kalk-
und Zentralalpen legen" [1]).

Dalla Torre gab an (a. a. O. VI. Bd., 1. Teil, S. 99), daß in der Kitzbühler
Gegend die Lärche den Kalk bevorzuge; doch ist sie in der Forstverwaltung Kitzbühel im
ganzen Wirtschaftsbezirke, auch auf Kalk, im Durchschnitte nur als eingesprengte Holzart
vertreten.

Innerhalb der heutigen Grenzen Tirols wurde ein Höchstmaß der Lärchenverbreitung im Draugebiete des Lan-
des festgestellt. Die klimatischen Bedingungen sind ähnlich jenen, die wir sonst
für Gebiete reichlichsten Lärchenvorkommens beobachten konnten: nach Ficker,
Klimatographie [2]), ermöglicht das nach
Osten offene, weit nach Osten sich erstreckende Drautal das Eindringen kalter, kontinentaler Luftströmungen. „Die
im Haupttale beobachteten Jahresschwankungen sind die größten in ganz Tirol."
Das Tal ist im Winter kälter, im Sommer
wärmer als Nordtirol, obwohl es südlich
der Zentralalpen liegt. Die Jahresschwankung steigt stellenweise auf 24^0 in 800 m
Höhe (Ficker, S. 103). In Lienz, 676 m,
beträgt die mittlere Jahresschwankung
$22{\cdot}9^0$, der Sommer ist warm (Viermonatstemperatur Mai—August: $15{\cdot}5^0$); selbst in
dem 1380 m hoch gelegenen Inner-Villgraten ist die Schwankung noch immer
$20{\cdot}1^0$, in Innichen, 1180 m, 23^0; Sexten,
1310 m, $23{\cdot}4^0$. Intensive Temperatur-
umkehr im Winter bezeichnet Ficker als
das hervorstechendste Merkmal des jährlichen Wärmeganges im Pustertale. Dagegen ist die sommerliche Erwärmung ziemlich beträchtlich
Wenn auch mit der Höhe die aus den
Mitteln berechnete Jahresschwankung
rasch kleiner wird (z. B. Kals, 1320 m,
$18{\cdot}9^0$, Prägraten, 1303 m, $19{\cdot}3^0$), so ist
doch zu berücksichtigen, daß die kurzen

Abb. 24. Wuchsform der Lärche in der Kampfzone in
2180 m Meereshöhe, Schafberg bei Spiss Oberinntal.

Aufnahme Ing. Friedl.

Sommer durch hohe Strahlungswärme ausgezeichnet, die Wärmegrade an sonnigen
Sommernachmittagen recht hoch sind, ohne daß dies in den Tages- und Monatsmitteln
ersichtlich würde.

Die Verteilung der Wärme über das Jahr entspricht also mehr dem festländischen
Klimatyp. Der Niederschlag ist zwar kleiner als in den südalpinen Außenlandschaften,
doch ist die Bewässerung noch immer eine ausreichende. Im Haupttale beträgt der jähr-

---

[1]) Krebs N., Die Ostalpen und das heutige Österreich, Stuttgart 1928, II. Band, S. 27.
[2]) Ficker H., Klimatographie von Tirol u. Vorarlberg, Wien 1909, S. 86 ff.

liche Niederschlag 900—1100 mm, für Lienz wurde er von Ficker mit 1071 mm errechnet, für Prägraten mit 1093 mm, in höheren Lagen fallen durchschnittlich 1400 mm. Auch die Verteilung ist nicht ungünstig, so fällt (nach Ficker) in Toblach jährlich an 137 Tagen Niederschlag, auf den Frühling und Sommer entfallen 65 v. H. des Jahresmittels.

Die mittlere Bewölkung ist geringer als durchschnittlich in außeralpinen mitteleuropäischen Gebieten [1]), sie beträgt (nach Ficker, S. 91) in Lienz 5·0, Prägraten 5·7, Toblach 5·2, als Mittel für das ganze Pustertal für das Jahr 5·4. Die heitersten Monate sind Jänner und Februar; der Mai ist am wolkenreichsten. Die Gesamtbewölkung kommt jener Nordtirols fast gleich.

Es ist von Interesse, bevor wir noch die standörtlichen Bedingungen in den anderen Gebieten der Lärchenverbreitung Tirols besprechen, zum Vergleiche das Gegenteil des nunmehr Behandelten heranzuziehen: die Gegend bei Reutte, wo ein allmähliches Ausklingen der Verbreitung unserer Holzart auch bei beträchtlichen Meereshöhen festzustellen ist, und benachbarte Grenzgebiete in Bayern und Vorarlberg, denen die Lärche von Natur aus fehlt. Tirol ist im ganzen ein inneralpines Land, nur das Lechtal ist in den Nordabfall der nördlichen Kalkalpen eingebettet. Trotz seiner rauhen, hohen Lage (mittlere Erhebung des 80 km langen Tales, Sohle, 1130 m [2]), Reutte 854 m) bewirkt bei Reutte die Zugänglichkeit für Westluft ein Ausklingen der Lärchenverbreitung. Die Jahresschwankung in dem 869 m hoch gelegenen Höfen bei Reutte beträgt 17·9⁰ (Jahr 6·5, Jänner —2·8, Juli 15·1⁰) [3]); das Allgäu und das nördliche Vorarlberg sind der Westluft noch besser zugänglich als das Lechtal und haben das milde, ausgeglichene Klima einer ausgesprochenen Luvseite, die Lärche ist dort trotz bedeutender Erhebungen nicht verbreitet (bis auf ganz vereinzelte Minimumvorkommen); in Oberstdorf (Allgäu) beträgt die Jahresschwankung 18·3⁰, in Langen, 1220 m, 16·3⁰; am Nordabfalle der nördlichen Kalkalpen in Partenkirchen, 717 m, 17·9⁰, in Mittenwald (909 m) 18·3⁰. Kleine Jahresschwankungen gehen also mit dem Fehlen der Lärche parallel, große Schwankungen finden wir im Gebiete des Höchstmaßes ihrer Verbreitung.

Als ein zweites Gebiet, in dem ein Höchstmaß der Lärchenverbreitung innerhalb der heutigen Grenzen Tirols festzustellen ist, haben wir das Oberinntal Tirols, besonders gegen die Grenzen des Oberengadins, festgestellt. Auch dort ist die Verteilung der Wärme über das Jahr hin gekennzeichnet durch schärfere Gegensätze zum Unterschiede von den eben erwähnten lärchenfreien milden Außenlandschaften. Krebs [4]) gibt für das Rhätische Hochland (Engadin) als Durchschnittswert von 7 Beobachtungsstellen für Höhen von 1600 m an: Jänner —7·6, Juli 12·9, mittlere Jahresschwankung (trotz der beträchtlichen Höhe!) 20·5, Jahresmittel 2·9. Ähnlich wie der Lungau und das Pustertal gehört auch das Engadin zu den Talbecken, die gegen Westen und Süden geschlossen sind, alle drei stellen Gebiete des Höchstmaßes der Lärchenverbreitung dar. Schon vor mehr als 100 Jahren beobachtete Gottlieb Zötl die Bevorzugung östlich gerichteter Täler durch die Lärche [5]). Im allgemeinen haben die Längstäler der Alpen strengere Winter und kontinentalere Verhältnisse als die gegen die Außenlandschaften offenen Quertäler. In Landeck (810 m) beträgt die mittlere Jahresschwankung 20·0⁰, die Viermonatstemperatur (Mai—August)

---

[1]) Vgl. Hellmann G., Klimaatlas von Deutschland, Berlin 1921, bearbt. im Preuß. meteorol. Institut, Karte 47, Linien mittlerer Bewölkung für das Jahr (nirgends weniger als 6; meist 6·5 und 7).

[2]) Dalla Torre, Junks Naturführer: Tirol, Vorarlberg und Liechtenstein, Berlin 1913, S. 59.

[3]) Temperaturmittel von Österreich, bearbeitet vom hydrograph. Zentralbüro, Wien 1929, S. 9.

[4]) Krebs, Die Ostalpen und das heutige Österreich, I. Bd., S. 131.

[5]) G. Zötl, Handbuch der Forstwirthschaft im Hochgebirge, Wien 1831, S. 185.

15·4⁰, der Niederschlag 727 mm; Zams (772 m) weist eine mittlere Schwankung von 20·6⁰,
Jahresmittel 7·4, Tatratherme 14·8⁰ (Lärchenvorkommen nächst dem Orte), einen Niederschlag von 815 mm (Ficker, S. 23) auf. Insbesondere hinsichtlich der hier von der Lärche
bevorzugten Schattseiten und der Lagen etwas oberhalb der Talsohlen kann man auch
dieses Gebiet nicht ohne weiteres als schlecht bewässert bezeichnen, wenn es auch im
verhältnismäßig trockenen Oberinntale nicht bloß auf Schotter und sonnseitigen Dolomitböden Föhrenwälder und Steppenpflanzen gibt [1]. Nur die Talsohlen sind niederschlagsarm, während an den Talhängen sowie im Talschluß gegen das Hochgebirge die Niederschläge rasch zunehmen (Ficker, a. a. O., S. 24). Die Klimatographie von Ficker, deren
pflanzenbiologische Beiträge von D a l l a T o r r e verfaßt sind, verweist auf die sehr
geringen Schwankungen der jährlichen Niederschlagsmenge und sagt, daß bei den in Tirol
üblichen Kulturen kaum ein Mißwachs wegen zu großer Trockenheit oder zu großer
Feuchtigkeit zu befürchten ist, trotzdem daß im Inntale, also dem größten Teile Nordtirols, die Niederschläge im Vergleiche zur Außenlandschaft verhältnismäßig niedrig sind.
In dem von der Lärche noch reichlich besiedelten Ötztale hat Ötz (770 m) ein Jahresmittel von 6·5, Jänner —4·1, Juli 15·8, Schwankung 19·9⁰, Tetratherme 14·2⁰; Längenfeld
im Ötztale ist von Beständen mit mehr als 0·5 Lärche umgeben; die Meereshöhe der
Wetterbeobachtungsstelle beträgt 1164 m, das Jahresmittel 5·1⁰, Jänner —5·8, Juli 14·7,
Schwankung 20·5, Tetratherme 12·9⁰. Habichen (856 m) mit reichem Lärchenvorkommen,
stellenweise bis 0·7 Lärche in der Talsohle, hat 19·1⁰ mittlere Schwankung, eine Tetratherme von 13·7⁰, Jahr 6·2⁰.

Im Stubaitale hat Fulpmes trotz 960 m Seehöhe noch eine mittlere Schwankung
von 20·0⁰, im Gschnitztale Trins bei 1230 m eine solche von 19·9⁰ (Ficker, S. 11).

In diesem Gebiete eines ihr zusagenden Klimas erweist sich die Lärche noch mehr
als sonst gemäß ihrer Stellung in der Sukzession als „Vorkämpfer" oder „Pionier" [2];
als l i c h t b e d ü r f t i g e, r a s c h w ü c h s i g e, s p ä t f r o s t h a r t e, für Ausschaltung der
M i t b e w e r b e r d a n k b a r e H o l z a r t m i t b e d e u t e n d e m F l u g v e r m ö g e n
d e r S a m e n findet sie sich als E r s t b e s i e d l e r i n auf kahlen Flächen ein und vermag bei
zusagendem Klima auch auf jungen Böden, Rohböden in fast reinem Bestande zu gedeihen,
wenn diese Böden außer den groben Trümmern auch etwas an feineren Bestandteilen
enthalten. So kann man auf der Schattseite des Inntales bei Silz auf dem Rohboden in
einem während der Kriegsjahre angelegten Steinbruche (Gneis) angeflogene schlankkronige Lärchen von schönem Wuchse, mit ganz wenigen Birken vermischt, beobachten;
die Begleitpflanzen im Unterwuchsvereine enthalten sowohl anspruchsvolle als auch
Trockenheit ertragende Arten, woraus zu schließen ist, daß die Wurzeln sowohl den
trockenen Schotter als auch den darunter befindlichen lehmvermischten Grus durchziehen.
Auch im Ötztale sind zahlreiche Schuttkegel von der Lärche besiedelt, so die Sautner
Mur, dann der Schuttkegel des Ederbaches unweit Habichen, steinige Hügel bei Tumpen,
Schuttkegel unterhalb Weiler Farst, solche bei Umhausen usw. Schon 1863 hat A. K e r n e r
in seinem „Pflanzenleben der Donauländer" [3] im Abschnitte über die Pflanzenformationen
des Ötztales diese Erscheinung angeführt. Er gedachte der am unteren Ende steiler
Seitenschluchten aufgeschütteten Schuttkegel, die obenauf meist aus schwer verwitter-
baren, lange Zeit unverändert bleibenden Blöcken bestehen, während der feinere, von den

---

[1] G a m s, Die Pflanzenwelt Tirols, Sonderdr. a. d. Werke Tirol, herausgeg. vom Hauptausschusse
des D. u. Ö. A. V., Bruckmann-München.

[2] Vgl. K ü n k e l e, Gleichlauf waldbaulicher Eigenschaften, Forstwiss. Centralbl. 1931, S. 107—111.

[3] A. K e r n e r, Das Pflanzenleben der Donauländer, Innsbruck 1863, II. anastat. Auflg., herausgegeben von Vierhapper, 1929, S. 254, 255.

Lawinen und Gießbächen in die Tiefe geführte Sand und Schlamm nur den Grund der Klüfte und Hohlräume ausfülle. Zahlreiche solche Steinhaufen finde man „auch jetzt im Ötztale mit den schönsten Lärchen-, Fichten- und Grauerlengehölzen überschattet." Auch im benachbarten Engadin ist häufig zu beobachten, daß Rohböden, Steinschlag-, Bergsturz- und Flußalluviumgebiete, Lawinenzüge und Waldbrandstellen sowie durch Sturmschäden entstandene Kahlflächen Lärchen in reinem Bestande aufweisen. Auch R. H i l f hat mit vollem Rechte darauf hingewiesen, daß unter bestimmten Klimaverhältnissen auch die Lärche zu den Pionierholzarten gehört, zu denen er sonst Birke und Kiefer, ferner Weißerle, Weide, Zitterpappel, weiterhin den Wacholder zählt [1]).

Wenn auch unsere Holzart Hänge aller Richtungen und Neigungsgrade besiedelt, so kann man doch in Lagen, die entweder wegen der Bodenbeschaffenheit oder wegen des verhältnismäßig geringeren Niederschlages zur Trockenheit neigen, häufig die Beobachtung machen, daß sie d i e S c h a t t s e i t e n b e v o r z u g t.

In den Z e n t r a l a l p e n ö s t l i c h v o m B r e n n e r nimmt nach Osten hin sowohl die Kontinentalität der Wärmeverteilung als auch die Häufigkeit unserer Holzart etwas ab. Zwar weisen im Tale gelegene Wetterbeobachtungsstellen noch beträchtliche Jahresschwankungen auf, so Kirchbichl (490 m) 21·2°, Kitzbühel (737 m) 21·8°, St. Johann 21·7°; aber die Beobachtungen an benachbarten Gipfelstationen (Wendelstein, 1730 m, Schmittenhöhe, 1935 m) lassen erkennen, daß nur die Talsohlen und unteren Berghänge durch solche scharfe Gegensätze gekennzeichnet sind, sonst ist der östliche Teil dieses Gebietes (Brixen- und Gr.-Achental) bereits mehr jenen klimatischen Einflüssen ausgesetzt, die den Nordabfall der nördlichen Kalkalpen beherrschen (Ficker, a. a. O., S. 9). Auch die Zunahme der Niederschläge (Kitzbühel 1291 mm, unmittelbar benachbarte Höhen 1600 mm und mehr) spricht für höhere Ozeanität. Nach G a m s [2]) äußert sich die niedrige Kontinentalität von Kitzbühel und Hochfilzen u. a. im ozeanischen Charakter ihrer Moore und in ungewöhnlich üppigen Hochstaudenwiesen.

Von den n ö r d l i c h e n K a l k a l p e n, soweit sie zu Tirol gehören, wurde das Randgebirge bei Reutte schon besprochen. Sonst sind die nördlichen Kalkalpen sowohl hinsichtlich ihres Klimas als auch betreffs der Lärchenverbreitung wenig einheitlich: die Geländegestaltung ist hier sehr mannigfaltig, gegen Westluft verhältnismäßig geschützte, tief eingesenkte Kare und Täler wechseln ab mit konvexen Formen, die den atlantischen Luftströmungen mehr ausgesetzt sind, diese Mannigfaltigkeit dürfte zu Beobachtungen über das Kleinklima wertvolle Gelegenheit geben; bisher sind solche Untersuchungen von W. S c h m i d t, H. G a m s und anderen nur aus einem Teile der niederösterreichischen Kalkalpen, u. zw. dem Lunzer Gebiete, veröffentlicht worden (vgl. Abschnitt Niederösterreich, S. 50), ferner hat V a r e s c h i mikroklimatische Beobachtungen in Karen des obersten Isartales durchgeführt und bedeutende Temperaturschwankungen festgestellt [3]). Für Tirol gibt F i c k e r (S. 10) über die Wärmeverhältnisse an, man werde mit der Annahme nicht fehlgehen, daß die wenigen tirolischen Örtlichkeiten, die in den nördlichen Kalkalpen liegen, besonders im Winter ein wenig einheitliches Gebiet bilden, in dem die Temperatur unabhängig von der Höhenlage hauptsächlich durch die Lage bestimmt werde. So hat Seefeld [4]), in dessen Umgebung die Lärche häufig vorkommt, trotz der Höhenlage

---

[1]) R. H i l f, Wald und Weidwerk, Potsdam 1934, Der Wald, S. 49.

[2]) G a m s, Die klimatische Begrenzung von Pflanzenarealen und die Verteilung der hygrischen Kontinentalität in den Alpen, 2. Teil. Ztschr. d. Ges. f. Erdkunde, 1932, S. 60.

[3]) Volkmar V a r e s c h i, Die Gehölztypen des obersten Isartales, Innsbruck 1931, S. 94, 106, 107.

[4]) Temperaturmittel und Isothermenkarten von Österreich, bearb. vom Hydrograph. Zentralbüro, Wien 1929, S. 9.

von 1176 m noch eine mittlere Jahresschwankung von 19·3⁰ (Jahr 4·9, Jänner —5·0, Juli 14·3, Viermonatstemperatur 12·4⁰), dagegen Mittenwald (909 m, schon außerhalb Tirols und außerhalb des Verbreitungsgebietes unserer Holzart) nur 18·3⁰. In Hall-Sa!z-bergwerk beträgt die Schwankung, allerdings bei höherer Lage (1490 m) nur 16·3⁰. Auch die Höhe der Niederschläge in den Kalkalpen Tirols spricht für größere Ozeanität (1200—1400 mm, im bayrisch-tirolischen Grenzbezirke vielfach 1800 mm); daß auch bei so hohen Niederschlägen örtlich durch die Lage binnenländische Wärmeverteilung bedingt sein kann, wurde in benachbarten Ländern, z. B. Blühnbachtal Salzburgs, nachgewiesen.

Auf den Einfluß des F ö h n s ist es wohl zurückzuführen, daß auf den Innsbrucker Gebirgsvorlagen südliche und südöstliche Pflanzen, wie Ostrya carpinifolia, Juniperus Sabina und andere, sich als Relikte auch innerhalb des Verbreitungsgebietes der Lärche erhalten konnten. Die Einwirkung des Föhns ist in jenen Tälern am größten, die wie das Wipptal in geradem und südlichem Verlaufe vom Inntale zu den Zentralalpen hinauf-führen [1]), deshalb äußert sich der Föhn am stärksten in Innsbruck. In den Waldungen der Interessentschaft Igls bei Innsbruck konnte Verfasser wahrnehmen, daß auf den dem trockenen, heißen Südwinde (Föhn) ausgesetzten Hängen die Scheitelhöhen und die Ertragsklassen des Kiefern-Fichten-Lärchen-Mischwaldes ungünstig beeinflußt sind, auch der Bestockungsanteil der Lärche ist in seinem Bereiche kleiner, während auf den von der Föhnrichtung abgewandten Lehnen der Lärchenanteil und die Ertragsfähigkeit grö-ßer ist.

V e r g l e i c h m i t d e r V e r b r e i t u n g d e r B u c h e u n d a n d e r e r H o l z a r t e n.

Was hinsichtlich der Standortsbedingungen soeben aus den Klimazahlen zu schlie-ßen war, das bestätigt auch die Verbreitung jener Holzarten, die gegen alles Scharfe und Extreme im jährlichen Gange der Temperatur empfindlicher sind: die Gebiete des Höchststandes der Lärchenverbreitung sind auch in Tirol, u. zw. auch bei geringerer Meereshöhe, infolge ihrer Lage in der Innenlandschaft mit binnenländischem Klima, von der Buche, Tanne, Eibe, Stechpalme gemieden. So fehlt im weitaus größten Teile von Osttirol die Buche, nur im Randgebiete des Südostens, hauptsächlich zwischen Lienz und der Kärntner Grenze, ist sie, meist in Renk- und Strauchform, mit bescheidenem Anteile vertreten. Für ganz Osttirol beträgt ihr Anteil an der Waldfläche nicht einmal 1 v. H., bereits etwas oberhalb Lienz fehlt sie schon von den Talsohlen an (weniges über 700 m) vollständig, während sie anderseits in benachbarten Randgebirgen (z. B. den Karnischen Alpen) unter dem Einflusse des Randgebirgsklimas mit ausgeglicheneren Wärmeverhält-nissen bis 1500 m und mehr emporzusteigen vermag. Ganz ähnlich verhält sich die Tanne, deren Häufigkeit in Osttirol zwar etwas größer (etwa 4 v. H. der Gesamtwaldfläche), aber gleichfalls auf den näher zum Gebirgsrande gelegenen Südosten beschränkt ist. Am Schloßberge bei Lienz kann man neben meist knorrigen Renkbuchen, deren Wuchsformen durch Spätfrost bedingt sind, noch recht schöne Tannenbestände sehen (z. B. zwischen Heinrichswarte und Edenwiese), aber schon nach kurzer Wanderung gebirgseinwärts hört ihr Vorkommen auf (in Westwettergebieten der Randgebirge, z. B. Vorarlberg, ist dagegen die Tanne selbst in 1700 m noch häufig und frohwüchsig!).

Auch in den an das Oberengadin angrenzenden lärchenreichen Waldungen des Oberinntales im politischen Bezirke Landeck fehlen Buchen und Tannen, ja auch im Be-

---

[1]) F i c k e r, a. a. O., S. 7; über den Südföhn vgl. auch K r e b s, Die Ostalpen, I. Bd., S. 156. „Die tieferen Luftströmungen passen sich dem Relief an und deshalb sind die nordwärts gerichteten Täler Leitkanäle, an deren Ende sich der Föhn besonders bemerkbar macht."

zirke Imst sind sie noch so gut wie gar nicht vertreten (Buche 0·25 v. T. der Waldfläche,
Tanne fehlend), u. zw. sind sie schon in einer Waldbeschreibung vom Jahre 1459 nicht
genannt. Dabei liegt Imst nur 716 m hoch; weder die Meereshöhe noch Kalkmangel, da
Kalk und Dolomit reichlich vorhanden sind, schließen hier das Buchenvorkommen aus;
auch die Feuchtigkeitsverhältnisse können für das Fehlen der Buche nicht entscheidend
sein, da sie der in dieser Hinsicht anspruchsvolleren Fichte genügen; sondern ausschlaggebend sowohl für das Fehlen von Buche und Tanne als auch für das reiche Vorkommen
der Lärche ist das in bezug auf den Wärmegang binnenländische Klima.

Die Buche ist in Nord- und Osttirol als einem inneralpinen Lande im Durchschnitte
nicht stark vertreten; von einer Waldfläche von 404.000 ha (ohne die Krummholzkiefernbestände) fallen ihr laut Statistik nur 18.000 ha, also 4·4 v. H., zu, diese nicht selten in
Renkformen. Der Tannenanteil ist etwas größer, 7 v. H.; jener der Lärche beträgt nach
der amtlichen Statistik im Durchschnitte des ganzen Landes 9 v. H., doch bezieht sich
diese Angabe nur auf die Kulturgattung Wald; die lichtkronige Lärche wird aber auch,
u. zw. weit mehr als andere Holzarten, auf bestockten Weiden geduldet; bei deren Mitberücksichtigung ist die Häufigkeit der Lärche etwas größer als angegeben. Die erste
Stelle unter den Holzarten nimmt auch hier die Fichte ein, die sowohl im Randgebirge
als auch in der Innenlandschaft heimisch ist. Auf trockenen Sonnseiten, durchlässigen
Dolomit- und Schotterböden und niederschlagsarmen Talsohlen des Oberinntales und
einiger Seitentäler sowie des Pustertales treten Fichte und Lärche verhältnismäßig zurück zugunsten der Weißkiefer, deren gesamter Flächenanteil in Tirol nicht viel kleiner
als jener der Lärche ist. In höheren Lagen im Oberinntale kommt, worauf G a m s hingewiesen hat, die Engadiner- oder Inntalföhre (var. engadinensis) mit Walzenkrone und
glatten, gelblichen Zapfenschuppen vor [1].

Den Gebieten mit der reichsten Lärchenverbreitung seien nun die Lagen am
Gebirgsrande mit verhältnismäßig geringster Häufigkeit unserer Holzart gegenüber-
gestellt: im Bezirke Kufstein mit seinem geringeren Lärchenanteile fallen dagegen der
Buche und Tanne trotz der bedeutenden Höhen, zu denen der Wald ansteigt (1900 m)
zusammen 45 v. H. der Waldfläche zu! Hier sowie in der Gegend von Kössen-Erpfendorf
findet sich vereinzelt, meist nur in Strauchform und unter dem Schutze des Waldbestandes, die frostempfindliche, ozeanisch gestimmte Stechpalme. Sonstige Standorte
in Tirol (mit Ausschluß der Innenlandschaft) gibt G a m s (a. a. O., S. 97) und
R o s e n k r a n z [2] an. Auch im Bezirke Kitzbühel, wo die Lärche trotz bedeutender
Höhen nur eingesprengt vorkommt, sind etwa 30 v. H. der Waldfläche mit Tanne und
Buche bestockt. Im politischen Bezirke Reutte entfallen 7 v. H. der Waldfläche auf die
beiden genannten Holzarten (Tanne und Buche) zusammen.

N a c h w e i s   d e r   U r s p r ü n g l i c h k e i t   d e r   a n g e g e b e n e n   V e r b r e i t u n g.

Mit dem künstlichen Holzanbau scheint in Tirol noch später als in anderen Bundes-
ländern der Anfang gemacht worden zu sein. In dem 1831 erschienenen „Handbuch der
Forstwirthschaft im Hochgebirge“ von Gottlieb Z ö t l wird Seite 411 das „rühmliche
Streben“ erwähnt, mit dem man in Tirol „bereits angefangen“ habe, die Pflanzung von
Alpenbäumen zu betreiben. Zum Beweise führte Zötl einen Aufsatz im „Bothen von Tyrol
und Vorarlberg“ vom Jahre 1829 an, dem zufolge besonders im Pustertale und am Eisack

---

[1] G a m s, Die Pflanzenwelt Tirols, a. a. O., S. 100.
[2] R o s e n k r a n z Fr., Zur Verbreitung der Stechpalme (Ilex aquifolium L.) in Österreich, Wr.
Allg. Forst- u. Jagdztg. 1933, S. 209/210.

Fortschritte in der Baumzucht gemacht worden sein sollen. Aus dieser und den folgenden Stellen hat schon D i m i t z [1]) mit Recht geschlossen, daß sich in Tirol der Holzanbau zu Ende der 1820er Jahre noch in seinen ersten Anfängen befand, da der Verfasser „nur vereinzelter derartiger Unternehmungen" gedacht habe und die Forstwirte des Landes zur Mitteilung ihrer Erfahrungen und Beobachtungen über den Anbau der Gebirgshölzer aufforderte, womit indirekt zugegeben sei, „daß es an den nötigen Grundlagen zum Aufbau einer Lehre von der künstlichen Verjüngung der Wälder im Hochgebirge noch mangelte". Immerhin wurde von 1773 und 1774 an den Unterwaldmeistern im Pflegegericht Itter (Brixental), das damals der fürstlichen Hofkammer in Salzburg unterstand, das Sammeln, Aufbewahren und Aussäen der Samen verschiedener Holzgattungen in ähnlicher Weise wie sonst im Land Salzburg aufgetragen [2]). Wir dürfen somit das aus Urkunden nachweisbare Vorkommen v o r etwa 1750 auch in Tirol als ein ursprüngliches, vom Anbau noch nicht beeinflußtes ansehen.

Schon die Römer sollen zur Zeit des Kaisers Tiberius aus den Alpen Rhätiens gewaltige Lärchenstämme zum Brückenbau nach Rom geschafft haben, darüber berichtet P l i n i u s, Nat. hist. 16, 190, 200 [3]); ein solcher Lärchenstamm von fast 36 m Länge, 0·6 m kantig beschlagen, soll in Rom Aufsehen erregt haben [4]). Allerdings umfaßte die Provinz Rhätien nicht nur den Boden der heutigen Bundesländer Tirol und Vorarlberg, sondern auch Teile der Ostschweiz und des Alpenvorlandes. Da aber Plinius die Lärche zu den immergrünen Bäumen zählt [5]) und ihr Vorkommen auch für Mazedonien [6]) angibt, so darf wohl auf seine Nachrichten hinsichtlich ihrer ursprünglichen Verbreitung kein allzu großes Gewicht gelegt werden.

Die ä l t e s t e uns erhaltene Waldbeschreibung Tirols ist die „Holzbeschau" in den landesfürstlichen Wäldern des O b e r i n n t a l e s vom Jahre 1459 [7]). Um die Holzversorgung des Salzsudwerkes in Hall (Unterinntal) zu sichern, wurde vom Pfannhausamte von Zeit zu Zeit eine Waldbeschau angeordnet, die älteste uns überlieferte ist jene von 1459. Sie erstreckte sich nur auf die Wälder des Oberinntales von Imst flußaufwärts. Trotzdem daß die Holzbeschau die Zirbe gar nicht nannte, und zwar wohl deshalb, weil die Beschau sich auf tiefer gelegene Standorte beschränkte (Trubrig, S. 350), wird die Lärche der noch erwähnt, sie kam also auch schon damals in wesentlich tieferer Lage als die Zirbe vor. So heißt es vom Pfundser Bach, Oberinntal: „In Pfunser pach . . . der ain wald an der ain seitten den merern tail lärchin holz innhat genant der Scheibwald" (richtig: Tscheywald) „der so alt ist das vil lärch oben angefangen haben zu dorren und wirt nicht pesser wan dy pawrn auch vast darinn schwentten". Im Paznaun im Kaiserwald fand man damals auffällig starke Stämme mit einem Umfang von 3 und 4 Klaftern und darüber am unteren Stammende!

Aber a u c h i m U n t e r i n n t a l e, in G e b i e t e n g e r i n g e r e r H ä u f i g k e i t unserer Holzart, ist die Ursprünglichkeit des Vorkommens nachweisbar. Ein Taiding des Gerichtes Kufstein, Handschrift des 17. Jahrhunderts, bestimmt, daß fürderhin auf

---

[1]) D i m i t z L., Aphorismen über alpine Forstkulturen, Centralbl. f. d. ges. Forstwesen 1885, S. 105.

[2]) Landesregierungsarchiv Innsbruck, Nr. 3652.

[3]) H o o p s, Waldbäume und Kulturpflanzen im germanischen Altertum, Straßburg 1905, S. 233.

[4]) B e r n h a r d t E., Zeitschr. f. Forst- u. Jagdw. 1874, S. 219.

[5]) D a n n e m a n n Fr., Plinius und seine Naturgeschichte in ihrer Bedeutung für die Gegenwart, Verlag Eug. Diederichs, Jena 1921, S. 154.

[6]) C. P l i n i Secundi Naturalis historia XVI, 58.

[7]) T r u b r i g J u l., Eine „Holzbeschau" in den landesfürstlichen Wäldern des Ober-Inntales im Jahre 1459, Österr. Vierteljahresschr. f. Forstw. 1896, S. 346—359.

eine ganze Meile Weges von der Stadt Kufstein in der Herrschaft „ainich lerchen- oder aichener holzstamb in den hoch- und schwarzwäldern wöder zu scharschintlen, stecken oder anderen gepeien nit mehr gehackt werden sollen" [1]. „Was aber die unterthanen und sagmeister von dergleichen lärch- und aichenholz in ihren eigenen wäldern haben, das mögen sie gleichwoll … mit vorwissen des holzmeisters zu schintlen, rinnen, stecken … herhacken". Ein Weistum von Lichtenwert, Handschrift von 1642, bezw. 1519 (Gemeindelade Münster, Unterinntal) [2] setzt Strafen für eigenmächtige Fällung eines Stammes Lärchen-, Fichten- oder Tannenholz, Buchen- oder Föhrenholz im Bannwalde fest und sucht noch besonders für die Hege der wertvollen Lärchen vorzusorgen. Eine ähnliche Vorschrift wegen Schonung von „Forchen", Lärchen und anderen Holzes enthält auch ein Weistum von Terfens (Tiroler Weistümer I, S. 188).

Für Itter im Brixentale zählt eine Tabelle [3] über die für die einzelnen Holzsorten zu entrichtenden „Stockrecht"- und „Forstgelder" (ohne Jahreszahl, jedoch aus der Zeit vor der Säkularisierung, da das „Hochfürstlich Salzburger Pflege- und Landgericht Ytter" gefertigt ist) die Taxen für Fichten-, Lärchen-, Buchen- und Eichenholz auf. Aus der Zahl der aufgezählten Sorten des Fichtenholzes in den fürstlichen Wäldern kann man schließen, daß diese dort viel häufiger war als das Lärchenholz.

Als ein G r e n z g e b i e t d e s L ä r c h e n v o r k o m m e n s haben wir die G e g e n d v o n R e u t t e bezeichnet. Eine „Wälder-Anschätzungs-Tabelle" von 1774 [4] beschreibt u. a. im Schwarzwassertal und Hinterhornbachtale zahlreiche einzeln genannte Waldungen und gibt dabei immer wieder nur Fichten, Tannen, Föhren und Laubholz an, ohne die Lärche zu nennen, so daß die Schlußfolgerung auf ihr vollständiges Fehlen naheliegen würde; allein Grenzbeschreibungen des Gerichtes Ehrenberg mit Grenzen gegen die Grafschaft Rotenfels, aus den Jahren 1561 und 1564, stellen den G r e n z z u g l ä n g s d e s A l l g ä u e r H a u p t k a m m e s dar und nennen außer dem Rauhhorn, Kugelhorn, Berengachtspitz (= Sattelkopf), auch die L a r c h w a n d t [5]; auch heute sind dort nur in höheren Lagen Minimumvorkommen der Lärche festzustellen. In den Tälern selbst wurde also bei der Waldbeschau von 1774 die Lärche nicht beobachtet, in den Höhen der gleichen Gegend (z. B. Larchwand) kam sie vereinzelt vor. Auch im Bschlabsertale, Namlosertal, Rotlechtal, Ammertal, Ehrwaldstal wurden 1774 Waldungen von Fichte, Tanne, Föhre, Laubholz beschrieben, erst g e g e n B i b e r w i e r (südlich von Lermoos) und am unteren S o n n e n s p i t z wurde 1774 von den Mitgliedern der Haupt-Waldbereitungskommission „jüngerer Anwuchs in Feichten und e t w a s L e r c h e n bestehend", angeführt. Auch die gegenwärtige Holzartenverbreitung stimmt mit den damaligen Angaben gut überein. Ein in der Bundesforstverwaltung Reutte aufbewahrter Band „Relation über die Waldungs-Visitation im Gerichte Ehrenberg den 20. Juny 1695" erwähnt unweit „Lermoß, Piberwier und Erwald" ein „Lerch-Wäldele", dann „Lerchen-Tolden unter der Nassereiter-Kiealm", weiter ein noch unversehrtes Lärchen-„Pan-Weldele" im Namlosertal, ein in Bann gelegtes „Lärchwäldele" bei Häselgehr, „ob der Häternacher Häuser"; ebenso war bei Elbigenalp im oberen Dorfe ob der Häuser „zu uerschonung der heiser wegen etwas Lehnengefahr" (= Lawinengefahr) ein „Lärch-Wäldele" in Bann gelegt. Auch in anderen Orten des Lechtales, so in Grünau, Unterbach, Stockach,

---

[1] Die tirolischen Weistümer, I. Teil, S. 29 (Österr. Weistümer II. Bd., Wien, Braumüller).

[2] Die tirolischen Weistümer, I. Teil, S. 128.

[3] Landesregierungsarchiv Innsbruck.

[4] Landesregierungsarchiv Innsbruck, Cod. 3693.

[5] S t o l z O t t o, Politisch-historische Landesbeschreibung von Tirol, Wien u. Leipzig 1923 S. 624, 634.

Holzgau, gab es in Bann gelegte Lärchenwäldchen[1]), hingegen wurde für Lagen am Gebirgsrande, z. B. für die Pfarre Tannheim (unweit Vils) von Lärchen nichts erwähnt[2]). Einzelne Kleinstvorkommen gab es aber immerhin auch hier noch, denn eine Waldordnung des Gerichtes Ehrenberg von 1713 verbietet in Punkt 9, in der Pfarre Breitenwang (unweit Reutte) „Forchen oder Lärchen" zu schlagen.

Die bereits erwähnte Waldanschätzungstabelle von 1774 nennt weiter für den westlich von Seefeld gelegenen Berg und Waldort „Hochmoos mit etwas Thann, Fehren und Lerch vermischte Feichtwaldung", für Ahrn (= Ahrnspitze, westlich vom Scharnitzpaß): „meistenteils Fichten, mit etwas Thannen, Ferchen, Lerchen und wenig Laubholz"; für die Hinterauerwaldung im Ursprung der Isar: „Feichten, farchen, etwas Lerchen und Laubholz" (auch diese Angabe stimmt mit der gegenwärtigen Verbreitung überein, vgl. V a r e s c h i, die Gehölztypen des obersten Isartales, Innsbruck 1931).

Im bayrisch-tirolischen Grenzstück von Hinterriß befindet sich unweit vom Scharffreiter, 2099 m, ein Lerchkogl, dieser wurde schon in einer bayrischen Grenzbeschreibung von 1474[3]) angeführt, dann in einer Grenzberichtigung von 1493[4]) und in einem Kommissionsberichte vom Jahre 1551[5]).

Kehren wir nach dieser Darstellung von Grenzgebieten und nördlichen Kalkalpen in das O b e r i n n t a l zurück! Die Handschrift eines Weistums von Telfs[6]) vom Jahre 1631 enthält die Vorschrift, die Lärche für Notfälle zu den „archen" (Wasserbauten) und anderen Bauzwecken „auf das hechste zu haien". Die Angabe von 1616 über das Lärchenvorkommen in u n t e r e n Lagen bei Inzing wurde schon im Abschnitte über die vertikale Verbreitung angeführt. Auch für Riez verordnete ein Weistum, Niederschrift von 1491, die Schonung der Lärche[7]). In Stams verfügte die Waldordnung von 1538 die fernere Hege des Lärchenwaldes, „wie bisher beschehen und was von alter herkommen ist[8]), jedenfalls handelte es sich um einen Lärchenwald in einer unteren Lage, denn für hoch gelegene Wälder ergab sich damals wegen mangelnder Bringbarkeit die Schonung noch von selbst, dazu bedurfte man keiner besonderen Anordnung. Ähnliche Schonvorschriften enthalten die Weistümer von Wildermiemingen von 1691 (Tirol, II., 88), von Karres von 1741, Imst, Fließ, Landeck (1548), Ötztal, Dorf und Au (1684)[9]). D i e   g e g e n w ä r t i g e   V e r b r e i t u n g   d e r   L ä r c h e   i n   T i r o l   s t i m m t   a l s o   i m   g r o ß e n   g a n z e n   m i t   d e r   u r s p r ü n g l i c h e n   ü b e r e i n.

M i s c h h o l z a r t e n.   W a l d t y p e n.

Der herrschende Waldtyp, der in der z e n t r a l a l p i n e n   I n n e n l a n d s c h a f t auch in Tirol (neben den in der unteren Waldstufe häufigen Föhrenwäldern) große Flächen besetzt hält, ist der Fichten-Lärchenwald, der zumeist dem heidelbeerreichen Typ, dem Piceetum myrtilletosum (manchmal auch Mischtypen von Piceetum normale mit myrtilletosum) angehört. So kann man in Waldungen der Interessentschaft Igls (unweit Innsbruck) wiederholt, und zwar in Höhen von 960—1100 m auf lockerem

---

[1]) Forstverwaltung Reutte d. Österr. Bundesforste; fol. 16, 17, 22, 32, 33, 36, 39, 41, 42, 46.
[2]) Fol. 54, 57.
[3]) S t o l z O., Politisch-histor. Landesbeschreibung von Tirol, 1923, S. 203.
[4]) Derselbe, S. 205.
[5]) S t o l z O., a. a. O., S. 142.
[6]) Die tirolischen Weistümer II., S. 8/9.
[7]) Die tirolischen Weistümer II., S. 53.
[8]) Die tirolischen Weistümer II., S. 62.
[9]) Die tirolischen Weistümer II., S. 95, 156, 162, 232, 290, 388.

Lehmboden, Grundgestein Phyllit, beobachten: 90—100jährige Bestände von Picea excelsa (meist 0·7—0·8) + Larix europaea (0·2—0·3) + Pinus silvestris (einzeln eingesprengt) — Oxalis acetosella — Majanthemum bifolium — Veronica officinalis — Sorbus aucuparia (Aufschlag) — Vaccinium Myrtillus; die Derbholzmasse je Hektar im angegebenen Alter betrug rund 600 fm. Eine im 98jährigen Bestande aufgenommene Probefläche ergab:

als mittlere Höhen bei   Fi 25 m,   Kie 25 m,   Lä 29 m;
als mittleren Durchmesser bei   Fi 41 cm, Kie 35 cm, Lä 45 cm;

der Lärchen-Mittelstamm war also an Höhe und Stärke denen der Fichte und Kiefer überlegen. Benachbarte natürliche Verjüngungen von Lärchen von 2—3 m Höhe wiesen jährliche Gipfeltriebe von 50—80 cm Länge auf, die jungen Lärchen standen sehr dicht und hatten feinastige, schlanke, langgestreckte Kronen.

In einem Bestande geringerer Güteklasse, Heidelbeertyp, war bei einem Alter von 130 Jahren (Derbholzmasse 372 fm je Hektar) die Mittelhöhe der Fichten nur 18 m, jene der Lärchen 20 m, die Lärchen waren also auch noch im Alter von 130 Jahren vorwüchsig.

Insbesondere auf trockenen, dem Föhn ausgesetzten Standorten (z. B. am Goldbühel) war die Güteklasse des Kiefern- + Fichten- + Lärchen-Bestandes mit Erica carnea geringer (im 100jährigen Bestande Kiefer 17 m, Lärche 19 m Scheitelhöhe, Mittelstärke bei Kiefer am größten).

Aufnahmen in Fichten- + Lärchenwäldern von den Nordhängen oberhalb St. Anton am Arlberg in etwa 1450 m Meereshöhe auf Steilhängen von 25—35⁰ ließen erkennen, daß auch dieser Mischwald der Klimaxgesellschaft des Piceetums angehört und daß der Einfluß der Lärche sich nur in einer größeren Lichtdurchlässigkeit des Kronendaches zu äußern scheint, so daß sich lichtbedürftige Arten des Unterwuchsvereines etwas zahlreicher einstellen können; ein etwa 150jähriger Bestand wies Scheitelhöhen der Lärchen von 25—26 m auf, der Schluß war unvollkommen (0·7—0·8, in einem zweiten Bestande noch geringer), die Kronenlängen betrugen etwa ²/₃ der Schaftlängen. Unter der Baumschichte von Picea excelsa + Larix europaea war der Unterwuchsverein hauptsächlich zusammengesetzt aus Vaccinium Myrtillus — V. Vitis idaea — Rhododendron ferrugineum — Oxalis acetosella — Pirola secunda — Aira flexuosa — Homogyne alpina — Calamagrostis conf. villosa — Prenanthes purpurea — Hieracium murorum — Blechnum spicant — Aspidium spinulosum — Hylocomium splendens und H. triquetrum.

Im Abschnitte über die Standortsbedingungen wurde schon erwähnt, daß die Lärche häufig, z. B. im Ötztale, als raschwüchsige Erstbesiedlerin mit bedeutendem Flugvermögen der Samen auf den Rohböden der Schuttkegel gedeiht. Die auf solchen Standorten beobachteten Pflanzengesellschaften wiesen auf: Larix europaea + Betula alba + Alnus incana — Rubus Idaeus — Sambucus racemosa — Digitalis ochroleuca — Oxalis acetosella — Calluna vulgaris — Hippophae rhamnoides, also entsprechend dem raschen Wechsel der Bodenbeschaffenheit (Blöcke und dazwischen Feinerde, Sand) sowohl Pflanzen frischer Böden als auch Trockenheit ertragende; die Blöcke selbst sind, worauf schon A. Kerner hinwies, mit Polstern von Moosen aus der Gruppe der Hypneen und mit Heidel- und Preiselbeeren überwuchert.

Von Laubhölzern treffen wir im Lärchenverbreitungsgebiete der zentralalpinen Innenlandschaft außer Birken, Grau- und Grünerlen noch Aspen, Vogelbeerbäume, Bergulmen, Traubenkirschen und in mäßigen Höhen einzelne Winterlinden, Bergahorne und Stieleichen.

Auf steilen Südhängen findet sich im Ötztale und in anderen Zentralalpentälern auch der gemeine Sadebaum (Sevenstrauch, Juniperus Sabina) meist als Unterholz unter lichtem Nadelholzbestand; die Lärche ist allerdings in diesen Tälern auf Schattseiten häufiger als auf Sonnseiten. Außer im Fichtenwalde finden wir unsere Holzart, wenn auch seltener, auch auf Standorten der Föhre. G a m s [1] hat darauf aufmerksam gemacht, daß in höheren Lagen in Tirol die Weißkiefer häufig durch die Rasse der Engadiner- oder Inntalföhre (var. engadinensis) vertreten ist.

Eine Aufnahme in einem Lärchenwalde bei Nauders, 1350 m ü. M., SE-Hang, 15⁰ Neigung, bis 80jähriger Bestand, Baumhöhen bis 22 m, Schlußgrad 0·7, Untergrund Kalk, zeigt unsere Holzart in Gesellschaft von Trockenheitsanzeigern und Vertretern der Flora des Alpensüdhanges (Juniperus Sabina): Larix europaea + Picea excelsa (eingesprengt) + Pinus silvestris — Juniperus communis — J. Sabina — Polygala Chamaebuxus — Cirsium acaule — Gramineen (Brachypodium pinnatum, Bromus asper) [2].

In höheren Lagen der Innenlandschaft, nahe der oberen Baumgrenze, finden sich in räumdiger Stellung Larix europaea + Pinus Cembra + Picea excelsa — Vaccinium uliginosum — V. Myrtillus — V. Vitis idaea — Rhododendron ferrugineum — Hypnum triquetrum und splendens; die Gehölze wechseln mit Grasfluren, hauptsächlich von Nardus stricta, ab, in denen neben schütterer Lärchenbestockung u. a. Arnica montana, Trifolium alpinum, Campanula barbata, Potentilla aurea zu beobachten sind. Auf windgefegten Rohhumusböden sind Zwergformen der Lärche an der oberen Grenze ihres Vorkommens mit der Gemsenheide oder Alpenazalee (Loiseleuria procumbens) als rasenbildendem Zwergstrauch von großer Widerstandsfähigkeit gegen Wind und Schneegebläse vergesellschaftet.

Wenn wir uns nunmehr von der Innenlandschaft dem R a n d g e b i r g e zuwenden, so wird insbesondere unter dem Einflusse des ausgeglicheneren Klimas die Artenzahl, auch die der Holzarten, größer, zugleich nimmt der Anteil der Lärche ab. Wo die Westwettereinwirkung am größten ist, dort fehlt die Lärche vollständig; in dieser Hinsicht habe ich schon im Jahre 1929 auf das Beispiel des Arlberges hingewiesen [3]: auf der Ostseite des Arlberges fehlt auf weite Erstreckung hin, etwa von Imst bis zur Einfahrt in den Arlbergtunnel, die Buche völlig, und zwar auch auf Kalk und auch in geringen Meereshöhen, dagegen kommt die Lärche vor; auf der Westseite des Arlberges hingegen mit ihren ausgeglicheneren Wärmeverhältnissen fehlt im ganzen nördlichen Vorarlberg die Lärche fast vollständig (bis auf ganz vereinzelte Kleinstvorkommen), dagegen ist die Buche bis zu bedeutenden Höhen (über 1600 m) vorhanden.

Eine soziologische Aufnahme [4] am Westausgange des Arlbergtunnels im Buchenwalde am Südhange in 1300 m Meereshöhe oberhalb (nördlich) Langen, auf Kalkboden, ergab eine auffallend hohe Gesamtartenzahl mit einer äußerst üppigen Krautschichte, 57 Arten insgesamt, davon 15 Arten dem Fagionverbande angehörig. (In den buchenfreien Fichten-Lärchenwäldern der Ostseite des Arlberges dagegen ist die Artenzahl kleiner, insbesondere fehlen die Pflanzen der Buchenwaldgesellschaft fast völlig.)

In klimatisch weniger einheitlichen Gebieten des Randgebirges ist die Mischung Fichte + Tanne + Buche + Lärche (+ Kiefer) keineswegs selten; in vielen Fällen (sowohl in Osttirol, Lienzer Gegend, als auch in Nordtirol, z. B. Forstverwaltung Scharnitz) sagt das Klima auf der Leeseite der Randgebirge der Buche weitaus weniger zu als

---

[1]) G a m s, Die Pflanzenwelt Tirols, S. 100.

[2]) Aufnahme der Arbeitsgemeinschaft f. forstl. Vegetationskunde, September 1932.

[3]) T s c h e r m a k, Die Verbreitung der Rotbuche in Österreich, 1929, S. 34.

[4]) Von den Teilnehmern des 2. Lehrkurses der „Arbeitsgemeinschaft für forstliche Vegetationskunde" 1932 durchgeführt.

der Lärche und Fichte; die Buchen weisen dann Renkformen oder auch Zwerg- und Strauchformen auf[1]). Holzartenreiche Mischbestände des Randgebirges in Tirol, aus urwüchsigen Wäldern im Quellengebiete der Brandenberger Ache, hat schon A. K e r - n e r[2]) 1863 lebendig geschildert. Er wies auf die große Mannigfaltigkeit der Baumarten hin: Fichten, Tannen, Lärchen, Föhren, Buchen, Ahorne, Birken und Eiben; der Boden war von den niedergebrochenen Stämmen, auf deren Moder sich wieder junge Fichten und Tannen, üppige Moospolster und dichtes Heide- und Heidelbeergebüsch ansiedelten, uneben und hügelig. Von den Gewächsen des Unterholzes fiel der Mehlbeerbaum (Sorbus Aria) durch einen verhältnismäßig mächtigen Stamm auf, zahlreiche Wacholder ragten mit kerzengeraden, übermannshohen Stämmen empor. Solche Vegetationsbilder sind auch heute noch in den Kalkalpen nicht allzu selten.

So beobachtete der Verfasser in der Forstverwaltung Steinberg in Achenkirch (österreichische Bundesforste) auf den Nordhängen des Rofangebirges (Eselbach, gegen den Angererwald und in diesem selbst, dann Raberskopf) bei 1200—1280 m ausgedehnte Flächen von Mischwald besserer Güteklasse: Nord, 10—15°, mergeliger Kalk, Picea excelsa + Abies pectinata + Larix europaea + Fagus silvatica (eingesprengt) + Acer Pseudoplatanus (eingesprengt) + Taxus baccata (vereinzelt eingesprengt) — Oxalis acetosella — Sanicula europaea — Prenanthes purpurea — Polygonatum verticillatum — Paris quadrifolia — Pirola uniflora, Scheitelhöhen der 90—100jährigen Lärchen bis 32 m, in einzelnen Mulden bis 38 m, Fichten um 2—3 m niedriger, Hektarerträge von 550 bis 600 fm (Abb. 25).

Reiche Mischung trifft man auch bei Scharnitz auf Wettersteinkalk mit seicht-gründigem Boden, Nord, 980—1100 m: Weißkiefer, Fichte, Tanne, Lärche, Krummholz-kiefer, mit Buche in Renkform, Eibe, Mehlbeerbaum, Bergahorn, Vogelbeere. Am Hoch-moos bei Scharnitz fand ich (in 1400 m) die Spirke oder aufrechte Bergföhre (Pinus montana forma arborea) zusammen mit Weißkiefer, Tanne, Lärche; im Unterwuchs-vereine herrschte auf dem seichten Kalkboden Erica carnea.

An der oberen Baumgrenze in den Kalkalpen erheben sich noch die letzten kurz-schaftigen Lärchen und Fichten im Freistande nicht allzu selten über immergrünen Zwerg-sträuchern von Daphne striata, Globularia nudicaulis, Polygala Chamaebuxus, Juniperus nana oder über Heideflächen mit Erica carnea und Vaccinien, zwischen Krummholzkiefern und Alpenrosen (Rhododendron hirsutum und Chamaecystus).

E r r e i c h b a r e s   L e b e n s a l t e r.

In der Forstverwaltung Steinberg in Achenkirch sah ich im Waldorte Eseltal, Abt. 57, in 1500 m Meereshöhe am Nordabfalle des Rofangebirges in urwüchsigen Baum-gruppen oberhalb der Grenze des geschlossenen Waldes einzelne hochalterige Lärchen, und zwar die ä l t e s t e n   v o n   a l l e n   in   D u r c h f ü h r u n g   v o r l i e g e n d e r   A r b e i t   b e o b a c h t e t e n   S t ä m m e n. In lockeren Gruppen stocken dort auf einem Nordhange, 25—30°, Fichten + Lärchen + Zirben + (eingesprengt) Vogelbeeren + Krummholzkiefer + Grünerle — Erica carnea — Rhododendron hirsutum — Rh. ferru-gineum (auf Humus und Baumleichen) — Atragene alpina — Gentiana acaulis — Aspidium Lonchitis — Ranunculus alpestris — Salix reticulata. Wegen der Entlegenheit fanden dort Nutzungen in der Regel nicht statt; vor drei Jahren wurden aber zwei der bis 26 m hohen

---

[1]) T s c h e r m a k, a. a. O.; V a r e s c h i, Die Gehölztypen des obersten Isartales, Innsbruck 1931, besonders S. 175 ff.

[2]) A. K e r n e r, Das Pflanzenleben der Donauländer, Innsbruck 1863, II. Auflage 1929, S. 220/221.

Lärchen vom Winde geworfen, ein Teil dieser beiden Stämme wurde dann zu Schindel-
holz aufgearbeitet, der Rest, und zwar auch der unterste Stammabschnitt, blieb liegen.
Der stärkere der Stämme hatte einen unteren Durchmesser von 124 cm. Die genaue
Zählung ergab bei völlig gesundem Holze 672 J a h r r i n g e. Der Stärkenwachstumsgang
ist aus folgender Zahlentafel ersichtlich:

Alter (Jahre):	Stärkenzuwachs (mm, am Halbmesser):		Durchschnittliche Jahrringbreite (mm):
1—100	132		1·3
101—200	196	459	1·9
201—300	131		1·3
301—400	54		0·54
401—500	46	165	0·46
501—600	36		0·36
601—672	29		0·40

Nach den ersten 300 Jahren betrug der Halbmesser 459 mm, die durchschnittliche
Jahrringbreite 1·5 mm; in den folgenden 372 Jahren machte der weitere Stärkenzuwachs
nur noch 165 mm aus, die mittlere Breite der nach dem 300. Jahre gebildeten Jahrringe
somit 0·44 mm; die Splintbreite beträgt nur 15 mm. Der z w e i t e der beiden Stämme
war um nahezu 100 Jahre jünger, wies 577 R i n g e auf, die Jahrringbreite betrug in den
ersten 300 Jahren im Mittel 1·4 mm, in den folgenden 277 Jahren durchschnittlich
0·6 mm [1]).

In Gebieten, die den Höchststand der Verbreitung aufweisen, kommen auch am
häufigsten sehr hochalterige Stämme vor. So können im Oberinntale, linke Talseite von
Serfaus bis Spiß, an manchen Lärchenstämmen bis 450 Jahrringe gezählt werden; ein
Einzelstamm in der Nähe von Spiß ist ungefähr 600 Jahre alt.

Laut Mitteilung des Landesforstkommissärs Ing. Erich Friedl stockt dieser Baum im Spisser
Bannwald in etwa 1630 m Meereshöhe auf kalkigem Bündnerschiefer inmitten eines Lawinenstreifens,
ist derzeit 35 m hoch, wozu noch ein durch Blitz gebrochenes etwa 4 m langes Gipfelstück zuzurechnen
wäre. Der Umfang in Brusthöhe beträgt 6·40 m, der Durchmesser somit rund 2 m. Der Stamm ist im
Inneren hohl, die Höhlung hat in Stockhöhe eine lichte Weite von 1·20 m. Das Alter wurde auf Grund der
Zuwachsverhältnisse unmittelbar benachbarter Stämme und nach Zählung der Jahrringe des nicht ver-
moderten Teiles auf rund 580 Jahre geschätzt (vgl. Abbildung 26).

In den Gemeindewäldern von Prutz, Ladis, Faggen, Kauns, Kaunserberg, Ried,
Fendels, Fiss, Tösens, Serfaus, Pfunds, Spiss, Nauders sind 300—400 Jahre alte Stämme
nicht allzu selten, die Wuchsform und Holzbeschaffenheit sind gut, Massen der Einzelstämme bis zu 6 fm (im Durchschnitte 2 fm) kommen vor.

Im Lienzer Bezirke, in der Katastralgemeinde Inner-Villgraten, besitzt der Bauer
Josef Mühlmann zu Ruschlet [2]) knapp oberhalb seines Anwesens einen 0·5 ha großen
reinen hochalterigen Lärchenbestand in 1430 m Seehöhe, Nord, Grundgestein Bachschot-
ter; die etwa 50 Lärchen dieses kleinen Bestandes sind über 200 Jahre alt, haben Scheitelhöhen von 38—42 m, gerade, bis 28 m Höhe astreine glatte Schäfte und Brusthöhendurchmesser von 60—90 cm. In der Gemeinde Hopfgarten im Defreggentale beträgt das erreichbare Alter unserer Holzart 250 Jahre und auch noch mehr, auf vielen höher gelegenen
Standorten in Osttirol sind etwa 200jährige Lärchenbestände teils mit Hochwald-, teils
Weidwaldcharakter vorhanden, Angaben enthält Tabelle 17, letzte Spalte (Anmerkung).

---

[1]) Stammscheibenausschnitte der beiden Lärchen befinden sich im Museum der Forstl. Versuchsanstalt Mariabrunn.
[2]) Lt. Mitteilung der Bezirksforstinspektion Sillian, Reg.-Oberforstrat Ing. Witasek.

Im Wachhause des Regimentsmuseums der Tiroler Kaiserjäger am Berge Isel bei Innsbruck ist eine mächtige Lärchenstammscheibe mit 225 Jahrringen aufgestellt, die von einem Baumriesen im Eisacktale in der Gemeinde Lajen oberhalb Klausen stammt. Im Jahre 1809 sollen unter diesem Lärchenbaume lagernde Franzosen von Tiroler Schützen aufgerieben worden sein [1]).

Hinsichtlich sonstiger Altersangaben wird auf die beigegebenen Tabellen verwiesen. In der von Willkomm bearbeiteten zweiten Auflage von R o ß m ä ß l e r, Der Wald, ist

Abb. 25. Lärche in Mischung mit Buche, diese nicht mehr im Optimum, 1180 m, Forstverwaltung Steinberg in Achenkirch, Waldort Weißenbach.

Aufnahme L. Tschermak

Abb. 26. „Der alte Lärch im Spisser Bannwald", ungefähr 600-jährig, blitzgeschädigt, 35 m hoch, 1630 m Meereshöhe.

Aufnahme Ing. Friedl.

ein Lärchenbaum beschrieben, welcher bei Reith in Tirol im Unterinntale auf dem Wege nach Alpach stand, der Baum hatte 26 Fuß im Umfange, also über 8 Fuß im Durchmesser (1 Fuß = 0·316 m, der Durchmesser betrug also rund 2·5 m).

Der Stamm war innen ausgefault, „so daß das Innere wie ein hohes Zimmerchen" aussah, zwei durch Ausbrechen von Ästen entstandene Lücken versahen die Stelle von Fenstern, eine untere Öffnung ersetzte die Türe; eine Zeitlang soll eine alte Frau, der das Haus abgebrannt war, in der Baumhöhlung gewohnt und hier eine Bettstatt, einen Kasten und ein Altärchen aufgestellt haben [2]).

---

[1]) Katalog zum Museum der Tiroler Kaiserjäger und der Andreas Hofer-Galerie mit Erläuterung der Gedenkstätten am Berge Isel, Innsbruck 1929, S. 11.

[2]) R o ß m ä ß l e r, Der Wald. Den Freunden und Pflegern des Waldes geschildert. 2. Auflg., Leipzig und Heidelberg, 1871, S. 359.

118

8. Die Ostalpen des Kantons Graubünden.

Horizontale Verbreitung.

Die Grenze der Ostalpen bildet die Tiefenlinie Bodensee—Kunkelspaß—Splügenpaß—Comosee; da der größere Teil des Kantons Graubünden sich östlich dieser Linie befindet, so ist er in der vorliegenden Arbeit mit zu berücksichtigen, dies umso mehr, als im Engadin, in diesem hochgelegenen[1]), inneralpinen, gegen temperaturausgleichende ozeanische Luftströmungen abgeschlossenen, 95 km weit sich erstreckenden Längstale, die Lärche ein Höchstmaß ihrer Verbreitung mit sehr hohem Bestokkungsanteil findet und in ausgedehnten Teilgebieten, z. B. Oberengadin von Bevers bis Sils, die Hauptholzart mit 52 v. H. der ganzen Holzmasse darstellt. In den Gemeindewaldungen ganz Graubündens, ohne Einrechnung des Nationalparkes, ist die Lärche nach vorsichtigen, auf eingehenden Erhebungen beruhenden Schätzungen des Bündnerischen Forstinspektorates mit einer Gesamt-Stammholzmasse von rund 2,000.000 fm vertreten[2]).

Auf das Vorkommen im Oberengadin (Bevers—Sils) wurde schon hingewiesen. Auch im Forstkreise Zuoz (Zuoz bis Zernetz einschließlich Münstertal) beträgt der Lärchenanteil auf Grund der Holzvorratsermittlung in eingerichteten Waldungen noch 43 v. H. des Holzvorrates, in den Gemeinden Ponte bis Scanfs 46 v. H. der Masse. In dem auf der Südseite der Berninagruppe gelegenen, zum Addagebiete abdachenden Puschlavertale (Valle Poschiavino) erreicht der Bestockungsanteil unserer Holzart im ganzen noch ein Mittel von 36 v. H. (und zwar im Gemeindegebiete Poschiavo noch etwa 40 v. H., im tiefer gelegenen Reviere Brusio etwas weniger). Der Anteil an der Gesamtmasse ist hier kleiner als der Bestockung entspricht, weil die Lärchenbestockung nach oben hin, also im Gebiete geringeren Zuwachses, zunimmt.

Das Oberengadin geht nach Südwesten über den Malojapaß in das gleichfalls zum Addagebiete abfallende Bergell (Val Bregaglia) über, in welchem der Durchschnitt der Lärchenbestockung (Höhenlage der Grenze an der Mera bei Castasegna 680 m[3])) etwa 15 v. H. der Holzmasse ausmacht.

Für den Forstkreis Schuls, Unterengadin (Süs bis Martinsbruck und Samnaun) wurde die Beimischung der Lärche mit 27 v. H. des Holzvorrates ermittelt.

Ein zweites immer noch sehr beachtenswertes Lärchenverbreitungsgebiet Graubündens ist die Landschaft Davos-Filisur (mit den Gegenden von Alvaneu, Wiesen, Schmitten) und die Fortsetzung durchs Albulatal nach Bergün mit 15 v. H. (bei Bergün 20. v. H.) der Holzmasse. Es folgt dann in absteigender Reihe die Gegend von Tamins-Trins und jene des Forstkreises Bonaduz mit den Abhängen des Hinterrheintales (rechte Talseite, Domleschg) mit z. T. sehr guten Wuchsformen der Lärche und sehr geschätztem Holze und einer Beteiligung unserer Holzart am Waldaufbaue gleich 10 v. H. der Masse. Im Oberhalbstein ist auf Grund der Wirtschaftspläne der öffentlichen Waldungen des Forstkreises Tiefencastel die Lärche mit 6 v. H. der Stammzahlen vertreten, im Albulatale, Forstkreis Tiefencastel, mit 11 v. H. Im Kreise Thusis, Gegend Thusis—Andeer—Splügen, beträgt der Anteil der Lärche an der Bestockung nur 6 v. H.; je mehr wir uns der Außenlandschaft nähern, desto weniger vom Gelände kann die

---

[1]) Die Talsohle des Engadin liegt bei Martinsbruck 1040 m hoch, beim ersten der vier Oberengadiner Seen 1800 m ü. M.

[2]) Flury, Über die forstliche und volkswirtschaftliche Bedeutung der Lärche in der Schweiz, Schweizer. Ztschr. f. Forstwesen, 1929, Sonderdruck S. 9.

[3]) Krebs, Die Ostalpen, II. Bd., S. 42.

Lärche für sich erobern; so ist sie auch in der Gegend Chur-Arosa trotz
beträchtlicher Bergeshöhen (Aroser Rothorn 2985 m!) nur eingesprengt mit
etwa 6 v. H. des Holzvorrates. Im Forstkreise Prättigau sinkt ihr Anteil auf weniger
als 2 v. H. (12 v. T. des gemessenen Holzvorrates auf 10.700 ha) herab. Immerhin hat
das Rheintal oberhalb der Pforte von Ragaz noch inneralpines Klima[1]), die Vertretung
der Lärche in der Herrschaft der fünf Dörfer (Chur—Maienfeld) beträgt noch 9 v. H.
der Masse auf 5651 ha. Im Randgebirge nördlich von Ragaz—Maienfeld—Sarganz fehlt
sie jenseits der Grenzen Graubündens bis auf vereinzelte, außerhalb des geschlossenen
Verbreitungsgebietes befindliche, unbedeutende Kleinstvorkommen, z. B. am Gäbris[2]).

Abb. 27. Lärchenwald von Zuoz, Engadin, God dels Averts, mit natürlicher Verjüngung in Gruppen,
1900 m ü. M., Nordhang.   Aufnahme von Dr. H. Burger, Zürich.

Vertikale Verbreitung.

Das natürliche Vorkommen unserer Holzart innerhalb Graubündens liegt zwischen
550 und 2400 m. Die größten Höhen werden aber nur im Gebiete binnenländischer Wärmeverhältnisse der zentralalpinen Innenlandschaft erreicht, so im Oberengadin, wo die
Lärche mit wenig Ausnahmen die obere Waldgrenze bildet, die dort je nach Standort
und Bodenverhältnissen zwischen 2100—2300 m liegt (Val Bevers), wobei einzelne Bäume
noch bis auf 2400 m und mehr gedeihen. Im Puschlav liegt die oberste Wald- und Baumgrenze in einer Höhe von 2000—2200 m, als höchster Standort wird vom Forstamte
Poschiavo 2350 m (Südhang bei Val Viola) angeführt. Im Gebiete Zernez—Ofenpaß wird
auf Plan Larschaida die obere Waldgrenze durch lichten Lärchenbestand gebildet, „die
letzten windzerzausten Veteranen stehen bei 2300 m"[3]). In der Gegend Davos—Filisur
(Abb. 28) reicht unsere Holzart von den Talsohlen bis zur oberen Baumgrenze von etwa

[1]) K r e b s, a. a. O., II. Bd., S. 77.
[2]) C h r i s t, Pflanzenleben der Schweiz, 1879 (Karte der Verbreitung einiger Waldbäume).
[3]) B r a u n - B l a n q u e t, Eine pflanzengeographische Exkursion durch das Unterengadin, 1918,
S. 60.

120

2100 m. In den Gemeindewaldungen von Tiefencastel liegt die obere, nur mehr in Zwergform erreichte Grenze um 2000 m herum.

Daß in der Richtung gegen die Außenlandschaft, also gegen das R a n d g e b i r g e mit seinen ozeanischen kühlen Sommern, die o b e r e n B a u m g r e n z e n s i c h s e n k e n, ist auch aus der Karte von H. B r o c k m a n n - J e r o s c h, „Meereshöhen der Baumgrenzen in der Schweiz" [1]), Zürich 1928, gut ersichtlich. Während diese Karte z. B. in der Gegend von Pontresina eine Baumgrenzhöhe von 2400 m verzeichnet, gibt sie bei Filisur 2200, bei Thusis 2000, bei Chur 1900 m, bei Ragaz und Maienfeld 1800 m, bei Vaduz (Liechtenstein) 1700 m, bei Appenzell-Luzern 1600 m an.

Eine untere Grenze wird eigentlich nicht erreicht, sondern das nachweislich natürliche Vorkommen geht meist nach unten bis zu den Talsohlen, nach oben bis zur Baum-

Abb. 28. Lärchenweidwald, 1200 m ü. M., Filisur, Buel, Westhang.
Aufnahme von Dr. H. Knuchel, Zürich.

grenze. Doch nimmt die Häufigkeit von unten nach oben zu, zugleich mit der Abnahme der Wettbewerbsfähigkeit der Fichte, so daß in Höhenlagen über 1400 m das reichlichste Lärchenvorkommen festzustellen ist. Das B e s t m a ß der Verbreitung deckt sich aber nicht mit dem H ö c h s t s t a n d e: nur das häufigste Vorkommen finden wir in den höchsten Lagen des Waldes; hingegen jenes mit raschem Wuchse, besten Wuchsformen, gutem Gesundheitszustande und bester Holzbeschaffenheit in mittleren und tieferen Lagen.

Ein solches Beispiel der b e s t e n W u c h s l e i s t u n g („O p t i m u m") sah der Verfasser im Ragallerwald der Gemeinde Untervaz (Rheintal nördl. von Chur) in H ö h e n v o n e t w a 1000—1180 m; die Lärchen erreichen dort im Alter von 120—150 Jahren bis 45 m Scheitelhöhe und bis 70 cm Brusthöhendurchmesser bei guten Wuchsformen; Waldtyp: tiefgründiger Lehm, z. T. glaziale Ablagerungen auf Kreidekalk, Ost, 20⁰, Fichte (46 v. H. der Stammzahl) + Weißtanne (28 v. H.) + Lärche (23 v. H.) + Föhre (3 v. H.)

---

[1]) H. B r o c k m a n n - J e r o s c h, Die Vegetation der Schweiz, Beiträge zur geobotanischen Landesaufnahme, Heft 12, Zürich 1928, Kartenbeilage.

+ Buche (eingesprengt) — Asperula odorata — Oxalis acetosella — Actaea spicata — Polypodium vulgare — Majanthemum bifolium — Pirola uniflora.

Ein anderes Beispiel bester Wuchsleistung der Lärche ist der etwa 1100 m hoch gelegene Waldort Val da Larisch in der Gemeinde Tomils im Domleschg. In jenen inneralpinen Gegenden, in denen die obere Baumgrenze besonders hoch liegt und stellenweise bis 2400 m ansteigt, kann auch die obere Grenze des Gürtels optimalen Gedeihens noch um etwa 200 m höher liegen als in den angegebenen Beispielen.

In Bergün, Waldort Davos-Siala, 1600 m ü. M., erreichen die Fichten-Lärchenmischbestände auf gutem Boden in 150jährigem Alter Massen von 450 fm, der Haubarkeits-Durchschnittszuwachs beträgt also in dieser Höhe in dem angegebenen inneralpinen Gebiet noch 3 fm (Abb. 29).

Die standörtlichen Bedingungen.

Schon Christ hat 1879 darauf aufmerksam gemacht, daß die Lärche in der Schweiz vielfach für einen kalkfliehenden Baum des Urgesteines gehalten werde, weil ihr Klimagebiet in der Schweiz zufällig gerade mit dem Urgebirge zusammentreffe [1]). Auch 1925 heißt es noch in dem Werke „Die forstlichen Verhältnisse der Schweiz", herausgegeben vom Schweizerischen Forstvereine: „Die Lärche . . . . bevorzugt Urgestein gegenüber Kalk" [2]). Dagegen schließt Gams (Innsbruck) aus seinen Beobachtungen, daß „die Lärche auf kalkreichen Böden eher besser als auf kalkarmen gedeiht" [3]) und Vareschi schreibt 1931 in einer vegetationskundlichen Arbeit aus Tirol: „Die Lärche ist kalkliebend" [4]). In Wirklichkeit kommt die Lärche auch innerhalb Graubündens sowohl auf silikatischen als auch auf kalkigen Unterlagen häufig vor, auch aus den Tabellen 22—24 ist dies ersichtlich. Gesteine verschiedensten geologischen Alters und der mannigfaltigsten petrographischen Zusammensetzung, sowohl

Abb. 29. Lärche von 35 m Scheitelhöhe, 60 cm Brusthöhen-Durchmesser, guter Wuchsform, am Waldweg von Zinols bei Bergün in 1590 m ü. M.

Aufnahme L. Tschermak.

---

[1]) Christ, Das Pflanzenleben der Schweiz, Zürich 1879, S. 226.

[2]) Die forstlichen Verhältnisse der Schweiz, herausg. vom Schweizer. Forstverein, Zürich 1925, S. 82.

[3]) Gams, Die Pflanzenwelt Vorarlbergs, Heft 3 der Heimatkunde von Vorarlberg, S. 57.

[4]) V. Vareschi, Die Gehölztypen des obersten Isartales, Innsbruck 1931, S. 121.

basische als auch sauere, ergeben Verwitterungsböden, die für die Lärche geeignet sein
können, wenn es sich um Lagen innerhalb des ihr zusagenden Klimagebietes handelt. Im
Rheintale nördlich von Chur z. B. finden wir sie häufig auf Kalk.

Wie in den ganzen Ostalpen, so erweist sich auch in Graubünden die Lärche als
Holzart eines Klimas, das in bezug auf die V e r t e i l u n g   d e r   W ä r m e   ü b e r   d a s
J a h r   h i n   b i n n e n l ä n d i s c h e   Z ü g e   erkennen läßt. Wir haben das E n g a d i n
als einen Bezirk kennengelernt, in welchem die Lärche ein H ö c h s t m a ß   ihrer Verbreitung mit sehr hohem Bestockungsanteile findet. Da das Engadin durch eine in Anbetracht der Meereshöhe auffällige Niederschlagsarmut gekennzeichnet ist und ähnliche
Verhältnisse auch im lärchenreichen Kanton Wallis vorliegen, so lag der Schluß nahe,
daß unsere Holzart ihr Optimum in niederschlagsarmen Gebieten habe; allein unsere
Untersuchungen in anderen Teilen der Ostalpen haben gezeigt, daß sie häufig auch bei
reichen Niederschlägen, jedoch binnenländischen Wärmeverhältnissen ein Bestmaß ihres
Vorkommens aufweist (z. B. Blühnbachtal im Lande Salzburg u. a.). Welche Zusammenhänge ergeben sich nun im Engadin? Im Unterengadin, oberhalb der scharfen Talknickung
bei Martinsbruck, ist dem vom unteren Talgebiete eindringenden Regen der Zutritt ver-
wehrt und die Regenmenge ist die geringste im ganzen Tale [1]). Sie beträgt bei Martinsbruck 64 cm, Remüs 63, Schuls 65 cm. Im Oberengadin nimmt sie wieder zu, da dieses
vom oberen Ende über den Malojapaß Regen erhält (in großen Meereshöhen pflegen die
Niederschläge über die Wasserscheide hinüber zu reichen). In Bevers beträgt die jährliche
Niederschlagsmenge (nach Maurer-Billwiller) 84 cm, Sils-Maria 97, Maloja 126 cm.
W e n n   R e g e n a r m u t   a u s s c h l a g g e b e n d   w ä r e,   m ü ß t e   i m   U n t e r e n g a d i n   d e r
L ä r c h e n a n t e i l   g r ö ß e r   s e i n   a l s   i m   O b e r e n g a d i n.   Doch beträgt dieser Anteil im
Oberengadin von Bevers bis Sils 52 v. H. der Holzmasse, im Unterengadin, Forstkreis
Schuls, nur 27 v. H.! Im Bergell ist der Niederschlag beträchtlich (Castasegna bei 700 m
Meereshöhe 1440 mm Jahresmittel, Soglio, 1090 m, 1396 mm), trotzdem fallen der Lärche
15 v. H. der Holzmasse zu, sie erreicht ein hohes Alter, erzeugt wertvolles Holz und
zeichnet sich durch eine schlanke, vollholzige und gerade Schaftform aus. Das Bergell
nimmt „an der Regenmenge des insubrischen Seengebietes teil" (B r o c k m a n n - J e r o s c h,
Flora des Puschlav, 1907, S. 253). Im Unterengadin ist das pontische Florenelement sehr
reich vertreten, von 92 wärme- und trockenheitsliebenden, sogenannten xerothermen
Pflanzen des Tales sind mehr als die Hälfte pontisch [2]). Man hält sie für Steppenrelikte.

Ähnlich wie der Lungau oder das obere Drautal in Osttirol und andere Längstäler
im Alpeninneren ist auch das Engadin gegen die temperaturausgleichenden, im Winter
erwärmenden ozeanischen Luftströmungen abgeschlossen. Es hat von allen schweizerischen Stationen verhältnismäßig die tiefsten Wintertemparaturen. Im Sommer erwärmt
sich das Engadin stark, die Jahresschwankung der Temperatur ist groß, am größten in
Bevers, wo sie 21·7° erreicht, einen insbesondere in Anbetracht der Meereshöhe von 1713 m
sehr hohen Betrag! In den Gemeindewäldern von Bevers (Gravatscha, Curtins) ist die
Lärche auf 891 ha mit 60 v. H. der Holzmasse vertreten. Bevers hat das tiefste Januarmittel von allen schweizerischen Wetterbeobachtungsstellen. Dieser besonders lärchenreiche Standort ist also nicht durch die größte Regenarmut (Niederschlag 840 mm), wohl
aber durch eine auffallend große jährliche Wärmeschwankung ausgezeichnet. ·

Massenerhebungen, große, hoch in die Atmosphäre erhobene Flächen, haben infolge

---

¹) M a u r e r,   B i l l w i l l e r   u.   H e ß,   Das Klima der Schweiz, Frauenfeld 1909, S. 209;
B r o c k m a n n - J e r o s c h,   Die Vegetation der Schweiz, 1. Liefg., Zürich 1925.

²) J.   B r a u n - B l a n q u e t,   Eine pflanzengeographische Exkursion durch das Unterengadin und
in den schweizerischen Nationalpark, Zürich 1918, S. 5, 17 (Beitrag zur geobotan. Landesaufnahme 4).

der geringeren, über ihnen lagernden Luftmasse eine desto größere Einstrahlung. Die einzelnen Punkte der gehobenen Fläche beeinflussen einander gleichsinnig. Ist dagegen die Fläche durchfurcht und durch Täler in einzelne Gipfel zerlegt, so ist sowohl die Einstrahlung als auch die Ausstrahlung bedeutend vermindert: g r o ß e G e b i r g s m a s s e n zeigen deshalb die Neigung zu L a n d k l i m a, dagegen nähern sich E i n z e l g i p f e l z w i s c h e n breiten und tiefen, daher o f f e n e n T ä l e r n (R a n d g e b i r g e) d e m M e e r k l i m a[1]). Ein schönes Beispiel für den bedeutenden Unterschied in der Jahresschwankung auf frei gelegenen Berggipfeln einerseits und in Gebieten mit großer Massenerhebung anderseits bei gleicher Meereshöhe finden wir im „Klima der Schweiz"[2]) angeführt:

		Januar:	Juli:	Jahresmittel:	Jahresschwankung:
Bevers	(1713 m)	—9·9	11·8	1·3	21·7
Rigikulm	(1787 m)	—4·5	9·9	2·0	14·4

u. zw. liegt B e v e r s im Gebiete r e i c h s t e n L ä r c h e n v o r k o m m e n s, dagegen R i g i k u l m[3]) im l ä r c h e n f r e i e n W e s t w e t t e r g e b i e t e, in seinem Umkreise gedeihen Mischwälder, in denen frostempfindliche, „ozeanisch" gestimmte Arten vorkommen wie Stechpalme, Buche, Tanne und Eibe.

Dieselben Gesetzmäßigkeiten hinsichtlich der Lärchenverbreitung, die wir in allen übrigen Teilen der Ostalpen beobachten konnten, z. B. im Lande Salzburg: (Unterschied zwischen den Randgebirgen und dem Lungau bei gleicher Höhe), in Steiermark, Kärnten, Tirol, offenbaren sich auch hier! Treffend ist auch im „Klima der Schweiz" bei Besprechung der Wärmeverhältnisse des Engadins auf die Ähnlichkeit mit dem Lungau hingewiesen.

Auch in anderen Stationen des Engadins sind die Jahresschwankungen groß, so in Remüs (1236 m) 21·3⁰ (Jahresmittel 5·2⁰), Schuls (1243 m) 21·5⁰ (Jahr 5·3⁰), Zernez (1476 m) 21·4⁰ (Jahr 3·4⁰), Pontresina (1805 m) 19·4⁰ (Jahr 1·2⁰), Sils-Maria (1810 m) 19·3⁰ (Jahr 1·5⁰).

Als ein Beispiel für den Unterschied der Wärmeverhältnisse zwischen Randgebirge und Innenlandschaft bei gleicher Höhe sei noch die Gegenüberstellung der Höhenstationen Julier und Säntis angeführt. B r o c k m a n n - J e r o s c h nennt dieses Beispiel und sagt: „Im Juli ist es in gleicher Meereshöhe in der Gegend von Thusis-Julier wärmer als zwischen Altstätten und dem Säntis .... im Januar dagegen ist die Gegend des Säntis, immer in gleicher Meereshöhe verglichen, wärmer als die Gegend des Julier"[4]). Der Julier „mitten in der Graubündnerischen Massenerhebung" liegt innerhalb des Lärchenverbreitungsgebietes, dagegen der Säntis trotz seiner Höhe von 2500 m am lärchenfreien Alpenrande.

Im Engadin steigt nach einem langen und strengen Winter die Temperatur rasch an und erreicht im Sommer in Anbetracht der Höhenlage recht hohe Werte, die Viermonatstemperatur Mai—August beträgt in Schuls (1243 m) 13·4⁰, das Julimittel im Oberengadin bis zu 12⁰, im Unterengadin bis zu 15·5⁰ (Schuls-Remüs)[5]). Mittags, also zur Zeit der stärksten Einstrahlung, ist die Wärme im inneren Alpengebiete größer als im Randgebirge; A. de Q u e r v a i n s Isothermenkärtchen, umgerechnet auf die Höhe von 1500 m,

[1]) B r o c k m a n n - J e r o s c h, Vegetation der Schweiz, Heft 12, S. 281, unter Hinweis auf Brückner, Jegerlehner, De Quervain, Immhof u. a.

[2]) M a u r e r - B i l l w i l l e r - H e ß, a. a. O., S. 203.

[3]) Freistehender Voralpengipfel zwischen Vierwaldstätter- und Zugersee, 1787 m.

[4]) B r o c k m a n n - J e r o s c h, a. a. O., Heft 12. S. 288

[5]) Das Klima der Schweiz, S. 203, 206.

zeigen für 1 Uhr nachmittags ein Ansteigen der Temperatur von den nördlichen (und iu geringerem Betrage auch von den südlichen) Randgebieten gegen den Kamm der Alpen.

Die Bewölkung der Gebirgsstationen ist auch hier kleiner als die der außeralpinen Niederungen (Jahresmittel lt. „Klima der Schweiz" z. B. für Sils-Maria 5·2, Bevers 5·0, Schuls 4·4), ein Höchstmaß der Bewölkung fällt aber auf den Mai-Juni, die kleinste Bewölkung hat der Winter. Selbst Davos und Arosa hat (nach Brockmann-Jerosch, a. a. O., Heft 12, S. 247) in den Monaten der warmen Jahreszeit eine geringere Sonnenscheindauer als das schweizerische Mittelland, „die Bevorzugung der zentralen Alpen betrifft also nicht die Vegetationszeit".

Im Puschlavertale befinden wir uns in einem südlichen Alpentale. Nach Christ soll in diesen die obere Grenze der „insubrischen Stufe" mit natürlichen Hindernissen zusammenfallen, z. B. mit einem Riegel anstehenden Felsens oder mit dem Walle eines alten Bergsturzes. Daß diese Erscheinung auch im Tale des Poschiavino augenfällig zutrifft, darauf macht das Werk „Das Klima der Schweiz" (S. 243/44) aufmerksam: Brusio, 777 m, unterhalb des den See stauenden Schuttwalles gelegen, hat ein Januarmittel von 0·7, dagegen Le Prese (960 m) an demselben See —2·5; die Jahresschwankung in Le Prese beträgt 19·5⁰, das Temperaturmittel der vier Monate Mai—August 14·7⁰, das Jahresmittel 7·2⁰, mittlerer Niederschlag 1094 mm.

Im Bergell oberhalb Castasegna (700 m) kommt das Verbreitungsgebiet der Edelkastanie in Berührung mit dem der Lärche; da am Südhange der Alpen eine sehr rasche Wärmeabnahme mit der Höhe erfolgt, so ist es begreiflich, daß hier verschiedene Vegetationsgürtel sich berühren und ineinandergreifen, von denen der eine dem Süden angehört, der andere den Alpen. In Castasegna beträgt die Jahresschwankung 18·4; die Viermonatstemperatur 16·6⁰, das Jahresmittel 9·5⁰, der mittlere Niederschlag 1440 mm. Die Lärche ist im Bergell lt. Mitteilung des Kreisforstamtes Samaden nur vereinzelt auf der Sonnseite, dagegen auf der Schattseite stärker vertreten und in lichteren Beständen überall anzutreffen.

Da das Rheintal oberhalb der Pforte von Ragaz inneralpines Klima hat, was auch aus der Zugehörigkeit zur sogenannten Föhrenregion der Schweizer Alpen und aus dem Reichtume an xerothermen Arten hervorgeht [1], so kann das ganze Lärchenverbreitungsgebiet der Graubündner Ostalpen als ein mit inneralpinem Klima parallelgehendes bezeichnet werden. In Davos-Platz (Davos-Filisur: Lärche 15 v. H. der Holzmasse, schöner Wuchs) ist bei 1561 m Seehöhe das Jännermittel —7·4, Juli 12·1, die Jahresschwankung somit trotz der bedeutenden Seehöhe 19·5; der mittlere Jahresniederschlag beträgt 903 mm; Davos ist im Sommer ein warmes Hochtalbecken mit starker Einstrahlung, im Winter zeigt es intensive Ausstrahlung, seine tägliche Wärmeschwankung ist ganz besonders groß.

Splügen in 1469 m Seehöhe hat im Jänner —7·1⁰, im Juli 13·0⁰, Schwankung 20·1⁰, die äußerste Wärmeschwankung von Splügen während einer Beobachtungsdauer von 32 Jahren betrug 59·0⁰ (Klima der Schweiz, S. 158)! Der mittlere Niederschlag ist 1485 mm.

Im Forstkreise Bonaduz (Lärche 10 v. H. des Holzvorrates) ist der Niederschlag z. B. in Tomils (bei 823 m) im Mittel 900 mm, in Reichenau (600 m) Mittel 1066 mm, das Jännermittel der Temperatur beträgt —2·0, Juli 17·1⁰, Schwankung 19·1⁰, Jahr 7·9⁰, Viermonatstemperatur 15·2⁰.

---

[1] Braun-Blanquet, Die xerothermen Pflanzenkolonien der Föhrenregion Graubündens; Vierteljahresschrift d. naturforsch. Ges. Zürich 1917, zit. nach Kirchgraber, Hochgericht der Vier Dörfer, Zürich 1923.

In T h u s i s (706 m ü. M.) ergibt sich ein mittlerer Niederschlag von 980 mm, eine Jahresschwankung von 20·5⁰, ein Jahresmittel von 7·8⁰, eine Viermonatstemperatur von 15·6⁰.

C h u r (610 m) hat eine mittlere jährliche Niederschlagshöhe von 803 mm, eine Jahresschwankung (aus —1·6, 17·5) von 19·1, ein Jahresmittel von 8·2⁰, eine Tetratherme von 15·6⁰.

Im Rheintale zwischen Chur und Ragaz, bei den Orten Maienfeld, Malans, Untervaz usw. reicht das natürliche Lärchenvorkommen in Mischbeständen bis in die u n mittelbare Nachbarschaft von Weinbergen, ein hohes Alter einzelner Lärchenstämme verbürgt die Urwüchsigkeit dieses tief gelegenen Lärchenvorkommens, so wurden z. B. im Buchwalde bei Malans bei 600—650 m über 200jährige Lärchen genutzt.

R a g a z (517 m, mit Lärchenvorkommen von etwa 550 m an) besitzt eine Jahresschwankung von 19·6⁰, Viermonatstemperatur von 16·2⁰, Jahresmittel 8·8⁰, mittleren Niederschlag von 1045 mm; mit hygrischer Kontinentalität im Sinne von G a m s[1]) geht hier das Lärchenvorkommen nicht parallel, wohl aber auch noch an dieser seiner Grenze immerhin mit thermischer.

V e r g l e i c h   m i t   d e r   V e r b r e i t u n g   d e r   B u c h e   u n d   a n d e r e n
H o l z a r t e n.

Im Engadin fehlt die Buche, weil sie den langen strengen Winter des gegen atlantische Luftströmungen abgeschlossenen zentralalpinen Längstales nicht verträgt. Während sie im nahen nördlichen Vorarlberg, im Westwettergebiete des Randgebirges mit ausgeglicheneren Temperaturverhältnissen, allgemein verbreitet ist und z. B. am Gapfahler Falben, Bez. Feldkirch, noch bis 1690 m (S, 30⁰, in Strauchform) emporzusteigen vermag, fehlt sie dagegen im Engadin auch an der tiefsten Stelle bei Martinsbruck (1040 m) und in dem ganzen langgestreckten Tale. Auch andere Laubhölzer treten vollkommen zurück, nur hie und da finden sich ganz vereinzelte Espen (Populus tremula), Weißerlen (Alnus incana), Vogelbeerbäume (Sorbus aucuparia), Traubenkirschen (Prunus Padus), Birken und Ulmen, sonst herrscht im ganzen Engadin mit überwältigender Deutlichkeit das Nadelholz, Fichte, Lärche, Arve, Föhre. Sein Gürtel ist in der Innenlandschaft im Vergleiche zum Randgebirge nach zwei Seiten gewaltig verbreitert: sowohl nach oben, weil das b i n n e n l ä n d i s c h e Klima mit w ä r m e r e n Sommern jenen Arten, die der Winterkälte Widerstand zu leisten vermögen, ein A n s t e i g e n   z u   g r ö ß e r e r   H ö h e ermöglicht (vgl. den Abschnitt über die vertikale Verbreitung, Hinweis auf die Karte „Meereshöhen der Baumgrenzen in der Schweiz", von B r o c k m a n n - J e r o s c h, S. 121 dieser Arbeit), als auch nach unten, weil die strengen Winter des binnenländischen Klimas schon bei geringer Höhe das Laubholz ausschließen. Die Traubenkirsche finden wir hauptsächlich in einer „gedrungenen, xerophylen Bergform mit aufrechten Blütentrauben und derben, unterseits blaugrünen Laubblättern"[2]).

Berücksichtigt man auch noch den buchenfreien Teil des Inntales auf der Tiroler Seite zwischen Martinsbruck und Imst, so ist die Talstrecke zwischen Malojapaß und Imst, auf der ausschließlich aus klimatischen Gründen das Nadelholz ohne Buche herrscht, etwa 140 km lang, dabei beträgt die Meereshöhe von Imst nur 716 m, auch sind in diesem

---

[1]) G a m s, Die klimatische Begrenzung von Pflanzenarealen und die Verteilung der hygrischen Kontinentalität in den Alpen; Ztschr. d. Ges. f. Erdkunde, Berlin 1931, 321; 1932, 52, 178.

[2]) B r a u n - B l a n q u e t, Eine pflanzengeographische Exkursion durch das Unterengadin, Zürich 1918, S. 9.

buchenfreien Gebiete Kalk- und Dolomitgesteine weit verbreitet. Auch jenseits des Malojapasses, im Bergell, fehlt die Buche, desgleichen im Puschlav[1]). Da sich dieselbe Erscheinung in allen zentralalpinen Längstälern der Ostalpen wiederholt (vgl. die Angaben über den Lungau in Salzburg, S. 20, über Steiermark, Kärnten, Tirol, S. 75, 94, 109), so ist an der klimabedingten Gesetzmäßigkeit nicht zu zweifeln.

Hinzugefügt sei noch folgender Vergleich: Der Reißkofel in den Gailtaler Alpen Kärntens und die Gegend von Sils-Malojapaß im Engadin haben ungefähr die gleiche geographische Breite; am Reißkofel-Westhang treten sogar in 1830 m Meereshöhe nach A i c h i n g e r noch baumförmige Buchen auf, weil hier durch das Tagliamentotal und Nebentäler ozeanische Luftmassen heranströmen[2]). In gleicher (und geringerer) Höhe herrschen in der Gegend von Sils unter den wesentlich abweichenden Klimabedingungen Arve, Lärche und Fichte.

Im Engadin fehlen ähnlich wie z. B. im Lungau des Landes Salzburg die meisten ein ozeanisches und auch manche ein mittleres Klima bevorzugende Arten; so fehlt die Eibe (Taxus baccata), die Stechpalme (Ilex aquifolium), sowie bis auf ganz vereinzeltes Vorkommen auch die Tanne (Abies pectinata)[3]). Auch im Puschlav ist die Tanne nur an ganz wenigen Orten vereinzelt (B r o c k m a n n - J e r o s c h, a. a. O., S. 258). Die Lärche erreicht dagegen gerade in solchen Gebieten (Lungau, Draugebiet Osttirols, Engadin) ein Höchstmaß ihrer Verbreitung. Aus dem völligen Fehlen der ozeanisch gestimmten Holzarten im Engadin dürfen wir hinsichtlich der Standortsbedingungen dieses hauptsächlichen Lärchenverbreitungsgebietes dasselbe schließen, wie aus den Ausführungen des vorigen Abschnittes!

In den verhältnismäßig tieferen Lagen der inneralpinen Gebiete, z. B. im Unterengadin, dann im Forstkreise Davos-Filisur, kommt die ein kontinentales Klima bevorzugende Föhre urwüchsig mit beträchtlichem Bestockungsanteile (15 v. H. und 11 v. H.) vor.

Erst in jenen Teilen des Graubündnerischen Lärchenverbreitungsgebietes, die mehr gegen die Grenze des Lärchenvorkommens hin gelegen sind und in denen das Scharfe und Extreme im Wärmegange immerhin etwas gemildert ist, ist auch die Buche in Mischbeständen vertreten, so in den Kreisforstämtern Plessur, Prättigau und Herrschaft der fünf Dörfer, doch ist der Lärchenanteil in diesen Gebieten wesentlich kleiner als im buchenfreien Alpenzentrum. Die Mischung Lärche + Buche (häufig noch mit Tanne, Föhre, Fichte) ist auch dort von Natur aus auf ansehnlichen Flächen und in einem breiten Höhengürtel zu beobachten, aus geschichtlichen Beweisen ergibt sich die Ursprünglichkeit dieser Mischung. Gute Wuchsformen der Buchen, deren Scheitelhöhen meist bedeutend von jenen der Lärchen übertroffen werden, finden sich nicht gerade allzu häufig; auf k l i m a t i s c h e B e d i n g t h e i t dieser Erscheinung darf aber nicht allgemein geschlossen werden, weil die Buchen vielfach nicht aus Samenaufschlag entstanden sind, sondern dem ehemals geübten Stockausschlagbetriebe ihre Entstehung verdanken; ihre oft schlechteren Wuchsformen können also auch aus dieser Ursache entstanden sein.

---

[1]) B r o c k m a n n - J e r o s c h, Die Flora des Puschlav, Leipzig 1907, S. 250.
[2]) A i c h i n g e r, Vegetationskunde der Karawanken, Jena 1933, S. 278.
[3]) Vgl. in dem Artikel: E n d e r l i n, Verbreitung der Lärche, Schw. Ztschr. f. Fw. 1929, S. 321 ff., Tab. 3, prozentuale Verteilung des Holzvorrates nach Hauptholzarten. (Nach H e g i, Illustr. Flora von Mitteleuropa, I. Bd., S. 83 ist die Tanne im Oberengadin, jedoch selten, bis gegen 1900 m).

Im Jahre 1459 wurde eine „Holzbeschau" in den landesfürstlichen Wäldern des Oberinntales durchgeführt. Sie wurde vom Pfannhausamt der Saline Hall in Tirol veranlaßt. Das Ergebnis der Beschau ist in einer einfachen Waldbeschreibung niedergelegt, welche sich unter dem Titel „beschaw der holzwerch" in dem liber officii salinae Hallensis findet [1]. Die Beschauleute kamen auch ins Engadin, in welchem sie viel Lärchenholz in schönen Wäldern fanden:

„Item darnach sind wir chomen über dy alm Vim durch Pruystertal in Engedein da haben wir gesehen vil alter gewachsner herlicher guetter wäld da vil lärchin holz ynn ist dye iez und wenn man nii wil zu bringen sind der man sich vast wol getrösten mag.

Und haben auch darinn gesehen vil schöner junger weld dy nach lust herwachsen ettlich sind in mitterem gewachs und ettlich in jungern gewächs. Item so wachsen dy weld im Engedein gar schon und gern herwider und haben vast gut gefert auff das wasser in und auff ander päch."

Auch alte Geräte aus Lärchenholz sprechen für die Ursprünglichkeit des Lärchenvorkommens. Eine „Buchdruckerei aus Strada" (Unter-Engadin, unweit Martinsbruck) aus dem 17. Jahrhundert, aufbewahrt im Rhätischen Museum zu Chur, besteht zum Teil (und zwar die seitlichen Bohlen und ein starker Querbalken für die Presse) aus Lärchenholz. Die Gemeindekanzlei St. Moritz, Oberengadin, gab betreffs der Ausgrabungen bei den Mineralbädern folgende Auskunft: „Die prähistorische Quellfassung besteht aus zwei großen, roh behauenen und ausgehöhlten Lärchen, Zeit ca. 1500 v. Chr. Geburt. Auch die Umgebung war mit Lärchenbohlen eingefaßt. Diese sogenannten Lärchenfässer und Bretter befinden sich im Engadiner Museum in St. Moritz."

Auch der geschichtliche Nachweis, daß etwa von Imst aufwärts im Inntal die Buche von Natur aus fehlte, läßt sich mit Hilfe der Weistümer erbringen. Die alten Rechtssatzungen jener Tiroler Orte nämlich (unterhalb Imst), in welchen heute noch die Buche vorkommt, zählten auch in früheren Jahrhunderten unter den zu schonenden Bäumen regelmäßig Lärche und Buche auf [2]; die Weistümer der Orte im buchenfreien Gebiet (Inntal oberhalb Imst) dagegen nennen nur Nadelhölzer und von Laubhölzern die Erle, aber nicht die Buche. So führte eine „Dorf- und Gemeindsordnung" von Fließ (im Inntal unterhalb der Schweizer Grenze, gegen Landeck) bei Aufzählung der Hölzer, die nicht aus der Gemeinde verkauft werden dürfen, an: „Lärchenes, zirmenes, feichtenes", dann „öhrlene scheitter" [3]. In Imst war laut einer Handschrift des 17. Jahrhunderts im Weistum das Verbot enthalten, Zimmerholz, „es sei feichten oder lärchen", ohne Not zu zerhacken [4]. Auch ein Weistum von Landeck, Perg.-Handschrift von 1548, erwähnt „feichtenholz" und „lärchenholz" [5]. Wenn schon unterhalb der Schweizer Grenze, zwischen Martinsbruck und Imst, die Buche von Natur aus nicht vorhanden war, so darf für das Engadin noch weniger an der Ursprünglichkeit ihres Fehlens gezweifelt werden.

Daß die Lärche auch im nördlichen Teil des Kantons Graubünden, an der nörd-

---

[1] Trubrig J., Eine „Holzbeschau" in den landesfürstlichen Wäldern des Oberinntales im Jahre 1459, Österr. Vierteljahresschr. f. Forstw., 1896, S. 346 ff., bes. 354.

[2] Vgl. z. B. Weistum von Lichtenwert, Unterinntal, im Abschnitt „Tirol", S. 112 vorliegender Arbeit.

[3] Tiroler Weistümer, II. Teil (Österr. Weist. 2.—5. Bd.), Wien, S. 232.

[4] Tiroler Weistümer, II. Teil, S. 157.

[5] Tiroler Weistümer, II. Teil, S. 290.

lichen Grenze ihres gegenwärtigen Verbreitungsgebietes, ursprünglich vorkommt, geht aus einer Reihe geschichtlicher Angaben hervor. In J e n i n s verkaufte 1544 die Gemeinde etlichen ihrer gleichfalls zu Jenins seßhaften Nachbarn die „ob dem Schloß Aspummt" gelegenen gemeindeeigenen Güter „mit Ausnahme des Lerchwaldes"[1] in 920—1020 m ü. M. Ein Waldort im Gemeindegebiet (Böden-Weid) trägt die Ortsbezeichnung „Lärch-bosten". 1822 wurde beschlossen, auf dem Scheibenbühl, da aller dortige alte Buchwald ausgehauen sei und „die alten ausgewachsenen Lärchen" leicht durch den Sturmwind geworfen werden könnten, solche zu verkaufen; die „alten ausgewachsenen Lärchen" dürften mindestens 100jährig gewesen sein, ihr Wachstum somit um 1722 oder früher begonnen haben, und zwar am gleichen Standort wie der „alte Buchwald", 780 bis 850 m.

In Untervaz wurde 1797 ein unmittelbar ober dem Dorfe in bloß 700 bis 800 m Meereshöhe gelegener „Buchwald von der Fallen aufwärts bis an die Hinder-Payols-Wiß" als Bannwald erklärt, wo „Lärchis und Buches" in Bann ist[2]. Auf jeden Stamm Lärche und Buche in diesem Bannwald setzte die Gemeinde eine Buße von 6 Gulden. D a m i t i s t b e w i e s e n , d a ß s c h o n i n d e r g e r i n g e n H ö h e v o n 700 b i s 800 m L ä r c h e u n d B u c h e , ä h n l i c h w i e h e u t e , g e m i s c h t v o r k a m e n . In späteren Mehrheitsbeschlüssen der Gemeinde, z. B. 1828, wurde auf die Buße von 6 Gulden für jeden Lärchenstamm als „die alte Taxe" wiederholt hingewiesen. Ein Wald-ort im Gemeindewald (in 900 bis 1000 m Höhe) trägt die alte Bezeichnung „Lärchenstotz". Andere Waldorte in seiner Nähe heißen „Buchhölzli" (700—900 m), „Föhrenwald", dann „Weißtannenwald" zwischen 1300 bis 1400 m. Im Jahre 1784 wurde auch wegen der „Lärchen unter Ormunt" (heute: Zamunter Wald, 1100 bis 1200 m) Beschluß gefaßt. Ein Haus in Untervaz (Nr. 38) hat über dem Hofeingang einen Lärchen-Durchzugsbalken mit der Jahreszahl 1697 (von einem mindestens 100jährigen Baum).

Auch im Prättigau kommen Buche und Lärche gemeinsam vor, auch dort ist das Lärchenvorkommen ursprünglich. So hat die Gemeinde Jenaz am 21. Dezember 1585[3] sämtliche Lärchen von dem großen Tobel außerhalb Mundia (Falcannmien) bis an den Gramschabach in Bann erklärt und die Buße für Holzfrevel in diesem Bezirk auf 1 Pfund Pfennig festgesetzt. Die Meereshöhe beträgt im untersten Teil des Tobels etwa 950 m, beim Maiensäß Muntje 1509 m, der Caranscha-Bach reicht bis an die Waldgrenze.

Aus einer Waldordnung der Gemeinde Fideris (Prättigau) vom 12. März 1796 geht hervor, daß der Bezug von Lärchenholz aus dem Kirchenwalde bei Strafe des Verlustes der Gemeinderechte verboten wurde[4]. Der Kirchwald weist jetzt holzreichen Fichten-bestand auf, andere Abteilungen im Gemeindegebiet enthalten Lärchen mit Buchen gemischt und Lärchenweidwaldungen, die Waldkarte der Gemeinde führt die Ortsbezeich-nung „Lärchwald" (zwischen 900 bis 1100 m ü. M.) an.

Laut Mitteilung des Konservators des Rhätischen Museums, Prof. Dr. L. J o o s , sind die Pfahlroste ehemaliger Brücken in der Nähe von Chur bei Felsberg und bei Reichenau zweifellos aus Lärchenholz; die Pfahlrost-Reste unterhalb Reichenau sind über 200 Jahre alt. Bei der Kirche St. Georg bei Rhäzüns befand sich bis in das 17. Jahrhundert die sogenannte Feldiser Brücke, Reste ihres Brückenkopfes (auf der rechten Rheinseite) sind zeitweise sichtbar, und zwar ein auf dem ursprünglichen Fundament liegender Balken

---

[1] Archiv Jenis, Nr. 87.

[2] Gemeindebuch Untervaz, 1817 neu angelegt mit Abschriften aus dem zerrissenen alten Ge-meindebuch, S. 19.

[3] Gemeindearchiv Jenaz, Nr. 76.

[4] Gemeindearchiv Fideris, Nr. 128.

mit Stemmlöchern für die Träger der beiden Haupttragbalken, dieser Rest soll aus Lär-
chenholz und mindestens 300 bis 400 Jahre alt sein. Die Tardisbrücke über den Rhein bei
Landquart wurde 1529 erbaut, das Lärchenholz dazu bezog man aus Valendas im Bündner
Oberland.

Eine „Stoffdruckerei aus Churwalden" aus dem 17. oder 18. Jahrhundert, aufbewahrt im Rhätischen Museum zu Chur, besitzt eine mächtige, etwa 10 cm starke Tisch-
platte aus Eichenholz, das Tischgestell unter dieser Platte ist größtenteils aus L ä r c h e n-
h o l z hergestellt.

Abb. 30. 80-jähriger Mischbestand von Fichte und
Lärche, Tomils, Domleschg, 1100 m ü. M.

Aufnahme L. Tschermak.

Abb. 31. „Buchwald bei Malans", 650 m, Lärche
mit Buche und Fichte; Lärche etwa 80-jährig,
26 m, Buche niedriger.

Aufnahme L. Tschermak.

Mischholzarten, Waldtypen.

Seit langem ist den Pflanzenkundigen wohl allgemein bekannt, daß die Lärche in
Graubünden in den Hochlagen in Gesellschaft von Arve und Fichte vorkommt. Dagegen
wurde nur selten oder kaum festgestellt, daß sie sich auch in diesem Kanton in den
Buchen- und Buchen + Tannen-Waldgesellschaften als natürlicher Bestandteil in geringeren Meereshöhen häufig findet. Auf Beispiele aus dieser Gruppe von Waldtypen möchte
daher der Verfasser auf Grund seiner eigenen Bereisungen und Aufnahmen zunächst
eingehen.

Wir finden die Mischung Buche + Lärche in ursprünglichem Vorkommen im Rheintal nördlich von Chur schon in Meereshöhen von 550 m an, im Prättigau, im Schanfigg, im
Rheintal südwestlich von Chur bis in die Gegend von Ilanz. Die Waldtypen der besten

unter den vorkommenden Standortsklassen pflegen w a l d m e i s t e r r e i c h e B u c h e n -
+ L ä r c h e n wälder oder ebensolche T a n n e n + B u c h e n + L ä r c h e n + F i c h -
t e n w ä l d e r (des öfteren mit eingesprengter Kiefer) zu sein. Bestände solcher Typen
wurden in großer Zahl beobachtet in den Gemeindegebieten von Haldenstein, von Untervaz, von Malans (vgl. Abb. 31), Maienfeld usw.; im O l d i s w a l d des Bistums Chur im
Gelände der G e m e i n d e H a l d e n s t e i n wurde bei 560 bis 600 m, NO, Kalk, hie und
da etwas Moräne, aufgenommen: Fagus silvatica + Larix europaea — Oxalis acetosella
— Asperula odorata — Sanicula europaea, im 100jährigen Bestand die besten Lärchen
über 30 m hoch, die Buchen nur bis 26 m (Buche in der Innenlandschaft häufig nicht
mehr im Optimum!). Nur unten besteht die Mischung bloß aus Buche + Lärche, nach oben
zu (zwischen 600 bis 870 m) finden sich Mischbestände von Buchen, Lärchen, Fichten,
Weißtannen, z. B. Larix europaea (0·2) + Fagus silvatica (0·3) + Picea excelsa (0·2) +
Abies pectinata (0·1) — Asperula odorata — Oxalis acetosella — Hedera Helix — Pirola
uniflora; Scheitelhöhen der etwa 100jährigen Lärchen über 30 m, sehr schöne gerade
Stämme, vorzügliche Wuchsformen (bei 700 m Meereshöhe), Scheitelhöhen der Fichten
und Tannen dagegen (Mittel für über 50 cm Durchmesser) nur etwa 29 m, Buche 26 m.
In den unteren Lagen (600 bis 700 m) wird die Fichte häufig rotfaul, die Lärche dagegen
bleibt gesund und beweist durch ein erreichbares hohes physisches Alter die U r s p r ü n g -
l i c h k e i t ihres Vorkommens. Die Pirola-Arten gelten oft als ausgesprochene Begleiter
des Fichtenwaldes, sie finden sich aber (auch uniflora) hier und in Untervaz auch in
fichtenärmeren oder fichtenfreien Mischbeständen, bezw. in solchen, in denen die Fichte
rotfaul wird. In den Abteilungen 1—7, Oldiswald, 560 bis 870 m ü. M., beträgt der stärkste
Durchmesser bei Lärchen bis 80 cm, Fichten und Tannen bis 70 cm, Buche bis 60 cm, auf
die Buche entfällt daher — bei 41 v. H. der Stammzahl — nur 34 v. H. der Masse; bei
Lärche und Tanne dagegen ist (woraus auf die gute Wettbewerbsfähigkeit dieser Arten
im Bestande geschlossen werden kann) der Hundertsatz der Masse größer als jener der
Stammzahl: Lärchen 22 v. H. der Stammzahl, 24 v. H. der Masse. Der laufende jährliche
Zuwachs wurde vom Kreisforstamt mit 6·25 fm (je Hektar) ermittelt. Innerhalb der 7 Abteilungen ist auch die Weißkiefer mit 4 v. H. der Stammzahl und auch der Masse vertreten.

Andere Aufnahmen fanden in der Gemeinde U n t e r v a z (Rheintal, nördlich von
Chur), z. B. im R a g a l l e n w a l d mit b i s 45 m h o h e n Lärchen, statt: Tiefgründiger
Lehmboden aus Moränenmaterial verschiedener Gesteine (einschließlich Granit mit großen
Feldspatkristallen), aufgelagert auf Kreidekalk, 1130 m,O, zum Teil NO, 20°; Picea excelsa
(0·4) + Abies pectinata (0·2) + Larix europaea (0·3) + (eingesprengt) Fagus silvatica +
(eingesprengt) Pinus silvestris — Asperula odorata — Oxalis acetosella — Paris quadri-
folia — Pirola uniflora — Majanthemum bifolium — Polypodium vulgare (Felsblöcke dicht
besiedelnd); die Scheitelhöhen der Lärchen im 120- bis 150jährigen Bestand bis 45 m,
Fichten bis 40 m, laufender Zuwachs (in der aufgenommenen besten Teilfläche) 5·5 fm je
Hektar, ungleichalterig, die stärksten Lärchen bis 90 cm Brusthöhendurchmesser.

Im u n t e r e n Teile des gleichen Waldgebietes (Untervaz) finden wir wieder die
Mischung Buche + Lärche, z. B. Waldort Halbmil, 640 m, O. steil, Kreidekalk, 68jähriger
Bestand, Versuchsfläche der Schweizerischen forstlichen Versuchsanstalt, Larix europaea
(Hauptbestand) + Fagus silvatica (Unterwuchs, vielfach Stockausschlag infolge früherer
Freinutzung der Buchen) — Sanicula europaea — Hepatica triloba — Paris quadrifolia
— Corylus Avellana, Gesamtleistung (bleibender Bestand + Nutzung) 8·9 fm je Hektar.

Da schon südlich von der P f o r t e v o n R a g a z an im Gebirgsinneren die Züge
des Landklimas, wenn auch zunächst noch mäßig, zu erkennen sind, so fällt fast im gan-

zen Gebiet auch der W e i ß f ö h r e ein natürlicher Anteil an der Bestandesmischung
zu. Er beträgt in den eingerichteten öffentlichen Waldungen des Forstkreises I (Herrschaft
5 Dörfer) 14 v. H. des Holzvorrates, im ganzen Kanton 6·3 v. H. [1]. So ergaben Aufnahmen
in den Beständen des „B u c h w a l d e s v o n M a l a n s" oder des „F ö h r l i - W a l d e s
v o n F l ä s c h" folgendes: Sanft geböschte Schuttkegel nahe der Talsohle, 620 m, Kalk
und Bündnerschiefer, Pinus silvestris (0·3) + Larix europaea (0·2) + Fagus silvatica (0·3,
meist Stockausschlag) + Picea excelsa (0·1) + (eingesprengt) Quercus sessiliflora + (eingesprengt) Acer campestre + (eingesprengt) Sorbus Aria — Asperula odorata — Prenanthes purpurea — Hedera Helix — Sanicula europaea — Cyclamen europaeum —
Mercurialis perennis — Vinca minor — Pirola secunda; Scheitelhöhen (Föhrli) Föhren
30 m, Lärchen bis 35 m; während stärkere F i c h t e n i n d i e s e r v e r h ä l t n i s -
m ä ß i g t i e f e r e n L a g e (620 m) r o t f a u l werden, kommen dagegen bei den
F ö h r e n u n d L ä r c h e n b i s 180 j ä h r i g e g e s u n d e S t ä m m e vor!

Hier ist also auch die T r a u b e n e i c h e im Mischbestand mit der L ä r c h e und
den anderen genannten Arten vertreten. Im Rheintal Graubündens (weitere Umgebung von
Chur) ist das Vorhandensein beider Holzarten, Lärche und Eiche, ein ursprüngliches. Hinsichtlich der dortigen Eichen, insbesondere auf Südhängen, hat K a r l A l f o n s M e y e r
die geschichtlichen Nachweise der Ursprünglichkeit der Öffentlichkeit vorgelegt [2]. Bei
Tamins oberhalb des Rheins hat B u r g e r an einzelnen Traubeneichen bis 140 cm Brusthöhendurchmesser und 20 m Höhe gemessen. Auf das waldbaulich bemerkenswerte
Zusammentreten der Eiche mit der Lärche in der Gegend von Tamins hat schon
K. A. M e y e r aufmerksam gemacht. Abb. *32* stellt einen Eichen- und Lärchen-Weidwald
bei Tamins dar.

In den Waldungen um Malans tritt auf Standorten, die etwas höher liegen als der
vorhin genannte „Buchwald", auch schon die Fichte mit beträchtlichem Bestockungsanteil
in die sonst gleiche Mischung ein, z. B. S t e i g w a l d d e r S t a d t M a i e n f e l d, 800 bis
830 m, W, sanft geböscht, Kalk, Picea excelsa (0·2) + Abies pectinata (eingesprengt) +
Pinus silvestris (0·4) + Larix europaea (0·2) + Fagus silvatica (0·2) — Pirola secunda
— Hedera Helix — Sanicula europaea — Hepatica triloba — Fragaria vesca — Hypnum
splendens auf den Felsblöcken — Asperula odorata; die 120- bis 150jährigen Lärchen sind
bis 30 m, im Mittel 27 bis 28 m hoch, die Brusthöhendurchmesser der stärksten betragen
70 bis 80 cm, viele Stämme sind durch vorzügliche Wuchsformen (auch bei Anwendung
des gleichen Maßstabes wie bei der Sudetenlärche) ausgezeichnet.

Hingegen kommen bei der Buche in diesem ganzen Gebiet gute Wuchsformen nicht
allzu häufig vor, immerhin gibt es z. B. im Haldensteiner Oldiswald oder im Grenzgebiet
des Buchenvorkommens bei Ilanz noch hochstämmige, bis etwa 30 m hohe Buchen. (In
A u ß e n landschaften, Randgebirgen der Alpen, weisen Lagen der gleichen Meereshöhen
öfter 40 m hohe, glattschaftige, astreine Buchen auf, wie sie die Innenlandschaft gar nicht
kennt.) Im Flimser Gebiet z. B. (Grenzgebiet der Buchenverbreitung gegen die buchenfreien zentralen Teile der Innenlandschaft) werden die Buchen laut Mitteilung dortiger
Fachgenossen zwar noch 20 m hoch, bilden aber nur 4 bis 5 m hohe Schäfte und lösen
sich dann schon, bei lichter Stellung, in astige Kronen auf. Im Hinterrheintal hört das
Buchenvorkommen schon bei einer Lage der Talsohle in etwa 650 m trotz der geringen
Meereshöhe gänzlich auf (dagegen gehen in der wintermilden Außenlandschaft, z. B. auf

---

[1] E n d e r l i n, Über die Verbreitung der Lärche im Kanton Graubünden, Schweizer. Zeitschr.
f. Forstw. 1929, Tabelle III.

[2] K. A. M e y e r, Geschichtliches von den Eichen in der Schweiz, Mitt. d. Schweizer. Central-
anstalt f. d. forstl. Versuchswesen XVI, 2, Zürich 1931, S. 233 ff., bes. S. 269 und 413.

den Bergen bei Feldkirch, Vorarlberg, die obersten Strauchbuchen bis 1690 m! [1]) Auch
Dr. H a g e r [2]) teilt mit, daß im Grenzgebiet des Buchenvorkommens bei Ilanz außer den
dem Koniferenwald beigemischten 30 m hohen Buchen häufig auch niedrigere mit besonders stark ausgebildeten Baumkronen vorkommen, er führt die breiten Kronen auf den
Schneedruck zurück, nach den Untersuchungen des Verfassers ist jedoch häufig die Schädigung des Haupttriebes durch Frost, daher Bildung zahlreicher schwacher Triebe statt
des einen Leittriebes, die Ursache der kurzen Schäfte und mächtigen Kronen. Dabei reicht
das Buchenvorkommen bei Ilanz nach oben nur bis rund 1100 m. Da Schneedruckschäden
in niederschlags- und schneereichen Randgebirgen mindestens ebenso häufig sind wie in

Abb. 32. Eichen- und Lärchenweidwald bei Tamins, 8 km westlich von Chur, 800 m ü. M., Südhang; beide
Holzarten im Rheintal Graubündens natürlich vorkommend.

Aufnahme H. Burger, Eidg. Anstalt f. d. forstl. Versuchswesen.

der Innenlandschaft, die Randgebirge aber trotzdem bis zu 800—1000 m Höhe sehr oft
Bestände bestgeformter Buchen aufweisen, so kann der Schneedruck nicht die hauptsächliche Ursache der Breitkronigkeit sein. In Langen am Arlberg (mit 1848 mm mitt-
lerem jährlichen Niederschlag) kommen noch bei 1325 m Seehöhe im fast reinen Buchenbestand, S, 30 bis 40⁰, Kalk, recht gut geformte, 20 m hohe, bis zu 8 m astreine Buchen vor.
    In größerer Meereshöhe in den Ostalpen Graubündens, z. B. im G e b i e t d e s
K u n k e l s p a s s e s (Forstverwaltung Tamins, Abt. 27) finden wir auch im k r ä u t e r-
r e i c h e n Waldtyp dennoch bloß m i t t l e r e Klassen der Standorts- und Bestandesgüte:
1500 m ü. M., Jurakalk, W, 25⁰, etwa 150jähriger Bestand, noch kein Plenterbetrieb, infolge

---

_{[1]) T s c h e r m a k, Die Verbreitung der Rotbuche in Österreich, Wien 1929, S. 31.}
_{[2]) Dr. P. K. H a g e r, Disentis, Verbreitung der wildwachsenden Holzarten im Vorderrheintal,}
Bern 1916, S. 139.

kleiner Windwurf- und Schneedrucklöcher unvollkommener Schluß, Picea excelsa + Abies
pectinata + Larix europaea + Fagus silvatica — Polygonatum verticillatum — Aconitum
Napellus — Pirola uniflora — Paris quadrifolia — Oxalis acetosella — Vaccinium Myrtillus — Alchemilla alpina (Silbermantel); Lärchen und Fichten erreichen (etwa 150jährig)
27 bis 28 m Scheitelhöhe, Tannen nur 26—27 m oder weniger, Buchen nur 12 bis 15 m!

G e r i n g e r e Standorts- und Bestandesgüte als die bisher angegebene läßt der
h e i d e l b e e r r e i c h e Mischwald erkennen: Gebiet des Kunkelspasses, Abt. 18, Waldort
Balsura, 1400 m, heidelbeer- und preißelbeerreicher Hügel, Picea excelsa (0˙5) + Abies
pectinata (0˙2) + Pinus silvestris + Larix europaea (zusammen 0˙1) + Fagus silvatica
(0˙2) — Vaccinium Myrtillus — Vaccinium Vitis idaea — Melampyrum pratense — Hepatica triloba — Majanthemum bifolium — Veronica urticifolia — Scheitelhöhen 170jähriger
Lärchen bloß 23 bis 25 m, Holz engringig (im Alter von 170 Jahren 42 cm Durchmesser).

Damit sei die Besprechung von Waldtypen aus jenem Gebiet, in welchem ein
Ü b e r s c h n e i d e n d e r V e r b r e i t u n g s g r e n z e n d e r B u c h e mit jenen der Lärche stattfindet, a b g e s c h l o s s e n. Es sei nun noch auf solche aus der buchenfreien Innenlandschaft
eingegangen. Auch im F i c h t e n + L ä r c h e n - M i s c h w a l d (vgl. Abb. 30) können
wir langschaftige Bestände guter Standortsklasse antreffen, er kommt in der Innenlandschaft auch in tieferen Lagen vor (z. B. bei Thusis in 800 m); in höherer Lage werden die
größeren Bestandeshöhen allerdings erst in entsprechendem Alter erreicht, z. B.: Bergün,
Waldort Davos-Siala, Kalk, 1600 m, NO, 15°; Picea excelsa + Larix europaea (0˙2) —
Oxalis acetosella — Paris quadrifolia — Majanthemum bifolium — Pirola uniflora —
Hypnum splendens — Hepatica triloba, die Fichten mit Bartflechten (Usnea barbata),
Lärchen mit Flechten an der Stammrinde, über 200jährig, 33 m Scheitelhöhen der Lärchen,
Durchmesser bis 65 cm.

Im gleichen Gebiet sind die aus Verwitterung des Bündner Flysch entstandenen tiefgründigen Lehmböden günstiger als jene auf Kalkgrundgestein: Am Waldweg Zinols,
Bündner Flysch, 1590 m, Picea excelsa + Larix europaea — Oxalis acetosella — Aconitum Napellus — Alchemilla alpina — Veronica urticifolia; Haubarkeitsdurchschnitts-
zuwachs 3 fm je Jahr und Hektar, Vorrat mit 150 Jahren 450 fm (vgl. Abb. 29).

In der Innenlandschaft hat der heidelbeerreiche Fichten + Lärchenmischwald große
Verbreitung; so beschreibt B r o c k m a n n - J e r o s c h in seinem Werk über die Flora
des Puschlav[1]) solche Wälder, die wegen Steilheit, raschen Wasserabflusses, Streu-
nutzung arm an Begleitpflanzen sind, in 1450 bis 1750 m, Puschlav, Silikatgestein (während
auf Kalk die Flora reicher ist); z. B.: Picea excelsa + Larix europaea + Juniperus —
Deschampsia flexuosa — Calamagrostis villosa — Luzula nivea — Vaccinium-Arten —
Rhododendron ferrugineum — Valeriana officinalis. In höheren Lagen finden sich lichte
Lärchenwälder mit Unterwuchs von Vaccinien- und Rhododendren-Gebüsch und Gras-
flächen (Calamagrostis villosa, Nardus stricta).

Waldtypen höherer Lagen und Pflanzengesellschaften des oberen Kampfgürtels
der Waldbäume schildert E. R ü b e l in seiner pflanzengeographischen Monographie des
Bernina-Gebietes[2]), die Arbeit hat ein Nebental des Oberengadins, das Tal des Bernina-
baches mit seinen Zuflüssen (1700 bis 4055 m) zum Gegenstande. Von Laubbäumen findet
man dort nur einige Zitterpappeln hie und da im Lärchenwald eingestreut, eine einsame
Weißerle, Birkengruppen, „aber es sind dünne Bäumchen, die eher zum Unterholz ge-

---

[1]) B r o c k m a n n - J e r o s c h, Die Flora des Puschlav und ihre Pflanzengesellschaften, Leipzig
1907, S. 258.

[2]) E. R ü b e l, Pflanzengeographische Monographie des Bernina-Gebietes, Engler, Botan. Jahrb.,
47. Bd., 1912, S. 1—616.

hören, sie mischen sich auch viel lieber und gedeihlicher den Grünerlengebüschen bei ..." Auch Sorbus aucuparia, Lonicera coerulea, seltener Lonicera nigra finden sich zerstreut im Walde. Die Hauptbäume der Gegend sind A r v e u n d L ä r c h e. Außerdem kommen Engadiner Föhren und geradstämmige (aufrechte) Bergföhren vor.

Auch auf die l i c h t e n L ä r c h e n w ä l d e r m i t G r a s f l u r e n wird hingewiesen; Rübel unterscheidet dabei das Trifolietum alpini, das Nardetum strictae und das Trifolietum repentis.

Der A r v e n - L ä r c h e n w a l d ist in solchen hochgelegenen Gebieten des Engadins am häufigsten und drückt der Landschaft den Charakter auf. Als Neubesiedlerin des Neulandes (Schuttkegel und Alluvialböden) tritt die Lärche auf, „erst viel später betreten die zurückhaltenden Arven den vorbereiteten Boden und wir haben wieder Mischwald" (R ü b e l). „Wird der Wald jedoch beweidet, so bleibt er Lärchwald, da die Arve viel empfindlicher gegen den Tierzahn ist". Als Beispiel einer Mischwaldaufnahme R ü b e l s (mit Anführung bloß der wichtigeren Arten aus der vollständigen Artenliste) sei noch zitiert: Lichter Lärchenwald oberhalb Pontresina, Südwesthang, 2000 bis 2100 m, Urgestein, 25⁰ Neigung, Larix europaea + Pinus Cembra + Juniperus communis montana — Deschampsia flexuosa — Vaccinium Myrtillus — Vaccinium uliginosum — Calluna vulgaris — Veronica officinalis — Melampyrum silvaticum — Lonicera coerulea — Campanula barbata.

Auch unter den F e l s - und G e r ö l l p f l a n z e n (am Westhang ober dem Morteratsch-Gletscher, Gneis, 40⁰ Neigung, 2250 m) finden sich noch Pinus Cembra + Larix europaea mit Rhododendren, Vaccinien und Alpenazaleen.

E r r e i c h b a r e s L e b e n s a l t e r.

In Davos sah ich die Stammscheibe einer Lärche, die im Jahre 1906 am Stilberg im Dischmatal (Landschaft Davos) bei etwa 1820 m Höhe gefällt worden war, der Durchmesser dieser vom Stock gewonnenen Scheibe ohne Rinde betrug im Mittel 165 cm. Die Jahrringzählung konnte bis zu 500 Jahren genau erfolgen, dann wurde das Holz sehr engringig, das Alter betrug gegen 550 Jahre. Der Stärkenzuwachs war in den ersten 300 Jahren ein guter, der mittlere Halbmesser betrug

nach den ersten 100 Jahren	32 cm,
im Alter von 200 Jahren insgesamt	57 cm,
im Alter von 300 Jahren insgesamt	83 cm,

noch im vierten Lebensjahrhundert kamen Jahrringe von 0˙5 cm Breite vor, wechselnd mit schmalen; auch die breitesten Jahrringe des ersten Lebensjahrhunderts übertrafen das Ausmaß von 0˙5 cm nicht, der Spätholzanteil war auch in den etwas breiteren Jahrringen ein großer.

Im Forstkreis Samaden im Oberengadin weisen an verschiedenen hochgelegenen Standorten (die Höhenlage der T a l s o h l e beträgt bei Bevers 1730 m) alte Lärchenstämme 600 und mehr Jahrringe auf, so bei Pontresina, Val Bever, Celerina usw. (Mitteilung des Kreisforstamtes). Im Puschlav fand das Forstamt Puschlav die ältesten Bäume im Valle di Campo—Val Viola, das ermittelte Alter betrug 500 bis 600 Jahre. Auch im Bergell verhält sich die Lärche betreffs des erreichbaren Alters ähnlich wie im Puschlav. Im Unterengadin beträgt das w i r t s c h a f t l i c h e Alter der Lärchenstämme 180 bis 260 Jahre, das erreichbare p h y s i s c h e Alter aber bis zu 400 und 500 Jahren. Ähnlich ist im Forstkreis Thusis ein Alter der Lärche von 200 Jahren kein seltenes, im hochgelegenen Capetta-Wald (2000 m) kommen 300jährige Lärchen in Gesellschaft von

Arven vor. Aber auch in T i e f l a g e n, z. B. im B u c h w a l d b e i M a l a n s (sanft ge-
böschter Schuttkegel im Rheintal) wurden bei etwa 650 m Meereshöhe noch vor wenigen
Jahren bis 180jährige gesunde Lärchenstämme gefällt (laut Mitteilung des Kreisforst-
meisters und Adjunkten des Kantonsforstinspektorates, Herrn Theodor M e y e r).

9. Vorarlberg.

Horizontale Verbreitung.

Nur der Landesteil südlich des Ill- und Klostertales gehört in Vorarlberg zum Rand-
bezirk des zusammenhängenden Lärchenverbreitungsgebietes; sie ist hier, wie auch sonst
an den Rändern ihrer Verbreitung, nur eingesprengt, aber n o c h s p ä r l i c h e r als sonst.
Im größeren nördlichen Landesteil finden sich trotz ansehnlicher Bergeshöhen nur isolierte
Kleinstvorkommen der Lärche an einzelnen Stellen; geschichtliche Untersuchungen beweisen, daß diese Verteilung die ursprüngliche ist. Die amtliche Forststatistik gibt unter
den drei politischen Bezirken des Landes: Bregenz, Feldkirch und Bludenz, n u r f ü r
d e n l e t z t g e n a n n t e n eine auf die L ä r c h e e n t f a l l e n d e W a l d f l ä c h e an [1]),
und zwar beträgt diese nur 0˙14 v. H. der Gesamtwaldfläche des Landes Vorarlberg, bei
Mitberücksichtigung des künstlichen Anbaus, so daß für das natürliche Vorkommen kaum
1 vom Tausend der Waldfläche verbleibt. Tabelle 25 enthält sowohl die Darstellung der
wichtigeren Vorkommnisse aus dem Bezirk Bludenz als auch die Mehrzahl der im Lande
vorhandenen ganz kleinen zerstreuten ursprünglichen Vorkommen außerhalb des geschlossenen Verbreitungsgebietes. Nur wenige Kleinstvorkommen blieben in der Aufzählung unberücksichtigt, und zwar deshalb, weil im Einzelfall in Ermangelung von gerade
diesen Fall betreffenden geschichtlichen Quellen ohne unverhältnismäßigen Aufwand nicht
entschieden werden konnte, ob es sich um ein natürliches Vorkommen handle.

Vertikale Verbreitung.

Die Fälle natürlichen Lärchenvorkommens in Vorarlberg wurden in Höhen von
700 bis 1850 m festgestellt. So selten die Lärche als natürlich verbreitete Holzart auch
im Lande ist, so reicht sie doch auch hier hie und da nach unten bis in die Mischwälder
von Fichten, Tannen und Buchen. Ihr Siedlungsraum ist an den einzelnen Stellen häufig
auch in vertikaler Richtung so eng begrenzt, daß er nach oben hin die Waldgrenze nicht
erreichen kann, z. B. „unterm Kojen" bei Mellau, Bregenzer Wald. In anderen Fällen, so
am Hochgerach, Gemeinde Laterns, umfassen die vorhandenen Gruppen aufgelösten Waldes mit verhältnismäßig viel Lärchenanteil auch die Kampfzone und die obere Grenze des
Baumwuchses.

Die standörtlichen Bedingungen.

Die kleinen Vorkommen finden sich häufig unter wenig günstigen Standortsverhältnissen, die den Wettbewerb der anderen Holzarten erschweren. So sind z. B. die Lärchen
„Unterm Kojen" bei Mellau [2]), wie sich Verfasser an Ort und Stelle überzeugte, auf sehr
steilem, nur schütter bestocktem Nordhang in Höhen von 1000 bis ungefähr 1500 m
(Abb. 33, 34). Wo in der Höhe die Neigung mäßiger und der Boden bei Auftreten weicherer,
mergeliger Schichten tiefgründiger wird, hört das Lärchenvorkommen vollständig auf. In

---

[1]) Vgl. H i t s c h m a n n s Vademekum für Forst- und Holzwirtschaft, Wien 1928, S. 1460.
[2]) Vgl. Z i e g l e r, Das natürliche Vorkommen der Lärche bei Mellau im Bregenzer Wald,
Centralblatt f. d. ges. Forstwesen 1933, S. 1—7.

anderen Fällen verhält es sich ähnlich. So sind nach Mitteilung der Bezirksforstinspektion
Feldkirch (Oberforstrat Ing. Egger) östlich von Götzis, gegenüber der Ortschaft Meschach,
auf den Steilhängen unterm „Luegwald" und „Schöne Buch" auf Felsabsätzen an kaum
zugänglichen Stellen Lärchen. In Laterns, am felsigen Nordhang des Hohen Gerach, sah
ich im steilen, zum Teil unzugänglichen Gelände gleichfalls unsere Holzart. Solche Beispiele sprechen dafür, daß es sich um Rückzugsposten, Relikt-Vorkommen handelt, um
Reste einer unter anderen klimatischen Bedingungen entstandenen Verbreitung auf Standorten, die den Wettbewerb anderer Holzarten herabsetzen.

Dieses Verhalten und die geringe Verbreitung der Lärche im Lande hängt mit dem
Klima Vorarlbergs zusammen. Die Höhen in diesem lärchenarmen, p r a k t i s c h

Abb. 33. Lärchen unter dem Kojenkopf bei Mellau,
steiler Nordhang, Jurakalk, 1175 m ü. M.

Aufnahme L. Tschermak.

Abb. 34. Lärchen neben einer Steinschütte, Nordhang unter dem Kojenkopf, 1100 m ü. M.

Aufnahme L. Tschermak.

l ä r c h e n f r e i e n   L a n d e   s t e h e n   u n t e r   d e r   H e r r s c h a f t   w e s t l i c h e r
W i n d e [1]. Nach F i c k e r vertritt „Vorarlberg in seinen Temperaturverhältnissen eine
mehr ozeanische, Nordtirol dagegen eine mehr kontinentale Abart des mitteleuropäischen
Klimagebietes . . . . nicht alle Gebiete der nördlichen Kalkalpen sind in gleich freier Weise
den Nordwest- und Westwinden exponiert, gegen Osten geschützt wie Vorarlberg oder
weiter im Osten der Bezirk um Salzburg". V o m S t a n d p u n k t d e r K l i m a t o g r a -
p h i e   w u r d e   a l s o   s c h o n   1909   d i e   Ä h n l i c h k e i t   z w i s c h e n   V o r a r l -
b e r g   u n d   d e m   B e z i r k   u m   S a l z b u r g   e r k a n n t ;   d i e s e   Ä h n l i c h k e i t
e r g i b t   s i c h   a u s   d e r   v o r l i e g e n d e n   A r b e i t   a u c h   h i n s i c h t l i c h   d e s
F e h l e n s   d e r   L ä r c h e . Die Jahresschwankungen höher gelegener Wetterbeob-

---

[1] F i c k e r, Klimatographie von Tirol und Vorarlberg, Wien 1909, S. 134, 136.

achtungsstellen in Vorarlberg sind verhältnismäßig klein: Bludenz, 590 m Seehöhe, hat im Jänner —2·2⁰, im Juli 16·5⁰, die Jahresschwankung beträgt 18·7⁰, das Jahresmittel 5·2⁰, die mittlere jährliche Niederschlagsmenge 1127 mm. Wald (Klostertal), 992 m, hat im Jänner —2·7⁰, Juli 14·6, Jahresschwankung 17·3, Jahresmittel 6·0⁰; Klösterle, 1062 m, Jänner —3·9, Juli 14·3, Jahresschwankung 18·2⁰, Jahresmittel 5·2⁰ (zum V e r g l e i c h sei eine Station in ähnlicher Meereshöhe, inneralpin, im Lärchenverbreitungsgebiet, angeführt: Tamsweg im Lungau, 1020 m, Jänner —8·2⁰, mittlere Jahresschwankung 22·6⁰); Langen a. A., 1220 m ü. M., Jänner —3·2, Juli 13·1, Jahresschwankung 16·3, Jahr 4·6 (V e r g l e i c h, wieder bei gleicher Meereshöhe; Schuls im Engadin, 1243 m, Jahresschwankung 21·5⁰, Jahr 5·3⁰; Remüs, gleichfalls im Engadin, 1236 m, Schwankung 21·3, Jahresmittel 5·2⁰). Stuben, 1405 m, Jänner —3·9⁰, Juli 12·7⁰, Schwankung 16·6⁰, Jahr 4·1⁰, trotz der bedeutenden Meereshöhe in lärchen f r e i e m Gebiet (vgl. dagegen als Lärchengebiet in gleicher Höhe: Zernetz im Engadin, 1476 m, Schwankung 21·4⁰, Jahr 3·4⁰). Selbst im Montafon, das sich schon mehr der zentralalpinen Innenlandschaft nähert[1]), hat Gargellen bei 1440 m Seehöhe als Jänner-Temperaturmittel —3·3, Juli 12·5, Schwankung 15·8, Jahr 4·4⁰, also eine w e s e n t l i c h   k l e i n e r e   S c h w a n k u n g als das vorhin zum Vergleich in gleicher Seehöhe angeführte Zernetz.

F i c k e r (S. 135) vergleicht die W ä r m e v e r h ä l t n i s s e von Langen mit jenen des nordtirolischen St. Anton, „zwei Orte, die nur durch den Arlberg getrennt sind und durch den 10 km langen Arlbergtunnel miteinander in freilich nicht klimatischer Verbindung stehen":

	Höhe m	Jahr	Winter	Frühling	Sommer	Herbst	Jänner	Juli
Langen (Vorarlberger Seite, lärchenfrei)	1220	4·6	—2·7	3·4	12·2	5·5	—3·2	13·1⁰
St. Anton (Tiroler Seite, Lärchengebiet)	1280	4·4	—4·2	4·2	12·9	5·2	—5·0	13·8⁰

Bei fast gleichem Jahresmittel ist das L ä r c h e n v e r b r e i t u n g s g e b i e t   d e r   T i r o l e r   S e i t e   d e s   A r l b e r g e s „im W i n t e r   u n d   H e r b s t   k ä l t e r, im   F r ü h l i n g   u n d   S o m m e r   w ä r m e r"; „die Differenzen sind in Anbetracht der geringen Entfernung teilweise außerordentlich groß"; ebenso groß ist, wie schon an anderer Stelle dieser Schrift (Abschnitt Tirol, Waldtypen, S. 115) auseinandergesetzt wurde, der Un t e r s c h i e d   d e r   P f l a n z e n g e s e l l s c h a f t e n (kleinere Artenzahl auf der Tiroler Seite, fast völliges Fehlen der Pflanzen der Buchenwald-Gesellschaft; Vorkommen der Lärche, Fehlen der Buche). Die jährliche Niederschlagsmenge in Langen beträgt 1848 mm, auf der Ostseite (St. Anton am Arlberg) 1200 mm.

Die Niederschläge sind in Vorarlberg großenteils sehr hoch, und zwar auch in jenen kleinen Gebieten, in denen die Lärche natürlich vorkommt; der Lärchenstandort „unterm Kojen" z. B. hat über 2000 mm Niederschlag[2]), die wesentlich tiefer gelegene nächste Wetterwarte Bizau, 681 m Seehöhe, verzeichnet noch eine mittlere Jahresniederschlagsmenge von 1930 mm, in den Monaten Mai bis September allein fallen 1027 mm. Würde das Fehlen der Lärche im Lande mit den hohen Niederschlägen zusammenhängen, so müßte sie in niederschlagsärmeren Landesteilen in entsprechenden Höhenstufen reichlicher vorhanden sein, das ist aber nicht der Fall. Die niederschlagsärmsten Teilgebiete des Landes haben 1100 bis 1200 mm, dann folgen solche mit 1200 bis 1400, 1400 bis 1600 mm usw.; bei g l e i c h e m   N i e d e r s c h l a g und in g l e i c h e r   M e e r e s h ö h e

---

[1]) Vgl. K r e b s, Die Ostalpen, I. Bd., Tafel II (S. 8).

[2]) Niederschlagskarte von Vorarlberg in „S c h n e t z e r, Bewässerung und Klima von Vorarlberg", Heft 2 der Heimatkunde von Vorarlberg, Schulwissenschaftl. Verlag Haase, Wien und Leipzig 1928.

ist in anderen Ostalpenländern in i n n e r a l p i n e n T ä l e r n mit b i n n e n l ä n d i -
s c h e r W ä r m e v e r t e i l u n g die Lärche reichlich vertreten, z. B. im Blühnbachtal des
Landes Salzburg (siehe S. 18).

Die Bewölkung über Vorarlberg ist etwas größer als über inneralpinen Lagen, sie
beträgt bei Bregenz im Jahresmittel 6·4 und geht gegen das obere Montafon, Gaschurn,
auf 5·2 zurück; für Feldkirch wurde sie mit 6·1, Bludenz 6·1, Langen 5·7 ermittelt, die
Höhen weisen hauptsächlich im Herbst und Winter, also n i c h t in der Vegetationszeit,
geringe Bewölkung auf.

Was die Windverhältnisse anbelangt, so nehmen nach den Bregenzer Wolkenzug-
aufschreibungen West und WSW etwa ³/₄ aller Fälle ein [1]). In Langen bestreitet der West
fast allein den ganzen Lufttransport und neben ihm spielen selbst Südwest und Nordwest
eine nur untergeordnete Rolle (Ficker, a. a. O., 156). Der Arlberg bildet also „eine schroffe
Scheide zwischen zwei nordalpinen Gebieten"; in dem fast lärchenfreien Vorarlberg ein
„milder Winter, ein relativ kühler Sommer, große Mengen von Niederschlag, verteilt über
viele Tage, große Bewölkung und höhere Feuchtigkeit. Es ist hier Luft, die vom Ozean als
Weststrom gegen die Alpen fließt, an ihnen aufsteigt, aber über dem Inntale" (Tirols)
„hinfließt, ohne ins Tal abzusteigen. Rein orographische Verhältnisse sind es, die hier
Gegensätze schaffen, größer als jene es sind, die das Inntal und das Eisacktal scheiden".

V e r g l e i c h m i t d e r V e r b r e i t u n g d e r B u c h e , T a n n e u n d a n d e r e r
H o l z a r t e n .

Die Buche kommt unter den eben geschilderten klimatischen Bedingungen auf
Böden der verschiedensten Gesteine, auch silikatischer kristalliner Schiefergesteine, im
ganzen Lande vom Fuß der Gebirge bis zu Höhen von 1500 bis 1600 m, in Strauchform
an Sonnseiten vereinzelt bis 1690 m (Gapfahler Falben [2])) vor. Auf letztgenanntem Standort fand sich noch bei 1480 m, S, in einer Gruppe starker Buchen eine solche von 85 cm
Brusthöhendurchmesser, 14 m Scheitelhöhe, dann noch bei 1620 m Seehöhe eine 8 m
hohe Buche [2]). Auch die Tanne, die auch sonst in den Ostalpen sehr deutlich Landstriche
mit ausgeglichenen Wärmeverhältnissen bevorzugt, ist unter den klimatischen Bedingungen Vorarlbergs reichlich vertreten, die Zurückdrängung durch die Wirtschaft fand
bei ihr wohl in geringerem Maße als bei der wirtschaftlich weniger gut verwertbaren
Buche statt; nach der amtlichen Forststatistik fallen der Tanne von der Gesamtwaldfläche
(ohne Krummholzkiefer) von 65.176 ha 20 v. H., nämlich 13.319 ha zu! Unter dem Klima
Vorarlbergs steigt die Tanne hoch empor, z. B. beobachtete der Verfasser am Gapfahler
Falben, S, noch bei 1690 m unmittelbar neben der strauchförmigen Buche noch 15 bis 16 m
hohe Tannen; in der Gemeinde Laterns, unter dem hohen Gerach, Schattseite, sah er
eine grobastige Tanne von 120 cm Brusthöhendurchmesser auf der Alpe Oberhensler in
einer Seehöhe von mehr als 1500 m. Ein Mischwald mit Tanne als herrschender Holzart
fand sich noch bei 1300 bis 1400 m Höhe, und zwar ein sauerklee- und kräuterreicher
Bestand von 0·5 Tanne + 0·5 Fichte, einzelnen Buchen, Bergahornen, auf Flysch im
Gemeindewald Rankweil (Steuergemeinde Laterns).

Im Gebiete höchster Ozeanität in Vorarlberg, das nach G a m s im Bregenzer
Wald bis Bizau und zur Winterstaude, rheinaufwärts bis Götzis reicht [3]), wird die an

---

[1]) S c h n e t z e r, a. a. O., S. 20.
[2]) Vgl. T s c h e r m a k, Die Verbreitung der Rotbuche in Österreich, Wien, 1929, S. 97.
[3]) G a m s H., Pflanzenwelt Vorarlbergs, Heft 3 der Heimatkunde von Vorarlberg, Schulwis-
sensch. Verlag Haase, S. 7, 63.

ausgeglichene Wärmeverhältnisse gebundene Stechpalme (Ilex aquifolium) geradezu zum
forstlichen Unkraut und auch viele andere gegen starke Winterfröste empfindliche immer-
grüne Arten kommen hier vor, so außer der Tanne die Eibe, der Efeu, das Immergrün
(Vinca minor), Haselwurz (Asarum europaeum), Sanikel usw. Das Stechlaub ist wohl
innerhalb ganz Österreichs nirgends so häufig wie hier. Eiben kommen zahlreich und
in guter Entwicklung vor. Am Ardetzenberg bei Feldkirch beobachtete ich in Tannen +
Buchen + Kiefern + Fichtenbeständen Stechlaub, Eibe und Efeu, der flächenweise im
Walde den Boden bedeckte sowie an zahlreichen Buchen und Tannen, Kiefern und
Fichten hoch emporkletterte und durch seine große Häufigkeit auffiel. G a m s bezeichnet
diesen Waldtyp als „atlantische Wälder, in welchen man sich an die Westküste Irlands
oder Südnorwegens versetzt glaubt".

Die Weißkiefer ist, wie auch D e n g l e r s Untersuchungen [1] ergeben haben, eine
mehr kontinental gestimmte Holzart. Im Westen Europas ist ihr Vorkommen auf einige
Rückzugsposten beschränkt, sie erträgt heiße Sommer in Südrußland und kälteste Winter
in Sibirien, vermeidet die wintermilden Gebiete im Westen; in Vorarlberg stellen die
F ö h r e n w ä l d e r, wie auch G a m s hervorhebt, soweit sie nicht künstlich gepflanzt
sind, gleichfalls durch die Bodenbeschaffenheit ermöglichte Rückzugsposten dar, „Zeugen
der präboreal-borealen Föhrenzeit" (die vom 10. bis in das 7. Jahrtausend v. Chr. ge-
reicht habe); während in der kontinentalen Innenlandschaft, z. B. in den politischen
Bezirken Imst und Landeck, die Föhre mit einem verhältnismäßig großen Anteil an der
Waldbildung beteiligt ist, ist ihr Vorarlberger Vorkommen unbedeutend (pol. Bezirk Imst:
Weißkiefer rund 24 v. H. der Gesamtwaldfläche; Vorarlberg: 1·6 v. H.).

An o z e a n i s c h e s K l i m a a n g e p a ß t e Arten sind also im Lande h ä u f i g
u n d g u t entwickelt; das G e g e n t e i l gilt von den A r t e n e i n e s k o n t i n e n -
t a l e n K l i m a s. Die Pflanzenwelt Vorarlbergs b e s t ä t i g t also, was wir im vorigen
Abschnitt aus den k l i m a t o g r a p h i s c h e n A n g a b e n geschlossen haben; es sind
somit die standörtlichen Bedingungen deutlich gekennzeichnet, u n t e r d e n e n s i c h
d i e L ä r c h e a u c h i n d e n A l p e n n i c h t m e h r z u b e h a u p t e n v e r m a g
(abgesehen von vereinzelten inselförmigen Kleinstvorkommen als Rückzugsposten).

N a c h w e i s d e r U r s p r ü n g l i c h k e i t d e r a n g e g e b e n e n V e r b r e i t u n g.

Aus den Angaben über das alte Rhätien wird mitunter geschlossen, daß die Römer
auch aus Vorarlberg Lärchenholz nach Italien geschafft hätten; allein Rhätien umfaßte
auch das heutige Graubünden, Tirol, das südliche Bayern und östliche Württemberg und
die italienischen Alpen; es ist also sehr wahrscheinlich, daß die Römer ihr Lärchenholz
in Graubünden oder Tirol gewannen und nicht im lärchenarmen Vorarlberg.

In geschichtlichen Quellen und in Werken über Orts- und Flurnamen von Vorarlberg sind unter einer s e h r g r o ß e n Zahl von Hinweisen auf a n d e r e Holzarten
(Eiche, Buche, Tanne, „Rottanne" oder Fichte, Ahorn, Esche, Eibe, Apfel-, Birn- und
Kirschbaum, Birke, Erle, Hasel, Weide, Föhre usw.) nur s e h r s p ä r l i c h e A n g a b e n
hinsichtlich der L ä r c h e (und Zirbe). Und zwar kommt in der G e m e i n d e B r a n d
(über das gegenwärtige dortige Lärchenvorkommen vgl. Tabelle 25, Bez.-Forstinspektion
Bludenz!) an Flurnamen neben „Wießtanna", „Mehlbeerboda", auch vor: „Zirmaköpf"
für drei Bergköpfe in der Scesaplana-Gruppe und „L ä r c h a b ü h e l" („ein Waldhügel

---

[1] D e n g l e r, Waldbau, Berlin 1930, S. 55; Derselbe, Die Horizontalverbreitung der Kiefer,
Neudamm 1904.

in Laggant", nördlich vom Lüner See), sowie „L ä r c h a" (für Alpenweiden, eine Berg-
lehne mit wenig Lärchen)[1]).

Andere namenkundliche Werke[2]) für Vorarlberg enthalten eine Fülle von Belegen
hinsichtlich des Vorkommens a n d e r e r Holzarten, darunter aber k e i n e n e i n z i g e n
betreffs der Lärche. Zusammen mit anderen Quellen, und zwar mit den gleichfalls vorliegenden geschichtlichen Angaben e r m ö g l i c h e n d i e s e W e r k e n a c h z u w e i-
s e n , d a ß d i e h e u t i g e V e r b r e i t u n g d e r B u c h e , T a n n e , E i c h e u s w.
R e s t e d e r u r s p r ü n g l i c h e n d a r s t e l l t u n d d a ß d e r L ä r c h e i m L a n d e
g a n z z w e i f e l l o s s e i t v i e l e n J a h r h u n d e r t e n d i e g l e i c h e o d e r
o d e r e i n e ä h n l i c h e s e h r b e s c h e i d e n e R o l l e z u k a m w i e g e g e n-
w ä r t i g.

Über die Gründe, aus denen die U r s p r ü n g l i c h k e i t des Lärchenvorkommens
„u n t e r d e m K o j e n" b e i M e l l a u i m B r e g e n z e r W a l d (vgl. Abb. 33 und
34) in einem kleinen inselförmigen Raum von etwa 100 ha am Nordhang in einer Höhe
von 1100 bis 1500 m hervorgeht, hat bereits Z i e g l e r öffentlich berichtet[3]). Auch Verfasser hat sich selbst an Ort und Stelle überzeugt, daß auf dem felsigen schroffen
Hang (Jurakalk) in bäuerlichen Waldparzellen wegen sehr schwieriger Bringung bis heute
noch fast keine Nutzung üblich ist; wo aber der bäuerliche Besitzer Holznutzungen nicht
ausüben kann, dort kommen in der Regel für ihn auch nicht wirtschaftliche Opfer für
künstliche Forstkultur im entlegenen Felsengebirge in Frage. Noch weniger erschlossen
war das Gebirge vor 180 Jahren, und dieses Alter weisen nach Zieglers Untersuchungen die
ältesten dortigen Lärchen auf (durchschnittliche Jahrringbreite des gesamten Alters entsprechend den Bodenverhältnissen bloß 1 bis 1·2 mm). Auch die Ungleichaltrigkeit — es
sind alle Altersklassen vorhanden — spricht n i c h t für künstliche Anpflanzung. Im
unteren sanfter geböschten Teil bis etwa 1000 m, dem die Lärche noch fehlt, ist der
Bestand aus Abies pectinata + Picea excelsa + Fagus silvatica + (einzeln) Taxus
baccata — Oxalis acetosella — Salvia glutinosa — Paris quadrifolia — Sambucus Ebulus
— Sanicula europaea — Prenanthes purpurea gebildet. Bei weiterem Anstieg wird der
Hang schroffer und trockener, zu den Holzarten in räumdiger Stellung treten Larix
europaea + Sorbus Aria + Pinus montana hinzu. Die Art des Vorkommens selbst beweist
die Ursprünglichkeit dieser kleinen Lärchensiedlung, die als ein durch auslesende Wirkung
des Untergrundes ermöglichter R ü c k z u g s p o s t e n einer ehemals größeren, unter
abweichenden klimatischen Bedingungen stattgefundenen Verbreitung zu deuten ist.
Z i e g l e r schätzte die Zahl der gegenwärtig dort vorhandenen Lärchen auf rund 10.000.
Auch das erreichbare hohe Alter, der gute Gesundheitszustand und die Verjüngungsfreudigkeit sind wohl Zeugen der natürlichen Herkunft. Da das heutige Klima des Bregenzer
Waldes, wie früher gezeigt wurde, durchaus von dem aller anderen Lärchenverbreitungsgebiete abweicht, so kann dieses Kleinstvorkommen nicht als Vorposten, sondern nur
als Rückzugsposten gedeutet werden. Geschichtliche Angaben sind für Mellau nicht vorhanden, die Gemeinde- und Pfarr-Urkunden sind beim Brande der Ortschaft Mellau im
Jahre 1870 vollständig vernichtet worden.

Ein zweiter ähnlicher Lärchenstandort, und zwar im Bezirke Feldkirch, ist der auf

---

[1]) Handschr.: Die Flurnamen Vorarlbergs, 1909, Bibl. des Vorarlberger Landesmuseums.

[2]) P. I s i d o r H o p f n e r S. J., Die Namen Vorarlbergs auf der neuen Landeskarte, Bregenz
1911; A l b. D r e x e l mit Dr. G a u und P. A u g. G ä c h t e r, Vorarlberger Namenkunde, Veröff. d.
österr. Leogesellsch. I, Heft 1.

[3]) Z i e g l e r, Das natürliche Vorkommen der Lärche bei Mellau im Bregenzer Wald, Centralbl.
f. d. ges. Forstw. 1933, S. 1—7.

den f e l s i g e n N o r d h ä n g e n d e s H o c h g e h r a c h, 1965 m (und Kuhspitz, 1987 m) in der Gemeinde Laterns auf Flysch. Auch hier sind beim Anstieg, solange die Böschung sanfter und der Boden besser ist, zuerst artenreiche Mischwälder o h n e Lärche zu beobachten: Abies pectinata + Picea excelsa + (eingesprengt) Acer Pseudoplatanus + Fagus silvatica — Oxalis acetosella — Adenostyles — Aconitum Lycoctonum — Aconitum Napellus; in 1450 m Seehöhe erreicht die Fichte noch Scheitelhöhen von 35 m, die Buche daneben bloß 14 m. Erst in größerer Höhe (1500 bis 1800 m) und hauptsächlich am steilen, felsigen Nordhang unterm Kuhspitz und Hochgehrach stockt in Gruppen aufgelösten Waldes verhältnismäßig viel Lärche. In diesen Lagen, von denen manche unzugänglich sind infolge der Steilheit, in der Kampfzone an der Grenze des Baumwuchses, in einem Gebiet ohne Nutzung und ohne Kultur-Betrieb, spricht die Art des Vorkommens selbst sicher und eindeutig für dessen Ursprünglichkeit.

Überschreitet man hier auf dem Wege über die Hinter-Jochalpe (1550 m), zu der das Vorkommen einzelner Lärchen zwischen Gruppen räumdiger Fichten herabreicht, das 1620 m hochgelegene Joch, so gelangt man auch auf der ins Illtal abfallenden Südseite bald zu kleinen Gruppen von Lärchen und Bergahornen. Auch ein 10 ha großer geschlossener Waldbestand, wahrscheinlich bei der Rodung verschonter Waldrest, Mischung von Fichte + Lärche + Buche, Waldort Gamschola auf dem D ü n s e r b e r g, ist hier vorhanden (Abb. 35). Da es sich hier sowie im Weidegelände auch um Altholz-Lärchen handelt und da auf den bäuerlichen Alpenweiden vor 100 Jahren künstliche Kultur nicht üblich war, da ferner das Vorkommen mit dem auf dem Nordhang des Hochgehrach bis 1800 m reichenden fast unmittelbar zusammenhängt,

Abb. 35. Dünserberg, Bezirk Feldkirch, Gemeindewald Gamschola, Fichte und Lärche in 1300 m, S, 20⁰, Flysch.
Aufnahme Oberforstrat Ing. Egger.

so darf auch hier auf seine Ursprünglichkeit geschlossen werden. In den durchgesehenen geschichtlichen Quellen sind diese einzelnen, meist hoch gelegenen kleineren Waldorte nicht beschrieben.

Die Ursprünglichkeit der inselförmigen Kleinst-Vorkommen haben wir hiemit an einigen Beispielen nachgewiesen. Im folgenden soll noch gezeigt werden, daß z w i s c h e n d i e s e n I n s e l n a u s g e d e h n t e W a l d g e b i e t e a u c h u r s p r ü n g l i c h f r e i v o n L ä r c h e n w a r e n.

Zum Gericht Hofsteig (Grafschaft Bregenz) gehörten die sechs Dörfer Bildstein (659 m ü. M.), Buch (725 m), Hard (400 m), Lauterach (415 m), Schwarzach (434 m) und Wolfurt (416 m). Die W a l d u n g e n in diesem Gebiet liegen m e i s t h ö h e r als die

142

Ortschaften selbst. Die im Jahre 1615 verfaßte „Newe aufmarkung der waldungen und höltzer, welche dem gericht . . . Hofsteig aigentümblich zugehörig seyen" [1], nannte als Grenzbäume wiederholt „tannen", „buechen", „große rot tann", also Fichte, dann „kriespomb", also Kirschbaum, Birken, Birnbäume. Die Lärche kommt hier als Grenzbaum nicht ein einziges Mal vor. Die durch den Erzherzog Ferdinand zu Österreich 1570 für die Herrschaft Bregenz erlassenen „ordnungen zu abstellung etlicher mißbrüch" [2] treffen Verfügungen über die Nutzung von Buchen- und Tannenholz und fruchttragender Bäume.

Die vorhin angeführten namenkundlichen Arbeiten verweisen auf Bezeichnungen wie: Andelsbuch (bedeutet: im Buchwald des Andolt), Bersbuch, Buchen, Buchenau, Buchboden, Tannberg, Tanna, Tannach, Tannabach, Tännele, Tannenbühl, Ahornen, Ahornach, Eschach, Birket, Bikengraben, Erlach, Haslach, Haselstauden, Weidach, Eichenberg, Im Eichholz, Eichbrunnenweg, Falben (Bei den Weiden), Forakopf, Föhrenschrofen, Fohrentobel und andere (ohne Lärche).

Im Bregenzer Wald gibt es schöne, mehrere Jahrhunderte alte, bäuerliche Holzhäuser. Zimmermeister Rhomberg in Bregenz teilte dem Verfasser mit: In diesen alten Bauernhäusern sind Tannen- und Fichtenhölzer verbaut, hingegen kein Lärchenholz; erst jetzt führt man dieses mitunter für Herstellung der Fenster ein. Für die älteren Wasserbauten in der Umgebung von Bregenz und am Bodensee sind etwa 90 v. H. Tannen- und Fichtenhölzer und 10 v. H. Eichenhölzer in Verwendung, aber keine Lärche. Seitdem die Eisenbahn den Ferntransport des Holzes ermöglicht, wird Lärchenholz aus Tirol eingeführt, auch durch die Firma Rhomberg selbst (meist aus der Gegend des Mieminger Plateaus stammende Lärchen). Die alte Brücke über die Bregenzer Ache, die jetzt durch eine solche aus Beton ersetzt ist, wurde 1517 erbaut, 1918 beim Abbrechen fand man noch Eichenpiloten. Durch Erneuerung waren auch Lärchen-Piloten von der 120- bis 130-jährigen Lärchenaufforstung am Gebhardsberg dazugekommen. Das Lärchenholz vom Gebhardsberg hat nach den Erfahrungen des holzverarbeitenden Gewerbes breitere Jahrringe und ist daher dem Tiroler und steirischen nicht ganz gleichwertig.

Über die Begründung der Lärchenaufforstungen am Bregenzer Schloßberg oder Gebhardsberg wurde folgendes sichergestellt: „Ein „Markungs-Beschrieb sämtlicher der Stadt Bregenz gehöriger Waldungen, vorgenommen 1795" [3], nennt am Schloßberg wiederholt als Grenzbäume: Buchen, Weißtannen, Rottannen sowie einen Eichenstock. Von Lärchen ist noch nicht die Rede. Doch wurde schon um jene Zeit mit künstlichen Aufforstungen am Gebhardsberg begonnen, zunächst mit Kiefern; denn ein Protokoll vom 22. Mai 1799 [3] stellt fest, daß auf dem Schloßberg gegen den Thalbach hinauf „die jungen angepflanzten Fohren", die man 1795 mit dem größten Fleiß ausgeputzt hatte, zum Schaden des Gemeinwesens abgehauen worden seien. Hinsichtlich der Lärchen-Aufforstung hat sich die mündliche Überlieferung erhalten, daß zur Zeit der bayerischen Herrschaft die Begründung durch Saat erfolgt sei. Die Urkunden im städtischen Archiv ergeben aber, daß auch schon vor der bayerischen Herrschaft (1806 [4] bis 1814) junge Lärchen am Gebhardsberg vorhanden waren; in einem Erlaß an den Bregenzer Magistrat vom 20. September 1805 weist nämlich das „k. k." (also noch nicht bayerische) „Kreis- und Oberamt in Vorarlberg" darauf hin, daß „wegen besserer Kulti-

---

[1] Viktor Kleiner, Der hofsteigische Landsbrauch, Bregenz 1902, 39. u. 40. Museumsbericht des Vorarlberger Landesmuseums, S. 16 ff.
[2] Kleiner, a. a. O., S. 53 ff.
[3] Städtisches Archiv Bregenz.
[4] Auf Grund des Preßburger Friedens von 1805; Übergabe 1806.

vierung und Vermehrung der Lärchenbäume schon mehrere höchstlandesfürstliche Verordnungen erlassen worden seien"; trotzdem seien „durch die hiesigen städtischen Bergmeister" (= Waldaufseher) „bey Ausräumung der Viehweide auf dem S c h l o ß b e r g" nicht nur Gebüsche, sondern auch die jungen Lärchen ausgerissen und abgehauen worden. In Zukunft sei daher ein Forstaufseher zur Ausräumung der Viehweide als Aufsicht abzuordnen. Die Lärchenaufforstungen erlangten beträchtlichen Umfang, gegenwärtig sind zahlreiche 120- bis 130-jährige Altholzlärchen vorhanden, die auf dem 400 bis 600 m hoch gelegenen Standort mit ozeanischem, ausgeglichenem Klima (über 1500 mm Niederschlag) Durchmesser bis 80 cm, Scheitelhöhen von 30 m und gerade vollholzige Schäfte aufweisen. R u b n e r [1]) hat bereits erwähnt, daß die Lärchen in dem 130 ha großen Bregenzer Stadtforst 12 v. H. der Masse nach ausmachen. Unter den angegebenen klimatischen Verhältnissen muß dieser Anbau-Erfolg als ein ausnahmsweise guter bezeichnet werden. (Vgl. unten, Abschnitt „Künstlicher Anbau".)

An der Stelle der Alt- oder Oberstadt in Bregenz lag das römische Brigantium. Unter den römischen Baufunden von Brigantium (Saal XV des Vorarlberger Landesmuseums) befinden sich eine Menge 4 m langer Bretter und etwas kürzere Balken aus T a n n e n h o l z, herrührend von einem römischen Holzboden einer Wasserstube, „1. Drittel des 1. Jahrhunderts n. Chr., Ausgrabung 1911"; ferner ein „Holzstößel" aus E i c h e n h o l z, Fundort römische Heerstraße Brigantium ad Rhenum, 1884. In den unteren Lagen war der E i c h e n m i s c h w a l d verbreitet, von dem nur noch Reste vorhanden sind. Im Jahre 1518 verkauften die Brüder Steffan, Martin, Josef und Claus die Kalppen ihre „Eichenwaldung vor Clus ob dem Herbrantz" (Hörbranz Dorf nördlich von Bregenz) an die Stadt Bregenz [2]).

Im Rheintal südlich von Bregenz, zwischen Götzis und Koblach, liegt der Kummenberg, ein Hügel von 668 m Höhe, mit Eichen und anderen Laubhölzern bestockt. Spätsteinzeitliche Ausgrabungen vom Jahre 1929 von der Nordseite des Kummenberg bei Koblach enthalten verkohlte Holzreste, die von Dr. E l i s e H o f m a n n wie folgt bestimmt wurden:

Siebenmal Quercus pedunculata, zweimal Ulmus sp., dreimal Fagus silvatica, je einmal Fraxinus excelsior, Tilia sp., Taxus baccata.

Eine Grenzbeschreibung der Herrschaften Bludenz und Sonnenberg vom Jahre 1610 [3]) gibt für die Gegend bei Schlins (495 m) im Illtal die E i c h e an, dann zwischen Bludenz und St. Peter eine L i n d e, endlich bei Stein nächst Feldkirch einen B u c h w a l d.

Auch eine Reihe von Spruchbriefen wegen Weiderechten aus den Jahren 1405, 1452, 1458, 1461, 1462, 1491, 1503 usw., betreffend die Orte im Illtal: Ludesch und Raggal, Schlins, Beschling, Nenzing, Gurtis, Bürs, Vandans und andere, handelt von E i c h e n, B u c h e n   u n d   T a n n e n [4]).

M i s c h h o l z a r t e n ,   W a l d t y p e n .

In den wenigen Beständen, in denen die Lärche im Lande vorkommt, treffen wir sie häufig in Mischung mit Fichte, Tanne und Buche, auch aus der beigegebenen Tabelle ist die relative Häufigkeit dieser Mischung ersichtlich. Bei dem Vorkommen auf dem Dünser-

---

[1]) R u b n e r im Thar. Forstl. Jahrb. 1931, S. 201.

[2]) V. K l e i n e r, Die Urkunden des Stadtarchivs in Bregenz, Sonderdr. aus „Archival. Beilage der histor. Blätter", 2. Teil, 2. Heft, 1932, S. 156.

[3]) Archiv Bregenz.

[4]) V. K l e i n e r, Urkunden zur Agrargeschichte Vorarlbergs, Bregenz 1928, S. 27, 61, 76, 83, 90, 108, 116.

berg z. B. ergaben sich als wiederholt beobachtete Pflanzengesellschaften: Picea excelsa + Larix europaea + Abies pectinata + Fagus silvatica + (eingesprengt) Acer Pseudoplatanus — Oxalis acetosella; in 1200 m ü. M., S, waren die Altholz-Lärchen 25 m hoch und 45 bis 60 cm in Brusthöhe stark. An trockenen, felsigen Stellen fand sich auch Sorbus Aria und Pinus silvestris mit Larix.

In etwas höherer Lage, N, des gleichen Gebietes, z. B. auf der Hinterjochalpe in 1550 m unterm Hochgehrach, stockten auf Alpenmatten zwischen Gruppen räumdig gestellter Fichten auch einzelne Lärchen, der Unterwuchs bestand aus Grasfluren mit Arnica montana, dazwischen auf Flysch auch Horste von Rhododendron ferrugineum und hirsutum.

„Unterm Kojen" bei Mellau im Bregenzer Wald besiedelten den felsigen Steilhang, N, 1200 bis 1500 m, 30 bis 45° und mehr, in räumdiger Stellung Picea excelsa + Larix europaea + (einzeln) Abies pectinata + Fagus silvatica + Pinus montana + Sorbus Aria + Sorbus aucuparia; gleich unterhalb, bei sanfterer Böschung und besserem Boden, breitete sich der bereits weiter oben beschriebene kräuterreiche Mischwaldtyp aus. Die Lärchen auf dem seichtgründigen felsigen Standort waren im Alter von 180 Jahren 40 bis 50 cm stark (Brusthöhendurchmesser mit Rinde), die Scheitelhöhen betrugen 15 bis 22 m.

Am Ardetzenberg bei Feldkirch, wo die Lärche in etwa 600 m Höhe auf Kreidekalk in einer wintermilden, viele ozeanische Pflanzenarten aufweisenden Gegend in sehr geringer Stammzahl eingesprengt vorkommt, dürfte es sich nicht um ein natürliches Auftreten, sondern um ein künstliches handeln, das wahrscheinlich durch Ergänzung natürlicher Tannen- und Buchenverjüngungen entstanden ist. Solche künstliche Komplettierungen waren auch in Vorarlberg vor 100 bis 150 Jahren nachweislich schon in Übung (vgl. vorigen Abschnitt: 1795 Ausputzen von g e p f l a n z t e n Fohren). Die Lärchen sind hier in einem kräuterreichen Mischwald: Pinus silvestris + Fagus silvatica + Abies pectinata + Picea excelsa — Oxalis acetosella — Mercurialis perennis — Hedera Helix — Asperula odorata — Salvia glutinosa — Daphne mezereum — Rubus fruticosus.

In der Gemeinde Warth ist hinter der Wasserscheide, also erst im Einzugsgebiet des Lech, die Lärche als eingesprengte Holzart verhältnismäßig reichlich vertreten, während sie westlich der Wasserscheide, im Bregenzer Wald, fehlt. In dem inneralpinen Gebiet h i n t e r der Wasserscheide ist sie mit der Fichte, einzelnen Vogelbeeren und Birken sowie mit der Krummholzkiefer, gelegentlich auch Grünerle, in Höhen von 1350 bis 1700 m, auf Kalk, N, NW, 10 bis 40°, vergesellschaftet.

Erreichbares Lebensalter.

Altersermittlungen mittels Zuwachsbohrers an den stärksten und vermutlich ältesten zwei Lärchen des Standortes „Unterm Kojen" ergaben: Bei einem Brusthöhendurchmesser von 50 cm ein Alter von 188 Jahren, bei 40 cm Stärke ein solches von 180 Jahren. Die durchschnittliche Jahrringbreite der letzten 10 Jahre betrug 1·2, bezw. 0·9 mm [1]). Dabei konnte der Lärchenbestand verschiedener Altersstufen „unterm Kojen" als gesund und widerstandsfähig bezeichnet werden.

Künstlicher Anbau.

Im geschichtlichen Teil (Abschnitt: Nachweis der Ursprünglichkeit der angegebenen Verbreitung) wurde bereits über den vor etwa 130 Jahren begonnenen, dann hauptsächlich

---

[1]) Z i e g l e r, Das natürliche Vorkommen der Lärche bei Mellau, Centralbl. d. ges. Forstw. 1933, S. 3.

zur Zeit der Bayern-Herrschaft (1806 bis 1814) fortgesetzten, anscheinend erfolgreichen Lärchenanbau auf dem Gebhardsberg berichtet. Die Kultur soll damals auf Wiesen, die aus bäuerlichem Besitz von der Stadt Bregenz angekauft worden waren, durch Saat erfolgt sein. In den Bauernfamilien Deuring und Prassert hat sich die Überlieferung erhalten, daß ihre Väter im Auftrage der Stadt die Saat bewirkt haben. Die Wuchsform, Kernbildung und Massenleistung der alten Lärchen auf dem Gebhardsberg ist befriedigend. Da alle Altersklassen vorkommen, so konnte festgestellt werden, daß die Lärche dort im „k r i t i s c h e n" D i c k u n g s a l t e r s t a r k u n t e r d e m L ä r c h e n k r e b s leidet. R u b n e r beobachtete in einem 40- bis 50-jährigen reinen Lärchenhorst Krebsschäden mindestens an einem Viertel der Stämmchen; an einem kleineren 25- bis 30-jährigen Fichten-Lärchen-Mischbestand stellte er zur Hälfte krebskranke Stangen fest[1]. Wahrscheinlich ist also auch von den vor 120 bis 130 Jahren bewirkten Kulturen besonders im „kritischen" Alter ein Teil zugrunde gegangen, die schönen Altholz-Lärchen stellen den gesund gebliebenen Rest dar.

Die Lärchen am Gebhardsberg erreichen bei einem Brusthöhen-Durchmesser von

16 cm eine Höhe von 20 m, Inhalt 0·24 fm,
24 cm eine Höhe von 24 m, Inhalt 0·55 fm,
40 cm eine Höhe von 30 m, Inhalt 1·66 fm,
60 cm eine Höhe von 34 m, Inhalt 3·59 fm,
80 cm eine Höhe von 35 m, Inhalt 5·66 fm (laut Wirtschaftsplan 1920).

Im Jahre 1839 hat der „Revierförster" in Bludenz eine „Instruktion für Gemeindevorsteher, Ausschüsse und Waldhirten bei Vornahme der angeordneten Nadelholzkulturen in Gemeinden" entworfen[2].

Zu den ältesten Lärchenkulturen des Landes gehört auch eine solche im Waldorte „Gute Blons" zwischen Rankweil und Reinberg, wo 300 bis 400 Stück 70 bis 80 Jahre alter Lärchen in Höhen von 600 bis 750 m, auf Kreidekalk, W 20 bis 30°, in Mischung mit Fichte, Buche, Tanne stocken, es sind Überreste einer Bestandessaat, die seinerzeit durch den Waldaufseher Peter Schmid ausgeführt worden sein soll.

Jüngere, durch künstliche Bestandesbegründung eingebrachte Lärchen finden sich in mehreren Gemeinden (Hohenems, Dornbirn, Feldkirch, St. Gallenkirch und anderen), sie l e i d e n h ä u f i g d u r c h V e r d ä m m u n g, d u r c h d e n W e t t b e w e r b d e r a n d e r e n H o l z a r t e n, ein Teil ist zugrunde gegangen, ein anderer zeigt ein kümmerliches Aussehen, auch wird auf h ä u f i g e S c h n e e d r u c k s c h ä d e n hingewiesen. Diese sind in Vorarlberg, wie aus der Arbeit von S c h n e t z e r über Bewässerung und Klima des Landes hervorgeht, „auf belaubten Bäumen im Frühjahr und an Häusern im Winter" nicht selten[3]. Es hängt dies ohne Zweifel mit dem „ozeanischen" milden Winter zusammen, der das Fallen „nassen", großflockigen Schnees, besonders in mittleren Höhenlagen des Landes, möglich macht, während in den natürlichen Lärchenverbreitungsgebieten der zentralalpinen Innenlandschaft, z. B. im Engadin, mit den sehr tiefen Wintertemperaturen meist „trockener", feinkörniger Schnee von viel geringerem spezifischen Gewicht fällt.

---

[1] R u b n e r in Thar. Forstl. Jahrbuch 1931, S. 202.
[2] Städtisches Archiv Bregenz.
[3] J. S c h n e t z e r, Bewässerung und Klima, Heft 2 der Heimatkunde von Vorarlberg, S. 22 (Zusammenfassung).

10. Die Alpen Bayerns.

Horizontale Verbreitung.

Im Berchtesgadner Land, also im östlichsten Teil der Alpen Bayerns, zugleich dort, wo die bayerische Grenze tiefer in das Innere der Kalkalpen, zwischen die fast zu einem Ring geschlossenen gewaltigen Plateaumassive des Hagengebirges und Steinernen Meeres, hineinreicht, dort ist innerhalb Bayerns verhältnismäßig das Höchstmaß der Lärchenverbreitung. Doch ist auch in diesem Gebiet der durchschnittliche Lärchenanteil kleiner und kaum halb so groß als in zentralalpinen Innenlandschaften (z. B. Engadin, Lungau). Nur in Hochlagen der genannten Massive im Forstamt Berchtesgaden, in den sogenannten „Alpenwaldungen“, ist ihre durchschnittliche Häufigkeit stellenweise so groß, daß sie den Hauptanteil der mit Fichte und Zirbe durchsetzten Bestände bildet; so am Simetsberg (vgl. Tabelle 26) und im Röth-Funtensee-Trischübelgebiet (2300 ha Alpenwald, Lärche etwa 0·5 bis 0·7). In allen tiefer gelegenen Beständen des Forstamtes Berchtesgaden darf man einen durchschnittlichen Lärchen-anteil von 0·2 annehmen. Ebenso wird ihr Bestockungsanteil im Forstamt Ramsau im Mittel auf 0·2 auf einer Gesamtwaldfläche von 3805 ha geschätzt; im Forstamt Bischofs-wiesen auf 0·1 bis 0·3 auf 5000 ha.

Schon jenseits des Saalach-Durchbruches, also bereits außerhalb des Berchtes-gadner Landes, hat das Forstamt Reichenhall-Nord im östlichen Staufengebiet einen Lärchenanteil von 0·1 bis 0·2 aufzuweisen. Im übrigen ist in den Chiemgauer Bergen, im Gebiet zwischen Inn und Saalach, der durchschnittliche Bestockungsanteil unserer Holzart wesentlich kleiner als im Berchtesgadner Land, denn das durch ein Netz von Tälern aufgeschlossene Randgebirge ist westlichen Luftströmungen gut zugänglich. Der mittlere Anteil unserer Holzart beträgt im Forstamt Reichenhall-Süd nur 1 v. H. auf einer Fläche von 4500 ha, Siegsdorf (Vorstandsbezirk) 1 v. H. auf 1827 ha, Ruhpolding-West 2·6 v. H. auf 2253 ha (einschließlich der künstlichen Einbringung in jüngeren Be-ständen), Reit im Winkl gleichfalls samt künstlichem Anbau 2·8 v. H. auf 4937 ha, Marquartstein-West in den ältesten Altersklassen (80- bis 140-jährig) nicht einmal ½ v. H., in den zwei jüngsten Klassen (1- bis 40-jährig), infolge Pflanzung, 3 v. H. — Die Berg-gipfel halten sich meist in Höhen von 1700 bis 1800 m (so Hochgern 1744 m, Hochfelln 1670 m, Kampenwand 1670 m).

Noch weiter im Westen, im Gebiet zwischen der Loisach und dem Inn, ist in den Tegernseer und Schlierseer Bergen, wie die Altbayerischen Alpen zwischen dem Isarwinkel und dem Inn-Durchbruch heißen, und besonders im Werden-felser Land (an der oberen Isar und Loisach) der Lärchenanteil von recht untergeordneter Bedeutung. In der Nähe des Inn-Durchbruches, im Forstamt Oberaudorf, beträgt er noch in drei Walddistrikten auf 650 ha 3 v. H., im Forstamt Fischbachau ist die Holzart lediglich auf 51 ha von den insgesamt 2400 ha vertreten, im Forstamt Kreuth natürlich vorkom-mend nur auf 48 ha; trotz der ansehnlichen Höhe der Schlierseer Berge (im Kalkgebirge durchschnittlich 1800 bis 1900 m) ist auch diese geringe Häufigkeit unserer Holzart eine ursprüngliche, nicht erst durch die Wirtschaft bedingte Erscheinung. In den durch ein dichtes Talnetz aufgelockerten Kalk-Vorbergen des Werdenfelser Landes aber finden wir nur vereinzelte inselförmige Kleinst-Vorkommen der Lärche in unzugänglichen Örtlich-keiten wohl als Rückzugsposten einer unter anderen Klimaverhältnissen entstandenen größeren Verbreitung.

Im Allgäu gewährt das nach N offene Illertal dem mitteleuropäischen Klima und somit auch den in ihm vorherrschenden atlantischen Luftströmungen einen Weg in die

Alpen, das Allgäu hat mit dem nördlichen Vorarlberg die Außenabdachung gemeinsam sowie auch das milde, ausgeglichene Klima einer ausgesprochenen Luvseite und das F e h l e n der Lärche, die ähnlich wie dort nur auf einzelne abgetrennte Kleinst-Vorkommen („Relikte") beschränkt ist, wie aus den Angaben der Tabelle 29 ersehen werden möge.

V e r t i k a l e V e r b r e i t u n g.

Im Berchtesgadner Gebiet kommt die Lärche schon von 600 m an überall natürlich vor. Die steilen Dolomit-Wände um den Königssee schließen künstliche Kultur aus und sind dennoch mit Lärchen in Mischung mit Buche, Fichte und Tanne bestockt (Abb. 36). Stellenweise reicht auch in den Alpen Bayerns das natürliche Lärchenvorkommen noch tiefer herab, so im östlichen Staufengebiet (Forstamt Reichenhall-Nord) auf steilen bis schroffen Nord- oder Osthängen bis 500 m als untere Grenze; ähnlich im Waldort Theresienklause des Forstamtes Bischofswiesen bis 500 m auf steilem NO-Hang. Am Grenzhorn (nördlich von Kufstein und Oberaudorf) kommt sie auf sehr steilem N- und NW-Hang laut Mitteilung des Forstamtes schon von 480 m an ursprünglich vor. Daß die untere Grenze auf steilen und beschatteten Hängen am tiefsten herabreicht, ist weiter nicht auffallend.

Was die obere Grenze des Vorkommens anbelangt, so läßt sich in den großen Kalkmassiven im südlichen Teil des Berchtesgadner Landes eine Bestätigung des Gesetzes erkennen, daß große Massenerhebungen zum Landklima neigen; die Ein- und Ausstrahlung wird größer, mit ihr auch die Tages- und jahreszeitlichen Schwankungen; im „Landklima" der Massive sind trotz der niederen Durchschnitts-Temperaturen der Hochlagen die Tages- und sommerlichen Temperaturen höher, die Baumgrenze rückt daher unter solchen Verhältnissen in nie-

Abb. 36. Königssee (602 m), Forstamt Berchtesgaden; Fichte, Buche, Lärche, vereinzelt Tanne auf steilen Dolomitwänden in geringer Meereshöhe natürlich vorkommend. Nach einem käuflichen Lichtbild von F. G. Zeitz.

drigere Mitteltemperaturen hinauf [1]); im südlichen Teil des Berchtesgadner Bezirkes, im Bereich der Kalkmassive, z. B. am Simetsberg, am Klunkerer und in der Röth, reicht sie und mit ihr die obere Grenze des Lärchenvorkommens bis 1900 m; im nördlichen Teil des Bezirkes dagegen (außerhalb der Massive, Vordereck, Ecker-

______
[1]) B r o c k m a n n - J e r o s c h, Baumgrenze und Klimacharakter, 1919.

148

wäldl) nur bis 1500 m (Näheres Tabelle 26). Innerhalb dieses breiten Gürtels von 500 oder 600 m bis 1900, bezw. 1500 m nimmt die Häufigkeit der Lärche in ihrem natürlichen Verbreitungsgebiet von unten nach oben, also in den mittleren und höheren Lagen, zu.

Im südlichen Teil des Berchtesgadner Bezirkes finden sich in mittleren Höhenlagen von etwa 900 bis 1400 m sehr häufig wertvolle, vollholzige, 30 bis 35 m lange, gerade, bis 3 fm Massengehalt aufweisende Lärchenstämme. Im Wirtschaftsbezirk Ramsau erreicht unsere Holzart auf den besten Ertragsklassen, in mittleren und tieferen Lagen, Scheitelhöhen von 35 bis 40 m, die Stämme sind geradschaftig, vollholzig, rotkernig und von hohem Gebrauchswert.

Im Forstamt Reit im Winkl wurde das tiefste Vorkommen bei 670 m beobachtet, das höchste sowohl in Baumform mit normaler Schaftbildung (8 bis 16 m Scheitelhöhe), als auch in Kandelaber- und Zwergform in 1600 m Höhe, die besten Ertragsklassen aber mit geradwüchsigen Stämmen von 30 bis 33 m Scheitelhöhe in Höhen von 820 bis 1200 m. Doch ist auch beim tiefsten Vorkommen der Gesundheitszustand ein guter und die Wuchsleistung zufriedenstellend.

Beim Vergleich der vertikalen Verbreitung mit jener im Osten der Ostalpen (z. B. Niederösterreich, Steiermark) ergibt sich, daß weiter im Osten die untere Grenze noch tiefer herabreicht und daß dort sehr gute Ertragsklassen auch in geringen Höhen nicht selten sind: Je kontinentaler nämlich das Klima ist, desto eher sind auch in geringen Meereshöhen die gegen dessen Unbilden widerstandsfähigen Holzarten heimisch. Zu dem gleichen Schluß führt auch die Darstellung der Verteilung der Hauptholzarten in Deutschland: Vorwiegend Laubholzbestockung im ganzen Westen, starkes Überwiegen des Nadelholzes im Osten [1].

Die standörtlichen Bedingungen.

Dieselben Gesteine der alpinen Trias und des Jura, welche im L ä r c h e n v e r b r e i t u n g s g e b i e t der Kalkalpen Tirols, dann des Berchtesgadner Landes und Salzburgs das Grundgestein bilden, sind auch in den l ä r c h e n a r m e n u n d l ä r c h e n f r e i e n Gebieten der bayerischen Alpen auf Flächen bedeutenden Ausmaßes verbreitet. Es ist daher klar, daß hier das Lärchenvorkommen in dem einen Gebiet, das Fehlen in dem anderen nicht in erster Linie mit einem Wechsel des Grundgesteins zusammenhängen kann.

Wäre die Klimazone der Lärche, wie H. M a y r im „Waldbau auf naturgesetzlicher Grundlage" [2] angegeben, einfach „das kühlere Fagetum und das Picetum nicht bloß ihrer Heimat", und zwar ohne Rücksicht auf die Kontinentalität, so müßte die Holzart auch in den bayerischen Alpen überall, wo die Berge hoch genug sind, von einer gewissen Meereshöhe an vorkommen oder ursprünglich vorhanden gewesen sein; das ist aber keineswegs der Fall und geschichtliche Untersuchungen beweisen, daß es auch früher keineswegs zutraf. Ein Blick auf die „Höhenschichtenkarte von Bayern" [3] zeigt, daß in den Alpen Bayerns in allen Teilgebieten des Hochgebirges die H ö h e n ü b e r 1500 m, sowie auch jene von 1000 m und darüber häufig vertreten sind. In den alpinen Innenlandschaften aber (und im Osten der Ostalpen) kommt die Lärche nachweislich von Natur aus schon von viel g e r i n g e r e n Meereshöhen an vor, meist schon von den Talsohlen an, also

---

[1] Vgl. D e n g l e r, Waldbau auf ökologischer Grundlage, Berlin 1930, S. 102 ff.

[2] H. M a y r, Waldbau auf naturgesetzlicher Grundlage, Berlin 1909, S. 457.

[3] „Die Forstverwaltung Bayerns", herausgeg. v. d. Bayer. Ministerialforstabteilung, Beilagenband I, Tafel II, Beilage 2; dann Tafel III, Beil. 4 (1. Hochgebirge).

auch in Höhen unter 1000 m, z. B. in Tirol zwischen Mieming—Barwies—Obsteig—Holzleithen; einige Kilometer nördlich von dem genannten Gebiet, im Randgebirge Bayerns, „Werdenfelser Land" (an der oberen Isar und Loisach), finden sich dagegen, wie schon erwähnt, nur abgesonderte Kleinstvorkommen; und doch weisen hier selbst die Tallagen nicht unbeträchtliche Höhen auf, z. B. Jachenau 790 m, Fall 741 m, der Walchensee 802 m; die Berge erreichen in der Benediktenwand 1801 m, im Heimgarten 1790 m, Herzogstand 1731 m. Würden „kühle Sommer", „Lagen im kältesten Teil des Waldgebietes" den Standortsansprüchen der Lärche angemessen sein, dann müßte sie auch hier reichlich vertreten sein, da sie ja in den Innenlandschaften in gleichen Höhen nicht selten 0·2 bis 0·5 der Bestockung ausmachen kann!

Aber die Lärche fehlt im Werdenfelser Land (bis auf unbedeutende isolierte Kleinstvorkommen), weil sie zu den Holzarten eines Klimas mit unausgeglichenen binnenländischen Wärmeverhältnissen gehört, welches Klima wohl einigermaßen auf der Tiroler Leeseite der Kalkalpen, nicht aber auf der bayerischen Luvseite des gleichen Gebirges gegeben ist. Im Klima dieser Luvseite vermag sie auch bei künstlicher Kultur in der Regel nicht nachhaltig zu gedeihen. So weisen z. B. laut Mitteilung des Forstamtes Jachenau die dort künstlich eingebrachten Lärchen schlechte Wuchsformen auf, sind mit Flechten bedeckt und neigen zum Absterben; auch neuere Anbauversuche gedeihen nicht, von einem natürlichen Vorkommen der Lärche sei im Forstamt nichts zu merken. Das Grundgestein ist Hauptdolomit, der in anderen Alpen-Landschaften von weitester Ausdehnung reichste Lärchenbestockung trägt.

Ähnlich verhält es sich auch im Forstamt Partenkirchen; ein dort im Waldort Vorder-Reschberg, 950 m, durch Pflanzung von Fichte und Lärche begründeter Mischbestand (Einzelmischung) weist nur mehr einzelne Lärchen auf, diese werden von der Fichte bedrängt, zeigen schlechte Wuchsformen, das Forstamt sucht sie durch waldbauliche Pflegemaßnahmen, Freistellung der besseren Stämme, zu erhalten. Laut Mitteilung des Forstamtes wurden seit dem Jahre 1822 Kulturen durch Fichtensaat unter Beimengung von Lärchensamen ausgeführt, von diesen Lärchensaaten ist keine Spur mehr zu entdecken, die Lärche ist jedenfalls (neben anderen Einwirkungen wie Viehweide, Wild, Mäuse usw.) durch die Fichte verdrängt worden. (In neuester Zeit wird die Erzielung einer Lärchenbeimischung durch gruppenweisen Anbau in umzäunten Flächen mit nachfolgender Schlagpflege versucht). Auch im bayer. Forstamt Mittenwald ist die Lärche trotz beträchtlicher Höhen nur infolge künstlichen Anbaues zu finden, und zwar beteiligt sie sich nur in wenigen Unterabteilungen in stärkerem Maße an der Bestockung, ihr Anteil an der Gesamtwaldfläche des regelmäßigen Wirtschaftswaldes (3500 ha) beträgt kaum 1 v. H. Die Saat gelingt sehr schlecht, die ältesten dort vorhandenen Lärchen sind 100 bis 110 Jahre alt und sind aus Saat entstanden.

Ebenso sind im Forstamt Benediktbeuern die Standortsverhältnisse für die Lärche in keiner Weise zusagend; wiederholte Versuche, die Lärche durch Pflanzung in exponierten Lagen gruppenweise einzubringen, ergaben bisnun immer nur Mißerfolge.

Für Mittenwald wird bei einer Meereshöhe von 912 m eine mittlere Januartemperatur von —2·2⁰ ausgewiesen, ein Julimittel von 14·4, eine Jahresschwankung von 16·6⁰ [1]); zum Vergleich sei bemerkt, daß im Lärchenverbreitungsgebiet Tirols in gleicher Seehöhe, z. B. in Fulpmes, Stubaital (930 m), die Jahresschwankung 20·0⁰ ausmacht. Das Jahresmittel in Mittenwald ist 6·2⁰, der mittlere Jahresniederschlag

<hr>

[1]) Klimaangaben: K r e b s, Die Ostalpen, I. Bd., Stuttgart 1928, S. 130 ff.; und „Temperaturmittel" v. Hydrograph. Zentralbureau Wien 1929.

1314 mm. Da wir ausgedehnte Lärchenverbreitungsgebiete in Kärnten, Steiermark, Niederösterreich, Salzburg usw. mit ebenso hohen oder noch beträchtlich höheren Niederschlägen kennen gelernt haben, so kann der Niederschlagsreichtum nicht die Ursache des Zurücktretens der Lärche in diesem Teil der Bayerischen Alpen sein. Wohl aber konnten wir in allen einzelnen Verbreitungsgebieten der Lärche binnenländische Wärmeverhältnisse, also größere Temperaturextreme, feststellen. Im milden, ausgeglichenen Klima werden die Mitbewerber der Lärche gefördert, diese selbst aber geschädigt und durch den Wettbewerb der anderen verdrängt.

In Partenkirchen, 717 m, ist die Jahresschwankung (Jänner —2·6, Juli 15·3⁰) 17·9⁰, das Jahresmittel 6·7⁰, die Viermonatstemperatur Mai bis August 13·6⁰; das in ähnlicher Meereshöhe befindliche Tegernsee (735 m) hat eine mittlere Schwankung (aus —0·6, 15·7) von 16·3⁰, Jahr 7·5, Viermonatstemperatur 13·9; mit diesen beiden Wetterbeobachtungsstellen der Luvseite soll wieder eine in annähernd gleicher Höhe im Lärchenverbreitungsgebiet der Leeseite Tirols verglichen werden: Zams (772 m) im Oberinntal hat eine mittlere Jahresschwankung von 20·6⁰, Jahr 7·4, Viermonatstemperatur 14·8⁰; im Tiroler Lärchenverbreitungsgebiet gleicher Seehöhe ist also die Jahresschwankung beträchtlich größer, das Jahresmittel in Zams ist dagegen jenem von Tegernsee beinahe gleich, die Viermonatstemperatur ist aber in Zams beträchtlich höher als in Partenkirchen und in Tegernsee, das kontinentale Gebiet hat bei gleicher Höhe und bei gleichem Jahresmittel wärmere Sommer.

Als ein fast lärchenfreies Gebiet haben wir ferner das Allgäu kennen gelernt. Von Oberstdorf zum Alpenrand bei Pfronten lagern mächtige Massen von Hauptdolomit auf dem Flysch. Die Gipfel und Grate erreichen mächtige Höhen (Mädelegabel 2645 m, Hochvogel 2593 m), trotzdem ist das Klima des nach N offenen Tales der Luvseite der Lärche keineswegs günstig. In Oberstdorf (832 m) ist das Januar-Mittel —3·3, Juli 15·0⁰, die Jahresschwankung 18·3⁰, Jahresmittel 6·0, mittlere Jahresniederschlagsmenge 1603 mm. Im Tiroler Lärchenverbreitungsgebiet hat Landeck fast die gleiche Seehöhe (810 m), aber eine mittlere Jahresschwankung von 20·0⁰, einen Niederschlag von 727 mm; die Viermonatstemperatur ist in Oberstdorf 13·2⁰, in Landeck dagegen 15·4⁰. Im „ozeanischen" Allgäu sind also die Wärmeverhältnisse ausgeglichener, die Sommer kühler (und die Winter milder) als es bei gleicher Seehöhe im Tiroler Lärchenverbreitungsgebiet der Fall ist. (Bei Beurteilung der Holzartenverbreitung im Allgäu empfiehlt es sich, auch die Darstellung über das benachbarte Vorarlberg, S. 136 ff., vorliegender Schrift, zu beachten.)

Das Höchstmaß der Lärchenverbreitung innerhalb Bayerns, mit einem durchschnittlichen Bestockungsanteil unserer Holzart von 0·2, vorzüglichem Wuchs und gutem Gesundheitszustand bis in ein hohes Alter, finden wir bekanntlich im Berchtesgadner Land. Die Berchtesgadner Alpen bilden „einen fast geschlossenen Ring von gewaltigen Kalkplateaus um das freundliche Becken von Berchtesgaden"; „im Nordwesten sind drei kleinere und isolierte Stöcke, die Reiteralpe, das Lattengebirge und der Untersberg, im S und SO gibt es nur ein einziges gewaltiges Plateau"[1]. Solche Plateaubildung vermag auch sonst in den Ostalpen besondere Verhältnisse in bezug auf das Klima und die Vegetation zu schaffen. Denn ganz ähnlich wie im Süden des Berchtesgadner Bezirkes finden wir auch am Plateau des Steinernen Meeres

---

[1] K r e b s , Die Ostalpen, 2. Bd., Stuttgart 1928, S. 298.

(vgl. Tabelle 3, Forstamt Saalfelden) und am Kalkplateau des Warscheneck (Tabelle 11, Liezen) ein H i n a u f r ü c k e n der oberen Baumgrenze und ein r e i c h e r e s V o r - k o m m e n der Lärche zusammen mit der gleichfalls „kontinentalen" Zirbe. In den beiden eben angeführten Beispielen (Saalfelden, Liezen) reicht das Lärchen- und Zirben-Vorkommen bis zu der für die nördlichen Kalkalpen auffallend hoch gelegenen oberen Baumgrenze in 2000 m, im Süden des Berchtesgadner Bezirkes bis 1900 m. Die Hebung der oberen Grenze dürfen wir, mangels geeigneter Klimazahlen für dieses Waldgebiet, als eine Bestätigung binnenländischer Wärmeverhältnisse trotz höherer Niederschläge an-sehen. Auch die Schrift „Die Forstverwaltung Bayerns, die naturgesetzlichen Grund-lagen" bringt die hier in Erscheinung tretende Gesetzmäßigkeit zum Ausdruck: Ist das Gebirge oben abgeflacht und plateauartig, „dann wird der größeren Masse entsprechend gesteigerte nächtliche bezw. winterliche Ausstrahlung und die Bodenerwärmung im Som-mer derart wirksam, daß ein nahezu ausgesprochen u. U. extrem kontinentales Klima sehr kalte Winter und sehr heiße Sommer bringt"[1]. Auch auf den Unterschied zwischen dem Klima des Alpenrandes und jenem der Zentralalpen wird in der genannten Schrift mit Recht verwiesen. Die Klimazahlen Berchtesgadens können infolge der Lage dieses Ortes außerhalb der Plateaus diesen Sachverhalt nicht deutlich zum Ausdruck bringen: Jänner —2·6, Juli 16·0, Jahresschwankung 18·6⁰, Jahresmittel 7·1, Niederschlag 1343 mm. Die Viermonatstemperatur von Berchtesgaden beträgt 14·3⁰.

V e r g l e i c h   m i t   d e r   V e r b r e i t u n g   d e r   B u c h e   u n d   a n d e r e r
H o l z a r t e n.

Aus den früheren Abschnitten ist bekannt, daß in den Gebieten, in denen die Lärche ein H ö c h s t m a ß ihrer Verbreitung erreicht, in den inneralpinen, gegen temperatur-ausgleichende ozeanische Luftströmungen abgeschlossenen Längstälern, die Buche auch von geringen Meereshöhen an schon fehlt, z. B. im Engadin und im angrenzenden Tiroler Anteil des Oberinntales von Imst an über Martinsbruck bis Maloja auf eine Erstreckung von 140 km, wobei die Meereshöhe von Imst nur 716 m beträgt und wobei in diesem großen buchenfreien Gebiet Kalk- und Dolomitgesteine weit verbreitet sind. Es fehlen in solchen an Lärchen r e i c h s t e n Gebieten auch sonstige ein ozeanisches oder ein mitt-leres Klima bevorzugende Arten, so die Eibe und die Stechpalme, während die Tanne sehr selten ist. Ähnlich verhält es sich im „Lungau" des Landes Salzburg, im obersten Teil des Murtales (vgl. S. 20 dieser Schrift).

Das G e g e n t e i l ist in den lärchenarmen oder lärchenfreien, den atlantischen Luftströmungen zugänglichen Randgebirgen, so auch im größten Teil der Bayer. Alpen, der Fall. So bestätigt z. B. für das Werdenfelser Land das r e i c h e r e V o r k o m m e n d e r B u c h e , T a n n e u n d E i b e dieselben Schlüsse, die bereits im vorigen Abschnitt aus den Klimazahlen gezogen wurden. Nach G a m s beherrscht die Weißtanne im Bezirk Kufstein sowie am Bayer. und Vorarlberger Alpenrand „mindestens ein Viertel der Wald-fläche"[2]. Zwar wurden häufig durch die Wirtschaft die Schattholzarten zugunsten der Fichte verdrängt, doch war z. B. im Forstamt Fall i. J. 1756 am Kotzenberg (südlich von Fall, nahe der Tiroler Grenze), Kotzenbach, „Tärfuß, Tyrnberg" (= Dürrenberg) der Wald ein „durchaus vermischter, Feichten und Thannen: in gleich: iedoch weniger Puech-

---

[1] Die Forstverwaltung Bayerns, herausgeg. v. d. Bayer. Ministerialforstabteilung, Heft II, Die naturgesetzlichen Grundlagen, S. 56.

[2] G a m s H., Die Pflanzenwelt Tirols, Sonderdr. a. d. Werk Tirol, herausgeg. v. Hauptaussch. d. D. u. Ö. Alpenvereins, Bruckmann, München, S. 99.

holz" [1]). Von der Grammersau schrieb K l i n g [2]) 1795: „Ein Hauptaugenmerk in diesem Forste verdienet das Buchenholz, welches beynahe durchgängig zerstreut unter dem Fichtenholz vorhanden".

In der „Stößlslain" bei Mittenwald blieben 1717 nach einer Plenterung „geringe Puechene staudten, in der Höhe aber grobe Fichten und Tannen zurück" [3]). Ähnliche geschichtliche Nachweise enthält auch der folgende Abschnitt. Die alten Freigebirge (die einst zur freien Benutzung offen standen und meist nur geplentert wurden), so die Teilwaldungen des Forstamtes Jachenau, sind heute noch reich an Tannen. Im Gebiet Garmisch-Partenkirchen findet sich die E i b e im Raintal in bemerkenswerter Anzahl, dagegen keine urwüchsige Lärche [4]). Ähnlich verhält es sich im Gebiet Benediktbeuern und im Forstamt Fall. Schon außerhalb des Hochgebirges und der Voralpen, im Moränengebiet, liegt der bekannte Eibenbestand von Paterzell, der noch etwa 800 stärkere und 1400 schwächere Stämme aufweisen soll [5]). Im Gebiet Tegernsee ist die Stechpalme, Ilex aquifolium, noch ziemlich häufig [6]). Von Natur aus bilden in den Bayer. Kalkalpen als maßgebende Holzarten Fichte, Tanne, Buche den Hauptanteil der Bestockung, die Verteilung der „Schattholzarten" Tanne und Buche ist wohl gegenwärtig durch die Wirtschaft stark beeinflußt, doch finden sie sich vom Westen an bis in den Ostteil der Bayer. Alpen. Die Verbreitung der Eibe in diesem Gebiet zeigt ein Kärtchen nach H u e c k in R u b n e r s „Pflanzengeographischen Grundlagen des Waldbaus" [7]).

Im Berchtesgadner Land berühren und durchdringen sich die Verbreitungsgebiete sowohl der gegen die Unbilden des binnenländischen Klimas widerstandsfähigen Arten wie Lärche (und in den Hochlagen Zirbe) als auch der mehr dem ozeanischen und Übergangsklima angepaßten Arten wie Buche, Tanne, Eibe.

N a c h w e i s   d e r   U r s p r ü n g l i c h k e i t   d e r   a n g e g e b e n e n   V e r b r e i t u n g
d e r   L ä r c h e .

Die „G e n e r a l w a l d b e s c h r e i b u n g über alle und jede würchbar [8]) und Unwürchparr Hoch-, Frey-, Zünß-Vorst und Schwarzwäldt, so zu des Durchlauchtigsten Fürsten und Herrn Maximiliano .... R e i c h e n h a l l e r i s c h e m   S a l z w e s e n   mit Rießen, Laiten unnd Clausen zu bringen, 1609" [9]) beschreibt u. a. auf fol. 49 bis 62 „Berchtesgadische Schwarzwäldt", und zwar auch solche, die außerhalb des Berchtesgadner Landes, im benachbarten Landgericht Lofer und in der Liechtenberger Herrschaft lagen (Lärche in Mischbeständen von Fichte mit Tanne und Buche), als auch Waldungen im B e r c h t e s g a d n e r   L a n d   s e l b s t . So heißt es (fol. 56) vom „Herstpalfen.... bis zur Endt des Taubensees" (zwischen Ramsau und Lattengebirge): „Meistens Veicht- mit wenig Lerchen- und Laubholz". Nördlich vom Taubensee befinden sich die Waldorte Mordau und Schwarzbach; beide sind in der Generalwaldbeschreibung (fol. 56/57) ge-

---

[1]) v. P e c h m a n n , Beiträge zur Geschichte der Forstwirtsch. im oberbayer. Hochgebirge, Forstwissensch. Centralbl. 1932, S. 727.

[2]) K l i n g s Bericht, Kreisarchiv München, G. R. 474 (zit. nach Pechmann).

[3]) Kreisarchiv München, F. A. 626/10.

[4]) Laut brieflicher Mitteilung von Min.-Rat Dr. K ü n k e l e. Vgl. Graf A t t e m s, Die Eibe, München, 1910.

[5]) A. D e n g l e r , Waldbau auf ökologischer Grundlage, Berlin 1930, S. 81.

[6]) Briefl. Mitteilung v. Min.-Rat Dr. Künkele.

[7]) R u b n e r , Die pflanzengeographisch-ökologischen Grundlagen des Waldbaus, 3. Aufl., 1934, S. 407.

[8]) würchbar = haubar.

[9]) Hauptstaatsarchiv München, Sign. K. B. allgem. Reichsarchiv Reichenhall Gericht I, 77, 34½.

nannt, für „Schwärzpach" wird bei den „freiwäldern des Landgerichtes Reichenhal" das „erwachsene Holz außer der Lerchen" auf eine gewisse Anzahl Klafter veranschlagt.

Eine andere Quelle, welche die Waldungen des gleichen Gebietes (Schwarzbach, Mordau, Lattengebirge und andere) um 143 Jahre später beschreibt, hat E. V o i t[1] angeführt: Im Jahre 1752 wurde auf Erlaß des Chur-Fürsten Max Joseph ein „Waldlagerbuch der zum Salzmaieramt Traunstein gewidmeten Gebirge und Waldungen" verfaßt; nach diesem tritt die Lärche u. a. in der Mordau, an der Weißwand, am Prechet, Lattenberg, Rötelbach und am Sulzberg auf. Besonders häufig, nämlich „etwa ein Drittel des ganzen Waldbestandes" ausmachend ist sie in der Aschau (westlich von der Reiteralpe), am Schwegerl (Reiteralpe) und am Schwarzbach.

Daß auch ursprünglich die Lärche nicht etwa nur in Hochlagen, sondern schon im 14. Jahrhundert auch in den um die Lehen der Berchtesgadner Lehensleute gelegenen Waldungen vorkam, geht aus dem sog. „Laubbrief" des Propstes Ulrich von Wulzen von 1377 hervor; dieser Brief gestattete den Berchtesgadner Lehensleuten die Behölzigung aus den um ihre Lehen gelegenen Waldungen, bloß die Lärche und Föhre wurden zum Bauwesen der Saline Berchtesgaden zurückbehalten (V o i t, a. a. O.).

Wenn auch seit etwa 1820 die künstliche Kultur der Lärche im Berchtesgadner Land energisch betrieben wurde, so ergibt sich doch sowohl aus der Art des Vorkommens als auch aus den geschichtlichen Quellen mit voller Deutlichkeit, daß dieser Landstrich, und zwar nicht bloß hinsichtlich der Hochlagen, zum ursprünglichen Verbreitungsgebiet der Holzart gehört.

In den C h i e m g a u e r B e r g e n, wo für viele Forstämter nur ein Lärchenvorkommen von 1 bis 2 v. H. (einschließlich der künstlichen Einbringung) nachweisbar ist, war die Lärche laut der geschichtlichen Quellen im größten Teil des Gebietes auch ursprünglich nur als recht s e l t e n e r Baum vertreten. Die erwähnte Generalwaldbeschreibung der zum Reichenhallerischen Salzwesen gehörigen Wälder vom Jahre 1609 behandelt auf Blatt 17 bis 34 die „Wäldt im Gericht Traunstein"; zuerst werden „namhafte, weite, holzreiche, überstandene Waldungen von Feichten, Tannen, den 4. Teil Puchen", bezw. aus „Feichten, Tannen, Puchen" oder „Tannen, Feichten, Buchen", stets o h n e Lärche, beschrieben, hierauf wird (Blatt 21) von einem Waldort beim Sonntagshorn (an der Salzburgischen Grenze, westlich der Saalach, 1965 m) „nit mer gewächsiges Veichten- und Lerchenholz" angeführt. Auch der „Rauschenberg" (Rauschberg bei Inzell-Ruhpolding) hatte i. J. 1752 „in denen Ötzen und Mähdern viele Schachteln schönsten würkbaren Lerchenholz, so denen underthanen zu stählen und auch zu stimblen[2]) schärfstens verbothen, zumalen zum Kasten[3]) reserviert sind".

Das Saal- und Grundbuch des Gerichtes Marquartstein vom Jahre 1584[4]) gibt von den Waldungen häufig nur die Fläche, in anderen Fällen auch die Holzarten an, als solche sind, z. B. für Landerhausen bei Schleching, für Holzhausen unweit Bergen und andere Orte Fichten, Buchen, Eichen und Obstbäume genannt.

Die Generalwaldbeschreibung von 1609 stellt (Blatt 4—15) zuerst die Waldungen von „Reutter Wünckhl des Landtgerichts Marquartstein" dar; die recht eingehende Beschreibung zahlreicher, auch hoch gelegener Waldorte nennt immer wieder Fichten, Tannen, Buchen (ohne Lärchen); z. B. „helt veichten und Tannen, darunter aber, wo nit

---

[1]) E. V o i t, Geschichtliche Darstellung des Einflusses der künstlichen Verjüngung auf die Verbreitung der Holzarten, München 1908, S. 79.
[2]) stimblen = stümmeln, schneiteln.
[3]) Steinkastenbau, Uferschutzbau.
[4]) Hauptstaatsarchiv München, Sign. Bayer. Allg. Reichsarchiv Marquartstein, I, 56, 8½.

den vierten, doch wohl den fünften Teil puechholz, ist würchbar...". Nächst der Hemmer-
suppenalpe (1219 m) ist ein „weiter ebener Boden" beschrieben, „wohl mit Puchen
bewachsen, der vorher niemals verhackt worden und fürohin nur zum Verderben steht",
also sozusagen Urwald, ohne Lärche. Der Eibenstock (östlich von der Hemmersuppen),
Sondersberg (1247 m), Lepach, Scheibelberg (1468 m), Lemberg (1598 m) und viele
andere finden sich in der Beschreibung, ohne daß neben den immer wieder genannten
Fichten, Tannen und Buchen auch die Lärche erwähnt wäre. Daß aber unsere Holzart
ursprünglich doch nicht völlig fehlte, geht u. a. aus der Flurbezeichnung „Hochlerch" in
der Nähe des „Zwölferspitz" hervor [1]). Auch V o i t verweist auf Namen wie „Lärcheck",
„Lärchköpfel", die aber in diesem Gebiet keineswegs häufig sind, und auf eine Waldbeschreibung aus dem Jahre 1802 [2]), der zufolge damals „an der Rauhennadel-Schneid
gegen die Stoibenalm und ebenso an der oberen Rauhennadel (F.-A. Marquartstein) sehr
viele Lärchen" standen (Rauhenadel nächst der Tiroler Grenze nordwestlich von Reit im
Winkel).

Eine Waldordnung der Herrschaft Hohenaschau vom Jahre 1558 enthält auch
Bestimmungen über Schonung der Lärche; die Herrschaft reichte damals allerdings bis
an die Tiroler Grenze in das Sachrangtal, wie aus einer „Almordnung des Sachrang-
thales in Herrschaft Hohenaschau" vom Jahre 1558 hervorgeht. Die „Wallt- und Holzordnung der Herrschaften Aschau und Wildenwart, auch der Hofmarch Seehuben" von
1558 bestimmt im Art. 40, daß alles Eiben-, Lärchen-, langgewachsenes Eschen- und
Ulmenholz dem Gerichtsherrn vorbehalten sein soll; ein nächster Artikel regelt das
Bohren des Lärchenharzes („Lorgertporen") [3]).

Aus diesen und vielen anderen Angaben geht hervor, daß in den C h i e m g a u e r
B e r g e n die L ä r c h e u r s p r ü n g l i c h n u r b e s c h e i d e n s t e n Bestockungsanteil
a u f z u w e i s e n h a t t e u n d n u r s t e l l e n w e i s e a l s e i n g e s p r e n g t e Holzart vor-
h a n d e n w a r.

Auch in den T e g e r n s e e r u n d S c h l i e r s e e r B e r g e n ist die Lärche im
großen ganzen nicht erst durch die Wirtschaft verdrängt worden, sondern war hier schon
ursprünglich von untergeordneter Bedeutung. Eine Holzordnung von Benediktbeuern von
1528 [4]) verlangt, daß junge gerade schlanke Stämme, „es sey veychten, Tennen oder
Puechen", „verschondt vnnd besonders nahent bey dem wasser geferlich nit abgeschlagen
... sondern so vil möglich gehayt werden". Ferner führt ein „Extract aus dem Verhörs-
protocoll der Holzstrafen, 1646 bis 174ь, Benediktbeuern" [5]) häufig eigenmächtige Fällung
oder Stümmelung (Aststreugewinnung) von Bäumen an, und zwar von Fichten, Tannen,
Föhren (= farchen), Eichen, Eschen, jedoch keine Lärchen. Dafür aber, daß sich an
e i n z e l n e n Stellen dieses Gebietes d o c h Lärchen fanden, sprechen vereinzelte Flur-
bezeichnungen: „Lerchwald, Lerchwald-Alpl" in der Gegend zwischen Walchensee und
Heimgarten [6]), auch erwähnt V o i t (a. a. O.) eine Benediktbeurer Waldordnung vom
Jahre 1700, in der die Lärche neben anderen Holzarten Erwähnung findet.

---

[1]) Katasterblätter von Oberbayern, Blatt XIX, 30, Unterwössen und Forstbezirk Marquartstein.
[2]) „Überblick des gegenwärtigen Zustandes der Churf. Bayr. innländ. Salinenwaldungen" vom
Jahre 1802.
[3]) Hauptstaatsarchiv München, Hohenaschau Nr. 10.
[4]) Sammlung Direktor Dr. G. S c h r ö t t e r; Orig. auf 8 Blättern: München, Hauptstaatsarchiv.
Staatsverwaltung Nr. 1595.
[5]) Hauptstaatsarchiv München, Benediktbeuern Klosterliteratur Nr. 101, 1/5.
[6]) Forstkarte 1305, Walchensee, Oberbayern.

Eine „Beschreibung aller Gebirge und Hölzer im LG. Tölz von 1587—1597"[1]) nennt
Fichten, Buchen, Erlen, Föhren (= Farchen), Linden, Eichen, Hasel. Selbst der 1624 m
hohe Dürrenberg nahe der Tiroler Grenze (südöstlich von Fall an der Isar) hatte laut
Beschreibung „schönes Fichten-, Tannen-, Buchen-, Ahornholz", aber keine Lärchen aufzuweisen; ähnlich der 1490 m hohe Grammersberg. Doch ist in der B e s c h r e i b u n g
v o n 1597 der südlich vom genannten Dürrenberg befindliche „L e r c h k o g e l" be-
r e i t s   a n g e f ü h r t.

Zwischen den eben erwähnten beiden Bergen: Dürrenberg und Grammersberg,
befindet sich das Tal der Wester-Durrach; auf diese Gegend bezieht sich eine Grenzbeschreibung vom Jahre 1698 mit Anführung von Grenzbäumen: „Prothocollum über
vorgenommene Ausmarchung zwischen dem Gramesberg, dann dem der Tölzer Land-
gerichtsgemein zum Holzschlag angehörigen gehilz des Zürmannsberges gegen der Wössa
Thurra" (= Westerdurrach), „1698"[2]). Hier sind als Grenzbäume 9mal „Thann", 11mal
„feichten", 5mal „Puchl" oder „Puchen", 1mal „Eschen", 2mal „Ahorn" genannt, somit
unter 28 Grenzbäumen n i c h t   e i n e   e i n z i g e   L ä r c h e.

Die „Holz- und Kolordnung in Ober Bayern vor dem gepürg an der Yser vnnd
Loysach 1536"[3]) enthält als 7. Punkt die Vorschrift, „das des jungen kraden vnd geschlachten Holtz, Es sey Thennen, Veichten oder Puechen... verschont werde".

Im Jahre 1852 wurden „Wirtschaftsregeln für die Gebirgswaldungen des oberbayerischen Forstamtes Tölz" gelegentlich einer „primitiven Forsteinrichtung" aufgestellt
und im Jahre 1858 veröffentlicht[4]). Auf die Lage der Waldungen in den Forstrevieren
Riß, Walchensee, Jachenau und Benediktbeuern, z u m   T e i l   i m   e i g e n t l i c h e n
H o c h g e b i r g e, wird hingewiesen. Trotzdem ist über die Holzarten (S. 32) angegeben:
„Die vorherrschenden Holzarten der Waldungen sind Fichten, Tannen und Buchen, untergeordnet und einzeln kommen der Ahorn, die Esche, Ulme, die Föhre und Lärche, selten
die Birke und ganz vereinzelt auch die Eibe vor... Bemerkenswert ist, daß die L ä r c h e,
mit Ausnahme eines kleinen Theiles vom Distrikte Lerchkogel, in dieser Gegend keine
natürliche Verbreitung hat; die wenigen, sonst einzeln vorkommenden Lärchen sind
künstlich eingebracht". Schließlich werden noch Linden, Hainbuchen, Vogelkirschbäume,
Vogelbeer- und Mehlbeerbäume und Legföhren sowie Erlen und Weiden genannt.

Im   W e r d e n f e l s e r   L a n d   war 1697 am Reschberg bei Garmisch Fichten-,
Tannen- und Buchenholz, „dann Pergauf und in der Hoch dergleichen Eybes". 1536 wird
vom Rimberg (= Rindberg?) gesagt: „Hat Eibens, Tenens und Veichtens Holz". Immerhin kam stellenweise auch die Lärche eingesprengt vor, so gab es im „Simonswäldl" bei
Farchant „Eibens, Lerchens, Ferchens vnd ander Holz"[5]).

Daß auch im   A l l g ä u   inselförmige Kleinstvorkommen der Lärche ursprünglich vertreten waren, dafür spricht außer den Angaben   S e n d t n e r s[6])   über „kleine
Bestände, die einzigen im Allgäu" auf der Rappenalpe, Biberalpe und in Haldenwang
auch noch die Tatsache, daß Grenzbeschreibungen des Gerichtes Ehrenberg mit Grenzen

---

[1]) Hauptstaatsarchiv München, K. B. allg. Reichsarchiv Tölz, LG. I. 93, Nr. 2½; einschließlich
„Verzeichnus u. Beschr. aller Forste und Gehölze bei der Ebene und an den Gebirgen, so im ganzen
Landger. Tölz gelegen", von 1597.

[2]) Hauptstaatsarchiv München, „Gränz-, Güter- und Volksbeschreibungen des Churpfalz. baier.
Landgerichts Tölz", 2. Bd., 1626—1789, fol. 288 (des 464 fol. starken Bandes).

[3]) Hauptstaatsarchiv München, Staatsverwaltung Nr. 1595, Druck, 8 Blätter.

[4]) Forstw. Mitt. II. Bd. (1858), 4. Heft, S. 23 ff.

[5]) Kreisarchiv München, F. A. 626/4, 5. Zit. nach   P e c h m a n n, Beiträge zur Geschichte der
Forstwirtschaft im oberbayerischen Hochgebirge, Fw. Centralbl. 1932, S. 726.

[6]) S e n d t n e r, Die Vegetationsverhältnisse Südbayerns, München 1854, S. 553.

gegen die Herrschaft Rotenfels aus den Jahren 1561 und 1564 im Grenzzug längs des Allgäuer Hauptkammes auch die „Larchwandt" nennen [1]; in ihrer Nähe besteht (vgl. Tabelle 29) auch gegenwärtig im Waldort „Auf dem Giebel" ein abgesondertes Kleinstvorkommen von etwa 100 Lärchenstämmen nahe der oberen Baumgrenze.

Mischholzarten, Waldtypen.

Da der wichtigste Teil des bayerischen Lärchenverbreitungsgebietes sich im Berchtesgadner Land befindet, dieses aber hinsichtlich der Vegetation mit den unmittelbar benachbarten Kalkalpen des Landes Salzburg übereinstimmt, so wird hiemit zur Vermeidung von Wiederholungen betreffs der Waldtypen auf die Darstellung im Abschnitt über das Land Salzburg, S. 25 hingewiesen.

Die Mischbestände, in denen die Lärche natürlich auftritt, bestehen in den tieferen und mittleren Lagen der bayerischen Alpen aus Fichte, Tanne, Buche, gelegentlich ist aus edaphischen Gründen auch die Föhre vertreten. Eingesprengt finden sich Esche, Bergahorn, Bergulme, Linde, Hasel, Wildobstbäume, Mehlbeerbaum, Vogelbeere, Birke, vereinzelt auch die Eibe. Gelegentlich sind auch im Krummholzkiefernbestand einzelne Lärchen zu beobachten.

In den höheren Lagen der großen Kalkplateaus, im sog. „Alpenwaldgürtel", fällt der Lärche der Hauptanteil der mit Fichte und Zirbe (vereinzelt auch Birke) durchsetzten Bestände von lockerem Schluß zu. In der Kampfzone an der oberen Baumgrenze treffen wir ab und zu, wenn auch nicht gerade häufig, auch Kandelaber-Formen der Lärche an.

Der Gesundheitszustand der Lärche, z. B. im Berchtesgadner Land, ist ein vorzüglicher. Der Krebs ist dort eine sehr seltene Erscheinung. Nur die Lärchenminiermotte tritt auch hier, ebenso wie in anderen Teilen des ostalpinen Lärchenverbreitungsgebietes, hie und da stärker auf, ohne jedoch eine nachhaltige Schädigung zu verursachen.

In den Randgebirgslagen der Außenlandschaft, z. B. im n ö r d l i c h e n Teil des Forstamtes Berchtesgaden (Bezirk Vordereck), ist in tieferen Lagen und auf besseren Böden, schweren Kreideböden, die Jahrringbreite des Lärchenholzes eine größere, die Holzgüte dieser sogenannten „Graslärchen", die allerdings einen Massengehalt bis zu 4 fm aufweisen, eine geringere. Im s ü d l i c h e n Teil des Forstamtsbezirkes (also mehr im Alpeninneren) ist die Holzbeschaffenheit besser, Örtlichkeiten besten Lärchenvorkommens sind hier zahlreich, auf ihre Wuchsleistungen wurde bereits im Abschnitt über die „vertikale Verbreitung" hingewiesen.

Ähnlich wie auf den schweren Kreideböden des Bezirkes Vordereck erwächst auch auf den Flyschböden des Forstamtes Siegsdorf weniger geschätztes, breitringiges Lärchenholz, in welchem das Frühholz gegenüber den festeren Spätholztracheiden überwiegt, sog. „Graslärchen"; doch darf das Urteil hinsichtlich dieser Wirkung der Flyschböden (und sonstiger fetter Böden) nicht etwa verallgemeinert werden; denn weiter im Osten, in Niederösterreich, wird auf Flyschböden des westlichen Wiener Waldes vorzügliches Lärchenholz erzeugt, das als Exportware in die Schweiz ausgeführt wurde. Hier vermag also das Klima einem allzu üppigen Wuchs auch auf Flyschböden entgegenzuwirken, während im Forstamt Siegsdorf ein ausgeglichenes Klima und dazu noch die Eigenschaften des Bodens die Raschwüchsigkeit fördern. Auch F r e i s t a n d (in warmen Tieflagen im ausgeglichenen Randgebirgsklima auf üppigen Böden) trägt zur Entstehung der weniger begehrten „Graslärchen" bei.

---

[1] O t t o S t o l z, Politisch-historische Landesbeschreibung von Tirol, Wien und Leipzig 1923, S. 624, 634.

Auch die Wirkung des F r e i s t a n d e s a u f d i e B e s c h a f f e n h e i t d e s
L ä r c h e n h o l z e s ist nicht überall dieselbe; insbesondere ist sie, worauf hier ver-
gleichsweise hingewiesen sei, in Hochlagen (1700 bis 2300 m) der kontinentalen Innenlandschaft, z. B. des Engadin, eine andere als in den Randgebirgen. In Hochlagen der
Innenlandschaft mit kurzer Vegetationsperiode wird sehr e n g ringiges Holz mit zu
w e n i g Spätholz erzeugt [1]). So teilt das Kreisforstamt Samaden im Oberengadin mit, daß
Lärchenholz bei ausgewachsenen Stämmen in den dortigen Hochlagen wenig Spätholz-
bildung aufweist, „es ist deswegen eher weich und wird für feinere Arbeiten sehr
geschätzt; nur im F r e i s t a n d e, in sonnigen t i e f e r e n Lagen, mit g u t e m Boden
weist die Entwicklung von Sommerholz größeren Anteil im Holzkörper auf, diese sogenannten ‚Rasenlärchen‘ (romanisch larsch da zisp) haben ein zähes, hartes und widerstandsfähiges Holz“. Wo also im allgemeinen z u s c h m a l e Jahrringe entstehen würden,
dort sind Einflüsse, welche ein Breiterwerden bewirken (Freistand, guter Boden) für die
Holzbeschaffenheit günstig; wo dagegen schon das Klima bewirkt, daß zu breitringiges Holz
erwächst, dort ergeben sich bei Freistand und auf fettem Boden minderwertige „Graslärchen“.

Die k ü n s t l i c h angebauten Lärchen in den bayerischen Alpen a u ß e r h a l b des
natürlichen Lärchenverbreitungsgebietes leiden in der Regel durch den Wettbewerb der
Fichte und Tanne, ihre Kronen sind dann eingeengt, schlecht entwickelt (z. B. Forstamt
Immenstadt, Distrikte X 2 und X 3), Krebsbefall tritt häufig ein (z. B. Schliersee), auch
die hohe Schneelage und der nasse, schwere Schnee in den niederschlagsreichen Gebieten
mit verhältnismäßig milden Wintern wirkt schädlich.

E r r e i c h b a r e s L e b e n s a l t e r.

In ihrem n a t ü r l i c h e n V e r b r e i t u n g s g e b i e t vermag die Lärche auch in
den bayerischen Alpen ein hohes Alter bei gutem Gesundheitszustand zu erreichen. So
läßt man in den Wirtschaftswaldungen des Forstamtes Berchtesgaden in mittleren Höhen
von 1100 bis 1400 m oft wertvollste, vollholzige, 30 bis 35 m lange und bis zu 3 fm aufweisende Lärchenstämme bis 200jährig werden. In den dortigen Hochlagen des „Unpro-
duktiven“ aber finden sich bis 600 Jahre alte Exemplare mit Durchmessern von 70—100 cm
am Stock. Ein hohes erreichbares Alter wird auch vom Forstamt Reichenhall-Süd (250
bis 300 Jahre) berichtet, dann von Siegsdorf, Außenstelle Inzell: Hervorragende Holzgüte
der eingesprengten Lärchen auf oberer Trias, Alter bis 250 Jahre, Reit im Winkel (über
200 Jahre), Rauhenadel im Forstamt Marquartstein-Ost (180 Jahre), Oberaudorf
(300 Jahre), Lerchkogel im Forstamt Fall (über 200 Jahre).

Wo es sich dagegen um k ü n s t l i c h eingebrachte Lärchen in Gebieten nicht
zusagenden Klimas handelt, dort pflegt der Wuchs meist nur bis zum Stangenholzalter zu
befriedigen. Das ist z. B. im Forstamt Kreuth (außerhalb des dortigen kleinen natürlichen
Vorkommens) der Fall; vom „kritischen“ Stangenholzalter an überziehen sich die Lärchen
mit Flechten und werden großenteils von der Fichte bedrängt und überwachsen, nur
einzelne Exemplare erreichen das Haubarkeitsalter von 140 Jahren. Im Forstamt Mittenwald sind die ältesten, aus Saat entstandenen Lärchen 100- bis 110-jährig.

Im Forstamt Sulzschneid, bayerisches Allgäu, Moränengebiet, wurden 1890 bis 1920
40.000 Lärchenpflanzen und 40 kg Samen in Mischung mit Fichte und Kiefer eingebracht;

---

hiedurch hätten mindestens 12 bis 15 ha in Bestockung gebracht werden können; da aber die zurzeit mit Lärche bis zu 50 Jahren bestockte Fläche im dortigen Staatswald nur ca. 2 ha beträgt, so ist der größte Teil (80 v. H.) der Kulturen mißglückt, im Fichtenbestand untergegangen und nur Reste haben sich unter dem Einfluß waldbaulicher Pflege erhalten. Auch von dem vor 100 Jahren eifrig betriebenen Anbau sind einige Altholzreste vorhanden.

Künstliche Kultur.

In den Chiemgauer Bergen, also im Osten, wurde in Gebieten seltenen natürlichen Vorkommens immerhin eine bescheidene Vermehrung der Lärche durch künstlichen Anbau erzielt; so beträgt z. B. im Forstamt Marquartstein-West der Lärchenanteil in den vier ältesten Klassen (80- bis über 140-jährig) kaum ½ v. H., in den zwei jüngsten aber 3 v. H., in den vier Klassen 1- bis 80-jährig 2·5 v. H. Doch sind die Lärchen auch hier nur in der Jugend vorwüchsig, vom Dickungsalter (etwa vom 30. Jahre) an werden sie von der Fichte eingeholt und eingeengt.

Über ungünstige Anbauergebnisse im Werdenfelser Land, z. B. in den Forstämtern Partenkirchen, Jachenau, wurde bereits im Abschnitt über die Standortsbedingungen berichtet. Auch im Forstamt Fall an der Isar sind in mehreren 41- bis 60-jährigen Beständen (Dürnberg, Mosenberg, Grasberg), die durch Saat oder Pflanzung künstlich eingebrachten Lärchen bedrängt und verschwinden allmählich im Wege der Bestandesausscheidung. Ähnlich verhält es sich im Forstamt Schliersee. Auf die Mißerfolge des Anbaues im Allgäu, Forstamt Sulzschneid, wurde am Schluß des vorigen Abschnittes hingewiesen. Die Forsteinrichtung von 1914 kam deshalb mit Recht zu dem Schluß, die Lärche finde in Sulzschneid wie in den meisten Allgäuer Waldungen, infolge der klimatischen Verhältnisse, kein Gedeihen. Bei vorsichtigster Standortsauswahl und Jahrzehnte langer Pflege könnte nach dem Dafürhalten des Forstamtes vielleicht Lärchenbeimischung in sehr bescheidenem Maße (½ bis 1 v. H.) erzielt werden, doch dürfte es innerhalb der bayerischen Alpen wirtschaftlicher sein, die Lärchennachzucht anderen, hiefür zweifellos geeigneteren Gebieten zu überlassen.

11. Die Lärche in den Italienischen Ostalpen.

Von Prof. Dr. L. Fenaroli, Florenz.

Bei der Abfassung der vorliegenden Arbeit haben wir nachstehende Quellen benützt:
1. Literaturangaben, insbesondere Mitteilungen der botanischen und forstlichen Literatur.
2. Angaben, welche aus den Einrichtungsplänen größerer Forstkomplexe entnommen wurden.
3. Daten des Forstkatasters.
4. Im Wege der Milizia Nazionale Forestale mittels Fragebogen erhobene Daten.
5. Persönliche Beobachtungen an Ort und Stelle.

ad 1. Literaturangaben.

Die allgemeinen Florenbeschreibungen haben zufolge ihrer summarischen Abfassung sehr wenige Nachrichten über die Verteilung der Lärche in den Ostalpen geliefert.
Wir wollen trotzdem dieselben anführen:

(1854) B e r t o l o n i: Flora Italica, vol. X, p. 268:
„Habui ex.... Legnone ad Larium a pprr. Passerinio et Comollio, ex Tyroli Italico a prof. Meneghinio, in pascuis et sylvis di Montalon in Valsugana a Montinio, a Fonzaso et Primiero ab eq. Petruccio, ex Vette di Feltre prope Aune ab eq. Contareno.“

(1867) C e s a t i, P a s s e r i n i e G i b e l l i: Compendio della Flora Italiana, p. 212:
„nelle Alpi fino a 2000 e più metri d'altezza.“

(1867) P a r l a t o r e: Flora Italiana, vol. IV, p. 60:
„in tutta la catena dalle Alpi Marittime alle Giulie e nelle loro propaggini, da 1000 a 1850 m. e talvolta anche sino a 2000 e più m. sul livello del mare, dove è allora un arboscello, rare volte formando dei boschi da sè, più spesso mescolato all'abete di Moscovia e all'abete nostrale e talvolta anche al pino cembro. Di raro discende nelle valli sino a 800 o anche 500 metri“.

(1870) T s c h u d i: Le Monde des Alpes, p. 354—55:
„..... la limite du mélèze est .... sur le versant sud des Alpes à 7360 (pieds).“

(1882 e 1894) A r c a n g e l i: Compendio della Flora Italiana, ed. I (p. 636), ed. II (p. 16):
„Nelle Alpi fin presso le nevi eterne.“

(1890) P i c c i o l i: Le piante legnose italiane, vol. I⁰, p. 60:
„Si trova spontaneo solamente sulle Alpi ove occupa la zona fra i 1000 e i 2000 m. salendo talora anche più in alto; così sul Monte Bianco esso giunge a 2208 m., sul Monte Rosa fino a 2273 m., sulle Alpi veronesi a 2108, e sulle Alpi venete fino a 2048.“

(1896) F i o r i e P a o l e t t i: Flora Analitica d'Italia, vol. I⁰, pag. 29:
„Nelle Alpi sino a 2000 m. e più.“

(1896—98) A s c h e r s o n und G r a e b n e r: Synopsis der mitteleuropäischen Flora, vol. I, p. 203:
„... findet sich in höheren Lagen (etwa zwischen 900 und 2100 m) des Alpen- und Karpathensystems in ausgedehnten, lichten (!), öfter mit P i n u s c e m b r a oder P i c e a e x c e l s a gemischten, die Baumgrenze bildenden Beständen.“
„... Alpen von den See-Alpen und der Dauphinè bis Niederösterreich und Kroatien ...“

(1906) H e g i: Illustrierte Flora von Mitteleuropa, vol. I, p. 96:
„Häufig in höheren Lagen der Alpen, von ca. 1800 bis 2400 m, oft aber tief in den Alpentälern hinabsteigend (..., in Südtirol bei Arco bis Bolognano sogar bis 100 m. hinab), entweder selbständig zu Beständen vereinigt oder im Vereine mit P i n u s c e m b r a, P i n u s m o n t a n a und P i c e a e x c e l s a, gerade in südlicher Exposition, auf allen Substraten, stellenweise aber (wie z. B. in den Kitzbühleralpen in

Tirol) den Kalk und Dolomit stark bevorzugend. Gedeiht besonders gut in Gegenden mit ausgesprochenem Kontinentalklima (verhält sich also entgegengesetzt wie die Buche); deshalb in der Schweiz vorzugsweise im Wallis, Tessin, Gotthardgebiet und in Graubünden, in Tirol besonders im Ötztalerstock, im Vintschgau, Nocegebiet, Fleims, wo die Buche überall fehlt. Bildet an vielen Stellen in den Alpen die obere Waldgrenze."

(1908) F i o r i : Prodromo di una geografia botanica dell'Italia, p. XXXV—XXXVI:

Alpi 1000—2000 m.; .... il larice discende nelle Alpi talora a 500—450 m. mentre nelle Alpi orientali sale in Comelico sino a 2184 m. (Marinelli) e nelle Alpi occidentali al Monte Stella presso le Terme di Valdieri sino a circa 2600 m. (Mader in Boggiani, Guida Terme Valdieri, Torino 1898, p. 260), sul Monte Bianco arriverebbe a 2208 m. e sul Monte Rosa a 2273 m. (Hildebrand, Borzí)."

(1923) F i o r i : Nuova Flora Analitica d'Italia, vol. I, p. 51:

„Boschi, ghiaioni, da 1000 a 2000 m. (più rr. 450—2600 m.): Alpi, ..."

(1932) F e n a r o l i : Flora delle Alpi e degli altri Monti d'Italia, p. 32:

„Alpi, ... da (100) 1000 a 2200 (2600); ...."

Genauere und detailliertere Angaben finden sich dagegen in den Lokalfloren und in einigen Arbeiten geographischen Charakters vor (z. B. bei F r i t s c h , R e i s h a u e r , M a r i n e l l i , T o n i o l o und anderen), obwohl nicht selten die Verfasser mancher Lokalfloren einzelner Gebiete nur die Krautgewächse unter Auslassung der Holzgewächse berücksichtigt oder sich auf die bloße, für unseren Gegenstand wenig belangreiche Aufzählung botanischer Namen beschränkt haben.

Auf diese Quellen, die oft wegen der Fülle der Beobachtungsdaten über die gegenständliche Holzart recht wertvoll sind, wird im speziellen Teile dieser Abhandlung in den bezüglichen, die einzelnen Abschnitte der italienischen Ostalpen behandelnden Kapiteln, ausgiebig Bezug genommen werden.

a d 2. A n g a b e n a u s d e n B e t r i e b s e i n r i c h t u n g s p l ä n e n.

Soweit solche vorliegen, geben sie die erschöpfendsten Nachrichten über das Vorkommen der Lärche und über ihr Verhalten, wie überhaupt über alle Holzarten, die in den einzelnen Waldgebieten vertreten sind.

Leider sind heute nur wenige Waldkomplexe mit organisch verfaßten Betriebsplänen versehen oder auch nur mit genauen, ins einzelne gehenden Forstbeschreibungen. Die meisten hievon finden wir in den Pronvinzen Trento und Bolzano vor; eine Reihe in der letzten Zeit verfaßter, guter Wirtschaftspläne weist die Provinz Brescia auf. In den anderen Provinzen fehlen sie fast vollständig; sie sind nur für die Staatsforste vorhanden, die allerdings in den italienischen Ostalpen eine nicht unerhebliche Ausdehnung besitzen.

Die Daten der Wirtschaftspläne müssen aber nach den speziellen Gesichtspunkten der Praxis und der dabei angewandten generellen Schätzung gewürdigt werden, da die Pläne für die Zwecke der praktischen Wirtschaft und nicht für solche der wissenschaftlichen Forschung erstellt worden sind.

So z. B. können die in Zehnteln angegebenen Mischungsverhältnisse der Holzarten innerhalb der forstlichen Abteilungen, die eine mitunter recht erhebliche Fläche erreichen, nicht mit jenem Maßstabe beurteilt werden, den wir bei der Bestimmung des Häufigkeitsgrades im pflanzensoziologischen Sinne anzulegen gewohnt sind. Denn der Waldbestand einer gegebenen Abteilung ist fast immer weit davon entfernt, eine einzige homogene Type einer Pflanzengesellschaft darzustellen, weil die forstlichen Abteilungen meistens nach topographischen Gesichtspunkten gebildet wurden, um sie im Gelände leicht zu erkennen, und kaum nach pflanzensoziologischen Kriterien.

Im vorliegenden Falle der Erforschung der Verbreitung der Lärche waren uns die Betriebspläne eine sehr wertvolle Hilfe, um das V o r h a n d e n s e i n und bis zu gewissem Grade auch die H ä u f i g k e i t der Lärche in genau umgrenzten Flächeneinheiten festzustellen; nicht in gleichem Maße für die Feststellung ihrer V e r g e s e l l s c h a f t u n g.

Ein Beispiel. In den Ostalpen beobachtet man häufig in den oberen Stufen der Forstvegetation die Vergesellschaftung L ä r c h e + Z i r b e , während in den unteren Stufen sich nach und nach an Stelle der Zirbe die F i c h t e einstellt; also Assoziation Larix + Pinus Cembra + Picea ⟶ Assoziation Larix + Picea. Tiefer unten allmähliches Eindringen der Weißkiefer (Assoziation Larix + Picea + Pinus silvestris ⟶ Assoziation Larix + Pinus silvestris). Diese Verschiebungen können sich auch innerhalb beschränkter Räume geltend machen.

Wenn nun, wie häufig der Fall, die Forstabteilung innerhalb ziemlich weiter Höhenunterschiede nur nach topographischen Gesichtspunkten gebildet worden ist oder nach dem vorhandenen Waldcharakter

(z. B. reiner Nadelbestand), werden wir die Holzartenprozente nur quantitativ als Mittel der ganzen Abteilung zu werten haben, nicht als Häufigkeitsgrad der Holzarten in den einzelnen Pflanzengesellschaften, die an dem Waldbestande der Abteilung Anteil haben. Diese Tatsache tritt in ihrer Bedeutung mit voller Schärfe hervor, sobald wir zum Zwecke der Zusammenfassung mehrere benachbarte Forstabteilungen gemeinsam behandeln müssen, die sowohl eine innere Wesensverwandtschaft wie auch eine ähnliche topographische Lage aufweisen.

Die gleichen Erwägungen könnten für alle jene Holzarten wiederholt werden, die, trotzdem sie bestimmten Pflanzengesellschaften mehr oder weniger fremd sind, in den Wirtschaftsplänen Aufnahme gefunden haben, wenn sie, an der Grenze zwischen zwei verschiedenen anstoßenden Wuchsgebieten fortkommend, in einer Übergangszone leben. Dies gilt für das Vorkommen der Lärche oder der Birke an der Peripherie einer Schattenformation (dichte Buchen- und Fichtenwälder) an der Grenze einer Lichtformation (Kahlflächen, Lawinengänge, Abrutschungen, Weidegrund usw.).

Die Daten, welche die Wirtschaftspläne über die Bodenflora bieten, sind zum Zwecke unserer Forschung kaum brauchbar, einerseits weil die darin vorgemerkten Arten nicht immer die besonders charakteristischen der betreffenden Pflanzengesellschaft sein werden, sondern die mehr in die Augen springenden und allgemein bekannten; andererseits, weil die allgemeinen Angaben, wie Alpenrosen, Heidekraut, Vaccinium, Erle, nicht genügend sind, um uns ohne Zweifel zu belehren, ob es sich um R h o d o d e n d r o n   f e r r u g i n e u m oder R. h i r s u t u m, ob es sich um E r i c a   c a r n e a oder um C a l l u n a   v u l g a r i s handelt, ob V a c c i n i u m   M y r t i l l u s oder andere Arten dieser Gattung sich vorfinden usw. Dies ist um so wichtiger, als es sich fast immer um Weiserpflanzen handelt, deren Verhalten verschieden und sogar entgegengesetzt ist.

ad 3. D a t e n   d e s   F o r s t k a t a s t e r s.

Der gegenwärtig in Ausarbeitung stehende Forstkataster für das Königreich Italien ist eine Quelle genauer Angaben für die gegenständige Untersuchung; er beschränkt sich aber dermalen im Gebiete der Ostalpen auf die Provinzen Bergamo, Vicenza und Treviso.

Auch bezüglich dieser Daten sind einige allgemeine Bemerkungen am Platze, um die Tragweite und die Benützbarkeit derselben beurteilen zu können.

Der Forstkataster gestattet nicht das Verteilungsphänomen einer bestimmten Holzart zu erfassen, weil nach den angewandten Grundsätzen nur jene Holzarten vermerkt werden, deren Anteil im Walde mindestens ein Zehntel beträgt oder, wenn auf Wiesen und Weidegründen mindestens 10 v. H. der Gesamtfläche von Holzgewächsen überschirmt wird, damit dieselben als „bestockt" angesprochen werden können. Man findet daher keine Angaben über jene Holzarten, die sporadisch eingesprengt in den Waldkomplexen vorkommen oder so vereinzelt auf anderen Kulturgründen wachsen, daß die Fläche nicht als bestockt gelten kann.

Da gerade die Lärche eine Holzart ist, die sich mit Vorliebe einzeln oder sporadisch einstreut, erfaßt der Forstkataster nur den kleineren Teil ihres Verteilungsareales und sagt uns nichts über ihre Gegenwart als Nebenholzart in jenen Waldbeständen, wo sie ständig, wiewohl in untergeordnetem Maße, vorkommt.

Wenn man endlich die bedeutende Fläche (bis 500 ha) der Gemeindesektionen in Berücksichtigung zieht, die, standörtlich heterogen, die Erhebungseinheit des Forstkatasters bilden, ist es nicht einmal möglich, die Flächen des Lärchenvorkommens topographisch festzustellen, die, wenn auch öfters sehr klein, nichtsdestoweniger ein zusammenhängendes oder ein isoliertes Gebiet dieses Vorkommens bilden können.

Es geht daraus hervor, daß der Forstkataster zur Feststellung der größeren und dichteren Gruppen des Lärchenvorkommens genügen kann, wobei eine annähernde Lokalbestimmung derselben innerhalb der Gemeindesektion allerdings möglich ist. Keinesfalls kann der Forstkataster dem Zwecke genügen, mit hinreichender Genauigkeit die Verteilung dieser Holzart und das Prozent und die charakteristischen Merkmale jener Wälder zu ermitteln, in denen die einzeln vorkommende Lärche ein ständiges Bestandesglied darstellt.

ad 4. E r h e b u n g s d a t e n   m i t t e l s   F r a g e b o g e n   d e r   M i l i z i a   F o r e s t a l e.

Die nach den bisher behandelten Quellen erhobenen Daten waren nicht hinreichend, um ein zusammenfassendes, einheitliches Bild der Verbreitung der Lärche zu geben, weil dieselben, zufolge des mehr gelegentlichen und lokal zersplitterten Charakters der Erhebungen, nur örtlich mehr oder weniger zusammenfassende Ergebnisse aufzeigen könnten.

Da für viele Gebietsteile überhaupt keine Angaben zustande gebracht wurden, stellte sich die Notwendigkeit heraus, unsere Forschungen durch eine allgemeine Nachfrage zu ergänzen, die dem Personale der Forstmiliz überantwortet wurde.

Diesem müssen wir für die wertvolle Mitarbeit unseren besten Dank aussprechen.

Die Nachfrage wurde mittels Fragebogen vollzogen, der nach beifolgendem Formulare abgefaßt war.

Kommando der Forstmiliz .... **Holzart: Lärche.**

1. a) Flußgebiet ....   b) Seitental ....

2. a) Name des Waldes ....   3. a) Rechts- oder linksufrig ....

    b) Gemeinde ....   b) Hangrichtung..

    c) Örtlichkeit ....   c) Neigung ....

    d) Fläche, annähernd in ha ....   d) Untere Grenze, Seehöhe ....

       e) Obere Grenze, Seehöhe ....

       X) Gut bestockt: XX) Räumig bestockt:

4. a) Reiner Bestand ....   a') ....

    b) Mischbestand, vorherrschende Holzart ....   b') ....

       (Mitholzarten und Mischungsverhältnis)......

    c) Mischwald mit sporadischer Einsprengung   c') ....

....

       (Mischholzarten und Mischungsverhältnis)

....

    d) Niedrige Wuchsform (unter 8 m Höhe)   d') ....

....

    e) An der Waldvegetationsgrenze ....   e') ....

5. a) Bestandsbegründung $\left\{\begin{array}{l}\text{natürlich} ....\\ \text{künstlich} ....\end{array}\right.$ e) Umtrieb ....

    b) Wirtschaftsform ....   f) Jährl. Durchschnittszuwachs ....

    c) Alter $\left\{\begin{array}{l}\text{gleichaltrig, Jahre [1]} ....\\ \text{ungleichaltrig} ....\end{array}\right.$ g) Beschaffenheit des Unterwuchses [2] ....

....

       h) Bodenbeschaffenheit ....

    d) Mittlere Höhe der Lärche, m ....   i) Sonstige Bemerkungen ....

Erhebungsdatum ....   Erhebungsorgan ....

[1]) Altersangabe, wenn zweifelhaft, freigestellt.   [2]) Angaben freigestellt, doch erwünscht.

Trotz des notgedrungen summarischen Charakters der gesammelten Daten und trotz ihrer dürftigen Vergleichbarkeit, die der sehr verschiedenen subjektiven Einstellung der sehr zahlreichen Beobachter zuzuschreiben ist, waren die erzielten Resultate recht bemerkenswert. Für diese müssen die gleichen Vorbehalte und Bedenken geltend gemacht werden, wie vorhin hinsichtlich der den Betriebseinrichtungsplänen entnommenen Daten; sogar schärfere, da es sich um gelegentliche Beobachtungsdaten handelt.

ad 5. Persönliche Beobachtungen an Ort und Stelle.

Zwecks Überprüfung der wesentlichen Momente der untersuchten Erscheinung und zwecks strengerer Erfassung der Besonderheiten des Problems wurden in den verschiedenen Teilgebieten der Ostalpen zahlreiche örtliche Besichtigungen vorgenommen. Dabei wurden unmittelbar Daten und Beweisstücke über die charakteristischen Verhältnisse gesammelt, über die Höhengrenzen, über den Waldaufbau, über die Bodenvegetation in ihrer Beziehung zu den Waldtypen u. dgl.

Die Darstellung und Überprüfung dieser Wahrnehmungen ist dem speziellen Abschnitte der vorliegenden Arbeit vorbehalten.

11*

Das Studium erstreckte sich auf das ganze Gebiet der Ostalpen innerhalb der Grenzen Italiens. Nachdem aber die Geographen selbst hinsichtlich der Grenzen der Ostalpen nicht einig sind — Beweis dessen die noch immer umstrittene Frage der Zwei- oder Dreiteilung des Alpensystems — geben wir anhangsweise die geographischen Grenzen an, die wir unserer Untersuchung gesteckt haben:

Im Westen die Scheidelinie zwischen West- und Ostalpen (Ticino [Lago Maggiore]—Val Morobbia —Valle del Liro di Sant'Jorio—Lago di Como—Valle del Mera—Valle del Liro di San Giacomo— Splügenpaß);

im Norden und Osten die Staatsgrenzen (mit der Schweiz, mit Österreich und mit Jugoslawien) vom Splügenpasse bis zum Adriatischen Meere;

im Süden die Grenze der Verbreitung der Lärche im Bereiche des östlichen Alpensystemes, gleichgültig, ob es sich um natürliches oder künstliches Vorkommen handelt.

Die horizontale Verteilung sowie die Südgrenze der natürlichen Lärchenverbreitung.

Die Auswertung des sehr umfangreichen Erhebungs- und Beobachtungsmateriales erfordert eine erhebliche Arbeit der Sichtung und Vereinheitlichung, die sich im vorherein nicht zusammenfassen und in eine kurze Zeitspanne einzwängen läßt.

Aus diesem Grunde muß eine abschließende Abhandlung über die Lärche in den italienischen Ostalpen noch für später in Aussicht genommen werden.

A. Die Lärche in den Lombardeischen Provinzen.

A 1. Die Lärche in der Provinz Varese.

Die Bergregion dieser Provinz hat einen ausgesprochenen Waldcharakter, weil die Wälder 52·2 v. H. der land- und forstwirtschaftlichen Kulturflächen einnehmen, nämlich 16.969 ha. Die vorherrschenden Waldtypen sind Kastanienhochwälder mit Fruchtgewinnung, Kastanienniederwälder und Mischniederwälder. Nadelhölzer sind sehr spärlich vertreten (Weißkiefer gegen die Ebene hin, Fichte in den nördlichen Seitentälern). Die Lärche kommt spontan n i c h t vor.

Die wenigen Lärchenflächen, rein oder gemischt mit Fichte, Weißkiefer, Buche, Kastanie, Esche, Ahorn usw., umfassen wenig mehr als 100 ha; sie sind ausnahmslos künstlich gepflanzt, dabei auch viel japanische Goldlärche, L. Kaempferi, und dringen bis zum Rande der Ebene vor; ihre Höhenlage schwankt zwischen 500 und 1600 m. Paläontologische Funde von fossilen Lärchenresten bestätigen, daß diese Holzart in weit zurückliegenden Zeitabschnitten in der Ebene von G a l l a r a t e bodenständig war. Heute fehlen im ganzen Gebiete sichtbare Relikte, die ihre Anwesenheit bezeugen würden; ebenso fehlen Ortsnamen, die auf ihre einstige Anwesenheit deuten würden.

Die Südgrenze der Lärchenverbreitung nach Maßgabe der künstlichen Kulturflächen, die ja die einzig konstatierten sind, ist durch die folgende Linie gegeben: M o n t e N u d o - Südhänge des M o n t e C a m p o d e i F i o r i — M o n t e B i s b i n o.

A 2. Die Lärche in der Provinz Como.

Die Lärche ist in dieser Provinz bodenständig; ihre Verbreitung ist jedoch sehr verschieden, je nach der grundsätzlichen Verschiedenheit der orographischen Gestaltung. Der Kern der Verbreitung liegt in den Gebirgen, die den oberen Teil des L a g o d i C o m o umfassen; und zwar im Westen in den Tälern der C a v a r g n a und des L i r o im Anschluß an das Schweizer Vorkommen des oberen S o t t o c e n e r i und der V a l M o r o b b i a; im Osten zwischen dem L e g n o n e und den westlichen Talhängen d e s P i z z o d e i T r e S i g n o r i. Getrennt durch die tiefe Furche der V a l s a s s i n a finden wir die Lärche am Nordabhang der G r i g n a d i M o n c o d e n o (im Talkessel von Moncodeno) in einigen ziemlich ausgedehnten und bemerkenswerter Weise reinen Beständen wieder. Südlich der Talsenke P o r l e z z a - M e n a g g i o (Lago di Lugano-Lago di Como) und der Linie V a l M e r i a - B u c o d i G r i g n a - B a l i s i o kommt die Lärche nicht mehr spontan vor (ausgenommen vielleicht die Lärchenbestände des N-Abhanges vom M o n t e S a n P r i m o), sondern wird nur hie und da zu forstlichen Nutzzwecken oder als Schmuckbaum kultiviert. Bemerkt wird jedoch, daß unter dem Gipfel des M o n t e G e n e r o s o sich einige beschädigte Altlärchen vorfinden, sowie Relikte ehemaliger Lärchenwälder; da es sich zweifellos um Naturwuchs handelt, wäre hiemit die einst größere Verbreitung der Lärche in den Gebirgen von Como erwiesen, was übrigens auch von verschiedenen Autoren, wie Comolli, Bettelini u. a. behauptet wird. Der bedeutende Rückgang ist verschiedenen Ursachen, insbesondere dem Einflusse des Menschen (Entwaldung, übermäßige Beweidung usw.) zuzuschreiben.

In den vorhandenen Beständen ist die Lärche der Fichte, der Tanne und der Weißkiefer beigemengt oder in den Buchen- und Eichenbeständen eingesprengt, sowie in untergeordnetem Grade auch mit Nebenlaubholzarten, wie Weide, Sorbus, Eschen u. a. gemischt.

Angebaut finden wir die Lärche fast überall im gebirgigen Teile der Provinz, so auf den Bergen von Como (Monte Bisbino, Val d'Intelvi), auf den Höhen der Valsassina (Pian del Tivano, Magreglio), auf den Bergen von Lecco (Monte Coltignone) usw.

Die Südgrenze der natürlichen Verbreitung der Lärche in der Provinz Como ist von der Linie P o r l e z z a — M e n a g g i o — V a l M e r i a — B u c o d i G r i g n a — P a s t u r o — M o n t e S o d a d u r a gegeben, weil das vom zusammenhängenden Verbreitungskomplexe abgesonderte Vorkommen am Monte Generoso als allmählich verschwindend anzusehen ist.

Die Südgrenze der künstlichen Verbreitung ist nach den vorgefundenen Anpflanzungen durch die Linie M o n t e B i s b i n o — A l p e T u r a t i — M o n t e C o l t i g n o n e gegeben.

Die Höhengrenzen bewegen sich für das natürliche Vorkommen zwischen 590 und 2060 m; der künstliche Anbau senkt sich bis zu 450 m herab.

A 3. D i e L ä r c h e i n d e r P r o v i n z S o n d r i o.

Diese typisch alpine Provinz ist zur Gänze im Verbreitungsgebiet der Lärche gelegen; man kann behaupten, daß letztere in jedem Waldkomplexe mehr oder weniger vertreten ist.

Zur Provinz Sondrio gehören die Gebiete von L i v i g n o und V a l d i L e i, welche geographisch der Schweiz zuzuzählen sind, während die abgetrennten Gebiete von P o s c h i a v o (Puschlav) und das obere B e r g e l l (V a l B r e g a g l i a) politisch zur Schweiz gehören.

Das Gebiet von L i v i g n o ist ein typisches Weideland, in dem die Wälder im Ausmaße von 1144 ha nur 8·9 v. H. der Kulturfläche einnehmen. Es handelt sich fast ausschließlich um Nadelwald; die Lärche ist die vorherrschende Holzart in Gesellschaft mit Zirbe und Fichte (selten mit Weißkiefer wie im Waldort A c q u a d e l G a l l o); häufig ist sie die ausschließliche Holzart (V a l F e d e r i a u. a.).

Auch die V a l d i L e i weist einen analogen Weidelandcharakter auf; nur talseits der Weideböden, gegen 1800 m Höhe, stoßen wir auf einen etwa 40 ha messenden Mischbestand von Fichte mit starkem Anteil Zirbe und etwas geringerem Anteil Lärche.

Im restlichen Teile der Provinz, das Gebiet von C h i a v e n n a und die V a l t e l l i n a umfassend, weist die Lärche in ihrer Verteilung ein ständig wechselndes Verhalten auf.

Im Gebiete von C h i a v e n n a (T a l d e r M e r a und des L i r o d i S a n G i a c o m o) ist die Lärche in mehr als 3000 ha Wald vertreten, und zwar zu $^1/_{10}$ in reinen Beständen, zu $^6/_{10}$ als vorherrschende Holzart und zu $^3/_{10}$ als zurücktretende Art in Mischung mit Fichte oder in den südlichen Standorten mit Fichte und eindringender Buche und anderen Laubholzarten; stets mit typischem Unterwuchse von Grünerle und rostfarbiger Alpenrose.

Auf dem rechten Abhange der V a l t e l l i n a (ganz Sonnseite) ist die Lärche in etwa 8000 ha Wald vertreten, wovon $^2/_{10}$ vorherrschend (namentlich in den hohen Seitentälern), zu $^8/_{10}$ zurückbleibend, in Mischung mit Fichte und Zirbe und in den tieferen Lagen mit Weißkiefer, mit Unterwuchs von Grünerle, rostfarbiger Alpenrosen, Zwergwacholder, Vaccinium und Erica.

Auf dem linken Hange der V a l t e l l i n a (vorherrschend Schattseite) findet sich die Lärche in etwa 9000 ha Wald vor; zu $^1/_{10}$ vorherrschend (fast ausschließlich im Gebiete des M o r t i r o l o und des P a d r i o vereinigt), zu $^9/_{10}$ in Mischung von 20 bis 40 v. H. mit Fichte, Tanne, Zirbe und geringem Anteil zwischenständiger Buchen.

Auf diesem Hange ist die Erscheinung bemerkenswert, daß zwischen dem P a s s e v o n A p r i c a und der V a l l e T a r t a n o die Lärche sich zusammen mit der Fichte in den schmalen Kastanienstreifen (etwa 300 ha) von F a e d o, A l b o s a g g i a, C a j o l o, C e d r a s c o, F u s i n e und C o l o r i n a bis auf 500 m Seehöhe eindrängt. Die Bestokkung ist folgende: Lärche 30 v. H.; Fichte 20 v. H.; Kastanien 50 v. H.; Weißkiefer, Ruchbirke, Aspe sporadisch. Dieser gewaltige Abstieg der Nadelhölzer in den Kastanienwald ist, abgesehen vom Einfluß der Schattseite, als regressive Formation des vom Menschen beschädigten und teilweise zerstörten Kastanienwaldes zu deuten, in welchem sich minder anspruchsvolle Holzarten von leichter natürlicher Ansamung und von größerer Lichtbedürftigkeit angesiedelt haben.

In den Wäldern der V a l t e l l i n a (abgesehen von den geographisch zur Schweiz zu rechnenden oben angeführten Gebieten) sind reine Lärchenbestände einiger Ausdehnung nur in der V a l l e d i S a n G i a c o m o (300 ha in mehreren getrennten Gruppen) und in der V a l l e d e l B i t t o d i G e r o l a (N a s u n c i o 30 ha) zu bemerken; einige andere reine Lärchenparzellen sind auf künstliche Aufforstung zurückzuführen (im ganzen etwa 100 ha). Hervorzuheben ist das Vorkommen der Lärche auf allen Alpenweiden und Mähdern der Gebirge der V a l t e l l i n a in einzelnen Exemplaren oder in kleinen Gruppen. In geschichtlicher Zeit hat die Lärche auch in der Provinz Sondrio eine mengenmäßige Verminderung erfahren, hauptsächlich infolge des Bestrebens, durch die Ausholzung freie Weideflächen zu schaffen.

Die Höhengrenzen der Verteilung der Lärche schwanken zwischen 400 und 2300 m.

A 4. D i e L ä r c h e i n d e r P r o v i n z B e r g a m o.

Die Lärche ist im nördlichsten Teile der Gebirgsregion dieser Provinz, und zwar an der Grenze mit den Provinzen Sondrio und Brescia ursprünglich und weist in jedem Tale ein verschiedenes Verhalten auf, so daß eine gesonderte Prüfung dieser Täler notwendig wird.

In der V a l B r e m b a n a, dem westlichsten Tale der Provinz Bergamo, bemerken wir ein ausgebreitetes Vorkommen der Lärche, wie es im gleichen Maße sonst in dieser

Provinz nicht beobachtet wird. In den Hochlagen der rechtsseitigen Nebentäler Val
Stabina und Val Mora finden wir sie in Mischung von 10 bis 12 v. H. mit der Fichte,
Tanne, einzelnen Birken und eindringender Buche, wobei das Unterholz von Grünerle,
Haselnuß und Alpengoldregen gebildet wird. In den linksseitigen Nebentälern, Valle di
Foppolo, Valle di Carona und Valle di Roncobello, ist die Lärche noch
mehr verbreitet und es muß die Gesamtfläche der reinen Lärchenkomplexe mit mindestens
300 ha angeschätzt werden, während in den anderen Beständen die Lärche in fast ausschließlicher Vergesellschaftung mit der Fichte im Verhältnisse von 30 bis 70 v. H. vertreten ist.

Rechts vom Brembo ist die Gegenwart der Lärche südlich der Kammlinie
Pizzo Sodadura—Monte Aralalta—Monte Venturosa nicht festgestellt

Abb. 37. Räumige Lärchenbestockung an der Waldgrenze bei 2000 m am Nordhang des Pizzo Camino
(Prov. Bergamo—Val di Scalve). Aufn. Magnolini — Cividate Camuno.

worden; sie fehlt also vollständig in den Tälern von Taleggio, Brembilla und
Imagna; links vom Brembo ist ihr südlichstes Vorkommen ein Naturwuchs in der
Val Parina von etwa 3 ha, südlich exponiert, bestehend zu 70 v. H. aus Lärche, zu
20 v. H. aus Fichte und zu 10 v. H. aus Cytisus.

In der Val Seriana, die wesentlich waldärmer als die Val Brembana ist,
nimmt die Lärche ab; am rechten Talhange, in der Val Canale, nehmen wir Mischbestände wahr (Lärche 25 bis 50 v. H., Fichte 30 bis 70 v. H., Buche 0 bis 40 v. H.), sowie
einen reinen Lärchenbestand an den Osthängen des Monte Secco von etwa 20 ha mit
Buchenunterwuchs; am linken Talhange Mischbestände oberhalb Gromo und in
Valbondione, welche die gleichen Verhältnisse, wie die vorhin in der Val Canale
erwähnten, aufweisen, sowie etwa 50 ha reiner Bestände in der Örtlichkeit Valbona in

Valbondione, in vorherrschend nördlicher Hangrichtung. Einzelne Lärchen sind hin und wieder in den verschiedenen Waldbeständen sowie auf den Alpenweiden des Hochtales zu finden.

Das obere Val Borlezza weist in seinen ausgedehnten Waldkomplexen eine Zunahme der Lärchenverbreitung auf.

Tatsächlich ist auf einer Nadelwaldfläche von über 800 ha die Lärche zu 25 bis 40 v. H. in fast ausschließlicher Mischung mit der Fichte vertreten, nur ausnahmsweise mit Fichte und Tanne oder mit Fichte und Weißkiefer; der Unterwuchs besteht aus Grünerle und Hasel.

Ähnlichen Charakter zeigt das waldreiche Val di Scalve mit über 2000 ha Lärchenmischbeständen (Lärche 10 bis 50 v. H., Fichte 50 bis 90 v. H.), wo nur in sehr untergeordnetem Maße und nur in einzelnen Waldorten Buche und Tanne hinzutreten. Wälder mit ausschließlicher oder vorherrschender Lärchenbestockung (vgl. Abb. 37) sind sehr beschränkt und dürften etwa 60 ha umfassen.

In der ganzen Provinz ist die künstliche Verbreitung der Lärche sehr gering.

Aus den Angaben des nun (1934) im Druck befindlichen Forstkatasters lassen sich folgende Daten über die Lärche ableiten, die wir hier, geographisch geordnet, wiedergeben:

Die Lärche in der Provinz Bergamo nach den Grundlagen des Forstkatasters[1]).

Hydrographisches Gebiet	Gemeinden, in denen die Lärche vorkommt	Reine Lärchen-Bestände	Lärche mit anderen Nadelhölzern	Lärche mit Laubholzarten	Lärche in Niederwäldern	Der reinen Lärche zukommende Fläche
			Hektar			
Val Brembana Oberlauf	Branzi, Carona, Foppolo, Isola di Fondra, Mezzoldo, Roncobello, Valleve	298	1250 (549) Fi, Ta	—	464 (150) Bu, Grünerle, Goldregen, Linde, Esche, Haselnuß, Hainbuche, Fi, Ta, Weißkiefer	997
Val Seriana Oberlauf	Ardesio, Gromo, Valbondione	4	479 (132) Fi, Ta	—	70 (21) Bu, Fi	157
Val Borlezza	Bossico, Castione della Presolana, Rovetta con Fino, Songavazzo	—	789 (253) Fi, Ta, Weißkiefer	39 (14) Fi, Weißkiefer, Versch.	—	267
Val di Scalve	Dezzo di Scalve, Schilpario, Vilminore	30	497 (126) Fi, Ta	261 (72) Fi, Bu	28 (13) Versch., Fi	241
Zusammen		332	3015 (1060)	300 (86)	562 (184)	1662

Wenn man nun in Berücksichtigung zieht, daß bei den Erhebungen des Forstkatasters die Flächen mit weniger als 10 v. H. Beimischung einer Holzart, sowie jene mit spärlichem oder mindestem Vorkommen derselben nicht ausgewiesen werden, ist die Annahme begründet, daß die angeführten Zahlen ein absolutes und sehr vorsichtiges Minimum darstellen und daß die Lärche sicherlich auf einer größeren Fläche verbreitet ist, als auf der angegebenen von 4209 ha.

[1]) In der vorstehenden Übersicht bezeichnet die Zahl in Klammern die auf Grund des perzentuellen Anteils im betreffenden Waldgebiete errechnete, der reinen Lärche zukommende Fläche.

Die Südgrenze der geographischen Verbreitung der Lärche ist in der Provinz Bergamo durch die Linie Pizzo Sodadura—Monte Aralalta—Monte Venturosa—Val Parina—Pizzo Arera—Monte Secco—Clusone—Val Borlezza — Lovere gegeben. Südlich dieser Linie ist die Lärche von Natur aus nur in Kleinstvorkommen an einzelnen, vom zusammenhängenden Areale abgesonderten Stellen vorzufinden, so im Gebirge westlich des Lago d'Iseo (Val di Vigolo, Val di Fonteno), ein Überrest der einst weiter nach Süden reichenden Erstreckung dieser Holzart. Zur Stütze dieser Ansicht entnehmen wir aus Rosa: Guida del Lago d'Iseo (S. 49) nachstehende Bemerkung: „Una foresta di larici e abeti esisteva ancora alla fine del secolo XIV nell'Isola del Lago d'Iseo."

Die Vertikalgrenzen der Lärche in der Provinz Bergamo bewegen sich zwischen 630 und 2000 m.

A 5. Die Lärche in der Provinz Brescia.

Die vorhin betonte Zunahme der Lärche in den Tälern Borlezza und Scalve (die geographisch zum Flußgebiete des Oglio und mithin zur Provinz Brescia gehören), im Vergleiche zu den westlicheren Bergamasker Tälern verschärft sich immer mehr im Ogliotale, auch Valcamonica genannt, wo die größten und schönsten Lärchenwälder des lombardeischen Gebirges anzutreffen sind.

In großen Zügen ist das Verhalten der Lärche in der Valcamonica folgendes:

Im oberen Talabschnitte mit einem entschiedenen Längsverlaufe von O nach W ist die Lärche in großen Komplexen vorherrschend und wir können ohne weiteres diesen Alpenabschnitt als ein Gebiet des Höchstmaßes ihrer Verbreitung ansehen (vgl. Abb. 38). Sehr deutlich tritt hier die Ungleichartigkeit der Verteilung als Funktion der nach der Himmelsrichtung entgegengesetzten Orientierung der beiden Taleinhänge in Erscheinung. Als Beleg hiefür wird folgendes nach den Forsteinrichtungsplänen der Gemeindewälder von Vezza und Vione ausgearbeitete Schema angeführt.

Waldort	Lärche rein oder vorherrschend	Lärche zurücktretend	Lärche nur einzeln	Wälder ohne Lärche
	Südliche Hangrichtung (Sonnseite)			
Solivo di Vione	ha 670 (91,9 v. H.)	ha 59 (8,1 v. H.)	—	—
„ „ Vezza	ha 608 (72,8 v. H.)	ha 190 (22,7 v. H.)	ha 38 (4,5 v. H.)	—
	Nördliche Hangrichtung (Schattseite)			
Vago di Vione	ha 57 (13 v. H.)	ha 229 (52,4 v. H.)	ha 149 (34,1 v. H.)	ha 2 (0,5 v. H.)
„ „ Vezza	ha 150 (19,9 v. H.)	ha 284 (37,6 v. H.)	ha 321 (42,6 v. H.)	—

Die Lärche ist demnach in fast allen Waldbeständen des oberen Talabschnittes vorhanden, und zwar fast ausschließlich mit Fichte vergesellschaftet; außerdem auf den Mähweiden und auf allen bestockten Weideflächen.

Die Höhengrenzen schwanken an der Sonnseite zwischen 800 und 2100 m, an der Schattseite zwischen 700 und 2000 m.

Das Tal des Ogliolo, welches sich vom Aprica-Passe nach Edolo senkt, zeigt die gleiche Orientierung und auch die Verteilung der Lärche ist ganz der vorstehenden ähnlich: am linken Talhange, mit vorherrschender Südexposition, ausgesprochenes Vorwiegen von Wäldern mit reiner oder vorherrschender Lärchenbestockung gegenüber jenen mit zurücktretendem oder dürftigem Vorkommen; Anwesenheit in allen Waldkomplexen zwischen 1000 und 2000 m; gemischt mit Fichte und in ganz unter-

geordnetem Grade mit der Ruchbirke, in tieferen Lagen mit Eiche, Hasel und vereinzelten
Weißkiefern; am rechten Talhange, mit vorherrschender nördlicher Hangrichtung, Zurücktreten der Wälder mit reiner oder vorherrschender Lärchenbestockung (die aber noch
immer zahlreich sind) gegenüber den Wäldern mit zurücktretendem oder dürftigem Lärchenvorkommen; sie ist aber in allen Wäldern zwischen 700 und 1900 m festzustellen,
und zwar gemischt mit Fichte, Tanne, Weißkiefer als Haupt- und mit Ruchbirke, Hasel und
spärlich eindringenden Buchen als Nebenholzarten.

Im mittleren Valcamonica ändert sich die Situation wesentlich; in einem
durchaus nicht unbedeutenden Hundertsatze der Waldungen (namentlich in den Nieder-

Abb. 38. Reine Lärchenbestände von Vione, die Sonnseite des oberen Camonica tales zwischen 1300
und 2100 m weithin ununterbrochen bedeckend (Prov. Brescia—Val Camonica).

Aufn. Magnolini — Cividate Camuno.

wäldern) fehlt die Lärche zur Gänze, während von den übrigen Wäldern (vgl. Abb. 39
u. 40) kaum $^1/_{10}$ ausschließlich oder vorherrschend aus Lärchen bestehen, $^6/_{10}$ derselben
sie als zurücktretend beigemischte Holzart und $^3/_{10}$ als sehr spärlich oder gar minimal
vertretene Holzart besitzen.

Die Vegetationsgrenzen zeigen die Tendenz zu sinken und schwanken in der Tat
zwischen 500 und 1900 m, während unter den vergesellschafteten Holzgewächsen neben
der Fichte auch die Tanne und die Weißkiefer Bedeutung erlangen, abgesehen von einer
stattlichen Anzahl von Laubhölzern, insbesondere Hasel, Ruchbirke, Eiche, Kastanie,
Weißerle u. a.

Im unteren Val Camonica wird endlich die Verteilung der Lärche ganz unregelmäßig verschieden; sie nimmt örtlich eine besondere Wichtigkeit ein und verschwindet
anderswo mehr und mehr, sogar zur Gänze.

170

Als sehr nennenswert sind die Lärchenbestände auf dem Hochplateau von B o r n o (in Mischung mit Fichte, Tanne, Weißkiefer neben Hasel, Hainbuche, Hopfenbuche, Esche und Alpengoldregen); ihre summarischen Merkmale gehen aus folgendem Schema hervor:

Waldort	Lärche rein od. vorherrschend	Lärche zurückbleibend	Lärche nur einzeln	Wälder ohne Lärche
	Südliche Hangrichtung (Sonnseite)			
Solivo di Borno	15,7 v. H.	22,9 v. H.	60,5 v. H.	0,9 v. H.
	Nördliche Hangrichtung (Schattseite)			
Vago di Borno	2,3 v. H.	23,5 v. H.	43,4 v. H.	30,8 v. H.

Abb. 39. Lärchenplenterwald bei B i e n n o (Prov. B r e s c i a—V a l C a m o n i c a).
Aufn. Magnolini — Cividate Camuno.

Noch wichtiger sind die Bestände von G i a n i c o im Gebiete des Wildbaches R e und in der V a l l e d e l l'O r s o (Lärche in Mischung mit Fichte, Tanne, Buche, Ruchbirke und Alpengoldregen), die folgendermaßen geschieden werden können:

Lärche vorherrschend oder rein: 48·7 v. H.
Lärche zurücktretend: 24·6 v. H.
Lärche verschwindend: 21·4 v. H.
Ohne Lärche: 5·3 v. H.

Anderswo in der unteren V a l c a m o n i c a werden kleinere Bestände geringer Bedeutung angeführt; bemerkenswert ist das Vorkommen der Lärche zu 10 bis 30 v. H. in den Kastanienwäldern am linken O g l i o ufer, von F u c i n e und M o n t e c c h i o bei D a r f o, von G i a n i c o und P i a n d'A r t o g n e, wo sie bis zu 300 m Seehöhe herabsteigt; eine Erscheinung wie jene, die wir für die Kastanienwälder am linken A d d a ufer in der Provinz Sondrio bereits hervorgehoben haben.

Das südlichste Vorkommen der Lärche in der V a l c a m o n i c a ist jenes bei C r o c e   d i   Z o n e auf etwa 20 ha (Lärche 20 v. H., Fichte 80 v. H.).

In V a l   T r o m p i a beschränken sich die Wälder mit Lärchenvorkommen auf den oberen Talabschnitt und, genauer gesagt, nur auf die rechten Seitentäler (V a l   d i   Z e r l o ,   V a l   d i   G r a t i c e l l e ,   V a l l e d i N o v a z z e); sie können mit 180 ha angeschätzt werden, wobei die Lärche mit 70—90 v. H. in Mischung mit der Fichte weitaus vorherrschend ist.

In V a l S a b b i a und in V a l d e l C a f f a r o ist die Lärche fast überall, aber in geringstem Mengenverhältnisse vertreten, mit Ausnahme einiger reicheren Gruppen im Hochtale des C a f f a r o gegen den Paß C r o c e d o m ì n i und anderer kleinerer Waldgruppen.

In den Bergen zwischen V a l S a b b i a und G a r d a see büßt die Lärche noch mehr Raum ein; wir finden sie in Naturwuchs beschränkter Ausdehnung in der Örtlichkeit C r o c e   d i   P e r l e bei I d r o und auf dem M o n t e   M a n o s   bei C a p o v a l l e; weiter finden den wir sie nach langer Unterbrechung auf der P u n t a   L a r i c i oberhalb L i m o n e   d e l   G a r d a in wenigen Stämmen in einem Buchenniederwald wieder; dieses Vor-

Abb. 40. Mischbestand Lärche-Fichte beim Zusammenfluß der Wildbäche P o m a und C a v e n a unweit E s i n e (Prov. B r e s c i a — V a l C a m o n i c a).   Aufn. Magnolini — Cividate Camuno.

kommen ist das südlichste am rechten G a r d a ufer.

In der Provinz Brescia ist die Lärche auch durch künstliche Aufforstung sehr verbreitet worden; künstliche Anpflanzungen finden sich in allen Tälern vor; besonders wichtig sind jene in der Gemeinde T r e m o s i n e (V a l d i B o n d o) und L i m o n e (P a s s o d i B e s t a n a).

172

Sie sind, außerhalb des natürlichen Verbreitungsgebietes der Lärche, in Mischung mit Schwarzkiefer und Fichte in der Stufe der schattenertragenden Laubhölzer mit Erfolg durchgeführt worden.

Zusammenfassend stellen wir die ausgebreitete Anwesenheit der Lärche fast in der ganzen Bergregion der Provinz Brescia zwischen 300 und 2100 m fest; die Südgrenze ihrer natürlichen Verbreitung ist durch folgende Linie bestimmt: Croce di Zone — Dosso Pedalta — Val delle Sette — Valle d'Irma — Monte Ario — Corna Blacca — Cima di Meghe — Monte Suello — Lago d'Idro — Croce di Perle — Monte Manos — Monte Tombea — Monte Nota — Punta Larici; wenn wir dagegen auch die Gebiete des künstlichen Anbaues einbeziehen, so ist die Südgrenze ihrer Verbreitung durch die Linie: Monte Redondone — Casto — Idro — Tremosine bestimmt.

B. Die Lärche in den Provinzen des Tridentinischen Venetiens.

B 1. Die Lärche in der Provinz Trento.

Die Provinz Trento liegt zur Gänze innerhalb des geographischen Verbreitungsgebietes der Lärche. Ihre Verteilung ist aber wesentlich verschieden und abhängig von den orographischen und klimatischen Verhältnissen und Gestaltungen der Provinz. Sie muß daher in den einzelnen Abschnitten der Provinz gesondert untersucht werden und zwar für die Gebiete links bezw. rechts vom Adige.

Das westliche Trientinische Gebiet (rechts vom Adige, Etschtal).

Hier finden wir die Lärche besonders häufig in der Val di Sole (Sulzberg) und in der Val di Non (Nonsberg).

In der Val di Sole ist die Lärche ein vorherrschendes oder ausschließliches Element in allen Waldbeständen, von der Talsohle bis zur Baumgrenze, die an der Sonnseite bis 2200, an der Schattseite bis etwa 2100 m hinaufreicht.

In großen Zügen ähnelt die Verteilung der Lärche in der Val di Sole (Längstal) dem bereits für die obere Valcamonica gekennzeichneten Verhalten, wenn auch vielleicht nicht in der dort betonten Schärfe: Größere Häufigkeit reiner Lärchenbestände am linken Talhang in sonnseitiger Lage und deren Vorkommen bis hinunter zur Talsohle, Zurücktreten der Lärche in den schattseitigen Lehnen, wo sie fast immer in geringerem Anteil als die beigemengte Fichte vertreten ist, mit Ausnahme der Hochlagen an der oberen Waldgrenze, wo sie vorherrschend wird.

Reine Lärchenbestände größerer Ausdehnung finden wir besonders in den Gebieten von Caldes, Malé und Dimaro und am linken Hange der nördlichen Seitentäler von Rabbi und Pejo (Val del Monte und Val della Mare). In der Val della Mare sind etwa 300 ha Wald zwischen 1750 und 2200 m vorherrschend (40 bis 80 v. H.) aus Lärche gebildet mit Zirbe (20—50 v. H.) und Fichte (0—40 v. H.) und mit typischem Unterwuchse von Grünerle.

Im oberen Val di Sole (Val di Vermiglio) unterhalb des Tonalepasses und im südlichen Seitentale von Meledrio tritt die Lärche meistens gegenüber der Fichte zurück und findet sich stellenweise (z. B. Vago di Monclassico) auch in Mischung mit der Tanne.

In der Val di Non (Nonsberg, Anaunia), welches die natürliche Fortsetzung der Val di Sole gegen den Adige darstellt, aber zum Unterschiede des ersteren Tales ein Quertal bildet, ist die Lärche zwar in der großen Mehrheit der Waldkomplexe noch vorhanden, aber in einem von Berg zu Tal stetig abnehmenden Verhältnisse; an der Mündung des N o c e in das weite A d i g e tal wird sie noch in den Bergengen der R o c c h e t t a beobachtet.

Die wenigen reinen Lärchenbestände (auf 300 ha geschätzt) sind fast ausschließlich links des N o c e gelegen und bilden in vorherrschend westlicher und südlicher Hangrichtung den Abschluß der Forstvegetation, so im Sammelgebiete des R i o N o v e l l a in der Gemeinde Coredo, in der Örtlichkeit L a r s e n bei F o n d o und an den Westhängen des M o n t e R o e n. Zahlreicher sind die Wälder mit vorherrschender Lärchenbestockung; sie stellen aber immer die Minderheit vor im Vergleiche zu jenen sehr ausgedehnten Waldgebieten, wo die Lärche gegenüber anderen Holzarten zurücktritt; dagegen sind Komplexe selten, denen die Lärche vollständig fehlt.

Die beigemischten Holzarten sind in absteigender Reihenfolge die Fichte, die Tanne, die Weißkiefer und die Buche; aber von Berg zu Tal schreitend, bezw. von N nach S, kehrt sich dieses Verhältnis allmählich um, so daß in den tief gelegenen Wäldern von C o r e d o, S f r u z und S m a r a n o die Weißkiefer, bezw. in jenen von T o n in der Nähe der R o c c h e t t a die Buche die vorherrschenden Holzarten werden, allerdings mit einem wechselnden, aber noch immer beachtenswerten Anteile von Lärche.

Außerhalb der Waldkomplexe ist sie auch auf den Bergwiesen (Mähdern) und auf den Alpenweiden der ganzen V a l d i N o n zerstreut, mit einer Überdispersion in den Hochlagen, die sogar zur Bildung kleiner reiner Gruppen führt.

Was den Unterwuchs betrifft, ist in der V a l d i N o n der allmähliche Ersatz der Grünerle durch typische Laubhölzer geringerer Höhenlagen, wie Hasel und Buche, bemerkenswert. In der Höhenlage schwankt die Lärche in der V a l d i N o n zwischen 350 und 2000 m, ohne erheblichen Unterschied zwischen den beiden Berglehnen.

In der V a l R e n d e n a (S a r c a Oberlauf) ist die Lärche fast in allen Wäldern von 650 bis 2000 m Seehöhe vorhanden und zwar im allgemeinen als zurücktretende Holzart in Gemeinschaft mit der vorherrschenden Fichte, mit der Tanne und an der Sonnseite in der Nähe von T i o n e auch mit der Weißkiefer. Die größte Häufigkeit der Lärche ist auch hier in den Hochlagen an der Baumgrenze zu beobachten, insbesondere in den Waldbeständen des Hochtales in der Umgebung von P i n z o l o, die über 1200 ha umfassen: B o s c o B a n d e l o r s unter dem S a b b i o n e und B o s c o L a r e s am rechten Hange der V a l d i G e n o v a (Lärche 55—60 v. H.) mit Fichte und Tanne.

Nach den bisher gesammelten Daten ergeben sich keinerlei Anhaltspunkte, um eine auffällige Asymmetrie in der Verteilung der Lärche auf den beiden Talhängen der V a l R e n d e n a ableiten zu können, obwohl beide Hänge nicht nur entgegengesetzt gerichtet sind, sondern auch eine grundverschiedene geologische Beschaffenheit zeigen; der linksseitige Hang gehört zur B r e n t a gruppe und besteht hauptsächlich aus dolomitischem Kalkstein, während der rechtsseitige Hang aus Dioriten besteht und der Urgesteinsformation der A d a m e l l o - P r e s a n e l l a gruppe angehört.

Was den Unterwuchs anbelangt, so besteht dieser, außer der den Hochlagen angehörenden Grünerle, vielfach aus Buche, die neben anderen minder belangreichen Laubholzarten wie Ruchbirke, Hasel, Ahorn und Esche, recht verbreitet ist.

Talseits von T i o n e biegt die S a r c a nach Osten ab und durchfließt ein orographisch verworrenes Gebiet, das im Norden in der B r e n t a gruppe, im Hochplateau von A n d a l o und in der P a g a n e l l a kulminiert, bis das Hindernis der langen und hohen Felsbastionen des B o n d o n e - S t i v o - B i a e n a sie wieder nach Süden gegen den G a r d a see drängt. In diesem ganzen Gebiet des unteren S a r c a tales sind wir

174

Zeugen einer fortschreitenden bedeutenden Abnahme der Lärche, die nur mehr spärlich in den hier meistens vertretenen Niederwäldern hie und da auftritt und ebenso in den Wiesen, wo sie selbst sehr tiefe Lagen nicht verschmäht.

Nie bildet sie aber halbwegs ansehnliche Waldgruppen. Nur am Westhange des Bergriegels B o n d o n e - S t i v o - B i a e n a gelingt es der Lärche wieder als ständiges Waldelement Fuß zu fassen, u. zw. im Westen des C o r n e t t o   d i   B o n d o n e auf etwa 300 ha in Seehöhe von 600 bis 1600 m, in Mischung mit 60 v. H. Buche und mit 10 v. H. verschiedener Laubhölzer (Esche, Hasel, Weißerle, Aspe, Eberesche); in der Örtlichkeit C a m p o   in der   V a l l e   d i   C a v e d i n e in einem 16 ha messenden Reinbestand; im B o s c o   G a g g i o westlich des B i a e n a auf 50 ha zwischen 1020 und 1200 m, zu 25 v. H. der Fichte und Tanne beigesellt.

Erheblich ist in diesem Gebiete die künstliche Einführung der Lärche auch zum Zwecke ausgedehnter Aufforstungen, sowohl rein als auch in Mischung mit Schwarz- und Weißkiefer. Angesichts der Unmöglichkeit, das natürliche Vorkommen von den künstlichen Aufforstungen scharf zu trennen, beschränken wir uns auf den Hinweis, daß der tiefste bekannte, auch von D i e t r i c h - K a l k h o f f angeführte Standort jener von V a r i g n a n o   bei   A r c o in nur 160—180 m Seehöhe ist (zweifellos künstlich), während der höchste bei 1600 m unter dem C o r n e t t o   d i   B o n d o n e liegt (sicherlich Naturwuchs), bezw. von den in 1700 m Höhe am Nordabhang des Bondone durchgeführten künstlichen Aufforstungen gebildet wird.

Im L e d r o tal ist die Lärche nicht ohne Unterbrechung vertreten; am rechten Hange ist sie ziemlich verbreitet, aber überall in spärlichem oder minimalem Grade; am linken Hange (Südrichtung) bemerkt man einen stärkeren Hundertsatz von Waldungen, wo die Lärche ganz fehlt; wo sie aber vorhanden ist, erreicht sie einen höheren Häufigkeitsgrad und stellt sich im oberen Talgebiete auch ortsweise in reinen Formationen oder als vorherrschende Holzart auf kleinen Flächen ein. In der Regel ist sie mit der Fichte vergesellschaftet, manchmal auch mit der Tanne und mit der Weißkiefer; wir finden sie aber auch in den Niederwäldern, der Buche, Hainbuche, Hopfenbuche, Esche, dem Goldregen und der Eberesche beigemischt. Von Bodengewächsen sind E r i c a   c a r n e a und O x a l i s   a c e t o s e l l a sehr verbreitet.

Die erhobenen Höhengrenzen schwanken zwischen 700 und 1700 m.

Im oberen C h i e s e tale (bergseits des L a g o   d ' I d r o) nimmt die Lärche zu und erreicht das bereits erörterte Verhalten wie in der benachbarten V a l   R e n d e n a.

Sie ist in den meisten Waldbeständen als mittelmäßig zurücktretende Holzart vertreten, mit größerem Anteil in den Höhenlagen und im Inneren der Seitentäler. In den unteren Lagen, zwischen 500 und 1500 m, ist die Lärche zerstreut, spärlich oder zurücktretend (rezessiv), in den von Zerreiche, Buche, Hainbuche, Hopfenbuche, Esche, Blumenesche, Ahorn, Eiche, Robinie, Hasel, Cytisus, Ruchbirke, Salweide, Kastanie, Aspe gebildeten Niederwäldern, wo sie sich mit einzelnen Fichten und Weißkiefern einstellt oder aber in den Mischbeständen von Fichte, Tanne und Weißkiefer neben allen vorangeführten Laubhölzern eingesprengt vorkommt. In den höheren Lagen zwischen 1200 und 2300 m findet sie sich, mit- oder vorherrschend, in den Schutzwäldern vor, zusammen mit Fichte, Tanne, Krummholzkiefer und Schwarzkiefer neben Ruchbirke, Hasel und Cytisus und Unterwuchs von Grünerle, Vaccinium, Wacholder, rostfarbiger Alpenrose und Bergweidenröschen (E p i l o b i u m).

Sehr charakteristische Bestände sind jene in der oberen V a l   D a o n e bei der Alpe V a l   d i   F u m o (etwa 177 ha zwischen 1900 und 2200 m), wo die Lärche rein, nur mit vereinzelten Zirben und Fichten, und mit Unterwuchs von Krummholzkiefer, Grünerle und Zwergwacholder auftritt.

In den linken Seitentälern des Adige zwischen Mattarello und Borghetto (Val d'Ala, Vallarsa und Val Terragnolo) ist die Lärche nicht ununterbrochen und nur in den Wäldern der höheren Lagen zwischen 1000 und 1700 m vertreten, die gegen Westen und Norden gerichtet sind. Die wichtigsten Fundorte sind: Monte Castelberto am Kopfe der Val Bona an der Grenze mit der Provinz Vicenza, etwa 15 ha zwischen 1600 und 1700 m (Lärche 25 v. H., Fichte 50 v. H., Buche 25 v. H.), der südlichste bemerkenswerte Bestand zur Linken des Adige; das Hochplateau von Folgaria, wo die Lärche auf über 100 ha in der Valle di Gola und in der Valle dei Molini zu 30 bis 85 v. H. in Gesellschaft mit Fichte und Weißkiefer in den unteren Lagen und mit Krummholzkiefer in den oberen auftritt. In dieser Zone sind in geringerer Höhenlage, so bis zu 700 m, verschiedene künstliche Lärchenanpflanzungen vorzufinden.

Im Sammelgebiete der Fersina ist die Lärche gleichfalls in den Waldgebieten verschiedentlich vertreten; weniger verbreitet zwischen Trento und Pergine, wo sie auf den nördlichen Ausläufern der Marzola (Montagna Grande) und im Tale von Piné (Monte Costalta) als zurücktretende Art (10 v. H.) zwischen 600 und 1800 m in Gesellschaft mit Fichte, Tanne und Weißkiefer vorkommt, nimmt sie in der Valle dei Mocheni stark zu und wird in den ausgedehnten Waldbeständen des Monte Calvo und des Monte Fravort in Gesellschaft mit der Fichte und unter Hinzutreten der Buche zur herrschenden Holzart (60 bis 70 v. H.).

Im oberen Brentatal (Trientinische Valsugana) ist die Lärche in fast allen Waldkomplexen, wenn auch hier in stark wechselndem Maße, vorhanden. In großen Zügen kann man die Wahrnehmung machen, daß die rein oder vorherrschend aus Lärche (in Gesellschaft mit Fichte) bestehenden Wälder, besonders in den linksseitigen, gegen Roncegno und Borgo geneigten Tälern vorwiegen, während westlich davon (zwischen Pergine und Levico), ebenso wie östlich davon (Val Tolva am Südhange der Cima d'Asta) die Lärche, in Gesellschaft mit Fichte und Tanne, mit Unterwuchs von Grünerle, Buche und Rhododendron, nur mit 10 bis 45 v. H. vertreten ist. Es fehlen aber auch hier nicht da und dort Bestände mit vorherrschender Lärche und kleine reine Formationen. Am rechten Hange der Trientinischen Valsugana ist die Lärche ebenfalls allgemein verbreitet, im Anschlusse an die anstoßenden Formationen dieser Holzart im Plateau der Sette Comuni, und erreicht am Monte Frizzon, südlich von Grigno, auch sogar 90 v. H. neben bescheidenen Anteilen von Fichte und Buche.

Die erhobenen äußersten Höhengrenzen schwanken in der Val Sugana zwischen 800 und 2000 m.

In den Gebieten des Vanoi und Cismon (linker Zufluß der Brenta) ist die Lärche durch einen noch hohen Verbreitungsgrad gekennzeichnet. Den Angaben der Forsteinrichtungspläne entnehmen wir, daß nur 17 v. H. der Wälder keine Lärchen aufweisen, daß sie in 10 v. H. der Wälder spärlich oder minimal vertreten ist, daß aber 65 v. H. der Wälder die Lärche als reich vertretene, wenn auch gegen die anderen zurückbleibende Holzart besitzen, während in 8 v. H. derselben sie die vorherrschende oder ausschließlich vertretene Holzart darstellt. Die reinen Bestände beschränken sich auf das Kopfende der Bergtäler, auf die obere Waldvegetationsgrenze und auf die Nordexpositionen. Die Staatsforste von Caoria (898 ha), im Gebiete des Vanoi, von San Martino di Castrozza (1061 ha) und Neva di Mezzo (96 ha), im Gebiete des Cismòn bestehen aus 65 v. H. Fichte, 35 v. H. Lärche mit einer kleinen Bestockung von Tanne und

Zirbe und mit Unterwuchs von Grünerle, Wacholder, Krummholzkiefer und auch mit zwischenständigen Buchen und Ebereschen.

Ähnliche Zusammensetzung haben auch alle anderen Waldflächen dieses Gebietes; zu den angegebenen Holzarten gesellt sich in den Tief- und Sonnenlagen die Weißkiefer; zu den häufig vorkommenden Laubhölzern treten auch die Ruchbirke, die Hainbuche, die Hopfenbuche, die Esche, die Aspe, die Haselstaude. Die Höhengrenzen bewegen sich zwischen 600 m (M o n t e c r o c e) und 2400 m (S c a n a j o l, rechts vom C i s m o n tale). Im Laufe der Zeit scheint die Lärche in diesen Tälern abgenommen zu haben, was die zahlreichen alten Stöcke bezeugen würden, welche so ziemlich überall anzutreffen sind, sowie die vielfache Ortsbezeichnung L a r e s é für Waldorte, wo gegenwärtig die Lärche nur 25 v. H. der Baumgesellschaft ausmacht. Diesem natürlichen Zurückdrängen der Lärche durch die Fichte hat man an einigen dem Winde mehr ausgesetzten Örtlichkeiten durch künstliche Schaffung reiner Lärchenwälder entgegenzuwirken getrachtet; die Anpflanzungen sind aber noch im Kulturstadium.

Im Gebiete des A v i s i o zeigt die Lärche ein verschiedenes Verhalten in jedem der drei Talabschnitte, in die das A v i s i o tal gemeiniglich geschieden wird: V a l d i F a s s a das obere, V a l d i F i e m m e (Fleimsertal) das mittlere, V a l C e m b r a das untere Drittel. Im F a s s a tale ist die Lärche fast in allen Wäldern in Gesellschaft mit der Fichte und mit der Zirbe, seltener mit der Weißkiefer, als rezessiv mitherrschende Holzart vorhanden. Reine oder vorherrschend aus Lärche bestehende Waldformationen finden sich hauptsächlich links vom A v i s i o in westlicher und nördlicher Hangrichtung in den höheren Waldkomplexen über 1500 m und bis zu 2200 m vor.

Die obere Grenze der Lärche und auch des Waldwuchses kann im F a s s a tale links des A v i s i o, bei vorherrschender Nordexposition, mit 2200 m und am rechten Taleinhange, bei vorherrschenden Südhängen, mit 2300 m angegeben werden.

Im Gebiete des A v i s i o findet die Lärche ihre weiteste Entwicklung in der V a l d i F i e m m e, wo sie sich, rein oder vorherrschend, in beträchtlicher Ausdehnung im größten Teile der rechten Talhänge mit Südexposition einstellt; so nimmt sie im Gebiete von C a v a l e s e, V a r e n a (vgl. Abb. 41, 42), D a j a n o und C a r a n o zwischen 1150 und 1350 m auf eine Länge von rund 8 km und in einer Breite von 500 m eine Fläche von 400 ha ein. Es sind dies die besten Lärchenwälder dieser Zone.

Die Lärche vermag aus der Tiefgründigkeit und Fruchtbarkeit dieses Bodens (Kalkuntergrund mit erheblicher Humusdecke) entsprechend Nutzen zu ziehen; denn die Lärchenbestände von C a v a l e s e haben im Mittel 400 fm Holzgehalt und einen mittleren Massenzuwachs von über 3 fm.

Andere Bestände mit vorherrschender Lärche beobachten wir in den Gemeinden P r e d a z z o und T e s e r o, immer jedoch rechts vom A v i s i o, während links von ihm die Lärche bald zurücktritt oder geradezu spärlich wird.

Die Hauptholzart ist hier die Fichte; die Staatsforste von P a n e v e g g i o (2539 ha im linken Seitentale V a l T r a v i g n o l o) und von C a d i n o (1078 ha im gleichnamigen linken Seitentale) bestehen fast ausschließlich aus Fichte, mit dürftigem Vorkommen von Lärche und Zirbelkiefer. Im ganzen weiten P a n e v e g g i o forste treffen wir kaum etwa 100 ha Lärchenbestand an der Waldgrenze zwischen 1700 und 2100 m an.

In der V a l d i F i e m m e ist die Lärche nicht nur in den Wäldern sehr verbreitet, sondern auch auf den Alpenweiden, so insbesondere in jenen von Z i a n o, von B e l l a m o n t e unter der V i e z z e n a, am L u s i a passe und anderswo.

In der V a l C e m b r a wird die Lärche immer weniger häufig, wenn wir uns von den Berglagen dem A d i g e tale (Etschtale) nähern. Von ungefähr 6660 ha Wald in der Val

C e m b r a (hievon die Hälfte Niederwald, die Hälfte Nadelhochwald), weist nur ¼ das Vorkommen der Lärche auf, und zwar in sehr wechselndem Mengenverhältnisse. Neben einem äußerst geringen zerstreuten Vorkommen fehlt es nicht an Waldbeständen, in denen die Lärche, in Gesellschaft mit der hier sehr verbreiteten Weißkiefer und mit der Fichte, selbst 70 bis 75 v. H. erreicht. Gegen das A d i g e tal sinkt die Lärche bis auf 600 m Seehöhe und hört links vom A v i s i o auf dem M o n t e C o r s a in der Gemeinde A l b i a n o auf (Lärche 80 v. H., Weißkiefer 10 v. H., Fichte 5 v. H., Eiche 5 v. H.), rechts vom A v i s i o auf dem Monte C o r o n a in der Gemeinde G i o v o (Lärche 15 v. H., Weißkiefer 80 v. H., Fichte 5 v. H.).

Zusammenfassend kann man sagen, daß die Lärche in der ganzen Provinz Trento in fast zusammenhängender Verteilung natürlich vorkommt; nur die südlichsten Sektoren

Abb. 41. Reine Lärchenbestände von V a r e n a, bei 1300 m, mit Waldweide (Prov. T r e n t o—V a l d i F i e m m e). Aufn. Catoni — Trento.

des Vorkommens (V a l d i L e d r o, unteres S a r c a tal, unteres A d i g e tal) sind abgesondert.

Die tiefsten Punkte der Verbreitung sind 160 m hoch (V a r i g n a n o, künstlich), bezw. 350 m (V a l d i N o n, natürlich), die höchsten Punkte 2400 m hoch (V a l C i s m o n).

B 2. D i e L ä r c h e i n d e r P r o v i n z B o l z a n o (B o z e n).

Diese ausgesprochen alpine Provinz ist gleichfalls zur Gänze im geographischen Verbreitungsgebiete der Lärche gelegen, welche fast in allen Waldgebieten allgemein vorfindlich ist.

Zur Provinz Bolzano gehören das Gebiet von S. C a n d i d o mit der V a l l e d i S e s t o (Draubecken) und andere kleinere Abschnitte, die geographisch Österreich zuzuzählen sind.

178

In dem mit ausgedehnten Nadelwäldern (9500 ha) bedeckten Gebiete von S. C a n d i d o, zwischen 1250 und ungefähr 2000 m, in Vergesellschaftung mit Fichte, Tanne, Weißkiefer und in den Hochlagen mit Krummholzkiefer ist die Lärche mehr zurücktretend (10 bis 20 v. H.).

Im Tale der R i e n z a, P u s t e r i a (Rienz, Pustertal) und in dessen Seitenzuzügen ist die Lärche ein ständiges Element der Nadelwälder, wiewohl sie fast immer der Fichte mengenmäßig untergeordnet bleibt (10 bis 40 v. H.); es fehlen jedoch keineswegs reine oder vorherrschende Lärchenformationen, so am linken Hange der V a l l e A u r i n a (Ahrntal) und am rechten Hange der V a l B a d i a; die Mitholzarten sind in der Reihenfolge ihrer abnehmenden Häufigkeit, die Fichte, die Weißkiefer, die Zirbelkiefer, die Krummholzkiefer, im beschränkten Maße die Tanne. Die obere Waldgrenze ist in den entgegengesetzten

Abb. 42. Lärchenaufforstung eines Kahlschlages im Lärchenwald V a r e n a, 1300 m (Prov. T r e n t o— V a l d i F i e m m e).   Aufn. Catoni — Trento.

Talhängen, bezw. in den entgegengesetzten Nord- und Südlagen nicht wesentlich verschieden und im Mittel bei 2100 m gelegen.

Im Tale des I s a r c o (Eisack) und in seinen Seitentälern ist die Verteilung und Häufigkeit der Lärche ähnlich charakterisiert wie vorhin für die P u s t e r i a angegeben wurde; nur bemerkt man einen höheren Hundertsatz von reinen oder vorherrschenden Lärchenbeständen, die überwiegend an der Sonnseite gelegen sind.

Die äußersten Höhengrenzen schwanken zwischen der Talsohle und 2200 m in der V a l d i V i z z e, dabei nimmt die obere Grenze der Verbreitung allmählich von Norden nach Süden ab.

Im oberen Tal der A d i g e, Etsch (V a l V e n o s t a, Vinschgau) und in seinen Seitentälern nimmt die Lärche, begünstigt vom ausgesprochen kontinentalen Einschlage

12*

des Klimas, das die eigenartige, in letzter Zeit von B e g u i n o t studierte Vegetation pannonischen Charakters hervorbringt, in ganz entschiedenem Maße zu.

Die V a l V e n o s t a ist eines der wichtigsten Zentren der Verbreitung der Lärche, die sehr ausgedehnte Reinbestände oder solche ihrer ausgesprochenen Vorherrschaft bildet (schätzungsweise über 24.000 ha); die schönsten Lärchenformationen beobachten wir am Kopfende der Seitentäler, in der Regel mit Zirbe vergesellschaftet, während unterhalb 1800 m die Fichte die überwiegende Rolle übernimmt.

Die obere Ausbreitungsgrenze fällt mit der Baumgrenze zusammen und ihre Höhenlage nimmt mit der Zunahme der Gebirgshöhe allmählich zu; so beträgt sie im Gebirge der Umgebung von B o l z a n o 1900 m, in V a l S o l d a (Sulden) auf den Nordhängen des O r t l e r s 2286 m, in den Ö t z t a l e r Alpen über 2300 m. Nach Willkomm soll sie in der V a l M a r t e l l o bis zu 2400 m hinaufreichen.

Zusammenfassend für die Provinz B o l z a n o können die gemeinsam mit der Lärche lebenden Holzarten nach Maßgabe ihrer abnehmenden Häufigkeit wie folgt gereiht werden: Fichte (fast überall), Weißkiefer (in den Sonnlagen geringerer Meereshöhe), Zirbelkiefer (an der oberen Waldgrenze); eine viel beschränktere Bedeutung haben die Tanne, die Krummholzkiefer, die Ruchbirke, die Alpenerle und andere Nebenholzarten.

Außer in fast allen Waldformationen ist die Lärche in den vielen bestockten Weideflächen, unter fast völligem Ausschluß aller anderen Holzarten, sehr verbreitet. Sie wird daselbst wegen ihres leichten Schattens, der den Graswuchs nicht beeinträchtigt, vom Gebirgler gerne gesehen.

Die Höhengrenzen der Lärche für die ganze Provinz schwanken zwischen 400 m (Hügel von A p p i a n o und C a l d a r o) und 2300 (2400?) m (oberes V a l V e n o s t a).

Obwohl die Lärche in dieser Provinz besonders zusagende Verhältnisse gefunden hat, dürfte sie im Laufe der Zeiten sicherlich durch Menschenhand einige Beschränkungen erfahren haben, sei es, weil sie von der Ausbreitung der Feldkulturen wieder in die Höhe gedrängt wurde; sei es wegen der zu intensiven Nutzungen; sei es endlich, weil die Forsttechniker der gewesenen Habsburger Monarchie aus wirtschaftlichen Gründen vielfach der Fichte den Vorzug gegeben haben.

Die Lärche zeigt aber hier eine entschiedene Neigung und Befähigung, die verlorenen Stellungen wieder zu erobern; man kann sehr häufig beobachten, mit welcher Leichtigkeit sie sich durch Samenanflug natürlich ausbreitet, sowohl in den Kahlschlägen der zur Verjüngung gelangenden Altbestände, als auch auf Schutt- und Trümmerhalden, auf den Ablagerungen der Wildbäche und auf alluvialen Böden, wobei sie immer, schon von den ersten Jahren an, über alle mitbewerbenden Arten vorherrscht.

C. Die Lärche in den Provinzen des Euganeischen Venetiens.

C 1. Die Lärche in der Provinz Verona.

In dieser Provinz, welche die Tiefebene und das Randgebiet der Voralpen umfaßt, ist die Lärche nur im nördlichen gebirgigen Teile, an der Grenze mit der Provinz Trento, vertreten, nämlich am M o n t e B a l d o und auf den M o n t i L e s s i n i.

Zwischen dem G a r d a s e e und der V a l L a g a r i n a (Adige) finden wir die Lärche auf dem Westabhange des M o n t e B a l d o in den Wäldern von M a l c e s i n e zwischen 1300 und 1800 m (Lärche 40 v. H. mit Fichte, Tanne und Krummholzkiefer), während auf dem Ostabhange die südlichste festgestellte Fundstelle natürlichen Vorkommens, A r t i l l o n, noch auf Trientinischem Gebiete, wenn auch nahe der Veroneser Grenze, liegt.

Links von der V a l L a g a r i n a, in den L e s s i n i s c h e n B e r g e n, ist die Lärche nur am Kopfende der langen Längstäler vorzufinden, die in diesen Bergen entspringen: V a l F u m a n e, V a l P a n t e n a, V a l d i S q u a r a n t o, V a l d'I l l a s i. Sie ist jedoch fast immer sehr spärlich oder minimal in dem dortigen, aus Eiche, Hainbuche, Kastanie und Esche zusammengesetzten Niederwalde vorzufinden; selten ist sie eine mit- oder vorherrschende Holzart oder lebt in Gemeinschaft mit anderen Waldbäumen, wie z. B. mit der Weißkiefer auf den Nordhängen des M o n t e N o r o n i i n V a l F u m a n e.

Am oberen Ausgange der Täler bestockt sie hin und wieder die Bergwiesen, so z. B. in der Umgebung von E r b e z z o; ihr Vorkommen wird häufiger in der Nähe der Trientinischen Grenze und der Lärche enthaltenden Bestände der V a l d'A l a (cfr. B 1).

Die Lärche verdankt ihre gegenwärtige Verbreitung in der Provinz Verona auch den zahlreichen künstlichen Anpflanzungen, die mehr als 200 ha umfassen. Sie wurden vor nicht langer Zeit durchgeführt, insbesondere auf den Südhängen des M o n t e B a l d o in den Gemeinden S. Z e n o d i M o n t a g n a, C a p r i n o V e r o n e s e, F e r r a r a d i M o n t e B a l d o und in den verschiedenen Tälern, die im Süden von den L e s s i n i - s c h e n Bergen abdachen. Diese Anpflanzungen haben die Südgrenze der Lärche gegen die Talebene verschoben. In den künstlichen Anpflanzungen hat man selten die Lärche rein verwendet, gewöhnlich hat man sie in wechselndem Verhältnisse der Fichte und der Schwarz- und Weißkiefer beigemischt, in untergeordnetem Grade auch der Kastanie, der Eiche, Esche und Buche.

Die Höhengrenzen der Lärche in der Provinz Verona bewegen sich, was den Naturwuchs betrifft, zwischen 550 m (M o n t e C o s t e l l o n e i n V a l F u m a n e) und 1800 m (Westabhang des M o n t e B a l d o); trägt man den künstlichen Anpflanzungen Rechnung, so wird die untere Grenze auf 400 m herabgedrückt (Waldort M a s i in der Gemeinde C a p r i n o V e r o n e s e).

Die Südgrenze des Verbreitungsgebietes der Lärche ist von der Linie: M a l c e s i n e — F e r r a r a d i M o n t e B a l d o — D o l c é — M o n t e N o r o n i — B o s c o C h i e s a n u o v a — M o n t e Z è v o l a gegeben. Dagegen ist die Südgrenze ihres tatsächlichen gegenwärtigen Vorkommens, mit Rücksicht auf die erhobenen künstlichen Anpflanzungen, die Linie: S. Z e n o d i M o n t a g n a — C a p r i n o V e r o n e s e — D o l c è — M o n t e N o r o n i — B o s c o C h i e s a n u o v a — G i a z z a.

C 2. D i e L ä r c h e i n d e r P r o v i n z V i c e n z a.

Wie in der Provinz Verona, so ist auch in jener von Vicenza das Auftreten der Lärche auf die nördlichen gebirgigen Gebiete an der Grenze mit der Provinz Trento beschränkt. Ihre Verteilung ist aber unregelmäßig wechselnd in den verschiedenen Tälern, so daß deren gesonderte Untersuchung zweckdienlich wird.

In der V a l l e d e l C h i a m p o fehlt die Lärche.

In der V a l l e d e l l'A g n o fehlen zwar Naturwüchse, doch wurde die Lärche bei den Aufforstungen künstlich eingeführt, so in der Gemeinde V a l d a g n o südlich des Passes von T e r r i g i (2 ha zwischen 500 bis 1000 m, Lärche 30 v. H., Weißbuche, Esche, Hasel im Niederwalde 70 v. H.) und in der Gemeinde R e c o a r o unterhalb des Passes

B u s e   S c u r e (60 ha zwischen 1000 und 1500 m, Lärche 5 v. H., Fichte 15 v. H., Buche 80 v. H.).

In der V a l   L e o g r a verdankt das wenige, was an Lärchen vorhanden ist, der künstlichen Einführung sein Dasein; die größten Aufforstungen beobachten wir unterhalb des P i a n   d e l l e   F u g a z z e (60 ha zwischen 1000 und 1300 m, Lärche 50 v. H., Fichte 50 v. H.) und bei der M a l g a   R o n c h e t t a am Südabhange des M o n t e   C o g o l o.

In der V a l   P ò s i n a findet sich die Lärche, außer in hie und da zerstreuten künstlichen Aufforstungen, auch ursprünglich in verschieden in den linksufrigen Seitentälern gelegenen Waldbeständen vor, wobei sie zurücktretend und mitherrschend ist (10 bis 50 v. H.) und auf kleinen Flächen sogar 60 v. H. erreicht; in Mischung mit Fichte, Weißkiefer, Buche, Hainbuche, Hopfenbuche, Blumenesche, in den höheren Lagen mit Krummholzkiefer und Grünerle, etwa in einer Seehöhe von 500 bis 1800 m.

In der V a l   d'A s t i c o ist die Lärche in der großen Mehrheit der Wälder reich verbreitet, sowohl in reinen oder vorherrschenden Formationen, als auch zurücktretend im Fichtenbestande mit Krummholzkiefer, Grünerle und mitunter auch mit einem erheblichen Anteil von Buche. In dem unteren Tal reicht die Lärche bis in die Gemeinde V e l o d'A s t i c o hinein, auf den Nordhängen des M o n t e   E l b e l e und des M o n t e   S u m m a n o teils ursprünglich, teils künstlich aufgeforstet.

In der V a l   d'A s s a und auf dem Hochplateau der S e t t e   C o m u n i ist die Anwesenheit der Lärche überall erheblich, namentlich in den nördlichen Waldbeständen, nördlich des M o n t e   Z e b i o und bis zur Trientinischen Grenze der V a l s u g a n a (P a s s o   d e l l'A g n e l l a - T e r m i n e   d i   S a n   M a r c o); die Fichte ist die einzige beigemischte Holzart und es schwankt deren Anteil innerhalb weitester Grenzen, fehlt aber auch in den ziemlich reinen Lärchenbeständen niemals ganz.

Südlich der V a l   d'A s s a und von A s i a g o beschränkt sich das Vorkommen der Lärche auf die Mischwälder von S c u l a z z o n in der Gemeinde R o a n a und auf kleine künstliche Anpflanzungen in der Nähe von A s i a g o, auf dem M o n t e   d i   V a l   B e l l a und bei L u s i a n a.

Im unteren B r e n t a t a l (C a n a l   d i   B r e n t a oder V i c e n t i n i s c h e   V a l s u g a n a) ist das freiwillige Vorkommen der Lärche auf die östlichen Ausläufer des Hochplateaus der S e t t e   C o m u n i beschränkt. Im Gemeindegebiete von E n e g o und F o z a drängt sie nach Süden, links der V a l   F r e n z e l a, meist als mitherrschend-zurücktretende Holzart im Fichtenwalde, aber auch hie und da auf kleinen Flächen rein oder vorherrschend.

Links vom B r e n t a, in dem schmalen zur Provinz Vicenza gehörenden Geländeabschnitt, finden wir die Lärche nur in der Örtlichkeit S o r i s t, an der Trientinischen und Bellunesischen Grenze in natürlichem Vorkommen.

Weiter talseits besteht eine reine Lärchengruppe von *2* ha in dem Waldort C a r p a n è der Gemeinde S a n   N a z a r i o, die aber fast zweifellos künstlichen Ursprunges ist.

Aus den Mitteilungen des in letzter Zeit (1933) veröffentlichten Forstkatasters lassen sich interessante Daten über die Lärche ableiten; wir geben sie, geographisch geordnet, nachstehend wieder:

Die Lärche in der Provinz Vicenza nach den Grundlagen des Forstkatasters[1]).

Hydrographisches Gebiet	Gemeinden, in denen die Lärche vorkommt	Reine Lärchen- bestände	Lärche mit anderen Nadel- hölzern	Lärche mit Laubholz- arten	Lärche in Nieder- wäldern	Der reinen Lärche zu- kommende Fläche
			Hektar			
Val d'Agno	Valdagno	—	—	—	2 (1) Hainbu. Bu, Kast.	1
Val Leogra	Valli del Pasubio	—	60 (30) Fi	—	—	30
Val Pòsina rechts	Pòsina	—	—	1 (1) Bu	—	1
Val Pòsina links	Arsiero, Laghi	—	8 (2) Fi	—	52 (5) Bu, Fi	7
Val d'Astico Unterlauf rechts	Velo d'Astico	—	34 (10) Fi, Versch.	—	—	10
Val d'Astico Oberlauf rechts	Arsiero, Forni, Lastebasse, To- nezza	128	160 (110) Fi	15 (8) Fi, Bu	344 (103) Bu, Versch.	349
Val d'Astico Oberlauf links	Casotto	—	2 (1) Fi	—	45 (13) Bu, Fi	14
Val d'Assa rechts	Rotzo	10	105 (21) Fi, Weißk.	—	—	31
Val d'Assa links	Asiago, Roana	30	58 (17) Fi	–	—	47
Sette Comuni Hochplateau	Asiago, Gallio	19	455 (200) Fi, Krummhk.	—	—	219
Val Lavarda	Lusiana	1	—	—	—	1
Valsugana rechts	Enego, Foza	1	407 (158) Fi, Weißk.	—	—	159
Valsugana links	Cismon di Brenta, S. Nazario	2	17 (10) Fi	30 (15) Versch.	—	27
	Zusammen	191	1306 (559)[2]	46 (24)[3]	443 (122)[4]	896[5]

[1]) In der vorstehenden Übersicht bezeichnet die Zahl in Klammern die auf Grund des perzentuellen Anteiles im betreffenden Waldgebiete errechnete, der reinen Lärche zukommende Fläche. Die Daten der Übersicht stimmen nicht ganz genau mit jenen im Forstkataster (Bd. 29, S. 14, Tabelle III, Tafel III) angegebenen überein, sondern erscheinen etwas höher, weil auf Grund der Elemente, welche zur Ausarbeitung des Forstkatasters gedient haben, sich die Möglichkeit ergab, einige die Lärche enthaltenden Flächen, die wegen der Dürftigkeit ihres Vorkommens daselbst in der Schlußzusammenfassung unter der Rubrik „Hauptholzart" bezw. „Verschiedene Holzarten" eingezogen wurden, gesondert in Rechnung zu stellen. Diese Abweichungen gehen aus den folgenden Angaben hervor:

[2]) Im Forstkataster sind 538 ha angegeben; der Unterschied (21 ha) ergibt sich zugunsten der Gemeinde R o t z o (Val d'Assa rechts).

[3]) Im Forstkataster sind 23 ha angegeben; der Unterschied (1 ha) ergibt sich zugunsten der Gemeinde Pòsina (Val Pòsina).

[4]) Im Forstkataster sind 116 ha angegeben; der Unterschied (6 ha) ergibt sich um 5 ha zugunsten der Gemeinde L a g h i (Val Pòsina rechts) und um 1 ha zugunsten der Gemeinde V a l d a g n o (Gebiet Val d'Agno).

[5]) Im Forstkataster sind 868 ha angegeben; der Unterschied (28 ha) ist in der Summe der Differenzen der vorstehenden Noten 2, 3 und 4 begründet.

Wenn man nun in Berücksichtigung zieht, daß bei den Erhebungen des Forstkatasters die Flächen mit weniger als 10 v. H. Beimischung einer Holzart, sowie jene mit spärlichem oder mindestem Vorkommen derselben nicht ausgewiesen werden, ist die Annahme begründet, daß die angeführten Zahlen ein absolutes und sehr vorsichtiges Minimum darstellen und daß die Lärche sicherlich auf einer größeren Fläche verbreitet ist, als auf der angegebenen von 1986 ha.

Zusammenfassend kann man sagen: Die Lärche ist in der Provinz Vicenza, und zwar nur in der Bergregion, in über 2000 ha der dortigen Waldungen vorhanden, und dies sowohl in Reinbeständen als auch in Mischung mit Fichte, Krummholzkiefer, Weißkiefer, Buche und anderen verschiedenen Laubhölzern, in einer Seehöhe zwischen 600 m (bezw. 500 m für die künstlichen Anbauflächen) und 1800 m (Hochplateau der S e t t e C o m u n i).

Ihre tatsächlich gegebene Verbreitung ist auf Grund des festgestellten künstlichen Anbaues durch die nachstehende Linie festgelegt: G i a z z a — C i m a   d i   M a r a n a — V a l d a g n o — R e c o a r o — V a l l i   d e l   P a s u b i o — M o n t e   S u m m a n o — M o n t e   P a ù — L u s i a n a — C a r p a n è.

C 3. Die Lärche in der Provinz Treviso.

In dieser Provinz ist die Lärche in der Hügelregion, an der nördlichen Begrenzung gegen die Provinz Belluno, in sehr spärlichem Grade vertreten; jedoch handelt es sich in den allermeisten Fällen nicht um ein ursprüngliches Vorkommen, sondern um den erfolgreichen Anbau derselben zu Aufforstungszwecken, wie auch als Parkbaum. Nach dem jetzigen Stande unserer Forschungen verfügen wir nicht über hinlängliches Tatsachenmaterial, um mit voller Sicherheit das ursprüngliche Vorkommen der Lärche im Hügellande der Provinz Treviso bejahen oder verneinen zu können; persönlich neigen wir ersterem zu. Wenn Stellen ursprünglichen Wachstums der Lärche überhaupt bestehen, so haben wir sie im Bergsystem der Bellunesischen Voralpen (zwischen der P i a v e enge von F e n è r und dem Sattel von F a d a l t o) zu suchen; diesbezüglich fehlt es nicht an Anzeichen für das Gebiet von M i a n e. Aus einem jüngst eingelaufenen Berichte der Forstmiliz (Kommando Udine) entnehmen wir folgendes: „Inmitten schütterer Kastanienwälder in der Örtlichkeit V a l   d e l   P e c o l   d i   C o m b a i finden sich einige sporadische Lärchen vor, die durch Naturbesamung eines oberhalb bestandenen, im Kriege gänzlich vernichteten Lärchenwaldes hervorgegangen sind. Diese etwa 40 Jahre alten Lärchen haben eine Höhe von ungefähr 12 bis 15 m".

Wenn auch kein Zweifel darüber besteht, daß dies ein autochthones Vorkommen der Lärche ist, mangeln uns doch genaue Mitteilungen über den im Kriege zerstörten Mutterbestand, woraus wir hätten leichter beurteilen können, ob es sich um ein Gegenwartsphänomen der Naturalisation der Lärche handelt, wie wir es häufig im südlichen Voralpengebiete beobachten, oder um ein tatsächlich ursprüngliches Vorkommen. Die Klärung dieser Frage ist weiteren, in unserem Programme einbezogenen Studien vorbehalten.

Da die Lärchenbestockung im Hügelgelände der Provinz Treviso künstlichen Ursprunges ist, erscheint die außerordentliche Zersplitterung ihres Vorkommens in sehr kleinen Flächen und die nur ausnahmsweise Verteilung in größeren Waldzusammenhängen vollkommen verständlich.

Aus dem jüngst (1933) veröffentlichten Forstkataster greifen wir die nachstehenden Angaben heraus, welche das Vorkommen der Lärche in der Provinz Treviso bezeugen und erläutern.

Die Lärche in der Provinz Treviso nach dem Forstkataster.
Östliche Hügelregion (links des Piave).

Gemeinde	Reine Lärchenbestände	Laubhochwälder mit Lärche	Niederwälder mit Lärche	Der reinen Lärche zukommende Fläche
		Hektar		
Vidor	1	—	—	1
Miane	2	—	—	2
Farra di Soligo	4	4 (1) Hainbu. Ei. Versch.	8 (2) Hainbu. Versch.	7
Pieve di Soligo	6	5 (1) Hainbu. Ei. Versch.	—	7
Follina	3	—	—	3
Vittorio Veneto	8	2 (1) Hainbu.	—	9
Sarmede	2	—	—	2
Zusammen	26	11 (3)	8 (2)	31

Nach den Erhebungsmethoden des Forstkatasters wurde die Lärche im künstlichen Anbaue in 45 ha Waldfläche festgestellt, die sämtlich in den Hügelgemeinden zur Linken des Piave gelegen sind.

Unsere vom besonderen Zwecke geleiteten Nachforschungen führen uns zu der Annahme einer mindestens doppelten Fläche von etwa 100 ha, in welcher die Lärche auftritt. Von dieser Fläche ist fast die Hälfte zur Rechten des Piave gelegen, in den Gemeindegebieten von Crespano del Grappa, Paderno del Grappa, Possagno, Cavaso und Masèr.

Zusammenfassend kann man sagen: die Lärche ist in der Provinz Treviso auf einer Fläche von ungefähr 100 ha Hoch- und Niederwald als künstlich angebaute Holzart vorhanden, und zwar zusammen mit verschiedenen anderen Arten, Fichte, Tanne, Schwarz- und Weißkiefer, Buche, Hainbuche, Hopfenbuche, Kastanie und anderen Nebenhölzern; sie beschränkt sich auf die Hügelregion zwischen 150 (Pieve di Soligo, Waldort Canalet di Solighetto) und 1100 m (Abhänge des Cansiglio gegen Fregona).

Die Grenze ihres natürlichen Auftretens ist in diesem Abschnitte des Alpensystemes noch zweifelhaft, wir halten aber dafür, daß sie an den Provinzgrenzen verlaufe und mit folgender Linie zusammenfalle: Cismòn — Fenèr — Kammlinie der Bellunesischen Voralpen — Sattel von Fadalto — Cansiglio. Die Grenze ihrer jetzigen Verbreitung ist mit Rücksicht auf die festgestellten künstlichen Anpflanzungen durch folgende Linie gegeben: Carpané — Crespano del Grappa — Masèr — Vidòr — Pieve di Soligo — Vittorio Veneto — Sarmede.

C 4. Die Lärche in der Provinz Belluno.

Die Lärche ist fast in der ganzen Provinz autochthon, aber ihre Verteilung und ihre Häufigkeit sind in den einzelnen Provinzteilen wesentlich verschieden. In großen Umrissen gewahrt man, daß das Schwergewicht der Verbreitung der Lärche in den Seitentälern rechts vom Piave, der die Provinz in ihrer ganzen Länge von N nach S durchschneidet,

gelegen ist, im Anschlusse an die bereits besprochenen Lärchenbestände in den Nachbar-
provinzen Bolzano und Trento. Besonders die Täler des B o i t e und des C o r d e v o l e
müssen wir als die Hauptzentren der Verbreitung ansehen.

In den einzelnen Tälern bemerken wir summarisch folgendes Verhalten der Lärche:
In der V a l l e d e l l'A n s i e i ist sie in allen Waldflächen vorhanden, aber nur als
zurücktretende Art (10 bis 32 v. H.) und mit der vorherrschenden Fichte vergesellschaftet (40 bis 60 v. H.), während Tanne, Weißkiefer und Zirbe nur in beschränkter
Weise an der Waldbildung teilnehmen.

Im B o i t e tale ist vorerst, im unteren Abschnitte, die Lärche noch zurücktretend,
wird aber bald, am oberen Talausgange, die vorherrschende Holzart und bildet im Becken
von C o r t i n a d'A m p e z z o die wohlbekannten Bestände, teils rein, teils mit einem
beschränkten Anteil von Fichte.

In der V a l l e d i Z o l d o (M a è b a c h) ist die Lärche in 80 v. H. der Waldungen
mehr oder minder zurücktretend (10 bis 30 v. H.), gegenüber der zu annähernd gleichen
Teilen vertretenen Fichte und Tanne; in den restlichen 20 v. H. der Wälder ist sie vorherrschend (60 bis 90 v. H.), in ausschließlicher Gesellschaft der Fichte, wobei nur an
einzelnen Stellen Tanne, Buche, Hainbuche und Hopfenbuche in ganz bescheidenem Maße
hinzutreten.

Im C o r d e v o l e tale ist in 66 v. H. der Wälder auf der linken Talseite die Lärche
gegenüber der vorherrschenden Fichte mehr zurücktretend, wobei in wechselndem Maße
in den Hochlagen die Krummholzkiefer, in den tieferen Lagen Buche, Eiche, Ahorn und
Erle hinzukommen; in 89 v. H. der Wälder auf der rechten Talseite ist die Lärche gleichfalls nur zurücktretend beigemischt und in ständiger Gesellschaft der Fichte (10 bis
90 v. H.), wobei ortsweise auch Weißkiefer, Buche, Hainbuche und Hopfenbuche an der
Bestandesbildung teilnehmen; die restlichen 34 v. H. der Wälder an der linken und die
11 v. H. an der rechten Talseite sind vorherrschend (60 bis 80 v. H.) von Lärche gebildet,
der sich die oben angeführten Holzarten in bescheidenem Maße zugesellen.

Im Tale des M i s ist die Lärche fast überall, aber in der Minderheit vorhanden
(10 bis 40 v. H.), und nur manchmal etwas vorherrschend (60 v. H.), während die beigemischten Holzarten nach ihrer Häufigkeit folgende Reihung annehmen: Fichte, Buche,
Hainbuche und Hopfenbuche, Esche, in den Hochlagen Grünerle und Krummholzkiefer.

Zur Provinz Belluno gehört auch das untere C i s m o n t a l (linker Zufluß der
B r e n t a), in welchem die Lärche gleichfalls zerstreut vertreten ist (für das obere C i s m o n-
tal cfr. B 1); in den Wäldern der linken Hangseite tritt sie mehr zurück und kommt mit
der vorherrschenden Fichte fort, welcher ortsweise ein bedeutender Prozentsatz Buche
beigemischt ist. Dagegen wird die Lärche an der rechten Hangseite häufig zur vorherrschenden Holzart in Mischung mit Fichte, Weißkiefer und Buche und bildet auch reine
Formationen gewisser Ausdehnung, so z. B. nördlich von A r s i è und am rechten Einhange
der V a l l e d e l l e C a l d i e r e.

Links vom P i a v e und in seinem obersten Gebiete bergseits der Einmündung des
Ansiei nimmt die Häufigkeit der Lärche wesentlich ab, obwohl sie tatsächlich in allen
Wäldern, wenn auch in sehr spärlichem Grade, vorkommt. So finden wir in den Hoch-
tälern (C o m e l i c o, V a l V i s d e n d e, Gebiet von S a p p a d a, V a l F r i s o n und
kleinere Seitentäler) die Lärche nur dürftig (1—6 v. H.) oder gar sehr spärlich (unter
1 v. H.) in den fast reinen Fichtenwäldern oder in Mischwäldern von Fichte und
Tanne vor.

Dagegen ist sie auf den Bergweiden und auf den Schuttablagerungen sehr verbreitet. Wir glauben daher die Behauptung aufstellen zu dürfen, daß in diesem Alpen-

abschnitt, der durch größere Niederschlagshöhen, bezw. durch ein weniger kontinentales Klima als die bisher behandelten Teile der Alpen gekennzeichnet ist, die Lärche ihre Eigenschaften als lichtbedürftige Holzart ganz besonders hervortreten lasse und die hier entschieden dichteren Fichtenwälder meide, um sich in den freien Formationen der Weideflächen und in den sehr zersplitterten Waldformationen auf den Ablagerungen der Wildbäche anzusiedeln.

In den Wäldern, welche den schmalen Saum der Bellunesischen Berge links des P i a v e zwischen L o r e n z a g o und dem Sattel von F a d a l t o bekleiden, ist die Lärche gleichfalls nur in einem bescheidenen Prozentsatze vorhanden und nimmt nur in der V a l M o n t i n a (Lärche 60 v. H., Weißkiefer 20 v. H., Fichte 10 v. H., Tanne 10 v. H.) im Anschlusse an die lärchenreichen Bestände der V a l C i m o l i a n a (vgl. weitere Angaben unter C 5) in ausgesprochenem Maße zu.

Längs der Talsohle des Piave, bergseits von P o n t e n e l l e A l p i, fehlt es nicht an kleinen Horsten der Lärche, auf den alluvialen Ablagerungen und auf den mäßigen hügeligen Erhebungen, welche den Flußlauf begleiten, oder sie stellt sich auf den Wiesen mit einer von Süden gegen Norden stetig zunehmenden Häufigkeit ein.

Am Nordabhange der Bellunesischen Voralpen, die von dem unteren P i a v e tal im Westen und dem Taleinschnitt F a d a l t o—L a g o d i S a n t a C r o c e—P o n t e n e l l e A l p i im Osten begrenzt werden, ist die Lärche in ausgedehntem Maße zu Aufforstungszwecken rein und in Mischung mit der Fichte eingeführt worden; es fehlt aber gegenwärtig an hinreichenden Belegen, um über ihren autochthonen Ursprung ein Urteil zu fällen; jedenfalls kann man ihr bodenständiges Vorkommen als annehmbar ansehen, zumal ein solches selbst dem Südhange dieser Voralpen nicht zu fehlen scheint (cfr. C 3).

Die Lärche kommt demnach im ganzen Gebiete der Provinz Belluno natürlich vor, wenn auch in geringerem Prozentsatze als in den benachbarten Tridentinischen Provinzen; ihre Häufigkeit nimmt von W nach O stufenweise ab. Ihre Höhengrenzen schwanken zwischen 470 m (Bellunesische Voralpen) und 2100 m (in den Tälern des A n s i e i und von Z o l d o) rechts vom P i a v e, bezw. 2000 m (V a l F r i s o n) links vom P i a v e. Die oberen Höhengrenzen nehmen vom hohen P i a v e tale (C a d o r e) gegen die orographischen Randgruppen merklich ab.

Die Lärche lebt in der Provinz Belluno in Gesellschaft der Fichte, der allgemein am meisten verbreiteten Holzart, manchmal auch mit der Tanne, an der oberen Waldgrenze mit Zirbe und Krummholzkiefer oder in geringerer Höhenlage mit der Weißkiefer, in den Seitentälern des mittleren und unteren P i a v e öfters in Mischung mit der Buche und anderen Laubhölzern.

Abgesehen von der starken natürlichen Fortpflanzungstendenz hat die Lärche in dieser Provinz auch durch ihren erfolgreichen künstlichen Anbau, zwecks Herstellung einer mäßigen Bestockung auf den im Privatbesitze befindlichen Hutweideflächen, eine nicht unbeträchtliche Förderung erfahren.

C 5. D i e L ä r c h e i n d e r P r o v i n z U d i n e.

In dieser östlichsten Provinz des Euganeischen Venetiens, die infolge grundverschiedener Lageverhältnisse von Tiefebene und Hochgebirge sehr heterogen erscheint, findet die Lärche nur im nördlichen, gebirgigen Teile ihr Vorkommen.

Die Provinz Udine umfaßt auch das Gebiet von T a r v i s i o, das im Sammelbecken der S l i z z a rechts zur Gail abdacht, also geographisch zu Österreich gehört. Die Wälder von T a r v i s i o sind fast zur Gänze im Staatsbesitze und erstrecken sich mit etwa

15.500 ha auch auf den oberen Teil des F e l l a tales mit in beiden Gebieten ähnlichen Charaktermerkmalen. Die bestandbildenden Holzarten sind die Fichte, dann die Tanne und die Buche, gleichzeitig mit einem geringeren Anteile von Lärche und Weißkiefer. Die Lärche ist im ganzen Gebiete verbreitet, jedoch im Durchschnitte ziemlich spärlich; so fehlt sie einem Drittel der Waldfläche ganz, in einem Drittel derselben ist sie spärlich oder minimal vorhanden; in 31 v. H. der Wälder tritt sie gegen die anderen Holzarten zurück und nur in 3 v. H. der Wälder ist sie vorherrschend; größere reine Lärchenbestände finden sich nicht vor.

Auch im ganzen übrigen Gebiete der F e l l a ist ihr Vorkommen spärlich oder minimal, sowohl in den Fichten- wie in den anderen Wäldern (Weißkiefer und Buche) und auf den bestockten Weidegründen; Waldbestände mit größerem Anteil von Lärche finden wir nur an beiden Hängen des C a n a l d e l F e r r o zwischen D o g n a und P o n t e b b a (Pontafel) in den Örtlichkeiten S l e n z a und C l a p F o r à t, in der V a l D o g n a beim Sattel von S o m d o g n a, in der V a l R a c c o l a n a unter dem M o n t a s i o und in der V a l d e l l'A u p a beim Z o u f d e F a u; ihre Flächen sind jedoch, im einzelnen genommen wie in ihrer Gesamtheit, sehr bescheiden.

Ähnliche Wahrnehmungen kann man auch im Gebiete des B u t machen: dürftiges oder minimales Vorkommen fast überall, in den Fichten- und Buchenwäldern mit Anteilnahme der Tanne, der Weiß- und der Schwarzkiefer, der Eiche, Hainbuche und Hopfenbuche, Hasel und Kastanie; Vorherrschaft der Lärche nur in kleinen Beständen im oberen Tale des C h i a r s ò (P i e v e d i C h i a u l a, linker Hang des R i o d i L a n z a, M o n t e C u l l a r W) und in der Val V i d i s e i t.

Im Sammelgebiete des D e g a n o bleibt die Lärche spärlich zerstreut, doch kann man leicht, je mehr wir nach W vordringen, deren allmähliche Zunahme als mittätiges Bestandesglied feststellen; Wälder mit vorherrschender und auch reiner Lärche sind an beiden Hängen des C a n a l d i G o r t o häufig, während in den südlichen Seitentälern des D e g a n o ihr Vorkommen sich wieder verringert, bis es wiederum zu einem geringsten Maße herabsinkt.

Im Tale des T a g l i a m e n t o (bergseits der Einmündung des D e g a n o) und in der linksseitigen V a l l e d e l L u m i e i sind keine Bestände mit wesentlichem Lärchenanteile zu bemerken mit Ausnahme des obersten Talbeckens, so in der Örtlichkeit V e r m o s t östlich des M a u r i a passes (162 ha, Lärche 60 v. H., Fichte 30 v. H., Buche 10 v. H.) und im Waldorte F e l d bei S a u r i s (12 ha, Lärche 65 v. H., Buche 25 v. H., Fichte 10 v. H.); ansonsten ist die Lärche überall spärlich oder minimal vertreten, nur ausnahmsweise als zurücktretende Mischholzart.

Die wichtigsten Lärchen enthaltenden Bestände beobachtet man in dieser Provinz im Gebiete des T o r r e n t e C e l l i n a, und zwar besonders am Kopfende des gleichnamigen Tales und der Seitentäler S e t t i m a n a und C i m o l i a n a; auch hier verhält sie sich gewöhnlich als beigemischte Holzart in den Fichtenbeständen, obwohl sie nicht selten auch rein oder vorherrschend auftritt. Diese Bestände der V a l S e t t i m a n a und V a l C i m o l i a n a kennzeichnen eine entschiedene Häufigkeitszunahme der Lärche gegen W hin und stoßen mit den in der Provinz Belluno zur Linken des P i a v e gelegenen und bereits behandelten (cfr. C 4) zusammen.

Im Süden der bisher erörterten Gebiete, das heißt in den der Provinz Udine angehörenden Karnischen und Julischen Voralpen, nimmt das natürliche Auftreten der Lärche ab; nur der künstlichen Anpflanzung zu Aufforstungs- oder Zierzwecken haben wir es zuzuschreiben, wenn hie und da eine Lärchengruppe sich dem Rande der Tiefebene nähert.

Im Hinblicke auf die Unmöglichkeit, die Randstationen in natürliche und in künstliche zu scheiden, ist die Südgrenze der Verbreitungsfläche durch eine einzige Linie in nachstehender Weise bestimmt: Bosco del Cansiglio—Monte Jof di Maniago—Monte Valinis—Monte Pala—Lago di Cavazzo—Monte Soreli—Monte Musi—Monte Sinnovich.

D. Die Lärche in den Provinzen des Julischen Venetiens.[1]

D 1. Die Lärche in der Provinz Gorizia (Görz).

Diese östlichste der eigentlichen Alpenprovinzen umfaßt das ganze Flußgebiet des Isonzo sowie in einem kleinen nordwestlichen Abschnitte das obere Sammelgebiet des Natisone.

Die Lärche kommt nur im obersten Isonzogebiete im Anschlusse an das jenseits der Wasserscheide des Adriatischen Meeres gelegene Gebiet von Tarvisio ursprünglich vor. In doch weit schärferem Maße als im letzteren (cfr. C 5) tritt die Lärche gegenüber den anderen Holzarten, namentlich gegenüber der Buche, die häufig den oberen Abschluß der Waldvegetation bildet, aber auch gegenüber der Fichte, Tanne, der Weißkiefer und gelegentlich selbst der nachdrängenden, allmählich die Weißkiefer ersetzenden Schwarzkiefer, ganz in den Hintergrund.

Verhältnismäßig noch am häufigsten, fast überall zerstreut, aber auch hin und wieder in kleinen Beständen vorherrschend, ist sie im abgeschlossenen, von den herrschenden Gipfeln der Julischen Alpen umsäumten, inneren Trentatale, wo auch ihr höchster Fundort in der Nähe des Moistroccapasses liegt (1700 m) und wo sie in einem etwa 30 ha umfassenden Bestande vorherrschend (Lärche 80 v. H., Fichte 20 v. H.) an der Waldgrenze auftritt. Häufiger ist die Mischung Lärche-Buche-Fichte-Tanne und Lärche-Buche-Kiefer in wechselndem, mit abnehmender Meereshöhe sehr rasch fallenden Verhältnisse gegenüber der Buche, welche bald die weitaus vorherrschende Holzart wird.

Im Trentatale dürften die Flächen mit zurücktretendem, spärlichen oder minimalen Anteile der Lärche in den Waldbeständen wohl an 1500 ha heranreichen. Reine Lärchengruppen bis zu 5 ha sind ausnahmsweise in den Hochalmen anzutreffen (z. B. Alpe Sonzia, 1450 m).

Noch dürftiger vertreten ist die Lärche im westlichen Abschnitte des obersten Isonzotales in den Südhängen des Bergstockes Canin-Rombon. Unmittelbar südlich des Predilpasses treffen wir sie zwar noch in einem etwa 30 ha messenden Bestande zu 50 v. H. mit Buche (20 v. H.), Fichte (20 v. H.) und Weißkiefer (10 v. H.) an, ebenso, ganz zurücktretend oder einzeln eingesprengt, in den Seitengräben (Coritenza, Bausizza und Mogenza); das Becken von Plezzo, wo sie noch, wahrscheinlich angebaut, einzeln vorzufinden ist, überschreitet die Lärche nach Süden als spontane Holzart nicht. So fehlt sie der bis über 2000 m hinaufragenden Gruppe des Monte Nero und, eigenartigerweise, der noch im Mittel 1800 m hohen Grenzkette östlich vom Berge Bogatin.

Erst im Gebiete des Bacciatales und in jenem der rechtsufrigen Zuflüsse der Idria (bei Piedicolle, an den Abhängen des Monte Porseno, bei Circhina u. a.) finden wir die Lärche als eingesprengte Holzart wieder, sogar mit einem Anteil bis höchstens 20 v. H. mit Buche als Grundholzart (in der Regel Buche 70 v. H., Fichte 20 v. H., Lärche 10 v. H.) sowie auf Wiesen und Weiden, in einer Seehöhe von 300 bis 900 m und auf einer Verbreitungsfläche von ungefähr 1000 ha. Trotzdem es sich er-

---

[1] Diesem Abschnitte hat Prof. Dr. A. Hofmann, Gorizia, wertvolle Mitarbeit gewidmet!

wiesener Maßen in den meisten Fällen um künstlichen Anbau handelt, bleibt doch die Frage offen, ob sie in diesem isolierten Gebiete (optimale Zonen der Buche, Waldtype Oxalis und Asperula) ursprünglich spontan war, zumal dieses geologisch vorwiegend aus paläozoischen Schiefern besteht, zum Unterschiede ihres spontanen Wuchsgebietes im Trenta tale auf triassischen Kalk-Dolomitböden.

Den weiter südlich gelegenen Gebieten des Hochkarstes ist sie entschieden fremd, wiewohl vereinzelte Anbauflächen im Tarnovaner Walde (z. B. Waldort S g a l i n e in 1100 m Höhe, etwa 10 ha, 90jährig, fast rein) anzutreffen sind; ebenso fehlt ihr natürliches Vorkommen am rechten Einhange des I s o n z o unterhalb des Beckens von P l e z z o sowie im N a t i s o n e gebiet. Im letzteren finden wir sie (M o n t e L u b i a bei B e r g o g n a) in einer künstlichen Aufforstungsfläche von etwa 8 ha mit Fichte und spontanen Laubhölzern zu 30 v. H. vertreten. Außerhalb der Niederwälder (Buche, Hainbuche, Hopfenbuche, Esche, Blumenesche u. a.) ist sie nicht selten auf Hutweiden und an den Wiesenrändern in der Nähe des Talgrundes hin und wieder einzeln angebaut, selbst in 200 m Seehöhe (zwischen S e l o und V o l z a n a).

Da das natürliche Auftreten der Lärche im I d r i a- und B a c c i a tale noch fraglich ist und es sich vielleicht nur um die Naturalisation derselben in einem ihr ursprünglich fremden Gebiete handeln könnte, ist ihr natürliches Verbreitungsgebiet durch nachstehende Linie gegen Süden begrenzt: M o n t e S i n n o v i c h — M o n t e B a b a — Becken von P l e z z o (F l i t s c h) — Unteres T r e n t a t a l — M o n t e C o l. Die Südgrenze ihres künstlichen Anbaues kann mit Rücksicht auf die sprunghafte, höchst unregelmäßige Verteilung desselben nicht durch eine fortlaufende Linie angegeben werden.

Das höchste natürliche Vorkommen liegt bei 1700 m, das tiefste (künstliche) Vorkommen, bei 200 m, während ihr ursprüngliches Auftreten unter 560 m nirgends wahrgenommen wird.

D 2. Die Lärche in der Provinz Trieste.

Sie kommt daselbst nicht natürlich vor, doch wurde sie mit sehr gutem Erfolge im gebirgigen Teile des Karstes zu Aufforstungszwecken, zumeist neben der hauptsächlich verwendeten Schwarzkiefer, eingeführt; so bei C o s i n a, bei N i g r i g n a n o (Schwarzenegg), bei P o s t u m i a (Adelsberg) und an vielen anderen Stellen.

D 3. Die Lärche in der Provinz Pola.

Ihr natürliches Vorkommen fehlt gänzlich. Im künstlichen Anbaue finden wir sie in den Aufforstungen im nordöstlichen Grenzgebiete der Provinzen Trieste und Fiume, so im A l t o p i a n o d e i C i c c i bei M a t t e r i a, auf dem Abhange des M o n t e T a j a n o (Glannig) und an anderen Stellen.

D 4. Die Lärche in der Provinz Fiume.

Auch hier fehlt ihr natürliches Vorkommen gänzlich, selbst im Hochgebiete des M o n t e N e v o s o, wo künstliche Anbauversuche (Staatsforst P a d e s n i z z a) fehl geschlagen haben. Dagegen sind auf der tieferen Karststufe die Kulturen im Grenzgebiete der beiden vorerwähnten Provinzen zum Teile gut gelungen. Sehr bezeichnend ist ihr prächtiges Gedeihen im eozänen Sandsteingebiete im obersten Tale des T i m a v o sowie in der, der gleichen Gebirgsformation angehörenden südlichen Abdachung des Staatsforstes D l e t v o bei C l a n a. Diese künstliche, fast ein Jahrhundert zurückreichende

Einbürgerung der Lärche (zwischen 470 und 830 m Seehöhe) stellt ihr südlichstes Vorkommen dar. Es umfaßt ein auf reine Lärchenfläche reduziertes Ausmaß von über 40 ha; sie ist der vorherrschenden Buche, aber auch der Eiche und der Schwarzkiefer beigemengt und auf einer kleineren Abteilung von etwa 6 ha sogar in reinem Bestande vertreten. Das überraschend günstige Verhalten der Lärche auf den frischen Sandsteinböden bestätigt die von M a y r [1]) zuerst aufgestellte Behauptung vollkommen, daß, je wärmer die Klimalage, um so frischer der Boden sein muß, den man der Lärche bietet.

Ein analoges günstiges Verhalten zeigt sie übrigens auf den Schieferböden von C i r c h i n a in der Provinz Gorizia (cfr. D 1).

Vorläufige Schlußfolgerungen.

Aus der bisher entwickelten synthetischen Übersicht der Verbreitung der Lärche in den italienischen Ostalpen kann man schon jetzt einige allgemeine Schlußfolgerungen ziehen, die jedoch eine eingehendere Dokumentierung und Behandlung in dem ausführlichen Spezialteile finden werden, der gegenwärtig noch in Ausführung steht und von der Kgl. Forstlichen Versuchsstation in Firenze zur Veröffentlichung gelangen soll.

a) Die Horizontalverbreitung der Lärche in den italienischen Ostalpen betrifft die zentralalpinen Provinzen (Sondrio, Bolzano und Belluno) und die Berggebiete der Randprovinzen Como, Bergamo, Brescia, Trento, Verona, Vicenza, Udine und Gorizia; das ursprüngliche Vorkommen der Lärche fehlt in den Provinzen Varese, Treviso, Trieste, Pola und Fiume. Nach Süden hin dringt sie bis $45^0\,35'$ im veronesischen Gebiete (V a l F u m a n e) vor. Man vergleiche die für jede einzelne Provinz am Schlusse angegebene erhobene Südgrenze.

b) Die Vertikalverteilung der Lärche ist in der nachstehenden Übersicht in Vergleich gestellt:

Provinz	Höhengrenzen	
	unterste	oberste
Como	590	2060
Sondrio	400	2300
Bergamo	630	2000
Brescia	300	2100
Trento	350	2400
Bolzano	400	2400
Verona	550	1800
Vicenza	600	1800
Belluno	470	2100
Udine	300	1900
Gorizia	560	1800
Äußerste Höhengrenzen	300	2400

Daher variiert die obere Höhengrenze nach folgender Reihung: Bergamo $<$ Como $<$ Brescia $<$ Sondrio $<$ Trento und Bolzano $>$ Belluno $>$ Udine $>$ Verona und Vicenza $>$ Gorizia, also in direktem Verhältnisse zu den Massenerhebungen.

c) Die Gravitationskerne dieser Holzart, das sind die Gebiete des Bestmaßes der Vegetationsverhältnisse, sind die Zentralalpentäler, insbesondere die Hochtäler des Liro-

---

[1]) Heinrich M a y r, Fremdländische Wald- und Parkbäume für Europa, S. 295.

Mera, die hohen Seitentäler der Valtellina, die obere Val Camonica, die Val di Sole (Sulzberg), die Val Venosta (Vinschgau), die Valle Aurina (Ahrntal), das Hochtal des Boite.

d) Was das Verhältnis der Lärche zu anderen Holzarten betrifft, wird die Auffassung gründlich bestätigt, daß die Verbreitungsfläche der Lärche durchaus verschieden von jener der Buche ist, sobald wir die optimalen Gebiete der beiden Arten in Betracht ziehen (vgl. die sub c) angegebenen Optimalgebiete, in denen die Buche vollständig fehlt), während wir umfangreiche Flächenüberschneidungen unter Mischung der beiden Holzarten im Grenzgebiete ihres Vorkommens beobachten.

Von den anderen Holzarten zeigen die Zirbelkiefer und die Birke ausgesprochene biologische Analogien mit der Lärche und sind die charakteristischesten ihr beigesellten Arten in den höheren Lagen der Ostalpen; aber die große Anpassungsfähigkeit der Lärche an die verschiedenen umgebenden Verhältnisse bringt es mit sich, daß man sie in Mischung mit fast allen Holzarten des Gebirges findet, in der Regel mit der Fichte, Tanne und Weißkiefer, häufig mit der Buche, bisweilen mit der Kastanie und noch mit einer ganzen Reihe verschiedener Laubholzarten.

e) Aus den gegenständlichen Forschungen geht offenbar hervor, daß die Lärche im Laufe der Zeiten ihr Verbreitungsgebiet im Süden eingeschränkt und sich im südlichen Abhange der Alpen auf die höheren Berglagen und in das Innere der Hochtäler zurückgezogen habe, und zwar hauptsächlich durch Einwirkung des Menschen. Diese Tatsache bestärkt uns in der Annahme, daß die Lärche einer großen Anpassung an die Umgebung fähig sei, was praktisch durch die ausgezeichneten Erfolge der Aufforstungen mit Lärche im Gebiete der Voralpen und der Vorebene bis fast zum Rande der Po tiefebene, in Sonnenlagen, in geringer Meereshöhe und sogar im trockenen Karstgebiete bestätigt wird, also in einer grundverschiedenen Umwelt von jener, die man allgemein als kennzeichnend für die Lärche in Betracht zu ziehen gewohnt ist.

f) Mehr detaillierte Betrachtungen über die Verteilung der Lärche mit Bezug auf Klima und geologischen Untergrund werden erst nach Vollendung des ausführlichen Spezialteiles der Arbeit, auf Grund genauerer und zahlreicherer Urteilsgrundlagen nachfolgen können, welche wir zu sammeln und zu sichten uns vorbehalten.

12. Geschichtlicher Nachweis der Ursprünglichkeit der Lärchenverbreitung in Südtirol.

Dem Beitrage Prof. Dr. F e n a r o l i s seien im folgenden auf Grund der Weistümer aus dem Etschgebiet einige Belege der Ursprünglichkeit des Lärchenvorkommens beigefügt.

In der Nähe von Meran, 324 m, der alten Hauptstadt von Tirol, liegt das Dorf Tirol in 596 m Höhe auf Moränen. Eine Pergament-Handschrift vom Jahre 1462, „Dorfliche recht und altes herkomen der gemainschaft zu Tirol“ setzt Strafen für die eigenmächtige Fällung von „lerchen, feuchten, puchen, pirchen, erl“ fest [1]). Auch in den Rechtssatzungen von Algund (407 m) und von Naturns (566 m, westlich von Meran) sind „feichten oder lerchen“ genannt.

Etsch-aufwärts sich wendend, gelangt man nach Tarsch, 817 m. „Der gemain Tarsch dorfpuech“, Niederschrift aus dem 17. Jahrhundert [2]), setzt die Strafe fest, die jener entrichten muß, der im Bannwald einen Stamm, es sei Lärche, Zirbe oder Fichte, heraushackt. Weiter heißt es (S. 315): „doch soll das lärchholz, weilen dasselbig wenig in Tarscher waldung zu befinden, ... allain zu tachkändl“ (= hölzernen Dachrinnen), „haubtseilen“ (= Säulen) und „zwingpämb an den tennen vergunt werden“.

Das nahe Latsch hatte laut Dorfbuch von 1607 auf der Latscher Alpe (1714 m) „ein kleines larchwaldele in mult gelegt“ [3]) (mult = Verbot, Bann).

Im Etschtal bei Schlanders liegt Kortsch (785 m). „Der gemeinde Cortsch dorfbuch, errichtet im Jahre 1614, erneuert 1766“ [4]) verfügt, daß im „Bruggerberge“ (Bruck im Etschtal bei etwa 800 m) ohne Vorwissen und Willen der Gemeinde keiner schlagen soll, „es sei lärch, feichten oder birken“.

Ähnliche Verfügungen enthalten die Weistümer von Prad (913 m) und Agums, von Laatsch (969 m) im Gericht Glurns, von Taufers und von Schleis (1064 m unweit Mals). In Laatsch waren insbesondere „alle lärchen in ganzen u n t e r n perg .... ieder stamm umb ain gulden ze schlagen verboten“; allerdings war auch die Lage des unteren Berges nur verhältnismäßig eine tiefere, da dort auch die Talsohle über 900 m hoch liegt.

---

[1]) Die Tiroler Weistümer, Wien, Braumüller 1875—1891, 3 Bde (V. Bd. d. Österr. Weist., S. 59).
[2]) Tirol. Weist., III. Bd., S. 310, 315.
[3]) Tirol. Weist., III. Bd., S. 253.
[4]) Tirol. Weist., III. Bd., S. 197.

13. Die Lärche in den Alpen Jugoslawiens.

Horizontale Verbreitung.

Die Alpen des nördlichen Slawonien gehören zum südlichen R a n d des Alpenbogens. In Übereinstimmung mit den von uns sonst beobachteten, gesetzmäßig auftretenden Erscheinungen haben sie somit trotz bedeutender Bergeshöhen einen wesentlich k l e i n e r e n Anteil an Lärchenbestockung (auf gleiche Waldflächen bezogen) aufzuweisen als die Gebiete des Höchstmaßes der Verbreitung unserer Holzart, die zentralalpinen Innenlandschaften, z. B. das oberste Murtal, das Mölltal Kärntens, der Bezirk Lienz in Osttirol u. a. Verhältnismäßig am reichsten von unserer Holzart besiedelt sind noch die gegen adriatische Luftmassen gedeckten, t i e f e i n g e s c h n i t t e n e n T ä l e r im L e e d e s T r i g l a v - S t o c k e s (2864 m) und benachbarter Kalkstöcke der Julischen Alpen, wie des Mangart (2678 m), Razor (2601 m) u. a.

Demgemäß finden wir in der Forstverwaltung Kronau (Kranjska gora) im Tal der Wurzener Save, sowie der von Süden kommenden Pišenca (in einer gegen Süden durch hohe Berge abgeschlossenen Talfurche) einen durchschnittlichen Lärchenanteil von 0·2 auf 2744 ha; die Gesamtwaldfläche dieser Forstverwaltung beträgt 3178 ha. Hier sieht man häufig in tieferen und mittleren Lagen Lärchen von sehr guten Wuchsformen, mit schlanken, feinastigen Kronen und vollkommen geraden Schäften (vgl. Abb. 43), die Holzbeschaffenheit ist eine vorzügliche. Auch in den Gemeinden Ratschach, Wurzen, Wald, Lengenfeld (= Radeče, Podkoren, Gozd, Dovje) und anderen treffen wir auf zusammen etwa 1900 ha Waldes einen durchschnittlichen Lärchenanteil von 0·2 (vgl. Tab. 30). In der Forstverwaltung Veldes (Bled) ist die Lärche auf 2168 ha, zumeist als Mischholz, vertreten, auf der übrigen zu dieser Forstverwaltung gehörigen Waldfläche von 5832 ha fehlt sie von Natur aus vollständig; sie fehlt vor allem jenen Lagen, die der Südwestluft gut zugänglich sind, und ist in auffallend reichlichem Vorkommen in den tief eingeschnittenen Tälern im Lee des Triglav, z. B. im Krma-Tal, zu beobachten.

In den S t e i n e r oder S a n n t a l e r A l p e n (Tab. 31), die den südöstlichen Eckpfeiler des Hochgebirges bilden (Grintovec, 2559 m, Ojstrica, 2350 m), ist unsere Holzart in vielen Beständen nur eingesprengt und nur stellenweise infolge des Wechsels der Geländeformen und der kleinklimatischen Verhältnisse häufiger vertreten [1]. Nach Osten hin, in den Bezirken Prävali und Windischgratz, auf der Petzen (2114 m), dem Ursulaberg (1696 m), dem Hühnerkogel (Kokošnjak, 1522 m) ist ein allmähliches Ausklingen der Verbreitung festzustellen. Im nahen Bachergebirge (Großkogel = Velka Kapa, 1542 m) fehlt mit den Formen des Hochgebirges, die ja das Kleinklima auch mancher tieferen Lagen wesentlich beeinflussen, zugleich auch die Lärche [2].

D i e S ü d g r e n z e d e r L ä r c h e n v e r b r e i t u n g i n d e n A l p e n J u g o s l a w i e n s reicht südlich vom Wocheiner See bis in die Nähe der die Grenze gegen

---

[1] Vgl. H a y e k A., Die Sanntaler Alpen, Abh. d. Zool.-Bot. Ges., Wien, Jena 1907, S. 22—39.

[2] Erst in größerer Entfernung vom Meere ist ein natürliches Lärchenvorkommen auch unabhängig von den Geländeformen des Hochgebirges festzustellen.

Italien bildenden Höhen; und zwar nähert sich das Lärchenvorkommen dieser Staatsgrenze in dem Maße, als die obere Baumgrenze der Kammhöhe nahekommt. Auf der Voku planina, Sucha planina, auf Felswänden und im Kessel nahe der italienischen Grenze knapp unter der Črna prst (= Schwarzenberg, 1845 m), gibt es noch Lärchen natürlichen Vorkommens. Dieselbe Grenzkette (südlich vom Wocheiner See), die auf der jugoslawischen oder Lee-Seite noch Lärchenstandorte aufweist, ist auf italienischer Seite, also auf der gegen SW-Luft offenen Luv-Seite, nach F e n a r o l i frei von Lärchen; vgl. S. 189 vorliegender Schrift, „Die Lärche in der Provinz Görz": „So f e h l t sie . . . . e i g e n a r t i g e r W e i s e d e r n o c h i m M i t t e l 1800 m h o h e n G r e n z k e t t e ö s t l i c h v o m B e r g e B o g a t i n".

Im Becken von Veldes zeigt das Verbreitungsgebiet eine Einbuchtung, doch kommt im Waldort Soteska (wenige Kilometer nördlich von Veldes) auf steilem, zum

Abb. 43. Bestand ca. 50jähriger Lärchen mit guten Wuchsformen, einz. Fichten,
bei K r o n a u (K r a n j s k a g o r a), Tal der Wurzener Save, Jugoslawien.

Teil felsigem Standort die Lärche — mit Fichte, Tanne, Buche — natürlich vor [1]). Weiter verläuft die Grenze südlich der Steiner Alpen, dann südlich vom Ursulaberg bei Windischgratz und tritt östlich vom Hühnerkogel nach Steiermark über.

V e r t i k a l e V e r b r e i t u n g.

Innerhalb dieses Verbreitungsgebietes finden wir die Lärche, wo sie vorkommt, von den Talsohlen bis zur oberen Baumgrenze, also von rund 600 bis zu 1600 m, stellenweise bis 1700 und 1800 m. Die Häufigkeit des Lärchenvorkommens nimmt nach oben hin wohl zu, doch gibt es in den Hochlagen in der Regel nur lichte Bestände kurzschaftiger Bäume. Zum Beispiel sah ich am Pokluka-Plateau in der Forstverwaltung Veldes, im Waldort Klek bei 1500 m ü. M., bloß 12—14 m hohe Lärchen und Fichten.

Die b e s t e n G ü t e k l a s s e n unserer Holzart findet man auch in den Alpen

---

[1]) Mitteilung der Forstverwaltung Wocheiner-Feistritz.

Jugoslawiens in mittleren Höhen etwa zwischen 800—1200 m (und 1300 m). So beobachtete ich im Wurzener Savetal in der Nähe der Ortschaften Wald, Kronau, Wurzen Lärchengruppen besserer Güteklassen (vgl. Abb. 44). Häufig ist allerdings die Bodenbeschaffenheit erdarmer, seichtgründiger Dolomit- und Kalkstandorte die Ursache, daß auch in mittleren Meereshöhen von den Waldbeständen und auch von den meist vorwüchsigen Lärchen nur mäßige Scheitelhöhen (26—30 m auch im Sauerkleegelände) erreicht werden.

Nach H a y e k liegt die obere Baumgrenze in den Sanntaler Alpen im Mittel 1631 m hoch; im einzelnen stellte er sie an der Oberen Seeländer Kočna, NW, bei 1855 m, im Suchadolnikgraben, W, bei 1530 m fest, an anderen Einzelpunkten bei 1522 m, 1640 m, 1802 m (Nordseite der Skarje), 1748 m, 1650 m, 1530 m, 1400 m, 1650 m (a. a. O., S. 140).

Abb. 44. Waldort Martuljk bei K r o n a u (K r a n j s k a g o r a), etwa 800 m, Lärchen von guter Wuchsform (mit Fichten).

Die ökologischen Bedingungen.

Als Grundgestein herrschen Kalke und Dolomite der Trias vor, gelegentlich treten auch Werfener Schiefer, dann Jurakalke bodenbildend auf, doch sind auch Schiefer des Silur, Karbon und Perm von unserer Holzart besiedelt, desgleichen saure Ergußgesteine (Quarzporphyr). Nähere Angaben über die geologischen Verhältnisse enthalten die beigegebenen Tabellen (30 und 31).

Die Julischen Alpen gehören zu den regenreichsten Gebieten der ganzen Alpen und auch die Steiner Alpen sind durch großen Reichtum an Niederschlägen ausgezeichnet. Der lange Winter ist schnee- und lawinenreich und die Herbstregen sind besonders ergiebig. Raibl in 981 m Seehöhe, bereits auf italienischem Boden, hat eine mittlere Niederschlagsmenge von 2295 mm; die Mittel der Niederschlagshöhe aus einer 30jährigen Beobachtungszeit betragen: für Aßling (585 m ü. M.) 1755 mm, Kronau (812 m) 1599 mm, für Krainburg (387 m), trotz der geringeren Meereshöhe noch 1484 mm, Stein (350 m) 1339 mm [1]. Im Gebirgswald höherer Lagen ist der Niederschlag noch größer. Auch die Verteilung der Niederschläge ist nicht ungünstig, so fallen z. B. in den Monaten:

[1] S e i d l F., Das Klima von Krain, Mitt. d. Musealver. f. Krain, Laibach 1894, S. 7.

	Mai	Juni	Juli	August	September
Aßling	164	143	148	146	187 mm,
Krainburg	138	120	108	123	148 mm,
Stein	131	131	120	115	140 mm.

In bezug auf die Bewässerung ist das Klima also gewiß kein festländisches. Anders verhält es sich hinsichtlich der Verteilung der Wärme über das Jahr hin. In dieser Hinsicht haben die Hohlformen des Geländes und insbesondere tief eingeschnittene Täler auf der Leeseite der Kalkstöcke binnenländische Wärmeverhältnisse, zugleich reichere Lärchenbestockung auch bei geringeren Meereshöhen.

Hingegen erweist sich niedrigeres Bergland, das durch keinerlei Gebirgsmauern abgesperrt ist, z. B. ansehnliche Waldteile der Pokluka u. a., der adriatischen Südwestluft besser zugänglich; auf deren Einwirkung kann man dort auch aus den nicht allzu seltenen, durch Südwestwinde hervorgerufenen Windwürfen im Walde schließen.

Solches dem Südwestwind offenes Gelände ist von Natur aus frei von Lärchen.

Als eine durch verhältnismäßig reicheres Lärchenvorkommen ausgezeichnete Gegend haben wir die Forstverwaltung Kronau kennengelernt. Auf die Geländegestaltung, z. B. im Tal der Pišenca bei Kronau, wurde schon hingewiesen. Kronau [1]), 812 m, hat eine mittlere Januartemperatur von —5·1⁰, Juli 16·4⁰, mittlere Jahresschwankung 21·5⁰, Jahr 5·7⁰, Zahl der Tage mit einer Temperatur von 10⁰ und darüber 135; die absolut höchste Temperatur im nahen Saifnitz binnen 28 Jahren war 32·8⁰ [2]), die niedrigste —23·3⁰, die äußerste Temperaturschwankung 56·1⁰, die mittlere Bewölkung (Jahr) 5·1.

In bezug auf die Wärmeschwankung ist dem Einflusse der atlantischen Nordwestwinde am Südrand der Alpen eine gewisse Schranke gesetzt. Durch adriatische Luftmassen aus dem SW (die Entfernung Triest—Veldes, Luftlinie, beträgt nur 85 km) wird nur dort einigermaßen Ersatz geboten, wo nicht etwa hohe Gebirgsmauern und sonstige Erhebungen ein Hindernis darstellen, das die Südwestwinde zum Aufsteigen zwingt, so daß sie über den auf der Leeseite des Hindernisses befindlichen Hohlformen in der Höhe fortströmen. Die im Lee des Triglav-Stockes befindlichen, parallel verlaufenden drei Täler: Krma-, Kot- und Uratatal sind verhältnismäßig reich an Lärchenbestockung; gegen SW sind sie durch hohe Berge vollkommen abgeschlossen. Betreffs der Geländebeschaffenheit, des Klimas und der Häufigkeit der Lärchenverbreitung ergibt sich hier eine große Ähnlichkeit etwa mit dem nur nach Osten offenen, nach allen anderen Seiten durch hohe Kalkplateaus abgeschlossenen Blühnbachtale des Landes Salzburg. Auch Hann stellte den festländischen Klimacharakter der Alpenniederungen in Krain fest (Seidl, a. a. O. 1891, S. 132).

Verfasser beobachtete diese Unterschiede der Geländegestaltung und der Häufigkeit der Lärchenverbreitung bei der Begehung des Pokluka-Plateaus, des Radowna- und des Krmatales. Daß auch im nahen Kot- und im Uratatale die Lärche unter den gleichen Geländeverhältnissen nicht minder häufig wie im Krmatale vorkommt, teilte ihm der Vorstand der Forstverwaltung Veldes (Bled), Herr Forstrat Ing. Rus, mit.

Auf der Schattseite des Radownatales fielen an Lärchen in Höhen von 800—1300 m außerordenltich häufig Gipfelbeschädigungen durch Schneebruch auf sowie die Bildung von Sekundärgipfeln; eine Schneehöhe von 3 m und mehr kommt dort nicht selten vor,

---

[1]) Seidl F., Mitt. d. Musealver. f. Krain, 1891, S. 111.
[2]) Seidl F., Mitt. d. Musealver. f. Krain, 1892, S. 110/112.

die Lärche erweist sich auch sonst in niederschlagsreichen Randgebirgen als sehr empfindlich gegen Schneebruch.

Die folgenden Klimadaten von Wetterwarten aus dem Lärchenverbreitungsgebiet (oder aus dessen Nähe) bestätigen das Angegebene: W o c h e i n e r F e i s t r i t z, 544 m, liegt zwischen dem Triglav, 2864 m, und einem Kranz bedeutender Erhebungen (Krn, Kranjevec, Vogu, Črna prst); das Monatsmittel der Temperatur für Jänner beträgt —3·8°, Juli 18·6°, Schwankung 22·4°, Jahr 7·8°[1]).

K r a i n b u r g, 379 m, Jänner —2·4°, Juli 19·2°, Schwankung 21·6°, Jahr 8·0°, höchste und niederste beobachtete Temperatur 34·4°, —21·6°, absolute Temperaturschwankung 56·0°; mittlere Bewölkung (Jahr) 5·3; in den Alpen Jugoslawiens ist im allgemeinen der Winter die heiterste, der Frühling die bewölkteste Jahreszeit.

In S t e i n, 380 m, ist das Monatsmittel für Jänner —3·0°, Juli 18·2°, Temperaturschwankung 21·2°, Jahresmittel 7·9°, höchste und niederste Temperatur 31·5° und —22·6°, äußerste Schwankung somit 54·1°.

In O b e r b u r g, 428 m, beträgt (nach K l e i n, Klimatographie von Steiermark) das Jahresmittel —2·5°, Juli 18·1°, Temperaturschwankung 20·6°, Jahr 8·2°, höchste und niederste Temperatur 32·9° und —25·0°, äußerste Schwankung 57·9°, Bewölkung 5·5, der mittlere Niederschlag 1543 mm (in einem regenreichsten Jahre 1941 mm, im „regenärmsten" 1241 mm). Für Unterdrauburg, 360 m ü. M. (jetzt Dravograd) gab C o n r a d (Klimatographie von Kärnten, 1913, S. 50) an: Jänner —4°, Juli 18·9°, mittlere Jahresschwankung 22·9°, mittlere Jahrestemperatur 8·2°, höchste und niederste beobachtete Temperatur 34·2°, —28·2°, äußerste Schwankung 62·4°, Bewölkung 4·9°, mittlerer Jahresniederschlag 1075 mm, Niederschlagstage 111, Niederschlag der Monate Mai bis September 633 mm, Niederschlagstage Mai bis September 56·6.

Wir finden auch im slawonischen Lärchenverbreitungsgebiet unsere Holzart dort natürlich vorkommend, wo b e i g e n ü g e n d e n, j a a u s g i e b i g e n N i e d e r s c h l äg e n v e r h ä l t n i s m ä ß i g b i n n e n l ä n d i s c h e W ä r m e v e r h ä l t n i s s e in den durch die Buche und weiter durch die Fichte als Hauptholzarten gekennzeichneten Höhenstufen herrschen.

V e r g l e i c h m i t d e r V e r b r e i t u n g d e r B u c h e, T a n n e (H o p f e n b u c h e,
B l u m e n e s c h e) u n d a n d e r e r H o l z a r t e n.

Es wurde bereits hervorgehoben, daß in den Alpen Slawoniens nur ö r t l i c h festländische Wärmeverhältnisse und ein verhältnismäßig reicheres Lärchenvorkommen zu beobachten sind. Doch bietet das Gelände auf weiten Flächen auch den Holzarten eines mehr ozeanischen und mittleren Klimas Daseinsmöglichkeiten; so ist der Anteil der Buche ein ansehnlicher (zum Unterschied von den Bezirken des Höchstmaßes der Lärchenverbreitung, denen die Buche auch bei geringen Meereshöhen fehlt). Auch die Tanne ist keineswegs so selten wie in den lärchenreichen zentralalpinen Längstälern (z. B. Engadin, Lungau). Im Bezirk Radmannsdorf (Radovljica) fallen den Buchenbeständen nach der amtlichen Statistik 8 v. H., den gemischten Beständen von Laub- und Nadelholz 47 v. H. der Waldfläche zu, es bleiben 45 v. H. für Nadelholzbestände (überwiegend Fichte)[2]). Im Krainburger Bezirk (Kranj) beträgt der Buchenanteil 15 v. H., jener der gemischten Laub- und Nadelholzbestände 48 v. H.; in jenem von Stein nimmt der Buchenbestand 31 v. H. der Waldfläche ein, der gemischte Laub- und Nadelwald 22 v. H., gemischter Laubwald 8 v. H. Deutlich tritt auch hier in Erscheinung, daß die Häufigkeit des Buchenvorkommens

---

[1]) S e i d l F., a. a. O., 1891, S. 111.

[2]) Stand von 1931, laut Mitteilung d. Forstinspektors Ing. A. Š i v i c, Laibach.

und der Grad ihres Gedeihens in der Richtung gegen die Außenlandschaften zunimmt, während hinsichtlich der Lärche eine Zunahme der Häufigkeit in der Richtung gegen die zentralalpine Innenlandschaft festzustellen ist.

Für das Gebiet der Sanntaler Alpen hat H a y e k [1] „schöne reine Buchenwälder längs der ganzen Südgehänge des Gebirgsstockes, sowie im ganzen Feistritztale und dessen Seitengräben" angegeben; er schilderte „prachtvolle ausgedehnte Buchenwälder mit oft meterdicken uralten Stämmen". Wo die freien Bergeshöhen besser als die Hohlformen ozeanischen Luftströmungen zugänglich sind, dort steigt die Buche, besonders auf gut entwässerten, trockenen, warmen Kalkböden, bis zur oberen Waldgrenze empor. Auch die Tanne kommt vor, sie bevorzugt gleichfalls Standorte mit mehr ausgeglichenen Wärmeverhältnissen und dabei lehmreiche Böden. So beobachtete ich sie etwas häufiger auf bindigen Böden in etwa 1200 m Höhe im Pokluka-Wald zwischen Kranjska dolina und Mrzli studenec. Der Name „Jelowca" für ein ausgedehntes bewaldetes Plateau südlich von Veldes ist von Jelka (slawonisch) = Tanne abzuleiten. Für die Sanntaler Alpen gibt H a y e k als Tannenstandorte an: „auf dem Pavlič-Sattel bestandbildend", und zwar verzeichnet H a y e k s Karte dort „Tannenwald auf Schieferboden"; sonst im allgemeinen einzeln oder in kleinen Beständen, z. B. in der Seeländer Kočna einzeln, im Feistritzgraben, zwischen Stein und St. Martin, in kleinen Beständen, u. a.

In Gegenden reichlicheren Lärchenvorkommens, z. B. im Krmatale, befindet sich die Buche schon von der Talsohle an (800 m ü. M.) nicht mehr im Optimum, ihre Schaftlängen werden von jenen der Lärchen auch auf den schlechtesten Kalkschotterböden weitaus übertroffen. Besonders auf dem Talgrund sieht man (auch im oberen und mittleren Radownatal, schon bei etwa 700 m ü. M.) häufig Renkformen der Buche mit ganz kurzen Schäften und knorrigen Kronen. Auch im Pišencatale (südlich von Kronau) habe ich solche Buchen beobachtet.

Die Eibe, die in der Richtung gegen Gebiete mit binnenländischen Wärmeverhältnissen, strengen Wintern, nur weniges weiter als die Buche vorzudringen vermag, habe ich im Krmatale (oberhalb des Jagdschlosses, am oberen Ende der „unteren Krma") im Schutz des Waldes in ziemlich zahlreichen, schwachen, schlechtgeformten, allerdings auch durch Menschenhand stark beschädigten Stämmen beobachtet. Auch in anderen Waldorten (z. B. Soteska und Mernik der Forstverwaltung Wocheiner Feistritz) soll sie vereinzelt öfter vorkommen. H a y e k (Sanntaler Alpen, S. 78) gibt als Standorte von Taxus baccata an: im Suchadolnikgraben; am „Sattel hinter Sulzbach" (Pavlič-Sattel?) nach U n g e r, und an der Chuda peč hinter Sulzbach. Der Name „Tisovc" (Tisa heißt slowenisch die Eibe) ist im Gebiet nicht selten, so oberhalb Radmannsdorf, dann auf dem Mežaklja-Plateau und an anderen Orten. Eine Abhandlung über das Vorkommen der Eibe in Slowenien hat Forstinspektor Ing. A. Š i v i c veröffentlicht [2].

An mehreren Standorten in der Umgebung von Veldes konnte ich beobachten, daß Laubbäume der illyrischen Flora, deren Hauptverbreitungsgebiet dem wärmeren Süden angehört, so die Hopfenbuche, Ostrya carpinifolia, und die Blumenesche, Fraxinus Ornus, sich vereinzelt an warmen, trockenen, sonnseitigen Hängen in die Bestände von Fichten, Buchen mit eingesprengten Lärchen mischen. Doch kommt es nicht zu einer eigentlichen Durchdringung der beiden Floren, sondern mehr oder weniger nur zu einer Berührung in einem schmalen unteren Saum des Gebirgswaldes [3].

---

[1] H a y e k A., Die Sanntaler Alpen, S. 22.

[2] Im Šumarski List 1923.

[3] Vgl. auch G. B e c k v. Mannagetta, Vegetationsstudien in den Ostalpen, Sitzungsberichte der math.-naturw. Kl. d. Akad., Wien, 1908, II. Heft: Die illyrische und mitteleuropäische Flora im oberen Savetal Krains.

Nachweis der Ursprünglichkeit der angegebenen
Verbreitung.

Im entlegenen Alpenlande hat der Einfluß der menschlichen Wirtschaft die Zusammensetzung der Wälder noch wenig verändert. Die vorhandenen Waldbilder selbst
beweisen also dort die Ursprünglichkeit des Holzartenvorkommens. In ähnlichem Sinne
schrieb auch H a y e k 1907 über die Sanntaler Alpen (S. 36, 37) richtig: „Infolge der von
den großen Verkehrsadern ziemlich abseitigen Lage ist die Nutzung des ungeheueren Holzreichtums eine ziemlich geringe, und die Folge davon ist anderseits wieder die, daß das
Volk, den Wert des ihm von der Natur gebotenen Schatzes nicht kennend, denselben auch
nicht zu hüten weiß, und so die Forstkultur auf ziemlich tiefer Stufe steht . . . Infolge
dieser mangelhaften Forstwirtschaft wird auch die Physiognomie der Wälder durch der
Menschen wenig beeinträchtigt.“

Noch später als in anderen Ostalpenländern wurde hier mit künstlichem Holzanbau begonnen. Immerhin kann seit dem Jahre 1771 mit der M ö g l i c h k e i t gerechnet
werden, daß an einzelnen Stellen im Walde auffallende Lücken in den natürlichen Verjüngungen durch künstliche Saat ergänzt wurden. Am 23. November 1771 erließ nämlich
Kaiserin Maria Theresia eine Waldordnung für das Herzogtum Krain. Das Vorkommen
der Lärche in einem Teil des Landes wurde in dieser Waldordnung vorausgesetzt, denn
der Punkt 2 verwies u. a. darauf, daß der „Lerchbaum“ 80 bis 100 Jahre zur Schlagbarkeit erfordere. Punkt 16 aber schrieb vor, daß der Boden auf öden Plätzen, welche weder
zu Feldern, noch Weingärten, noch sonst von den Gemeinden gebraucht werden, und
aus „Mangel zurückgelassener Samenbäume weder mit Samen angeflogen, noch mit einiger
jungen Mais versehen sind“, bearbeitet und mit Holzsamen besäet werden soll. Daß es
sich um eine e r s t m a l i g e Einführung handelte, läßt der im Punkt 48 beigegebene Unterricht erkennen.

Aus einer acht Jahre später abgegebenen Äußerung des k. k. Cameralbuchhalters
Johann Jakob E h r l e r geht allerdings hervor, daß die Durchführung der Vorschriften
dieser Waldordnung zunächst sehr viel zu wünschen übrig ließ; Ehrler schrieb nämlich in
einem „Ohnmaßgebigen Verbesserungs-System für das Herzogthum Krain“, 27. September 1779, unter anderem, daß zur Ausführung der Waldordnung von 1771 „keine Hand
angelegt worden sei“ [1]). Durch die Josefinische Reform wurde dann der Vollzug der
Waldgesetze den Kreisämtern übertragen, trotzdem beklagten sich noch 1790 die Krainischen Stände über „bejammernswerte Verwüstung der Waldungen“.

Wenn also ein gegenwärtiges Vorkommen einer Holzart im Lande s c h o n v o r
1771 f ü r d i e g l e i c h e G e g e n d u r k u n d l i c h n a c h w e i s b a r ist (oder wenn
sie bald nachher schon in s t ä r k e r e n S t ä m m e n angegeben ist), s o d a r f a u f
U r s p r ü n g l i c h k e i t g e s c h l o s s e n w e r d e n.

Im östlichen Grenzgebiet des slawonischen Lärchenverbreitungsbezirkes, zwischen
Prävali und Windischgratz, liegt Gutenstein (398 m); das Urbar der Herrschaft Bleiburg
vom Jahre 1571 [2]) beschrieb auch die Wälder im Amte G u t e n s t e i n und führte (Fol. 306)
für die Alpe Pleschwitz „gar schönes feuchten- und Puechenholz, darunter auch wenig
Lerchen und Tannen“ an. Auch sonstige Angaben lassen schließen, daß in diesem G r e n zgebiet der Verbreitung unserer Holzart n u r w e n i g e Lärchen, neben Buchen, Fichten,
Tannen, Eichen, Föhren vorkamen.

----

[1]) M ü l l n e r A., Das Waldwesen in Krain, Sonderdr. a. d. Zeitschr. „Argo“ VIII. u. IX., Laibach
1902, S. 114.

[2]) Kärntner Landesarchiv Nr. 373.

Auf Grund der Urkunden des Staatsarchivs zu Wien, 14. bis 15. Jahrhundert, führte J. v. Z a h n [1] einen „Lärchenwald" bei Gomilsko (westlich von Cilli, südlich vom Ursulaberg) an, der im Jahre 1383 als „Lerichenwald" bezeichnet war.

In den Revier-Bergamtsakten, Sitzungsprotokoll Nr. 1 von 1796, Bericht über die Wälder von W e i ß e n f e l s, wird darüber Klage geführt, daß die schönsten Lärchen durch das so „schändliche Holzschuh- und Cokel-Machen [2], mit denen namhafter Handel nach Kärnten getrieben wird", zu Bauholz unbrauchbar gemacht werden, da mittels tiefer Einschnitte bis zur Mitte des Stammes erst Proben gemacht werden, ob sich das Holz gehörig spalten läßt; kaum der zehnte Stamm taugte hiezu, die angehackten wurden nicht selten wegen zu tiefer Einkerbungen bei starkem Wind gebrochen [3].

Das im Jahre 1689 in Laibach erschienene umfassende Werk des Freiherrn von V a l v a s o r „Die Ehre des Herzogthums Crain" handelt im I. Band (II. Buch), S. 134 ff., „Von denen Böden (Thälern) und Feldern in Ober-Crain" und berichtet hiebei vom „N e u - m ä r c k t l e r Bodem" u. a.: „Er hat auch schöne Alpen und Gehöltzes satt; Absonderlich an Tannen und Lerch-Bäumen, und auch an vielem Eyben-Holtz ...." (S. 139). „Von den Wäldern in Ober-Crain" heißt es weiter [4] u. a.: „Der F e y s t r i t z e r Wald (Ubisterze)[5], ein Lands-Fürstlicher Forst, erstreckt sich gar weit, und hoch, nach dem Gebirge, mit seinen Büchen, Lerchen, Tannen und Fichten. Da findet man Hirsche, Rehe, Schweine, Luxen, Füchsen, Hasen, Dachsen, Wildkatzen, und sonderlich aber viel Gemsen ...." [6]. S. 146: „Die W e i ß e n f e l s i s c h e n Wälder erstrecken sich weit herum um Weißenfels, herunter nach der Sau, im höchsten Gebirge. Es freuen sich daselbst ihres Wachsthums die Büchen, Fichten, Tannen, Lerchen, Eyben- und sonst allerley Bäume. Diesen Wald liebet auch allerley Wild, bevoraus die Gemsen ...."

Im interessanten Abschnitte „Von allerley wilden Bäumen[7]" finden wir außer Eichen, Buchen usw. auch angegeben: „IX. Es giebt auch mancherley Fichten-Holtz (Smreka) Lerchen (Mezesèn) Eiben (Tisau) Tannen (Hoika) und sonst allerley andres dergleichen, zum Bau- und Zimmer-Arbeit, wozu es auch allhie mehrentheils gebraucht wird, diensames Holtz. Darunter sonderlich das Eibenholtz den Drechslern gar häuffig unter die Hand kommt."

Auch alte Namen von Bergen und Waldorten in den Alpen Jugoslawiens deuten auf die Lärche hin; der slowenische Name dieser Holzart ist „Mecesne"; das Ortsverzeichnis Sloweniens [8] nennt einen „Mecesnovec" in den Karawanken, jugoslawische Seite, östlich der Straße zum Loiblpaß; einen zweiten in der Pokluka, südlich von Mrzli studenec.

Ein Waldort im Krma-Tal, Osthang, heißt „Mecesne"; nördlich vom Krma-Tale, etwa 1 km südlich von Moistrana, befindet sich bei bloß 700 m Meereshöhe gleichfalls ein Waldort Mecesne. Auch gegenwärtig kommt dort die Lärche in Mischung mit Buche und Fichte vor. Das Lärchenvorkommen ist also a u c h b e i d i e s e r g e r i n g e n M e e r e s - h ö h e ein u r s p r ü n g l i c h e s. Vom heutigen Vorkommen der Lärche in der Gegend von Moistrana überzeugte ich mich auf der Fahrt durch das Tal der Wurzener Save.

Schließlich läßt sich auch die Tatsache, daß schon in früheren Jahrhunderten die Fichten-, Tannen- und Buchenwälder m a n c h e r S t a n d o r t e in diesem Verbreitungs-

---

[1] Z a h n J. v., Ortsnamenbuch der Steiermark im Mittelalter, Wien, 1893, S. 306.
[2] C o k l a, Hirtenschuh, Sandale mit Holzsohle.
[3] M ü l l n e r A., a. a. O., S. 21.
[4] V a l v a s o r, S. 145 ff.
[5] Laut Angabe S. 137 „bey der Stadt Stein".
[6] Zur Vervollständigung des Bildes der Urwüchsigkeit mitangeführt!
[7] V a l v a s o r, I. Bd. (III. Buch), S. 353 ff.
[8] S v e t l i č R., Kazalo krajew na Zemljevidu slovenskega ozemlja, Ljubljana 1922, S. 83.

gebiet unserer Holzart f r e i v o n L ä r c h e n waren, den Urkunden entnehmen. Als Beispiel erwähne ich nur den 5—8 km südlich von Neumarktl in etwa 500 m Meereshöhe befindlichen Herzogsforst oder Udenwald, „im Volksmund Udenboršt genannt", entstanden aus Vajvoden boršt, was mit Herzogsforst gleichbedeutend ist; 1748 wurde über ihn berichtet:

„Herzogenforst. Ein Fürst Auerspergischer Wald in Ober-Krain ober Krainburg gegen Neumarktl zu, völlig in der Ebene, wird 1—1½ Stunden lang und ½ Stunde breit... Thanen, Feichten und Eichen. Die letzten aber sind meistens alte Eichen, weil die kleinen nicht aufkommen können aus Ursach daß viel umliegende das Jus haben daran Holz zu schlagen, Laubrecht und Gras zu mähen, da sie dann mit der Sengse die jungen Bäumlein abschneiden und kann der Wald deswegen nicht aufkommen" [1].

Auch in einem den Herzogenforst betreffenden Bericht des Forstmeisters Hans W i l d t vom Jahre 1572 sind an Holzarten Tannen und Eichbäume, aber keine Lärchen genannt. Ebenso zählt auch V a l v a s o r für manche Wälder (z. B. den „Schwartz-Wald, Jelouza") „im hohen Gebirge viel Buchen, der Fichten aber nur wenige" auf und erwähnt nichts von Lärchen.

M i s c h h o l z a r t e n ,   W a l d t y p e n .

Wie in anderen Randgebirgen der Alpen, so ist auch hier unsere Holzart teils in Buchenwäldern eingesprengt, zum großen Teil findet sie sich aber in Mischwäldern von Fichten, Buchen, Tannen und Lärchen, endlich auch in Nadelwäldern mit bloß eingesprengten Buchen.

In jenen Tälern, die, gegen SW durch hohe Berge abgeriegelt, verhältnismäßig reichere Lärchenbestockung, nämlich durchschnittlich bis 0·2 der Gesamtwaldfläche, enthalten, sind die Buchen in der Regel beträchtlich niedriger als die Lärchen und erreichen auch die Scheitelhöhen der übrigen Nadelhölzer nicht; dies trifft schon von der Talsohle an zu, das ist im unteren Teil der Täler schon von 700 bis 900 m Höhe angefangen. So sah ich im Krma-Tal auf flachen Schuttkegeln von Kalk, etwa 850 bis 950 m, schlechtwüchsige schüttere Bestände, in denen die Buchen die geringsten, die Lärchen die größten Scheitelhöhen aufwiesen, Bestände von Picea excelsa + Larix europaea + Fagus silvatica + (eingesprengt) Taxus baccata — Rhododendron hirsutum — Vaccinium Vitis idaea — Erica carnea — Lycopodium annotinum — Helleborus niger — Hypnum-Arten und andere.

In wärmeren, sonnseitigen Lagen der Mischwälder und Buchenbestände, gewissermaßen nur im u n t e r s t e n S a u m dieser, tritt in Waldorten mit eingesprengten Lärchen auch die Hopfenbuche, Ostrya carpinifolia, und die Blumenesche, Fraxinus Ornus, auf. Meist sind diese wärmeliebenden Karstgehölze nur als kleine, im übrigen Bestand untertauchende, verkrüppelte Bäume oder als Sträucher zu beobachten. Oft sieht man zwischen hohen Fichten unterständige, durch Schnee bogenförmig niedergedrückte Ostrya carpinifolia und Fraxinus Ornus; auch säbelwüchsige Hopfenbuchen sind häufig, die Schäfte dieser sind fast stets im unteren, gekrümmten Teil sehr stark exzentrisch. Die stattlichste unter den beobachteten Hopfenbuchen fand ich neben vielen schwächeren im Waldort Poljana nördlich von Veldes im Buchen + Fichten-Bestand; die eingesprengten Lärchen wachsen dort nicht ursprünglich, sondern sind künstlich angebaut. Der Bestand stockte auf Kalk, SO, steil, 760 m. Die Scheitelhöhe dieses einen Ostrya-Baumes betrug 12 m, der größte Durchmesser (in Brusthöhe) des exzentrischen, säbelwüchsigen Stammes 30 cm, der mittlere Brusthöhendurchmesser 27 cm. Der Unterwuchsverein spär-

---

[1] M ü l l n e r A., a. a. O., S. 8, 9, 12, 13.

licher Bodenpflanzen zwischen Buchenlaub bestand aus Asperula odorata — Hepatica triloba — Cyclamen europaeum — Mercurialis perennis; in der Nähe siedelt die Hirschzunge, Scolopendrium vulgare, häufig, auf Felsen Polypodium vulgare.

Auf den Hügeln um Veldes und Ober-Göriach, wo die Lärche nur ganz vereinzelt, jedenfalls infolge künstlicen Anbaues, zu finden ist, gestattet das Klima die Kultur immergrüner, gegen Winterkälte empfindlicher Pflanzen in Gartenanlagen, so Ilex aquifolium (Straža, am Ufer des Veldes-Sees), dann in Gärten bei Göriach Buxus sempervirens, Thuja gigantea, Mahonia Aquifolium, Hedera Helix und andere.

H a y e k beobachtete in den Sanntaler Alpen in der Formation des Buchenwaldes Fagus silvatica als herrschende Art, ferner die folgenden Holzarten vereinzelt eingesprengt: Abies pectinata, Picea excelsa, Larix europaea, Betula, Carpinus betulus, Ostrya carpinifolia, Populus tremula, Prunus avium, Acer campestre, Acer Pseudoplatanus, als Unterholz Sorbus Aria, Laburnum alpinum, Daphne Mezereum, Fraxinus Ornus; die von ihm angeführten Bodenpflanzen sind die den verschiedenen Buchenwaldtypen eigentümlichen, von den günstigsten Standorten mit Asperula odorata — Oxalis acetosella an bis zu jenen, auf welchen Erica carnea oder Calluna vulgaris herrschen.

Wiewohl die Buche unter dem Einfluß des Randgebirgsklimas an vielen Orten bis zur oberen Baumgrenze emporzusteigen vermag, so ergeben sich dennoch S t a n d o r t s - g e b i e t e   d e s   f a s t   r e i n e n   N a d e l w a l d e s (mit bloß spärlich eingesprengten Buchen): Und zwar in manchen Hochlagen nahe der oberen Baumgrenze, dann auf Standorten mit bindigen, kalten Böden in rauheren Lagen über 1200 m Höhe, weiter in Frostlöchern (und Talbecken mit winterlicher Temperatur-Umkehr). So sah ich z. B. im Waldort Klek in rund 1500 m Höhe auf steinigem Kalkboden mit zahlreichen Dolinen, übersäet mit Blöcken, ungleichmäßige Bestände von Larix europaea + Picea excelsa mit Flechtten (Usnea), die Stämme nur 12 bis 14 m hoch, im Unterwuchs Vaccinium Myrtillus — Vaccinium Vitis idaea — Juniperus nana — Erica carnea — Rhododendron hirsutum — Rhodothamnus Chamaecistus.

Auf Standorten mit bindigem, tiefgründigem Boden in etwa 1200 bis 1300 m Höhe erwächst langschaftiger Fichtenbestand mit eingemischten Lärchen, Tannen, Bergahornen, Weißkiefern, eingesprengt Buchen, im Unterwuchsverein Polytrichum-, Hylocomium- und Dicranum-Arten, der Schildfarn Aspidium Lonchitis, Aspidium filix mas und Athyrium filix femina, Helleborus niger. Aus den Sanntaler Alpen schildert H a y e k auch einen Tannenbestand auf bindigem, feuchtem Schieferboden, mit eingesprengten Fichten und Lärchen; weiter fast reine Lärchenbestände in höheren Lagen, mit reichem Unterwuchs und insbesondere einer ziemlich reichen Grasnarbe, bestehend aus Anthoxanthum odoratum, Calamagrostis varia und arundinacea, Sesleria varia, Brachypodium pinnatum und anderen. An den nördlichen und westlichen Gehängen der Sanntaler Alpen beobachtete er ausgedehnte Mischwälder aus Fichten, Lärchen und Buchen, denen nur selten andere Holzarten beigemischt sind.

E r r e i c h b a r e s   L e b e n s a l t e r ,   U r w a l d r e s t e.

In den ungleichmäßigen Beständen des Waldortes Klek, 1500 m, mit reichlichem Vorkommen unserer Holzart, finden sich Lärchen mit 60 bis 70 cm Brusthöhen-Durchmesser, an denen die Jahrringzählung ein Alter von 160 bis 220 Jahren ergibt. An einem etwa 60 cm starken Lärchen-Stammabschnitt, der etwas unterhalb des Waldortes Klek bei 1400 m Meereshöhe liegen geblieben war, zählte ich 200 Jahrringe, das Alter des Stammes betrug also etwa 210 Jahre. Laut Mitteilung des dortigen Försters Ogriš kommen in der hinteren Krma noch ältere Stämme unserer Holzart vor. Eine nachträglich nach Mariabrunn übersandte, im Krmatal geworbene Lärchenstammscheibe wies bei einem Durchmesser von 42 cm 396 Jahrringe auf. In den Jahren des geringsten Stärkenzuwachses wurden auf 1 cm des Halbmessers 70 Jahrringe gebildet; die stärksten Ringe hingegen waren 2 mm breit. Wo das Holz oberhalb steiler Wände und in entlegenen Talschlüssen schwer bringbar ist, dort sollen sich heute noch von Menschenhand fast unberührte Urwälder, beziehungsweise urwüchsige Baumgruppen oberhalb der Waldgrenze befinden. So wurde dem Verfasser vom Landesforstinspektor Ing. Šivic in Laibach mitgeteilt, daß die Einöde des Triglaver Siebenseentales bisher — bis auf die Ausübung der Viehweide auf Grund von Weideservituten — von der Wirtschaft fast unberührt geblieben sei; in den unteren Teilen (unterhalb der Alpenweiden) enthalte dieses Gebiet auch hochaltrige Fichten + Lärchen-Bestände, die Fichten auffallend schmalkronig und mit engen Jahrringen. Seit 1925/26 sei das Tal der Sieben Seen als Naturschutzpark erklärt, die Erhaltung der Urwald-Reste in seinen unteren Teilen sei somit gesichert [1].

Künstlicher Anbau.

Im Waldort Poljana, nördlich von Veldes, kommt die Lärche von Natur aus nicht vor, diese Gegend liegt zwar noch innerhalb des Lärchenverbreitungsgebietes, das aber je nach den kleinklimatischen Verhältnissen U n t e r b r e c h u n g e n s e i n e s Z u s a m m e n h a n g e s aufweist. Dort sah der Verfasser in Höhen von 700 bis 800 m 30- bis 40jährige Anpflanzungen von Fichte + Lärche; ursprünglich handelt es sich in dieser Örtlichkeit größtenteils um Buchen + Fichten-Bestand (auf Kalk). In diesem Gebiet, in dem sich, wie früher erwähnt, auch Hopfenbuche und Blumenesche in natürlichem Vorkommen finden, leidet die Lärche nach anfänglich raschem Wuchs im kritischen Alter von 30 bis 40 Jahren durch Schneedruck und Schneebruch. N a s s e r, s c h w e r e r, a n d e n K r o n e n h ä n g e n b l e i b e n d e r S c h n e e i s t h i e r h ä u f i g. Nach wiederholten Schneedruck- und Schneebruchschäden verliert unsere Holzart ihre Wettbewerbsfähigkeit gegenüber der Fichte, taucht im Dunkel des Bestandes unter und geht zugrunde. Auch in anderen Teilen der Alpen Jugoslawiens, z. B. in den Bezirken Oberburg und Windischgratz, wurde beobachtet, daß künstliche Lärchenkulturen dem Schneedruck unterliegen. Der Umfang der Schneedruckschäden in niederschlagsreichen Gebieten hängt jedenfalls auch von den Wärmeverhältnissen (nasser oder trockener Schnee) ab, die Zugänglichkeit eines Standortes für wintermilde Südwestluft ist also auch aus diesem Grunde von Einfluß auf das Lärchengedeihen.

An anderen Orten wurde in Aufforstungen mit Fichte und Lärche auch beobachtet, daß das Fegen des Rehbockes an einzeln eingebrachten jungen Lärchen verderblicher wirkt als in dichten natürlichen Verjüngungen. In der Besitzung des Baron Born in St. Katharina bei Neumarktl war der Erfolg der künstlichen Lärchenkultur innerhalb des natürlichen Verbreitungsgebietes befriedigend.

Nicht selten wurde aber die Lärche seit den letzten Jahrzehnten auch dort künstlich kultiviert, wo sie bisher nicht vorkam (z. B. auf der Pokluka); die Anpflanzungen haben das kritische Alter noch nicht überschritten, ein endgültiges Urteil über ihr Gedeihen kann also in manchen Fällen noch nicht abgegeben werden; jedenfalls ist aber in jenen Klimalagen, die von Natur aus von unserer Holzart gemieden waren, Vorsicht beim künstlichen Anbau und ein Abwarten des Ergebnisses kleinerer Anbauversuche zu empfehlen.

---

[1] H a f n e r M., Naturschutzpark in den Julischen Alpen, (slow.), Geografski vestnik, Ljubljana, I, 1925 (zit. nach K r e b s, Die Ostalpen, II. Bd., Stuttgart 1928).

Tabelle 1. Die Lärche im Lungau.

Forstamt	Waldorte	Geogr. Länge und Breite (ö. v. Ferro)	Geolog. Formation bezw. Formationsgruppe und Grundgestein	Bestand: rein oder vorherrschend	Bestand: Mischholz	Bestand: eingesprengt	Kampfzone, Zwergform	Meereshöhe der Punkte nachgewiesenen Vorkommens	Hangrichtung, Neigung	Mischholzarten	Anmerkung
Ramingstein und Bundschuh	Altenberg, Füchslwald, Hochalpswald, Mislitzalpswald, Preßeck, Ochsenwald, Melch und viele andere	31° 23' bis 31° 33'; 47° bis 47° 5'	Kristalline Schiefer; Glimmerschiefer und Gneis	—	m	ei	K	1000 bis 1850 m	alle Richtungen; mäßig bis steil	Fichte (Grauerle, Birke); in höheren Lagen Zirbe	Lärche in beiden Revieren allgemein verbreitet
„	Grubacher Wald	31° 23' 40" 47° 4'	Muskowit-Gneis	r und v	—	—	—	1400 bis 1450	W 20—25°	Fichte im Nebenbestand	Beispiel noch sehr guter Ertragsklasse in hoher Lage
„	Melch	31° 26' 47° 0' 40"	Gneis	—	—	—	K	1800 bis 1850	W steil	Fichte, Zirbe	Beispiel eines kurzschaftigen, abholzigen, grobastigen Bestandes der Kampfzone
Tamsweg (Ö. B. F.)	Försterbezirk Lessach, beide Einhänge des Lessachtales	31° 28' bis 31° 31'; 47° 10' bis 47° 16'	Granatglimmerschiefer, Kalkglimmerschiefer, Hornblendegneis	r (örtlich); v	m	ei	K Z	1300 bis 2000	W, NW, SW, E, SE, 10—50°	Fichte; Fichte—Zirbe	Lärchenanteil in verhältnismäßig tieferen Lagen 0·1—0·3, in höheren 0·4—0·6, stellenweise (nahe der Baumgrenze) 0·7—1
„	Schwarzenberg, Tamsweg-Ramingstein, Eckwald, Wöltingerwald, Gstoderwald, Sauerfelder- und Schwarzenbachwald und andere	31° 24' bis 31° 39'; 47° 5' bis 47° 11'	Granit, Gneis, Granatglimmerschiefer, körniger Kalk	—	m	ei	K	1100 bis 1800	N, NW, S, SW, NE 10—30°	Fichte	Lärchenanteil 0·1—0·3; erreichbares Alter 300 Jahre und mehr
Göriacher Waldgenossenschaft	Göriachtal (Kasa, Brunnwald, Fürstriegl, Übelbach, Lasa, Eggwald); beide Einhänge	31° 24' 25" bis 31° 26' 25"; 47° 9' bis 47° 15'	Hornblendegneis, Kalkglimmerschiefer, Granatglimmerschiefer	—	m	ei	K	1200 bis 1700	W, E, NW	Fichte	Lärchenanteil im Mittel 0·2 (Genossenschaftswald 584 ha)
Mauterndorf (Ö. B. F.)	Weißpriachtal (Karneitschen, Gurpitsch, Ruppanin, Wirpitsch, Gronieralm)	31° 17' bis 31° 20'; 47° 12' bis 47° 14' 30"	Kristalline Schiefer; Hornblendegneis, Quarzit	—	m	—	K (r und v)	obere Grenzen 1680 bis 1800	NE, NW	Fichte, Zirbe	Lärchenanteil 25 v. H. von 300 ha
„	Taurachtal (Fellneralpswald, Stallerin, Unterm Weißeneck, Schaaralm, Moserkopf, Großeck, Schöneck)	31° 10' bis 31° 20'; 47° 9' bis 47° 13'	Kalkglimmerschiefer, Radstädterkalk, Zentralgneis	—	m	—	K (v und m)	1200 bis 1900	N, NE, W	Fichte, Fichte—Zirbe	Lärchenanteil 19 v. H.
St. Michael im Lungau (Ö. B. F.)	Murtal und Zederhaustal westlich St. Michael, sämtliche Waldungen	31° 0' bis 31° 16'; 47° 4' bis 47° 11'	Gneis, Chloritschiefer, Kalkglimmerschiefer	(r) v	m	ei	K (v und m)	1100 bis 2100	alle Richtungen und Neigungsgrade	Fichte, Zirbe	Bestockungsanteil 0·1—0·8 (letzterer meist in höheren Lagen), im Mittel beim Altholz 0·2

Tabelle 2. Die Lärche in den Zentralalpen und im Schiefergebirge des Pinzgaus und Pongaus.

Forstamt	Waldorte	Geogr. Länge und Breite (ö. v. Ferro)	Geolog. Formation bezw. Formationsgruppe und Grundgestein	Bestand			Kampfzone, Zwergform	Meereshöhe der Punkte nachgewiesenen Vorkommens	Hangrichtung, Neigung	Mischholzarten	Anmerkung
				rein oder vorherrschend	Mischholz	eingesprengt					
Radstadt (Ö. B. F.)	Wirtschaftsbezirk Radstadt	31° 5′ bis 31° 15′; 47° 10′ bis 47° 25′	Silur, Grauwackenzone; Tonschiefer, Radstädterkalk	—	m	ei	K Z	850 bis 1700; Zwergform bis 1900	alle Richtungen und Neigungsgrade	Fi u. Ta, Ki; (Bu Renkform); Fi u. Zi	Lä-Anteil 0·1 von 4733 Hektar; bis 1600 m Massenleistung befriedigend
Flachau und Zauchtal	Flachau, Zauchtal	31° 3′—31° 10′; 47° 14′ bis 47° 22′	Grauwackenzone; Tonschiefer, Radstädterkalk	—	m	ei	K Z	900 bis 1950	E u. W 10—30°	Fi, Ta, Ki	Lä bis 0·1 bei rund 6000 ha; Wachstumsgang auf entsprechenden Standorten befriedigend
Eben i. Pongau (Ö. B. F.)	allgemein	31° 4′ 47° 24′	Silur, Grauwackenschiefer	—	(m)	ei	K	850 bis 1600	N, S	Fi u. Ta	Lä-Anteil ca. 5 v. H., Alter bis 200 J. (in Servitutswaldungen doppelter Umtrieb)
St. Johann im Pongau (Ö. B. F.)	im ganzen Wirtschaftsbezirk, Salzachtal u. Nebentäler	30° 52′ 47° 20′	Silur, Grauwackenschiefer u. Grauwackenkalk	—	(m)	ei	K	600 bis 1900	alle Richtungen, steil bis sehr steil	Fi, Ta	Lä-Anteil ca. 3 v. H.; bes. im hinteren Kleinarltal langschaftig, guter Zuwachs, Alter bis 300 Jahre
Großarl (Ö. B. F.)	im ganzen Wirtschaftsbezirk Großarltal	30° 50′ 47° 15′	Radstädterschiefer, Radstädterkalk, Chloritschiefer	—	m	ei	K Z	900 bis 1900	alle Richtungen und Neigungsgrade	Fi, örtlich mit Zi	Lä-Anteil 0·1—0·2 von 4600 ha, Alter bis 200 Jahre, Wuchsformen mancherorts sehr gut
Gastein (Ö. B. F.)	Kokaser (Unterabtlg. 141 e), Hatzinger (113 b), NE-Hang des Jedlkopf (131 c), Hochalpe (62 f) und viele andere	30° 44′ bis 30° 50′; 47° 5′—47° 17′	Zentralgneis, körniger Kalk, Kalkglimmerschiefer, Hornblendeschiefer, Radstädterschiefer	vereinzelt v	m	ei	K	850 bis 1950	alle Richtungen und Neigungsgrade	Fi, Ki, (Bergahorn, Grauerle, Bi)	Lä-Anteil nahe der Waldgrenze zunehmend, stellenweise bis 0·9 (Unterabtlg. 20 g, 1700 m. ü. M., Unterabtlg. 54 a, 1750 m. ü. M.)
Bischofshofen (Ö. B. F.)	im ganzen Wirtschaftsbezirke	30° 45′—31° 5′; 47° 20′—47° 26′	hauptsächlich Silur (Grauwackenschiefer); erstreckt sich z. T. auch in die Trias (Werfenerschiefer)	—	—	ei	(K)	550 bis 1800	alle Hangrichtungen u. Neigungsgrade	Fi, Ta (Bu)	Lä ca. 5 v. H. auf 4857 ha; Wuchsform u. Holzgüte befriedigend, Alter bis 240 Jahre
Lend (Ö. B. F.)	Schindeleckwald, Schneebergalpswald u. andere	30° 43′ 47° 20′; 30° 44′ 47° 21½′	Silur, Grauwackenschiefer, Chloritschiefer	—	—	ei	K	1200 bis 1850	N, NW, S alle Neigungsgrade	Fi, Ta, Bu; Fi	In unteren Lagen frohwüchsig, vollholzig, schmaler Splint; in höheren viel „Wetterlärchen"

Lend (Ö. B. F.)	Hänge beiderseits des Dientenbaches: Seitenwald, Bergkendl, Mitterschattwald, Neuberg-, Filzen-, Altenbergwald, Reinersbach, Schindeleck	30⁰ 39′ 30″ bis 30⁰ 45′ 45″; 47⁰ 20′—47⁰ 24′	Silur, Grauwackenzone der Dientner u. jene der Kitzbühler Alpen	—	(m)	ei	—	1000 bis 1500	NNE, NE, E, S, NNW, NW; alle Neigungsgrade	Fi, Bu, Ta	geringer Lä-Anteil; unter günstigen Standortsbedingungen befriedigende Massenleistung u. gute Wuchsformen; Alter durch Umtriebszeit bedingt bis 160 Jahre
Zell am See (Ö. B. F.)	Brandenau, Scheidereck, Reiterberg, Schrambach u. andere	30⁰ 11′ bis 30⁰ 34′; 47⁰ 18′ bis 47⁰ 24′	Grauwackenzone der Kitzbühler Alpen, Tonschiefer	—	—	ei	—	700 bis 1700	S, N, W, E, NW; alle Neigungsgrade	Fi (Ta, Bu)	Lä-Anteil in geschlossenen Beständen (Talsohle bis Waldgrenze) gering, hingegen auf ehemaligen Weideflächen reine Lä-Bestände
Leogang	Leoganger Schattberge, Saalforst	30⁰ 20′—27′; 47⁰ 25′—27′	Silur, Grauwackenschiefer	—	—	ei	—	1100 bis 1600	meist N, meist steil	Fi und Ta	Lä 3·3 v. H. von 1520 ha; sehr gute Holzbeschaffenheit; Alter bis 250 J.
Piesendorf (Ö. B. F.)	Pichlberg, Reitherwald, Sulzbach, Bruckerwald, Unter dem Gaisstein u. andere	30⁰ 18′—32′; 47⁰ 13′—18′	Grauwackenzone der Kitzbühler Alpen, Tonschiefer; Radstädterkalk, Kalkglimmerschiefer	—	m	ei	K	1000 bis 1500	alle Hangrichtungen und Neigungsgrade	Fi (Ta, Bergahorn, Erle)	Lä-Anteil in einzelnen Beständen 0·2—0·5, im ganzen Bezirk jedoch nur eingesprengt in Fibeständen
Mühlbach (Ö. B. F.)	Unterm Wildkogel, Unter der Resterhöhe, Rapfen, Vord. Lachwald, Unter d. Vord. Lachalpe und andere	29⁰ 57′—30⁰ 8′; 47⁰ 14′ 30″ bis 47⁰ 18′	Tonschiefer, Granatphyllit u. Quarzit („Steinkogelschiefer"), Radstädterkalk	—	m	ei	—	1000 bis 1500	S, N, W; mäßig bis steil	Fi (einz. Ta)	Lä-Anteil 0·1 auf 2700 ha, 0·2 auf 900 ha, 0·3 auf 1700 ha
Wald i. P. (Ö. B. F.)	„Lärchach" (Nordhang der Neßlingerwand), Bannwald bei Krimml, Grünbergwald, Seekarwald und andere	29⁰ 49′—51′; 47⁰ 11′—15′	Kristalline Schiefer, Zentralgneis (Rundhöcker!) Hornblende- u. Grünschiefer	—	m	ei	K	850 bis 1700	alle Hangrichtungen und Neigungsgrade	Fi; Zi, Krummholzkiefer, Bi, Vogelbeerbaum (Grünerle; sehr vereinzelt Ta)	Lä-Anteil etwa 0·1 auf 7000 ha; Alter bis 300 Jahre

Tabelle 3. Die Lärche in den Kalkalpen Salzburgs.

| Saalfelden (Ö. B. F.) | Steinernes Meer (Südabhänge u. Plateau), Leoganger Steinberge | 30⁰ 20′—40′; 47⁰ 25′—30′ | Obere Trias, Dachsteinkalk u. Hauptdolomit); Bezirk greift auch in die Grauwackenzone über | — | m | ei | K | 800 bis 2000 | S u. N, steil bis sehr steil | Fi, Ta, Weißkiefer, Zi | Lä-Anteil etwa 0·1 auf rund 4300 ha Waldboden; Alter (in entlegenen Waldteilen) bis 300 bis 400 Jahre |
| Leogang | Buchweißbach (Westabfall des Steinernen Meeres) | 30⁰ 30′—34′; 47⁰ 27′—30′ | Obere Trias, Hauptdolomit | — | m | ei | Z | 750 bis 1850 | W u. NW, steil bis schroff | Fi, Ta, Bu, Ki | Lä 0·2 von 356 ha |

Forstamt	Waldorte	Geogr. Länge und Breite (ö. v. Ferro)	Geolog. Formation bzw. Formationsgruppe und Grundgestein	Bestand			Kampfzone, Zwergform	Meereshöhe der Punkte nachgewiesenen Vorkommens	Hangrichtung, Neigung	Mischholzarten	Annerkung
				rein oder vorherrschend	Mischholz	ein-gesprengt					
Verwaltung Blühnbach in Werfen	Blühnbachtal bis Blühnteckalpe	30° 43′—50′; 47° 28′—30′	Untere Trias, Werfenerschiefer u. Gutensteinerkalk	—	m	ei	—	600 bis 1400	N u. S; steil	Fi, Ta, Bu	0·15 Lä bei 4300 ha, sehr gute Wuchsformen, sehr gute Holzbeschaffenheit, Alter bis 250 J., vereinzelt bis 400 J.
„	Wasserkar	30° 45′, 47° 27′	Hauptdolomit	—	m	ei	—	1500 bis 1700	NW, steil	Fi, Zi	
Forstverwaltung Imlau in Werfen	Imlautal, Imlberg, Höllgraben	30° 47′—50′; 47° 27′—30′	Trias, Gutensteinerkalk, Werfenerschiefer	—	m	—	—	650 bis 1790	alle Hangrichtungen und Neigungsgrade	Fi, Ta, Bu	Lä ca. 0·2 von 1780 ha
St. Martin bei Hüttau (Ö. B. F.)	Plattenwald, Wolfsgrube, Ostermais, Waldungen oberhalb Brödlhofgut, Sommerer, Südwesthänge des Stuhlgebirges und andere	31°—31° 10′; 47° 24′—30′	Trias, Werfenerschiefer, Gutensteinerkalk, Dachsteinkalk	—	—	ei	—	950 bis 1500	alle Hangrichtungen; mäßig bis sehr steil u. schroff	Fi, Ta, (Bu)	Anteil bis 0·1; Wuchsformen und Holzgüte sehr gut, Alter bis 200 Jahre
Abtenau (Ö. B. F.)	im ganzen Wirtschaftsbezirk	30° 58′ bis 31° 6′; 47° 26′—37′	Trias, Werfenerschiefer, Gutensteinerkalk, Dachsteinkalk, Hauptdolomit	—	m	ei	K	533 bis 1600	alle Richtungen und Neigungen	Fi, Ta, Bu	Lä-Anteil etwa 0·1
Golling (Ö. B. F.)	Grundbichl, Unter dem Trattberg, Grünbaum, Steinberg u. andere	30° 45′—55′; 47° 30′—35′	Trias u. Jura	v	m	—	—	1100 bis 1500	N, NE, W	Fi, Bu, Ta, Ah	Einzelne Bestände mit 0·4—0·9 Lä-Anteil, Alter bis 200 Jahre
Golling-Bluntau (Gutsverwaltung in Werfen)	Oberer u. Unterer Jochwald, Alpwinkelwald, (D 57 a, D 57 b, D 58 b, D 58 d)	30° 43′—48′; 47° 34′—35′	Mittl. Trias; Ramsaudolomit, Ramsaukalk	v	m	ei	K	1100 bis 1400	N, S, SE, mäßig bis steil	Fi, Bu, Esche, in Hochlagen Zi	Lä-Anteil im ganzen Forstbezirk 0·1; Alter bei 1100 m mit 200 J., bei 1400 m mit 350 J. ermittelt
Hallein (Ö. B. F.)	Abtswald b. Dürrnberg, Rengerberg, Sendlberg, Ochsenberg	30° 46′—52′; 47° 39′—44′	a) Kreide; Schrambachmergel, b) Jura; Oberalmer Schichten, c) Trias; Hauptdolomit	—	—	ei	—	600 bis 1300	NE, N, SW	Fi, Ta, Bu	Lä-Anteil höchstens 1 v. H. von 2900 ha; gute Wuchsform und Holzbeschaffenheit
Hintersee (Ö. B. F.)	Mairhofberg, Strub, Ochsenberg, Anzerhöhe, Tiefenbach, Genner, Kühleiten	30° 48′—31° 1′; 47° 41′ bis 47° 48′	a) Trias; Hauptdolomit, b) Jura; Ob.-Jurassische Hornsteinschichten, Oberalmer Schichten	—	m	ei	K	600 bis 1400	N, E, W, mäßig bis steil	Fi, Ta, Bu Bergahorn	Lä in Altholzbeständen ursprünglich, Bestockungsanteil im Durchschnitt d. Wirtschaftsbezirkes 1 v. H.

Lofer (Ö. B. F.)	Schüttachgraben, Kirchentalwald, Anderlkopf, Auwald, Reitherwald, Unkenberg, Lärchgrub	30° 20'—25'; 47° 32'—39'	a) Trias; Dachsteinkalk, Hauptdolomit, b) Quartär; Schotter, c) Trias; Ramsaudolomit	—	m	ei	—	600 bis 1600	N, NW, NE, in 1400 m SE, eben bis sehr steil und schroff	Fi, Ta, Ki, Bu	Gesamtfläche 3300 ha; Lä-Anteil im Försterbezirk Unken (Gebirgsrand) nur gegen 0·1 *), im Försterbezirk St. Martin (mehr im Gebirgs-Inneren) 0·2 *) (Auch im Bayerischen Forstamt Unkental Lä-Anteil weit unter 0·1)
Bayerisches Forstamt Saalachtal in St. Martin bei Lofer (Salzburg)	Ganzer Forstamtsbezirk, somit Distrikte XIV bis XXXVI	30° 24'—29'; 47° 29'—36'	a) Trias; Hauptdolomit, Dachsteinkalk, b) Jura: Adneter Kalk	v	m	ei	K Z	650 bis 1700	alle Hänge, mäßig geneigt bis sehr steil	Fi, Ta, Ki, Bu, Ah	Sehr gutes Gedeihen der Lä, vorzüglicher Wuchs, sehr gute Holzbeschaffenheit, beste Spaltbarkeit
Parsch bei Salzburg	Revier Schwarzberg: Schwarzenberg, Schatteck, Mühlstein, Mairhofberg	30° 47' bis 30° 49' 20"; 47° 44' 40" bis 47° 47' 20"	Trias: Hauptdolomit, Dachsteinkalk	örtlich v	m	ei	—	700 bis 1300	W	Fi, Ta, Bu	Lä weit unter 0·1 von 768 ha
„	Revier Fuschl: Schober, Ellmauerstein, Sonnberg, Fiebling, Lidaun	30° 53'—31°; 47° 46½' bis 48' 40"	Trias: Hauptdolomit (und Endmoränen),	—	m	ei	—	700 bis 1200	vorwiegend N u. S	Fi, Ta, Bu	kaum 0·1 von 1417 ha
	Untersberg	30° 35'—39'; 47° 42'—46'	Dachsteinkalk	selten v	meist: m	und ei	K Z	500 bis 1600	N		kaum 0·1 von 1722 ha; erreicht Baumgrenze bei ca. 1600 m
Strobl (Ö. B. F.)	Bundesforst St. Gilgen und andere	31°—31° 12'; 47° 37'—48'	Jura; Oberalmer- u. Hornsteinschichten	—	—	ei	—	600 bis 1400	vorwiegend N bis SW	Fi, Ta, Bu	nur eingesprengt

Tabelle 4. Die Lärche im östlichen Alpengebiete Oberösterreichs.

Spital a. P. (Ö. B. F.)	Hofalmgebiet unterhalb des Großen Pyhrgas, Wuhrkogelwald, Kühbergwald (Josefiberg) u. im ganzen Wirtschaftsbezirke	31° 55' 15" bis 32° 5' 30"; 47° 36' 30" bis 47° 41' 30"	Trias (Dachsteinkalk u. Plattenkalk, Werfener Schichten); Jura (Oberalmkalk; Plassenkalk); Diluviale Schotter	(v)	m	ei	(K)	700 bis 1600	alle Hangrichtungen, mäßig bis steil und schroff	Fi, Ta, Bu (Ah, Esche, Li, Ki, Erle, Bi, Eiche)	Lä-Anteil durchschnittlich 0·12 auf 1670 ha Waldfläche; in einzelnen Beständen bis 0·9; Alter bis 160 Jahre, gute Wuchsformen, hochwertige Holzbeschaffenheit
Hinterstoder	Stodertal, Totes Gebirge	31° 45'—49'; 47° 38'—43'	Trias (Dachsteinkalk, Ramsaudolomit)	—	m	ei	K	600 bis 1600	alle Richtungen u. Neigungsgrade	Fi, Ta, Bu (Ahorn usw.)	Lä-Anteil etwa 0·2, gute Massenerzeugung u. Wuchsform, Alter bis 200 Jahre
Windischgarsten (Ö. B. F.)	Ganzer Bezirk, Imitz-, Dam- u. Tamberg, nördl. Einhänge der Kammlinie Warscheneck—Hebenkas	31° 45'—32° 15'; 47° 38'—46'	Trias, Jura, Kreide (Dachsteinkalk, Hauptdolomit, Ramsaudolomit, Gosaukonglomerat u. -mergel), Moränen	r v	m	ei	K	600 bis 1800	alle Richtungen u. Neigungsgrade	Fi, Ta, Bu (Ahorn, Esche usw.)	Lä-Anteil für den ganzen Bezirk etwa 0·1 bis 0·18; in Nadelholzbeständen ca. 0·3 (mit 0·6 Fi, 0·1 Ta); in Hochlagen auch rein. Gute Holzbeschaffenheit

Forstamt	Waldorte	Geogr. Länge und Breite (ö. v. Ferro)	Geolog. Formation bezw. Formationsgruppe und Grundgestein	Bestand			Kampfzone, Zwergform	Meereshöhe der Punkte nachgewiesenen Vorkommens	Hangrichtung, Neigung	Mischholzarten	Anmerkung
				rein oder vorherrschend	Mischholz	ein-gesprengt					
Windischgarsten (Graf Lamberg)	Ganzer Forstamtsbezirk	31° 59′; 47° 43′	Trias, Kreide (Dachsteinkalk, Gosaukonglomerat)	—	m	ei	—	600 bis 1500	alle Richtungen u. Neigungsgrade	Fi, Ta, Bu	Lä 0·1—0·3; Alter bis 150 Jahre; Masse der Mischbestände bis 800 fm in je ha; Lä vollholzig, sehr gute Qualität
Revier Hinterstein	Warscheneckplateau, Purgstall, Schattenloch, Langanger, Pfannleiten	31° 53′—56′; 47° 37′—39′	Trias (Dachsteinkalk, Werfenerschiefer, Haselgebirge), Kreide (Gosaumergel)	—	m	ei	K Z	1100 bis 2000	S, SE, E, SW, 10—30°	Fi, Ta; Hochlagen: Zi, Fi, Bergkiefer	Lä-Anteil 0·1—0·4; Alter bis 160 Jahre; bei 1200 m vorzügliche Wuchsformen, Scheitelhöhen bis 36 m; Durchmesser bis 100 cm, Splint oft 0·5 cm
Gemeinden Kl.-Reifling u. Weyer	Zwischen Ennsfluß und der steiermärkischen Grenze	32° 18′—24′; 47° 45′—52′	Trias (Hauptdolomit, Gutensteiner- u. Opponitzerkalk), Jura-Kalk, Moränen	—	m	ei	K	500 bis 1400	alle Richtungen, mäßig bis steil	Fi, Ta, Bu	Lä-Anteil etwa 0·1, Alter bis 150 Jahre, gute Wuchsform und Holzbeschaffenheit
Gemeinde Reichraming	Südlicher Teil, sogenanntes Hintergebirge	32° 6′—12′; 47° 50′—55′	Trias, Jura (Hauptdolomit, Kössener Schichten, Jura-Hornsteinkalk)	—	m	ei	K	600 bis 1100	alle Richtungen u. Neigungsgrade	Fi, Bu	Lä 0·1—0·4; Alter bis 140 Jahre; vollholzig, sehr gute Beschaffenheit
Forstamt Molln	Zwischen Sengsengebirge im S, Steyrfluß im W, Linie H. Nock—Sonntagsmauer—Größtenberg—Trailing im E	31° 50′—32°; 47° 47′—55′	Trias, Jura (Hauptdolomit, Kössener Schichten, Jura-Hornsteinkalk)	—	m	ei	K (Z)	550 bis 1500	„	Fi, Ki, Bu	Lä-Anteil gegen 0·1; gutes Gedeihen. Hochaltrige Lä: zwischen Niklbach u. Gamskogl-Größtenberg, 0·4 Fi, 0·5 Lä, 0·1 Bu, ei Ah, Esche, 150—250j., einzelne bis 420 Jahre
Steyrling	Steyrufer, Andelsberg, Im Schranken, Wipfelschlag, Hochstein, Lärchenstock — A. H., Parnstaller	31° 43′ bis 49′ 30″; 47° 45′—49′	Trias (Hauptdolomit, Dachsteinkalk)	—	(m)	ei	—	400 bis 1370	„	Fi, Ta, Bu, Ki, Bergkiefer, Ah, Esche	Lä-Anteil 5 v. H. auf 7560 ha; einzeln und gruppenweise eingesprengt
Leonstein	Steinkogl, Hambaum, Landsberg	31° 51′ 38″ bis 31° 53′ 50″; 47° 53′ 40″ bis 47° 55′ 30″	Trias (Hauptdolomit)	—	(m)	ei	—	450 bis 1050	N, S, NW; 20—30°	Bu, Fi, Fö	Lä-Anteil auf den Nordhängen 0·1—0·2, auf den Südhängen 1 bis 5 v. Tausend. Waldfläche 900 ha. Wuchsform u. Holzbeschaffenheit sehr gut
Gemeinden Garsten, Aschach, St. Ulrich, Losenstein, Laussa	Mittelgebirge südlich von Steyr in den genannten Gemeinden	31° 47′ bis 32° 15′; 47° 55′—48° 1′	Kreide (Flysch, Sandstein, Mergel) und Trias (Dolomit, Dachsteinkalk)	—	—	ei	—	400 bis 850	alle Hangrichtungen, mäßig bis steil	Fi, Ta, Ki, Bu	Lä-Anteil gegen 0·1 auf 4500 ha, Alter bis 150 Jahre, gute Wuchsform und Holzbeschaffenheit

Tabelle 5. Die Lärche im Salzkammergut Oberösterreichs.

Goisern (Ö. B. F.)	im ganzen Forstwirtschaftsbezirke	31⁰ 8′—25′; 47⁰ 30′—40′	Trias (Dachsteinkalk, Wettersteinkalk u. Dolomit, Haselgebirge), Jura (Kalke)	—	m	ei	K	500 bis 1800	alle Hangrichtungen, mäßig bis steil	Fi, Ta, Bu; in höheren Lagen Fi, Zi, Bergkiefer	Lä-Anteil 6 v. H. auf 10.540 ha; sehr gute Wuchsform und Holzbeschaffenheit; erreichbares Alter 300—400 Jahre
Gosau (Ö. B. F.)	einzeln im ganzen Forstwirtschaftsbezirke	31⁰ 8′—17′; 47⁰ 29′—38′	Trias (Dachsteinkalk, Dolomit u. lichter Kalk des Muschelkalkes, Haselgebirge), Jura (Kalke u. Mergel), Kreide (Gosau)	—	—	ei	K	1100 bis 1800	alle Hangrichtungen, mäßig bis sehr steil	Fi, Zi	Im ganzen Bezirke einzeln eingesprengt; in den Hochlagen in räumdigen Beständen, gute Holzbeschaffenheit
Bad Ischl (Ö. B. F.)	einzeln im Wirtsch.-Bezirk, z. B. nächst Bad Ischl (480 m); im Gebiete der Hohen Schrott (Mitter- und Hinteralpe, 1700 m), Gebiet der Zimitz (1400 m)	31⁰ 15′—25′; 47⁰ 40′—45′	Trias (Hauptdolomit, Dachsteinkalk, Kössener Schichten, Rhät. Kalke), Jura (Kalke), Kreide (Mergel)	—	m	ei	K Z	480 bis 1700, zumeist bis 1500	alle Hangrichtungen, eben bis schroff	Fi, Ta, Bu	Sehr geringer Lä-Anteil, erreichbares Alter 150—200 Jahre, in besten Ertragsklassen in 100 Jahren 2—3 fm je Stamm
Offensee (Ö. B. F.)	Nordwestl. Teil des Totengebirges, Einzugsgebiete des Offensees, des Schwarzenbaches und des Rinnbaches	31⁰ 24′—34′; 47⁰ 43′—49′	Trias, (Hauptdolomit, Dachsteinkalk), Jura (Kalk), Kreide (Mergel)	(v)	—	ei	(Kandelaber)	450 bis 1600	„	Fi, Ta, Bu	Lä-Anteil 4 v. H. von 7711 ha
Ebensee (Ö. B. F.)	im ganzen Wirtschaftsbezirke eingesprengt	31⁰ 26′; 47⁰ 49′	Trias (Hauptdolomit, Dachsteinkalk)	—	—	ei	K (Kandelaber) Z	Tiefstes Vork. 500 m; bestes 800 m; höchstes 1500 m	alle; auf Schattseiten etwas reichlicher	Fi, Ta, Bu	Vorkommen nur eingesprengt, erreichbares Alter 150—200 Jahre
Traunstein (Ö. B. F. in Gmunden)	Traunstein, Karbach, Fahrnaugupf,	31⁰ 26′—31′; 47⁰ 50′—53′	Obere u. mittlere Trias, Jurakalk	—	—	ei	K	450 bis 1400	alle Hangrichtungen, mäßig bis schroff	Fi, Ta, Bu	Lä nur eingesprengt, Alter bis 200 Jahre, gute Wuchsform u. Holzbeschaffenheit
Grünau	Herring-Frankensdorfsche und Herzog zu Braunschweig-Lüneburg'sche Forste	31⁰ 30′—40′; 47⁰ 46′—52′	Trias, Hauptdolomit, Dachsteinkalk	—	—	ei	—	600 bis 1600	alle Hangrichtungen, steil bis schroff	Fi, Ta, Bu	Lä in ganz geringem Maße eingesprengt
Forstverwaltung Attergau d. Ö. B. F. in Weißenbach	Fachberg-Loisl, Breitenberg, Feichtingeck, Schockwald	31⁰ 10′—15′; 47⁰ 45′—48′	Obere Trias (Hauptdolomit, Dachsteinkalk, Kössener Schichten)	—	m	ei	K	700 bis 1400	alle Hangrichtungen, mäßig bis schroff	Fi, Ta, Bu, Bergahorn, Vogelbeere	Lä nur eingesprengt, gute Wuchsform u. Holzbeschaffenheit
Försterbezirk St. Wolfgang, Forstverwaltung Strobl (Ö. B. F.)	Kat.-Gemeinde St. Wolfgang und Wolfgangtal	31⁰ 7′—14′; 47⁰ 44′—47′	Obere Trias, Jura, Kreide	—	—	ei	K	700 bis 1400	„	Fi, Ta, (Bu)	Nur in einzelnen Beständen 0·1 bis 0·3 Lä, sonst bloß eingesprengt, Alter über 200 Jahre

Forstamt	Waldorte	Geogr. Länge und Breite (ö. v. Ferro)	Geolog. Formation bezw. Formationsgruppe und Grundgestein	Bestand rein oder vorherrschend	Mischholz	eingesprengt	Kampfzone, Zwergform	Meereshöhe der Punkte nachgewiesenen Vorkommens	Hangrichtung, Neigung	Mischholzarten	Anmerkung
Mondsee (Ö. B. F.)	Plomberg, Burggraben, Saugraben u. nördl. von Steingarten	31° 47° 47′ 48″	Obere u. mittl. Trias (Hauptdolomit u. a.)	—	—	ei	K Z	800 bis 1000	N, eben bis steil	Fi, Ta, Bu	z. T. Schutzwaldgebiet (Kampfzone), in diesem Waldteil ca. 5 v. H. Lä-Anteil; in den nördl. Teilen des Bez. Lä künstlich eingebracht, mit 30—40 Jahren absterbend

Tabelle 6. Die Lärche in den niederösterreichischen Kalkalpen.

Forstamt	Waldorte	Geogr. Länge und Breite (ö. v. Ferro)	Geolog. Formation bezw. Formationsgruppe und Grundgestein	Bestand rein oder vorherrschend	Mischholz	eingesprengt	Kampfzone, Zwergform	Meereshöhe der Punkte nachgewiesenen Vorkommens	Hangrichtung, Neigung	Mischholzarten	Anmerkung
Gleiß bei Hollenstein a. d. Ybbs	Oisberg, Königsberg, bes. Schattseite, Frießling	32° 27′—34′; 47° 49′—52′	Trias; Hauptdolomit vorherrschend; Gutensteiner Kalk, Lunzer Sandstein, Opponitzer Kalk, Rhät. Kalk	v	m	ei	—	500 bis 1200	alle Hangrichtungen u. Neigungsgrade; Schattseite bevorzugt	Hauptholzart Fi, außerdem Ta, Bu (Ki)	Durchschnittl. Lä-Anteil 0·2 auf 925 ha u. 0·1 auf 2430 ha; Wuchsform u. Holzbeschaffenheit sehr gut; erreichbares Alter über 150 J.
Waidhofen a. d. Ybbs	Revier Vorder-, Mitter- u. Hinter-Redtenberg und andere	32° 23′ 30″; 47° 56′ 30″	Jura, Mergelschiefer; Trias, Hauptdolomit	—	m	ei	—	800 bis 1100	N	Fi, Ta, Bu	Sehr wüchsige Lä vorzüglicher Holzbeschaffenheit, Scheitelhöhe 35 bis 40 m, eingesprengt in Buchenaltbeständen
Göstling a. d. Ybbs	Reviere Steinbach, Buchmais u. Lassing	32° 31′—43′; 47° 43′—50′	Trias; Hauptdolomit, Opponitzer und Räth. Kalk	—	m	ei	K Z (über 1200)	600 bis 1200 Baumform, üb. 1200 Krüppelform	alle Hangrichtungen u. Neigungsgrade; W- u. N-Hänge bevorzugt	Fi, Bu, Ta, Weißkiefer	Bestockungsanteil durchschnittlich 0·1 auf 4800 ha; Wuchsform u. Holzeigenschaften sehr gut, Alter bis 160 Jahre
Langau bei Gaming	Saurüssel, Kl. Ötscher, Schwarzer Ötscher, Zierbachriedl, Rothkogl, Lärchriedl	32° 45′—54′; 47° 44′—54′	Trias; Hauptdolomit, Rhätischer und Dachsteinkalk	—	m	ei	—	600 bis 1500	Lä bevorzugt hier die Schattseiten	Fi; Ta, Ki, Bu, Ahorn, Ulme, Mehlbeerbaum	Bestockungsanteil gegen 0·1 im Durchschnitt; Lä **nicht** auf allen Standorten; Form und Holzeigenschaften sehr gut
Gaming	in allen Beständen	32° 45′; 47° 55′	Trias; Hauptdolomit, Opponitzer u. Gutensteiner Kalk, Lunzer Sandstein; Jura	—	m	ei	—	500 bis 1000	alle; N u. E bevorzugt	Fi, Ta, Bu, Esche, Ahorn	Mischung bis 0·4; Stämme bis 4 fm; erreichbares Alter bis 200 Jahre
Seehof in Lunz	Lechnergraben, Schleger, Hirschtal, Durchlaß, Scheiblingstein	32° 42′; 47° 51′	Trias; Hauptdolomit, Dachsteinkalk	v	m	ei	Z	600 bis 1550	alle Hangrichtungen u. Neigungsgrade	Fi, Ta, Bu, Ahorn, Legföhre	Holzgüte u. Wuchsform befriedigend, erreichbares Alter bis 200 J.

Fridau	Revier Puchenstuben, „Brandmäuer", „Vord. Thormäuer"	32⁰ 56′, 47⁰ 54′ 50″; 32⁰ 53′ 30″, 47⁰ 54′ 25″	Jura, Kalk	—	m	ei	K	500 bis 1290	SW, sehr steil	Fi, Ta, Bu, Ki	Auf exponierten felsigen Standorten kurzschaftig
Forstamt des Stiftes Lilienfeld	Reviere Lilienfeld, Türnitz, Annaberg u. Ötscher, Wiesenbach, Kleinzell, Ramsau, Rohrbach, Kreisbach	32⁰ 50′ bis 33⁰ 40′; 47⁰ 45′ bis 48⁰ 5′	Trias, Jura, Kreide; Hauptdolomit, Opponitzer-, Gutensteiner-, Dachsteinkalk, Jura- u. Kreidekalke	—	m	ei	Z	500 bis 1390	alle Hangrichtungen u. Neigungsgrade	Bu + Ta + Fi; Ta + Bu + + Fi + Kie; Fi + Ki + Bu; Ki + Bu	Revier Lilienfeld durchschnittl. 0·2 Lä; Rev. Türnitz Altholz 0·1—0·2, jüngere Altersklassen 0·3—0·6 Lä; Schaftlängen bis 45 m, Alter bis 160 J. (gesund); Rev. Annaberg, Ötscher 0·1, Kleinzell 0·15—0·2, Ramsau 0·1, bis 250jährig, Rohrbach 0·1
Freiland	Ganze Forstverwaltung (zwischen H. St. Schwanbach im N, H. St. Innerfahrafeld im S, Dickenau im W, Muckenkogel u. Hinteralpe im E)	33⁰ 12′—17′; 47⁰ 55′—48⁰	Trias, Lunzer Schichten, Opponitzer Kalk, Hauptdolomit	v	m	ei	—	400 bis 1200, bes. zwischen 500 bis 1000	W, E, NE	Bu, Fi, Ta, z. T. Kiefer	Lä-Anteil 0·1—0·2; Lä in Bu + Fi-Mischbeständen von hervorragender Holzgüte, Wuchsform u. Massenleistung, Alter bis 160 Jahre
Hohenstein-Prinzbach	Riegelmühle, Ohnießberg (Höhe 1083 m)	33⁰ 7′ 20″, 47⁰ 59′ 40″; 33⁰ 9′ 20″, 47⁰ 58′ 10″	Trias, Lunzer Sandstein, Kalk	—	m	ei	—	450 bis 1080	N, NW	Fi, Ta, Bu	Holzbeschaffenheit und Wuchsform vorzüglich, am besten auf den guten Böden der leicht verwitternden Lunzer Sandsteine
Kernhof	Nördlich des Kammes von Gippel u. Göller	33⁰ 9′—15′; 47⁰ 50′	Trias, Hauptdolomit	—	m	ei	—	500 bis 1500	besonders N, NW, NE	Fi, Föhre	Lä-Anteil 8 v. H. der Fläche von 10.165 ha; sehr gute Holzbeschaffenheit u. Wuchsform
Hohenberg	In den Gemeinden Hohenberg, St. Ägyd, Schwarzau i. Gebirge, Rohr i. Geb., Kleinzell	33⁰ 12′—25′; 47⁰ 48′—48⁰	Trias, besonders Hauptdolomit	—	m	ei	(K)	500 bis 1200	alle Hangrichtungen u. Neigungsgrade	Fi, Ki, Bu	Bestockungsanteil 0·1 bis 0·2
Gutenstein	Schneeberg—Rax, Steinapiesting, Dürre Wand	33⁰ 17′—40′; 47⁰ 42′—56′	Trias, Hauptdolomit, Werfenerschiefer, Gutensteiner- u. Dachsteinkalk, Riffkalk	—	m	ei	—	450 bis 1550	„	Fi, Ta, Fö, Bu	Wuchsform u. Holzbeschaffenheit gut bis sehr gut, Anteil 0·1 bis 0·3, erreichbares Alter 300 Jahre u. darüber
Stixenstein	Asand, Kettenluß, Haltberg, Hutberg, Hengst, Gahns	33⁰ 30′—40′; 47⁰ 43′—49′	Trias, Gutensteiner- und Dachsteinkalk, Hauptdolomit, Riffkalk	—	—	ei	—	600 bis 1400	„	Fi, Ta, Bu, Weiß- u. Schwarzkiefer	Durchschnittl. Anteil 2 v. H. auf 4320 ha; im Mischbestand sehr gute Formen, Scheitelhöhen bis 35 m
Hernstein	Reviere Hernstein, Steinhof, Öd, Starhemberg, Hohe Wand, Emmersberg, Fischau	33⁰ 40′—48′; 47⁰ 49′—56′	Tertiär (Rohrbacher Konglomerat); Kreide (Gosaukalk); Trias (Hauptdolomit, Dachsteinkalk, Hallstätterkalk)	(v)	m	ei	—	360 bis 1092	alle Hangrichtungen, 10—45⁰	Schwarzkiefer, Bu, Fi, Ta, Weißkiefer, Ahorn, Eiche, Esche	In einzelnen Beständen als Mischholz, sonst eingesprengt; in den tiefsten Lagen u. auf den besten Böden weniger dauerhaftes Holz

Forstamt	Waldorte	Geogr. Länge und Breite (ö. v. Ferro)	Geolog. Formation bezw. Formationsgruppe und Grundgestein	Bestand: rein oder vorherrschend	Bestand: Mischholz	Bestand: eingesprengt	Kampfzone, Zwergform	Meereshöhe der Punkte nachgewiesenen Vorkommens	Hangrichtung, Neigung	Mischholzarten	Anmerkung
Herrschaft Merkenstein	Alpen-Ostrand; Hoher Lindkogl, Lindkogl, Manhartsberg, Arenberg, Niemtal, Tannberg, Rev. Muggendorf, Schärftal, Waxeneck, Windeck, Hechenberg, Steinwandgraben, Schlatten	33° 40'—50'; 47° 53'—48°	Trias (Dolomit, Dachsteinkalk, Gutensteiner u. Reiflinger Kalk, Lunzer Sandstein); Tertiär (Pontische Schotter)	—	m	ei	—	310 bis 1100	alle Hangrichtungen u.Neigungsgrade; in Tieflagen Schattseite bevorzugt	Weißkiefer, Ta, Bu, Fi, Traubeneiche, Schwarzkiefer	Am äußersten Gebirgsrande nur 1 v. H. durchschnittl. Anteil (Kalkzone des „Wienerwaldes", weiter im Inneren 5—10 v. H., Revier Muggendorf (Traffelberg, Geizenberg) schon 20 v. H.; sehr gute Form u. Qualität
Stift Heiligenkreuz	Bei Heiligenkreuz	33° 47', 48° 4'	Trias, Opponitzer Kalk; Kreide, Mergel	—	—	ei	—	380 bis 650	N und NE 5—15°	Weißkiefer, Ta, Rotbuche	Nur noch einzeln eingesprengt; Wuchsform u. Holzbeschaffenheit gut

Tabelle 7. Die Lärche in der Sandsteinzone des Wiener Waldes.

Forstamt	Waldorte	Geogr. Länge und Breite (ö. v. Ferro)	Geolog. Formation bezw. Formationsgruppe und Grundgestein	Bestand: rein oder vorherrschend	Bestand: Mischholz	Bestand: eingesprengt	Kampfzone, Zwergform	Meereshöhe der Punkte nachgewiesenen Vorkommens	Hangrichtung, Neigung	Mischholzarten	Anmerkung
Forst- u. Güter-Direktion Neulengbach	Güter Neulengbach u. Judenau; Sichelbacher Eichberg, Dreiföhren, Brandwald, Gföhl, Hasenriedl, Jägerwiese, Liechtenstein, Soos, Auberg bei Judenau	33° 28'—44'; 48° 7'—16'	Flysch, Wiener Sandstein, Mergel und Tonschiefer, (meist Eozänflysch, im Norden Kreideflysch); Auberg: marines Miozän	—	m	ei	—	240 bis 629	alle Hangrichtungen; eben bis mäßig steil	Bu, Ta, Ki, Eiche	Anteil 0·1—0·3; Wuchsform u. Holzeigenschaften sehr gut; Umtrieb 80—100, erreichbares Alter bis 170 Jahre
Gemeinde- u. Bauernwälder	Baumholzgut, Bauernwälder von Stössing u. Michelbach, Kirnbergerwald	33° 23'—31'; 48° 8'	Flysch (Eozänflysch), Wiener Sandstein, Mergel u. Tonschiefer	—	m	ei	—	300 bis 500	N, NW, W	Fi, Ta, Bu	Lä ohne Rücksicht auf die Besitzverhältnisse allgemein verbreitet
Klamm (Gutsverwaltung Baumgarten)	Revier Klamm (Schöpflgebiet), Baumgarten (Rothenbuch, Kümmerl)	33° 30'—35'; 48° 5'—9' 30"	Flysch, Wiener Sandstein, Mergel u. Tonschiefer	—	m	ei	—	300 bis 800	Nordhang (Schöpfl), mäßig bis steil, und Hügellandschaft	Bu, Ta, Ki, (Eiche, Weißbuche)	Revier Schöpfl: Lä 25 v. H. von 598 ha, 50 v. H. Bu, 25 v. H. Ta; Baumgarten: Lä 10 v. H. von 293 ha (Ta 50 v. H., Ki 30 v. H., Fi + Bu 10 v. H.)
Preßbaum (Ö. B. F.)	Großgern (in **anderen** Waldorten künstlich)	33° 39' 30", 48° 9'	Flysch, Wiener Sandstein	—	m	ei	—	450 bis 560	NW sanft bis steil	Bu, Ki, Ta	Lä-Überhälter astrein, vollholzig, langschaftig; auf der „Gernwiese" Anfluglärchen
Wieselburg a. d. Erl. (Ö. B. F.)	Probstwald, Waldteile von Kasten	33° 20'—26', 48° 7'—10'	Flysch (Oberkreide, Inoceramenschichten), Sandstein u. Mergel	—	m	ei	—	290 bis 600	N, W, NW, NE	Fi, Ta, Bu, Ki	Gute Wuchsform und Holzbeschaffenheit, Alter bis 150 Jahre

Tabelle 8. Die Lärche in den östlichsten Ausläufern der Zentralalpen in Niederösterreich.

Schottwien	Bau, Schwarzenberg, Schöneben, Am Sänger, Ochner, Leiningerfeld, Kalte Rinne, Beim Gamsfelsen	33° 25′—30′; 47° 40′	Grauwackenzug, Paläozoikum, Semmeringkalke u. Dolomite, Kalkschiefer, phyllitische Schiefer und Quarzite	(v)	m	ei	—	800 bis 1400	W, NE, N, NW, E, mäßig bis steil	Fi, Ta, Bu, Ki (Ah, Esche, Ulme, Aspe, Mehlbeerbaum, Ebersche)	Auf etwa 80 ha als Mischholz stärker vertreten (0·1—0·9), sonst eingesprengt; hervorragende Wuchsform u. Holzgüte
Hirschwang	Revier Prein; Sonnleiten, Neukopf	33° 25′; 47° 41′	Paläozoikum, Grauwackengürtel, Schiefer	—	m	—	—	850 bis 1200	S, E, W, mäßig bis steil	Fi, Ta, Bu	Lä 0·3 auf 333 ha; sehr gute Holzbeschaffenheit u. Wuchsform, Alter bis 150 Jahre
Krumbach	Hauswald, Wolfsbichlwald, Gößwald	33° 51′; 47° 32′	kristalline Zentralzone, Granitgneis	—	m	ei	—	600 bis 800	N, NW, z. T. S, mäßig	Ta, Bu, Fi, Ki	Durchschnittl. Lä-Anteil 0·1 auf 363 ha, ursprünglich nur eingesprengt; Form u. Holzbeschaffenheit sehr gut, Höhe bis 38 m
Kirchberg am Wechsel	Reviere Trattenbach, Kirchberg, Kranichberg	33° 35′—39′; 47° 34′—39′	kristalline Zentralzone, Schiefergneise	—	m	ei	—	500 bis 1400	N, NW, W, E, meist mäßig	Fi, Ta, Bu, Esche, Kiefer	Lä-Anteil stellenweise 0·1—0·2, jedoch durchschnittlich nur 3 v. H. auf ca 1200 ha
Steyersberg	Reviere Steyersberg, Stickelberg, Forst und Alpe	33° 35′—55′; 47° 30′—45′	Zentralzone, kristalline Schiefer, Quarzite und Kalke	—	m	ei	—	meist 300 bis 800, am Wechsel 900 bis 1600	N, E	Fi, Ta, Ki	Lä-Anteil durchschnittl. 3—4 v. H. auf 940 ha; Wuchsform u. Holzgüte vorzüglich
Wr.-Neustadt	Ofenbach, Bundesforst	33° 58′; 47° 42′	kristalline Zentralzone, Glimmerschiefer	—	—	ei	—	300 bis 700	alle	Bu, Ta, Fi	Lä-Anteil durchschnittl. 1 v. H. auf 900 ha

Tabelle 9. Die Lärche im Dunkelsteiner Wald.

Goldegg	Dunkelsteiner Wald; Kachlitz, Schwesternhöhe	33° 10′ 48° 15′	Kristalline Schiefer, Gneis	—	—	ei	—	300 bis 622	N, S	Ki, Bu, Fi	Bis 130jährige Lä-Überhälter; Holzbeschaffenheit sehr gut
Göttweig	Gemeinden Paudorf u. Wolfenreith	33° 16′ 48° 20′	Kristalline Gesteine der Böhmischen Masse, Granulit, Serpentin, Granit	—	—	ei	—	250 bis 520	alle Hangrichtungen, mäßig	Bu, Föhre, Eiche, Fi	Erreichbares Alter („der große Lehrbaum" am Statzberg) über 160 Jahre, vollkommen gesund
Arnsdorf	Mühlberg	33° 7′ 48° 21′	Kristalline Schiefer, Gneis	—	—	ei	—	350 bis 712	NE	Bu, Ta, Ki (Fichte)	5 v. H. Lä auf 1200 ha; bes. in Buchenbeständen langschaftig, gerade; Holzgüte hervorragend

Forstamt	Waldorte	Geogr. Länge und Breite (ö. v. Ferro)	Geolog. Formation bezw. Formationsgruppe und Grundgestein	Bestand			Kampfzone, Zwergform	Meereshöhe der Punkte nachgewiesenen Vorkommens	Hangrichtung, Neigung	Mischholzarten	Anmerkung
				rein oder vorherrschend	Mischholz	eingesprengt					
Walpersdorf	Statzberg, Dunkelstein	33⁰ 9′—13′; 48⁰ 15′—20′	Granulit, Serpentin	—	—	ei	—	300 bis 622	N, NE, SE, S	Ta, Bu, Ki, Fi	Holzeigenschaften u. Wuchsform in der Regel gut; Anteil in einzelnen Waldorten höchstens 0·1

Tabelle 10. Die Lärche in den Zentralalpen des obersteirischen Murgaues.

Forstamt	Waldorte	Geogr. Länge und Breite (ö. v. Ferro)	Geolog. Formation bezw. Formationsgruppe und Grundgestein	Bestand			Kampfzone, Zwergform	Meereshöhe der Punkte nachgewiesenen Vorkommens	Hangrichtung, Neigung	Mischholzarten	Anmerkung
				rein oder vorherrschend	Mischholz	eingesprengt					
Bezirksforstinspektion Murau	Ziskabergerwald	31⁰ 37′ 47⁰ 6′	Kristalline Schiefer; Gneis, Glimmerschiefer	—	m	—	—	950 bis 1500	W, mäßig steil	Fi	Bestockungsanteil 0·3 von 1200 ha
Turrach (Forstdirektion Murau)	Ganzes Revier; Stäuberhöhe, Tschaudinock, Schobersonnseite und andere	31⁰ 30′—37′ 46⁰ 55′—47⁰ 4′	Kristalline Schiefer; Glimmerschiefer, Gneis	v	m	—	—	900 bis 2000, am Eisenhut (Hasenlacken) bis 2000 m	W, NW, SW, SE mäßig bis steil, stellenweise schroff	Fi, Zi (Bi, Vogelbeerbaum, Erle)	Lä-Anteil durchschnittlich 30 v. H. von 5135 ha Holzbodenfläche (untere Lagen 12 v. H., obere 70 v. H.)
Paal (Forstdirektion Murau)	Ganzes Revier; Kreischberg bis Anthofer, Karlsberger bis Straner	31⁰ 37′—45′ 46⁰ 57′—47⁰ 6′	Kristalline Schiefer; Glimmerschiefer; paläozoische Tonschiefer, Kalk	r, v	m	ei	K	1000 bis 1900	N, NW, NE, E, SE	Fi, Zi	Lä-Anteil durchschnittlich 30 v. H. von 3929 ha; erreichbares Alter 250 Jahre und mehr
Bezirksforstinspektion Murau	Bürgerwald, Lackenwald	31⁰ 45′—49′ 47⁰ 4′—5′	Metamorphe basische Ergußgesteine (Grünschiefer usw.)	—	m	—	—	800 bis 1500	N mäßig steil bis steil	Fi, Zi	Lackenwald: Lä-Anteil 20 v. H. v. 800 ha
Revier Murau (Forstdirektion Murau)	Brandstätter Eck, Lerchberg nördl. St. Egydi, Frauenalpe und andere	31⁰ 47′—52′ 47⁰ 3′—8′	Metamorphe basische Ergußgesteine u. paläozoische Schiefer	—	m	ei	—	800 bis 1800	N, S, E, W mäßig bis steil	Fi, Zi	In den besten Standortsklassen langschaftige, bis 36 m hohe, massenhaltige Stämme. In unteren Lagen 12 v. H. Lä-Anteil (703 ha Holzboden)
Revier Katsch (Forstdirektion Murau)	Saurauwald, Pleschaitz, Sasenwald, Glanzwald, Grünwald, Augustiner-, Seßlerwald	31⁰ 45′—57′ 47⁰ 7′—13′	Paläozoische Tonschiefer u. Kalke; Glimmerschiefer; metamorphe basische Ergußgesteine	—	m	ei	—	800 bis 1400	N, NE, S, SE, W mäßig bis steil	Fi, Zi (Saurau noch Tanne)	Lä-Anteil 10 bis 30 v. H. auf 1868 ha Holzboden

Bezirksforstinspektion Murau	Strubl u. Günstertal	31° 49' / 47° 10'; / 31° 43' 20" / 47° 11' 50"	Altpaläozoische Schiefer, auch kalkig; Glimmerschiefer, Gneis	—	m	—	—	1000 bis 1500	N, E steil bis sehr steil	Fi, Zi	Waldort Strubl: Lä 0·4 von 90 ha; Günstertal: Lä 0·2 von 600 ha
Schrattenberg (Forstdirektion Murau)	Schwarzkogl—Lindberg, Feßnach	32° 4'—6' / 47° 8'—12'	Kristalline Schiefer; Gneis, Glimmerschiefer; metamorphe basische Ergußgesteine	v	m	—	—	900 bis 1825	alle Hangrichtungen u.Neigungsgrade	Fi, etwas Ta	Lä 0·3 auf 284 ha, 0·2 auf 664 ha; gesunde Exemplare im Alter von 150—180 Jahre häufig
„	Schöttl	31° 55'—57' / 47° 14'—20'	Kristalline Schiefer; Glimmerschiefer	—	m	ei	K Z	1300 bis 1850	„	Fi	Lä 0·1 auf 300 ha; Wuchsform, Holzgüte u. Massenerzeugung sehr gut
Bezirksforstinspektion Murau	Bad Einöd (Besitz des Bistums Gurk)	32° 5' / 47° 1'	Paläozoische Schiefer	—	m	—	—	800 bis 900	W, NW; steil	Fi	Lä 0·2 von 100 ha
„	Großleitenriegel	31° 11'—12' / 47° 4'	Kristalline Schiefer, Gneis	—	m	—	—	1200 bis 1700	S; mäßig steil	Fi, einzelne Zi	Lä 0·2 von 50 ha
Frauenburg (Forstdirektion Murau)	Oberwald, Salchwald, Dörhalt, Sattlwald, Buchwald, Heiglwald, Schafberg, Tristellerwald u. andere	32° 3'—7' / 47° 10'—13'	Kristalline Schiefer, Glimmerschiefer, kristalliner Kalk	—	m	ei	—	740 bis 1700	alle Hangrichtungen u.Neigungsgrade	Fi, Zi (Ta, Bu)	Lä-Anteil 0·2 bis 0·3 auf Flächen von 600 bis 700 ha
Gusterheim b. Pöls	Pusterwald (Plettental, Stubenberg, Bichlwald, Gruberalpe), Pöls (Falkenberg, Offenburg)	31° 55' bis 32° 10' / 47° 11'—18'	Kristalline Schiefer; Gneis, Glimmerschiefer, körniger Kalk	v	m	ei	—	800 bis 1900	alle Richtungen und Neigungsgrade	Fi, Zi	Lä-Anteil auf etwa 50 ha 0·3 u. mehr, sonst 0·1—0·2 auf 3337 ha; erreichbares Alter bis 200 Jahre bei gutem Gesundheitszustand
Bezirksforstinspektion Judenburg	Bauernwälder im Bretsteinergraben u. auf den Westhängen bei St. Johann am Tauern (unter dem Lerchkogl, Höhe 2259 m)	32°—32° 12' / 47° 20'—22'	Kristalline Schiefer, Glimmerschiefer, kristalline Kalke u. Granitgneis	—	m	—	K Z	970 bis 1900	N, S, W; sehr steil	Fi	Lä-Anteil 0·3; gute Wuchsform u. Holzbeschaffenheit; erreichbares Alter 200—250 J.
Ingering-Wasserberg P.:Bischoffeld	Gaalgraben, Ingeringbach-, Vornitz-, Zinkenbachgraben	32° 12'—27' / 47° 16'—22'	Kristalline Schiefer; Granitgneis, Schiefergneis, Glimmerschiefer	v	m	ei	K Z	900 bis 1800	alle Richtungen und Neigungsgrade	Fi, Ta, Zi, Krummholzkiefer	Bestockungsanteil 14 v. H. von 5290 ha; auf 91 ha Lä vorherrschend, im geschlossenen Bestande
Admontbichl bei Obdach (Stift Admont)	Weite Gemeinwald, Kaserwald, Hornschuhwald, Brandwald, Bockgraben	32° 16'—21' / 47°—47° 5'	Kristalline Schiefer; Schiefergneis (Sedimentgneis) mit vereinzelten Kalkadern	—	m	ei	K	1150 bis 1700	N, NE, E, SE; 0°—30°	Fi, Zi	Lä-Anteil 20 v. H. von 1700 ha, freistehende in Hochlagen abholzig
Trieben (Stift Admont)	Umgebung Trieben, Triebental, Hohentauern	32° 8'—14' / 47° 25'—30'	Kristalline Schiefer, Quarzphyllite	—	m	ei	(K)	700 bis 1700	alle Richtungen und Neigungsgrade	Fi, Ta, Zi (Bu)	Bestockungsanteil 20 bis 30 v. H.; in Mittellagen vorzügliche Wuchsform, Holzgüte u. Massenerzeugung

Forstamt	Waldorte	Geogr. Länge und Breite (ö. v. Ferro)	Geolog. Formation bezw. Formationsgruppe und Grundgestein	Bestand			Kampfzone, Zwergform	Meereshöhe der Punkte nachgewiesenen Vorkommens	Hangrichtung, Neigung	Mischholzarten	Anmerkung
				rein oder vorherrschend	Mischholz	eingesprengt					
Bezirksforstinspektion Judenburg	Kleinlobming bis Stubalpe	32⁰ 31'—37' 47⁰ 5'—10'	Glimmerschiefer, kristalliner Kalk, Gneis	v	m	ei	K Z	650 bis 1650	meist N, mäßig steil bis steil	Fi	Lä-Bestockungsanteil 0·3
„	Wasserleithgraben (Gemeinde St. Marein bei Knittelfeld)	32⁰ 32' 47⁰ 17'—21'	Kristalline Schiefer, Orthogneis	(r) (v)	m	ei	K	700 bis 1700	E, W, meist steil	Fi	Lä-Anteil 0·2
Glein	Gleinalpe	32⁰ 36'—42' 47⁰ 10'—15'	Kristalline Schiefer, Gneis	—	m	ei	(K)	800 bis 1800	alle Richtungen, steil bis sehr steil	Fi	Lä-Anteil 0·2 von 2334 ha Gesamtwaldfläche
Leobner Wirtschaftsverein	Bürgerwald, Kaintal, Treffning, Lobming	32⁰ 40'—45' 47⁰ 17'—28'	Paläozoische Schiefer, Kalke; Gneis	—	m	ei	—	545 bis 1650	„	Fi, Ta, Ki, Bu, Eiche	Lä-Anteil 0·2, meist vollholzig, vollkernig, gesund bis zu einem Alter von 180 Jahren
Liesingau	Reviere: Magdwiesen, Reitingau	32⁰ 28'—33' 47⁰ 24'—26'	Altpaläozoische Schiefer, z. T. kalkig	—	m	ei	—	720 bis 1600	alle Richtungen und Neigungsgrade	Fi, z. T. Ki	Lä-Anteil 0·2—0·3 von 2880 ha
Mautern	Leims, Rannach	32⁰ 30'—34' 47⁰ 22'—24'	Phyllit und Gneis	—	m	ei	—	720 bis 1800	„	Fi	Lä-Anteil 0·2—0·3 von 2284 ha
Göß u. Schladnitz	Gößgraben, Schladnitzgraben	32⁰ 44'—51' 47⁰ 18'—21'	Kristalline Schiefer, Mischgneis u. Orthogneis	—	m	ei	—	800 bis 1700	„	Fi, z. T. Ki	Lä-Anteil 0·2—0·3 von 4905 ha
St. Stefan	Reviere: Lobming, Kaisersberg, Kraubath	32⁰ 31'—46' 47⁰ 13'—22'	Gneis, Serpentin	—	m	—	(K)	600 bis 1900	„	Fi, z. T. Ki	Lä-Anteil 0·2 von 3434 ha
Leoben	Kletschach, Tollinggraben	32⁰ 43'—49' 47⁰ 23'—26'	Phyllit, paläozoische Schiefer	—	m			600 bis 1400	„	„	Lä-Anteil 0·2 von 697 ha

Tabelle 11. Die Lärche im steirischen Enns- (und Traun-) Gebiet.

Forstamt	Waldorte	Geogr. Länge und Breite (ö. v. Ferro)	Geolog. Formation bezw. Formationsgruppe und Grundgestein	Bestand			Kampfzone, Zwergform	Meereshöhe der Punkte nachgewiesenen Vorkommens	Hangrichtung, Neigung	Mischholzarten	Anmerkung
				rein oder vorherrschend	Mischholz	eingesprengt					
Bez.-Forstinspektion Stainach	Bäuerliche Waldungen an den Hängen beiderseits der Enns von der steir.-salzburg. Landesgrenze bis hinter Wörschach	31⁰ 15'—50' 47⁰ 18'—35'	Kristalline Schiefer; Orthogneis, Quarzphyllit, kristalliner Kalk, Glimmerschiefer; Trias- u. Jurakalke	(r)	m	ei	K	700 bis 1700	alle Hangrichtungen u.Neigungsgrade	Fi, Ta; Bu, in Hochlagen; Zi, Krummholz	Lä-Anteil 0·1—0·3 von ca. 20.000 ha, Wuchsform u. Holzgüte (ausgenommen „Graslärchen" von Weidegründen der Tieflagen) sehr gut; Alter 250 Jahre und mehr

Forstverwaltung	Reviere / Lage	Geographische Lage	Geologie	v	m	ei	K/Z	Höhenlage (m)	Exposition	Holzarten	Bemerkungen
Öblarn (Colloredo-Mannsfeld)	Reviere Schladming, Kamp, Schwarzensee, Walchen	31° 22'—43'; 47° 18'—30'	Kristalline Schiefer, Gneis; Quarzphyllit, kristalliner Kalk, Glimmerschiefer; Triaskalk	v	m	ei	K / Z	800 bis 1900	„	Fi, Zi	Lä-Anteil durchschnittlich 0·1—0·3
Öblarn (Feltrinelli)	Waldgut Kammergebirge, Lengdorf, Waldgut Mößna	31° 36', 47° 29'; 31° 42', 47° 20' 20"	Triaskalk; Glimmerschiefer	v	m	ei	K / Z	1100 bis 1600	„	Fi, Zi	Lä-Anteil 0·2—0·3 von 2964 ha und 0·1 von 2086 ha
Donnersbach	Reviere Donnersbach, Hochfuchs, Trautenfels, Donnersbachwald	31° 44'—50'; 47° 20'—30'	Glimmerschiefer, kristall. Kalk u. Quarzphyllit	—	m	ei	K / Z	800 bis 1700	„	Fi, Ta	Durchschnittl. Lä-Anteil 0·1, Wuchsformen sehr gut, Alter bis 250 Jahre (einzelne Stämme)
Rottenmann	Pacheralm, Singsdorf, Glabucken, Strechental, Gullingtal	31° 55' bis 32° 6'; 47° 23'—31'	Schiefergneis u. Orthogneis, Quarzphyllit, Glimmerschiefer	v	m	ei	Z	700 bis 1810	„	Fi, Zi, stellenweise Weißkiefer, Bergahorn; Krummholzkiefer	Lä-Anteil 0·25 der Gesamtwaldfläche von 4705 ha; erreichbares Alter gesunder Stämme 220 Jahre; Schlangenlärche
Eisenerz	Schwabeltal, Jassingau, Seeau, Gsollgraben, Galleiten	32° 25'—39'; 47° 29'—39'	Untere, mittlere u. obere Trias, Kalke u. Mergel	(v)	m	ei	Z	500 bis 1600 (z bis 1800)	„	Fi; Bu, Ta, Fi	Anteil durchschnittl. knapp 0·1 von 6877 ha; in Schutzwäldern höherer Lagen Lärche stellenweise vorherrschend
Bad Aussee (Ö.B.F.)	Von der Landesgrenze am Pfalzkogl—Sarstein—Sandling—Schönberg bis Weiße Wand—Türkenkogl—Rötelstein	31° 20'—43'; 47° 32'—43'	Trias, Jura; Kalke und Mergel	—	m	—	K / Z	600 bis 1500	bes. Schattseite; K u. Z im Felsgeschröff	Fi, Ta, Bu	Durchschnittl. Lä-Anteil 0·1, Alter bis 250 J.
Hinterberg (Ö.B.F.) in Mitterndorf	Im ganzen Gebiete der Forstverwaltung	31° 25'—40'; 47° 30'—38'	Trias, Dachsteinkalk	—	m	ei	K	800 bis 1600	alle Richtungen u. Neigungsgrade	Fi, Ta, Bu; Hochlagen einz. Zirben	Lä-Anteil 9 v. H. auf einer Gesamtwaldfläche von rund 10.000 ha
Klachau-Wörschach	Steinacher Waldungen, Wörschachwald, Gnanitz, Grimming	31° 43'—51'; 47° 32'—39'	Trias, Dachsteinkalk, Gutensteinerkalk, Hauptdolomit; Jura, Mergel; Kreide, Gosaumergel und Sandstein	v	m	ei	Z	670 bis 1900	„	Fi, Ta, Bu, Ahorn, Esche usw. Hochlagen Bergkiefer u. Zirbe	Erreichbares Alter (Grimming, Gnanitz) bis 400 Jahre
Liezen	Burgstall, Steinfeld, Karboden, Bernegg, Hochangern, Rottenkogl, Schloßalm	31° 51'—54'; 47° 35'—38'	Trias, Dachsteinkalk; Kreide, Gosaumergel	—	m	ei	Z / K	700 bis 2000	alle Richtungen; eben, mäßig bis schroff	Fi, Bu, Ta, Bergahorn; Zi, Bergkiefer	In tieferen Lagen bis etwa 1200 m beste Wuchsformen, mehrhundertjähriges Alter; in den Wänden Krüppelformen
Admont (Landesforstverwaltung) a) Gesäuse,	32° 15'—20'; 47° 30'—35'	Obere u. mittlere Trias, Kalk u. Dolomit; Silur, Schiefer, Kalk	—	m	—	—	500 bis 1400	N, S, steil, schroff; meist N, steil oder mäßig	Fi, Ta, Bu	a) Anteil 0·3—0·4 von 2000 ha (ausgenommen mit Fi aufgeforstete ehemalige Kohlholzschläge); Alter bis 250 Jahre.
b) Johnsbach, Schattseite			—	m	—	—	800 bis 1300			b) Anteil 0·2 von 2000 ha

Forstamt	Waldorte	Geogr. Länge und Breite (ö. v. Ferro)	Geolog. Formation bezw. Formationsgruppe und Grundgestein	Bestand			Kampfzone, Zwergform	Meereshöhe der Punkte nachgewiesenen Vorkommens	Hangrichtung, Neigung	Mischholzarten	Anmerkung
				rein oder vorherrschend	Mischholz	eingesprengt					
Gr.-Reifling (Ö. B. F.)	Krippau, Palfau, Raffelgraben, rechtes u. linkes Salzaufer, Akogl, Gams, Goß, Lerchkogl, Steinerwand, Gmde. Landl	32⁰ 20'—32' 47⁰ 38'—43'	Trias, Jura, Kreide; Kalke, Dolomit, Mergel	—	m	—	—	600 bis 1600	alle Richtungen u. Neigungsgrade	Fi, Ta, Bu	Bestockungsanteil 0·1 bis 0·2
Wildalpen (Ö. B. F.)	Gehart, Brunnmäuer, Geiger, Ilmlahn, Hühnerkogl, Schneßlgraben, Lahnbauer, Lercheck	32⁰ 34'—45' 47⁰ 37'—44'	Untere, mittlere u. obere Trias, Kalk; Diluvium, Schotter	v	m	ei	—	700 bis 1700	alle Richtungen, mäßig bis steil	Fi, Ki, Ta, Bu, Esche, Ahorn, Birke, Bergkiefer	Wuchsform u. Holzbeschaffenheit bis etwa 1200 m sehr gut, erreichbares Alter bis 200 Jahre. Massenerzeugung übertrifft die der anderen Holzarten

Tabelle 12. Die Lärche im Gebiete des Mürztales.

Forstamt	Waldorte	Geogr. Länge und Breite (ö. v. Ferro)	Geolog. Formation bezw. Formationsgruppe und Grundgestein	Bestand			Kampfzone, Zwergform	Meereshöhe der Punkte nachgewiesenen Vorkommens	Hangrichtung, Neigung	Mischholzarten	Anmerkung
				rein oder vorherrschend	Mischholz	eingesprengt					
Frauenberg bei Bruck a. d. Mur	Buchwald, Aichberg, Hiesbauer, Rennfeld	32⁰ 59'—33⁰ 2' 47⁰ 25'—26'	Kristalline Schiefer, Gneis; Graphitschiefer, Phyllit	—	m	ei	—	900 bis 1600	alle Richtungen; mäßig bis steil	Fi, Ta, Bu	Lä-Anteil durchschnittlich etwa 25 v. H. von 650 ha; Alter bis 150 J.
Stanz	Gut Stanz	33⁰ 10'—15' 47⁰ 28'	Kristalline Schiefer, Gneis, Phyllit	—	m	—	—	700 bis 1580	„	Fi, Ta (Bu)	Lä-Anteil durchschnittl. 25 v. H.; sehr gute Beschaffenheit, Alter bis 200 Jahre
Tragöß	Vordernberg, Kl.-Schilling, Silberberg, Rötzgraben, Talerkogl, Trenchtling	32⁰ 39'—42' 47⁰ 25'—32'	Altpaläozoische Schiefer, auch kalkig-dolomitische	—	m	ei	Z	700 bis 1600	„	Fi, Bu, Bergkiefer	Lä-Anteil 0·3 von 1980 ha
Büchsengut — Thörl bei Aflenz	St. Ilgen, Ilgner Hocheck, Oisching	32⁰ 50'—57' 47⁰ 33'—36'	Trias, Kalk	—	m	ei	—	700 bis 1200	„	Fi, Ta	Lä-Anteil 0·3—0·4 auf 1500 ha; Wuchsform u. Holzbeschaffenheit sehr gut
Krieglach	Freßnitzgraben, Treibach, Stangalpe, Teufelstein	33⁰ 12'—16' 47⁰ 28'—31'	Kristalline Schiefer, Phyllit, Orthogneis	—	m	—	—	650 bis 1490	„	Fi, Ta, Ki, Bu	Lä-Anteil 0·2 von 2675 ha; Alter bis 150 Jahre, Wuchsform u. Holzgüte befriedigend
Hohenwang	Revier Langenwang (Pretulalpe, Königskogl, Sulzkogl). Revier Längsberg (Roßkogl, Lerchkogl, Kreuzschober), Revier Veitsch (Roßeck, Schwarzkogl)	33⁰ 5'—25' 47⁰ 33'—37'	Trias, Kalk; Urgestein, Gneis, Phyllit; paläozoische Schiefer	—	m	ei	—	650 bis 1550	alle Hangrichtungen u.Neigungsgrade	Fi, Ta, Bu	Lä-Anteil 0·1 von 2176 ha, 0·15 von 2980 ha, Alter bis 190 Jahre
Mürzzuschlag (Ö. B. F.)	Försterbezirk Hochreit	33⁰ 25'—28' 47⁰ 33'—35'	Orthogneis u. Phyllit	—	m	ei	—	1200 bis 1350	„	Fi, Ta, (Bu)	Pretulalpe, Talabschluß des Ganzbaches, von etwa 1400 m aufwärts reine Fi (ohne Lä); Osthang des Auersbaches: von 1350 m aufwärts reine Fi

Neuberg-Mürzsteg (Ö. B. F.)	Tebrin, Dürrntal, Brauntal, Veitschalpe, Eibelgraben, Kohlmaiswand und andere	33° 8'—20' 47° 40'—44'	Untere, mittlere u. obere Trias, Werfenerschiefer, Dachsteinkalk, Hauptdolomit	—	m	ei	Z	800 bis 1400	„	Fi, Ta, Ki, Bu, Bergkiefer	Tebrin Anteil 0·3 auf 530 ha, erreichb. Alter bis 250 Jahre; Dürrntal 0·2 auf 308 ha; in manchen anderen Abteilungen nur eingesprengt, in manchen Gebieten überhaupt nicht vorkommend

Tabelle 13. Die Lärche auf der Außenseite des steirischen Randgebirges.

Kirchberg am Wechsel	Revier Feistritzwald (Kl. Pfaff, Sturmleiten, Feistritzwald u. andere)	33° 29'—35' 47° 30'—34'	Kristalline Schiefer, Gneis, Quarzphyllit, zentralalpiner Quarzit	—	m	ei	Z	1100 bis 1500	alle Hangrichtungen, mäßig bis steil	Fi, Ta, Ki,	Feistritzwald: im Altholz nur eingesprengt
Frauenwald	Frauenwald-Feistritzwald	33° 32' 47° 32'	Kristalline Schiefer, Gneis, Phyllit	—	m	ei	—	950 bis 1500	W, N	Fi, Ta	5 v. H. auf 2632 ha, Alter bis 200 J., Wuchsform u. Holzbeschaffenheit sehr gut
Glashütte	Kohlsiedlwald, Rauchbachleiten, Hilmberg	33° 38'—42' 47° 28'—30'	Kristalline Schiefer, Gneis	—	—	ei	—	1250	N, S	Fi, Ta, Ki, Birke, Bu	5 vom Tausend, Alter bis 200 Jahre
Bezirks-Forstinspektion Hartberg	Haberlwald, Knollenwald, Schäffenwald	33° 45'—46' 47° 25'—30'	Kristalline Schiefer, Gneis	—	—	ei	—	600 bis 800	E, SE, W	Fi, Ta, Ki, Bu	Gering eingesprengt, Holzbeschaffenheit sehr gut, Alter bis 150 Jahre
„	Bergwald, Todter Mann, Größenberg	33° 25'—26' 47° 23'—25'	Urgestein, Granitgneis	—	—	ei	—	900 bis 1200	NE	Fi, Ta, Ki,	Gmde Wenigzell gegen 0·1 Lä von 383 ha
Pöllau	Rabenwald, Schweighofwald	33° 25'—27' 47° 17'—18'	Urgestein, Granitgneis	—	m	ei	—	800 bis 1281	NE, N, mäßig steil	Fi, Ta, Bu	Lä-Anteil 0·2 von 470 ha, Alter bis 100 Jahre
Thannhausen bei Weiz	Raaswald, Zetz („Lerchbauer"), Frauenwald b. Unter-Eichen	33° 18'—20' 47° 12'—18'	Silur- u. Devonschiefer, kalkig-dolomitisch	—	m	ei	—	500 bis 1275	alle Richtungen, eben bis mäßig steil	Fi, Ta, Ki, Bu	Lä-Anteil 15—20 v. H. von rund 1500 ha, Alter bis 300 Jahre
Waldstein	Reviere Waldstein, Kleinthal, Neuhof im Übelbachtal	32° 46'—57' 47° 12'—16'	Silur, Schiefer, auch kalkig-dolomitische	v	m	ei	—	450 bis 1500	alle Richtungen, mäßig bis sehr steil	Fi, Ta, Bu	Lä-Anteil 0·15, Alter bis 160 Jahre
Mixnitz	Kat.-Gemeinden Zlatten, Traföß, Kirchdorf, Röthelstein, Mixnitz, Roßgraben	32° 56'—33° 6' 47° 17'—22'	Kristalline Schiefer, Gneis, Amphibolit; Devon, kalkig-dolomitische Schiefer	—	m	—	—	425 bis 1600	meist" steil bis sehr steil	Fi, Ta, Ki, Bu, Ahorn	Alter bis 220 Jahre
Peggau	Gut Peggau des Stiftes Vorau	32° 2' 47° 12'	Devon, Schiefer, Kalk	—	m	—	—	450 bis 1000	alle Richtungen u. Neigungsgrade	Bu, Fi, Ki, Ta	Alter bis 150 Jahre

Forstamt	Waldorte	Geogr. Länge und Breite (ö. v. Ferro)	Geolog. Formation bezw. Formationsgruppe und Grundgestein	Bestand			Kampfzone, Zwergform	Meereshöhe der Punkte nachgewiesenen Vorkommens	Hangrichtung, Neigung	Mischholzarten	Anmerkung
				rein oder vorherrschend	Mischholz	eingesprengt					
Gösting bei Graz	Raachberg, Göstinger Schöckl	33⁰ 2′, 47⁰ 6′ 33⁰ 7′, 47⁰ 12′	Altpaläozoikum, Silur, Kalk, Dolomit, Mergel	—	m	ei	—	660 bis 1350	N, S mäßig bis steil und sehr steil	Fi, Bu, Weißbuche, Kiefer, Eiche	Lä-Anteil stellenweise 0·3
Kainach bei Voitsberg	Gallmannsegg, Oswaldgraben	32⁰ 40′—45′ 47⁰ 10′	Kreide, Kalk	—	—	ei	—	600 bis 900	S, N mäßig bis steil	Fi	Lä-Anteil ca. 0·1
Ligist	Oberwald-Sommereben, Hebalpe-Stockeralpe	32⁰ 42′—55′ 46⁰ 55′	Kristalline Schiefer, Sedimentgneis	—	—	ei	—	600 bis 1400	N, E, S, W	Fi, Ta	Lä überall eingesprengt; wertvolles Holz
Stainz bei Graz	Rosenkogl, Schönegg	32⁰ 49′; 46⁰ 53′ 32⁰ 54′ 40″ 46⁰ 54′ 20″	Kristalline Schiefer, Gneis	(v)	(m)	ei	—	500 bis 1300	NE, E, SE, SW	Fi, Ta, Ki,	Lä-Anteil 5 v. H. von 1600 ha und 1 v. H. von 200 ha
Deutsch-Landsberg	In allen Liechtensteinschen Revieren	32⁰ 50′—54′ 46⁰ 45′—53′	Kristalline Schiefer, Gneis	—	m	ei	Z	375 bis 1800	alle Richtungen u. Neigungsgrade	Fi, Bu, Ta, Ki	Lä-Anteil ca. 0·1
Höllgraben-Pernik	Pernik, Gemeinde Soboth; Skorianz, Gmde Laaken	32⁰ 43′, 46⁰ 40′ 32⁰ 46′, 46⁰ 39′	Kristalline Schiefer, Glimmerschiefer	—	m	ei	—	900 bis 1200	,,	Fi, Ta, Bu	Lä-Anteil 0·1 von 272 ha und 0·3 von 356 ha

Tabelle 14. Die Lärche im Gebiet der Hohen Tauern Kärntens.

Forstamt	Waldorte	Geogr. Länge und Breite (ö. v. Ferro)	Geolog. Formation bezw. Formationsgruppe und Grundgestein	Bestand			Kampfzone, Zwergform	Meereshöhe der Punkte nachgewiesenen Vorkommens	Hangrichtung, Neigung	Mischholzarten	Anmerkung
				rein oder vorherrschend	Mischholz	eingesprengt					
Forstamt der Waldgemeinschaft Obermölltal	Fleißwald, Apriacherwald, Mittnerwald, Kolmwald, Zirknitz, Eggwald, Gradental	30⁰ 28′ 50″ bis 37⁰ 20″ 47⁰ 3′ 20″ bis 46⁰ 58′	Untere Schieferhülle, Glimmerschiefer und Gneise; Granitgneis	v	m	ei	—	1000 bis 1900	alle Hangrichtungen u. Neigungsgrade	Fi, Zi (Weißerle)	Lä von der Talsohle bei 1000 m u. mehr bis zur oberen Baumgrenze bei 1900 m; vorherrschend (0·8 Lä) auf 724 ha, Mischholz (0·3 Lä) auf 824 ha, eingesprengt auf 60 ha
Forstamt der Waldgemeinschaft Obermölltal	Astnerwälder	30⁰ 35′—39′ 46⁰ 56′ bis 57′ 30″	Kristalline Schiefer, Glimmerschiefer, Mischgneis; Paläozoikum, Quarzit u. Schiefer	v	m	ei	—	1600 bis 1900	,,	Fi, Zi	Lä vorherrschend (0·9) auf 123 ha, Mischholz (0·2) 255 ha, eingesprengt auf 14 ha
,,	Wangenitzenwald, Granitzkoflwald	30⁰ 30′—32′ 46⁰ 55½′ bis 56′	,,	v	m	—	—	1500 bis 1800	N, NE, NW	Fi, Zi	Lä 0·8 auf 51 ha u. 0·3 auf 133 ha
,,	Zirmwald, Kolmitzen, Stabichwald, Stadlerwald	30⁰ 33′—38′ 46⁰ 53′—56′	Mischgneis	—	m	ei	—	900 bis 1900	alle Richtungen u. Neigungsgrade	Fi, Zi	Lä-Anteil 0·3 auf 285 ha, eingesprengt auf 230 ha

Lainach, Mölltal	Zlainitzgraben, Lamitzgraben, Wöllatal	30° 34'—46' / 46° 49'—55'	Kristalline Schiefer, Glimmerschiefer, Gneis; Diluvium, Moränen	v	m	—	K Z	800 bis 2000	"	Fi, Zi; in tieferen Lagen auch Ta eingesprengt	Lä-Anteil über 0·2 auf 2331 ha; von 800 bis 1800 m sehr gute Holzbeschaffenheit; erreichbares Alter 500 Jahre u. mehr
Obervellach (Ö. B. F.)	Teuchl, Ragga-Weißenstein, Seebachtal-Mallnitz (Schrammwald), Kaponigforst u. andere	30° 47'—53' / 46° 52' bis 47° 1'	Glimmerschiefer, Gneis, Phyllit	—	m	ei	K	700 bis 2000 (2100)	"	Fi, Zi; bis zu 1200 m auch etwas Ta u. Bu; Weißerle	Lä-Anteil 0·3 von 4071 ha (Gesamtfläche 4546 ha); gute Holzbeschaffenheit; Stämme von 300—350jähr. Alter nicht selten
Gmünd Ob.-Kärnten	Revier Radl, Radlgraben; Platzgraben, Dornbach, Rev. Eisentratten, Leobengraben; In der Ronach	31° 4'—17' / 46° 52'—58'	Granitgneis, Glimmerschiefer, Mischgneis, Phyllit	—	m	ei	K	750 bis 2000	"	Fi (Ta, Bu)	Lä-Anteil durchschnittlich 0·3 auf 4696 ha; gute Holzbeschaffenheit
"	Revier Rauchen-Katsch, Kremsgraben, Purbachwald, oberes Liesertal; Revier Pflüglhof, Gößgraben, Maltatal	31° 1'—27' / 46° 56' bis 47° 4'	Granitgneis, Glimmerschiefer, Kalkphyllit	v	m	ei	K	850 bis 1800	"	Fi (Bu, Linde, Ulme)	Durchschnittlicher Lä-Anteil 0·3 auf 5000 ha (0·5 auf 500 ha, oberes Liesertal)
Millstatt (Ö. B. F.)	Knotenrain u. Sachsenweg, Mühldorf (Mühldorf-Kolbnitz)	30° 57'—31° / 46° 50'—53'	Kristalline Schiefer, Gneis, Glimmerschiefer	v	m	—	K	1000 bis 1600	N mäßig bis steil	Fi, Zi, Ta, Bu	Lä-Anteil 0·3; gute Holzbeschaffenheit, Alter bis 150 Jahre

Tabelle 15. Die Lärche im Gebiete der Norischen Alpen Kärntens (Gurktaler und Lavanttaler Alpen) und im Klagenfurter Becken.

Millstatt	Grundalpe, Grathalerriegl, Kofler- und Schiestlnock	31° 25'—28' / 46° 53'—55'	Paläozoische Schiefer, kristalline Kalke	—	m	—	K	1500 bis 1900	NW, NE mäßig bis steil	Fi, Zi	Lä-Anteil 0·3, Alter bis 200 Jahre
"	Buchwald, Zedlerwald, Hochgosch (Ufer des Millstätter Sees)	31° 12'—18' / 46° 46'—48'	Kristalline Schiefer, Glimmerschiefer, Sedimentgneis	—	m	—	—	580 bis 800	"	Fi, Ki, Bu, Ta	Gute Holzbeschaffenheit, Alter bis 150 J.; Beispiel für Vorkommen bei geringer Höhe
Bezirks-Forstinspektion Villach	Döbriach-Mirnock-Amberger Alpe, Wöllaner-Nock	31° 20'—30' / 46° 41'—47'	Kristalline Schiefer, Gneis; Paläozoikum, Phyllite	v (Hochlagen)	m	ei	K Z (Hochlagen)	600 bis 1800	alle Hangrichtungen u. Neigungsgrade	Fi, Ta, Bu, Kie	Lärchenanteil in 1400 bis 1600 m vorherrschend, im Mittel 0·3
Gemeinden Albeck, Sirnitz, Gnesau	Piskowitsch-Kalsberg, Auf der Sonnleiten b. Zedlitzdorf, Eggenriegl, In Kegeln, Steinbühel, Holzern	31° 36'—44' / 46° 48'—54'	Paläozoikum, Phyllite	v	m	—	—	1000 bis 1700	"	Fi, Ki, Bu, Zi	Wuchsform und Holzbeschaffenheit gut; erreichbares Alter 300 bis 400 Jahre (bei Widitscher alte Lärche mit 2·3 m Durchmesser), Anteil durchschnittlich 0·3
Himmelberg	Himmelberg-Saurachberg-Katzelberg-Mooswald-Grilzberg-Görlitzen (Schattseite des Teuchentales)	31° 32'—42' / 46° 43'—46'	Metamorphes Paläozoikum, Phyllite	—	m	—	—	670 bis 1767	meist N, NE, W mäßig bis steil	Vorherrschend Fi; vereinzelt Ta, Bu, Ki	Bestockungsanteil 0·25 bis 0·30; im geschlossenen Bestand (bis 1600 m) vollholzig, astrein, über 1600 m (Weidegebiet, Freistand) astig, abholzig. Alter bis 200 Jahre

Forstamt	Waldorte	Geogr. Länge und Breite (ö. v. Ferro)	Geolog. Formation bezw. Formationsgruppe und Grundgestein	Bestand rein oder vorherrschend	Bestand Mischholz	Bestand eingesprengt	Kampfzone, Zwergform	Meereshöhe der Punkte nachgewiesenen Vorkommens	Hangrichtung, Neigung	Mischholzarten	Anmerkung
Villach (Ö. B. F.)	Ossiacher Tauern, Görlitzen	31° 35′—43′ 46° 39′—43′	Metamorphes Paläozoikum, Phyllite	—	m	ei	—	510 bis 1650	alle Richrichtungen u. Neigungsgrade	Fi, Ta, Bu	Lä-Anteil 8—12 v. H.; gute Wuchsformen, außer an windgefährdeten Stellen
Bezirks-Forstinspektion Klagenfurt	Bei den drei Kreuzen, In Kegeln	31° 35′—40′ 46° 50′—55′	„	v	m	—	—	1500 bis 1737	W	Fi, Zi	Lä-Anteil 0·7, vollholzig, astrein, sehr gute Holzbeschaffenheit, Alter bis 200 Jahre
Goeß'sche Forstdirektion Klagenfurt	Sattnitz-Ulrichsberg-Gallinberg, Hocheck, Paulsberg, Winkl-Reichenau	31° 47′—58′ 46° 36′—47′; 31° 32′, 46° 53′	Tertiär, Konglomerat, kristallin. Kalk, paläozoische Phyllite, Glimmerschiefer	—	m	ei	—	450 bis 1700	alle Richtungen, mäßig bis sehr steil	Fi, Ta, Bu, Föhre, Zirbe	Lä-Anteil Sattnitz 2 v. H. auf 369 ha, Hocheck-Bach 30 v. H. auf 116 ha; Alter bis 150 Jahre
Bezirks-Forstinspektion St. Veit a. d. Glan	Grebenzenalpe, St. Donat, Göseberg, Ranftkogel, Bockbühel	31° 40′—32° 7′ 46° 44′—47° 3′	Paläozoikum, Schiefer, auch kalkig-dolomitisch; Glimmerschiefer; Diluv., Moränen	—	m	ei	K Z	465 bis 1900	alle Richtungen, mäßig bis steil	Fi, Weißkiefer	St. Donat Beispiel für tiefgelegenes Vorkommen (465 m); Anteil häufig 0·3—0·4 (z. B. Ranftkogel 0·4 auf 90 ha)
Griffen	Saualpe-Heftschwaig; Sriedma	32° 19′—20′ 46° 42′—46′	Gneis, Glimmerschiefer, paläozoisch. Phyllit	v	m	ei	—	700 bis 1500	alle Richtungen u. Neigungsgrade	Fi, Ta (Bu)	Lä-Anteil 0·2—0·5
St. Leonhard	Schirnitzwald, Sommerauerwald, Mischlingwald, Waldensteinerwald, Görlitzen	32° 18′—42′ 46° 54′—47° 1′	Mischgneis (Sedimentgneis) mit körnigem Kalk	—	m	ei	K	800 bis 1400	„	Fi	Lä-Anteil 0·3 von 3596 ha; Holzbeschaffenheit gut, läßt nur bei 200jährig. Überhältern zu wünschen übrig
Pernerdorf, Lichtengraben bei St. Leonhard	Raningberg, Zegges, Teufenbachbrändl, Wisperndorf	32° 29′—30′ 46° 49′—47° 1′	Mischgneis mit körnigem Kalk	—	m	ei	K Z	800 bis 1500	„	Fi, Ki	Lä-Anteil durchschnittlich 0·2—0·3 auf zirka 800 ha; Alter bis 150 Jahre
Wolfsberg	Praken, Wolfsberg, Prössinggraben	32° 20′—39′ 46° 50′—52′	Kristalline Schiefer, Gneis, Glimmerschiefer; körniger Kalk	—	m	ei	—	460 bis 1800	W, N, NW steil bis sehr steil	Fi	Lä 0·2 auf rund 800 ha, Alter bis 150 Jahre
St. Andrä im Lavanttal	Krakaberg, Kleinalpe, Rainz	32° 35′—40′ 46° 44′—46′	Gneis, Glimmerschiefer, körniger Kalk	—	—	ei	—	1000 bis 1400	W, SW, S, SE, mäßig bis steil	Fi, Ta, Bu	Lä nur sehr spärlich eingesprengt (Waldfläche 2232 ha)
Bezirks-Forstinspektion Wolfsberg	Lorenzenberg, Magdalensberg, Lamprechtsberg, Weißenberg, Gundisch, Steinberg, Rabensteingreut	32° 31′—40′ 46° 37′—45′	Gneis, Glimmerschiefer, kristalliner Kalk	—	—	ei	—	500 bis 1440	alle Richtungen u. Neigungsgrade	Fi, Ta, Ki, Bu	Lä-Anteil 0·1 auf 5500 ha, Alter bis 100 Jahre

Höllgraben-Pernik	Gemeinde Goritzenberg	32° 40' 36° 35'—40'	Glimmerschiefer, kristalliner Kalk	—	—	ei	—	900 bis 1400	N	Fi, Ta	Lä-Anteil 0·1 auf 675 ha, gute Holzbeschaffenheit, Alter über 100 J.
St. Paul	Rabenhof, Hofwald, Reinkogl, Witternig, Hofstädterkogl, Kasparstein, Lavamünder Alpe	32° 30'—38' 46° 39'—43'	Tertiär, Sandstein; Untere Trias, Werfener Schiefer; Urgestein, Glimmerschiefer, Kalk	—	—	ei	—	400 bis 1400	alle Hangrichtungen u. Neigungsgrade	Fi, Ta, Kie, Bu	Lä-Anteil 5—10 v. H., Alter bis 100 Jahre u. darüber
Finkenstein	Reviere Velden und Landskron	31° 33'—40' 46° 37'—39'	Paläozoischer Phyllit, Glimmerschiefer, Gneis, kristalliner Kalk	—	—	ei	—	600 bis 800	N, mäßig bis steil	Fi, Ta, Kie, Bu	Eingesprengt auf 250 ha, Alter bis 250 Jahre
Bezirks-Forstinspektion Villach	Villacher Becken vom Fuße der Karawanken bis zum Ossiacher See	31° 30'—40' 46° 33'—39'	Diluvium, Schotter, Moränen; paläoz. Phyllite; Gneis, kristalliner Kalk	—	—	ei	—	510 bis 1000	alle Richtungen u. Neigungsgrade	Kie, Fi, Bu	Lä eingesprengt; Wuchsformen u. Holzbeschaffenheit gut

Tabelle 16. Die Lärche in den Gailtaler und Karnischen Alpen und den Karawanken Kärntens.

Bez.-Forstinspektion Hermagor	Lessachtal, Gemeinden Luggau, Birnbaum, St. Jakob; Gailtal, Mauthen, Kötschach, Stollwitzer- u. Stranigerwald	30° 22'—49' 46° 36'—45'	Kristalline Schiefer, Gneis, Glimmerschiefer; Paläozoikum, Silurschiefer, Quarzphyllit	—	m	ei	Z	700 bis 2000	alle Richtungen, mäßig bis steil	Fi, Ta, Bu, Ki, Bergkiefer	Lessachtal: 0·15 auf 17.000 ha; Holzbeschaffenheit gut bis sehr gut, Alter bis 200 Jahre
Greifenburg	Jauken, Reißkofelgruppe	30° 40'—50' 46° 40'—45'	Alpine mittlere Trias, Kalk	—	m	ei	Z K	600 bis 1900 u. etwas darüber	alle Richtungen u. Neigungsgrade	Fi, Ta, Bu, Weißkiefer	Lä-Anteil im Mittel ca. 0·2, zwischen 1700 bis 1900 m vorherrschend
Bez.-Forstinspektion Hermagor	Forstberg, Stöfflerberg, Unterbuchacher Alpe, Reißkofelgebiet, Gartnerkofel—Osternig	30° 48'—31° 10' 46° 34'—40'	Paläozoikum, Quarzphyllit; Schiefer, auch kalkig-dolomitische	v	m	ei	Z	800 bis 1600	alle Richtungen, mäßig bis schroff	Fi, Ta, Ki, Bu	Durchschnittl. Lä-Anteil 0·1, Alter bis 160 Jahre; auch hier Vorkommen nach oben hin häufiger; im Tal besonders auf Schattseiten
Millstatt (Ö. B. F.)	Siflitz, Bärenbad (Sachsenburg)	31° 1'—7' 46° 45'—50'	Urgestein, Glimmerschiefer, kristalliner Kalk	—	m	ei	—	600 bis 1759	alle Richtungen, mäßig bis steil	Fi, Ki, Ta, Bu	Lä-Anteil Siflitz 0·4, Bärenbad 0·1, Alter bis 200 Jahre
Paternion	Altenberg, Kowesnock, Pfantal, Steintal, Golsernock	31° 5'—20' 46° 38'—44'	Alpine untere, mittlere und obere Trias, Kalk	v	m	ei	K	600 bis 1800	,,	Fi, Bu, Ta (Föhre)	Lä-Anteil 0·3 von 8000 ha; auf Schattseiten besserer Wuchs

Forstamt	Waldorte	Geogr. Länge und Breite (ö. v. Ferro)	Geolog. Formation bezw. Formationsgruppe und Grundgestein	Bestand: rein oder vorherrschend	Bestand: Mischholz	Bestand: eingesprengt	Kampfzone, Zwergform	Meereshöhe der Punkte nachgewiesenen Vorkommens	Hangrichtung, Neigung	Mischholzarten	Anmerkung
Bez.-Forstinspektion Villach	Drautal, rechte Talseite von Mautbrücken bis Gummern üb. Goldeck, Hochstaff, Meisternock, Tschekelnock, Sattlernock, Mittagsnock, Schwandnock bis Obere Fellach	31° 7'—27' 46° 38'—46'	Glimmerschiefer; Paläozoikum, Quarzitschiefer; alpine untere, mittlere und obere Trias, Kalk	—	m	ei	K Z	500 bis über 1800	alle Richtungen, mäßig bis steil	Fi, Ta, Bu u. Föhre	Lä-Anteil von der Talsohle bis 800 m nur eingesprengt, über 800 m Mischholz, im Mittel 0·2; über etwa 1800 m Zwergform
Bleiberger Bergwerksunion (in Klagenfurt)	Dobratsch-Nordhang (Nötscherbach bis Obere Fellach), Bleiberger Tal, Südhang des Erzberges, Erlachgraben	31° 15'—29' 46° 35'—38'	Alpine mittlere Trias, Kalk (Karbon, Schiefer)	v	m	ei	K Z	700 bis 1870	alle Richtungen, flach bis steil	Fi, Ta, Bu, Bergkiefer	Lä-Anteil 0·1 von 3380 ha; dagegen am Dobratsch-Südhang (trockene, steile Felswände u. Grate) Lä nur ganz vereinzelt. Alter bis 180 Jahre
Bez.-Forstinspektion Villach	Gailtal, rechte Talseite von Osternig bis Gailitz	31° 10'—22' 46° 31'—35'	Altpaläozoikum, Silur, Devon; Schiefer, auch kalkig-dolomitisch	—	—	ei	—	600 bis 1600	alle Richtungen, hauptsächlich N	Fi, Ta, Bu	Geringerer Bestockungsanteil der Lä
Försterbezirk Arnoldstein der Forstverwaltung Villach	Arnoldstein-Unterwulz; Cabinberg	31° 20'—23' 46° 31'—33'	Altpaläozoikum, Silur, Devon, Schiefer, auch kalkig-dolomitisch	—	—	ei	—	580 bis 1270	"	Fi, Ta, Bu,	Gute Wuchsformen; Bestockungsanteil der Lä nur etwa 4 v. H.
Finkenstein	Reviere Alt- u. Neu-Finkenstein (zwischen Korpitschalpe u. Gr. Mittagskogel)	31° 28'—37' 46° 30'—33'	Trias, Kalk u. Dolomit; Perm, Tonschiefer; Silur, Kalk und Tonschiefer	—	m	ei	K Z	700 bis 1700	meist N, flach bis steil	Fi, Ta, Bu, Bergkiefer	Lä-Anteil auf 1500 ha: von der Talsohle bis 800 m eingesprengt; in mittleren Lagen 1400 m 0·1, in höheren Lagen 1700 m 0·2; Alter bis 250 Jahre
Bez.-Forstinspektion Villach	Karawanken vom Mittagskogel bis Kl.-Dürrenbach	31° 37'—47' 46° 29'—33'	Alpine untere, mittlere und obere Trias, Kalk	—	m	ei	K Z	600 bis 1800	alle Richtungen, flach bis steil	Fi, Ta, Bu, Ki, Legföhre	Anteil u. Verteilung auf die Höhenstufen ähnlich wie im vorigen Beispiel (Finkenstein)
Hollenburg	Matzen, Setitsche, Koschutta, Matschachergupf und andere	31° 48'—32° 5' 46° 26'—31'	Alpine Trias, Kalk; Karbon; metamorphe basische Ergußgesteine	v	m	ei	Z	450 bis 1800	alle Richtungen, mäßig bis schroff	Fi, Ta, Bu, Ki	Anteil in tieferen Lagen 0·1, Almregion 0·3, Mittel 0·2; Waldfläche 6129 ha; Alter bis 200 Jahre u. mehr
Sonnegg	Ruch-Luscha (Petzen)	32° 20'—25' 46° 30'—32'	Alpine Trias, Kalk	—	m	ei	K Z	650 bis 1850	"	Fi, Ta, Bu, Ki	Anteil 0·2 auf 595 ha

Bezirk	Lage	Koordinaten	Geologie					Höhe (m)	Richtung, Neigung	Holzarten	Bemerkungen
Eisenkappel	im ganzen Wirtschaftsbezirk	32° 8'—21' 46° 25'—30'	Trias, Kalk, Dolomit; paläozoische Schiefer; metamorphe basische Ergußgesteine	v	m	ei	Z	600 bis 1650	„	Fi, Ta, Bu, Weißkiefer, Schwarzkiefer, Legföhre	Anteil ca. 0·1 auf der Gesamtwaldfläche von 4621 ha. Holzbeschaffenheit meist gut bis sehr gut
Bleiburg	Rischberg (am Osthang der Petzen), Kömelberg	32° 28', 46° 31' 32° 30', 46° 36'	Alpine mittlere Trias, Kalk; Paläozoikum, kristalline Schiefer	— —	m —	— ei	K —	500 bis 1700; 450 bis 700	alle Richtungen, mäßig bis steil	Fi, Ta, Bu, Ki	Rischberg, Anteil 0·3 auf 460 ha; Kömel eingesprengt (unter 0·1) auf 280 ha

Tabelle 17. Die Lärche in Osttirol (Draugebiet Tirols).

Bezirk	Lage	Koordinaten	Geologie					Höhe (m)	Richtung, Neigung	Holzarten	Bemerkungen
Bez.-Forstinspektion Lienz	Ochsenwald der Gemeinde Gwabl, Gemeindeweide von Oberdrum, Stronacherwiesen bei Iselsberg	30° 20'—32' 46° 50'—55'	Kristalline Schiefer; Mischgneis, Glimmerschiefer. Diluvium, Moränen	v	m	—	—	1100 bis 2000	SW, S, NW, mäßig bis steil	Fi, Zi	Lä-Anteil in höheren Lagen 0·6—0·8 von der vorhandenen lückigen Bestockung (Weidwaldcharakter) auf 300 ha; Alter 150—200 Jahre
„	Rieder Fraktionswald, Riedertal	30° 15' 46° 48'	Kristalline Schiefer; Glimmerschiefer, Quarzphyllit	v	m	—	—	1400 bis 1900	E, steil	Fi	Lä-Anteil 0·7 auf 120 ha, bis 200jährig (als Beispiel aus höherer Lage!)
Bez.-Forstinspektion Lienz	Schattseitige Wälder von Amras u. Aßling, oberer Teil; Scheibenwald bei Burgfrieden; Zabratwald bei Nikolsdorf	30° 15'—33' 46° 45'—47'	Alpine obere Trias, Dolomit u. Kalke, Kössener Schichten	v	m	—	—	800 bis 1800	NE, N, steil bis schroff	Fi, Föhre (Bu in Renkform)	Lä-Anteil durchschnittl. 0·5—0·6 auf 900 ha; Alter 150—200 Jahre
„	Ganzer Forstbezirk (= Gerichtsbezirk) Lienz	30° 10'—38' 46° 43'—58'	Kristalline Schiefer u. alpine obere Trias	v	m	ei	K	700 bis 2200	W, E, N, S, alle Neigungsgrade	Fi, Ta, Föhre, Bu	Lä-Anteil (einschließl. Lärchwiesen) 0·3 von der Waldfläche von 23.000 ha; sehr gute Holzbeschaffenheit
Bez.-Forstinspektion Matrei in Osttirol	Ganzer Forstbezirk (= Gerichtsbezirk) Matrei i. Osttirol	29° 48'—30° 26' 46° 51'—47° 10'	Kristalline Schiefer; Glimmerschiefer, Gneis, Kalkglimmerschiefer; Massengestein: Granit	v	m	ei	K	1000 bis 2200	alle Hangrichtungen und Neigungsgrade	Fi, Zi	Lä-Anteil durchschnittl. 0·35 von der Gesamtwaldfläche des Bezirkes; in den Hochlagen mehr Lä
„	Palleewald, Gemeinde Kals	30° 16' 46° 56'	Kristalline Schiefer; Glimmerschiefer, Gneis	v	m	—	—	1000 bis 1600	NW, steil	Fi	Alter bis 200 Jahre; stellenweise bis 0·9 Lä (auf 20 ha)
Gmde St. Jakob i. Defereggental	Lang-Scheibenwald	29° 59' 46° 54'—55'	Kristallines Schiefer- u. Massengestein: Gneis, Granit	v	m	-·-	—	1400 bis 2000	N, NW, mäßig bis steil	Fi	Weidwald-Charakter; Alter bis 200 Jahre; stellenweise bis 0·9 Lä (auf 30 ha)

Forstamt	Waldorte	Geogr. Länge und Breite (ö. v. Ferro)	Geolog. Formation bezw. Formationsgruppe und Grundgestein	Bestand			Kampfzone, Zwergform	Meereshöhe der Punkte nachgewiesenen Vorkommens	Hangrichtung, Neigung	Mischholzarten	Anmerkung
				rein oder vorherrschend	Mischholz	eingesprengt					
Gemeinden Virgen u. Matrei	Obermauern-Teilwälder u. Bichler-Teilwälder	30° 6'—11' 46° 59'—47° 1'	Kristalline Schiefer, Glimmerschiefer	v	m	—	—	1100 bis 1750	SW, NE	Fi	Alter bis 200 Jahre; stellenweise bis 0·9 Lä
Bez.-Forstinspektion Matrei i. O.	Prägratner Gemeindewald	30° 1'—2' 47°—47° 1'	Kalkglimmerschiefer	v	m	—	—	1300 bis 1900	N, NE, steil	Fi	Wüchsiger Bestand, bis 200jährig
Bez.-Forstinspektion Sillian	Drautal, Sonn- u. Schattseite von der Staatsgrenze bei Arnbach bis Abfaltersbach	30° 2'—12' 46° 43'—47'	Kristalline Schiefer: Gneis, Glimmerschiefer	— v	—	ei	—	1000 bis 1800; 1800 bis 2000	alle Richtungen u. Neigungsgrade	Fi	Im Wirtschaftswald 1000—1800 m eingesprengt; Waldkrone 1800—2000 m vorherrschend; auch bei hohem Alter gesund
„	Forstbezirk (= Gerichtsbezirk) Sillian	30° 15' 46° 45'	Glimmerschiefer, Gneis, paläozoische Schiefer	(v) (Hochlagen)	(m)	ei	—	1000 bis 2000	„	Fi, Zi	Hohes erreichbares Alter, gute Holzbeschaffenheit

Tabelle 18. Die Lärche im zentralalpinen Gebirge Nordtirols zwischen Brenner und Arlberg („Rhätische Alpen" Tirols).

Forstamt	Waldorte	Geogr. Länge und Breite (ö. v. Ferro)	Geolog. Formation bezw. Formationsgruppe und Grundgestein	Bestand			Kampfzone, Zwergform	Meereshöhe der Punkte nachgewiesenen Vorkommens	Hangrichtung, Neigung	Mischholzarten	Anmerkung
				rein oder vorherrschend	Mischholz	eingesprengt					
Bez.-Forstinspektion Ried i. T.	Inntal, linke Talseite von Spiß bis Serfaus	28° 5'—16' 46° 56'—47° 3'	Lias, Oberkreide: Bündnerschiefer	r v	m	ei	K	1100 bis 2200	S, SW, SE, alle Neigungsgrade	Fi, Ki	Lä-Anteil durchschnittl. 0·3 von 500 ha, Alter bis 450 J. (Einzelstamm bei Spiß ca. 600 J.); auf ca. 70 ha rein oder vorherrschend
„	Gemeindewälder von Prutz, Ladis, Faggen, Kauns, Kaunserberg, Kaunsertal, Ried, Fendels, Fiß, Tösens, Serfaus, Pfunds, Spiß, Nauders	28° 4'—29' 46° 55'—47° 7'	Lias, Oberkreide: Bündnerschiefer; u. kristalline Schiefer: Gneis	v	m	ei	K	860 bis 2200	alle Hangrichtungen u. Neigungsgrade	Fi, Ki, Zi	Durchschnittl. Lä-Anteil 0·3 von 14.450 ha Waldfläche; erreichbares Alter 300—400 Jahre; Wuchsform u. Holzbeschaffenheit gut
Gemeinde Spiß	Schafberg (höchstes Vorkommen)	28° 6' 46° 59' 30"	Bündnerschiefer	r	—	—	K	2000 bis 2200	SW	(rein)	Langsamwüchsig, engringig, gute Holzbeschaffenheit, bis 300jährig; durchschnittlich 1·5 fm je Stamm
Ried i. T. (Ö. B. F.)	Kaunsertal, Tösner- u. Platztal, Radurscheltal	28° 13'—25' 46° 54'—47° 1'	Kristalline Schiefergesteine: Sedimentgneis, Orthogneis; u. Lias-Kreide: Bündnerschiefer	—	m	ei	—	1100 bis 2100	alle Hangrichtungen u. Neigungsgrade; Schattseite bevorzugt	Fi, Ki, Zi	Radurscheltal Lä-Anteil durchschnittl. 25 v. H. v. 1623 ha Waldfläche; ganzer Wirtschaftsbezirk Lä 20 v. H. von 4000 ha; bis 200 Jahre; gute Wuchsform und Holzbeschaffenheit

Forstinspektion	Vorkommen	Koordinaten	Geologie					Höhe (m)	Hangrichtung	Holzarten	Bemerkungen
Bez.-Forstinspektion Landeck	Inntal (Hochgallmig, Schönwies), Stanzertal (Gampernunalpe, Hahnentrittkopf, Paznauntal (Frödenegg, Larein)	27° 52'—28° 20' / 46° 58'—47° 11'	Paläozoikum, Quarzphyllit: Archaikum, Sedimentgneis, Orthogneis	v	m	—	—	800 bis 2000	alle Hangrichtungen u.Neigungsgrade; Schattseite bevorzugt	Fi (Weißkiefer, Birke, Vogelbeere), Zi	Durchschnittl. Lä-Anteil etwa 0·2 (Forstbezirk Landeck 22.000 ha); in tieferen Lagen sehr gute Wuchsformen; in höheren Lagen Alter häufig über 200 Jahre
Imst (Ö. B. F.) und Bez.-Forstinspektion	Kienberg-Pitztal, Gemeinde Jerzens; Untergaltenberg, Gemeinde Arzl; Eckwieserwald, Gemeinde Imsterberg; Wennetwald; St. Leonhard (Pitztal) u. andere	28° 21'—32' / 47° 4'—13'	Kristalline Schiefergesteine: Sedimentgneis, Orthogneis, Dioritgneis; Quarzphyllit	v	m	ei	K	750 bis 2050	„	Fi, Ki, (Birke), Zi	Imst, Bundesforste: Lä 14 v. H. von 3852 ha Waldfläche; stellenweise Lä-Anteil bis 0·8 (bei Bestockung 0·6—0·8)
Bez.-Forstinspektion Silz	Ganzes Ötztal beiderseits der Ache u. südl. des Inn zwischen Ötztal u. Klausbach; Sautner Mure; Ederbach bei Habichen; Umhausen, Stuibenfall, Längenfeld u. andere	28° 30'—41' / 46° 54'—47° 18'	Archaikum, Sedimentgneis, Orthogneis, Dioritgneis, Glimmerschiefer	v	m	—	—	680 bis 2000	„	Fi, Ki, (Birke), Zi	Durchschnittl. Anteil 0·2 auf 23.000 ha; Alter; bis über 200 Jahre; in tieferen Lagen vorzüglicher Wuchs
Bez.-Forstinspektion Innsbruck	St. Sigmund, Sonnberg, Gries-Sellrain, Narötz, Juifen, Filz, Oberberg bei Mutters, Natters u. andere	28° 45'—29° / 47° 10'—13'	Archaikum, Gneis u. Glimmerschiefer; Diluvium, Moränen	—	m	ei	—	600 bis 2000	alle Hangrichtungen, mäßig bis sehr steil	Fi, Ta, (Bu), Ki, Zi	Durchschnittl. Lä-Anteil 0·1 auf 10.000 ha; im geschlossenen Bestand sehr gute Wuchsform u. Holzbeschaffenheit; Alter bis 250 Jahre
Bez.-Forstinspektion Steinach	Mieders-Gschnals, Telfes-Kapfererberg, Trins-Galtschein, Steinach-Padaster, Obernberg-Leitnerberg, Waldrasterberg u. andere	29° 4'—11' / 47°—47° 8'	Archaikum, Gneis, Kalkphyllit, Kalkglimmerschiefer; Obere u. mittlere Trias, Kalk	r / v	m	ei	K / Z	1000 bis 2000	„	Fi, Föhre, Zi	Lä-Anteil 0·1 von 23.000 ha; Alter über 300 Jahre. Auf günstigeren Standorten gerade, langschaftige Stämme

Tabelle 19. Die Lärche in den Zentralalpen Nordtirols östlich vom Brenner: Zillertaler, Tuxer, Kitzbühler Alpen.

Forstinspektion	Vorkommen	Koordinaten	Geologie					Höhe (m)	Hangrichtung	Holzarten	Bemerkungen
Bez.-Forstinspektion Hall	Patsch, Grünwalder, Hl. Wasser, Lanser Wald, Sistranz, Rinn, Vorbergwald, Voldertal, Wattental, Weertal u. andere	29° 5'—20' / 47° 10'—15'	Paläozoikum, Quarzphyllit	(v)	m	ei	K	900 bis 2000	alle Hangrichtungen u.Neigungsgrade	Fi, Ki, Zi	Bestockungsanteil durchschnittlich 0·1; jedoch „Lanserwald" Lä 0·9, in 1000—1100 m, 100—130jährig, gerade, vollholzig, bis 32 m Scheitelhöhen.
Schwaz (Ö. B. F.)	Bruderwald, Haldengebiet, Kogelmoos, Mehrerkopf	29° 23'—26' / 47° 18'—21'	Urgestein, Augengneis; Paläozoikum, Dolomit	—	—	ei	—	600 bis 1600	NW, N, NE mäßig bis steil	Fi, Ta, Ki, Bu	Lä-Anteil 0·1 von 470 ha; Alter bis 200 Jahre, langschaftig, gerade, bis 3 fm je Stamm
Mayrhofen (Ö. B. F.)	Zemmtal, Stilluptal, Zillergrund	29° 25'—40' / 47° 5'—10'	Urgestein, Granitgneis	—	m	ei	—	650 bis 1700	alle Hangrichtungen u.Neigungsgrade	hauptsächlich Fi	Lä-Anteil durchschnittl. weniger als 0·1; an Steilhängen durch Schneeschub beeinträchtigt

Forstamt	Waldorte	Geogr. Länge und Breite (ö. v. Ferro)	Geolog. Formation bezw. Formationsgruppe und Grundgestein	Bestand			Kampfzone, Zwergform	Meereshöhe der Punkte nachgewiesenen Vorkommens	Hangrichtung, Neigung	Mischholzarten	Anmerkung
				rein oder vorherrschend	Mischholz	eingesprengt					
Bez.-Forstinspektion Schwaz	Zillertal, Gmde Ried-Kaltenbach, Aschau, Schwendau, Gerlosberg, Heinzenberg, Distelberg, Straß u. a.	29° 28'—35' 47° 12'—24'	Paläozoikum, Quarzphyllit, Schiefer und Kalke	—	m	ei	—	522 bis 1600	alle Hangrichtungen und Neigungsgrade	Fi	Lä nur eingesprengt, meidet häufig die obere Wald- und Baumgrenze
Brixlegg (Ö. B. F.)	Alpbachertal (Bubenwald, Stadelkehr, Heimjoch) u. Wildschönauertal (Niederachen, Schönanger)	29° 38'—44' 47° 21'—26'	Paläozoikum; Tonschiefer, Wildschönauer Schiefer; Trias, Buntsandstein und Kalk	(v)	m	ei	K Z	800 bis 1900	N, W, NE mäßig bis steil	Fi, Zi; Fi, Bu, Ta, Ki	Lä im Wildschönauertal nur einzeln eingesprengt; im Bubenwald Lä-Anteil etwa 0·2. Wuchsform u. Holzbeschaffenheit gut
Kelchsau	Kurzer Grund Langer Grund	29° 45'—47' 47° 20'—24'	Paläozoikum, Quarzphyllit, Wildschönauer Schiefer	—	—	ei	—	900 bis 1700	alle Hangrichtungen u. Neigungsgrade	hauptsächlich Fi	Lä-Anteil gering
Hopfgarten (Ö. B. F.)	Bundesforste im Spertental, Blaufeld	29° 55'—30° 1' 47° 20'—25'	Paläozoikum, Wildschönauer Schiefer; Augitschiefer; Trias, Dolomit	(v)	—	ei	—	1100 bis 1800	„	Fi	Lä nur auf 6 ha vorherrschend, sonst nur einzeln oder in kleinen Horsten eingesprengt; geringeres Lebensalter
Kitzbühel (Ö. B. F.)	Bundesforste des Wirtschaftsbezirkes	29° 58'—30° 12' 47° 19'—34'	Paläozoikum, Schiefer, auch kalkig-dolomitisch; Trias, Kalk	—	(m)	ei	—	800 bis 1600	„	Fi, Ta, Bu, Ahorn und andere	Lä meist eingesprengt, bes. an Waldrändern und auf Weideflächen („Ötzen"); erreichbares Alter bis 150 Jahre; als „Mischholz" oder „vorherrschend" nur selten

Tabelle 20. Die Lärche in den Nordtiroler Kalkalpen westlich vom Seefelder Sattel (Allgäuer und Lechtaler Alpen und Wettersteingebirge).

Forstamt	Waldorte	Geogr. Länge und Breite (ö. v. Ferro)	Geolog. Formation bezw. Formationsgruppe und Grundgestein	Bestand			Kampfzone, Zwergform	Meereshöhe der Punkte nachgewiesenen Vorkommens	Hangrichtung, Neigung	Mischholzarten	Anmerkung
				rein oder vorherrschend	Mischholz	eingesprengt					
Bez.-Forstinspektion Landeck	Fallerinbach-Kaisertal, Seekogel	27° 57'—28° 8' 47° 11'—13'	Trias, Dolomit; Jura, Kalk u. Dolomit	v	m	ei	K	1700 bis 2000	NW, NE 25—35°	Fi, (Ki), Bergkiefer	Erreichbares Alter üb. 200 Jahre
Reutte (Ö. B. F.)	Retheck, Alperschon, Hinterhornbachtal, Gramaisertal, Zirmeben, Unsinner- u. Muttewald, Bschlabsertal, Kesselwald, Imsterbach, Guggerandl, Schwarzwassertal	28° 5'—20' 47° 10'—26'	Trias, Jura; Dolomit, Kalk, Mergel	(v)	m	ei	K	1300 bis 1700	alle Hangrichtungen u. Neigungsgrade; Schattseite bevorzugt	Fi, Ta, Ki, Bergkiefer, (Ahorn, Birke), Zi	Schwarzwasser- und Hornbachtal: nur noch vereinzeltes natürliches Lä-Vorkommen, allmähliches Ausklingen der Verbreitung. Lech aufwärts (gegen Holzgau u. Steeg) Lä-Vorkommen reichlicher; bei Holzgau: Dürnauer Bannwald ca. 40 m hohe, uralte Stämme. Durchschnittl. Lä-Anteil im Lechtal, pol. Bez. Reutte, 4—5 v. H.

Forstbezirk	Örtlichkeit	Koordinaten	Geologie					Seehöhe	Exposition, Neigung	Holzarten	Bemerkungen
„	Mittelberg, Bundesforst Ammerwald, Geierköpfe	28° 33′, 47° 28′ / 28° 33′, 47° 32′	Trias, Hauptdolomit	—	—	ei	Z K Z	1400; 1400 bis 1500	S N	Fi, Ta, Bu, Ki, / Fi, Ta, Bu, Bergkiefer	Vereinzelte, am weitesten gegen den Gebirgsrand vorgeschobene Vorkommen
Bez.-Forstinspektion Reutte	Grubig, Hänge südlich vom Loisachbach, Einhang zum Ehrwalder Moos; Törle, Kohlstatt, Schanz, Spitzwald	28° 30′—39′ / 47° 22′—26′	Trias, Hauptdolomit	v	m	ei	—	1000 bis 1650	NW, NE, W mäßig bis steil	Fi, Ta, Ki, Bergkiefer	Im nördl. Teile Lä nur mehr eingesprengt; dagegen „Spitzwald" 0·7 Lä; Alter bis 250 Jahre
Imst (Ö. B. F.)	Straderwald bei Tarrenz, Gafleintal	28° 27′—30′ / 47° 16′—19′	Trias, Dolomit, Kalk, Mergel	v	m	ei	—	900 bis 1700	NW, E 20—40°	Fi, Ki, (Zi)	Straderwald: im untersten Teile Lä reichlich (0·7, durch die Wirtschaft begünstigt); Güteklasse auf Dolomit gering
Bez.-Forstinspektion Innsbruck	Telfs-Mieming-Barwies-Obsteig-Grünberg-Simmering-Plateau zw. Obsteig-Holzleiten	28° 32′—40′ / 47° 16′—20′	Diluvium, Schotter; Trias, Kalk u. Dolomit	v	m	ei	—	700 bis 1700	flach u. SE mäßig bis steil	Fi, Ta, Ki, (Wacholder), Bergkiefer	Auf flachen Böden in geringerer Meereshöhe langschaftige Lä mit sehr guten Wuchsformen. Lä-Anteil bis 0·5
„	Zirl-Brunntal, Hochleiten-Pettneu, Maderscher Wald, Scharnitz und andere	28° 51′—57′ / 47° 17′—23′	Trias, Hauptdolomit, Wettersteinkalk, Raiblerschichten	—	m	ei	—	600 bis 1700	S, SW, N mäßig bis steil	Fi, Ta, Ki, Bu, Bergkiefer, (Zi)	Im geschlossenen Bestande langschaftig, gute Holzbeschaffenheit
Scharnitz in Seefeld, (Ö. B. F.)	Bundesforste Gaistal, Hochmoos, Schanzwald, Gemeinde Leutasch	28° 40′—55′ / 47° 20′—26′	Trias, Wettersteinkalk, Hauptdolomit, Sandsteine der Raiblerschichten	v	m	ei	K	1000 bis 1760	alle Hangrichtungen u. Neigungsgrade	Fi, Ta, Bu, Zi	Durchschnittl. Lä-Anteil ca. 0·2 für den ganzen Bundesforst

Tabelle 21. Die Lärche in den Nordtiroler Kalkalpen östlich vom Seefelder Sattel (Karwendel-, Sonnwend- und Kaisergebirge).

Forstbezirk	Örtlichkeit	Koordinaten	Geologie					Seehöhe	Exposition, Neigung	Holzarten	Bemerkungen
Seefeld (Ö. B. F.)	Bundesforste Karwendeltal, Gleierstal, Gemeinde Scharnitz	28° 55′—29° 5′ / 47° 20′—26′	Trias, Wettersteinkalk, Hauptdolomit, Sandsteine der Raiblerschichten; Diluv., Moränen	—	m	ei	K	965 bis 1900	alle Hangrichtungen u. Neigungsgrade	Fi, Ta, Bu (Zi), (Vogelbeere, Birke)	Erreichbares Alter 200 Jahre; durchschnittl. Lä-Anteil 0·2 für den ganzen Bundesforst (3615 ha)
Bez.-Forstinspektion Hall	Inneres Halltal v. Bettelwurf bis Herrnhäuser; Gemeindegebiet Mils-Fritzens; Höttingerwald bis Gnadenwald	29°—29° 20′ / 47° 15′—20′	Trias, Wettersteinkalk, Hauptdolomit, Raiblerschichten; Moränen, rezente Schuttbildungen	—	m	ei	K	700 bis 1400	„	Fi, Ki, Bu	Im inneren Halltal u. in den Gmd. Mils-Fritzens Lä reichlich vorkommend; an den Südhängen Hötting bis Gnadenwald Vorkommen unregelmäßig
Schwaz, Bez.-Forstinspektion und Ö. B. F.	Stallental, Vomperloch mit Ummelberg	29° 10′—21′ / 47° 20′—22′	Trias, Wettersteinkalk, Hauptdolomit; Alluvium, rezente Schuttbildungen	—	m	ei	K	850 bis 1900	„	Fi, Ta, Bu, Ki, Bergkiefer	Vomperloch Lä 0·2 auf 1200 ha; bis 1500 m langschaftig, gerade, sehr gute Holzbeschaffenheit, bis 200jährig. (Ganzer pol. Bez. Schwaz: Lä 3 v. H.)

Forstamt	Waldorte	Geogr. Länge und Breite (ö. v. Ferro)	Geolog. Formation bezw. Formationsgruppe und Grundgestein	Bestand			Kampfzone, Zwergform	Meereshöhe der Punkte nachgewiesenen Vorkommens	Hangrichtung, Neigung	Mischholzarten	Anmerkung
				rein oder vorherrschend	Mischholz	eingesprengt					
Hinterriß-Pertisau (Ö. B. F.)	Wiesingberg, Brandau, Laichwald, Enger Grund, Schattseite, Lärchenbergwald u. a.	29⁰ 5′—14′ 47⁰ 23′—31′	Trias, Reichenhaller-schichten, Hauptdolomit; Kössener-schichten; Jura, Aptychenkalk; Diluvium, Blockmoränen; rezente Schuttbildungen	—	—	ei	—	900 bis 1900	alle Hangrichtungen und Neigungsgrade	Fi, Ta, Bu	Natürlicher Lä-Bestockungsanteil gering; seit 40—50 Jahren auch künstliche Einbringung
Achental (Ö. B. F.)	Raberskopf, Lärchkogl, Plumsbachtal, Brettersberg, Falkenmoos, Schulterberg, Mahmoosköpfl, Plattenalm und andere	29⁰ 15′—24′ 47⁰ 28′—35′	Ob. Trias, Plattenkalk, Hauptdolomit; Jura, Aptychenkalk; Kreide, Neokomschichten	(v) (Hoch lagen)	m	ei	—	950 bis 1900	alle Hangrichtungen, mäßig bis sehr steil	Fi, Ta, Bu, Ki (Zi)	Lä-Anteil auf mehreren Standorten (Brettersberg, Falkenmoos, Mahmoosköpfl, Plattenalm u. a.) 0·1—0·3; erreichbares Alter 200 bis 300 Jahre; Wuchsform und Holzbeschaffenheit gut
Steinberg in Achenkirch (Ö. B. F.)	Eselstal, nördlich der Ampmoosalpe, Unter-Weißenbach (nördl. Enterkogl), Schauertal, südlich u. westlich der Schönjochalpe, Zwölferkogl, Schwarzenbachkogl	29⁰ 24′—29′ 47⁰ 28′—33′	Trias, Wettersteindolomit, Hauptdolomit; Diluvium, Blockmoränen	—	(m)	ei	K	950 bis 1700	alle Hangrichtungen und Neigungsgrade, Schattseite bevorzugt	Fi, Ta, Bu, Ki, Ahorn, Vogelbeerbaum, Bergkiefer, einz. Zi	In den nördl. Außenlagen wenig Lä. In den südlichen Teilen (Gebirgsinneres) stellenweise 0·1—0·3 Lä-Bestockung. Alter einzelner Bäume 672 und 577 Jahre
Brandenberg in Kramsach (Ö. B. F.)	Zwischen Riedel- und Fatschenbach, Larchegg, Krumbach, zwischen Lahner-, Pramau. Labeggalpe, zwischen Brandenbergerache-Törlerbach-Ellbach und andere	29⁰ 27′—39′ 47⁰ 28′—37′	Trias, Wettersteinkalk, Hauptdolomit; Jura, Kalk; Kreide, Gosausandstein; Diluvium, Moränen	(r)	(m)	ei	K	580 bis 1700	„ Schattseite bevorzugt	Fi, Ta, Bu, Weißkiefer, Ahorn, Bergkiefer	Lä-Bestockungsanteil durchschnittl. nur 5 v. H. auf der Gesamtwaldfläche von 8317 ha; nur auf einzelnen Standorten häufiger; erreichbares Alter bis 300 Jahre
Bez.-Forstinspektion Kitzbühel	Privatwälder der Gemeinden Waidring, St. Ulrich, Kirchdorf	30⁰ 5′—16′ 47⁰ 31′—35′	Mittl. u. obere Trias, Hauptdolomit, Kalk	—	—	ei	—	900 bis 1600	N, NW, E 15—35⁰	Fi, Ta, Bu,	Waidring: Lä-Bestockungsanteil 8 v. H. auf 4500 ha
Erpfendorf (Ö. B. F.)	Hasenaualpe, Grünberg, Abt. 37, nördl. Jägereck, Schatterberg, Abt. 60, nördl. Mauckspitz, Lercheck u. andere	29⁰ 58′—30⁰ 10′ 47⁰ 32′—41′	Untere, mittlere u. obere Trias, Werfenerschiefer, Kalke, Hauptdolomit	—	m	ei	—	700 bis 1800	alle Hangrichtungen und Neigungsgrade	Fi, Ta, Bu Bergkiefer	Durchschnittl. Lä-Bestockung 6·5 v. H.; Alter bis über 250 Jahre. Gute Holzbeschaffenheit
Fieberbrunn (Ö. B. F.)	Waidringer Schattseite, Pillerseetal, Hochfilzener Plateau	30⁰ 10′—18′ 47⁰ 27′—35′	„	—	(m)	ei	—	900 bis 1600	„	„	Durchschnittl. Lä-Anteil 8—10 v. H. auf rund 6000 ha; Holzbeschaffenheit sehr gut

Bez.-Forstinspektion Kufstein	Gemeinden Erl, Scheiben (Heuberg), Niederndorf, Rettenschuß, Aschingeralpe, Grabenberg, Ebbs, Thiersee (südöstl. Grabenbergalpe) u. andere	29° 25'—58' 47° 30'—45'	Trias, Jura, Kreide, Diluvium; Dolomit, Kalk, Mergel, Moränen, Schutt	—	(m)	ei	K	500 bis 1900	(bis " 45°)	Fi, Ta, Bu, Weißkiefer, Bergkiefer	Durchschnittl. Lä-Bestockung etwa 4 v. H.; meidet in tieferen Lagen trockene Südhänge

Tabelle 22. Die Lärche im Ober- und Unter-Engadin samt Seitentälern und dem Val Bregaglia.

Forstkreis Samaden (Oberengadin)	Oberengadin von Bevers bis Sils, Gemeinden Bevers (Waldorte Mt. Gravatscha u. andere), Samaden (Plaun God, Planeg u. a.), Celerina, Pontresina (Morteratsch, Clavadels u. a.), St. Moritz (Laret, Giand' Alva), Silvaplana, Sils	27° 23'—36' 46° 25'—34'	Urgestein, Granitgneis, Zweiglimmergneis; Trias, Dolomit, Kalk; Diluvium, Moränen; Lias-Oberkreide, Bündnerschiefer	r v (seltener im geschlossenen, meist im räumdigen Bestand)	m	ei	K	Von der Talsohle bei 1730 m bis zur oberen Baumgrenze zwischen 2100 u. 2300 m, einzelne Lä-Bäume noch bei 2400 m und mehr	alle Hangrichtungen u. Neigungsgrade, sanft bis sehr steil und schroff (45° = 100%)	Fi, Zi, Föhre; auf Rohböden u. beweideten Flächen reine Lä-Bestände	Lä Hauptholzart neben der Zi (dort als Arve bezeichnet); Lä-Anteil im Mittel 52 v. H. der totalen Holzmasse (auf Grund der Holzvorrats-Ermittlung in eingerichteten Waldungen); erreichbares Alter (Pontresina, Val Bevers, Celerina usw.) bis 600 Jahre u. mehr
Forstämter Poschiavo u. Brusio, Forstkreis Samaden	Puschlavertal, Cavaglia, Alp Grüm, Val di Campo, Bosco d'Orsa, Bosco di Salarsa u. andere	27° 42'—48' 46° 16'—24'	Kristalline Gesteine, Gneis, Monzonit; Paläozoische Schiefer, Quarzphyllit, krist. Kalk; Diluvium, Moränen	r v (Bis über 1800 m gibt es geschlossene Bestände)	m	ei	Z K	Von der Talsohle (960 m Poschiavo, ca. 800 m Brusio) bis 2350 m	alle Hangrichtungen u. Neigungsgrade, sanft bis sehr steil und schroff (45° = 100%)	Fi, Zi, Weißerle, Hasel	Lä-Bestockungsanteil im Puschlavertal im Mittel 36 v. H.; Waldfläche der beiden Reviere 5386 ha; ermitteltes Alter 500—600 Jahre (Poschiavo, Valle di Campo-Val Viola)
Kreisforstamt Zuoz (Oberengadin)	Gemeindewaldungen Ponte, Madulein, Zuoz, Scanfs, Zernez; Münstertal: Gemeindewaldungen Cierfs, Lü, Fuldera, Valcava, St. Maria, Münster	27° 35 — 28° 9' 46° 35'—42'	Urgestein, Granitgneis; kristalline Schiefer, Mischgneis; Trias, Dolomit; Jura, Liasschiefer; Jungpaläozoikum, Verrukano; Diluvium, Moränen; u. and.	v r (nur ganz oben räumdig)	m	ei	K	Von der Talsohle bei 1500 m (Münster bei ca. 1300 m) bis 2250 m	alle Hangrichtungen u. Neigungsgrade, sanft bis steil und sehr steil	Fi, Zi, Föhre, Krummholzkiefer (Erle)	Lä-Anteil im Forstkreis Zuoz (einschließl. Münstertal) 43 v. H. des Holzvorrates; in den Gemeinden Ponte bis Scanfs 46 v. H. der Masse; erreichbares Alter (gesund) 400 bis 500 Jahre; wirtschaftl. 180—260 J.; Baumhöhen (Münster u. Santa Maria) 36—40 m, Ø 124 cm
Kreisforstamt Schuls (Unterengadin)	Gemeindewaldungen Sent, Remüs, Schleins, Ardez, Fetan, Guarda, Lavin, Süs (God Rusatsch, Motta da Fless, God Sursass u. andere)	27° 41'—28° 7' 46° 43'—54'	Urgestein, Granit, Granitgneis; kristall. Schiefer: Paragneis u. Amphibolit; Ob. Trias, Hauptdolomit u. Kalk; Lias-Oberkreide: Bündnerschiefer	v r	m	ei	Z K	1200 bis 2250	alle Hangrichtungen u. Neigungsgrade, sanft bis steil	Fi, Föhre, Zi, Legföhre (vereinzelt Vogelbeere, Birke, Traubenkirsche)	Lä-Anteil im Forstkreis Schuls 27 v. H. des Holzvorrates; erreichbares Alter: 350 Jahre ermittelt (Ardez); Lä-Versuchsflächen Ardez; 200jährig, mittlere Höhen 33 m

Forstamt	Waldorte	Geogr. Länge und Breite (ö. v. Ferro)	Geolog. Formation bezw. Formationsgruppe und Grundgestein	Bestand			Kampfzone, Zwergform	Meereshöhe der Punkte nachgewiesenen Vorkommens	Hangrichtung, Neigung	Mischholzarten	Anmerkung
				rein oder vorherrschend	Mischholz	eingesprengt					
Bergelltal (-Val Bregaglia), Forstkreis Samaden	Gemeindewaldungen Vicosoprano (Val torta, Bosco di Barga u. andere), Stampa (Larety, Bosco da la Palza u. andere), Bondo	27° 12′—20′ 46° 19′—23′	Urgestein, Granit, Granitgneis; kristalline Schiefer; Paragneis; Alluvium, Bergsturz	v r	m	ei	—	800 bis 2100	Schattseite bevorzugt; Sonnseite hauptsächlich in Bergsturzgebieten; sanft bis schroff (45°)	Fi, Föhre, Ta, Bergkiefer, oben Zi; unten einzelne Edelkastanien	Lä-Anteil ca. 15 v. H. der Holzmasse auf 2627 ha; vorherrschend sowohl unten in der Weidwaldzone als auch im obersten Waldgürtel; in Steinschlag- und Bergsturzgebieten als Pionierholzart

Tabelle 23. Die Lärche in der Landschaft Davos-Filisur und im Forstkreis Bonaduz.

Forstamt	Waldorte	Geogr. Länge und Breite (ö. v. Ferro)	Geolog. Formation bezw. Formationsgruppe und Grundgestein	Bestand			Kampfzone, Zwergform	Meereshöhe der Punkte nachgewiesenen Vorkommens	Hangrichtung, Neigung	Mischholzarten	Anmerkung
				rein oder vorherrschend	Mischholz	eingesprengt					
Kreisforstamt Davos-Filisur	Bergün, God Zinols	27° 24′ 46° 37′	Trias, Hauptdolomit; Moränen	v	m	—	—	1600 bis 2000	NO, 35—42°	Fi, Zi	Lä-Anteil 0·2 von 2745 ha, Alter bis 500 Jahre, sehr schlanke, schöne Wuchsformen
Kreisforstamt Davos-Filisur	Gemeinden Alvaneu, Schmitten (Grünwald), Wiesen (Lärchwald), Monstein (Oberalp u. andere), Glaris-Frauenkirch, Davos-Sertig	27° 19′—28′ 46° 41′—46′	Urgestein, Granitgneis; kristall. Schiefer, Paragneis; Trias, Hauptdolomit; Diluvium, Moränen	v r	m	ei	—	1000 bis 2100	alle Hangrichtungen u. Neigungsgrade (bis 40°)	Fi, Föhre, Zi	Lä-Anteil im ganzen Forstkreis 15 v. H. der Holzmasse; Alter bis 500 Jahre; gerade, schlanke, vollholzige Stämme; Masse 250 bis 400 fm je ha
Forstverwaltung Tamins	Sgai, Munt-Hämmerli, Schwarzwald, Calandaseite, Kunkels, Calanda-Alpli, Kunkels l. Talseite	27° 3′—7′ 46° 50′—52′	Untere Trias, mittl. u. oberer Jura; Dogger, Malm	v	m	ei	(K)	670 bis 2100	SE, S, W, E; mäßig bis steil	Fi, Föhre, Ta, Bu, Legföhre	Lä-Anteil rund 10 v. H. von 900 ha; Alter bis 200 Jahre; z. T. schlanke, gerade, vollholzige Stämme bis 31 m hoch, Ø 60 cm
Kreisforstamt Bonaduz	Rhäzüns, Feldis (Caseltas), Scheid, Trans, Tomils, Paspels („Domleschg")	27° 4′—8′ 46° 45′—48′	Lias-Oberkreide, Bündnerschiefer	r v	m	ei	(K)	600 bis 1900	alle Hangrichtungen, hauptsächlich sonniger Westhang des Hinterrheins; mäßig bis steil	Fi, Föhre, Ta	Lä-Anteil 10 v. H. des Holzvorrates (auf 8240 ha produkt. Waldfläche); sehr schöne, schlanke Baumformen, sehr geschätztes Holz

Tabelle 24. Die Lärche im Oberhalbstein, in der Gegend von Thusis-Andeer-Splügen, dann Chur-Arosa und Chur-Maienfeld.

Forstamt	Waldorte	Geogr. Länge und Breite (ö. v. Ferro)	Geolog. Formation bezw. Formationsgruppe und Grundgestein	Bestand			Kampfzone, Zwergform	Meereshöhe der Punkte nachgewiesenen Vorkommens	Hangrichtung, Neigung	Mischholzarten	Anmerkung
				rein oder vorherrschend	Mischholz	eingesprengt					
Kreisforstamt Tiefencastel	Gemeindewald nordöstl. von Savognin; God de Larisch bei Vazerols, Gemeindewald Brienz	27° 16′ 46° 36′;	Alluv., trokkene Schuttkegel, Dolomit;	r v	—	—	—	1290 bis 1350	W, 12°	Fi, Föhre	Schöne Einzelbestände, Savognin: 9·5 ha, 160 Jahre, mittlere Bestandeshöhe 33 m, Masse je ha 600 fm Lä + 190 fm Fi = 790 fm Gesamtmasse;
		27° 15′ 46° 40′	Lias-Oberkreide, Bündnerschiefer	v	—	—	—	1200 bis 1400	SSW, 28°	„	der angeführte zweite Bestand ähnlich

				r/v	m	ei	ZK	Höhe	Exposition	Holzarten	Bemerkungen
„	Öffentliche Waldungen des Forstkreises, im Oberhalbstein und Albulatal	27° 16' 46° 34'—42'	Trias, Jura; Kalke, Bündnerschiefer (Prättigauflysch); Diluvium, Moränen	—	m	ei	Z K	900 bis 2000	alle Hangrichtungen u. Neigungsgrade	Fi (88 v. H.), Föhre (5 v. H. des Vorrates)	Lä-Bestockungsanteil im Oberhalbstein 6 v. H., Albulatal 11 v. H. der Stammzahlen; im ganzen Forstkreis 7 v. H. des Vorrates
Kreisforstamt Thusis	„Allmeine" nordwestl. von Präz, Alp Schall östl. vc.1 Stafel, Lärchwald westl. von Rongellen, Lärchwald südöstl. von Andeer, Capetta-Wald südl. von Avers-Cresta	27° 1'—11' 46° 28'—45'	Ergußgesteine, Granitporphyr; Lias-Oberkreide, Bündnerschiefer	r v	m	ei	—	750 bis 2100	alle Hangrichtungen u. Neigungsgrade	Fi (83 v. H.), Föhre (4 v. H.), Ta (7 v. H.)	Durchschnittl. Lä-Anteil 6 v. H., Alter 180 bis 200 Jahre; im Capettawald (südl. von Avers-Cresta) 50 v. H. und 300 Jahre, mit Zi
Kreisforstamt Plessur	Gemeindewälder Malaaders, Praden, Tschiertschen, Malix, Felsberg, Ems, Chur, Bischöfl. Fürstenwald	27° 7'—16' 46° 49'—52'	Lias-Oberkreide, Bündnerschiefer; Jura-Malm, Kalk	— / im räumdigen Bestand: v (meist um die Ortschaften in lichten Weidwaldungen)	—	ei	—	600 bis 1800	alle Hangrichtungen u. Neigungsgrade	Fi, Ta, Föhre, Bu	Lä-Anteil im Forstkreis Plessur 6 v. H. des gemessenen Holzvorrates der öffentl. Waldungen von 5629 ha produkt. Waldfläche; gute Wuchsformen
Kreisforstamt Prättigau	Gemeindewälder von Grüsch (Heimwald), Schiers, Furna, Jenaz, Luzein, Fideris, Conters, Klosters, Alpwald Casanna (Luzein)	27° 19'—34' 46° 50'—58'	Lias-Oberkreide, Bündnerschiefer, überlagert mit Moränen aus Urgestein und Kalk (Lehm u. Schiefer); Granitgneis, Paragneis, Serpentin	— / auf Weiden: r	m	ei	—	800 bis 1900	alle Hangrichtungen, Schattseite bevorzugt; mäßig bis steil	Fi, Ta, Bu	Lä-Anteil kaum 2 v. H. (12 v. T. des gemessenen Holzvorrates auf 10.700 ha); rein fast nur auf Weideflächen; im Bestand nur dort häufiger, wo Lä-bestockte Weideflächen zu Wald wurden
Kreisforstamt Herrschaft der 5 Dörfer	Gemeindewälder Fläsch, Mayenfeld, Jenins, Malans, Igis, Zizers, Says, Trimmis, Mastrils, Untervaz, Haldenstein, Batänjen, Oldis	27° 9'—16' 46° 52'—47° 2'	Jura, Malm; Alluvium, Schuttkegel; Lias-Oberkreide, Bündnerschiefer; untere u. obere Kreide, Kalk	(r v) (auf bestockten Weiden Lä fast rein)	m	ei	—	550 bis 1900	alle Hangrichtungen, flach bis sehr steil	Fi (46 v. H.), Ta (18 v. H.), Bu u. sonstige Laubhölzer (14 v. H.), Ki (13 v. H.)	Lä-Anteil im Forstkreis 9 v. H. der Masse auf 5621 ha bestockter Waldfläche; Alter 200 bis 250 Jahre in höheren, 120—150 Jahre in tieferen Lagen; Wuchsform und Holzbeschaffenheit gut

Tabelle 25. Die Lärche in Vorarlberg.

				r/v	m	ei		Höhe	Exposition	Holzarten	Bemerkungen
Bez.-Forstinspektion Bludenz	Bürs-St. Wolfgang, Bürserberg, Schesa	27° 25'—27' 47° 8'—9'	Trias, Kalk, Hauptdolomit; Diluvium, Moränen	r v	m	ei	—	700, 1300 bis 1400	eben, N, 5°	Fi, Bu, Ta, Föhre; Fi, Legföhre	Reine Horste u. Mischbestand, mittel- u. langschaftig
„	Gemeinde Brand	27° 24' 47° 6'	Trias, Kalk; Diluvium, Moränen	—	—	ei	—	1100	WNW, 10°	Fi	Einzeln eingesprengt; Schneedruckschäden
„	Silbertal, Dürrwaldalp, Oberer Dürrwald, Ronnenalp	27° 42'—44' 47° 2'—3'	Kristalline Schiefer, Gneis	—	—	ei	—	1600 bis 1850	N, 25°	Fi, Zi, Legföhre	Einzeln eingesprengt

Forstamt	Waldorte	Geogr. Länge und Breite (ö. v. Ferro)	Geolog. Formation bezw. Formationsgruppe und Grundgestein	Bestand			Kampfzone Zwergform	Meereshöhe der Punkte nachgewiesenen Vorkommens	Hangrichtung, Neigung	Mischholzarten	Anmerkung
				rein oder vorherrschend	Mischholz	eingesprengt					
Bez.-Forstinspektion Bludenz	Tschagguns, Sporenalpe	27° 32′ 47° 3′	Kristalline Schiefer, Gneis	—	—	—	K	1550	W, 25°	Fi, Legföhre	Einzelvorkommen, kurze, abholzige, astige Stämme
„	Stallehr, Diebsschlössel	27° 31′ 47° 8′	Trias, Dolomit	—	—	ei	—	900	W, 10°	Fi, Ta, Föhre	Einzeln eingesprengt; langschaftig
„	Nenzing, Stafeldona (im Gamperdonatal)	27° 18′ 47° 5′	Trias, Kalk	—	—	ei	K	1500 bis 1600	E, 20°	Fi, Legföhre	In geringer Zahl eingesprengt
Bez.-Forstinspektion Feldkirch	Frastanz, Saminatal	27° 15′ 47° 10′	Trias, Kalk	—	—	ei	—	700 bis 1400	NE	Fi, Ta, Bu, Ahorn	Eingesprengt, 150 Stück
„	Dünserberg, Bassig u. Gulm, Gamschola	27° 22′ 47° 13′—14′	Kreide, Flysch	—	m	ei	—	1000 bis 1250	SSW, 25°	Fi, Ta	Lä teils in geschlossenem Bestand (Gamschola, 10 ha), teils „Wiesenlärchen" auf Alpsflächen
„	Laterns, Oberhensler, Hochgerach	27° 26′ 47° 14′	Kreide, Flysch	—	—	ei	K	1500 bis 1800	N, 25—30°	Fi, Grünerle, Legföhre	Lä in Gruppen aufgelösten Waldes auf fast unzugänglichen Steilhängen
„	Dornbirn, Alpe Bockshang	27° 25′ 47° 21′ 40″	Kreide, Kalk	—	—	ei	—	1000 bis 1200	W	Fi	Kleine Lä-Horste auf der Alpe, grobastig, über 100jährig
Bez.-Forstinspektion Bregenz	Mellau, Unter dem Kojenkopf	27° 33′ 47° 21′	Jura, Kalk	—	m	ei	—	1100 bis 1500	N, 50°	Fi, Ta, Bu, Legföhre	Isoliertes Vorkommen außerhalb des geschlossenen Verbreitungsgebietes; nach Schätzung Ing. Zieglers rund 10.000 Stück
„	Warth, Holzboden, Außerwald	27° 50′ 47° 16′	Trias, Jura, Kalk	—	—	ei	K	1350 bis 1700	N, NW, 10—40°	Fi, Legföhre	Lä erst hinter der Wasserscheide, im Einzugsgebiet des Lech
„	Lech, Raut	27° 48′ 47° 13′	Trias, Dolomit	—	—	ei	—	1550	SE, 10°	„	Lä erst hinter der Wasserscheide, im Einzugsgebiet des Lech, eingesprengt

Tabelle 26. Die Lärche im Berchtesgadnerland Bayerns.

Forstamt	Waldorte	Geogr. Länge und Breite (ö. v. Ferro)	Geolog. Formation bezw. Formationsgruppe und Grundgestein	Bestand			Kampfzone Zwergform	Meereshöhe der Punkte nachgewiesenen Vorkommens	Hangrichtung, Neigung	Mischholzarten	Anmerkung
				rein oder vorherrschend	Mischholz	eingesprengt					
Berchtesgaden	Simetsberg St. W. Distr. XVII, 4 (höchstes Vorkommen im Süden des Forstamtes)	30° 37′ 47° 31′	Obere Trias, Dachsteinkalk, in Taschen u. flächig überdeckt mit Jura (Lias)	—	m	—	K	1882	Plateau	Zi und Fi	Lä-Anteil 0·5, 500 bis 600jährige Exemplare mit 70—100 cm Durchmesser; höchste Lage der oberen Grenze („inneralpin")

Berchtes-gaden	Eckerwäldl St. W. Distr. III, 5 (höchstes Vorkommen im Norden des Forstamtes)	30° 43' 40'' / 47° 37''	Obere Trias, Dachsteinkalk	—	m	—	K	1500	SW	Fi	Lä-Anteil 0·5, tiefere Lage der oberen Grenze in der „Außenlandschaft", nördl. von den Massiven des Hagengebirges u. des Steinernen Meeres
„	Um den ganzen Königssee (Königsbach, Rote Wand, Archenwand, Am Kessel u. andere)	30° 37'—40' / 47° 31'—35'	Trias, Dachsteinkalk, Gehängeschutt	—	m	ei	—	von 600 m aufwärts	alle Hangrichtungen, steil bis schroff	Bu, Fi, Ta, (Bergahorn)	Beispiel für tiefstes Vorkommen. Lä-Anteil in tieferen Lagen durchschnittl. 0·2; in jüngeren Altersklassen bis 0·4
Ramsau	Watzmannscharte, Schüttalpl, Eisboden, Sittersbach, Hocheis, Brunst, Schärten, Fisboden, Bestehwerk-Riedl, Dickenwald	30° 29'—37' / 47° 33'—36'	Mittlere Trias, Ramsaudolomit; Obere Trias, Dachsteinkalk; Jura, Lias, mergelig	v	m	ei	K	600 bis 1800	N, NE; alle Hangrichtungen u. Neigungsgrade	Fi, Ta; Zi, Birke, Fi	Lä-Anteil 0·2 auf 3805 ha; reichlich in den mittleren (1000 bis 1200 m) und höheren Lagen (1300—1700 m); Alter bis 200 Jahre; wertvolles Nutzholz, gute Wuchsform
Bischofs-wiesen	Siegellahner, Theresienklause, Weißbach, Klausgräben, Tratteck, Thüreck, Gruben, Bockstall, Hundswald	30° 32'—40' / 47° 39'—42'	Mittlere Trias, Ramsaudolomit; Obere Trias, Hauptdolomit, Dachsteinkalk	—	m	ei	—	500 bis 1400	N, NE, NW, E mäßig bis steil	Bu, Fi, Ta	Lä-Anteil 0·1—0·3 auf 5000 ha; Alter bis 150 Jahre; Holz in Mittel- u. Hochlagen meist vorzüglich
Reichenhall Nord, Außenstelle St. Zeno	XV, Reiteralpe	30° 27'—30' / 47° 36'—40'	Mittl. u. obere Trias, Ramsaudolomit u. Dachsteinkalk; Ob. Kreide, Mergel	v	m	—	K	1600	Plateau	Zi und Fi	Lä-Anteil 0·6, Lä gesund bis ins höchste Alter, Schäden durch Blitzschlag

Tabelle 27. Die Lärche in den Alpen Bayerns östlich des Inn (zwischen Inn und Saalach, in den Chiemgauer Bergen).

Reichenhall Süd	Mitterberg, Unzental, westl. Gehänge, Scharnbach, Gaunschertal, Kugelbach	30° 24'—30' / 47° 41'—43'	Obere Trias, Hauptdolomit	—	(m)	ei	—	700 bis 1500	alle Hangrichtungen, steil	Fi, Ta, Bu	Lä-Anteil 1 v. H. auf 4500 ha; erreichb. Alter 250—300 Jahre; Wuchsform und Holz meist sehr gut
Nonn bei Reichenhall (v. Martinsscher Privatwald)	Nordseite des Vorderstaufen	30° 32' / 47° 45'	Mittlere Trias, Wettersteinkalk; Kreide, Flysch	v	m	ei	K	800 bis 1100	N, mäßig bis steil	Fi, Bu, (Ta)	Lä häufig, von sehr gutem Wuchs, reichliche natürliche Verjüngung
Reichenhall Nord	Östliches Staufengebiet (Distr. Strailach und Schloßwald)	30° 32'—34' / 47° 45'	Mittlere Trias, Muschelkalk	—	—	ei	—	500 bis 1200	N, E, SE, steil bis schroff	Fi, Fö, Ta, Bu, Ahorn	Lä-Anteil 0·1—0·2, zusagende Standortsverhältnisse, normaler Wuchs
Siegsdorf, Außenstelle Inzell	Weittal, Aiglbeerwald, Alpfahrt u. andere	30° 26'—30' / 47° 45'—47'	Mittl. u. obere Trias, Kalk u. Dolomit; (Flysch)	—	—	ei	K Z	700 bis 1500	W, NW, N, mäßig bis sehr steil	Fi, Ta, Bu Ahorn	Lä-Anteil 3 v. T. auf 1940 ha; Wuchsform sehr gut, Alter bis 250 Jahre

| Forstamt | Waldorte | Geogr. Länge und Breite (ö. v. Ferro) | Geolog. Formation bezw. Formationsgruppe und Grundgestein | Bestand | | | Kampfzone, Zwergform | Meereshöhe der Punkte nachgewiesenen Vorkommens | Hangrichtung, Neigung | Mischholzarten | Anmerkung |
				rein oder vorherrschend	Mischholz	eingesprengt					
Ruhpolding West	IX, Gurnwände, X, Sulzgrabenkopf, XIV, Eisenberg, XV, Unternberg, XI, Hachelgraben, XII, Nesselauertal und andere	30° 13′—18′ 47° 42′—45′	Obere Trias, Jura; Dolomit und Kalk	—	m	ei	—	720 bis 1550	Schattseiten, mäßig bis steil	Fi, Ta, Bu,	Lä-Anteil 2·6 v. H. von 2253 ha, Alter bis 170 Jahre; meist sehr langschaftig, astrein, sehr gutes Holz
Reit im Winkl	Lahnenwald, Kohlstatt, Stuhlkopf, Steinbacher	30° 9′—12′ 47° 38′—41′	Mittl. u. obere Trias, Dolomit und Kalk	v (Hochlagen)	—	ei	K Z	670 bis 1600	NNW, NW, W mäßig bis steil	Fi, Ta, Bu, Ahorn, Bergkiefer, Föhre	Lä-Anteil dzt. 2·8 v. H. auf 4937 ha (ursprüngl. laut Waldbeschreibung von 1609 wahrscheinl. noch weniger); Wuchsform u. Holz gut, Alter bis 200 Jahre
Marquartstein West u. Ost	Rauhenadel, Steillenberg, Wuhrsteinwald, Breitenstein u. andere	30° 1′—7′ 47° 41′—43′	Obere Trias, Hauptdolomit; Jura, Kalk	—	m	ei	K Z	550 bis 1430	alle Hangrichtungen u. Neigungsgrade	Fi, Ta, Bu	Lä-Anteil in den ältesten Altersklassen (80 bis über 140jährig) nicht einmal ½%; in den jüngsten infolge Pflanzung 3 v. H.; Alter bis 180 Jahre
Bergen	„Lärchpoint", Distr. IV, 3 (Nordabhang des Hochfelln), Schindeltal, VI, 9	30° 15′ 47° 45′	Obere Trias, Hauptdolomit; Jura, Kalk	—	m	ei	—	750 bis 1000	W, SE	Fi, Ta, Bu	Bis 150 Jahre gesund; vollholzig

Tabelle 28. Die Lärche in den Alpen Bayerns östlich der Loisach (zwischen Loisach und Inn).

| Forstamt | Waldorte | Geogr. Länge und Breite (ö. v. Ferro) | Geolog. Formation bezw. Formationsgruppe und Grundgestein | Bestand | | | Kampfzone, Zwergform | Meereshöhe der Punkte nachgewiesenen Vorkommens | Hangrichtung, Neigung | Mischholzarten | Anmerkung |
				rein oder vorherrschend	Mischholz	eingesprengt					
Oberaudorf	Wildbarrn, Grenzhorn, Steinberg	29° 48′—50′ 47° 41′—42′	Obere Trias, Hauptdolomit; Jura, Kalk; Kreide, Flysch	—	m	ei	—	500 bis 1300	N, NW, E mäßig bis sehr steil	Fi, Bu	Geringer Bestockungsanteil (3 v. H. auf 650 ha); erreichbares Alter 300 Jahre
Fischbachau	Hausberg, Seeberg	29° 39′—40′ 47° 38′—40′	Obere Trias, Hauptdolomit	—	—	ei	—	930 bis 1450	S, N, mäßig bis steil	Fi, Ta, Fö	Lä-Anteil von untergeordneter Bedeutung, lediglich auf 51 ha von 2400 ha
Kreuth	Klein-Reitbach	29° 20′ 47° 36′	Obere Trias, Hauptdolomit	—	—	ei	—	1200	SW	Fi, Ta, Bu	Lä-Anteil von untergeordneter Bedeutung, bloß auf 48 ha; sonst vereinzelt künstl. eingebracht, 0·5 v. H.
Fall a. d. Isar	Distrikt Lerchkogl, Abt. Lerchkogl und Trogenköpfl	29° 11½′ 47° 31′	Obere Trias, Hauptdolomit, Plattenkalk	—	—	ei	K	1450 bis 1600	N, steil	Fi, Ta, Bergahorn	Lä-Anteil auf 80 ha 0·9, auf 65 ha 0·5; bis 200 Jahre; sonst künstlich eingebracht. geringer Anteil

Bezirk	Ortlichkeit	Koordinaten	Geologie					Höhe (m)	Exposition, Neigung	Holzarten	Bemerkungen
Benedikt-beuern	Benediktenwand	28° 57'—29° 10' / 47° 37'—40'	Obere Trias, Hauptdolomit	—	—	ei	—	1500	—	—	Benediktbeurer Waldordnung von 1700 und Ortsbezeichnungen (Lerchwald, Lerchwaldalpl) sprechen für ein natürl. Kleinstvorkommen. Gegenwärtig nur wenig künstlich angebaute Exemplare im Distr. I a; sonst kein Lä-Vorkommen
Partenkirchen	Wetterstein, Ameisberg, Fricken	28° 48'—49' / 47° 25'—30'	Obere Trias, Hauptdolomit	—	—	ei	K	1200 bis 1500	NW, NE sehr steil	Fi, Ta, Bu, Ahorn; Zi, Bergkiefer	Kleinstvorkommen der Lä nur in unzugänglichen Örtlichkeiten; fehlt in den Wirtschaftswaldungen
Garmisch	Zugwald, Lerchwald	28° 39' / 47° 27'—29'	Trias, Wettersteinkalk, Diluviale Moränen, Kalk	—	m	ei	—	1600; 800 bis 1030	N, sehr steil, u. Hügellandschaft	Fi, Ta, Bu; Fö, Bergkiefer	Lä-Anteil 4 v. T., Alter bis 200 Jahre

Tabelle 29. Die Lärche im Allgäu.

Bezirk	Ortlichkeit	Koordinaten	Geologie					Höhe (m)	Exposition, Neigung	Holzarten	Bemerkungen
Sonthofen	Bachalpwald („Auf dem Giebel") unweit der „Lärchwand"	28° 4' / 47° 25'	Jura, Kalk	—	—	ei	K	1900	N, steil	Fi	Kleinstvorkommen, etwa 100 Stämme an der Baumgrenze
Außenstelle Fischen	Biberalpe (XXIV, 2 b, c), Rappenalpe	27° 52' / 47° 17'	Obere Trias, Hauptdolomit; Jura, Lias, Kalk	—	—	ei	K	1100 bis 1500	NW, SE steil	Fi	Kleinstvorkommen, nur wenige Einzel-Exemplare (vgl. Sendtner, Die Vegetationsverhältnisse Südbayerns, S. 553 ff.)

Tabelle 30. Die Lärche in den Bezirken Radmannsdorf und Krainburg (Alpen Jugoslawiens).

Bezirk	Ortlichkeit	Koordinaten	Geologie					Höhe (m)	Exposition, Neigung	Holzarten	Bemerkungen
Gemeinden Ratschach (Radeče), Wurzen (Podkoren), Wald (Gozd) u. a.	Planicatal, Macesnovec, Petelinek, Kamnat vrh, Vitranec, Kumlich, Crni vrh u. a.	31° 21'—30'; 46° 25'—31'	Karbon, Kalk, Schiefer; Trias, Hauptdolomit, Kalk	—	m	ei	K Z	800 bis 1800	alle Richtungen und Neigungsgrade	Bu, Fi, Ta	Auf 900 ha Lä-Anteil nach Schätzung durchschnittlich 0·2; auf kleineren Flächen (30 ha) Lä 0·5
Forstverwaltung Kronau (Kranjska gora)	Mežaklja, Martuljk, Belca, Mala Pišenca u. a.; desgleichen in benachbarten Bauernwaldungen	31° 25'—40'; 46° 25'—30'	Karbon, Schiefer u. Sandstein; Trias, Kalk u. Dolomit; Jura, Kalk	—	m	ei	K	800 bis 1800	alle Richtungen, eben bis schroff	Fi, Ta, Bu, Weißkiefer	Durchschnittlicher Lä-Anteil 0·2 auf 2744 ha Waldfläche; erreichb. Alter über 200 Jahre; auf zusagenden Standorten vorzügliche Holzbeschaffenheit
Gemeinden Wald (Gozd), Lengenfeld (Dovje), Birnbaum (Hrušica) u. a.; Religionsfondsforste	Srednji vrh, Lepi vrh, Belca, Mlince, Vrata, Mežaklja, Klek, Lipanca, Rudno polje u. a.	31° 30'—45'; 46° 20'—31'	Karbon, Kalk; Trias, Werfener Schiefer, Gutensteiner Kalk, Hauptdolomit	v	m	ei	K Z	700 bis 1800	„	Fi, Ta, Bu	Auf etwa 1000 ha Lä-Anteil durchschnittlich 0·2 (auf 100 ha 0·5); sonst eingesprengt. Auf entspr. Standorten sehr gute Wuchsformen

Forstamt	Waldorte	Geogr. Länge und Breite (ö. v. Ferro)	Geolog. Formation bezw. Formationsgruppe und Grundgestein	Bestand			Kampfzone, Zwergform	Meereshöhe der Punkte nachgewiesenen Vorkommens	Hangrichtung, Neigung	Mischholz-arten	Anmerkung
				rein oder vorherr-schend	Mischholz	ein-gesprengt					
Forstverwaltung Veldes (Bled)	Poljana, Pokljuka, Radovna, Krma, Lipanca, Brdo	41⁰ 34'—41'; 46⁰ 19'—27⁰	Untere, mittlere u. obere Trias, Werfener Schiefer, Kalk u. Dolomit; Diluvium, Schotter, Konglomerat, Moränen	v	m	ei	K Z	600 bis 1700	alle Hangrichtungen, mäßig bis schroff	Fi, Ta, Bu	Lä auf 1170 ha als Mischholz mit 0·1 bis 0·5 Best.-Anteil; auf 238 ha vorherrschend im räumdigen Bestand; auf 760 ha eingesprengt; auf den restl. 3664 ha vollständig fehlend; Alter bis 300 Jahre
Gemeinde Aßling (Jesenice) mit Javornik, Potoki, Dobrava bleska u. a.	Unter-Mežaklja, Jauerburger Gereuth (= Javorniski rovt), Dobica und andere	31' 45'—55'; 46⁰ 22'—29'	Karbon, Kalk u. Schiefer; untere, mittlere u. obere Trias, Werfener Schiefer, Kalk u. Dolomit	—	m	ei	K	600 bis 1400	alle Hangrichtungen, mäßig bis schroff	Bu, Ta, Fi	Lärche im allgemeinen seltener, nur auf einzelnen Standorten (z. B. Mežaklja-N-Hang) häufiger
Steuer-Gemeinde Studorf bei Mitterdorf (= Srednja vas)	Dednopolje, Velopolje, Ograde, Vodičen vrh, ovčarija u. andere zwischen Triglav und Wocheiner See	31⁰ 26'—34'; 46⁰ 18'—22'	(Untere, mittlere) u. obere Trias, Jura; Dolomit und Kalk	—	—	ei	K Z	1400 bis 1800	alle Richtungen, steil bis schroff	Fi	Urwüchsig, außer Betrieb, weil nicht bringbar; Fahnenwuchs, Kandelaberform, Alter bis 200 Jahre
Forstverwaltung Wocheiner Feistritz	Storeč vrh, Rjava skale (südl. vom Wocheiner See, fast bis zur Staatsgrenze); Govnac, Kraj, Rasov u. a. westlich v. Wocheiner See; Soteska	31⁰ 28'—34'; 46⁰ 15'—17'	Obere Trias, Hauptdolomit; Jura (Lias), Kalk	—	m	ei	K	700 bis 1400	N, NO, NW meist steil bis schroff	Fi, Ta, Bu	Lä-Anteil auf ca. 700 ha durchschnittlich kleiner als 0·1; felsige (erdarme) steile Kalkstandorte, schüttere Bestokkung
Forstverwaltung St. Anna bei Neumarktl (Tržic) und Nachbar-Wälder	Potočnikov jarek, oberhalb des Quecksilberbergwerkes; Anstieg v. der Begunjščica gegen die Straße zum Loiblpaß; gegen Zelenica; gegen Košuta	31⁰ 55'—32⁰ 5'; 46⁰ 21'—26'	Karbon, Sandstein, Schiefer; Trias, Werfener Schiefer, Kalk u. Dolomit; Jura, Kalk	—	m	ei	K	800 bis 1700	alle Hangrichtungen, steil bis schroff	Fi, Ta, Bu	Im Einschnitt zwischen den Bergen Begunjščica und Košuta kleine, fast reine Bestände. In geschlossenen Mischbeständen gute Wuchsform. Alter bis 200 J.
Forstverwaltung St. Katharina d. Dr. K. Baron Born	Um St. Katharina	32⁰ 1'; 46⁰ 22'	Untere Trias, Werfener Schiefer, Kalk	(v)	m	ei	—	800 bis 1250	alle Richtungen, steil bis schroff	Fi, Ta (Bu)	Erreichbares Alter bis 200 Jahre; auch künstlicher Anbau von gutem Erfolg
Gemeinde Seeland (Jezersko) und Großgrundbesitz der Gesellschaft „Jezersko"	Veliki vrh, Mali vrh, Kočna, Mlinar, Makek und andere	32⁰ 6'—13'; 46⁰ 22'—25'	Karbon und Perm, Sandstein, Schiefer; mittlere Trias, Hallstätter Kalk	v	m	ei	K Z	660 bis 1700	alle Richtungen, steil bis schroff	Fi, Bu	Lä-Anteil: auf 210 ha 0·5 bis 0·8 Lä (Rest Fi, Bu); auf 600 ha durchschnittl. 0·2 Lä. Alter bis 200 Jahre

Verwaltung Höflein (Preddvor)	Kozji vrh, auf dem ganzen Hange	32° 8' 46° 22'	Untere u. mittlere Trias, Kalk	—	m	ei	K	1000 bis 1630	steil bis schroff	Bu, Fi	Lä 25 v. H. auf 20 ha
Gemeinden Ranndorf, Vellach, Babendorf, Höflein, Hl. Kreuz	Mehka Dolina, St. Jakob (nordöstl. v. Höflein), unter dem Srednji vrh △ 1817 m	31° 58'—32° 8'; 46° 18'—21'	Trias, Kalk	—	m	ei	K	800 bis 1400	alle Richtungen, steil bis schroff	Bu, Fi	Lä meist nur eingesprengt; Mehka dolina auf rund 50 ha Lä 0·3 auf dürftigem Kalkstandort in schütterem Bestand
Steuer-Gemeinde Kanker (Kokra)	Korito-Kozji vrh-Starc und andere am rechten Ufer der Kokra; Povšnar u. a. am linken Ufer	32° 6'—13'; 46° 18'—22'	Perm, Schiefer; untere u. mittlere Trias, Kalk u. Dolomit; saures Ergußgestein, Porphyr	—	m	ei	K Z	600 bis 1600	„	Bu, Fi	Lä überall eingesprengt; auf rund 200 ha Lä-Anteil 0·5; auf 680 ha Lä 0·2; Alter bis 200 Jahre; gegenwärtig auch künstl. Anbau
Stefansberg u. Ulrichsberg	Weidegelände bei Stefansberg (Stefanja gora) und Ulrichsberg (Senturška gora)	32° 6'—13'; 46° 16'—18'	Trias, Kalk, Mergel u. Dolomit	—	m	ei	—	600 bis 1000	alle Richtungen, mäßig steil	Fi, (Ta, Bu)	Astige Lä auf seichtem Kalkboden auf privaten Weiden; auf 30 ha Lä 0·8, Fi 0·2; auf 20 ha Lä 0·2, Fi 0·8

Tabelle 31. Die Lärche in den Steiner (Sanntaler) Alpen und in den Bezirken Oberburg, Prävali und Windischgratz.

Waldbesitz der „Städtischen Korporation in Stein"	Waldbesitz in Steiner-Feistritz, südlicher Teil der Steiner Alpen	32° 12'—20'; 46° 17'—22'	Mittlere Trias, Kalk	—	m	ei	K Z	563 bis 1509	O, SW, steil	Fi, Ta, Bu	Meist nur eingesprengt, nur an einzelnen Stellen größerer Lä-Anteil, in tieferen Lagen geringere Holzgüte
Bezirk Oberburg (Gornji grad)	Sanntaler Alpen	32° 8'—24'; 46° 19'—23'	Alpine untere u. hauptsächl. mittlere Trias, Kalk u. Dolomit; (Perm, Quarzite, Serizitschiefer)	(v)	m	ei	K	600 bis 1700	alle Richtungen, mäßig bis steil und schroff	Fi, Ta, Weißkiefer, Bu, Birke, Bergahorn	Lä in den Fi-Wäldern als Mischholz; in den Bu-Beständen eingesprengt zugleich mit Ta und Fi
Bezirke Prävali und Windischgratz (Slovenjgradec)	Petzen, Ursula und Hühnerkogel (Kokošnjak), Stroina-Fettengupf	32° 25' 46° 30'; 32° 38' 46° 29'; 32° 41' 46° 39'; 32° 35' 46° 36'	Mittlere (u. obere) Trias, Kalk u. Dolomit; Glimmerschiefer und Übergänge zu Schiefergneis; paläozoische Schiefer	—	(m)	ei	Z	600 bis 1700	alle Richtungen, mäßig bis steil und schroff	Fi, Ta, Bu, Weißkiefer, Aspe, Krummholzkiefer, Wacholder, (Eiche, Edelkastanie)	Hühnerkogel u. Stroinagebirge (zwischen Bleiburg u. Unterdrauburg): Lä nur eingesprengt, allmähliches Ausklingen der Verbreitung; fehlt im nahen Bachergebirge (mit dem Großkogel = Velka Kapa, 1542 m)

II. Allgemeines über die natürliche Verbreitung in den Ostalpen und Ableitung der Standortsansprüche.

1. Zur Ausbreitungs- und Entwicklungsgeschichte der Lärche.

Über die Ausbreitungsgeschichte der Lärche sind wir weniger als über diejenige der meisten anderen Bäume unterrichtet, weil, wie schon eingangs hervorgehoben wurde, die fossile Erhaltbarkeit und Bestimmbarkeit des Lärchenpollens eine geringe ist (vgl. den Abschnitt über den „Gang der Untersuchung", Seite 6/7 dieser Schrift). Doch finden sich die ältesten Zeugnisse über Vorfahren der Lärche schon im Tertiär, und zwar im Miozän (älteres Jungtertiär).

Tertiär.

Im Alttertiär (Eozän und Oligozän) hatte Europa und Nordamerika, nach den Ablagerungen zu schließen, subtropisches und tropisches Klima (Palmen, Feigenbäume und selbst in nordischen, heute vergletscherten Gebieten wärmeliebende Holzarten). Im Jungtertiär, besonders in dessen letztem Abschnitt, dem Pliozän, wurde das Klima allmählich verhältnismäßig weniger günstig, die wärmeliebenden Holzarten traten gegen Ende des Tertiär zurück [1]. In den Ablagerungen des Miozän und Pliozän finden wir auch Larix.

Auch aus Österreich wurde über solche Funde berichtet: Dr. Elise Hofmann stellte in einem Fundmaterial aus dem Sandstein von Wallsee (Niederösterreich, an der Donau, westlich von Amstetten) einige verkalkte, in ihrer Form sehr gut erhaltene Koniferenzapfen fest, die ungefähr 3½—4½ cm Länge aufweisen und an der breitesten Stelle 2 cm messen. Die flachen Schuppen haben keine Apophyse, zeigen aber den Abdruck einer sehr schmalen, über die Fruchtschuppe hervorragenden Deckschuppe, welche unvermittelt am Rande der Fruchtschuppe des verkalkten Zapfens abbricht. „Diese Merkmale deuten auf eine Larix-Art, die fädlichen, herausragenden Deckschuppen auf Larix cf. Lyallii, welche heute im Nordwesten Nordamerikas beheimatet ist und dort in Gebirgen vorkommt" [2]. Nach Sukatschew gehört Larix Lyallii zu jenen Arten, welche „zu der hypothetischen Ausgangsform von Larix, deren Bildung vor das Miozän zu verlegen ist", am nächsten stehen [3].

Holzfunde zweifelhafter Gattungszugehörigkeit: Pinus (Larix) arctica Schmalhausen, wurden im Tertiär der neusibirischen Inseln gemacht (Memoir. Acad. Petersburg. XXXVII, 1890) [4]. Andere solche Funde sind: Piceoxylon laricinum Kräusel im französischen Miozän (nach R. Kräusel in Paläontographica 62, 1919); Zapfen von Larix

[1] Rubner, Die pflanzengeographisch-ökologischen Grundlagen des Waldbaus, 1934, S. 302 ff. (Geschichtliche Entwicklung der Holzartenbestockung, vorhistorische Zeit.) Dengler, Waldbau auf ökologischer Grundlage, 1930, S. 87. R. Hilf, Der Wald, Potsdam 1933, S. 37.

[2] E. Hofmann, Pflanzenreste aus dem Leithakalk von Kalksburg und dem Sandstein von Wallsee. Jb. d. Geolog. Bundesanstalt 1932, 82. Bd., Heft 1 u. 2.

[3] Sukatschew, W. N., Zur Entwicklungsgeschichte von Larix, Lesnoje djelo, Leningrad 1924, deutsches Ref. v. Selma Ruoff, Botan. Zentralbl., neue Folge, 5 (alte 147), 1925, S. 297.

[4] Hinweise auf das Schrifttum über eine Reihe tertiärer Lärchenfunde (Artbestimmung zweifelhaft) verdankt Verf. briefl. Mitteilungen von H. Gams, Innsbruck.

sibirica fossilis Lauby in Bull. Serv. Geol. 20, 1910, im französischen Miozän; Larix „europaea fossilis" Geyler et Kinkelin in Senckenberg. Abh. XV und XXIX, 1908, aus dem Frankfurter Pliozän (Frankfurter Klärbecken, mit Palmen, sicher voreiszeitlich), sieben Zapfen, die nach den Abbildungen und Beschreibungen eher zu sibirica gehören, Gattung sicher (nach brieflicher Mitteilung von G a m s); Larix europaea (?) im Pliozän von Reuver (Niederrhein), vielleicht gleichalterig mit dem Frankfurter Vorkommen, dieses von manchen für jünger gehalten, „eine einzige Zapfenschuppe, die nach der Abbildung von Cl. und E. R e i d 1915, Tafel I, keine sichere Artbestimmung zuläßt" (Gams). In Mittelfrankreich wurde bei Tireboeuf, nicht weit von Ceyssac, die Lärche im oberen Pliozän gefunden (nach Marty und Laurent) [1]. Nach K l o t i l d H a l v a x soll sich Larix im Pliozän verstreut in Ligniten von England, Deutschland, Südfrankreich und in den Abbruzzen [2] finden. Nach dem Lehrbuch von P o t o n i é - G o t h a n ist im Tertiär die Existenz von Larix durch Zapfen- und Holzfunde gewährleistet [3]. Die frühere Ansicht, daß Larix im Pliozän oder später in Mitteleuropa eingewandert sei, läßt sich nach neueren Feststellungen nicht mehr aufrecht erhalten.

D i l u v i u m.

Mit Einbruch der Eiszeit, Erniedrigung der Temperatur und besonders der Sommerwärme, mußte die Vegetation und mit ihr auch die Lärche vor der von Norden vordringenden Vereisung gegen Süden und infolge der Vergletscherung der Alpen in die flacheren Gebiete zurückweichen. In den Zwischeneiszeiten drang sie wieder vor, dem sich zurückziehenden Eis folgend. Ein interessanter eiszeitlicher Fund wurde m i t t e n i m u n g a r i s c h e n T i e f l a n d e zwischen Donau und Theiß, in K i s k u n f é l e g y h a z a (halbwegs zwischen Budapest und Szegedin) aufgedeckt: ein diluvialer Lehmhorizont mit zahlreichen Wurzelstöcken von Pinus Cembra und Larix europaea, Samen von Cembra und Nadeln von Larix, darüber eine Moosdecke mit nordischen Moosen [4].

Auch in Preußisch-Schlesien wurde in Ablagerungen altdiluvialer Zeit ein Lärchenvorkommen nachgewiesen: auf einem Fundort von Johnsbach bei Wartha am Neißedurchbruch zwischen Wartha- und Reichensteingebirge(in 260 m ü. M.) konnten S t a r k und O v e r b e c k in einer ca. 25 m langen, linsenförmigen, humosen, pflanzenführenden Ablagerung einer Ziegelgrube im unteren Teil des Pollendiagrammes Zweigstücke mit Kurztrieben und Nadeln der Lärche feststellen [5].

Ein anderer, besonders durch die Menge des aufgefundenen Materials bedeutender Fund, nach S z a f e r „fraglos der reichste Fund fossiler Lärche", welcher bis jetzt im Diluvium Europas gemacht wurde, ist jener von Hamarnia bei Jaroslau aus dem ältesten polnischen Interglazial. Es handelt sich um Schichten von fossilem Torf in Harmania an den Ufern des Lubaczówka-Flusses nächst Jaroslau. S z a f e r [6] stellte fest, daß im

---

[1] Zit. nach B r a u n - B l a n q u e t, L'origine et le developpement des flores dans le massif Central de France, Paris u. Zürich, 1923, S. 9/10.

[2] H a l v a x K l., Az Európai vörösfenyö (Larix decidua Mill.), Debrecen 1932 (ungarisch); S ó o, Bull. Soc. Bot. de France 651—667, 1932.

[3] P o t o n i é - G o t h a n, Lehrbuch der Paläobotanik, 2. Aufl., Berlin 1921, S. 328.

[4] J. v. T u s z o n, Beitrag zur Kenntnis der Urvegetation des ungar. Tieflandes, math. u. naturw. Ber. aus Ungarn. XLVI, Budapest 1929 (ungar. u. deutsch).

[5] P. S t a r k u. F. O v e r b e c k, Eine diluviale Flora von Johnsbach bei Wartha (Schlesien), Sonderabdr. aus Planta, Archiv f. wissensch. Bot., 17. Bd., 1932, 2. Heft, S. 437—452 (zit. nach Herrmann, Die Sudetenlärche, Tharandter Forstl. Jb. 1933, S. 382).

[6] S z a f e r W., The oldest interglacial in Poland (Extr. d. Bull. Ac. Pol. d. Sc. math.-nat. Kl. Ser. B, I, Krakau 1931).

ganzen dortigen Profil, in den von ihm unterschiedenen Schichten 1 bis 6, makroskopische Reste von Larix polonica Rac. f. fossilis zu finden waren, und zwar in großer Quantität sowohl in Gestalt von sehr gut erhaltenen Zapfen (Schichte 3) als auch von Samen und Nadeln (Schichten 1—6) und kleinen Zweigen mit charakteristischen Kurztrieben. In den unteren Schichten fanden sich auch mehrere Stöcke, welche Spuren des Wassertransportes zeigten, man mußte sie auch zu dieser Baumart gehörig betrachten, „denn sie wurden zunächst den Zapfen und Nadeln der Lärche liegend gefunden" (auf den sehr geringen Unterschied der anatomischen Struktur zwischen Holz von Lärche und Fichte wurde dabei hingewiesen). Da die Lärchenüberreste in allen Schichten, welche Flora enthalten, gefunden wurden, so folgert S z a f e r, daß dieser Baum einer der vorherrschenden in der Waldflora dieses Abschnittes des Diluvialzeitalters war.

Schon früher (1890) hatte R a c i b o r s k i die ersten fossilen Zapfenfunde von Larix polonica bei Jaroslau und Rzeszow gemacht.

Ein z w i s c h e n e i s z e i t l i c h e s L ä r c h e n - V o r k o m m e n wurde auch in den O s t a l p e n, in Tirol, festgestellt: Am linken Talgehänge des Inn nächst Innsbruck finden sich die Höttinger Breccien bei ca. 1150 m ü. M.; auf eine Moräne der Riß-Eiszeit wurde ein Bergsturz mit Murgang abgelagert, der Pflanzen bei Hötting lebendig begrub; diese Ablagerung wird selbst wieder von Moränen der letzten Eiszeit (Würm-Eiszeit) überlagert, ihre Bildung geschah somit zwischen zwei Zeiten der Vergletscherung. 1926 wurde über neue Funde (von etwas tieferem Standort, ca. 740—780 m ü. M.) berichtet aus der von M u r r [1] so benannten „Hungerburg-Breccie", diese enthält Pflanzeneinschlüsse u. a. von Fichte, L ä r c h e, Grauerle, Warzenbirke, Aspe, Purpur- und Uferweide, Wurmfarn usw. An der Zusammengehörigkeit beider Breccien-Partien (Höttinger- und Hungerburg-Breccie) „zu einem einheitlichen, einer und derselben Interglazialzeit entstammenden Ablagerungskomplex zweifeln die Geologen nicht". Die fossilen Pflanzenreste im Höttinger Graben wurden 1859 gefunden und zuerst als tertiär aufgefaßt; erst 1887 fand A. P e n c k unter der fossilführenden Schichte Moränen und stellte damit den zwischeneiszeitlichen Charakter der Fundstätte und ihrer Reste mit Hilfe der Schichtenfolge fest.

In R u ß l a n d wurde in Lichwin an der Oka (Gegend von Moskau) in den unteren Schichten der wahrscheinlich vorletzten Zwischeneiszeit eine Nadelwaldflora mit Larix sp. und Picea excelsa festgestellt [2]), weiters in Galitsch, Gouvernement Kostroma (Interglazial, Larix sp.-Nadeln) [3]).

In P o l e n wurde (außer den bereits genannten Funden) in Ludwinow bei Krakau aus der vorletzten Zwischeneiszeit, über einer Dryas-Flora folgend, eine Waldtundren-Flora mit Larix, Pinus Cembra, Betula nana usw., dann eine wärmeliebende Laubwaldflora nachgewiesen [4]). Mit dem Wärmerwerden des Klimas (Zwischeneiszeit!) folgten einander also immer anspruchsvollere Floren (von der Dryas-Flora über die Tundren-Flora zum schütteren Nadelwald von Lärchen und Zirben usw., dann zum artenreichen Nadelwald und schließlich zum Laubwald der Zwischeneiszeit; am E n d e der Zwischeneiszeit, beim Übergang zu einer abermaligen Vereisung, folgten aufeinander, jedoch in

---

[1]) M u r r J., Neue Übersicht über die fossile Flora der Höttinger Breccie, Sonderabdr. Jb. d. Geol. Bundes-Anstalt, 76. Bd., Wien 1926.

[2]) S z a f e r W., Über die Kenntnis der Flora und des Klimas der letzten Interglazialzeit bei Grodno in Polen. Ex⁺r. d. Bull. Ac. Pol. d. Sc. math.-nat. Kl. Ser. B, 1925.

[3]) D o k t u r o w s k y W., Die interglaziale Flora in Rußland, Geol. Fören. Förh. Stockholm 1929.

[4]) Z m u d a A. J., Fossile Flora des Krakauer Diluviums. Bull. d. l. Ac. d. Sc. Krakau, 1914.

umgekehrter Reihenfolge, dieselben Floren [1]). Weitere polnische Funde betreffen in Wlodowa am Bug (nach L i l p o p, zit. nach S z a f e r 1925) und in Sulejow (nach P a s s e n d o r f e r, zit. nach S z a f e r 1925) Floren am Ausgang einer Zwischeneiszeit mit Larix sp., Pinus silvestris und einer Picea der Omorica-Gruppe; in Schilling (Szelag) bei Posen nur Pollen aus dem vorletzten Interglazial [2]). In Olszewice bei Tomaszow in Mittelpolen wurden Nadelreste vom Ausgang der vorletzten Zwischeneiszeit gefunden [3]); ähnlich in Ojcow in Kalkhöhlen (Krakau-Wieluner Kalkzug) Larix mit Pinus Cembra in einer Aurignac- und Solutreen-Kulturschichte [4]); in Szercowo a. d. Warthe, vom Ausgang des vorletzten Interglazials (nach S z a f e r 1925).

In den Karpathen sind in Biely Potok im Rerucatal (Slowakei) Funde zu verzeichnen [5]). In der Schweiz sind spärliche Reste vom Interglazial von Mörschwyl, Uznach und Gondyswill-Zell (?) aus Schieferkohlen angegeben [6]).

In Frankreich, in Jarville bei Nancy, wurde in Ligniten, wahrscheinlich der Rißeiszeit, Picea excelsa, Pinus montana, Larix decidua (Nadeln, Zapfen und Holz in Menge) von F l i c h e nachgewiesen (zit. nach B r a u n - B l a n q u e t).

Aus dem D e u t s c h e n R e i c h e ist außer dem schon besprochenen Johnsbacher Funde noch anzuführen: Hainstadt a. Main, Larix sp. mit Pinus montana und zwei tertiären Kiefern Pinus Cortesii und pinastroides, nach G a m s wahrscheinlich Elster-Eiszeit (Mindel- oder Riß-Interglazial), E n g e l h a r d t und K i n k e l i n, zit. nach G a m s [7]).

Ü b e r g a n g s z e i t   n a c h   R ü c k g a n g   d e s   E i s e s.

Das Tatsachenmaterial zur Beurteilung der Klima- und Vegetationsverhältnisse in der Übergangszeit nach Rückgang des Eises ist noch sehr dürftig [8]). P e n c k hat auf Grund der Lagerungsverhältnisse von Mooren im Vorlande der Ostalpen (u. a. des Leopoldskroner Moores bei Salzburg im Zungenbecken des Salzachgletschers) geschlossen, daß dort der Beginn der Wald- und Moorzeit durch ein großes Zeitintervall vom Höchststand der Würm-Eiszeit (also vom letzten der vier Eiszeitvorstöße: Günz-, Mindel-, Riß- und Würm-Eiszeit) getrennt sein muß (R u d o l p h, a. a. O., S. 152). Dem zurückgehenden Eise ist also nicht sofort eine dichtere Vegetationsdecke gefolgt. Ähnlich kommt R u d o l p h auf Grund des vorliegenden pollenanalytischen Materials zu dem Schluß, daß zwischen dem Beginn der Waldzeit und dem Höhepunkt der letzten Vereisung eine lange Übergangszeit liegen muß. Der Waldzeit ging eine kältere Periode (Dryas-Flora und Betula nana-Schichten) noch unmittelbar voraus.

---

[1]) S z a f e r, W., Entwurf einer Stratigraphie des poln. Diluviums auf floristischer Grundlage, Separatabdr. d. V. Jg. d. Poln.-geol. Ges. Kraków 1928, Tab. I (zit. nach Kl. Halvax).

[2]) S z a f e r u. T r e l a, Interglazial in Szelag bei Posen. Spraw. Komm. Fizyogr. polsk. Akad. LXIII.

[3]) P a s s e n d o r f e r, L i l p o p u. T r e l a, The interglazial formations in Olszewice near Tomaszow in central Polland. Spraw. Komm. Fizyogr. Polske Akad. LXIV, Krakau 1929.

[4]) K o z l o w c k a, Contribution a l'étude sur la flore paléolithique en Pologne. Kosmos 1921 (zit. n. Halvax).

[5]) P r e m i k - P i e c h, Zur Kenntnis des Diluviums im südwestl. Mittelpolen, Annal. d. Soc. geol. d. Pologne, VIII/2, 1932.

[6]) R y t z W., Die Pflanzenwelt der Schieferkohlen von Gondyswill-Zell, Beitr. z. Geologie d. Schweiz 1921.

[7]) G a m s, Die Bedeutung der Paläobotanik und Mikrostratigraphie des mittel-, nord- und osteuropäischen Diluviums, Zeitschr. f. Gletscherkunde 1930, 18.

[8]) R u d o l p h R., Grundzüge der nacheiszeitlichen Waldgeschichte Mitteleuropas. (Bisherige Ergebnisse der Pollenanalyse.) Sonderdr. a. „Beihefte z. botan. Centralbl." 1930, Abt. II.

Nacheiszeitliche Wald- und Moorzeit.

Über die nacheiszeitliche Waldgeschichte gibt bekanntlich die Untersuchung des in den Mooren abgelagerten Baumblütenstaubes der Holzarten (Pollenanalyse) Auskunft. Der Lärchenpollen scheint aber viel ungleichmäßiger als der der anderen gezählten Gattungen erhalten zu sein und seine qualitative Bestimmung ist nur mit besonderer Kritik möglich. G a m s verzeichnet bei Besprechung der Profile in Uferbänken des Lunzer Untersees (niederösterreichische Kalkalpen) ein „Larix-Maximum bald nach dem Pinus-Maximum", also ein Höchstmaß von Lärchenpollen in der ausklingenden Kiefernzeit [1]. (Die Ausbreitungsfolge der nacheiszeitlichen Waldgeschichte beginnt auch am Alpennordrand mit einer Kiefernbestockung, führt über eine Hasel-, dann Eichenmischwaldzeit zu einer Fichtenzeit, auf die in geeigneten Lagen eine Buchen-Tannenzeit folgt.)

Makroskopische Lärchenfunde machte F i r b a s [2] am Mitterberg, bzw. im Gebiete von Mühlbach-Bischofshofen, wo er in dem von ihm untersuchten, etwa 1540 m hoch gelegenen Moor auf dem Troiboden in Ablagerungen aus der älteren Bronzezeit Baumstöcke („Stubben") sowie „viele Zweige, Nadeln und Zapfen von Lärche und Fichte" fand [3]. Auch Lärchenpollen wurde von ihm auf Grund der neuen Methode von G e r a s i m o w verzeichnet, doch kam er im Verhältnis zu den vielen makroskopischen Lärchenfunden sehr spärlich vor.

In der Schweiz hat L ü d i [4] beim Grimsel-Hospiz in 1840 bis 1870 m, ü b e r der heutigen Baumgrenze, aus der nacheiszeitlichen Wärmezeit Holztorf mit Pinus Cembra und Larix nachgewiesen. Im Ober-Engadin in St. Moritz besteht die prähistorische Quellfassung (Ausgrabungen bei den Mineralbädern) aus zwei großen, roh behauenen und ausgehöhlten Lärchen, Zeit ca. 1500 v. Chr., auch die Umgebung ist mit Lärchenbohlen eingefaßt.

In der Hallstattzeit oder ersten Eisenzeit, in Mitteleuropa etwa 1000 bis 400 v. Chr., wurde auf dem Salzberg bei Hallstatt, Oberösterreich, zum Bau einer Blockhütte auch Lärchenholz verwendet, wohl weil schon die Hallstatt-Leute dessen Dauerhaftigkeit und Eignung zu Bauholz zu schätzen wußten [5].

Eine Blockhausecke, aus den lagerig zugehauenen Balken der aufgefundenen Blockhütte aufgebaut, ist im Saal XII des Naturhistorischen Museums in Wien aufgestellt, die Hölzer besitzen Querdurchmesser von 14—16 cm, schmale Jahresringe, die mikroskopische Untersuchung zweier Proben durch Dr. A. B u r g e r s t e i n [6] ergab in beiden Fällen typisches Lärchenholz. Auch einige sonstige Geräte aus Lärchenholz hat B u r g e r s t e i n unter den vorgeschichtlichen Funden vom Salzberg bei Hallstatt beschrieben.

Schlußfolgerungen zur Ausbreitungsgeschichte.

Aus den Funden kann wohl geschlossen werden, daß die nacheiszeitliche Wiederausbreitung der Lärche, ähnlich wie die der Fichte, von verschiedenen Seiten ausging.

---

[1] G a m s, Die Geschichte der Lunzer Seen, Moore und Wälder, Sonderdr. a. Intern. Revue der ges. Hydrobiologie u. Hydrographie, 1927, Bd. XVIII, Heft 5/6.

[2] F i r b a s, Pollenanalytische Untersuchungen in den Ostalpen, Lotos 71, 1923.

[3] F i r b a s, Die Beziehungen des Kupferbergbaues im Gebiete von Mühlbach-Bischofshofen zur nacheiszeitlichen Wald- und Klimageschichte, Materialien zur Urgeschichte Österreichs, Heft 6, 1932, S. 173—183.

[4] L ü d i, Die Waldgeschichte der Grimsel, Beih. bot. Centralbl. 1932, Drude-Festschrift (zit. n. briefl. Mitt. v. Prof. Rudolph).

[5] E. H o f m a n n u. F. M o r t o n, Der prähistorische Salzbergbau auf dem Hallstätter Salzberg, Wiener prähist. Zeitschr. XV, Wien 1928, S. 82—101, bes. 93.

[6] Dr. A. B u r g e r s t e i n, Mikroskopische Untersuchung prähistorischer Hölzer des k. k. Naturhistorischen Hofmuseums in Wien; Sonderdr. XVI. Bd. d. Annalen d. k. k. Naturhist. Hofmus. Wien 1901.

Den klimatischen Verhältnissen entsprechend, war die Lärche, wahrscheinlich schon in der Föhrenzeit (Lunzer Pollendiagramme), auch in die höheren Waldstufen der Alpen vorgerückt. Es entspricht diese Annahme ihrem biologischen Charakter als leichtsamige, lichtbedürftige, frostharte Pionierholzart. Später dürfte durch den Wettbewerb der nachfolgenden Fichte auf allen für diese besonders günstigen Standorten der Bestockungsanteil der Lärche herabgedrückt worden sein. In den Gegenden des inneralpinen Landklimas aber und besonders in dessen höheren Lagen nahe der oberen Wald- und Baumgrenze konnte sich die Lärche infolge der durch das Klima etwas herabgesetzten Wettbewerbsfähigkeit der Fichte einen großen Bestockungsanteil bewahren, trotzdem daß auch sie in tieferen Lagen günstigere Wachstumsverhältnisse aufweist als in diesen Hochlagen. Aber auch wo das Klima der alpinen Innenlandschaft nur mäßig ausgeprägt ist, reichte dieser Klimaeinfluß aus, um auf sehr großen Flächen, im größten Teil der Ostalpen, und auch bei recht geringen Meereshöhen, der Lärche im Wettbewerb mit anderen Holzarten das Dasein, wenn auch mit etwas geringerer Häufigkeit (kleinerem Bestockungsanteil), zu sichern.

In Polen kommt die Lärche — auf Flächen verhältnismäßig geringeren Ausmaßes — in mäßiger Höhenlage und selbst bis in die Ebene tretend natürlich vor. Im Anfang des vorigen Jahrhunderts soll sie, wie auch ältere Ortsnamen (nach modrzew poln. = Lärche) bezeugen, hier noch viel verbreiteter gewesen seien [1]. Erfahrungsgemäß läßt sich aber eine Holzart aus ihrem natürlichen Verbreitungsgebiet nur dort weitgehend verdrängen, wo ihre Lebenskraft gering ist, wo sie sich fern vom „Optimum" befindet und nur mehr einen Rückzugsposten („Relikt") darstellt. Als solche Relikte oder Rückzugsposten, Überbleibsel einer einst größeren, unter anderen klimatischen Verhältnissen (Diluvium) entstandenen Verbreitung müssen wir die durch menschliche Eingriffe bereits größtenteils zum Verschwinden gebrachten Vorkommen in den Ebenen Polens wohl ansehen.

2. Lagen geringer Meereshöhe in den Ostalpen als natürliche Lärchenstandorte.

Wenn diese Schrift den Zweck erfüllen soll, Grundlagen zur Beurteilung der Standortsansprüche der Lärche auch für den künstlichen Anbau außerhalb des natürlichen Verbreitungsgebietes zu schaffen, dann ist es wichtig zu zeigen, daß unsere Holzart kein ausgesprochener Hochgebirgsbaum ist, daß sie vielmehr auch in ausgedehnten Standortsgebieten geringer Meereshöhe natürlich vorkommt, und weiters die standörtlichen Bedingungen in diesen tief gelegenen Teilen des natürlichen Verbreitungsgebietes zu schildern. Aber auch vom naturwissenschaftlichen Standpunkt ist es nicht überflüssig darzulegen, daß nur das Höchstmaß des Vorkommens in der Regel auf höhere Lagen [2] beschränkt ist, daß aber die sonstige Verbreitung die noch immer übliche Kennzeichnung der Art als eines „entschiedenen Hochgebirgsbaumes" nicht zuläßt. Vom R h e i n t a l zwischen Chur und Maienfeld im nördlichen Graubünden bis in den W i e n e r w a l d bei Neulengbach und Baden und in die „Bucklige Welt" südlich von Wr.-Neustadt und noch weiter im Süden gibt es in den Ostalpen a u s g e d e h n t e B e z i r k e n a t ü r l i c h e n L ä r c h e n v o r k o m m e n s i n t i e f e r e n L a g e n, denn sie findet sich innerhalb des zusammenhängenden Verbreitungsgebietes überall von den Talsohlen an. Eine Reihe

---

[1] D e n g l e r A., Waldbau auf ökologischer Grundlage, 1930, S. 80; P a x, Pflanzengeographie von Polen, Beitr. z. poln. Landeskunde, Reihe A, Bd. 1, Berlin 1918, S. 28/29.

[2] wenn noch sonstige Klimabedingungen erfüllt sind; gewisse Teile der Alpen sind bis zur oberen Baumgrenze von der Lärche gemieden.

von Beispielen sei im folgenden dargestellt, mit kurzem Nachweis der Ursprünglichkeit auch in der tieferen Lage und mit möglichst genauen Angaben über die Standortsbedingungen.

a) Im nördlichen Teil des Kantons Graubünden kommt die Lärche im Rheintal auf beträchtlichen Flächen in Meereshöhen von 550 m an natürlich vor. Die Angabe von 550 m bedeutet keine klimatische untere Grenze, sondern ist durch die Lage der Talsohle bedingt. Die Lärche findet sich dort oft in Gesellschaft der Buche, die in der von hohen Bergen umschlossenen Innenlandschaft trotz geringer Meereshöhe häufig nicht mehr im Optimum ist. Der Verfasser sah z. B. im Gelände der Gemeinde Haldenstein, Oldiswald des Bistums Chur, 560—600 m, Kalk, hie und da etwas Moräne, Buchen- und Lärchenmischwald mit Sauerklee und Waldmeister, die 100jährigen Lärchen über 30 m hoch, die Buchen nur bis 26 m. Der heutige Waldzustand und die Ergebnisse der geschichtlichen Erhebungen sprechen für Ursprünglichkeit des Vorkommens. Im nahen Untervaz wurde im Jahre 1797 der unmittelbar ober dem Dorfe gelegene „Buchwald“ als Bannwald erklärt, in welchem „Lärchis und Buches“ eigenmächtig zu schlagen verboten war. Im „Buchwald von Malans“ kamen auf einem sanft geböschten Schuttkegel nahe der Talsohle in Mischbeständen von Kiefer, Lärche, Buche, Fichte bis 180jährige gesunde Stämme von Föhren und Lärchen vor, dies und der ganze heutige Waldzustand sprechen dort für die Heimatsberechtigung der Lärche (über die Waldtypen aus diesem Gebiet vergl. Seite 130 f.).

Das Lärchenvorkommen findet sich hier, entgegen der Annahme von R. Lang, trotz der geringen Meereshöhe und der beträchtlichen Sommerwärme auf Kalk, auf Böden, deren aktuelle Azidität etwa 7·20 bis 7·40 beträgt. Die klimatischen Bedingungen beleuchten folgende Zahlen [1]):

Chur, 600 m, Jahrestemperatur 8·2⁰, Jännertemperatur —1·6⁰, Juli 17·5⁰, Jahresschwankung 19·1⁰, durchschnittliche Temperatur der Monate Mai—September 15·3⁰ (Viermonatstemperatur 15·6⁰), mittleres Minimum —14·3⁰, mittleres Maximum 31·4⁰, absolutes Minimum —21·1⁰, absolutes Maximum 34·4⁰, absolute Temperaturschwankung 55·5⁰. durchschnittliche frostfreie Zeit vom letzten bis zum ersten Frost 218 Tage (mittlere Frostgrenzen 30. März, 5. November), Bewölkung 5·4, Niederschlag 836 mm, Niederschlag Mai—September 453 mm, Niederschlagstage im Jahr 120·7, Niederschlagstage Mai—September 58·7, relative Feuchtigkeit 76 (Dezember 87, Juni 68).

Marschlins (Schloß im Rheintal, 12 km nördl. v. Chur, etwa 1½ km südl. v. Landquart), 543 m, Jahrestemperatur 8·1⁰, Jännertemperatur —1·8⁰, Juli 17·1⁰, Jahresschwankung 18·9⁰, Durchschnittstemperatur der Monate Mai—September 14·9⁰, mittleres Minimum —15·1⁰, mittleres Maximum 29·9⁰, absolutes Minimum —21·3⁰, absolutes Maximum 32·6⁰, absolute Temperaturschwankung 53·9⁰, Bewölkung 5·3, Niederschlag 1045 mm, Niederschlag der Monate Mai—September 509 mm, relative Feuchtigkeit 79.

Reichenau, am Zusammenfluß des Vorder- und Hinterrheins, 604 m, Jahrestemperatur 7·9⁰, Jänner —2·0⁰, Juli 17·1⁰, Jahresschwankung 19·1⁰, durchschnittliche Temperatur der Monate Mai—September 14·8⁰ (Viermonatstemperatur 15·2⁰), mittleres Minimum —15·2⁰, mittleres Maximum 30·5⁰, absolutes Minimum —23·1⁰, absolutes Maximum 33·7⁰, absolute Temperaturschwankung 56·8⁰, Bewölkung 5·9, Niederschlag 1073 mm, Niederschlag Mai—September 565 mm, Niederschlagstage im Jahr 110, Niederschlagstage Mai—September 53·1.

Als niederschlagsarm kann also das Gebiet auf Grund obiger und der sonstigen

---

[1]) Maurer, Billwiller, Heß. Das Klima der Schweiz, 1909.

Klimazahlen nicht bezeichnet werden. Die Verteilung der Wärme läßt Anklänge an das Landklima (Lage in der Innenlandschaft) erkennen.

b) Auch in T i r o l finden wir die Lärche von den Talsohlen, also von den dortigen tiefsten Lagen an, allgemein verbreitet, wenn auch mit kleinerem durchschnittlichen Bestockungsanteil als in den höheren Lagen. Im Unterinntal, zwischen Kufstein und Innsbruck, beträgt die Meereshöhe der Talsohle zwischen 500 bis 600 m. Für die Ursprünglichkeit auch des Vorkommens in der Nähe der Talsohle spricht sowohl der gegenwärtige Zustand der Wälder, als auch bezeugen dies geschichtliche Quellen. Ein Weistum von Inzing (Inntal etwas oberhalb Innsbruck), Niederschrift von 1616, bestimmt, daß alle Lärchen, welche u n t e n (Inzing liegt ca. 600 m hoch) an den der Gemeinde gehörigen Bergen stehen, zu schlagen verboten sein sollen.

Die Klimatographie (Ficker) enthält folgende Zahlenangaben: I n n s b r u c k, 600 m, Jahrestemperatur 7·9⁰, Jänner —3·3⁰, Juli 17·8⁰, mittlere Jahresschwankung 21·1⁰, durchschnittliche Temperatur der Monate Mai—September 15·5⁰ (Viermonatstemperatur 15·9⁰), mittleres Minimum —17·6⁰, mittleres Maximum 31·0⁰, absolutes Minimum —23·6⁰, absolutes Maximum 35·0⁰, absolute Temperaturschwankung 58·6⁰, durchschnittliche frostfreie Zeit (2. April—25. Oktober) 206 Tage, Bewölkung 5·4, Niederschlag 853 mm, Niederschlag der Monate Mai—September 508 mm, Niederschlagstage im Jahr 138·5, Niederschlagstage Mai—September 72·7.

Im Tiroler Lärchenverbreitungsgebiet ist auch bei geringerer Meereshöhe die Jahresschwankung größer und die V i e r m o n a t s t e m p e r a t u r h ö h e r als an Orten gleicher Seehöhe im benachbarten lärchenfreien Randgebirge Bayerns, z. B.: Partenkirchen, 717 m, ohne Lärchenvorkommen, Jahresschwankung 17·9⁰, Viermonatstemperatur Mai—August 13·6⁰; dagegen Zams im Inntal (772 m) Jahresschwankung 20·6⁰, Viermonatstemperatur 14·8⁰.

c) Im Lande S a l z b u r g treffen wir auf der Innenseite des Hauptzuges der Kalkalpen, in der Gegend von Werfen, Tänneck und im unteren Teil des Blühnbachtales, die Lärche reichlich vorkommend schon in den untersten Lagen nächst der Talsohle, auch in Höhen von 520—600 m, in sehr guter Wuchsform mit vorzüglicher Holzbeschaffenheit; sie vermag auch in unteren Lagen ein hohes Alter bei gutem Gesundheitszustand zu erreichen. Auch die Buche kommt in dem Gebiet zwar noch häufig vor, ist aber trotz der geringen Meereshöhe (und trotz Kalkgrundgestein) nicht mehr im Optimum, sondern bleibt gegenüber der Lärche im Höhenwuchs beträchtlich zurück (z. B. im 110-jährigen Bestand Lärche im Mittel 29 m, im unteren Lehnenteil 31 m Scheitelhöhe, Buche dagegen im Mittel nur 23·5 m, im unteren Teil 24 m Höhe). Der Abschnitt über Waldtypen, Land Salzburg (S. 25), enthält eine Reihe weiterer solcher Beispiele. Der Setzenberg (550 bis 700 m) bei Werfen ist schon in einer Urkunde vom Jahre 1586 als Lärchenstandort, auf dem langschaftiges Brückenbauholz zu holen war, genannt (vgl. S. 23/24), dies und der heutige Waldzustand beweist die Ursprünglichkeit des Vorkommens auch in dieser geringen Meereshöhe. Die gute Wuchsform der Lärche auf tieferem Standort (in Salzburg) zeigt Abb. 46. Die Klimadaten von Werfen sind (nach Feßler):

W e r f e n, 550 m (reiches Lärchenvorkommen!), Jahrestemperatur 6·3⁰, Jänner —5·3⁰, Juli 17·1⁰, mittlere Jahresschwankung 22·4⁰, durchschnittliche Temperatur der Monate Mai—September 14·7⁰ (Viermonatstemperatur 15·2⁰), mittleres Minimum —19·9⁰, mittleres Maximum 29·9⁰, durchschnittliche frostfreie Zeit (für das nahe, 595 m hoch gelegene St. Johann i. P.) 186 Tage, Bewölkung (St. Johann i. P.) 5·4, Niederschlag 1040 mm, Niederschlag Mai—September 644 mm.

d) Auch im Alpengebiet des Bundeslandes O b e r ö s t e r r e i c h ist eine klimatische untere Grenze der Lärchenverbreitung nicht festzustellen, sondern die jeweils tiefsten Lagen stellen auch die untersten Lärchenstandorte dar. Solche finden sich im Mittelgebirge südlich von Steyr (vgl. Abb. 45) in den Gemeinden Garsten, Aschach, St. Ulrich in Höhen von etwa 400 m. Vor 130 Jahren empfahl das Waldamt Steyr, wie urkundlich belegt ist, die Gewinnung von Lärchenbauholz in der Gegend Dambach, Mühlbach, dies- und jenseits der Enns, also in Örtlichkeiten etwa 6—7 km südlich von Steyr in geringen Meereshöhen. In den Forstverwaltungen Ischl, Ebensee, Traunstein, Weyer, Molln, Steyerling, Leonstein und anderen treffen wir die Lärche in Höhen von etwa 500 m (450 m) an. Auch hochaltrige Stämme, gewonnen für Ausstellungszwecke auf Standorten

Abb. 45. Oberösterreich, bei Steyr, Lärchenüberhälter (Verjüngungssaum); Fichte, Tanne, Buche, einzelne Lärchen, 700 fm je ha.

Aufnahme: Ing. K. Gaigg, Steyr.

Abb. 46. Revier Schwarzberg, südlich von Salzburg, Lärchenüberhälter, 36 m hoch, 55 cm Brusthöhendurchmesser; Fichte, Tanne, Buche, Lärche.

Aufnahme: Ing. E. Bitterlich, Salzburg.

tieferer Lagen, sprechen für die Urwüchsigkeit dieser Beimischung. Das Klima sei durch folgende Zahlen gekennzeichnet (Ph. S c h w a r z):

W i n d i s c h g a r s t e n, 603 m, Jahrestemperatur 6·8⁰, Jänner —3·3⁰, Juli 16·6⁰, Jahresschwankung 19·9⁰, durchschnittliche Temperatur der Monate Mai—September 14·1⁰ (Mai—August 14·7⁰), mittleres Minimum —18·6⁰, mittleres Maximum 31·9⁰. Mittlere Bewölkung 5·5 (Dezember 5·4, Juni 6·4), mittlerer Jahresniederschlag 1436 mm, Niederschlag Mai—September 800 mm, Niederschlagstage im Jahre 177·9, Niederschlagstage Mai—September 88·1.

W e y e r, 400 m, Jahrestemperatur 6·3⁰, Jänner —4·5⁰, Juli 16·4⁰, Jahresschwankung 20·9⁰, durchschnittliche Temperatur der Monate Mai—September 13·9⁰ (Viermonatstemperatur 14·3⁰), mittleres Minimum —20·4⁰, mittleres Maximum 30·3⁰, mittlere Bewölkung 6·3 (Dezember 7·2, Juni 6·2), mittlerer Jahresniederschlag 1448 mm, Niederschlag der Monate Mai—September 793 mm, Niederschlagstage im Jahre 191·7, Niederschlagstage Mai—September 86·9.

Kirchdorf a. d. Krems (an der nördlichen Grenze der horizontalen Verbreitung), 450 m, Jahrestemperatur 8·2°, Jänner —2·7°, Juli 18·2°, Jahresschwankung 20·9°, durchschnittliche Temperatur der Monate Mai—September 15·8° (Viermonatstemperatur 16·2°), mittleres Minimum —17·3°, mittleres Maximum 31·2°, mittlere Bewölkung 6·7 (Dezember 7·7, August 6), Niederschlag 1255 mm, Niederschlag Mai—September 723 mm, Niederschlagstage im Jahre 190·6, Niederschlagstage Mai—September 84·6. Relative Feuchtigkeit im nahen Kremsmünster (384 m) 82. Lärchenvorkommen in nächster Nähe des Ortes Kirchdorf a. d. Krems.

e) Gegen Osten zu werden die Alpen, auch hinsichtlich der Lage der Talsohlen, immer niedriger. In Niederösterreich finden wir die Lärche schon von recht geringen Meereshöhen an, in einem Teile des Wienerwaldes ist sie schon bei Höhen von 300—500 m auf beträchtlichen Flächen verbreitet (am Auberg bei Judenau selbst in 250—357 m). Auch in den niederösterreichischen Kalkalpen reicht sie (Freiland, Kernhof, Hohenstein u. a.) bis 400 und 500 m herab (auch auf Kalk). Eine Fülle von geschichtlichen Beweisen ergibt die Bodenständigkeit auch auf den Standorten der tiefsten Lagen. Selbst ganz am Gebirgsrand, für den Eichberg bei Neulengbach in Höhen von etwa 300 m, reichen die Angaben über das dortige Lärchenvorkommen bis etwa zum Jahre 1737 zurück, da in der Waldschätzungstabelle des Anzbacher Revieres von 1837 ein bis 100-jähriger Bestand von „Kiefer, Rotbuche, Tanne, Lehrbaum, wenig Eichen und Fichten, 54 Joch" angegeben wurde. Das heutige Vorkommen stimmt mit dem damaligen überein und hängt mit einem großen Gebiet ähnlicher Waldzusammensetzung unmittelbar zusammen. Auch Angaben von Clusius vom Jahre 1583 bestätigen das Lärchenvorkommen in der Nähe von Baden und Wr.-Neustadt in der Nachbarschaft von Weinbergen (vgl. S. 56). Ähnliches geht aus Grenzbeschreibungen von 1674 hervor. Wir finden sie auch in Tieflagen auf Böden verschiedensten Grundgesteins. Im Lärchenverbreitungsgebiet des Wienerwaldes gedeihen auch Buchen und Tannen gut, doch bleibt die Lärche als Mischholzart auch im Alter vorwüchsig und wettbewerbsfähig. Hinsichtlich des Klimas enthält die Klimatographie von J. Hann folgende Zahlen:

Reichenau am Schneeberg, 494 m, Jahrestemperatur 8·3°, Jänner —2·0°, Juli 18·1°, Jahresschwankung 20·1°, durchschnittliche Temperatur der Monate Mai—September 15·6° (Viermonatstemperatur 16·1°), mittleres Minimum —16·9°, mittleres Maximum 30·1°, absolutes Minimum —24·4°, absolutes Maximum 34·7°, absolute Temperaturschwankung 59·1°; durchschnittliche frostfreie Zeit (vom mittleren letzten bis zum mittleren ersten Frost) 206 Tage, Bewölkung 5·7 (Jänner 6·2, August 5·2), mittlerer Niederschlag 881 mm, Niederschlag der Monate Mai—September 505 mm, Niederschlagstage im Jahr 147·1, Niederschlagstage Mai—September 68·4.

Gutenstein, niederösterreichische Kalkalpen, 470 m, Jahrestemperatur 6·9°, Jänner —3·1°, Juli 16·9°, Jahresschwankung der Temperatur 20·0°, Durchschnittstemperatur der Monate Mai—September 14·3° (Viermonatstemperatur 14·6°), mittleres Minimum —19·9°, mittleres Maximum 31·9°, absolutes Minimum —27·6°, absolutes Maximum 35·3°, absolute Temperaturschwankung 62·9°, durchschnittliche frostfreie Zeit 188 Tage, Bewölkung 5·9, Niederschlag 793 mm, Niederschlag Mai—September 435 mm, Niederschlagstage im Jahre 144·5, Niederschlagstage Mai—September 64·8.

Schwarzenbach a. d. Gölsen, westlicher Wienerwald, 409 m ü. M., Jahrestemperatur 7·0°, Jänner —3·4°, Juli 17·4°, Jahresschwankung 20·8°, durchschnittliche Temperatur der Monate Mai—September 14·7° (Viermonatstemperatur 15·3°), mittleres Minimum —21·5°, mittleres Maximum 30·5°, Schwankung nach den mittleren Jahresextremen 52·0°, absolutes Minimum —29·9°, absolutes Maximum 34·8°, absolute Temperaturschwankung 64·7°, durchschnittliche frostfreie Zeit 142 Tage, Bewölkung 6·3 (Dezember 7·1, August 5·0), Niederschlag 988 mm, Niederschlag Mai—September 550 mm, Niederschlagstage im Jahr 161·2, Niederschlagstage Mai—September 73·1, relative Feuchtigkeit 83 (Dezember 90, Juli 77).

f) Weitere Beispiele des ursprünglichen Lärchenvorkommens von geringen Meereshöhen an bietet das steirische Randgebirge. Wir treffen dort unsere Holzart, z. B. im Forstamt Thannhausen bei Weiz in Höhen von 500 m an (auch das dortige Vorkommen in tiefster Lage, Revier Frauenwald, in Mischung mit Fichte, Tanne, Kiefer, Buche, zeigt beste Wuchsform, vorzügliche Holzbeschaffenheit, ein Alter von mindestens 200 Jahren wird erreicht), weiters im Forstamt Waldstein (Übelbachtal) von 450 m an, ähnlich in der Forstverwaltung Peggau, Mixnitz, usw. — Für die Gegend von Weiz ergibt eine Grenzbeschreibung vom Jahre 1644, daß dort auch damals in der Nähe eines Weingartens auch die Lärche als Grenzbaum vorkam. Waldorte geringer Meereshöhe tragen die Bezeichnung „Lerchegg“ und ähnliche, das hohe Alter dieser Ortsbezeichnungen geht aus Urkunden hervor, die bis zum Jahre 1300 zurückreichen. Das Übelbacher Tal hat 1851 der Sächsische Oberforstrat v o n B e r g bereist, wobei ihm die tiefe Lage der Lärchenstandorte auffiel (vgl. S. 78 dieser Schrift). W e i z liegt 477 m hoch, die mittlere Jahrestemperatur ist 8·2°, die Jahresschwankung 21·0°. In anderen Wetterwarten des steirischen Randgebirges beträgt sie: Friedberg 21·1°, Hartberg 22·5°, Pöllau 22·0°, Deutsch-Landsberg 21·4°. Die Durchschnittstemperatur der Monate Mai—September ist für Weiz 15·7°, die Viermonatstemperatur 16·3°, der Niederschlag Friedberg 848 mm, Graz 902 mm, Deutsch-Landsberg 1072 mm.

g) In den italienischen Ostalpen kommt nach Prof. F e n a r o l i die Lärche z. B. in den zentralalpinen Provinzen Sondrio und Bozen (Bolzano) schon von 400 m an vor, in der Provinz Belluno von 470 m an; in den Berggebieten einzelner Randprovinzen (z. B. Brescia) steigt sie bis 300 m herab (Lärchen zu 10 bis 30 v. H. in den Kastanien-Wäldern am linken Oglio-Ufer).

3. Standortsgebiet des Höchstmaßes der Lärchenverbreitung in den Ostalpen.

Die Höhenlage allein ist für ein reicheres Lärchenvorkommen durchaus nicht entscheidend; denn gleich hoch gelegene Orte können sich sehr verschieden verhalten: Der Rigikulm, 1787 m (freistehender Voralpengipfel zwischen Vierwaldstätter- und Zuger-See) liegt im l ä r c h e n f r e i e n Westwetter-Gebiet, in seinem Umkreis gedeihen Mischwälder mit frostempfindlichen, „ozeanisch“ gestimmten Arten, ohne Lärche; das fast ebenso hohe Bevers im Oberengadin (1713 m) dagegen befindet sich im Gebiet reichsten Lärchenvorkommens im inneralpinen, gegen atlantische Luftströmungen abgeschlossenen Längstal des Engadin. (Mittlere Jahresschwankung am Rigikulm nur 14·4°, in Bevers dagegen 21·7°!) A l l e ostalpinen Standortsgebiete des H ö c h s t m a ß e s der Lärchenverbreitung weisen eine inneralpine, gegen temperaturausgleichende Luftmassen abgesperrte Lage auf (meist in Längstälern), sind durch größere Temperatur-Extreme ausgezeichnet sowie auch durch eine den Unbilden des binnenländischen Klimas entsprechende Vegetation, der alle gegen Wärmeschwankungen empfindlicheren Arten fehlen (z. B. fehlt die Buche vollständig auch in den tieferen Lagen). Als die wichtigsten derartigen Gebiete seien genannt:

a) Das Oberengadin mit dem Puschlav und Münstertal, das Unterengadin und der angrenzende Teil des Oberinntals in Nord-Tirol (Bezirk Ried in Tirol); b) der Vinschgau (oberes Etschtal); c) das Draugebiet Osttirols und das Ahrntal (Valle Aurina) als Seitental des Pustertales am Südhang der Zillertaler Alpen; d) die Tauern Kärntens, durch das

Mölltal und Liesertal entwässert, und die angrenzenden Gurktaler Alpen; e) der Lungau Salzburgs und der benachbarte obersteirische Murgau; f) das Längstal im oberen Talabschnitt des Oglio (Val Camonica), dann g) das Längstal der Noce (Val di Sole) und h) das Hochtal des Boite (rechtsufriger Piave-Zufluß).

a) In dem 95 km weit sich erstreckenden Längstal des E n g a d i n erreicht die Lärche ein Maximum ihrer Verbreitung; im Oberengadin von Bevers bis Sils stellt sie die Hauptholzart mit 52 v. H. der gesamten Holzmasse (auf Grund der Holzvorrats-Ermittlungen in eingerichteten Waldungen) dar; die Fläche, auf die sich diese Angabe bezieht, die produktive Fläche der eingerichteten Waldungen des Forstkreises Samaden einschließlich des Puschlaver Tales, beträgt 4338 ha. Im Forstkreis Zuoz im Oberengadin entfallen 43 v. H. des Holzvorrates auf die Lärche, die eingerichteten öffentlichen Waldungen bedecken 9037 ha. Für den Forstkreis Schuls, Unterengadin, wurde die Lärchenbeimischung mit 27 v. H. ermittelt, bezogen auf die Fläche der eingerichteten Waldungen von 5930 ha. Im benachbarten Oberinntal Tirols, im Forstbezirk Ried in Tirol, beträgt der auf die Fläche bezogene Anteil unserer Holzart 30 v. H. auf 14.450 ha Waldfläche. I n d e m g r o ß e n , e t w a 115 k m l a n g e n o b e r s t e n T e i l d e s I n n t a l s v o n P r u t z b i s M a l o j a , z u s a m m e n r u n d 34.000 h a W a l d [1] , d a v o n d u r c h s c h n i t t l i c h 30 b i s 40 v. H. L ä r c h e , kommt unsere Holzart in Meereshöhen von der Talsohle (an der tiefsten Stelle 860 m) bis zur oberen Baumgrenze (höchste Lage 2400 m) vor. In Höhenlagen ist ihr Bestockungsanteil zumeist größer als in tieferen. Im regenarmen Unterengadin ist sie aber weniger häufig als in dem etwas niederschlagsreicheren Oberengadin (Sils-Maria 970 mm, Maloja 1260 mm). Unter den Mischholzarten fehlt die Buche und andere gegen Kälte-Extreme des binnenländischen Klimas empfindliche Arten vollständig, während im Randgebirge in Meereshöhen von 800 bis 1000 m in gleicher Breite die Buche noch beste und mittlere Güteklassen aufweist (vgl. S. 126 dieser Schrift). Eine Kennzeichnung der standörtlichen Bedingungen ist im Abschnitt über die Lärche in den Ostalpen Graubündens, S. 122, enthalten.

b) I m o b e r e n E t s c h t a l (V i n s c h g a u) erreicht die Häufigkeit der Lärche, begünstigt vom binnenländischen Einschlag des Klimas, ebenfalls ein Höchstmaß. Prof. F e n a r o l i bezeichnet den Vinschgau als eines der wichtigsten Zentren der Verbreitung der Lärche, die sehr ausgedehnte Reinbestände oder solche ihrer ausgesprochenen Vorherrschaft bildet, und zwar schätzungsweise auf mehr als 24.000 ha. Am oberen Ende der Seitentäler sind die Lärchen vorherrschend, mit Zirbe vergesellschaftet, während unter 1800 m die Fichte in den Mischbeständen die häufigere ist. Unter den Mischholzarten fehlt wieder die Buche, und die Tanne hat nur beschränktere Bedeutung. Die Meereshöhe der Talsohle im Unter-Vinschgau beträgt bloß 500 bis 875 m, nicht die Höhe an sich ist also die Ursache des Fehlens der empfindlicheren „ozeanischen Elemente", sondern die inneralpine Lage und das binnenländische Klima. Die Klimatographie von Tirol (F i c k e r , S. 48) gibt für die Seitentäler des Vinschgau „relativ sehr strenge Winter" an, „anderseits ist in den häufig kesselartig erweiterten Tälern die Erwärmung im Sommer tagsüber oft sehr groß, so daß hier eine große absolute Jahresschwankung der Temperatur beobachtet wird. Die mittlere Jahresschwankung ist hingegen hier klein, weil die auch im Sommer kühlen Morgen und Abende die Tages- und damit auch die Monatsmittel stark herabdrücken."

c) I m D r a u g e b i e t O s t t i r o l s , i m p o l i t i s c h e n B e z i r k L i e n z , ent-

---

[1] wobei in der Schweiz nur die eingerichteten öffentlichen Waldungen berücksichtigt sind! Die produktive Fläche der n i c h t eingerichteten von ähnlicher Zusammensetzung beträgt dort weitere 14.403 ha (E n d e r l i n , Schweizer. Zeitschr. f. Forstw. 1929, S. 321 ff.

fällt von 58.218 ha Wald durchschnittlich ein Drittel der Bestockung auf die Lärche. Auch im weitaus größten Teil von Osttirol fehlt die Buche (nur im Randgebiet des Südostens, hauptsächlich zwischen Lienz und der Kärntner Grenze, ist sie, meist in Renk- und Strauchform, mit bescheidenem Anteil vertreten). Sie fehlt von den Talsohlen an (etwas über 700 m), während sie im nahe benachbarten Randgebirge bis über 1500 m emporzusteigen vermag! Ähnlich verhält sich auch die Tanne (vgl. S. 109 dieser Schrift). Die Lärche finden wir hier in Höhen von 700 bis 2200 m, nach oben nimmt ihr Anteil zu. Das nach Osten offene Längstal der Drau begünstigt das Eindringen kalter, kontinentaler Luftströmungen (im Winter), die Jahresschwankungen sind bedeutend (vgl. S. 105 vorliegender Schrift). A u f d e r S ü d s e i t e d e r H o h e n T a u e r n i n O s t t i r o l u n d K ä r n t e n i s t d i e H ä u f i g k e i t d e r L ä r c h e a u f f a l l e n d g r ö ß e r a l s a u f d e r N o r d s e i t e i m P i n z g a u S a l z b u r g s; dasselbe gilt von den Zillertaler Alpen: Im A h r n t a l ein Maximum, die Lärche häufig rein oder vorherrschend; hingegen in der Forstverwaltung M a y r h o f e n (Zemmtal, Stilluptal, Zillergrund) der Lärchenanteil durchschnittlich weniger als 0·1! Als Erklärung kann nur d a s s e l b e G e s e t z hervorgehoben werden, das auch am Arlberg, wie der Verf. schon im Jahre 1929 zeigte [1]), den Unterschied der Vegetation auf der „ozeanischen" Vorarlberger Seite einerseits und auf der binnenländischen Tiroler anderseits bedingt: Die Häufigkeit der Windrichtungen (die aber nicht in windgeschützten Tälern, sondern für die bayerische Hochstation auf der Zugspitze beobachtet wurden) l ä ß t d a s s t a r k e Ü b e r w i e g e n d e r N o r d w e s t w i n d e u n t e r d e n i n d e r H ö h e ü b e r T i r o l v o r h e r s c h e n d e n S t r ö m u n g e n e r k e n n e n; im Hinblick auf diese NW-Winde ist der N o r d h a n g d e s A l p e n h a u p t k a m m e s d i e L u v s e i t e, d e r S ü d h a n g d i e L e e s e i t e. Die von den West- und Nordwest-Winden abgekehrte Lage der Südseite (Ahrntal und Osttirol) ist der Häufigkeit des Lärchenvorkommens förderlich. Jahresschwankung für das Ahrntal: Bruneck bei 825 m 24·7⁰; Taufers bei 885 m 22·4⁰; Steinhaus bei 1050 m immer noch 21·5⁰; Mühlwald bei 1230 m 21·0⁰ (Ficker 86).

d) Auch das M ö l l t a l in Kärnten und die Kärntner Seite der Ankogel-Gruppe, von der L i e s e r entwässert, ist gegen die atlantischen Luftströmungen von NW durch seine Lage geschützt (ähnlich wie das Engadin, das Drautal Osttirols, der Lungau usw.). In den Waldungen der Waldgemeinschaft Obermölltal beträgt auf einer Teilfläche von 2679 ha der durchschnitltiche Lärchenanteil 44 v. H., in der Forstverwaltung Obervellach 30 v. H. auf einer Teilfläche von 4071 ha; im Bereiche der Forstverwaltung Gmünd durchschnittlich 30 v. H. auf rund 9700 ha. Ausgedehnte Teile der an die Tauern Kärntens angrenzenden Gurktaler Alpen weisen ebenfalls einen durchschnittlichen Lärchenanteil von 0·3 auf. Auch in allen diesen Gebieten finden wir die Lärche von den Talsohlen, also von etwa 700 m, an, bis zur oberen Baumgrenze bei 2100 m. Im Abschnitt über Kärnten (geschichtlicher Teil) wurde nachgewiesen, daß auch der hier besprochene, ein Höchstmaß der Lärchenverbreitung aufweisende Wohnbezirk unserer Holzart von Natur aus praktisch von der Buche gemieden ist (bis auf einige wenige Buchenkrüppel, eingesprengt in den der Außenlandschaft näheren, unteren Lagen); im nahen Randgebirge des gleichen Landes dagegen geht die Buche durchschnittlich bis 1600 m, an ozeanisch stärker beeinflußten Stellen selbst bis 1800 m! Sowohl aus den Klimazahlen als auch aus dem Fehlen der ozeanisch gestimmten Holzarten müssen wir das Gleiche über die Ungunst der binnenländischen Wärmeverhältnisse schließen, deren sonnige Sommer die Lärche braucht und deren Kälte-Extreme sie zu ertragen vermag. Daß das Mischungsverhältnis, der große

---

[1]) T s c h e r m a k, Die Verbreitung der Rotbuche in Österreich, Wien 1929, S. 34.

Lärchenanteil und das Fehlen der Buche auch v o r Beginn künstlicher Holzzucht ähnlich festzustellen war wie heute, wurde S. 96 dieser Arbeit gezeigt. Auch die standörtlichen Bedingungen wurden bereits (S. 90) geschildert.

e) Der L u n g a u des Bundeslandes Salzburg und der ihm benachbarte obersteirische M u r - Gau ähnelt hinsichtlich seiner Lage als inneralpines Längstal, das gegen erwärmende ozeanische Luftströmungen von W und NW abgeschlossen ist, und infolgedessen auch betreffs seines K l i m a s und seiner V.e g e t a t i o n in beträchtlichem Maße dem Engadin Graubündens. Auf die klimatische Ähnlichkeit wird auch im „Klima der Schweiz" (S. 203) mit Recht hingewiesen. Von der Fläche des Lungaues von etwas über 100.000 ha entfällt fast die Hälfte auf Wald und bestockte Almen und Weiden zusammen; von diesen rund 50.000 ha bestockter Fläche hat gleich nach der Fichte die Lärche den größten Anteil (durchschnittlich gegen 0·5 der Fläche nach, jedoch mit einer Zunahme des Lärchenanteils in den oberen Lagen mit geringerem Zuwachs, so daß der Anteil der Masse nach kleiner ist). Auch im benachbarten steirischen Murgau ist die Häufigkeit der Lärche groß; von der Waldfläche des politischen Bezirkes Murau, rund 67.000 ha, entfallen durchschnittlich 30 v. H. der Fläche auf die Lärche. Auch hier ist in den unteren Lagen ihre Häufigkeit geringer, in den oberen größer. Die Bewässerung des Lungaus (und Murgaues) ist eine genügende, hingegen sind die Wärmeverhältnisse solche des Landklimas mit scharfen Gegensätzen, die Waldstufe des Lungaus ist nach V i e r h a p p e r dem subarktischen Sibirien ähnlich. Auch im Fehlen der meisten ein ozeanisches und mancher ein mittleres Klima bevorzugenden Arten äußert sich der festländische Klimacharakter. Im Bezirk Murau und im Lungau kommt die Lärche von den Talsohlen (an den tiefsten Stellen etwa 800 m) an bis zur oberen Baumgrenze bei 2100 m vor. Hingegen fehlt die Buche auch schon in den tiefsten Lagen und auch auf Kalkgrundgestein, sie fehlt also auch in solchen Meereshöhen, in denen sie z. B. im steirischen Randgebirge (Stift Rein bei Graz) noch die beste Güteklasse aufweist! Einigermaßen ähnlich verhält sich die Eibe, Stechpalme und Tanne (siehe die Abschnitte Salzburg und Steiermark, S. 20 und 75/76 vorliegender Arbeit). Die mittlere Jännertemperatur für Tamsweg (1020 m) beträgt —8·2⁰, die mittlere Jahresschwankung 22·6⁰, im Jänner sinkt die Temperatur von Tamsweg durchschnittlich jedes 3. bis 4. Jahr auf —30⁰. Die Sommer-Nachmittage sind warm, die Mitteltemperatur für den Monat Juli, 2 Uhr nachmittags, beträgt 20·2⁰, August, 2 Uhr nachmittags, 20·1⁰, das absolute Maximum 31·2⁰. Die Tetratherme Mai bis August ist 12·5⁰ (!), bei einer mittleren Jahrestemperatur von 4·1⁰. St. Michael im Lungau, 1068 m, hat eine mittlere Jahrestemperatur von 5·2⁰, Jänner —5·9, Juli 15·1⁰, Jahresschwankung 21·0⁰, Viermonatstemperatur 13·3⁰ [1]); ähnlich wie Schuls im Engadin (1243 m, Tetratherme 13·4⁰) hat also auch St. Michael im Lungau, trotz seiner beträchtlichen Meereshöhe, eine höhere Tetratherme als sie L a n g für die (untere) Wärmegrenze der Lärchenverbreitung annimmt [2]). In Ramingstein, 1000 m, beträgt das Jahresmittel 4·7⁰, Jänner —6·4⁰, Juli 14·4, Jahresschwankung 20·8⁰, Durchschnitt der mittleren Monatstemperaturen Mai bis August (Tetratherme) 12·6⁰.

f) Im oberen Talbaschnitt der V a l C a m o n i c a (O g l i o t a l), und zwar im Längstal mit Ost-West-Verlauf, ist nach F e n a r o l i die Lärche in großen Komplexen vorherrschend, dieser Alpen-Abschnitt ist als ein Gebiet größter Häufigkeit ihrer Verbreitung anzusehen. Laut der Einrichtungspläne zweier Gemeindewälder z. B. ist dort die

---

[1]) Temperatur-Mittel 1896—1915 und Isothermenkarten von Österreich, bearb. vom Hydrograph. Zentralbureau im Bundesmin. f. Land- u. Forstw. Wien 1929, S. 23.

[2]) L a n g R., Der Standort der Lärche innerhalb und außerhalb ihres natürlichen Verbreitungsgebietes, Forstw. Cbl. 1932, Zusammenfassung, S. 83.

Lärche auf rund 1500 ha rein oder vorherrschend, auf über 700 ha als Mischholz; die Waldbestände, in denen sie sich nur eingesprengt findet, haben ein Ausmaß von bloß etwa 500 ha. Ähnlich verhält es sich im benachbarten Ogliolo-Tal. Mischholzarten sind die Fichte, Birke, in tieferen Lagen Eiche, Hasel, Weißkiefer. Nur in ein Teilgebiet dringt spärlich als Nebenholzart die Buche ein.

g) Im Längstal der Noce, Val di Sole-Sulzberg, ähnelt die Verteilung der Lärche nach Fenaroli dem für das obere Val Camonica gekennzeichneten Verhalten. Die Lärche ist ein vorherrschendes oder ausschließliches Element in allen Waldbeständen von der Talsohle bis zur Baumgrenze (2200, bezw. 2100 m). Die Talsohle liegt z. B. bei Caldes etwa 650 m hoch, auch im Gebiet von Caldes sind reine Lärchenbestände größerer Ausdehnung festgestellt, ebenso in jenem von Malè und Dimaro und in den nördlichen Seitentälern von Rabbi und Pejo. Malè hat (bei 770 m Meereshöhe) eine mittlere Jahrestemperatur von 9·5⁰, Jänner —1·9⁰, Juli 20·7⁰, Jahresschwankung 22·6⁰ (Ficker, Klimatographie von Tirol, S. 118). Im allgemeinen gibt Ficker (S. 45) für Südtirol die Jahresschwankung für Höhen von 500 m mit 21·5⁰ an, für 800 m 20·4⁰, 1100 m 19·6⁰. Wenn nach oben hin die mittlere Jahresschwankung kleiner wird, so ist zu berücksichtigen, was schon beim Vinschgau erwähnt wurde: Daß die auch im Sommer kühlen Morgen und Abende die Tages- und damit auch die Monatsmittel stark herabdrücken, so daß die große Erwärmung sonniger Nachmittage in den Mitteln nicht genügend zum Ausdruck kommt.

h) Das Hochtal des Boite (rechtsufriger Piave-Zufluß, Provinz Belluno) ist nach Fenaroli ebenfalls eines der Hauptzentren der Lärchenverbreitung. Im unteren Abschnitt des Boite-Tales ist die Lärche nur Mischholzart. Am oberen Talausgang bildet sie die vorherrschende Holzart; die Lärchenbestände im Becken von Cortina d'Ampezzo (1224 m ü. M.) sind bekannt, teils handelt es sich um Reinbestände unserer Holzart, teils um solche mit einem beschränkten Anteil von Fichte. Gegen Westen und Norden ist das Becken durch hohe Berge der Dolomiten gut abgeschlossen (im Westen die Tofana, 3241 m, im Norden der Monte Cristallo, 3143 m).

4. Die Grenzen der horizontalen Verbreitung der Lärche in den Ostalpen.

a) Abgetrennte Kleinstvorkommen.

In den nordwestlichen Randgebirgen der Ostalpen (nördliches Vorarlberg, Allgäu und benachbarte Gebiete) besitzt unsere Holzart von Natur aus kein zusammenhängendes Verbreitungsgebiet, sondern ganz vereinzelte (isolierte) Kleinstvorkommen. Vor der Darstellung des zusammenhängenden Verbreitungsgebietes sollen daher, um nicht Ungleichartiges zusammenzuwerfen, zuerst die Gebiete solcher Kleinstvorkommen kurz besprochen werden. Es sind dies: Vorarlberg nördlich vom Ill- und Klostertal, das Allgäu, der Gebirgsrand südlich von Reutte (Ausklingen der Verbreitung noch auf Tiroler Boden) und im großen ganzen auch noch der Abschnitt der bayerischen Alpen zwischen Isar und Loisach; endlich der nördliche Teil der Chiemgauer Berge.

In Vorarlberg ist unsere Holzart auch im südlichen Landesteil (südlich vom Ill- und Klostertal) nur sehr schwach vertreten, es fallen ihr nur 3 v. Tausend der Waldfläche des Bezirkes Bludenz zu; nördlich vom Ill- und Klostertal aber finden sich nur ganz vereinzelte Kleinstvorkommen. Nur solche sind auch im Allgäu feststellbar, und zwar nur je aus wenigen Lärchenbäumen bestehend. Im Lechtal ist südlich von Reutte, so im Schwarzwassertal und Hornbachtal, das Vorkommen nur noch ein vereinzeltes. Am Mit-

telberg (zwischen Plansee und Eibsee) und nördlich davon (Ammerwald, Geierköpfe)
finden sich die am weitesten gegen den Gebirgsrand vorgeschobenen Vorkommen. Erst
bei Lermoos, Bieberwier wird das Lärchenvorkommen ein reichliches.

Innerhalb des Abschnittes der bayerischen Alpen zwischen Isar und Loisach gehört
noch ein Vorkommen unserer Holzart südwestlich von Garmisch, nahe der Tiroler
Grenze (im Lerchwald und Zugwald), zum zusammenhängenden Verbreitungsgebiet, in
den übrigen Fällen handelt es sich um inselförmige Kleinstvorkommen der Lärche in unzugänglichen Örtlichkeiten (z. B. Forstamt Partenkirchen: Wetterstein, Ameisberg, Fricken;
hieher ist auch das geschichtlich nachweisbare ehemalige Vorkommen auf der Benediktenwand im Forstamt Benediktbeuern zu zählen). Der noch zum zusammenhängenden Verbreitungsgebiet gehörige Lärchenstandort im Forstamt Fall, Distrikt Lerchkogl (nahe der
Tiroler Grenze), liegt schon östlich der Isar.

Im nördlichen Teil der Chiemgauer Berge („Lärchpoint" des Forstamtes Bergen,
Hochfelln, Hochgern) handelt es sich gleichfalls um einige abgetrennte Kleinstvorkommen.

b) Zusammenhängendes Verbreitungsgebiet.

Im folgenden sollen die Grenzen des zusammenhängenden Verbreitungsgebietes
mit Außerachtlassung der angeführten abgetrennten Kleinstvorkommen kurz dargestellt
werden. Die Tiefenlinie Bodensee—Rhein—Kunkelspaß—Splügenpaß—Comosee bildet, wie
schon erwähnt, die Westgrenze der Ostalpen. Das Rheintal im nördlichen Graubünden
wird von der nördlichen Grenze der Lärchenverbreitung bei Fläsch, nördlich von Maienfeld, überquert. Die Grenze geht dann über den Bürserberg bei Bludenz zum Osthang
des Arlberges, von da zum Lechknie etwas oberhalb der Ortschaft Warth. Sie verläuft
hierauf, auf der Tiroler Seite bleibend, parallel zum Grenzzug längs des Allgäuer Hauptkammes, wendet sich südlich von Reutte gegen den Mittelberg, dann gegen den „Lerchwald" südwestlich von Garmisch, folgt weiter der Tiroler Landesgrenze, die sie erst
beim „Lerchkogl" im Forstamt Fall überschreitet, stimmt aber dann wieder in der
Hauptsache mit der Grenze Tirols überein (mit einer Ausnahme im bayer. Forstamt
Kreuth in der Nähe der Grenze), übersetzt diese nordwestlich von Kufstein, wo die Lärche
in den bayer. Forstämtern Fischbachau und Oberaudorf vorkommt, und geht dann auf
bayerischem Boden über das Kranzhorn (Forstamt Oberaudorf) und den Wuhrsteinwald
(Marquartstein), die Rauhenadel nach Reichenhall-Nord (östliches Staufengebiet) und
von da auf Salzburger Boden.

Hier umschließt die Grenze noch den Untersberg, verläuft dann südlich vom Gaißberg über den Mairhofberg bei Salzburg zum Schoberberg östlich vom Fuschlsee und
zum Bundesforst St. Gilgen, geht hierauf entlang dem Südufer des Mondsees und Attersees zum Spielberg am Nordhang des Höllengebirges und zum Traunstein, bleibt im
Almbachgebiet eine Strecke südlich von Grünau und wendet sich hierauf über Kirchdorf
an der Krems (Hochkogl, 695 m, und Magdalenaberg, 675 m, beide nördlich von Kirchdorf), Landsberg nördlich von Leonstein, nach Aschach und St. Ulrich südlich von Steyr.

In Niederösterreich zieht dann die Grenze über die Gegend südwestlich von Waidhofen an der Ybbs (Waldorte Hirschberg und Redtenberg), dann südwestlich von Wang
(Waldort Steinbach), wendet sich hierauf südostwärts gegen Puchenstuben („Brand-
mäuer") und Annaberg, dann nordwärts unter Einschluß der Reviere Türnitz, Lilienfeld
in die Gegend südlich von St. Pölten. Ein vorgeschobener Posten befindet sich im
Dunkelsteiner Wald, nördlich von St. Pölten, am rechten Donauufer zwischen Melk und
Krems. Die Grenze umschließt hierauf den westlichen Wienerwald südlich von Neu-

lengbach, stößt bis in die Gegend südlich von Judenau vor und wendet sich dann (zur Ostgrenze werdend) südwärts durch den Wienerwald hindurch gegen Klausen-Leopoldsdorf und St. Corona, ostwärts gegen Heiligenkreuz-Baden und wieder südwärts über Berndorf und Neunkirchen. Sie umfaßt dann auch den Forst Ofenbach im Rosaliagebirge und die Bucklige Welt (Aspang, Krumbach) und tritt schließlich nach Steiermark über, wo sie über Friedberg, Hartberg, Weiz, Voitsberg, Deutsch-Landsberg, Eibiswald der Grenze zwischen steirischem Randgebirge und Hügelland folgt.

Nunmehr zieht sie zur Drau nach Jugoslawien, umschließt noch den Ursula-Berg (im Bezirk Windischgratz) und wird zur Südgrenze, die südlich der Steiner Alpen über Radmannsdorf und über die Berge südlich und westlich vom Wocheiner See verläuft. Hier tritt sie auf italienisches Gebiet über, diesbezüglich sei auf die im Beitrag Professor F e n a r o l i's zum Schluß der einzelnen Abschnitte enthaltenen näheren Angaben über den Grenzverlauf hingewiesen. Der südlichste Punkt des Vorkommens längs dieser Grenze ist nach Fenaroli die V a l   F u m a n e   ö s t l i c h   v o m   G a r d a s e e und östlich von der Etsch, deren Tal hier Val Lagarina heißt, in den Lessinischen Bergen, bei 45° 35' n. Br., Provinz Verona (natürlicher Lärchenwuchs bis herab zu 550 m Meereshöhe, Monte Costellone in Val Fumane); von da ab geht die Grenze am Rande der Bergamasker Alpen zum Comosee.

Über die M e e r e s h ö h e   d e s   V e r l a u f e s   d e r   G r e n z e der horizontalen Verbreitung können kaum zweckmäßige Angaben gemacht werden, denn sie wechselt innerhalb eines sehr weiten Bereiches: Im Rheintal bei Maienfeld z. B. ist sie an der tiefsten Stelle bloß 550 m hoch, dagegen ist ihre Lage überall dort eine sehr hohe, wo die Luvseite eines Gebirgszuges von der Lärche gemieden, die zugehörige Leeseite von ihr besiedelt und zwar in der Regel bis zur oberen Baumgrenze bestockt ist: es bildet dann der Kamm, der Lee- und Luvseite scheidet, das Grenzgebiet, oder genauer, es ist dann die o b e r e   B a u m g r e n z e auf der Leeseite zugleich die Grenze der horizontalen Verbreitung, z. B. auf der linken Talseite des Lechtales in Tirol (Grenze gegen das Allgäu); irgendwelche Schlüsse über Standortsansprüche darf man aus dieser hohen Lage der Grenze nicht ziehen, denn selbstverständlich gibt es im selben Tale in der nächsten Nähe der Verbreitungsgrenze auch wesentlich tiefer gelegene natürliche Lärchenstandorte. Südlich von Reutte senkt sich die Verbreitungsgrenze bis in die Gegend der Talsohle, hingegen liegt sie südlich von Garmisch an der Tiroler Landesgrenze wieder hoch (nämlich unter der Kammlinie des Wettersteingebirges). Nördlich von Kufstein liegt sie tief. Im Osten, etwa von der Gegend von Kirchdorf a. d. Krems und Steyr an, hat sie zumeist eine tiefe Lage, besonders im Wienerwald, am Ostrand der Kalkalpen in Niederösterreich, dann im steirischen Randgebirge, wo unsere Holzart besonders auf Schattseiten bis zum Fuße der niedrigen Randberge herabsteigt und dort die Grenze ihrer horizontalen Verbreitung findet.

5. Die Höhengrenzen des natürlichen Vorkommens.

Die ursprüngliche Verbreitung der Lärche in den Ostalpen erstreckt sich i n   d e r R e g e l   v o n   d e n   T a l s o h l e n   b i s   z u r   o b e r e n   B a u m g r e n z e. Nur auf einigen Randbergen in Niederösterreich und im steirischen Randgebirge (z. B. Dürrenstein, Wechsel, Pretulalpe) wird die obere Baumgrenze auf freien Höhen von der Fichte gebildet, während erst am Hang etwas unterhalb der Höhe auch die Lärche vorkommt: wohl weil dort nur in den Tälern und Einsenkungen verhältnismäßig binnenländische Wärmeverhältnisse, Temperaturumkenr im Winter, größere Einstrahlung und Schutz gegen Zufuhr ozeanischer kühler Luftmassen im Sommer, gegeben sind.

Im Abschnitte (II, 2) „Lagen geringerer Meereshöhe in den Ostalpen als natürliche Lärchenstandorte" wurden u. a. auch geschichtliche Nachweise der Ursprünglichkeit des Lärchenvorkommens in tieferen Lagen an einer Reihe von Beispielen aus mehreren Ländern dargestellt und nähere Angaben über das Klima dieser tieferen Lagen gemacht. Das t i e f s t e n a t ü r l i c h e V o r k o m m e n in den Ostalpen, dessen Ursprünglichkeit nachweisbar ist, findet sich in Niederösterreich (Eichberg b. Neulengbach und andere Standorte) bei 300 m (ja selbst bei 250 m ist die Natürlichkeit des Lärchenwuchses noch wahrscheinlich, aber nicht sicher nachgewiesen). Das h ö c h s t e ostalpine Vorkommen ist jenes bei 2400 m im Kanton Graubünden, Engadin, oberhalb Pontresina.

Über ein Vorkommen bei 300 m berichtet auch Prof. F e n a r o l i aus der Provinz Brescia (Vorkommen der Lärche zu 10—30 v. H. in Kastanienwäldern am linken Oglioufer „von Fucine und Montecchio bei Darfo, von Gianico und Pian d'Artogne, wo sie bis 300 m Seehöhe herabsteigt").

In Oberösterreich reicht das natürliche Vorkommen stellenweise bis 400 m herab, in Salzburg bis 550 m, in Steiermark (bei Deutsch-Landsberg) bis 375 m, in Kärnten an der tiefsten Stelle des Landes bei Lavamünd, Bleiburg bis 400 und 450 m, Tirol bis 500 m, Graubünden (Rheintal bei Maienfeld) bis 550 m usw.

D i e L a g e d e r o b e r e n W a l d - u n d B a u m g r e n z e u n d d a m i t a u c h d e r o b e r e n G r e n z e d e s nicht durch Menschenhand bewirkten L ä r c h e n - v o r k o m m e n s schwankt an verschiedenen Stellen selbst eines und desselben Gebirgsteiles innerhalb eines beträchtlichen Spielraumes; dennoch ergeben sich für ihre Höhe in verschiedenen Teilen der Ostalpen gesetzmäßige Beziehungen. Die größten Höhen werden im Gebiete binnenländischer Wärmeverhältnisse der zentralalpinen Innenlandschaft erreicht. Massenerhebungen (große, hoch in die Atmosphäre erhobene Flächen) haben infolge der geringeren, über ihnen lagernden Luftmasse eine desto größere Einstrahlung, zugleich auch größere tages- und jahreszeitliche Wärmeschwankungen, sie zeigen Neigung zu Landklima; im Gebirgsmassiv liegen die Isothermen höher als im übrigen Gebirge. Die Waldgrenze ist aber in den Massiven noch mehr gehoben als die Isothermen, die Waldvegetation (aus bestimmten, frostharten Baumarten einschließlich der Lärche) steigt wegen der hohen Tages- und Sommertemperaturen in Höhen geringerer Mitteltemperaturen empor (B r o c k m a n n - J e r o s c h, Baumgrenze und Klimacharakter, 1919). Dagegen nähern sich Einzelgipfel zwischen breiten und tiefen, daher offenen Tälern im Randgebirge dem Meerklima, ihre ausgeglicheneren Wärmeverhältnisse bedingen auch kühlere Sommer und somit eine tiefere Lage der oberen Baumgrenze (wobei empfindlichere Holzarten wie Tanne und Buche dort verhältnismäßig hoch emporsteigen und sich der oberen Baumgrenze nähern können). Infolgedessen haben im allgemeinen die i n n e r - a l p i n e n L ä n g s t ä l e r strengere Winter und kontinentalere Verhältnisse als die gegen die Außenlandschaft offenen Quertäler. Solche Längstäler mit festländischem Klima haben wir als Standortsgebiete des Höchstmaßes der Lärchenverbreitung in den Ostalpen kennengelernt. Der binnenländische Klimacharakter, der dort die H ä u f i g k e i t d e r L ä r c h e begünstigt, bedingt zugleich auch eine s e h r h o h e L a g e d e r o b e r e n B a u m g r e n z e (also auch der oberen Grenze des Lärchenvorkommens). Die im Abschnitt II, 3 hervorgehobenen „S t a n d o r t s g e b i e t e d e s H ö c h s t m a ß e s d e r Verbreitung unserer Holzart" k ö n n e n w i r in derselben R e i h e n f o l g e a u c h (beispielsweise) a l s s o l c h e d e r h ö c h s t e n L a g e n d e r o b e r e n B a u m g r e n z e anführen:

Im Engadin (Längstal), in der Gegend von Pontresina, wird eine Baumgrenzhöhe von 2400 m erreicht; es entspricht dies der gewaltigen Massenerhebung der Rhätischen Alpen, wo von Maloja bis Zernetz selbst die tiefste Talsohle auf eine Länge von 45 km nicht unter 1500 m ü. M. sinkt! Auch im Bezirk Ried in Tirol erreicht die Lärche noch eine obere Grenze von 2200 m (vgl. Abb. 47 und 48).

Im oberen Etschtal, im Längstal des Vinschgau, fällt die obere Verbreitungsgrenze ebenfalls mit der Baumgrenze zusammen und liegt entsprechend der Massenerhebung der Ötztaler Alpen und des Ortler bei 2300 m, bzw. 2286 m (Fenaroli). Ein Kärtchen in Krebs, Die Ostalpen, I. Bd., S. 171, „Höhengrenzen in den Ortleralpen nach den Ergebnissen von Fr. Fritzsch", gibt die Waldgrenze auf der zum Vinschgau

Abb. 47. Gut geschlossener Lärchenbestand in 1900 m ü. M., Nordhang, Engadin, God dels Averts bei Zuoz. (Hohe Lage der oberen Grenzen in der zentralalpinen Innen-Landschaft!)

Aufnahme: H. Burger, Zürich.

Abb. 48. Lärche in der Kampfzone in 2150 m ü. M., Oberinntal, Tirol, Zanderstalseite des Schafberges bei Spiss.

Aufnahme: Ing. Friedl.

abfallenden Nordabdachung der Ortleralpen stellenweise noch bei 2300 m, sonst über 2100 m an.

Im Draugebiet Osttirols, polit. Bez. Lienz (nach Osten offenes Längstal, welches das Eindringen binnenländischer Luftströmungen begünstigt) finden wir die Lärche bis zu Höhen von 2200 m, auch im Ahrntal als Seitental des Pustertales erreicht sie im Mittel 2100 m.

Das Mölltal Kärntens und die von der Lieser entwässerte Kärntner Seite der Ankogel-Gruppe weist ebenfalls Lärchenbestockung bis zur oberen Baumgrenze bei 2100 m auf.

Im Längstal des Lungau mit seinem binnenländischen Klima (innerhalb des Landes Salzburg) wird die obere Baumgrenze und obere Lärchengrenze bei 2100 m er-

reicht (z. B. oberhalb des Kawassersees). Im obersteirischen Murgau (Längstal)
reicht stellenweise die Baumgrenze mit Lärchen und Zirben, z. B. am Eisenhut (Abb. 49),
Waldort Hasenlacken, bis 2000 m empor (die Massenerhebung und mit ihr die obere
Baumgrenzhöhe nimmt von Graubünden gegen Osten zu allmählich ab).

Im oberen Talabschnitte der Val Camonica (Ogliotal, Längstal mit Ost-
westverlauf) reicht unsere Holzart auf der Sonnseite (nach Fenaroli) bis 2100 m, auf
der Schattseite bis 2000 m.

Im Längstal der Noce, Val di Sole (Sulzberg) ist der Lärchenanteil
in allen Waldbeständen groß bis zur oberen Baumgrenze bei 2200, bzw. 2100 m.

In diesen als Beispiele angeführten
Gebieten der Innenlandschaft (mit höherer Lage der oberen Waldgrenze und
einem sehr hohen Bestockungsantei¹
unserer Holzart) ist die Häufigkeit der
Lärche in Hochlagen auffallend größer
als in tieferen. Doch finden wir in so
hohen Lagen nur den Höchststand ihrer Verbreitung, jedoch
keineswegs den Beststand;
sie vermag also nur besser als ihre Mitbewerber (Fichte) in den Hochlagen der
Innenlandschaft mit kurzem Sommer
noch zu bestehen; den besten Wuchs,
gute Holzbeschaffenheit, überhaupt das
Vorkommen in bestem Zu-
stand finden wir in tieferen und
mittleren Lagen in geschlossenen Beständen, u. zw. in der Innenlandschaft mit ihrer höheren Lage
der Baumgrenze stellenweise selbst bis
zu Höhen von 1400—1500 m, hingegen
in der Richtung gegen die Außenlandschaft (bei tieferer Lage der oberen
Baumgrenze) bis zu etwa 1200 m Höhe.

In der Richtung gegen die
Außenlandschaft, also gegen das
Randgebirge mit seinen ozeanisch kühlen Sommern, senken sich die
oberen Baumgrenzen und obe-

Abb. 49. Unterhalb des Eisenhutes in Obersteiermark;
1700 m, Osthang, Spitzfichte mit Lärchen und Zirben
(Baumgrenze noch 300 m höher).

Aufnahme: K. Rubner.

ren Grenzen des Vorkommens unserer Holzart. So gibt Brockmann¹) bei Pontresina 2400 m, bei Filisur 2200 m an, bei Thusis 2000 m, bei Chur 1900 m, bei
Ragaz und Maienfeld 1800 m; weiterhin, u. zw. schon außerhalb des Verbreitungsgebietes
der Lärche, bei Vaduz 1700 m, bei Appenzell-Luzern 1600 m (also eine bedeutende
Senkung auf verhältnismäßig engem Raum in der Richtung von der Innenlandschaft
gegen die Außenlandschaft!).

---

¹) H. Brockmann-Jerosch, Karte „Meereshöhe der Baumgrenze in der Schweiz", Beil.
zu „Die Vegetation der Schweiz", Beitr. z. geobot. Landesaufnahme, Heft 12, Zürich 1928, Vgl. auch die
„Waldgrenzkarte der österr. Alpen nach Marek" in Krebs, Die Ostalpen, I. Bd., S. 173.

Ähnlich reicht das oberste Lärchenvorkommen, zugleich die obere Baumgrenze, auf der Außenseite des Hauptzuges der Kalkalpen Salzburgs (Abtenau, Golling) nur bis 1600 und 1500 m, während in der Innenlandschaft des gleichen Landes, im Lungau, stellenweise bis 2100 m erreicht werden.

Aber auch i n n e r h a l b d e r K a l k a l p e n gibt es in Gestalt der großen K a l k - p l a t e a u s b e d e u t e n d e M a s s e n e r h e b u n g e n mit verhältnismäßig binnenländischen Klima- und Vegetationsverhältnissen (Lärche und Zirbe!) und einer Hebung der oberen Baumgrenze: so bilden die B e r c h t e s g a d e n e r A l p e n einen Ring von gewaltigen Kalkplateaus, besonders im Süden und Südosten; im Bereich dieser Kalkmassive, z. B. am Simetsberg, am Klunkerer und in der Röth, reicht die obere Baumgrenze und mit ihr die obere Grenze des Lärchenvorkommens bis 1900 m, im nördlichen Teil des Bezirkes dagegen, außerhalb der Massive (Vordereck, Eckerwäldl) nur bis 1500 m! Ähnlich finden wir am Kalkplateau des S t e i n e r n e n M e e r e s [1] (vgl. Tab. 3, Forstamt Saalfelden) ein Lärchen- und Zirbenvorkommen bis zu der für die nördlichen Kalkalpen auffallend hoch gelegenen oberen Baumgrenze in 2000 m; im Kalkplateau des W a r s c h e n e c k (Tab. 11, Liezen) Lärchen in Kandelaberform ebenfalls bis 2000 m (Waldort Purgstall).

Wo dagegen die große Massenerhebung fehlt, wo es sich noch dazu um ein durch ein dichtes Talnetz aufgelockertes Randgebirge mit Einzelgipfeln handelt [2], dort ist die Lage der oberen Baumgrenze und der oberen Grenze der Lärchenverbreitung eine tiefere (wenn die Lärche überhaupt noch vorkommt). Zum Beispiel schwankt die Grenze auf der Koralpe zwischen rund 1500—1750 m; auf dem Schneeberg in Niederösterreich reicht sie bis 1600 m (nach B e c k v. M a n n a g e t t a bis 1629 m, Fichte als Baum an freien Hängen in einem Gürtel mit bloßer Gruppenbildung; das gilt dort auch für die Lärche). Die Meereshöhe des Wiener Schneebergs, des höchsten Berges von Niederösterreich, beträgt am höchsten Punkt (Klosterwappen) 2075 m. In der für Luftströmungen aus Nordwesten offenen Salzkammergutlücke in Steiermark, z. B. auf den Aussee umschließenden Bergen, finden wir die obere Grenze schon bei 1500 und 1600 m; durch die Geländebeschaffenheit, Felswände und steinige Schutthalden, ist sie häufig noch herabgedrückt und reicht dann meist nicht höher als bis 1400—1500 m.

Erwähnt sei, daß selbstverständlich auch eine k ü n s t l i c h e S e n k u n g der oberen Wald- und Baumgrenze, zugleich der oberen Grenze des Lärchenvorkommens, durch die Weidewirtschaft nichts Seltenes ist. Der Wald in entlegenen Hochlagen erschien der Wirtschaft wegen der hohen Kosten der schwierigen Holzbringung wertlos. Dagegen war die Schaffung von Weideland für alpwirtschaftliche Zwecke vorteilhaft. Frische Beispiele der Zerstörung des Waldes zugunsten der Almwirtschaft beobachtete der Verfasser auf einzelnen Kärntner Bergen.

(Weitere Angaben über die Höhengrenzen können den Abschnitten über „vertikale Verbreitung" bei den einzelnen Ländern und den beigegebenen Tabellen entnommen werden.)

---

[1] Vgl. das geologische und morphologische Kärtchen der Salzburger Alpen und des Salzkammergutes bei K r e b s, Die Ostalpen, 2. Bd., S. 297 (Stuttgart, 1928).

[2] Beispiel: Werdenfelser Land, a. d. oberen Isar und Loisach, mit nur vereinzelten abgetrennten Kleinstvorkommen der Lärche.

6. Sind die Lärchenverbreitungsgebiete, oder wenigstens diejenigen des Höchstmaßes oder jene des Bestmaßes der Verbreitung, arm an Niederschlägen?

Die größte Häufigkeit der Lärche in den Ostalpen haben wir in Gebieten festgestellt, welche betreffs der Verteilung der Wärme über das Jahr hin kontinentalen Klimacharakter aufweisen. Doch sind auch die Bezirke des besten Lärchengedeihens n i c h t   r e g e n - a r m. Aus der Feststellung der Niederschlagsverhältnisse in einigen der wichtigsten Verbreitungsbezirke geht dies einwandfrei hervor: So ist im E n g a d i n, B e v e r s   b i s   S i l s, die Lärche die Hauptholzart, 52 v. H. der ganzen Holzmasse beträgt dort ihr Anteil. Die mittlere jährliche Niederschlagssumme in Maloja ist 1260 mm, in Sils-Maria 973 mm. Die Niederschläge der Monate Mai bis August betragen 407 mm, die Zahl der Niederschlagstage im Jahr ist 111, für Mai bis August 48·4. In Bevers ist die mittlere jährliche Niederschlagssumme 838 mm, in den vier Monaten Mai bis August 370 mm, die Zahl der Niederschlagstage im Jahr ist hoch und beträgt 127·4, in den genannten vier Monaten 53·5. (Gerade dieses wohlbewässerte Bevers hat in bezug auf die Wärmeverhältnisse ein recht festländisches Klima.) Im Unterengadin ist dagegen der Niederschlag kleiner. Wäre Regenarmut für das Lärchenvorkommen ausschlaggebend, so müßte im Unterengadin der Lärchenanteil größer sein als im Oberengadin. Gerade das Gegenteil ist der Fall, der Lärchenanteil ist im Forstkreis Schuls nur 27 v. H. der Holzmasse, also fast nur halb so groß wie in der Gegend Bevers—Sils. Auf trockenen Standorten im Unterengadin kommen Kiefern und pontische Florenelemente vor. Höher gelegene Standorte des Waldes mit Lärchenbeimischung haben auch dort größeren Niederschlag. Auch die Verteilung der Niederschläge ist im Oberengadin günstiger als im Unterengadin, das Unterengadin hat bedeutend weniger Niederschlagstage als die Gegend von Bevers.

In dem dem Engadin benachbarten B e r g e l l (V a l   B r e g a g l i a) beträgt der Lärchenanteil 15 v. H. der Holzmasse, die mittlere Jahressumme des Niederschlages in Castasegna (700 m ü. M.) ist 1440 mm. Der feuchtere Nordhang ist dort von der Lärche offenbar bevorzugt. Die mittlere Anzahl der Niederschlagstage im Jahr beträgt in Castasegna 116·3, der mittlere Niederschlag der Monate Mai bis August 641 mm, die Zahl der Niederschlagstage in diesen vier Monaten 50·1. Das gleichfalls im Bergell gelegene Soglio (1090 m ü. M.) hat 1396 mm Niederschlag. Das Bergell nimmt „an der Regenmenge des insubrischen Seengebietes teil" (Brockmann-Jerosch, Flora des Puschlav, 1907, S. 253). Die Lärche zeigt im Bergell gute Verjüngung und zeichnet sich laut Mitteilung des Kreisforstamtes durch sehr schlanke, vollholzige und gerade Schaftformen aus. Berücksichtigt man noch, daß die angegebenen Niederschlagszahlen sich auf die Wetterwarten in der Nähe der Talsohle beziehen und daß auf den Hängen, wie auch die Regenkarte [1]) der Schweiz zum Ausdruck bringt, die Niederschläge mit der Höhe rasch zunehmen, die Häufigkeit der Lärche aber gleichfalls mit der Meereshöhe wächst, so k o m m t   m a n   z u   d e m   S c h l u s s e,   d a ß   R e g e n a r m u t   n i c h t   a l s   M e r k - m a l   d i e s e r   L ä r c h e n s t a n d o r t e   a n g e s e h e n   w e r d e n   k a n n.

Eine andere Gegend des Höchstmaßes der Lärchenverbreitung ist das D r a u - g e b i e t   O s t t i r o l s. Auch dieses entspricht in bezug auf die Verteilung der Wärme über das Jahr hin mehr dem festländischen Klimacharakter; die Niederschläge sind zwar kleiner als in den Außenlandschaften der Südalpen, z. B. in den Dolomiten, doch ist die B e w ä s s e r u n g   n o c h   i m m e r   e i n e   a u s r e i c h e n d e. Im Haupttal beträgt die mittlere jährliche Niederschlagsmenge 900 bis 1100 mm, in den nördlichen und südlichen

---

[1]) B r o c k m a n n - J e r o s c h, Die Niederschlagsverhältnisse der Schweiz, Beitr. z. geobot. Landesaufn., Sonderdr. a. Heft 12, Zürich 1925.

Seitentälern ist sie etwas größer, bloß in dem reich verzweigten Iseltal sinkt die Jahresmenge stellenweise unter 900 mm. Für Lienz (676 m) errechnete F i c k e r einen mittleren Jahresniederschlag von 1071 mm, für Prägraten 1093 mm. Auch das b e s o n d e r s l ä r c h e n r e i c h e A h r n t a l (Seitental des Pustertales) ist k e i n e s w e g s arm an Niederschlag; Taufers (835 m) hat eine mittlere Jahresniederschlagsmenge von 1285 mm aufzuweisen. Bruneck (825 m) im Pustertal (unweit der Einmündung des Ahrntales) 1089 mm. Für Lienz, Bruneck, Taufers sind die Niederschläge auch in Anbetracht der Höhenlage nicht gering.

Ein Raum des H ö c h s t m a ß e s der Lärchenverbreitung in K ä r n t e n sind die T a u e r n und ihre Vorlagen. Die Niederschläge betragen dort nach den Beobachtungen der Wetterwarten 800 bis 1200 mm, auf bewaldeten Hängen oberhalb der Talsohlen aber bis 1600 mm. Dabei sind die Sommer verhältnismäßig niederschlagsreich, 45 v. H. des Jahresniederschlags fallen in den vier Monaten Mai bis August. In St. Peter im Katschtal ist im Juli der mittleren Wahrscheinlichkeit nach jeder zweite Tag ein Regentag. Die längsten Trockenperioden fallen auf die kalten Monate, die kürzesten auf den Monat Juli. Die Bewässerung in diesem Landesteil des Höchstmaßes der Lärchenverbreitung ist also eine für die Waldvegetation ausreichende. Für einige mitten im Lärchenverbreitungsgebiet gelegene Wetterwarten mögen einschlägige Zahlen folgen:

	Meereshöhe	Mittlere Jahressumme	Zahl der Niederschlagstage
Möllbrücken	520 m	1092 mm	103
Sachsenburg	550 m	1068 mm	123
Spittal a. d. Drau	560 m	858 mm	118·7
Oberdrauburg	610 m	1188 mm	105·2
Greifenburg	626 m	1217 mm	94·0
Berg ob Greifenburg	713 m	1210 mm	110·1
St. Peter im Katschtal	1217 m	985 mm	135·6

Auch an anderen lärchenreichen Orten Kärntens pflegen bedeutende mittlere Jahressummen der Niederschläge vorzukommen, zugleich mit festländischen Wärmeverhältnissen: z. B. am Nordfuß der Villacher Alpe in der U m g e b u n g v o n B l e i b e r g (920 m) in den Gailtaler Alpen; wie die Kursteilnehmer der Arbeitsgemeinschaft für forstliche Vegetationskunde 1931 gemeinsam feststellten, ist die Umgebung von Bleiberg vorwiegend von Lärchen besiedelt (vgl. auch Abb. 21), es handelt sich um eine Örtlichkeit, die bei winterlicher Temperatur-Umkehr ein „Kälteloch" darstellt; die mittlere Jahressumme beträgt 1397 mm, 46 v. H. dieser Summe fallen in den vier Monaten Mai bis August, die mittlere Jahresschwankung aber ist trotz der beträchtlichen Höhe 22·1⁰. (Das regenreichste Jahr einer 20-jährigen Zeitspanne hatte 1830 mm Niederschlag, das regenärmste 1076 mm.)

Als einen Gau mit besonderer Häufigkeit der Lärche haben wir das Längstal des L u n g a u s im Lande Salzburg, das ist das oberste Murtal, kennen gelernt. Der Hauptort Tamsweg (1020 m) hat zwar die größte Wärmeschwankung von ganz Österreich (äußerste Wärmeschwankung während bloß 15 Jahren: 67⁰), die Bewässerung ist aber immerhin eine genügende. Die mittlere Jahresniederschlagsmenge beträgt in Tamsweg 783 mm, dabei ist die engere Umgebung von Tamsweg der am wenigsten regenreiche Teil des ganzen Lungaus, auf den umgebenden Hängen und in den Seitentälern steigen die Niederschläge zugleich mit der Meereshöhe auf 1000 bis 1200 und 1400 mm an. Von den 119 Niederschlagstagen in Tamsweg (Mittel einer 25-jährigen Beobachtungszeit) entfallen nicht weniger als 40 auf das Vierteljahr des Sommers, die Niederschlagswahrscheinlichkeit ist im Sommer zweimal so groß als im Winter. Auch die Kontinentalitäts-karte von G a m s [1]) gibt für den Lungau hinsichtlich der hygrischen Kontinentalität nicht den höchsten und auch nicht den zweithöchsten Kontinentalitätsgrad an, sondern erst den dritten und vierten.

Unter allen Bundesländern Österreichs und unter allen Kantonen der Schweiz hat S t e i e r m a r k die weitaus größte mit der Lärche als Mischholzart bestockte Waldfläche aufzuweisen (infolge der Größe der Landesfläche, dann der Bewaldungsdichte und der Lage im Inneren des Gebirges). Am größten ist der Bestockungsanteil in dem an den Lungau unmittelbar angrenzenden o b e r e n M u r t a l (Lärchenanteil durchschnittlich 30 v. H. der Fläche nach). Würde man voraussetzen, daß mit den binnenländischen Wärmeverhältnissen auch Niederschlagsarmut Hand in Hand gehe, so würde eine solche Annahme durch die Verhältnisse n i c h t bestätigt werden; nach K l e i n, dem Verfasser der Klimatographie Steiermarks [2]), ist die grüne Mark „mit Niederschlägen reichlich gesegnet". Im lärchenreichen Längstal der Mur (Fortsetzung des Lungaus) betragen die Jahresmittel z. B. in Neumarkt 847 mm, Judenburg 802 mm, Kraubath 753 mm, Leoben 731 mm. Als eine höher gelegene Wetterwarte sei Turrach (1264 m) angeführt mit durch-schnitltich 1026 mm im Jahre, davon entfallen nicht weniger als 536 mm auf die vier Sommermonate. Das Talgebiet der Enns ist n o c h reicher an Niederschlägen, so hat Schladming (732 m ü. M.) im Mittel 1051 mm im Jahr, die höher gelegene Ramsau 1140 mm.

Ein „Optimum" der Lärchenverbreitung, ein durch hohe Wuchsleistungen, gute Wuchsformen, hohes Lebensalter und guten Gesundheitszustand ausgezeichnetes Vor-kommen finden wir in dem zwischen mächtigen hohen Kalkplateaus eingesenkten, gegen Westen und Nordwesten gut abgeschlossenen B l ü h n b a c h t a l i m L a n d e S a l z-b u r g (unweit von Werfen). Dabei beträgt die mittlere jährliche Niederschlagsmenge im Blühnbachtal (bei geringen Meereshöhen!) 1400 bis 1600 mm, im Hinterblühnbachtal noch mehr. Auch die Vegetationsverhältnisse deuten auf ein genügend feuchtes Klima, hingegen äußert sich in der geringen Ausgeglichenheit der Wärmeverhältnisse ein festländischer Klimacharakter.

In O b e r ö s t e r e i c h ist im östlichen Alpengebiet, in den inneren Lagen, der Lärchenanteil verhältnismäßig groß, dabei wird ein Alter von 200 Jahren von ganzen Beständen (mit der Lärche als Mischholzart) in gutem Gesundheitszustand erreicht, einzelne Lärchenstämme werden auch über 400 Jahre alt. Der Niederschlagsreichtum ist keineswegs gering, so hat Spital am Pyhrn bei 647 m Meereshöhe 1400 mm Niederschlag und 180·9 Niederschlagstage im Jahr [3]); in den fünf Monaten Mai bis September fallen im Mittel 782 mm an 89·9 Niederschlagstagen. In Windischgarsten (603 m ü. M.) beträgt die mittlere jährliche Niederschlagsmenge 1436 mm, die mittlere Zahl der Niederschlagstage 177·9; im Jahresdurchschnitt fällt jeden zweiten Tag Niederschlag. Der Sommer hat aber noch mehr Niederschlagstage als die übrigen Jahreszeiten! Die mittlere Niederschlags-menge in den fünf Monaten Mai bis September beträgt 800 mm, die Zahl der Nieder-schlagstage dieser Monate 88·1. In anderen Teilen der oberösterreichischen Alpen sind die Niederschläge noch größer, doch ist dort die Lärche weniger häufig als in dem eben besprochenen Gebiet.

---

[1]) G a m s, Die klimatische Begrenzung von Pflanzenarealen und die Verteilung der hygrischen Kontinentalität in den Alpen, Zeitschr. d. Ges. f. Erdk., Berlin 1931, 1932.

[2]) K l e i n, Klimatographie von Steiermark, Wien 1909, S. 18.

[3]) P. T h i e m o S c h w a r z, Klimatographie von Oberösterreich, Wien 1919, S. 119, 120.

In **Niederösterreich** betragen innerhalb des Bereiches der Lärchenverbreitung, an der Grenze gegen Steiermark, die mittleren jährlichen Niederschlagsmengen 1500 bis 1600 mm. So hat Neuhaus am Zellerrain einen durchschnittlichen Jahresniederschlag von 1590 mm[1]), Lahnsattel 1571 mm. In den Revieren Türnitz und Lilienfeld, mit besonders schönen hochalterigen Lärchen bei geringen Meereshöhen, beträgt die mittlere jährliche Niederschlagsmenge 1300 bis 1400 mm. Im Lärchenverbreitungsgebiet des Wienerwaldes weisen die tieferen Lagen 700 bis 800 mm auf, z. B. Neulengbach (245 m ü. M.) 730 mm; die höheren 900 bis 1000 mm, so die Wetterwarte von Schwarzenbach a. d. Gölsen (409 m): 953 mm. Im östlichen Alpengebiet Niederösterreichs hat das tiefer (310 m) gelegene Pitten 704 mm mittlere Jahressumme, die höheren Lagen: Gutenstein (470 m) 888 mm, Mönichkirchen (950 m ü. M.) 1028 mm, Semmering (1005 m) 1200 mm.

Das **Hochtal des Boite** (**Piave-Zufluß** in der Provinz Belluno) ist nach **Fenaroli** eines der Hauptzentren der Lärchenverbreitung. Der mittlere jährliche Niederschlag in diesem Teil der Dolomiten beträgt (nach der Karte von **Krebs**, Verteilung des Niederschlags in den Ostalpen)[2]), im oberen Boitetal oberhalb Cortina d'Ampezzo 1400 bis 1600 mm, im obersten Talabschnitt noch mehr; für Cortina d'Ampezzo selbst (1224 m Seehöhe) wird er mit 1259 mm angegeben. **Ficker** rechnet das Dolomitengebiet zur „regenreichen Außenzone Südtirols", in der durchschnittlich 1000 mm Regen fallen, die regenreichsten Gebiete aber Niederschläge von 1600 mm verzeichnen können[3]).

Einen noch immer ansehnlichen, wenn auch im Verhältnis zum Gebiet häufigster Verbreitung kleineren Bestockungsanteil weist die Lärche im Landesteil Kärntens südlich der Drau, und zwar im **Lesach-** und **Gailtal** auf; die Niederschlagsmengen für dieses Tal gibt die Klimatographie von Kärnten (**Conrad**, 1913, S. 88) im Mittel mit zirka 1530 mm an. Mit „hygrischer Kontinentalität" ist also das immerhin bedeutende Lärchenvorkommen auch dort nicht verbunden, wohl aber mit binnenländischen Wärmeverhältnissen (so hat z. B. Tröpolach, 593 m, in einer winterkalten Tallage in dem nach Nordosten offenen, nach Westen abgeschlossenen Gailtal eine mittlere Jahresschwankung von 24·9⁰).

Auch in den **Sanntaler Alpen** (Steiner Alpen), die nunmehr zu Jugoslawien gehören, sind die Niederschläge sehr hoch (über 1300 mm), trotzdem ist die Lärche, und zwar auch in Urwaldresten, dort verbreitet.

Die Julischen Alpen gehören zu den regenreichsten Gebieten der ganzen Alpen, die Täler auf der Leeseite der Gebirgsmauern haben aber trotz reicher Niederschläge binnenländische Wärmeverhältnisse und ein verhältnismäßig reiches Lärchenvorkommen (z. B. Kronau, 812 m, 1599 mm Niederschlag, Jahresschwankung 21·5⁰, durchschnittlicher Lärchenanteil 0·2 der Bestockung).

Aus diesen Beispielen aus dem Lärchenverbreitungsgebiet der Ostalpen geht wohl zur Genüge hervor, daß die Lärche in ihrem Vorkommen und Gedeihen keineswegs an Regenarmut gebunden ist. Das wäre auch unwahrscheinlich bei einem Baume, dessen Wasserbedarf (Transpirationsbedürfnis), wenigstens für je 100 g Blattrockengewicht, auf Grund der bisherigen Untersuchungen für recht hoch angesehen werden muß[4]); bei einer Holzart, die trockene Sonnseiten in der Regel nur schwach besiedelt und frische

---

[1]) Hann, Klimatographie von Niederösterreich, Wien 1904, S. 53.
[2]) Krebs, Die Ostalpen und das heutige Österreich, 1. Bd., S. 144.
[3]) Ficker, Klimatographie von Tirol und Vorarlberg, Wien 1909.
[4]) Schreiber M., Beiträge zur Biologie und zum Waldbau der Lärche, Cbl. f. d. g. Forstw. 1921; v. Höhnel, Die Transpiration der forstlichen Holzgewächse, Mitt. a. d. Forstl. Versuchsw. Österr. 1879/80; Burger, Die Transpirationen der Waldbäume, Zeitschr. f. Forst- u. Jagdw. 1925.

266

Böden vorzieht. Große Wasserabgabe durch Transpiration ist wohl nur möglich, wenn die Wasserzufuhr noch ausreichend, zugleich die Anregung zur Wasserabgabe (z. B. durch warme Sommertage, wie sie binnenländischen Wärmeverhältnissen entsprechen) nicht gering ist. Die Klimazahlen lassen erkennen, daß meist beides, ausreichender Niederschlag und binnenländische Wärmeverhältnisse, im natürlichen Lärchenverbreitungsgebiet zutreffen.

7. Die Wärmeverhältnisse im Lärchenverbreitungsgebiet.

Wer in den verschiedensten Teilen der Ostalpen forstlich-vegetationskundliche Beobachtungen anstellt, kann bei g l e i c h e n M e e r e s h ö h e n s o w o h l größere Waldgebiete mit l ä r c h e n f r e i e n Mischwäldern von Fichte, Tanne und Buche im Randgebirge, besonders im nordwestlichen Teil der Ostalpen, feststellen, a l s a u c h B e z i r k e g r ö ß t e r H ä u f i g k e i t d e r L ä r c h e (mit Fichte) in der Innenlandschaft, die im weiten Umkreis frei von Buchen und mindestens sehr arm an Tannen ist; außerdem Übergangsgebiete mit Lärche und Buche, wobei die Letztgenannte sich sehr häufig nicht mehr im Optimum befindet.

a) V e r g l e i c h v o n O r t e n a n n ä h e r n d g l e i c h e r S e e h ö h e j e a u s e i n e r G e g e n d m i t u n d o h n e L ä r c h e n v e r b r e i t u n g.

Daß das Fehlen der Buche in inneralpinen Gebieten bei mäßigen Meereshöhen auf die binnenländischen Wärmeverhältnisse der alpinen Innenlandschaft zurückzuführen sei, habe ich schon im Jahre 1929 nachgewiesen. Bei entsprechenden örtlichen Beobachtungen und Beachtung der Klimaverhältnisse drängt sich unabweisbar die Schlußfolgerung auf, daß die gleichen Wärmeverhältnisse auch für die Häufigkeit des Lärchenvorkommens ausschlaggebend sind. Es empfiehlt sich bei Prüfung dieser Frage, Wetterbeobachtungsstellen annähernd g l e i c h e r Seehöhe je aus einer Gegend o h n e Lärchenvorkommen und einer solchen m i t Lärchenverbreitung in möglichster Nähe (also je aus einem „Fichten + Buchen + Tannen-Gelände" und einem „Fichten + Lärchen-Bezirk") einander vergleichend gegenüberzustellen. Dies soll zunächst mit bezug auf das nördliche Vorarlberg und benachbarte Gebiete durchgeführt werden.

Das Klima Vorarlbergs wird unter anderem gekennzeichnet durch „mäßige Temperaturausschläge, wenig Maifrostgefahr"[1], nur die Niederung unter 600 m (nach S c h n e t z e r volkstümlich „am Lande" genannt, Gegensatz „in den Bergen") hat 19° Jahresschwankung, die Höhen 15—17°.

Langen a. Arlberg, 1220 m, auf der Luvseite, o h n e Lärche, mit noch gutem Gedeihen der Buche, stellen wir St. Anton a. Arlberg gegenüber, 1280 m; beide Orte sind nur durch den Arlberg getrennt (St. Anton auf der Leeseite in Tirol):

	Meereshöhe	Januar	Juli	Jahresmittel	Jahresschwankung
Langen	1220 m	—3·2°	13·1°	4·6°	16·3°
St. Anton	1280 m	—5·0°	13·8°	4·4°	18·8°

Auf der Tiroler Seite, im inneralpinen Gebiet mit festländischem Klima und reichem Lärchenvorkommen, ist bei annähernd gleicher Seehöhe der Juli wärmer, der Januar beträchtlich kälter als auf der Vorarlberger Seite, in Langen. S o l c h e V e r h ä l t n i s s e w i e d e r h o l e n s i c h g e s e t z m ä ß i g b e i m V e r g l e i c h d e r l ä r c h e n-

---

[1] Dr. J. S c h n e t z e r, Bewässerung und Klima von Vorarlberg, Wien 1931, Heft 2 der Heimatkunde von Vorarlberg.

freien mit den lärchenbesiedelten Gebieten in den Alpen, gleiche Meereshöhen der zu vergleichenden Orte vorausgesetzt. Wir müssen daraus schließen: die Lärche erträgt besser als ihre Konkurrenten den strengen Winter des Landklimas, zugleich braucht sie den sonnigen Sommer des festländischen Klimas und ist auch dankbar für die Schädigung der Mitbewerber durch die Ungunst des Landklimas.

Auch Langen a. Arlberg und Schuls im Engadin haben fast gleiche Meereshöhe:

	Meereshöhe	Januar	Juli	Jahresmittel	Jahresschwankung
Langen	1220 m	—3·2⁰	13·1⁰	4·6⁰	16·3⁰
Schuls	1244 m	—6·0⁰	15·5⁰	5·3⁰	21·5⁰

Schuls (im Engadin) hat also ein noch höheres Juli- und ein noch tieferes Januarmittel als St. Anton a. Arlberg; Langen und Schuls als Wetterwarten gleicher Höhe kennzeichnen sehr gut den wesentlichsten Klimaunterschied zwischen „Buchengelände“ und „Lärchenparadies“ in den Alpen!

Die gleiche Gesetzmäßigkeit ergibt sich auch für tiefer gelegene Standorte, so für Wald (im Klostertal Vorarlbergs, „Buchengelände ohne Lärche“) und Fulpmes (im Stubaital, Tirol, Lärchenstandort ohne Buche):

	Meereshöhe	Januar	Juli	Jahresmittel	Jahresschwankung
Wald	992 m	—2·7⁰	14·6⁰	6·0⁰	17·3⁰
Fulpmes	960 m	—4·2⁰	15·8⁰	5·9⁰	20·0⁰

Mit dem gleichen Ergebnisse können solche Vergleiche auch für Stationspaare gleicher Seehöhe einerseits aus dem westlichen Teil der Bayerischen Alpen, ohne Lärche, anderseits aus benachbarten Gegenden Tirols, mit natürlichem Lärchenvorkommen, durchgeführt werden, z. B.:

	Meereshöhe	Januar	Juli	Jahresmittel	Jahresschwankung
Mittenwald	912 m	—2·2⁰	14·4⁰	6·2⁰	16·6⁰
Fulpmes	960 m	—4·2⁰	15·8⁰	5·9⁰	20·0⁰

Auch Tegernsee, ohne natürliches Lärchenvorkommen, und Zams im Oberinntal, inmitten des Lärchenverbreitungsgebietes, liegen fast gleich hoch:

	Meereshöhe	Januar	Juli	Jahresmittel	Jahresschwankung
Tegernsee	735 m	—0·6⁰	15·7⁰	7·5⁰	16·3⁰
Zams	772 m	—3·9⁰	16·7⁰	7·4⁰	20·6⁰

Die Viermonatstemperatur Mai bis August beträgt in Zams 14·8⁰, in Tegernsee dagegen nur 13·9⁰, auch hier ist wieder der wärmere Sommer bei größerer Winterkälte für das Lärchengebiet kennzeichnend.

Auch das Klima des Allgäus schließt ein freiwilliges Lärchenvorkommen im großen ganzen aus; Oberstdorf ist hinsichtlich der Seehöhe vergleichbar mit Landeck im Oberinntal:

	Meereshöhe	Januar	Juli	Jahresmittel	Jahresschwankung
Oberstdorf	811 m	—3·3⁰	15·0⁰ [1])	6·0⁰	18·3⁰
Landeck	810 m	—3·0⁰	17·0⁰ [1])	7·4⁰	20·0⁰

[1]) Dagegen nimmt Lang an, daß „Wärme und Gestein, z. B. in den nördlichen Kalkalpen bei Oberstdorf einerseits, auf der Lech- und Innseite anderseits keinerlei erkennbare Unterschiede zeigen“ (Forstl. Centralbl. 1932, S. 20).

In einer wissenschaftlichen Auseinandersetzung über diese Fragen suchte R. L a n g die Bedeutung binnenländischer Wärmeverhältnisse für die Pflanzenverbreitung in den Alpen in Abrede zu stellen und wies dabei darauf hin, daß weite Gebiete der deutschen und österreichischen Alpen und insbesondere diejenigen in Hochlagen, in denen die Lärche „überall" (?) in natürlicher Verbreitung auftritt, eine Jahresschwankung unter 20⁰ haben[1]. Im folgenden Beispiel soll gezeigt werden, daß auch zwischen den H o c h l a g e n in den Alpen hinsichtlich L ä r c h e n v e r b r e i t u n g u n d W ä r m e s c h w a n k u n g große U n t e r s c h i e d e bestehen können, auch bei g l e i c h e r S e e h ö h e, je nachdem ob es sich um eine für Westluft zugängliche Gipfellage im Randgebirge oder um eine gleich hohe Tallage (oder Lage auf Lehnen) in der Innenlandschaft inmitten bedeutender Massenerhebungen handelt: Im „Klima der Schweiz" finden wir Klimaangaben für folgendes schöne Beispiel von überzeugender Beweiskraft angeführt: der Rigikulm liegt im l ä r c h e n f r e i e n Westwettergebiet, in seinem Umkreis gedeihen Mischwälder mit frostempfindlichen, „ozeanisch" gestimmten Arten; Bevers im Engadin dagegen liegt bei gleicher Höhe im l ä r c h e n r e i c h s t e n Gebiet der ganzen Ostalpen:

	Meereshöhe	Januar	Juli	Jahresmittel	Jahresschwankung
Bevers	1713 m	—9·9⁰	11·8⁰	1·3⁰	21·7⁰
Rigikulm	1787 m	—4·5⁰	9·9⁰	2·0⁰	14·4⁰ [2]

Bei annähernd gleicher Höhe ist die Jahresschwankung in Bevers b e d e u t e n d g r ö ß e r als auf dem Rigikulm; das Gebiet des Lärchenmaximums hat bedeutend kältere Winter und auch wärmere Sommer als das gleich hohe lärchenfreie Gebiet (Rigikulm).

Selbst zwischen solchen höher gelegenen Stationen, von denen die eine im Herzen des Lärchenverbreitungsgebietes, die andere nur an dessen Nordrand liegt, ergibt sich bei gleicher Seehöhe ein ähnlicher Unterschied (wenn auch dem Grade nach abgeschwächt):

	Meereshöhe	Januar	Juli	Jahresmittel	Jahresschwankung
Zernetz	1476 m	—7·9⁰	13·5⁰	3·4⁰	21·4⁰
Andermatt	1445 m	—6·7⁰	11·8⁰	2·7⁰	18·5⁰

Andermatt, im obersten, als Urserental bezeichneten Teil des Reußtales, am N o r d r a n d des Lärchenverbreitungsgebietes des Kantons Uri, hat bei gleicher Höhe eine kleinere mittlere Schwankung als Zernetz, in dessen (bei 1500 m beginnenden) Gemeindewaldungen der L ä r c h e ein A n t e i l v o n 38 v. H. der Masse auf einer ertragsfähigen Waldfläche von rund 4000 ha zufällt!

Zum Hinweis auf die in der Regel zu beobachtende Abnahme der Jahresschwankung in Hochlagen ist zu bemerken: gerade infolge dieser Regel hat eine mittlere Jahresschwankung von etwa 20⁰ in einer hoch gelegenen Wetterwarte (z. B. 1700 m) eine viel größere Bedeutung (als Kennzeichen binnenländischen Klimas) als in einer tief gelegenen Station; denn nicht die Zahl an sich ist maßgebend, sondern der durch sie angedeutete Klimacharakter. In solchen hochgelegenen Orten der Innenlandschaft im Gebiete großer Massenerhebung ist die N a c h m i t t a g s t e m p e r a t u r s o n n i g e r S o m m e r t a g e infolge der hohen Strahlungswärme (trockene, durchsichtige Luft) groß, aber die mittlere Jahresschwankung dennoch häufig verhältnismäßig klein, weil die auch im Sommer kühlen Morgen und Abende die Tages- und damit auch die Monatsmittel stark herabdrücken;

---

[1] R. L a n g, Forstw. Centralbl. 1934, S. 400.
[2] M a u r e r, B i l l w i l l e r u. He ß, Das Klima der Schweiz, 1909, S. 203.

denn der hohen Einstrahlung folgt auch eine starke Ausstrahlung. Auch die Temperatur-Unterschiede von einem Tag zum anderen nehmen mit der Seehöhe zu, darauf verweist J. H a n n[1]). Mit Recht heißt es auch in der Schrift „Die Forstverwaltung Bayerns"[2]): „Je höher die Lage, desto kleiner sind die Jahrestemperatur-Schwankungen . . . . allerdings gilt auch die Regel, daß je höher die Lage, umso rascher sich der Wechsel vollzieht zwischen kühl und warm, zwischen feucht und trocken . . . diese Stöße sind jedoch in Hochlagen zu grob, als daß zartere Baum- und Straucharten sie auszuhalten vermöchten, weshalb neben anderen Gründen das Alpenzentrum nur harte Arten kennt . . ." — D i e U n g u n s t d e r „g r o b e n S t ö ß e", d e r W ä r m e s c h w a n k u n g e n, n i m m t a l s o n a c h o b e n h i n, i n d e r I n n e n l a n d s c h a f t, z u, a u c h w e n n d i e s d i e m i t t l e r e J a h r e s s c h w a n k u n g aus dem angegebenen Grund (kühle Morgen und Abende, Berechnung aus den Monats - M i t t e l n) n i c h t v o l l z u m A u s d r u c k b r i n g t. Betreffs dieser Ungunst und der sonnigen Sommer-Nachmittage, infolge hoher Einstrahlung, besteht Ähnlichkeit mit dem Landklima.

Auch noch weiter im Osten läßt sich der Vergleich an Stationspaaren gleicher Seehöhe mit Erfolg durchführen; so liegt Tamsweg in einem Gebiet des M a x i m u m s der Lärchenverbreitung (Lungau); das annähernd gleich hohe Hallstatt in einem bloßen R a n d g e b i e t der Lärchenverbreitung, im Salzkammergut, wo unsere Holzart meist nur eingesprengt zu finden ist. Die Klimazahlen sind:

	Meereshöhe	Januar	Juli	Jahresmittel	Jahresschwankung
Tamsweg	1020 m	—8·2⁰	14·4⁰	4·1⁰	22·6⁰
Hallstatt	1012 m	—3·2⁰	14·2⁰	5·5⁰	17·4⁰

Auf den l ä r c h e n f r e i e n, zum Teil buchen- und tannenbewachsenen Gipfeln der äußersten Randberge in Salzburg und Oberösterreich, so am Gaisberg (1286 m), Colomannsberg (1115 m), Heuberg (899 m), Haunsberg, Tannberg, Richtberg (1047 m), Miesenberg (1007 m) usw. befinden sich leider keine Wetterbeobachtungsstellen; nach ihrer Lage und Vegetation zu schließen, dürften sie recht ausgeglichene Wärmeverhältnisse aufweisen und ein Vergleich ihres Klimas mit jenem gleich hoher Lagen im Inneren wäre sicher von Interesse.

Für Niederösterreich hat J. H a n n für die Höhenzone von 1000 m die Mittel von Orten des (l ä r c h e n f r e i e n) Waldviertels verglichen mit solchen von Stationen gleicher Seehöhe der (l ä r c h e n b e s i e d e l t e n) niederösterreichischen Kalkalpen; er fand dabei, daß das Waldviertel besonders im Winter und Frühling bedeutend wärmer ist als das gegenüberliegende Alpengebiet gleicher Seehöne[3]). In den niederösterreichischen Alpen handelt es sich nicht um ein Höchstmaß des Lärchenvorkommens und auch der Klima-Unterschied zwischen dem lärchenfreien und lärchenbesiedelten Gebiet ist dort kleiner als etwa beim Vergleich zwischen Bevers und Rigikulm.

b) D i e S o m m e r w ä r m e i m V e r b r e i t u n g s g e b i e t d e r L ä r c h e.

R. L a n g glaubte für die Lärche kühle Sommer fordern zu sollen[4]). In der „Zusammenfassung der Ergebnisse" am Schlusse seiner Arbeit über den Standort der Lärche

---

[1]) J. H a n n, Die Veränderlichkeit der Temperatur in Österreich, Wien 1891, S. 13.

[2]) Die Forstverwaltung Bayerns, herausgeg. v. d. Bayer. Ministerial-Forstabteilung, Heft II, Die natürl. Grundlagen, S. 58.

[3]) J. H a n n, Klimatographie von Niederösterreich, Wien 1904.

[4]) R. L a n g, Der Standort der Lärche innerhalb und außerhalb ihres natürlichen Verbreitungsgebietes, Fw. Cbl. 1932, S. 83.

schrieb er (1932): „Das natürliche Vorkommen der Lärche beschränkt sich auf den k ä l t e s t e n Teil des Waldgebietes . . . . als natürliche W ä r m e grenze“ (also an der u n t e r e n Grenze des Vorkommens im Gegensatz zur Kältegrenze) „dürfte die Jahrestemperatur von 6^0 und die Tetratherme von $12{\cdot}5^0$ zu gelten haben“. Dem gegenüber sei bemerkt, daß selbst das 1243 m hoch gelegene Schuls im Unter-Engadin (mit einem Lärchenanteil von 27 v. H. der gesamten Holzmasse) eine wesentlich höhere Viermonatstemperatur, nämlich $13{\cdot}4^0$, aufweist, dabei liegt Schuls noch um 700 m höher als die untere Grenze des natürlichen Lärchenvorkommens in Graubünden (550 m, bei Maienfeld). Die Viermonatstemperatur in tiefer gelegenen Lärchenverbreitunggebieten Graubündens ist noch höher und beträgt z. B. in Chur $15{\cdot}6^0$, in Reichenau $15{\cdot}2^0$; der Abschnitt II, 2 vorliegender Arbeit (über „Lagen geringer Meereshöhe als natürliche Lärchenstandorte“) enthält für eine ganze Reihe von Beispielen die einschlägigen Klimazahlen. Im folgenden seien für einige Lärchenstandorte (außer den Jahrestemperaturen) die Tetrathermen angeführt, die alle höher sind als die für die untere Grenze von Lang angenommene („$12{\cdot}5^0$“):

Ort	Land	Meereshöhe	Lärchenvorkommen befindet sich	Tetra-therme	Jahrestemp.	Jahres-schwankg.
Lilienfeld	Niederösterr.	370 m	in nächter Umgebung	$14{\cdot}6^0$	$7{\cdot}1^0$	$19{\cdot}5^0$
Windisch-gaisten	Oberösterr.	603 m	„	$14{\cdot}7^0$	$6{\cdot}8^0$	$19{\cdot}9^0$
Eberstein	Kärnten	570 m	„	$15{\cdot}5^0$	$7{\cdot}1^0$	$22{\cdot}1^0$
Sörg	Kärnten	840 m	„	$15{\cdot}1^0$	$6{\cdot}6^0$	$21{\cdot}0^0$
Bleiberg	Kärnten	920 m	„	$14{\cdot}6^0$	$6{\cdot}1^0$	$22{\cdot}1^0$
Lienz	Osttirol	676 m	„	$15{\cdot}5^0$	$6{\cdot}9^0$	$22{\cdot}9^0$
Ötz	Nordtirol	770 m	„	$14{\cdot}2^0$	$6{\cdot}5^0$	$19{\cdot}9^0$
Längenfeld	Nordtirol	1164 m	nächste Umgbg. mehr als 0·5 Lä	$12{\cdot}9^0$	$5{\cdot}1^0$	$20{\cdot}5^0$
Werfen	Salzburg	550 m	im Orte selbst u. nächste Umgbg. reichlich	$15{\cdot}2^0$	$6{\cdot}3^0$	$22{\cdot}4^0$
Tamsweg	Salzburg	1020 m	Umgebung	$12{\cdot}6^0$	$4{\cdot}1^0$	$22{\cdot}6^0$
St. Michael im Lungau	Salzburg	1070 m	nächste Umgebung	$13{\cdot}6^0$	$5{\cdot}5^0$	$20{\cdot}8^0$

Mit diesem Orte in 1070 m Höhe, der im lärchenreichen Lungau liegt und der dennoch die nach Lang höchste zulässige Viermonatstemperatur noch um $1{\cdot}1^0$ überschreitet, sei die Reihe von Beispielen geschlossen; die S o m m e r w ä r m e i s t i m V e r b r e i t u n g s g e b i e t d e r L ä r c h e s e l b s t i n h ö h e r e n L a g e n h ä u f i g h ö h e r a l s Lang angenommen hat, wohl a u s d e m G r u n d e, weil d e m L a n d k l i m a e b e n w a r m e S o m m e r n e b e n k a l t e n W i n t e r n e i g e n t ü m l i c h sind.

c) R i c h t u n g e n d e r Z u n a h m e d e r H ä u f i g k e i t u n s e r e r H o l z a r t.

Wir haben bis nun an einzelnen Beispielen die Zusammenhänge zwischen Fehlen oder reichlichem Vorkommen der Lärche einerseits und dem Gang der Wärmeverteilung über das Jahr hin anderseits aufgezeigt. Man kann aber auch aus der Verteilung im großen zu ähnlichen Schlüssen kommen, wenn man die Frage beantwortet: Welche Richtungen sind innerhalb der Alpen einzuschlagen, um aus Gegenden des Fehlens oder seltenen Vorkommens unserer Holzart in solche ihres Maximums zu kommen? Und wie ändert sich in diesen Richtungen das Klima?

Der Lärchenanteil nimmt wesentlich zu in den Richtungen:
vom Randgebirge gegen die Innenlandschaft; dann vom Nordrand nach Süden, und zwar
genauer: von der Nordseite der Alpen gegen die Südseite der Hauptkämme, so gegen das
Gebiet südlich der Ötztaler und Zillertaler Alpen, der Hohen Tauern und der Niederen
Tauern (vgl. Karte); er nimmt ferner, hinsichtlich der Besiedlung auch der nördlichen
Randgebirge (wenn auch nicht mit einem Höchstmaß des Vorkommens), zu in der Richtung von Westen nach Osten; endlich innerhalb der Alpen auch in der Richtung von unten
nach oben, aber mit Ausnahme solcher Höhen der Randgebirge, die ozeanischen Luftströmungen stark ausgesetzt sind und denen die Lärche fehlt. Was bedeuten nun diese
vier Richtungen der Zunahme der Häufigkeit? Die Frage soll in Kürze hinsichtlich jeder
von ihnen erörtert werden.

In der Richtung vom Außenrande gegen die Innenlandschaft
ändert sich auch bei gleicher Seehöhe Klima und Vegetation grundlegend. Beispiele: Vom
1064 m hohen Pfänder bei Bregenz oder vom Bregenzer Wald gegen das Unter-Engadin
(Martinsbruck, 1040 m); von der Gegend nördlich Reutte gegen Imst; von Murnau über
Garmisch nach Telfs und in die Ötztaler Alpen; von den 1000 m hohen Flyschvorbergen
zwischen Gmundner- und Attersee zum 1020 m hohen Tamsweg im Lungau, usw. In allen
diesen Fällen kommen wir aus Gegenden verhältnismäßig ausgeglichener Temperaturverhältnisse in solche großer Wärmeschwankungen (auch bei gleicher Seehöhe); zugleich
aus buchen- und tannenreichem Gelände in buchenfreie Gebiete des Lärchenhöchstmaßes
und -bestmaßes. (Von diesen offenkundigen Tatsachen kann man sich in einfacher Weise
überzeugen.)

Die zweite Richtung der Zunahme, von der Nordseite der Alpen gegen
die Südseite der Hauptkämme, bedeutet gleichfalls eine Verstärkung des inneralpinen Klimaeinschlages; südlich von den Ötztaler Alpen, im Vinschgau, ist die Lärche
besonders reichlich vertreten, viel häufiger als nördlich von den Ötztalern; ähnlich verhält es sich, wie schon im Abschnitt II, 3 erwähnt wurde, bei den Zillertaler Alpen: Auf
der Nordseite, Forstverwaltung Mayrhofen, beträgt der Lärchenanteil durchschnittlich
weniger als 0·1; auf der Südseite aber, im Ahrntal, finden wir ein Höchstmaß, die Lärche
häufig rein oder vorherrschend. Die gleiche Erscheinung wiederholt sich in den Hohen
Tauern: Auf der Nordseite (Pinzgau) wesentlich geringere Häufigkeit als auf der Südseite in Osttirol und Kärnten. Die Erklärung ist folgende: Die Häufigkeit der Windrichtungen (die aber nicht in windgeschützten Tälern zu beobachten sind, sondern auf
Grund der Feststellungen der Hochstation auf der Zugspitze[1]), läßt das starke Überwiegen der Nordwest-Winde unter den in der Höhe über Tirol vorherrschenden Luftströmungen erkennen. Im Hinblick auf diese Winde ist der Nordhang des Alpenhauptkammes die Luvseite, der Südhang die Leeseite; die von den West- und Nordwestwinden abgekehrte Lage der Südseite (Ahrntal und Osttirol usw.) schafft binnenländische Wärmeverhältnisse und fördert
die Häufigkeit des Lärchenvorkommens (Jahresschwankung Bruneck bei 825 m 24·7°;
Taufers, Ahrntal, bei 885 m 22·4°; Steinhaus bei 1050 m immer noch 21·5°; Mühlwald bei
1230 m 21·0°; Ficker, a. a. O., S. 86).

Mit Recht schrieb Josef Wessely schon im Jahre 1853: „Im allgemeinen steigt
die Verbreitung der Lärche auffallend von Norden nach Süden, und von Westen nach
Osten, dieser Baum ist daher auch im Ost- und Südabfall der Alpen von höherer Bedeutung"[2].

[1]) Ficker, Klimatographie von Tirol, Wien 1909, S. 2 u. 69.
[2]) Wessely, Die östereichischen Alpenländer und ihre Forste, Wien 1853, 1. Teil, S. 367.

Was die zunehmende Besiedlung auch des Alpenrandes in der Richtung von Westen gegen Osten anbelangt, so ergibt sich zunächst, daß im Westen, in der Schweiz, in Vorarlberg, im Allgäu, überhaupt in den bayerischen Alpen westlich der Loisach, dann auch noch am Gaisberg bei Salzburg und in den Flyschvorbergen nördlich Salzburg, sowie zwischen Atter- und Gmundnersee die Randberge, und zwar je weiter nach Westen in desto breiterem Gürtel, von der Lärche gemieden sind; im Osten aber, besonders von Kirchdorf a. d. Krems und Steyr (Oberösterreich) ostwärts, ist dies nicht der Fall; in Niederösterreich und im steirischen Randgebirge sind selbst die niedersten Randberge der Alpen von der Lärche natürlich besiedelt (in tieferen Lagen am Alpenrand sind die Schattseiten bevorzugt). Auch in dieser Richtung (West-Ost) liegt eine Zunahme der Temperaturschwankungen vor, auch der Jahresschwankung, und im Jänner ein Temperaturgefälle gegen den Kontinent. Die Karte der Januar-Isothermen verzeichnet im Osten ein Kältegebiet[1]. Auch Ficker erwähnt in der Klimatographie von Tirol (S. 16), daß Temperaturen unter —30° in Niederösterreich bereits viel häufiger vorkommen als in Tirol.

d) Die Wärmeschwankung in Hochlagen.

Eine vierte Richtung der zunehmenden Frequenz unserer Holzart ist, wenigstens im Inneren der Alpen, jene von unten nach oben; doch sind in den nördlichen Randgebieten des Westens der Ostalpen (z. B. Allgäu, dann nördliches Vorarlberg) auch hohe Berge von den Talsohlen bis zur oberen Baumgrenze von der Lärche völlig gemieden. Am deutlichsten prägt sich die Zunahme der Häufigkeit nach oben hin in Tälern der Innenlandschaft mit bedeutender Massenerhebung, großer Häufigkeit der Lärche und mit binnenländischen Wärmeverhältnissen, sowie mit höherer Lage der oberen Baumgrenze aus, z. B. im Engadin, im Ober-Inntal Nordtirols, im Vinschgau („die schönsten Lärchenformationen am Kopfende der Seitentäler", nach Fenaroli), in Osttirol, Bezirk Lienz, in den Hohen Tauern Kärntens, im Lungau Salzburgs, im Mur-Längstal Ober-Steiermarks usw. Daß auch in solchen Hochlagen der Innenlandschaft wegen der großen Wärmeschwankungen nur harte (gegen die Ungunst solcher „grober Stöße" widerstandsfähige) Pflanzen gedeihen können, wurde schon auseinandergesetzt. Wohl trifft es zu, daß in manchen hochgelegenen Stationen des Lärchenverbreitungsgebietes die mittlere Jahresschwankung verhältnismäßig kleiner ist, allein es wurde schon darauf hingewiesen (vgl. den Abschnitt über die ökologischen Bedingungen in Steiermark), daß in solchen Höhen im Gebiete großer Massenerhebung auch die Strahlungswärme zunimmt, sonnige Nachmittage weisen dann beträchtliche Wärmegrade auf[2], die Tages- und Monatsmittel aber sind durch die nächtliche starke Ausstrahlung herabgedrückt, die Temperaturextreme kommen also im Mittel (und in der aus den Mitteln berechneten Jahresschwankung) nicht entsprechend zum Ausdruck.

Die hier vorliegenden Feststellungen über das Klima der wichtigeren Lärchenverbreitungsbezirke werden noch gestützt durch den weiter unten (9. Kapitel) folgenden Ab-

---

[1] Vgl. Trabert, Isothermen von Österreich, Bd. LXXIII der Denkschr. d. math. nat. Kl. d. kais. Akad. d. Wiss., Wien 1901; Hellmann, Klimaatlas von Deutschland, Berlin 1921.

[2] Nach Wettstein ist Edelweiß im zentralen Asien und südlichen Sibirien eine Steppenpflanze, die dichte Behaarung ist dort ein Schutz gegen zu hohe Wärme und Verdunstung. Manche Alpenpflanzen sind also an höhere Wärmegrade sonniger Sommertage (bei niedrigen Temperaturmitteln) angepaßt. (Wettstein, Die Geschichte unserer Alpenflora, Schriften d. Vereins z. Verbreitg. naturw. Kenntnisse in Wien, 1896.)

schnitt über deren Lage, dies insofern, als aus der Geländebeschaffenheit (den „geo-morphologischen Verhältnissen") von Standortsgebieten einigermaßen auch auf deren Klima geschlossen werden kann.

8. Sonstige klimatische Bedingungen.

Bewölkung.

In ausgedehnten Teilen des Lärchenverbreitungsgebietes der Ostalpen sind die Jahresmittel der Bewölkung niedriger als sonst in Mitteleuropa außerhalb der Alpen. Nach Hellmann, Klimaatlas von Deutschland, Berlin 1921 (Erläuterungen, S. 4), liegt die mittlere Bewölkung des größten Teiles von Deutschland zwischen 6 und 7 der zehn-teiligen Skala. Dagegen ist z. B. für Ober-Steiermark (Klimatographie von Klein, S. 154) das Jahresmittel nur 5·7, für Mittel-Steier 5·3. Allein das geringe Jahresmittel wird in diesen für die Lärchenverbreitung wichtigen Gebieten durch die Verhältnisse im Herbst und Winter bedingt, während Frühling und Sommer mit 6·0 und 5·9 dem Mittel anderer Gebiete nicht nennenswert nachstehen. Im Lungau hat Tamsweg eine mittlere Bewölkung im Jahr von 5·9, jedoch im Sommer 6·3; Mauterndorf im Jahr 5·7, im Sommer gleichfalls 6·3. Ähnlich verhält es sich im Ennsgau Steiermarks. Auch im Engadin ist die mittlere Bewölkung kleiner als in außeralpinen Niederungen, aber das Höchstmaß der trüben Beobachtungen fällt auf den Mai bis Juni, die kleinste Bewölkung hat der Winter. Die Bevorzugung trifft also nicht die Vegetationszeit. Ähnlich liegen die Verhältnisse im Oberinntal Nordtirols und im Draugebiet Osttirols.

Allgemein ist nach J. Loidl (Die Bewölkung von Österreich) [1] in der Höhe (etwa über 500 m) der Winter die heiterste Jahreszeit, während im Sommer die wenigsten heiteren Beobachtungen gezählt werden. Auch die der Veröffentlichung Loidls beigegebenen Karten über die Häufigkeit der Bewölkung 0—2 in den verschiedenen Monaten bestätigen dies. Nördlich vom Alpenhauptkamm ist für den Sommer kaum eine Begün-stigung im Vergleich zu außeralpinen Gegenden festzustellen.

Südlich vom Alpenhauptkamm, z. B. in Südtirol und in Kärnten, tritt zwar auch die geringste Bewölkung in den Wintermonaten ein, doch ist der Grad der Wolkenbedeckung so gering, daß auch die weniger begünstigten Jahreszeiten, Frühling und Sommer, noch eine Besserstellung, also eine Vermehrung der Sonnenstrahlung auf-weisen. So beträgt in einer Reihe von Kärntner Stationen die mittlere Bewölkung des Sommers weniger als 6, in einigen anderen selbst weniger als 5 (z. B. Ober-Drauburg Sommer 4·4, Berg ob Greifenburg 4·2, Frühjahr 4·0, Bleiberg Sommer 3·6, Frühjahr 3·9, was selbst für den Fall, daß eine Unterschätzung vorliegt, doch noch immer auf eine geringe Bewölkung schließen läßt). In Südtirol erreicht (nach Ficker, S. 57/58) fast in keiner Station das Jahresmittel der Bewölkung 5, es ergibt sich also eine um 1 geringere Bewölkung als in dem ohnehin schon durch einen heiteren Himmel ausgezeichneten Inn-tal; auch in Südtirol haben zwar die Wintermonate die geringste Bewölkung, aber auch für den Frühling ergibt sich ein Mittel von nur 5, für den Sommer 4·5. Die Jahresmittel betragen z. B. in Kortsch 3·6, Meran 4·0, Brixen 4·9, Gossensaß 3·8, Mittel für Süd-tirol 4·5.

Die geringere Bewölkung Südtirols wird damit erklärt, daß die Nordwestwinde auf der Nordseite der Alpen eine aufsteigende, auf der Südseite eine absteigende Bewegung

---

[1] Loidl im Jahrbuch d. Zentralanstalt f. Meteorologie u. Geodynamik, Neue Folge, 61. Bd., Wien 1927, S. 6.

aufweisen, dies führt auf der Südseite zu rascher Auflösung der Wolken (Ficker 58). Bei geringerer Bewölkung ist jedenfalls die Sonnenscheindauer eine längere, somit die Einstrahlung vermehrt, dies ergibt wieder größere Wärmeschwankungen, äußert sich also auch im Sinne binnenländischer Wärmeverhältnisse.

Es ist wahrscheinlich, daß die mit der g e r i n g e r e n B e w ö l k u n g w ä h r e n d d e r V e g e t a t i o n s z e i t verbundene s t a r k e E i n s t r a h l u n g das Vorkommen der Lärche begünstigt; denn größere Wärmeschwankungen, also auch verhältnismäßig warme Sommer, sind für das ganze Lärchenverbreitungsgebiet bezeichnend. Aber eine B e d i n g u n g des Lärchenvorkommens kann diese geringere sommerliche Bewölkung Südtirols nicht sein, da sie in anderen Verbreitungsbezirken, selbst in solchen des Höchstmaßes der Lärchenverbreitung, z. B. im Lungau (Sommer 6·3 in Tamsweg und Mauterndorf) nicht festzustellen ist.

L i c h t v e r h ä l t n i s s e.

Auch die L i c h t v e r h ä l t n i s s e h ö h e r e r G e b i r g s lagen können nicht ausschlaggebend sein, weil auch die Alpenlärche auf großen Flächen auch in g e r i n g e n Meereshöhen nachgewiesenermaßen ursprünglich vorkommt, und zwar nicht nur im Osten der Ostalpen, sondern auch im Westen, z. B. im Rheintal bei Chur. Diesbezüglich sei auf den Abschnitt II, 2 („Lagen geringer Meereshöhe in den Ostalpen als natürliche Lärchenstandorte") verwiesen.

W i n d v e r h ä l t n i s s e.

Die Annahme, daß bestimmte Windverhältnisse (Berg- und Talwind) und deren die Wasserabgabe steigernde Wirkung für das Vorkommen unserer Holzart mit ihrem großen Transpirationsbedürfnis eine entscheidende oder wenigstens örtlich bedingende Rolle spielen, ist nicht notwendig und läßt sich auch bisher kaum beweisen. Denn selbst in Grenzgebieten der Lärchenverbreitung, z. B. in den niederösterreichischen Alpentälern, wird die Wasserabgabe ohnehin durch warme Sommer begünstigt. Die Tages- und Monatsmittel bringen dies zwar nicht deutlich zum Ausdruck, doch zeigte H a n n durch eine Zahlentafel über die mittlere Temperatur um 2 Uhr nachmittags[1]), daß auch in den niederösterreichischen Alpentälern die Sommernachmittage verhältnismäßig sehr warm sind, die tägliche Wärmeschwankung größer ist als in der flachen Niederung oder auf Randbergen gleicher Seehöhe.

9. Die Geländebeschaffenheit der wichtigsten Lärchenverbreitungsbezirke.

I n n e r a l p i n e L ä n g s t ä l e r.

Die Bezirke des Höchstmaßes der Lärchenverbreitung oder sonstigen reichlichen Vorkommens und guten Gedeihens unserer Holzart innerhalb der Ostalpen sind mit ziemlich großer Regelmäßigkeit an Standortsgebiete einer bestimmten Geländebeschaffenheit gebunden:

Das E n g a d i n ist ein Längstal mit südwest-nordöstlicher Richtung, durch hohe Berge abgeschlossen gegen ozeanische Luftströmungen. Inneralpine Längstäler pflegen

---

[1]) H a n n J., Klimatographie von Niederösterreich, Wien 1904, S. 47.

18*275

auch sonst für atlantische Luftmassen weniger zugänglich zu sein als die für ozeanische Einflüsse geöffneten Quertäler (oder nordwestlich gerichteten Täler) der Alpen.

Ähnliches gilt auch für das O b e r - I n n t a l in Nordtirol; der Arlberg als Klimascheide zwischen dem nördlichen Vorarlberg und dem Ober-Inntal mit Nebentälern bietet ein anschauliches Beispiel für die hier darzustellende Wirkung der Geländegestaltung auf Klima und Vegetation.

Der V i n s c h g a u, zum größten Teil ein Längstal mit west-östlicher Richtung, befindet sich „unmittelbar zwischen zwei der mächtigsten Gebirgsgruppen" (K r e b s), nämlich zwischen Ötztaler Alpen und Ortler, und liegt bei jeder Wetterlage im Windschatten. Die Ähnlichkeit mit dem Engadin und Ober-Inntal hinsichtlich der gegen Westen und Nordwesten abgesperrten Lage ist offenkundig.

Auch die von W nach O verlaufende Furche des P u s t e r t a l e s, von den Tälern der Rienz und der Drau gebildet, stellt ein inneralpines Längstal dar. Das nach O offene, weit nach O sich erstreckende Drautal begünstigt das Eindringen festländischer Luftströmungen, die über die flache Wasserscheide bei Toblach auch in das Tal der Rienz hinüberströmen. Gegen NW ist das ganze Gebiet (einschließlich Osttirols) durch den Hauptzug der Zentralalpen gedeckt. Das besonders lärchenreiche Ahrntal als Seitental des Pustertales liegt im Hinblick auf die Richtung der vorherrschenden NW-Winde gleichfalls auf der von den atlantischen Luftströmungen abgekehrten Seite des Alpenhauptkammes. Ähnliches gilt vom M ö l l t a l Kärntens (Hohe Tauern) und der Kärntner Seite der Ankogel-Gruppe.

Das oberste Murtal, das L ä n g s t a l d e s L u n g a u s im Lande Salzburg, ist gegen N und W durch die Niederen Tauern abgeschlossen, gegen S durch die östlichsten Berge der Hohen Tauern (Hafnereck, 3061 m) und den westlichen Teil der Gurktaler Alpen. Nur gegen O ist der Lungau offen.

Das B l ü h n b a c h t a l in Salzburg greift von O her als Längstal tief in ein gewaltiges Kalkplateau ein und ist nur nach O offen, hingegen nach N, W und S durch das Hagengebirge, das Steinerne Meer und die Übergossene Alm in vollkommenster Weise abgeschlossen.

Dem Blühnbachtale ähnlich in bezug auf die Lage, die Wärmeverteilung und das Lärchenvorkommen sind in den Alpen Jugoslawiens die gegen adriatische Luftströmungen gedeckten, tief eingeschnittenen Täler im Lee des Triglav-Stockes (2864 m) und benachbarter Kalkstöcke in den Julischen Alpen.

Der dem Lungau benachbarte M u r g a u O b e r - S t e i e r m a r k s hat als inneralpines Längstal und Fortsetzung des Lungaus eine ganz ähnliche Lage wie der Lungau (abgesehen von der geringeren Meereshöhe), dies gilt von der Landesgrenze bei Predlitz bis Leoben; von da ab und insbesondere vom Murknie bei Bruck a. d. Mur, wo das Quertal beginnt, ändert sich Klima und Vegetation.

Auch der besonders lärchenreiche o b e r e T a l a b s c h n i t t d e s O g l i o t a l e s (V a l C o m o n i c a) ist ein Längstal mit Ost-Westverlauf. Ähnlich verhält es sich beim Längstal der N o c e (Val di Sole, Sulzberg). Das Hochtal des B o i t e (Piave-Zufluß) verläuft von NW nach SO und ist durch hohe Berge der Dolomiten, so gegen W durch die Tofana, im N durch den Monte Cristallo, abgeriegelt.

Das im Regenschatten der Bergamasker Alpen gelegene V e l t l i n stellt ein inneralpines Längstal dar, dessen hohe Seitentäler nach den Feststellungen Fenarolis zum Hauptverbreitungsgebiet der Lärche gehören.

Als Gegenbeispiele seien einige Quertäler angeführt: Im Allgäu gestattet das nach N offene Illertal dem mitteleuropäischen Klima und somit auch den in ihm vorherrschenden atlantischen Luftströmungen den Weg in die Alpen. Ausgeglichene Wärmeverhältnisse der Luvseite und das Fehlen der Lärche bis auf abgetrennte Kleinstvorkommen (Relikte) kennzeichnen diesen Bezirk. Das Lechtal in Tirol zeigt sich in dem nach NO gerichteten Talabschnitt mit Lärchen besiedelt; etwa von Reutte (854 m) an aber wendet sich das Tal in die nordwestliche Richtung und ist von da ab von der Lärche völlig gemieden, dagegen reicher an Buchen und Tannen.

In Vorarlberg sind Ill- und Klostertal und Bregenzer Ache nach NW gerichtet; diese Täler sind von der Lärche nahezu gemieden, hingegen von Buche und Tanne verhältnismäßig reich besiedelt.

Das nach NW trichterförmig geöffnete Salzachtal bei Salzburg (einschließlich Gaisberg) ist frei von Lärchen, dagegen bevorzugt von Buchen und Tannen.

Das Ennstal in Steiermark ist, soweit es ein Längstal bildet, vorherrschend von Nadelwald, Fichte und Lärche, besiedelt, ausgenommen bei der Einmündung der ein Quertal darstellenden „Salzkammergutlücke" mit reicherem Buchenvorkommen; wo sich aber das Ennstal nach N und NW wendet und zum Quertal wird, das ist etwa nördlich von Hieflau, dort treten plötzlich empfindlichere (weniger „harte") Waldbäume, vor allem viele Buchen, auf.

Unter dem Einfluß der durch das Tagliamentotal und Nebentäler (Quertäler) eindringenden ozeanischen Luftmassen finden sich nach A i c h i n g e r am Reißkofel-Westhang noch in 1830 m Meereshöhe baumförmige Buchen [1]).

10. Klima der Lärchenstandorte an der oberen Wald- und Baumgrenze sowie verhältnismäßig hoch gelegener Standorte hochstämmigen Waldes mit Lärchen.

Ähnlich wie im Abschnitte II, *2* Klimazahlen für Lärchenstandorte in Lagen g e r i n g e r Meereshöhe mitgeteilt wurden, soll im folgenden eine Klimabeschreibung von Lärchenstandorten an der o b e r e n Wald- und Baumgrenze folgen, sodann sollen auch noch einige Beispiele des Klimas im Gebiete des hochstämmigen Lärchenmischwaldes guter Standortsklasse, aber in verhältnismäßig hoher Lage, beigefügt werden.

a) Schneeberg und Untersberg.

Die Zahlen der Wetterwarten in der Nähe der oberen Wald- und Baumgrenze lassen häufig eine geringere mittlere Jahresschwankung erkennen. Dennoch sind die Wärmeschwankungen, wie an anderer Stelle schon angedeutet wurde, auch in solchen Lagen nicht gering; an sonnigen Sommernachmittagen werden dort höhere Wärmegrade erreicht, die Tages- und Monatsmittel sind aber durch die nächtliche starke Ausstrahlung herabgedrückt, daher kommen in den Mitteln und in der aus ihnen berechneten Schwankung die Wärmeextreme nicht entsprechend zum Ausdruck. Diese Messungen und Angaben beziehen sich auf die Wärme der Luft. Die Pflanzen und überhaupt die Organismen im Freien sind aber nicht bloß der Temperatur der umgebenden Luft, sondern auch der strahlenden Wärme der Sonne (oder auch der Strahlung erwärmter naher Gegenstände) ausgesetzt, in den höheren Lagen ist die Strahlungstemperatur beträchtlich, sie ist jedenfalls wichtig für die Erhaltung der Pflanzen, wird aber nicht mitgemessen. Die sogenannte

---

[1]) A i c h i n g e r, Vegetationskunde der Karawanken, Jena 1933, S. 278.

„Temperatur in der Sonne" hängt auch von der Beschaffenheit des Körpers ab, den man der Sonnenstrahlung aussetzt.

Wenn also z. B. die Wetterwarte Baumgartnerhaus auf dem Schneeberg (Niederösterreich) in 1390 m Höhe, nahe der oberen W a l d grenze, aber noch etwa 200 m unterhalb der oberen B a u m grenze, eine mittlere Jahresschwankung von bloß 16·0⁰ aufweist, so muß sich aus der absoluten Temperaturschwankung erkennen lassen, ob trotz kleineren Unterschiedes zwischen Jänner- und Julimittel größere Schwankungen vorkommen. Tatsächlich werden an Sommernachmittagen höhere Temperaturen erreicht, das mittlere Maximum beträgt 26·4⁰, das absolute Maximum, dies schon bei einer bloß 13jährigen Beobachtungsdauer, 29·6⁰, die absolute Temperaturschwankung 53·6⁰ [1]). Dabei ist die Strahlungswärme nicht mitberücksichtigt. Nach Beck v. Managetta[2]) und nach den Beobachtungen des Verfassers wird die Baumgrenze dort von Fichte und (weniger häufig) Lärche gebildet, sie liegt im Mittel bei 1629 m (am Südosthang der Heuplagge des Schneebergs beobachtete sie Beck noch bei 1763 m); einzelne strauchförmige Fichten und Lärchen gehen noch höher. Nahe der oberen Grenze des noch geschlossenen hochstämmigen Mischwaldes von Fichte, Lärche, Tanne, Buche, Bergahorn usw. finden wir:

B a u m g a r t n e r h a u s a u f d e m S c h n e e b e r g[3]), Meereshöhe 1390 m, mittlere Jahrestemperatur 3·9⁰, Januartemperatur —3·7⁰, Juli 12·3⁰, Jahresschwankung der Temperatur 16·0⁰, Julimittel um 2 Uhr nachmittags 15·1⁰, Viermonatstemperatur Mai bis August 10·2⁰, mittleres Minimum —18·9⁰, mittleres Maximum 26·4⁰, Jahresschwankung nach den mittleren Jahresextremen 45·3⁰, absolute Extreme von 13 Jahren —24·0⁰, 29·6⁰, absolute Temperaturschwankung 53·6⁰, durchschnittliche frostfreie Zeit 10. Juni bis 6. September, keine Zeit des Jahres absolut frostfrei, Bewölkung 5·8, Dauer einer Tagestemperatur von mindestens 10⁰: 7. Juni bis 31. August (85 Tage), mittlere Niederschlagssumme im Jahr 1351 mm, Niederschlag der Monate Mai—September 706 mm, Zahl der Niederschlagstage im Jahr 152·4, Niederschlagstage Mai—September 67·8.

Der Schneeberg befindet sich bereits a m R a n d e des Lärchenverbreitungsgebietes. Das gleiche ist hinsichtlich des U n t e r s b e r g e s im Lande Salzburg der Fall, auch er liegt im Grenzgebiet der horizontalen Verbreitung der Lärche am Außenrande des Gebirges. Die Lärche erreicht in den Mayr-Melnhof'schen Waldungen auf dem Untersberg bei etwa 1600 m die obere Baumgrenze. Bei 1663 m liegt die meteorologische Station (die Temperaturen an der Baumgrenze können also infolge der etwas tieferen Lage um etwa 0·4⁰ höher sein als an der Beobachtungsstelle):

U n t e r s b e r g[4]), 1663 m, Jahrestemperatur 2·5⁰, Januar —4·7⁰, Juli 10·4⁰, Jahresschwankung 15·1⁰, durchschnittliche Temperatur der vier Monate Mai bis August (aus 4·6⁰, 8·2⁰, 10·4⁰, 10·4⁰) 8·4⁰, mittleres Minimum —21·5⁰, mittleres Maximum 23·0⁰, Jahresschwankung aus den mittleren Extremen 44·5⁰, Dauer der Tagestemperatur von mindestens 10⁰: 7. Juli bis 24. August (49 Tage), mittlere Bewölkung 6·0 (Winter 5·4, Sommer 6·3), mittlere Niederschlagsmenge 2093 mm (davon 42 v. H. im Sommer), Niederschlag der Monate Mai bis September 1276 mm.

Während H. M a y r als Minimum für das Dasein des Waldes eine Viermonatsmitteltemperatur von mindestens $+ 10^0$ C angenommen hat, ergeben die beiden obigen Beispiele, daß an der oberen Grenze des hochstämmigen geschlossenen Mischwaldes (am Schneeberg) nicht durch vier Monate, sondern bloß durch 85 Tage die Tagestemperatur

---

[1]) H a n n, Klimatographie von Niederösterreich, Wien 1904, S. 84, 87.
[2]) B e c k v. M a n n a g e t t a, Flora von Niederösterreich, Wien 1890, 1. Hälfte, S. 19.
[3]) H a n n, Klimatographie von Niederösterreich, Wien 1904, S. 84, 87.
[4]) F e s s l e r, Klimatographie von Salzburg, Wien 1912, S. 81, 83, 16.

278

von mindestens 10⁰ gegeben ist, und am Untersberg knapp oberhalb der oberen Baumgrenze gar nur durch 49 Tage; bei dem weiter unten angegebenen Beispiel von Gurgl, unterhalb der Waldgrenze, durch bloß 39 Tage! Schon B r o c k m a n n - J e r o s c h hat an einigen Beispielen aus den Alpen ähnliches (niedrigere Viermonatsmittel als 10⁰ an der Baumgrenze) festgestellt.

b) G u r g l u n d V e n t.

Nicht mehr dem Rande des Lärchenverbreitungsgebietes, sondern der Innenlandschaft mit reicherem Vorkommen unserer Holzart und mit höherer Lage der oberen Grenzen gehören die Wetterwarten in den höchsten Orten Österreichs, Gurgl und Vent, an. Vom Inntal Nordtirols zu den Gletschergebieten der Zentralalpen führt das Ötztal empor, oberhalb Zwieselstein teilt es sich in das Gurglertal und Ventertal. Im Waldort „Untere Weide" bei Gurgl, am West- und Nordwesthang des Gurgltales, geht die Lärche als vorherrschende Holzart, in Baumform über 8 m Höhe, mit abholzigen, 200- und mehrjährigen Stämmen, mit sehr engringigem, rotkernigem, vorzüglichem Holz, sehr schmalem Splint, von 1800 bis zu 2000 m empor. Die Wetterwarte Gurgl liegt bei 1900 m Höhe, also etwas u n t e r h a l b der oberen Waldgrenze.

Auch oberhalb Vent reicht der Wald bis in die Nähe der Rofenhöfe in 2014 m (die heute die „höchste dauernd bezogene bäuerliche Wohnstätte Österreichs" darstellen [1]), die meteorologische Station Vent liegt 1880 m hoch, also g l e i c h f a l l s n o c h u n t e r h a l b d e r W a l d g r e n z e:

V e n t [2]), 1880 m ü. M., Jahrestemperatur 2·3⁰, Jänner —7·8⁰, Juli 12·0⁰, mittlere Jahresschwankung 19·8⁰, Viermonatstemperatur Mai bis August 9·9⁰, Viermonatstemperatur Juni bis September 10·3⁰, mittleres Minimum —24·7⁰, mittleres Maximum 24·4⁰, Jahresschwankung aus den mittleren Extremen 49·1⁰, absolutes Minimum —30·1⁰, absolutes Maximum 28·2⁰, a b s o l u t e J a h r e s s c h w a n k u n g 58·3⁰, Jahresmittel des Niederschlages 713 mm, Zahl der Niederschlagstage im Jahr 140·8, in den fünf Monaten Mai bis September 72·2 (somit durchschnittlich fast jeder zweite Tag ein Niederschlagstag).

G u r g l, 1900 m, Jahrestemperatur 1·4⁰, Jänner —7·8⁰, Juli 10·4⁰, Jahresschwankung 18·2⁰, Viermonatstemperatur Mai bis August 8·2⁰, Viermonatstemperatur Juni bis September 8·9⁰; Dauer einer Tagestemperatur über 10⁰: 7. Juli bis 15. August, also bloß 39 Tage. Niederschlagsverhältnisse ähnlich jenen des nahen Vent.

c) H o c h g e l e g e n e S t a n d o r t e h o c h s t ä m m i g e n L ä r c h e n m i s c h -
w a l d e s.

Wir verlassen nun die Standorte nahe der oberen Wald- und Baumgrenze und fügen einige Beispiele von Klimazahlen für hochstämmige Lärchenmischwälder guter Standortsklasse in verhältnismäßig h ö h e r e r Lage bei.

In inneralpinen Gegenden mit höherer Lage der oberen Waldgrenze, z. B. im Gebiet Davos-Bergün, kann man bei 1600 m ü. M. noch hochstämmige, schöne Wälder beobachten, Abb. 29 auf Seite 122 zeigt eine Lärche von 35 m Scheitelhöhe, guter Wuchsform, 60 cm Brusthöhendurchmesser aus dieser Gegend; allerdings pflegen die Stämme erst in

---

[1]) B e t t i n a R i n a l d i n i, Siedlungsgeschichte, Beitrag z. d. Werke „Haberlandt, Österreich, sein Land und Volk und seine Kultur", Wien 1929, S. 153/154.

[2]) F i c k e r, Klimatographie von Tirol, S. 117, 15, 16.

einem Alter von 150 bis 200 Jahren dort ähnliche Abmessungen zu erreichen. Die Klimazahlen [1]) sind:

D a v o s - P l a t z, 1561 m, Jahresmittel der Lufttemperatur 2·7⁰, Januar —7·4⁰, Juli 12·1⁰, Jahresschwankung 19·5⁰, Viermonatstemperatur Mai—August (aus 6·7⁰, 10·2⁰, 12·1⁰, 11·2⁰) 10·0⁰, mittleres Minimum —23·6⁰, mittleres Maximum 25·8⁰; absolutes Minimum —29·8⁰, absolutes Maximum 28·9⁰, a b s o l u t e T e m p e r a t u r s c h w a n k u n g 58·7⁰, mittlere Frostgrenzen vom letzten bis zum ersten Frost: 12. Mai bis 27. September; die mittlere Tagestemperatur von mindestens 10⁰ währt vom 12. Juni bis 1. Oktober (also weniger als vier Monate), mittlere Bewölkung 5·0, mittlerer Niederschlag 903 mm, Niederschlag der Monate Mai bis September 505 mm, Niederschlagstage im Jahr 142·5, Niederschlagstage Mai bis September 70·7.

Als Beispiel aus Steiermark, aus einer Innenlandschaft mit reichem Lärchenvorkommen und hoher Lage der oberen Grenzen, sei T u r r a c h gewählt, wo bei 1400 m, etwa 140 m oberhalb der Wetterwarte, noch gute Standortsklassen mit Lärchen von mehr als 30 m Scheitelhöhe im Alter von 90 bis 100 Jahren vorkommen:

T u r r a c h, 1264 m, mittlere Jahrestemperatur 3·7⁰, Januar —5·6⁰, Juli 12·7⁰, Jahresschwankung 18·3⁰, Viermonatstemperatur Mai bis August 10·8⁰ (somit beim Bestand mit 30 m hohen Lärchen in einer um 140 m höheren Lage: etwa 10⁰), Andauer einer mittleren Tagestemperatur von mindestens 10⁰: 10. Juni bis 7. September, nicht einmal 3 Monate; mittleres Maximum 27·2⁰, mittleres Minimum —19·7⁰, Jahresschwankung nach den mittleren Extremen 46·9⁰; nur 3 Monate (Juni bis August) völlig frostfrei; mittlere Bewölkung 5·5 (Juni und Juli jedoch 6·4), Jahresmittel des Niederschlages 1026 mm, hievon in den vier Sommermonaten 536 mm.

Auch in solchen R a n d gebirgen, in denen die obere Baumgrenze schon bei etwa 1600 m erreicht wird, gehören Lagen in 1000 bis 1200 m Höhe klimatisch noch zum Gürtel sehr guten Gedeihens der Fichten und Lärchen. So kommen z. B. im G e b i e t d e s S e m m e r i n g, Niederösterreich, bei etwa 1100 m (Fürst Liechtenstein'sches Revier Klamm) s c h ö n e M i s c h b e s t ä n d e v o n F i c h t e n, L ä r c h e n, T a n n e n, B u c h e n mit Scheitelhöhen der vollholzigen, geraden Lärchen bis 34 m vor, die nahe Wetterwarte Semmering verzeichnet:

S e m m e r i n g, 1005 m [2]), mittlere Jahrestemperatur 6·1⁰, Jänner —2·9⁰, Juli 15·1⁰, Jahresschwankung 18⁰, Viermonatstemperatur Mai bis August (aus 9·4⁰, 13·0⁰, 15·1⁰, 14·6⁰) 13·0⁰, mittlere Temperatur im Juli um 2 Uhr nachmittags (10-jährige Beobachtung) 17·8⁰, mittleres Maximum 27·3⁰, mittleres Minimum —14·1⁰, Jahresschwankung nach den mittleren Jahresextremen 41·4⁰, absolutes Maximum (in 10 Jahren) 29·0⁰, absolutes Minimum —19·4⁰, a b s o l u t e T e m p e r a t u r s c h w a n k u n g 48·4⁰, Jahresmittel des Niederschlages 1120 mm, Zahl der Niederschlagstage im Jahr 132·7, mittlere Niederschlagsmenge in den fünf Monaten Mai bis September 620 mm, Zahl der Niederschlagstage in diesen fünf Monaten 66·1.

11. Grundgestein und Lärchenverbreitung.

I n i h r e m n a t ü r l i c h e n V e r b r e i t u n g s g e b i e t i n d e n O s t a l p e n b e s i e d e l t d i e L ä r c h e V e r w i t t e r u n g s b ö d e n d e r v e r s c h i e d e n s t e n G e s t e i n s g r u p p e n, ohne irgend eine davon merklich zu bevorzugen oder zu meiden. Auf Graniten und Granitgneisen, auf Sedimentgneisen, Glimmerschiefern, Quarzphylliten,

---

[1]) M a u r e r - B i l l w i l l e r - H e ß, Das Klima der Schweiz, 1909, S. 172, 161, 162.
[2]) J. H a n n, Klimatographie von Niederösterreich, 1904, S. 84.

Kalkglimmerschiefern, auf den Schiefern der Grauwackenzone mit Phylliten und Gesteinen kalkig-dolomitischer Zusammensetzung, dann aber auch auf den Schichten der alpinen Trias, des Jura und der Kreide (auf Werfener Schiefer, Dachsteinkalk und Gutensteiner Kalk, Hauptdolomit, Jura-Kalken und Mergeln, auf Gosau-Mergeln und Sandsteinen) ist sie zu finden, um nur einige Beispiele aufzuzählen, desgleichen auf quartären Ablagerungen. Weder für die Grenzen der Verbreitung, noch auch für die Häufigkeit des Vorkommens ist die Gesteinsunterlage entscheidend.

Die Frage der Vorliebe für bestimmte Gesteine.

Der Schweizer Pflanzengeograph H. Christ[1]) hat schon 1879 darauf aufmerksam gemacht, daß die Lärche in der Schweiz vielfach für einen kalkfliehenden Baum des Urgesteins gehalten werde, weil ihr Klimagebiet in der Schweiz zufällig gerade mit dem Urgebirge zusammentreffe; dagegen wird das Kalkgebirge im nordwestlichen Teil der Schweizer Alpen großen Teils (mit Ausnahme einiger Lagen im Gebirgsinneren) von unserer Holzart gemieden. Noch in dem im Jahre 1925 erschienenen Werke „Die forstlichen Verhältnisse der Schweiz, herausgegeben vom Schweizerischen Forstverein" heißt es (S. 82): „Die Lärche . . . bevorzugt Urgestein gegenüber Kalk". Dieser Aussage liegt, wie schon Christ hervorhob, bloß die Tatsache zugrunde, daß in der Schweiz die Fläche der von der Lärche besiedelten „Urgesteins"-Böden (aus Gründen, die nicht den Boden betreffen) größer ist als jene der ihr dort als Standort dienenden Kalkböden. Doch sind auch in der Schweiz, z. B. im Rheintal nördlich und westlich von Chur (Gegend von Maienfeld, Malans, Tamins, Kunkelspaß usw.), dann in einem Teil des Engadin, im Albula-Gebiet und anderen, auch auf Kalk- und Dolomitgestein Lärchen häufig und auf Flächen beträchtlichen Ausmaßes zu finden, in verschiedenen Meereshöhen bis herab zur Sohle des Rheins in 550 m.

Im Gegensatz zu dieser in der Schweiz geäußerten Meinung sind andere Beobachter, die ihre Untersuchungen wahrscheinlich hauptsächlich in den Kalkalpen weiter im Osten anstellten, zu der Schlußfolgerung gelangt, daß die Lärche ihr bestes Gedeihen auf Kalkgestein zeige[2]); auch Dengler[3]) schreibt von ihr: „Kalkböden liebt sie besonders, wie ihr häufiges Auftreten auf diesen in den Alpen zeigt". Bei Gams - Innsbruck ist zwar nicht von Kalkgrundgestein, wohl aber davon die Rede, daß die Lärche „auf kalkreichen Böden eher besser als auf kalkarmen gedeiht"[4]).

Prüft man die Frage, ob das Vorkommen unserer Holzart in den Gebieten des Höchstmaßes ihrer Verbreitung das Urteil über eine gewisse Vorliebe für Kalkgrundgestein (Dengler, Sendtner) rechtfertige, so lautet die Antwort, daß in den zentralalpinen Innenlandschaften mit klimatisch bedingtem häufigsten Lärchenvorkommen gelegentlich wohl auch Kalk als Grundgestein auftritt, daß aber doch viel häufiger und auf größeren Flächen silikatische kristalline Schiefer- und Massengesteine zu finden sind. Als ein Gebiet größter Häufigkeit der Lärche in den Ostalpen kennen wir die Gegend von Bevers bis Sils im Ober-Engadin; der Lärchenanteil beträgt dort 52 v. H. der Holzmasse auf rund 6600 ha Waldfläche, der Vorrat etwa 290.000 fm Lärchenholz. Das Grundgestein ist hier vorwiegend Granit und Granitgneis, Zweiglimmergneis (und nur auf kleineren Flächen Triaskalk und -dolomit, sowie Bündnerschiefer). Unterhalb Bevers wird im Engadin auf der

[1]) H. Christ, Das Pflanzenleben der Schweiz, Zürich 1879, S. 226.
[2]) O. Sendtner, Die Vegetationsverhältnisse Südbayerns, München 1854, S. 555.
[3]) Dengler, Waldbau auf ökologischer Grundlage, Berlin 1930, S. 80.
[4]) Gams, Pflanzenwelt Vorarlbergs, Heimatkunde von Vorarlberg, Heft 3, 1931, S. 57.

Schattseite der Anteil des Triaskalkes und -dolomites zwar größer, der Bestockungsanteil der Lärche aber wird gleichzeitig (wohl aus klimatischen Ursachen) etwas kleiner.

Im Vinschgau (oberes Etschtal, ital. Val Venosta) gibt es sehr ausgedehnte Reinbestände der Lärche oder solche ihrer ausgesprochenen Vorherrschaft, nach Fenaroli (S. 179) hat dort die Lärche, „begünstigt vom ausgesprochen kontinentalen Einschlag des Klimas", auf schätzungsweise über 24.000 ha Waldes ein Hauptgebiet ihrer Verbreitung, das Grundgestein aber ist hier weitaus überwiegend Gneis, Granitgneis, Quarzphyllit und nur an wenigen Stellen geringerer Ausdehnung kristalliner Kalk.

Im Lungau, dem lärchenreichen obersten Murtal, findet sich unsere Holzart auf Gneis und Glimmerschiefer ebenso häufig und nicht schlechter gedeihend als auf Kalkglimmerschiefer.

Das besonders lärchenreiche Ahrntal auf der Südseite der Zillertaler Alpen, ein Seitental des Pustertales, weist als Grundgestein Granit, Tonalit, Gneis und nur auf geringen Flächen kristalline Kalke auf. Ähnlich verhält es sich in den Gurktaler Alpen (meist paläozoische Schiefer, nur zum Teil auch kalkig-dolomitische), in großen Teilen der Tauern Kärntens und Osttirols.

Auch im Veltlin (Valtellina), in welchem die Lärche nach Fenaroli auf etwa 17.000 ha Waldes, zum Teil vorherrschend, besonders in den hohen Seitentälern, vertreten ist, überwiegen Gneis, Glimmerschiefer und Quarzphyllit weitaus, wenn auch daneben basische Tiefengesteine und kristalline Kalke ebenfalls vorkommen.

Aber auch in den Kalk- und Dolomitgebieten ist bei entsprechendem Klima ein Bestmaß oder ein Höchstmaß des Lärchenvorkommens festzustellen; so ein bestes Gedeihen (bei ziemlich großer Häufigkeit) im Blühnbachtale des Landes Salzburg; ein Höchstmaß im Hochtal des Boite (Piavezufluß) in den Dolomiten.

Fehlen im Allgäu usw., Beziehung zum Grundgestein?

Weiterhin sei zu der Frage Stellung genommen, ob das Fehlen der Lärche im nördlichen Vorarlberg, im Allgäu, überhaupt in den bayerischen Alpen westlich der Loisach, in den Vorbergen bei Salzburg (Gaisberg und Flyschberge) mit einem Wechsel des Grundgesteins parallel geht. Dies ist keineswegs der Fall. So sind z. B. dieselben Gesteine der alpinen Trias und des Jura, welche im Lärchenverbreitungsgebiet der Kalkalpen Tirols, dann des Berchtesgadener Landes und Salzburgs das Grundgestein bilden, auch in den lärchenarmen und lärchenfreien Bezirken der Bayerischen Alpen auf Flächen bedeutenden Ausmaßes vertreten. Auf dem von der Lärche (als natürlich vorkommender Holzart) gemiedenen Gaisberg bilden hauptsächlich Hauptdolomit und Dachsteinkalk neben Gosau-Konglomerat das Grundgestein. In anderen Gebieten Salzburgs, z. B. in den Forstverwaltungen Abtenau und Saalfelden, geben Hauptdolomit und Dachsteinkalk häufig Lärchenstandorte ab. Den Flyschvorbergen des Salzburger Vorlandes (Westwettergebiet), z. B. Colomannsberg, 1115 m, Haunsberg, Tannberg usw., jenen zwischen Atter- und Gmundnersee (Richtberg, 1047 m, Miesenberg, 1007 m) fehlt die Lärche; weiter im O aber, ebenfalls auf Flyschvorbergen, und zwar des westlichen Wienerwaldes, gedeiht sie sehr gut (nur dem zu warmen Laubholzgebiet des „Vorderen" Wienerwaldes fehlt sie).

In Niederösterreich ist das Waldviertel lärchenfrei, die gegenüberliegenden niederösterreichischen Alpen dagegen sind von der Lärche besiedelt. Das Waldviertel hat vorwiegend kristalline silikatische Gesteine, in den niederösterreichischen Alpen überwiegt wohl Grundgestein von Kalk und Dolomit, doch weisen beträchtliche Flächen gleichfalls silikatische kristalline Gesteine auf, so die östlichen Ausläufer der Zentralalpen: Wechsel, Bucklige Welt, Rosaliagebirge. Dabei handelt es sich zum Teil um die gleichen Meereshöhen wie sie auch im Waldviertel vorkommen. Mit einem Wechsel des Grundgesteins geht also auch hier das Fehlen und Vorkommen der Lärche nicht parallel, sondern, wie an anderer Stelle nachgewiesen wurde, mit Änderungen der klimatischen Verhältnisse.

Das „Dolomitphänomen" und die Lärchenverbreitung.

Hier sei auch das „Dolomitphänomen" im Sinne von G a m s [1]) im Zusammenhang mit der Lärchenverbreitung erwähnt. Für die Gegend von Lunz in Niederösterreich hat Gams darauf hingewiesen, daß magere Dolomitböden die sonst aussichtsreichen Mitbewerber fernhalten und dadurch das Vorkommen auch der Lärche als Relikt fördern können („auslesende Wirkung des Substrates"). Die nacheiszeitliche Waldgeschichte auf Grund der Pollenanalyse folgert, daß zuerst Kiefer und wahrscheinlich auch Lärche, später Fichte, Tanne und Buche einwanderten; „auf den mageren Hauptdolomitböden aber haben Fichte, Tanne und Buche nur in sehr beschränktem Maße Fuß fassen können, so daß sich hier, besonders an Steilhängen, anspruchslosere [2]) Nadelhölzer finden, die anderwärts längst von den genannten Arten verdrängt worden sind: an den unteren Südhängen lichte Föhrenwälder . . . an den Nordhängen Lärchen-Fichtenwälder . . . . ." [3]). Die Erhebungen des Verfassers ergeben, daß nur dort, wo das Klima der Lärche nicht mehr genügend zusagt, z. B. im Bereich der Höhenlagen (Gipfel) der Lunzer Gegend, die erheblich ozeanischer sind als die Täler, die Lärche als Rückzugsposten vor allem auf mageren, den Wettbewerb herabsetzenden Böden vorkommen kann, als Relikt einer ehemals, unter anderen Klimabedingungen, größeren Verbreitung. Insbesondere auch für einzelne abgesonderte Kleinstvorkommen, z. B. im nördlichen Vorarlberg (felsiger Steilhang unterm Kojen bei Mellau, vgl. S. 136/137) hat eine solche Deutung viel für sich. Für mehr zusammenhängende Verbreitungsbezirke, auch in Niederösterreich, kann sie nur ausnahmsweise eine Rolle spielen, denn wir finden in den niederösterreichischen Kalkalpen (in tieferen und mittleren Lagen), dann im westlichen Wienerwald usw. die Lärche nachweislich natürlich vorkommend auch auf Standorten guter und sehr guter Ertragsklasse in dichten, geschlossenen Mischbeständen von Fichte, Tanne, Lärche und Buche, ihre Wettbewerbsfähigkeit ist also hier klimatisch (mäßige Zurückhaltung der Mitbewerber durch den kontinentalen Klimaeinschlag in thermischer Hinsicht), nicht durch schlechten Boden bedingt. Keineswegs auf schlechten, mageren Böden können z. B. jene Lärchen im Revier Türnitz des Stiftes Lilienfeld erwachsen sein, die in Höhen von 600 bis 1024 m in geschlossenen Mischbeständen bei 140- bis 160jährigem Alter Brusthöhendurchmesser bis zu 1 m und Schaftlängen bis zu 45 m ergaben (in den Waldorten Tettenhengst, Bannwald und Rieglerschlag). Dabei handelt es sich um ein natürliches Vorkommen der Lärche, wie u. a. 100—150 cm starke Lärchenstöcke, herrührend von im Jahre 1818 ausgeführten Holzschlägen, auf Schattseiten bei 720—850 m Meereshöhe beweisen.

Relikt auf armen Böden?

Ein Autor, der in erster Linie die Westgrenze der Larix sibirica in Europa untersucht hat, C o n s t a n t i n R e g e l in Kaunas, glaubt auf Grund des Schrifttums über

---

[1]) G a m s, Über Reliktföhrenwälder und das Dolomitphänomen, Veröff. d. geobot. Inst. Rübel, 6. Heft, Zürich 1930.

[2]) In bezug auf die Wärmeverhältnisse ist die Lärche „anspruchsloser" als Tanne und Buche.

[3]) G a m s, Die Geschichte der Lunzer Seen, Moore und Wälder, 1927, S. 379.

Larix europaea, auch bei der Verbreitung dieser die Merkmale der Relikte, Vorkommen auf armen Böden, wiederzusehen [1]). Er geht aber entschieden zu weit, wenn er unter Berufung auf F u r r e r angibt, die Lärche in den Alpen könne auf anderen Böden als auf Neuland, Gerölle, Moränen, Bachschutt und Felsen „gegenüber der Fichte und Arve nicht aufkommen und unterliege diesen Bäumen". Gerade in den Gebieten des Höchstmaßes ihrer Verbreitung, z. B. im Engadin, Puschlav, Ober-Inntal Nordtirols, Ötztal usw. fällt es auf, daß die Lärche als lichtbedürftige, raschwüchsige, spätfrostharte Holzart mit bedeutendem Flugvermögen der Samen sich auch auf kahlen Flächen, Rohböden, Schuttkegeln, Brandflächen usw. als Erstbesiedlerin einfindet; das sind dort aber keineswegs ihre einzigen Standorte: sondern weil sie dort nahezu auf a l l e n Böden vorkommt, gewissermaßen allgegenwärtig ist, so kann sie dank ihren Eigenschaften als Pionierholzart auch Lücken des Waldkleides als Erste durch Anflug rasch schließen. Daß der Wettbewerb durch andere Holzarten für die Lärche eine große Rolle spielt, trifft zu; sie bedarf aber für ihr Vorkommen in den Alpen keineswegs allgemein der Ausschaltung dieser Konkurrenz durch schlechteren Boden, da ja im natürlichen Verbreitungsgebiet schon das K l i m a unserem Baume als einer gegen die Ungunst binnenländischer Wärmeverhältnisse widerstandsfähigen, durch den sonnigen Sommer begünstigten Holzart zu Hilfe kommt. Daß sie auf solchen jungen Böden, wenn sie außer den groben Trümmern auch etwas feinere Bestandteile enthalten, infolge der Hemmung der Mitbewerber reine Bestände zu bilden vermag, ist richtig (vgl. den Abschnitt über die Lärche in Nord- und Osttirol, S. 107), doch können sich auch da bald Fichten, Weißerlen, Zitterpappeln und Birken miteinfinden.

T o n s c h i e f e r (M e r g e l s c h i e f e r) u n d K a l k a l s G r u n d g e s t e i n.

D a l l a T o r r e [2]) gab an, daß in der Kitzbüheler Gegend, wo sowohl paläozoische Schiefer als auch Kalke vorkommen, die Lärche den Kalk bevorzuge; unter den klimatischen Verhältnissen des Bezirkes Kitzbühel, in dessen Waldungen die ziemlich ausgeglichenen Wärmeverhältnisse der Tanne und Buche einen Anteil von 30 v. H. der Waldfläche gestatten, kommt die Lärche nur als eingesprengte Holzart vor, sie befindet sich hier in einem Randgebiet ihrer Verbreitung; gerade unter solchen Bedingungen ist ein örtlich beschränktes reicheres Vorkommen als Relikt auf ungünstigen Böden möglich und könnte die von Dalla Torre mitgeteilte Beobachtung veranlaßt haben. Verfasser prüfte die Frage, ob etwa die Schieferböden der Holzart ungünstig seien; er fand, daß unter den dortigen klimatischen Verhältnissen das Vorkommen unserer Holzart auf a l l e n geologischen Unterlagen die gleichen Eigentümlichkeiten aufweist: Wir finden sie eingesprengt mit Bevorzugung lichter Waldränder und ehemaliger Weideflächen, wo sie weniger mit der Fichte in Wettbewerb zu treten braucht.

Ähnliches wurde auch in anderen Randgebieten der Verbreitung beobachtet: im Prättigau (Graubünden) mit vorherrschenden Bündnerschiefern, zum Teil mit Moränen überlagert, beträgt der Anteil der Lärche nur 11 vom Tausend der Stammzahl, 12 v. T. des Holzvorrates (trotz ansehnlicher Bergeshöhen) bei einer Gesamtwaldfläche von rund 12.000 ha. Auch in diesem Gebiet ist die Lärche im Bestand nur dort häufiger, wo ehemals lärchenbestockte Weideflächen zu Wald wurden, ähnlich wie in der Kitzbüheler Gegend;

---

[1]) C. R e g e l, Kaunas, Larix sibirica, Larix europaea, Larix polonica, Veröff. geobot. Inst. Rübel, Zürich, 6. Heft, 1930, S. 13, 14.

[2]) D a l l a T o r r e u. G r a f v. S a r n t h e i m, Die Farn- und Blütenpflanzen von Tirol, Vorarlberg und Liechtenstein, Innsbruck 1909, 6. Bd., 1. Teil, S. 99.

der Bündnerschiefer kann aber nicht die Ursache der Erscheinung sein, denn er ist in Gegenden anderen Klimas, z. B. im Engadin und im Ober-Inntal (Bezirk Ried in Tirol) von der Lärche auf weiten Flächen sehr reichlich besiedelt. Er enthält sowohl T o n - s c h i e f e r , als auch Mergelschiefer und Kalkschiefer. Auch ist im Prättigau der Bündner- schiefer öfter von Moränen überlagert und die Lärche ist unter anderen Klimaverhältnissen auch auf Moränen ebenso wie auf dem Bündnerschiefer stark verbreitet. Aber im Prätti- gau als einem Randgebiet der Lärchenverbreitung mit häufigerem Vorkommen der Tanne (6 v. H., 5mal so groß als der dortige Lärchenanteil) und auch der Buche begünstigt das Klima die Mitbewerber der Lärche, hauptsächlich die Fichte; fast nur auf ehemaligen Weiden, wo eben nur die Lichtholzart von der Wirtschaft geduldet wurde, ist die Lärche dort in reinen Beständen zu finden. Durch die frischen, feinerdereichen Verwitterungs- böden des Tonschiefers werden die Konkurrenten, vor allem die Fichte (im Prättigau 90 v. H.) gleichfalls begünstigt, Boden und Klima wirken dann im gleichen Sinne. Davon, daß der Bündnerschiefer, wo er tiefgründigen Lehm als Verwitterungsboden ergibt, Lär- chen guter Wuchsform zu tragen vermag, überzeugte sich der Verfasser auch im Dom- leschg (Hinterrheintal in Graubünden) an Fichten-Lärchenmischbeständen sehr guter Ertragsklasse.

12. Boden und Lärchenverbreitung.

T i e f g r ü n d i g k e i t , G e h a l t   a n   a b s c h l ä m m b a r e n   T e i l e n .

Mittel- bis tiefgründige, lockere, frische Lehm- und sandige Lehmböden sagen der Lärche in ihrem natürlichen Verbreitungsgebiet am besten zu. Gutes Gedeihen unserer Holzart findet sich sowohl auf leichteren Böden als auch auf bindigeren. Auf ziemlich bindigen Lehmböden mit einem größeren Hundertsatz an abschlämmbaren Teilen er- wuchsen z. B. im Blühnbachtal Salzburgs 34—35 m hohe Lärchen (Alter 92 Jahre) von sehr guten Wuchsformen; der Gehalt des Bodens an Bestandteilen geringer Korngröße (unter 0˙2 mm) betrug (Gut Blühnbach, Schöberlboden, Bestand 3 f):

Mehlsand (0˙02 bis 0˙2 mm)	41˙3 v. H.
Staub (0˙002 bis 0˙02 mm)	23˙6 v. H.
Rohton ($<$ 0˙002 mm)	8˙0 v. H.
Zusammen .	72˙9 v. H.

Auf den Standorten besserer Klassen im Blühnbachtal bilden Lehmböden die Regel, die Lärchen übertreffen auf ihnen alle anderen Holzarten an Wuchsleistung.

Ein anderer, von Lärchen guten Wachstums (60jährig: 25 m hoch) besiedelter Boden, und zwar bei Mitterndorf im steirischen Salzkammergut, enthielt an abschlämm- baren Teilen, kleiner als 0˙02 mm (Staub und Rohton zusammen) 57˙8 v. H. — Nach R. L a n g [1] soll auf lehmigen Böden des niederschlagsreichen Alpen-Nordrandes die Wasserspeicherung und Bodendurchfeuchtung für die Lärche zu groß sein; die beiden genannten Beispiele beziehen sich aber auf den niederschlagsreichen Alpennordrand, Mitterndorf liegt im steirischen Salzkammergut mit seinem bekannten Regenreichtum. Das nahe Alt-Aussee (948 m) hat eine mittlere jährliche Niederschlagsmenge von 2043 mm, der tiefer liegende Ort Markt Aussee (651 m) 1596 mm. Dabei kommt im Ausseer Gebiet die Lärche immerhin noch mit einem Bestockungsanteil von etwa 10 v. H. vor, sie er- reicht ein hohes Alter (250 Jahre). Das Grundgestein ist Kalk, Dolomit und Mergel, die

---

[1] R. L a n g , Forstwissensch. Centralbl. 1932, S. 38.

Zerklüftung der Kalk- und Dolomitgesteine würde (im Sinne der Annahme R. Langs) wohl einer übermäßigen Bodendurchfeuchtung entgegenwirken. Doch wären die gleichen Verhältnisse in dieser Hinsicht auch im Allgäu und auch sonst in den bayerischen Alpen westlich der Loisach gegeben, denen die Lärche dennoch fehlt. Ein Unterschied besteht in den Wärmeverhältnissen, die Jahresschwankung der Temperatur in Markt Aussee ist 20·9°; die größte Schwankung der absoluten Extreme in einem Jahr: 65°. Auch im Blühnbachtal ist der Niederschlag hoch, 1400 bis 1600 mm, die Jahresschwankung der Temperatur beträchtlich, im nahen Werfen 22·4°. E s   k ö n n e n   a l s o   a u c h   i m   s e h r n i e d e r s c h l a g s r e i c h e n   G e b i e t   l e h m i g e   B ö d e n   r e c h t   g u t e   L ä r c h e n s t a n d o r t e   a b g e b e n.

Erst dort, wo auch das ausgeglichene Klima einen allzu raschen Wuchs der Lärche mit breiten Jahrringen fördert, können sich bessere, lehmhaltige Böden für die Lärche in gewissem Sinne als ungünstig erweisen; so ist z. B. im nördlichen Teil des Forstamtes Berchtesgaden (Randgebirgslage der Außenlandschaft), Bezirk Vordereck, in tieferen Lagen und auf s c h w e r e n   K r e i d e b ö d e n die Jahrringbreite des Lärchenholzes eine größere, die Holzgüte dieser sog. „Graslärchen", die allerdings Massengehalte bis zu 4 fm aufweisen, eine geringere. Im südlichen Teil des Forstamtsbezirkes, mehr im Alpeninneren, ist die Holzbeschaffenheit besser. Auch Flyschböden des Forstamtes Siegsdorf geben weniger geschätztes, breitringiges Lärchenholz; doch darf das Urteil hinsichtlich dieser Wirkung der Flyschböden und sonstiger fetter Böden nicht verallgemeinert werden: Auf den Flyschböden des westlichen Wienerwaldes erwächst vorzügliches Lärchenholz (Ausfuhrware), wohl weil dort das Klima einem allzu üppigen Wuchs auch auf den Flyschböden immerhin schon entgegenzuwirken vermag.

Auf t i e f g r ü n d i g e n   L e h m b ö d e n, hervorgegangen aus mergeligem Kalk, erwuchsen im Waldort Steinbichl des Revieres Stübing, steirisches Randgebirge, bis 47 m hohe Lärchen bester Güte, eingesprengt im Buchenbestand sehr guter Ertragsklasse.

Auch im Achenseegebiet Tirols, Angererwald auf den Nordhängen des Rofangebirges, fand ich die dortigen besten Güteklassen (Mischwald mit Lärche) auf Lehmboden [1]), hervorgegangen aus mergeligem Kalk.

F r a g e   d e s   V o r k o m m e n s   a u f   f l a c h g r ü n d i g e n   B ö d e n.

Darauf, daß die Lärche in ihrem natürlichen Verbreitungsgebiet auch auf flachgründigen Böden vorzukommen vermag, wurde im Schrifttum wiederholt, so von F a n k h a u s e r [2]), vom Verfasser [3]) und von R. L a n g [4]), aufmerksam gemacht. Auf den flachgründigsten Böden stellen sich aber die Lärchen durch Absterben von Bestandesgliedern sehr licht und es erreichen dann nur wenige kurzschaftige Bäume von außerordentlich engem Jahrringbau in räumdiger Stellung auf solchen Standorten ein höheres Alter. Wiederholt lassen sich Beobachtungen anstellen wie in folgendem Beispiel (Waldort Saurüssel der Forstverwaltung Langau, Niederösterreich): Die etwa 55jährigen, 12 bis 16 m hohen Lärchen bedeckten sich, ohne daß sie durch irgendwelchen Wettbewerb gelitten hätten, mit Flechten und viele von ihnen starben allmählich ab. Ein Teil der

---

[1]) Auch A l b e r t stellte auf Standorten erfolgreichen (künstlichen) Anbaues der Lärche (in Pommern) Boden mit hoher Gesamtmenge der feinsten Anteile $<$ 0·02 mm fest („Optimale Lärchenstandorte im östlichen Pommern", Zeitschr. f. Forst- u. Jagdw. 1934, S. 456.)

[2]) F a n k h a u s e r, Zur Kenntnis der Lärche, Zeitschr. f. Forst- u. Jagdw. 1919, S. 290.

[3]) T s c h e r m a k, Die Formen der Lärche in den österreichischen Alpen und der Standort, Cbl. f. d. g. Forstw. 1924, S. 271.

[4]) R. L a n g, Standort der Lärche ..., Forstw. Cbl. 1932, S. 19.

Bodenpflanzen zeigte recht guten Boden an, dieser war aber sehr seichtgründig, schon in etwa 10 cm Tiefe stand Kalkschotter an. Die Lärchen waren in der Jugend rasch erwachsen und starben seit etwa 20 Jahren zum Teil allmählich ab. Die ausgegrabenen Wurzeln einer etwa 15 cm starken Lärche strichen in bloß 10 cm Bodentiefe mindestens 4 m weit fort, ohne in die Tiefe zu gehen. Dabei handelte es sich um eine niederschlagsreiche Gegend, das nahe Lackenhof (835 m) hat nach J. H a n n eine mittlere Jahresmenge von 1567 mm aufzuweisen. Wie die Bestockung solcher sehr seichtgründiger Standorte beschaffen ist, wenn die Bäume älter geworden sind, kann in vielen Fällen beobachtet werden, z. B.: Dolomitfelsen der „Teufelskirche" ober dem Jagdschloß Langau, Revier Holzhüttenboden, Fichten, Lärchen, Weißkiefer, Mehlbeerbaum, (Bergkiefer), die Bäume in sehr räumdiger Stellung ohne jeglichen Bestandesschluß; eine Lärche von 44 cm Brusthöhendurchmesser zeigte auf einem 20 cm langen Bohrspan 200 Jahrringe, diese waren an einzelnen Stellen des Querschnittes so schmal, daß 6—7 Ringe auf 1 mm des Halbmessers entfielen. Die Höhe des hochalterigen Baumes betrug etwa 18 m. Nur wenige Stämme erreichen unter solchen Standortsverhältnissen dieses Alter und die angegebenen Ausmaße. Eine von seichtgründigem Kalkstandort (1400 m) auf dem Sonnwendstein (Semmeringgebiet, Niederösterreich) herrührende Lärchenstammscheibe von 17 cm Durchmesser weist 270 Jahrringe auf; auch diesem Baume standen auf dem seichtgründigen Boden wenigstens reichliche Niederschläge zur Verfügung.

Auch im Abschnitt über Salzburg ist bei Darstellung der Waldtypen mitgeteilt, daß auf felsigen, s e i c h t g r ü n d i g e n Stellen der Kalkalpen Salzburgs kurzschaftige Fichten, Buchen und Lärchen in sehr r ä u m d i g e r S t e l l u n g (mit Felsenbirne, Erica usw.) vorkommen und daß dort die Nadelbäume auch bei mäßigen Meereshöhen im Alter von 120 Jahren kaum 15 m Scheitelhöhe, die Buchen noch weniger erreichen. Ähnliches wurde von Oberösterreich, u. zw. auf seichtgründigen, erdarmen, trockenen Böden von Dolomit oder Wettersteinkalk (Waldtypen, S. 42) beschrieben.

In der Forstverwaltung Obervellach in Kärnten, im Kaponigforst nahe dem Talabschluß unter dem Moosboden, in nahezu 1700 m Meereshöhe, beobachtete ich etwa mannshohe junge Lärchen, die sich auf einem kleineren Murgang mit schlechtem Schotterboden angesiedelt hatten. Die alten Lärchen dieses Standortes waren durch das herabgekommene Gestein vermurt und zu Baumleichen geworden. Aber auch von den jungen Anfluglärchen waren infolge des seichtgründigen, schlechten Bodens mehrere krebskrank.

Im gleichen Lande, bei Spittal a. d. Drau, auf dem Wege nach Fratres, sah ich bei 610 m ü. M. auf größeren Flächen bäuerlicher Forstkulturen wiederholt etwa 10jährige, 4 m hohe Lärchen, die sich, in Mischung mit Weißkiefer und Fichte, trotz lichter Stellung ohne Wettbewerb von unten her mit Flechten bedeckten, zum Teil krebskrank wurden und abstarben. Der Grund war in der Bodenbeschaffenheit zu finden, es handelte sich um diluviale Ablagerungen von Schotter und Sand in raschem Wechsel, es kam auch feinerer Sand vor, der Lehm vortäuschte, aber gar keine Bindigkeit aufwies. Außerdem war der Boden unpfleglich behandelt worden, der Vorbestand bäuerlichen Fichtenwaldes war der Schneitelung unterzogen worden, so daß der Boden der Überschirmung durch einen geschlossenen Bestand durch längere Zeit entbehrte und sich mit Calluna, Heidel- und Preiselbeere und Adlerfarn überzog.

Auch die Bilder von Lärchen auf flachgründigen Böden, die von R. L a n g im Forstw. Cbl. 1932 (S. 19 und 34) und von F a n k h a u s e r in der Zeitschr. f. Forst- und Jagdw. 1919 veröffentlicht wurden, lassen die räumdige Stellung der kurzschaftigen Lärchen auf den seichtgründigen Böden erkennen. Fankhauser bemerkt auch, selbstverständlich dürfe man nicht erwarten, daß unter solchen Umständen Bäume derselben Ausmaße entstehen wie auf tiefgründigen Böden. Immerhin sei ihre Entwicklung zum Unterschied von solchen auf ungeeigneten Standorten des Hügellandes und der Ebene eine normale. **Für befriedigende Wuchsleistungen der Lärche sind also tiefgründige, bzw. auf niederschlagsreichen Standorten der Alpen wenigstens mittelgründige Böden erforderlich[1]).**

Nasse und ausgesprochen trockene Böden.

So sehr die Lärche frische, lehmhaltige Böden bevorzugt, so empfindlich zeigt sie sich gegen Bodennässe. Im Revier Schöpfl im westlichen Wienerwald wurden oberhalb des Kleinen Tannenkogels und zwischen Jägerberg und Totenkopf vor 80 Jahren nasse Wiesen mit der Lärche aufgeforstet, die ja in diesem Revier natürlich vorkommt und bei beträchtlichem Bestockungsanteil (etwa 25 v. H.) sehr gutes Gedeihen zeigt. So weit die 80jährigen Stämme auf dem nassen Boden noch vorhanden sind, weisen sie schlechte Wuchsformen auf, sind von unten bis oben mit Flechten bedeckt, schlecht bekront und sterben allmählich ab.

Auch Cieslar[2]) berichtet, daß im staatlichen Wirtschaftsbezirk Klausen-Leopoldsdorf des westlichen Wienerwaldes feuchte bis nasse Wiesen u. a. auch mit Lärchen aufgeforstet wurden. Nach 20 bis 30 Jahren war der Zustand dieser geradezu jammervoll; mit Flechten dicht überzogen, verloren sie ihre Gipfel und nur wenige waren noch am Leben, auch der Krebspilz als sekundäre Erscheinung befiel die kränkelnden Lärchen. Ähnliches teilte Bühler[3]) mit: im Versuchsgarten bei Tübingen (mit undurchlässigem Untergrund) wurden 18jährige Lärchen, die vollständig frei standen, von Flechten befallen; nur auf entwässertem Grund war bei gleich alten Lärchen nicht einmal eine Spur von Flechten zu finden.

Es ist vielleicht interessant, daß schon vor 92 Jahren das gleiche beobachtet wurde; 1843 berichtete Rietmann[4]) in der Allg. Forst- und Jagdztg., daß er auf einer Bodenfläche von 200 bis 300 Joch Grasnutzung und Lärchenzucht treiben wollte und den Boden durch Gräben entwässerte; die Entwässerungsanlage war aber zunächst unzureichend, die Lärchen „entfärbten sich, als sie etwa 8 Fuß hoch waren"; nun ließ er den Lärchenreihen entlang nochmals Gräben ziehen und behügelte die Lärchenreihen mit der ausgehobenen guten Erde, die Feuchtigkeit zog in den Vertiefungen ab; im zweiten Jahr darauf hatten die Lärchen wieder „die frische Naturfarbe".

Auch auf sehr trockenen Böden ist der Lärchenanteil gering, z. B. findet sich auf den trockenen, steilen Felswänden und Graten des Dobratsch-Südhanges in Kärnten die Lärche nur ganz vereinzelt; auf den Wänden aus Wettersteinkalk in der Forstverwaltung Brandenberg, Tirol, ist die Lärche kurzschaftig und häufig schon bei 6 bis 7 m Scheitelhöhe gipfeldürr. Auch Cieslar führte in der oben zitierten Arbeit Beispiele des Eingehens auf ausgesprochen trockenen Böden (Bleichsand und Ortstein auf Quadersandstein bei der Domäne Weißwasser in Böhmen) an. Da die trockenen Böden in der Regel zugleich die seitgründigen sind, über die schon abgehandelt wurde, so braucht auf diesen Gegenstand nicht näher eingegangen zu werden.

---

[1]) Vgl. auch Albert, Zeitschr. f. Forst- u. Jagdw. 1934, S. 451; Schoenwald, Die Lösung des Lärchenrätsels, Zeitschr. f. Forst- u. Jagdwesen 1918, S. 257.

[2]) Cieslar, Waldbauliche Studien über die Lärche, Wien 1904, S. 16, Sonderdruck.

[3]) Bühler, Der Waldbau, II. Bd., 1922, S. 206.

[4]) Rietmann, Über das Verhalten, den Anbau, die pflegliche Behandlung und Nutzbarkeit des Lärchenbaumes in den schweizerischen Kantonen St. Gallen und Appenzell, Allg. Forst.- u. Jagdztg. 1843, S. 136.

Die Empfindlichkeit der Lärche gegen Bodennässe und ihr im folgenden zu besprechendes ungünstiges Verhalten bei Bodenverdichtung dürften wohl für den Sauerstoffbedarf ihrer Wurzeln sprechen (Schreiber, Cbl. f. d. g. Forstw. 1921). Die Tatsache, daß Nadelholzbestände auf aufgeforstetem Ackerland, besonders auf Boden von feinem Korn und gleichmäßigem Gefüge, nach anfänglichem guten Gedeihen in vielen Fällen im Dickungs- und Stangenholzalter Sterbelücken aufweisen, wird auf Grund der Untersuchungen von Albert[1]), sowie von Burger[2]) darauf zurückgeführt, daß solche Böden, von vermodernden Baumwurzeln und Steinen befreit und sich selbst überlassen, mit der Zeit ein sehr dichtes Gefüge annehmen. Die in der ersten Zeit nach der Bodenbearbeitung durch ein lebhaftes Wachstum ausgezeichneten Forstkulturen kränkeln später und sterben zum Teil allmählich ab. Diese Erscheinungen sind auch an Lärchenaufforstungen in den Ostalpen zu beobachten. Im Revier Klamm, Semmeringgebiet, wurden die Äcker und Wiesen eines vor mehr als 60 Jahren aufgelassenen Bauernanwesens mitten im Walde, Schechlhaus, Nordhang, 950 m, damals mit Lärchen in reinem Bestande aufgeforstet; nur im Anfang war das Wachstum ein üppiges, die innersten Jahrringe sind über 1 cm breit; seit längerer Zeit aber sind die Lärchen beinahe zuwachslos, ein großer Teil der Stämme ist abgestorben.

In einem andern ähnlichen Falle mit Lärchen- und Fichtenaufforstung erwies sich die Lärche empfindlicher als die Fichte: im aufgeforsteten ehemaligen „Hochreitbauerngut", 1250 m, Forstverwaltung Mürzzuschlag in Steiermark, wurde vor 40 Jahren reihenweise Pflanzung, teils mit Fichte, teils Lärche angewendet. Die Fichten dieses Mischbestandes hatten bei der Besichtigung noch gutes Wachstum, die Lärchen dagegen kümmerten und starben zum großen Teil ab, noch bevor eine Unterdrückung durch die Fichten stattgefunden hatte. Die beiden Beispiele betreffen Aufforstungen landwirtschaftlicher Grundstücke inmitten des natürlichen Lärchenverbreitungsgebietes. Auf Anpflanzungen außerhalb dieses Gebietes bezieht sich folgendes Beispiel: in den Revieren Waldhausen und St. Thomas der Güterverwaltung Windhaag bei Perg, Oberösterreich, gediehen Anpflanzungen von vielen Tausenden von Lärchen auf ehemaligen landwirtschaftlichen Grundstücken nur in den ersten 20 Jahren sehr gut; später bedeckten sich die Lärchen mit Flechten, wurden dürr und mußten abgetrieben werden, heute stehen von diesen vielen Tausenden von Lärchen, nach Mitteilung der Güterverwaltung, nur 5 bis 10 Stück, „die auch ein kümmerliches Dasein fristen". Der Wettbewerb anderer Holzarten spielte dabei keine Rolle, denn es handelte sich um reine Lärchenhorste auf Einzelflächen bis zu 0·5 ha.

Im folgenden seien noch Beobachtungen über den Säuregrad der Böden von Lärchenstandorten mitgeteilt. Nach Schlußfolgerungen von R. Lang, die aber mit den hier mitzuteilenden Wahrnehmungen nicht im Einklang stehen, ziehen viele Pflanzen an der Wärmegrenze (somit auch an der unteren Grenze ihrer natürlichen Verbreitung im Gebirge) Böden mit saurer Reaktion vor, demgemäß bedürfe auch die „Lärche in den Gebieten südlich ihrer natürlichen Wärmegrenze des sauren Bodens".

---

[1]) Albert, Besteht ein Zusammenhang zwischen Bodenbeschaffenheit und Wurzelerkrankung der Kiefer auf aufgeforstetem Ackerland? Zeitschr. f. Forst- u. Jagdw. 1907, S. 283 u. 353.

[2]) Burger, Physikalische Eigenschaften der Wald- und Freilandböden, Mitt. d. Schweiz. Zentralanst. f. d. forstl. Versuchsw., Bd. 13, 1926.

In der Veröffentlichung „Die Verbreitung der Rotbuche in Österreich", Wien 1929, habe ich nachgewiesen, daß die B u c h e in höheren Lagen des Gebirges, also nahe ihrer „Kältegrenze", auf trockenen, warmen Kalkböden häufiger vorkommt als auf bindigen, feuchten, kalten Böden der gleichen Klimalage; für die L ä r c h e t r i f f t a b e r e t w a s Ä h n l i c h e s i n i h r e m g r o ß e n V e r b r e i t u n g s g e b i e t i n d e n O s t - a l p e n w e d e r a n d e r K ä l t e g r e n z e n o c h a n d e r W ä r m e g r e n z e z u ; d e n n s i e b e v o r z u g t i n i h r e m o b e r s t e n V o r k o m m e n k e i n e s w e g s d e n K a l k , u n d a n d e r s e i t s m e i d e t s i e i h n a u c h n i c h t i n d e n t i e f s t e n L a g e n i h r e r V e r b r e i t u n g , a l s o a u c h n i c h t a n d e r W ä r m e g r e n z e . Bei Durchsicht der der beiliegenden Arbeit beigegebenen Tabellen kann man für alle Länder der Ostalpen tief gelegene Lärchenstandorte auf Kalk angeführt finden, vom Rheintal bei Chur an der Westgrenze der Ostalpen bis zum Alpen-Ostrand südlich von Wien und zum steirischen Randgebirge.

Im Rheintal bei Chur, im Gelände der Gemeinde H a l d e n s t e i n , reichen am NO-Hang, auf Kalk (hie und da etwas Moräne) die Mischbestände von Buche, Lärche, Tanne, Fichte bis 560 m (in die Nähe der Talsohle) herab. In der Nähe dieses untersten Vorkommens habe ich von einem Lärchenstandort auf Kalk die folgenden Proben entnommen, deren Säuregrad bald darauf (ebenso wie für die weiter unten angeführten Proben) von Dr. G. S c h r e c k e n t h a l - S c h i m i t s c h e k bestimmt wurde. Die größten Scheitelhöhen der Lärchen betrugen bis 35 m, die mittleren Baumhöhen für über 50 cm Brusthöhen-Durchmesser:

bei Lärchen . . . . 30 m,
Fichten, Tannen . . . . 29 m,
Buchen . . . . 26 m.

Die Bestimmung des Säuregrades ergab:

Bodentiefe	Aktuelle Azidität	(Austausch-Azidität)
5—10 cm	7·24	(7·20)
20 cm	7·27	(7·26)
45 cm	7·34	(7·28)

Gleichfalls im Rheintal, Stadt Maienfeld, im Waldort Fuchsenwinkel, geht der Mischwald von Kiefer und Lärche (Lärchenversuchsfläche) auf einem flachen Schuttkegel von Zerfallsprodukten des Bündnerschiefers mit Beimischung von Kalk bis 570 m herab; der Gesamtdurchschnittszuwachs im 50jährigen Bestand wurde mit 8·2 fm ermittelt, beide Holzarten finden hier gutes Gedeihen (Scheitelhöhen 18·8 m); die Bestimmung des Säuregrades von Bodenproben eines Lärchenstandortes in 570 m ü. M. (gleichfalls wenige Tage nach der durch den Verfasser bewirkten Probeentnahme) ergab:

Bodentiefe	Aktuelle Azidität	(Austausch-Azidität)
5—10 cm	7·38	(6·95)
20 cm	7·20	(6·50)
45 cm	7·28	(6·66)

Im nahen Steigwald der Stadt Maienfeld sind Fichten, Tannen, Föhren, Lärchen, Buchen gemischt, es kommen 150- bis 160jährige gesunde Lärchen von sehr guten Wuchsformen vor, Bodenproben wurden bei 700 m Meereshöhe vom Verfasser geworben:

5—10 cm	7·29	(6·81)
20 cm	7·32	(6·90)
45 cm	7·40	(6·94)

Nach der von L e m m e r m a n n[1]) vorgeschlagenen Reaktionsskala entsprechen
p_H-Zahlen von 7'4 bis 6'5 der Bezeichnung „neutral"; a l l e b i s n u n a n g e f ü h r t e n
P r o b e n l i e g e n i n n e r h a l b d i e s e r G r e n z e n.

Im Osten der Ostalpen, Kalkalpen Niederösterreichs, wurden Proben in der Forstverwaltung Stixenstein mit natürlichem Vorkommen und gutem Gedeihen der Lärche als
Mischholzart auf einem Standort von 600 m Seehöhe, Kalkgrundgestein, entnommen und
die aktuelle Azidität von Dr. G. S c h r e c k e n t h a l bestimmt:

	pH
10 cm, durch Humus dunkel gefärbter Oberboden	7'35
40 cm, gelb bis braun gefärbter Unterboden	7'37
50 cm, Untergrund mit erst beginnender Verwitterung des Gesteins	7'25

Auch diese Ergebnisse liegen noch im Bereiche der als neutral bezeichneten Grade.

Im Wirtschaftsbezirk Windischgarsten, Oberösterreich, Waldort Fischereck, 600 m,
wurden in einem tannenreichen Waldtyp guter Ertragsklasse auf bindigem Boden (Kalkalpen) im Bestand von Fichte, Tanne, Lärche (Buche nur in Strauchform), Proben vom
Verfasser geworben; die Untersuchungen der folgenden Proben führte Dr. A. U h l (Land-
wirtschaftlich-chemische Versuchsanstalt in Wien) durch:

Bodentiefe	Aktuelle Azidität	(Austausch-Azidität)
5—10 cm	7'4	(6'7)
25 cm	6'3	(6'1)
50 cm	6'8	(6'4)

Der Boden war also neutral, beziehungsweise schwach sauer, die Lärchen wiesen
gutes Gedeihen auf (Scheitelhöhen von etwa 30 m).

Damit seien die Beispiele von t i e f gelegenen Standorten abgeschlossen. Im folgenden werden noch Fälle von Säuregrad-Bestimmungen von s o n s t i g e n lärchenbesiedelten Böden im natürlichen Verbreitungsgebiet der Holzart mitgeteilt.

Im Blühnbachtal bei Werfen, Bestand 1 f, Nordlehne, 650 m, ziemlich bindiger
Lehmboden auf Gutensteiner Kalk, stockte auf Sauerklee-Gelände ein Mischbestand von
0'5 Fichte + 0'2 Lärche + 0'1 Buche, Scheitelhöhen der 73jährigen Lärchen 27 m (entspricht im 100jährigen Bestand 30 m), die Untersuchung des Säuregrades ergab:

Bodentiefe	Aktuelle Azidität	(Austausch-Azidität)
5—10 cm	7'0	(6'2)
25 cm	7'7	(6'7)
50 cm	7'7	(6'9)

Es handelte sich also hinsichtlich der aktuellen Azidität um alkalische bis neutrale
Böden, hinsichtlich der Austausch-Azidität um neutrale bis schwach saure.

Im Revier Schöpfl, Waldort Koglgraben, wurden unter 120jährigen Lärchen von
sehr guter Beschaffenheit, 36 m Scheitelhöhe (Buchen-Tannen-Lärchen-Mischbestand),
740 m ü. M., Proben vom Verfasser entnommen. Wiewohl das Grundgestein (Flysch,
Wiener Sandstein) kalkiges Bindemittel aufweist, ist der entstandene Verwitterungslehm
durch Auswaschung schwach sauer bis sauer geworden:

---

[1]) Zit. nach L a n g, Forstliche Standortslehre, in L o r e y - W e b e r, Handb. d. Forstwissenschaft,
Tübingen 1926, I, 384; vgl. auch L e i n i n g e n, Abschnitt „Bodenazidität", in R u b n e r, Pflanzengeographische Grundlagen des Waldbaus, 1934, S. 196 ff.

Bodentiefe	Aktuelle Azidität	(Austausch-Azidität)
5—10 cm	5·5	(4·9)
25 cm	5·1	(4·2)
50 cm	5·3	(4·9)

Im Wirtschaftsbezirk Goisern der Österreichischen Bundesforste, Waldort Breitriesen, wurden auf flachem, steinigem Kalkboden mit Auflage-Humus (Alpenmoder) in 1000 m Seehöhe unter sehr räumdig stehenden, etwa 150jährigen, nur 20 m hohen Lärchen die Bodenproben vom Verf. geworben. Wie die folgenden Zahlen zeigen, war der Alpenmoder schwach sauer, der darunter befindliche mineralische Boden aber alkalisch:

Bodentiefe	Aktuelle Azidität	(Austausch-Azidität)
5—10 cm	5·6	(5·0)
30 cm	7·9	(6·9)
50 cm	8·3	(7·8)

Die folgenden Proben warb der Verfasser in den Z e n t r a l a l p e n, also im Bereich vorherrschender silikatischer kristalliner Gesteine, doch kommen auch solche kalkig-dolomitischer Ausbildung vor.

Im Revier Murau, Waldort „Hochwald", 1000 m ü. M., stocken auf paläozoischen Schiefern kalkig-dolomitischer Ausbildung kräuterreiche Fichten + Lärchenwälder besserer Güteklasse (Sauerklee-Gelände), Scheitelhöhen der Lärchen, 110jährig, bis 35 m, Fichten über 30 m; angebliche „Buchenbegleiter" kommen hier in gleich schattigen Fichtenwäldern mit basischem Boden vor, obwohl die Buche aus klimatischen Gründen fehlt (im steirischen Randgebirge leistet sie in gleicher Meereshöhe noch erste Ertragsklasse); die Proben vom „Hochwald" ergaben:

Bodentiefe	Aktuelle Azidität	(Austausch-Azidität)
5—10 cm	8·70	(8·25)
25 cm	8·60	(8·20)
50 cm	8·85	(8·20)

An anderer Stelle des gleichen Gebietes, Waldort Pöllahalt, finden wir bei 1100 m Seehöhe im 115jährigen Bestand Lärchen von 36 bis 40 m Scheitelhöhe, die gleich alten Fichten 30 bis 35 m hoch, Hektar-Erträge bis 670 fm (vgl. Abschnitt Steiermark, Waldtypen, S. 83):

Bodentiefe	Aktuelle Azidität	(Austausch-Azidität)
5 cm	7·30	(6·40)
25 cm	7·70	(6·60)
50 cm	8·60	(7·75)

Auch hier handelt es sich um alkalische bis neutrale Böden; bemerkenswert ist, daß trotz dieser Bodenreaktion und sonstiger günstiger Bodenbeschaffenheit die Buche nicht vorkommen kann, während sie in den nördlicher gelegenen steirischen Kalkalpen (Randgebirgsklima) bis 1500 m emporsteigt.

Im Revier Turrach, Steiermark, wies oberhalb der Zechnerhütte (1360 m, Grundgestein Glimmerschiefer) an einer Stelle der durch hangabwärts rieselndes Wasser durchnäßte Lehmboden räumdige Bestockung mit sperrig beasteten Lärchen auf. An einzelnen stark vernäßten Stellen waren einige 50- bis 60jährige absterbende Lärchen zu beobachten, an anderen Orten dazwischen gab es auch 140jährige Bäume unserer Holzart. Proben vom lärchenbestockten nassen Standort ergaben:

Bodentiefe	Aktuelle Azidität	(Austausch-Azidität)
5—10 cm	7·40	(6·90)
25 cm	7·50	(6·60)
50 cm	7·65	(6·70)

Im Rohrerwald oberhalb Turrach, bei 1500 m ü. M., auf Tonschiefer und tiefgründigem Lehmboden, Sauerklee-Gelände, sind im Bestand von 0·6 Lärche, 0·4 Fichte die 100jährigen Lärchen [1]) ungefähr 26 m hoch und überragen die gleich alten Fichten noch um etwa 2 m (Abtriebsertrag 430 fm am Hektar). Die Untersuchung ergab:

Bodentiefe	Aktuelle Azidität	(Austausch-Azidität)
5—10 cm	5·00	(5·10)
25 cm	6·90	(5·60)
50 cm	6·80	(5·20)

13. Hangrichtung und Lärchenverbreitung; Föhneinfluß.

Sonn- und Schattseiten.

Im vorigen Abschnitt (über Boden und Lärchenverbreitung) wurde u. a. festgehalten, daß auf sehr trockenen Böden der Lärchenanteil gering und ihr Gedeihen ein schlechteres ist. Dem gleichen Standortsanspruch ist es zuzuschreiben, daß unsere Holzart überall dort, wo die Sonnseiten sehr trocken sind, die s c h a t t i g e n   N o r d l e h n e n   b e v o r z u g t ,   o h n e   d e s h a l b   d i e   S ü d s e i t e n   g ä n z l i c h   z u   m e i d e n . Wir können diese Erscheinung des häufigeren Vorkommens unserer Holzart auf Nordlehnen vor allem u n t e r   f o l g e n d e n   B e d i n g u n g e n beobachten: Im zerklüfteten, zur Trockenheit neigenden Kalk- und Dolomitgebirge; in warmen Tieflagen; dann (nördlich vom Alpenhauptkamm) in jenen sonnseitigen Tallagen, die vom Südwind als austrocknendem Föhn getroffen werden; endlich in verhältnismäßig tieferen Lagen der — in der Nähe der Talsohle niederschlagsarmen — zentralalpinen Längstäler. Beispiele für alle vier Fälle sollen weiter unter folgen.

Eine von C i e s l a r [2]) in seinen „Waldbaulichen Studien über die Lärche" veröffentlichte kleine Tabelle zeigt, daß in den Tiroler Staatsforsten (Tirol im Umfang der Vorkriegszeit) die Lärche auf Nordseiten mit einem mittleren Mischungsanteil von 0·35 vertreten ist, dagegen auf Südseiten nur 0·27 (auf Ost- und Westhängen 0·32 und 0·34). In südlicher Abdachung war also unsere Holzart in geringster Beimischung festzustellen, in nördlicher in größter, allerdings sind die Unterschiede klein (ö r t l i c h sind sie nicht selten größer, im Durchschnitt für die Staatsforste von ganz Nord- und Südtirol erscheinen sie abgeschwächt).

Auf der Sonnseite des Ober-Inntales von Imst bis Landeck sind trockene Dolomitböden sehr verbreitet, auf ihnen herrschen Weißkiefernwälder; auf den frischen Schieferböden der gegenüberliegenden Schattseite dagegen ist in der Regel sowohl in unteren als auch oberen Lagen die Lärche reichlich beigemischt.

Hangrichtung   im   zerklüfteten   Kalkgebirge.

Auf die sehr geringe Lärchenbeimengung auf den trockenen, steilen Felswänden und Graten des Dobratsch-Südhanges in Kärnten wurde schon hingewiesen. Auch auf den

---

[1]) Eine Abbildung von Lärchen-Überhältern am Rande dieses Bestandes enthält R u b n e r s Werk „Die pflanzengeographischen Grundlagen des Waldbaus", S. 392.

[2]) C i e s l a r , Centralbl. f. d. g. Forstw. 1904, Heft 1, Sonderdruck S. 5.

Kalkböden des Blühnbachtales ist der Lärchenanteil auf der frischeren Schattseite größer als auf der Sonnseite.

Auf dem Tamberg der Bundesforstverwaltung Windischgarsten in Oberösterreich (Trias, Dolomit) hat die ganze Nordseite schätzungsweise auf etwa 800 ha 0·3 Lärche, dagegen die trockene Südseite einen viel kleineren Lärchenanteil im räumdigen Bestand von Weißkiefer, Lärche, Fichte, Wacholder (mit Erica carnea, Polygala Chamaebuxus und anderen).

Auch im obersten Lechtal, unterhalb Warth, weist die Sonnseite mit Kalkschutt und Fels, mit Krummholzkiefern, wenig Lärchen auf, die Schattseite mit ihren frischen Böden mehr, dies wiederholt sich in der Richtung über Steeg und Holzgau noch häufig und erst von Elmen an, wo sich das Tal gegen Norden dreht und der linksufrige Hang aufhört, eine Sonnseite zu sein und zu einer Ostseite wird, erst da gleichen sich die Unterschiede zwischen beiden Talseiten aus. Schon W e s s e l y gab (1853)[1] von der Lärche an: „Auffallend zieht sie sich auch auf die Schattenseiten der Berge und tritt nur in der Hochregion auch zahlreich auf die Sonnseiten“.

Bevorzugte Hänge in wärmeren Tieflagen.

Was die wärmeren Tieflagen ihres Verbreitungsgebietes anbelangt, so kann man z. B. im westlichen Wienerwald beobachten, daß sie als eingesprengte Holzart zwar alle Hangrichtungen besiedelt, jedoch die Nordseiten bevorzugt, z. B. findet sie sich häufiger am Nordhang des Schöpfl; bei Altlengbach weist der Soosberg (300 bis 450 m) am Nordhang mehr Lärchen auf als am Südhang. In der Umgebung des Stiftes Lilienfeld (400 bis 500 m) stocken die Lärchen entweder auf Schattenseiten oder in Mulden mit frischem Boden. Ähnlich verhält es sich in der Kalkzone des Wienerwaldes, bei Merkenstein. Hier sind (z. B. Waldort Schlatten, beim Haidlhof) in Höhen von 310 bis 350 m am NO-Hang auf frischen, tertiären Lehmböden Weißkiefer, Tanne, Fichte, Lärche und Buche gemischt; gegenüber auf der Sonnseite auf Dolomit aber die Schwarzkiefer mit häufiger vorkommender Flaumhaareiche (Quercus pubescens W.), Traubeneiche, Elsbeer- und Mehlbeerbaum [2].

In den Waldungen der Verwaltung des Landesgutes Leonstein im Steyrtal in Oberösterreich (nahe der Grenze der Lärchenverbreitung am Gebirgsrand) beträgt ihr Bestockungsanteil auf Nordhängen noch 0·1 bis 0·2, auf steilen Südhängen, Dolomit (in Meereshöhen von 418 m bis 1000 m) aber nur 1 bis 5 v. Tausend! Im bayerischen Forstamt Oberaudorf ist noch in Höhen von 480 m an ein Lärchenanteil auf steilen Nord-(Nordwest- und Ost-)Lehnen in drei Walddistrikten von 3 v. H. auf 650 ha zu verzeichnen. Im östlichen Staufengebiet (bayer. Forstamt Reichenhall-Nord und Privatbesitz) reicht die untere Grenze auf steilen Nordhängen bis 500 m herab. Ähnlich im Waldort Theresienklause des Forstamtes Bischofswiesen bis 500 m auf steilem NO-Hang.

Verhalten in Föhngebieten.

Im folgenden seien noch Beispiele über das Verhalten in Föhngebieten besprochen. Die Alpen nördlich vom Hauptkamme haben Südföhn, S ü d l e h n e n in verhältnismäßig tieferen Lagen sind dann dem austrocknenden Südwind (Föhn) und außerdem der Besonnung ausgesetzt. Der Föhn verdankt Wärme und extreme Trockenheit (mit nur 20

---

[1] W e s s e l y, Die österr. Alpenländer u. ihre Forste, 1. Teil, Wien 1853.
[2] T s c h e r m a k, Die natürlich vorkommenden Holzarten am Ostrand der Alpen in Niederösterreich, Österr. Vierteljahresschr. f. Forstw. 1931, 2. Heft.

bis 30 v. H. Luftfeuchtigkeit)[1] dem Abstieg; nordwärts gerichtete Täler sind nach
K r e b s „Leitkanäle", an deren Ende der Föhn besonders wirksam wird; im Rhein-,
Inn- und Wipptal ist er sehr häufig. Im Wipptal-Gebiet, z. B. in den Waldungen der
Interessentschaft Igls (südlich von Innsbruck) konnte ich mich überzeugen, daß vom
Föhn getroffene Südlehnen in Höhen von etwa 1000 m (z. B. Südhang des Goldbühel)
dürftige Standorte mit kurzschaftigem Bestand und w e n i g Lärchen darstellen; h i n t e r
dem Hügel, im Schutz gegen die pflanzenverdorrende Wirkung des trockenen Südwindes,
ist die Ertragsklasse bedeutend besser und die Lärche häufiger.

Auch das K r i m m l e r A c h e n t a l (Oberer Pinzgau, Land Salzburg) ist eine
„Föhnrinne", die Lärche findet sich dort hauptsächlich auf den vom Südwind abgewendeten
Seiten, so ist z. B. auf der Nordseite der Neßlinger Wand ein „Lerchach", ähnlich verhält
es sich dort beim „Grünbergwald" (Nordhang in einer seitlichen Einbuchtung des Krimmler Achentales) und in anderen Fällen.

Für das V o r d e r r h e i n t a l gibt P. H a g e r in seiner Monographie der Holzartenverbreitung dieses Gebietes [2] Ähnliches an: Die Lärche meidet spontan die Föhn-
zone in der trockenen Südlage von Ruis bis nach Disentis-Dorf, auch sollen auf dieser
langen Strecke (26 km) Anpflanzungsversuche mit der Lärche auf dem Südhang miß-
glücken, auf der beschatteten Nordlage aber gedeihen. H a g e r vermochte dort auch in
Torfmooren des entsprechenden Höhengürtels keine subfossilen Hölzer und Früchte der
Lärche zu finden, hingegen hatte er auf der beschatteten rechten Rheinseite in dieser
Hinsicht besseren Erfolg. Auch F l u r y bemerkt von unserer Holzart: „In ausgespro-
chenen Föhngegenden — Reußtal — zieht sie sich von den zu trockenen Südlagen an die
Nordhänge zurück".

V e r h a l t e n   i n   d e n   A l p e n   s ü d l i c h   v o m   H a u p t k a m m.

Wo es sich jedoch nicht um trockene Standorte handelt, dort ist die Lärche den
Sonnseiten keineswegs abhold. Südlich vom Alpenhauptkamme, in den Innenlandschaften
der Alpen (die dort nicht mehr dem Einflusse des Südföhns ausgesetzt sind [3]), ist besonders in Höhen von etwa 1600 m aufwärts die Lärche auch auf Sonnseiten häufig als
vorherrschende Holzart und selbst in reinem Bestande zu finden, vgl. die Angaben
F e n a r o l i s über das oberste Ogliotal, Val Camonica, Gemeindewälder von Vezza und
Vione, mit reichem Lärchenvorkommen an Sonnseiten in Höhen von 800 bis 2100 m, S. 169
dieser Schrift. Auch in Osttirol sowie im Tauerngebiet Kärntens kann man Ähnliches
häufig beobachten.

In wärmeren, t i e f e r e n Lagen der südlichen Kalkalpen ist aber die Lärche, wie
schon C i e s l a r mit Recht betonte, auf den sonnseitigen Lagen weniger häufig und zieht
sich dort „in höhere Lagen zurück"[4]. Nach der auch im allgemeinen zutreffenden Beobachtung des Kreisforstamtes Samaden ist „auf der Sonnseite, an trockenen Standorten
und im obersten Waldgürtel über 2000 m die Lärche knorriger und astiger".

H a n g r i c h t u n g   i n   d e r   N ä h e   d e r   T a l s o h l e   n i e d e r s c h l a g s a r m e r
Z e n t r a l a l p e n t ä l e r.

Endlich ist auch in verhältnismäßig tieferen Lagen zentralalpiner Längstäler, die
in der Nähe der Talsohle weniger reich an Niederschlägen sind, auf Schattseiten der

---

[1] K r e b s N., Die Ostalpen, I. Bd., S. 156.
[2] P. K. H a g e r, Verbreitung der wildwachsenden Holzarten im Vorderrheintal (Kanton Graubünden), Bern 1916, S. 110.
[3] Vgl. F i c k e r, Klimatographie von Tirol, 1909, S. 44, 58.
[4] C i e s l a r, Waldbauliches über die Lärche, Centralblatt f. d. g. Fw. 1904, Sonderdr. S. 20.

Anteil der Lärche größer als auf Sonnseiten. So beträgt z. B. das Jahresmittel des Niederschlages in Landeck nur 727 mm; im Ober-Inntal im Bereich der Bezirksforstinspektion Landeck ist häufig der Lärchenanteil auf Schattenseiten größer als auf Sonnseiten. Auf der Sonnseite von Pontlatz bis Eichholz-Fließ z. B. und auch im Pillerwald ist die Lärche nur spärlich vertreten, auf der Schattseite dagegen reichlicher. Im unteren Ötztal bei Umhausen und beim Weiler Farst gibt es kleine Seitentälchen mit ausgesprochenen Schatt- und Sonnseiten, die nordwärts gerichteten Hänge weisen dort mehr Lärchenbestockung auf als die Südhänge. Alle diese Beispiele lassen wohl erkennen, daß die Lärche eine gewisse Bodenfrische, wie sie den Schattseiten auch in sonst etwas trockeneren Gebieten eigentümlich ist, zu gutem Gedeihen und reicherem Vorkommen nötig hat und daß sie die extrem trockene Luft des Föhns anscheinend nicht gut verträgt. Auch die Beobachtung Bühlers[1] über gut gedeihende Lärchen, die „dem Bach entlang wie anderwärts die Erlen" wuchsen, läßt hinsichtlich der Bodenfrische Ähnliches schließen.

14. Vergleich mit der Verbreitung der Buche und einiger anderer Holzarten.

Allgemeines.

Für die ganzen Ostalpen gilt, daß die Buche das Höchstmaß und Bestmaß ihrer Verbreitung am Außenrande des Gebirges und in den Vorbergen aufweist. Diesem Außensaum fehlt im westlichen Teil der Nordalpen — und zwar etwa westlich von Steyr und Kirchdorf a. d. Krems in Oberösterreich an — die Lärche von Natur aus gänzlich[2], dies ohne Rücksicht auf die Meereshöhe, also auch in höheren Lagen über 1000 m, auch auf Bergen, deren Gipfel sich über die Höhe der oberen Baumgrenze erheben. Die Breite dieser Randzone, der die Lärche nicht angehört, nimmt nach Westen zu und ist am größten im Allgäu, in Vorarlberg (und, schon außerhalb der Ostalpen, in der Schweiz).

Weiterhin gilt, daß in den Gebieten häufigster Lärchenverbreitung in den Ostalpen die Buche von Natur aus fehlt, und zwar auch in solchen Meereshöhen der Innenlandschaft, in denen sie im Randgebirge der Alpen noch mindestens mittlere bis sehr gute Ertragsklassen aufweisen kann, und auch auf Kalkgrundgestein. Das gilt vom Höchstmaß der Lärchenverbreitung; hingegen kann in Bezirken des Bestmaßes des Lärchenvorkommens (Gegenden mit bestem Wuchs, guter Holzbeschaffenheit, erreichbarem hohen Alter usw., z. B. Blühnbachtal Salzburgs) auch die Buche als natürlich vorkommende Holzart noch gedeihen, wenn sie auch dort, trotz der geringen Meereshöhe von 600 m an, nicht mehr im Optimum ist, weil sie die strengen Winter nicht gut verträgt.

Buchenfreie Gebiete des Höchstmaßes der Lärchenverbreitung.

Solche Gebiete sind insbesondere: Das gegen atlantische Luftströmungen abgeschlossene zentralalpine Längstal des Engadin samt einem unmittelbar angrenzenden Teil des Oberinntales Tirols; etwa 140 km beträgt die Länge der Talstrecke von Imst in

---

[1] Bühler, Streifzüge durch die Heimat der Lärche in der Schweiz, Forstw. Centralbl. 1886, S. 6.

[2] Bis auf die inselförmigen Kleinst-Vorkommen im nördlichen Vorarlberg, im Allgäu, im Werdenfelser Land der Bayer. Alpen usw.

Tirol bis zum Maloja-Paß in Graubünden, auf der — ausschließlich infolge des binnenländischen Klimas — das Nadelholz mit reicher Lärchenbeimischung ohne Buche herrscht;
dabei liegt Imst nur 716 m hoch, auch sind in diesem buchenfreien Gebiet Kalk- und
Dolomitgesteine weit verbreitet; im nahen Vorarlberg dagegen, mit Randgebirgsklima,
findet sich die Buche stellenweise noch in 1600 m (in Strauchform), ja am Gapfahler
Falben, Bezirk Feldkirch, sogar noch in 1690 m. B u c h e n f r e i u n d l ä r c h e n r e i c h
sind aus den gleichen Gründen der Vinschgau (oberes Etschtal), wo außerdem, ähnlich wie
im Engadin, auch die Tanne nur sehr beschränkte Bedeutung hat, dann der größte Teil
von Osttirol, weiter das Mölltal in Kärnten und die Kärntner Seite der Ankogel-Gruppe
(bis auf wenige vereinzelte Buchenkrüppel, eingesprengt in den unteren, der Außenlandschaft näheren Lagen); in der Gegend von Gmünd in Kärnten gaben 17 Gemeinden schon
vor mehr als 100 Jahren für Höhen von 730 m aufwärts als Holzarten (in der Waldbeschreibung) nur Fichten, Lärchen, Föhren (öfter „$^3/_4$ Fichten, $^1/_4$ Lärchen“), dagegen
keine Buchen an. In den Außenlandschaften des gleichen Landes Kärnten aber geht die
Buche in den Karawanken durchschnittlich bis 1600 m und an Stellen mit stärkerem
ozeanischen Einfluß, z. B. Loiblpaß, Seebergpaß, bis 1700 m und mehr. Zu den buchenfreien, lärchenreichen Bezirken gehört auch der obere Talabschnitt der Val Camonica
(Ogliotal), ein Längstal mit größter Häufigkeit der Lärche, ohne Buche, die nur in ein
Teilgebiet spärlich als Nebenholzart eindringt.

Ü b e r g r e i f e n   d e r   V e r b r e i t u n g s g e b i e t e   v o n   B u c h e   u n d   L ä r c h e.

Nur in einem Ü b e r g a n g s g e b i e t , d e s s e n K l i m a b e i d e n A r t e n , d e r
L ä r c h e u n d d e r B u c h e , n o c h z u s a g t , f i n d e t e i n Ü b e r g r e i f e n i h r e r
V e r b r e i t u n g s g r e n z e n s t a t t. Dabei ist häufig dort, wo die Areale beider sich
überschneiden, die Buche ganz offenbar nicht mehr im Optimum; die schlechten Wuchsformen und geringen Scheitelhöhen der Buche (im Vergleich zu den sie weit überragenden Lärchen) beweisen dies, und zwar kann man es selbst bei verhältnismäßig (auch
für die Buche) geringen Meereshöhen beobachten (vgl. Abb. 25, 31, Seite 118, 130). Nicht
mit der Seehöhe, sondern mit der Lage im Inneren gehen dann die der Buche ungünstigen
Klimaänderungen parallel. In manchen Fällen, z. B. im westlichen Wienerwald oder in
Teilen des steirischen Randgebirges, ist aber im Buchen-Lärchenmischbestand eine Herabdrückung der Buchen-Güteklasse nicht ohne weiteres erkennbar; die Buchen erreichen
z. B. im Wienerwald auch dort, wo sie sich freiwillig mit der Lärche mischen, recht gute
Ausmaße und Wuchsformen, werden aber immerhin gelegentlich durch Fröste etwas mehr
gehemmt als weiter im Westen. In der beigegebenen Karte (Abb. 50) sind jene Teile der
Ostalpen, wo ein Überschneiden des Lärchen- und des Buchenverbreitungsgebietes stattfindet, dargestellt.

V e r h a l t e n   d e r   S t e c h p a l m e ,   T a n n e ,   E i b e.

In Gebieten des H ö c h s t m a ß e s d e r L ä r c h e n v e r b r e i t u n g f e h l e n
außer der Buche auch andere Arten, die ein ozeanisches oder ein mittleres Klima bevorzugen, oder aber sie sind hier selten. So fehlt vor allem die Stechpalme (Illex aquifolium);
außerordentlich selten sind in solchen inneralpinen Lagen die Tanne und die Eibe. Durch
das nahezu vollständige Fehlen der mehr ozeanisch eingestellten Holzarten werden die
Schlußfolgerungen bestätigt, die in früheren Kapiteln hinsichtlich der standörtlichen Bedingungen (binnenländischen Wärmeverhältnisse) solcher Bezirke des Höchstmaßes der
Lärchenverbreitung gezogen wurden. An der Grenze des Buchenverbreitungsgebietes

Die Mischung Lärche-Buche in den Ost-
alpen.
△ Lä, Bu.
▢ Lä, Bu mit Ta oder Kie, ohne Fi.
○ Fi, Lä, Bu
● Fi, Lä, Bu mit Ta. und Kie, bzw. Ta. oder Kie.

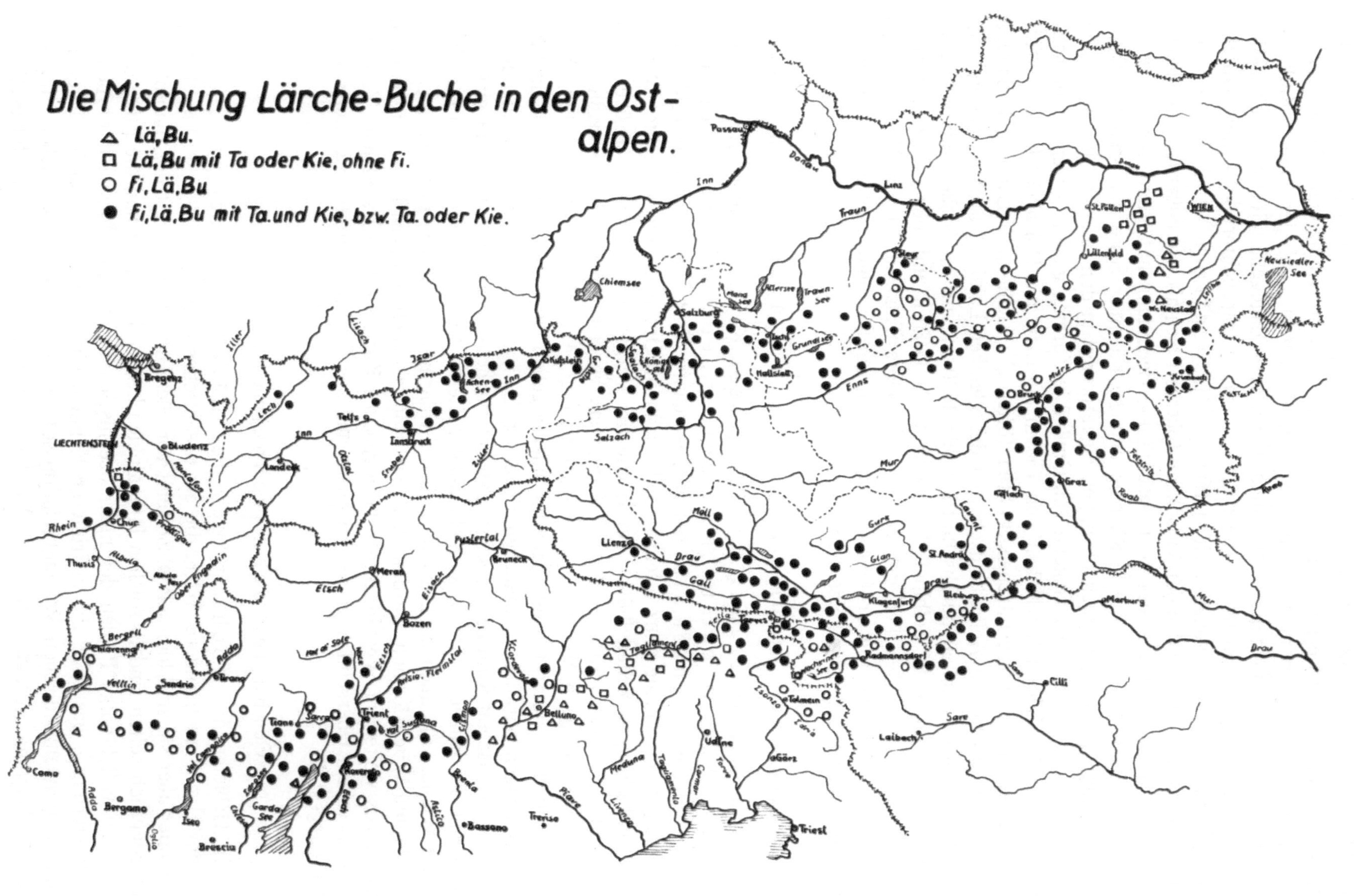

Abb. 50.

gegen die buchenfreie zentralalpine Innenlandschaft finden sich nur noch knorrige, kurz-schaftige Renkformen der Buche (infolge häufiger Frostschädigung), dies auch bei geringen Meereshöhen und bei kalkhaltigem Grundgestein.

Eibe und Tanne zeigen sowohl durch ihre Verbreitung innerhalb Europas als auch durch jene in den Alpen an, daß sie gegen den Bereich des binnenländischen Klimas noch ein Stück über die Buchengrenze hinaus vorzudringen vermögen, jedoch sind auch sie am Außenrande wesentlich häufiger als im Inneren. Die schönsten Tannen-reviere finden sich in ausgesprochenen Außenlagen (z. B. Bregenzer Wald; dann Tannen-reviere Tiefenbach und Sattel im Flyschgebiet bei Ober-Grünburg südwestlich von Steyr; im Lande Salzburg die Bauernplenterwälder am Tannberg der Gemeinden Köstendorf und Straßwalchen mit Tanne als vorherrschender Holzart auf einem Flyschvorberg usw.). Auch die besten Eibenstandorte mit dem verhältnismäßig häufigsten Vorkommen dieser Art sind im Randgebirge [1]).

Die Tanne, die gegen alles Scharfe und Extreme im Gang der Temperatur, ähnlich wie die Buche, empfindlich ist, vermag in Randgebirgen mit mehr ausgeglichenen Wärme-verhältnissen auffallend hoch emporzusteigen; in der Innenlandschaft ist dies keineswegs der Fall. Neben den Strauchbuchen in 1690 m Höhe am Gapfahler Falben in Vorarlberg stockten noch 16 m hohe Tannen; in der Gemeinde Laterns, unter dem Hohen Gehrach auf der Schattseite, sah ich noch bei 1500 m eine 120 cm starke, allerdings grobastige Tanne. In Tirol ist im Bezirk Kufstein, wo sich das Klima schon dem des Randgebirges nähert und demgemäß der Lärchenanteil gering ist, im Gegensatz dazu jener der Tanne und Buche groß, und dies trotz der bedeutenden Höhen, zu denen der Wald ansteigt, näm-lich bis 1900 m; die Beimischung beträgt für beide Holzarten zusammen 45 v. H. der Waldfläche! Auch im Bezirk Kitzbühel ist die Lärche nur eingesprengt, Tanne und Buche aber nehmen zusammen 30 v. H. der Waldfläche ein. Im Werdenfelser Land (a. d. oberen Isar und Loisach, Bayern) gibt es trotz ansehnlicher Höhen der Berge nur abgetrennte Kleinstvorkommen der Lärche, dagegen ist hier das ursprüngliche Vorkommen der Tanne, Eibe und Buche ein reicheres.

In jenen Gebieten Vorarlbergs (um Bregenz), in denen die ozeanische Stechpalme (Ilex aquifolium) so gut gedeiht, daß sie zum lästigen Forstunkraut wird (das ist nach Gams [2]) im Bregenzer Wald bis Bizau und zur Winterstaude, rheinaufwärts bis Götzis), dort fehlt die Lärche als natürlicher Bestandteil des Waldes vollständig.

15. Mischholzarten und wichtigste Waldtypen.

Die beiden verbreitetsten Haupttypen von Wäldern, denen die Lärche in den Ost-alpen beigemischt ist, sind, wie auch die beigegebenen Karten, Abb. 50 und 51 zur Dar-stellung bringen: Die Fichten + Tannen + Lärchen + Buchenwälder (mit oder ohne Weißkiefer) in den Randgebirgen, besonders in deren inneren Lagen, doch im östlichen Teil der Ostalpen auch in äußeren Randlagen, z. B. im steirischen Randgebirge; dann die Fichten + Lärchenwälder in den Innenlandschaften. In den Hochlagen gesellt sich ihnen auch die Zirbe bei, diese findet sich auch auf höher gelegenen Stand-orten der großen Kalkplateaus mit bedeutender Massenerhebung, und zwar dort zusammen mit Fichte, Lärche, Krummholzkiefer, rauhhaariger Alpenrose und anderen.

Außerdem gibt es einige weniger verbreitete Typen, die später besprochen werden sollen.

---

[1]) Vgl. Tschermak, Einiges über die Eibe in Österreich einst und jetzt. Wr. Allg. Forst- u. Jagdztg. 1932, S. 157 f., 163 f.

[2]) Gams H., Pflanzenwelt Vorarlbergs, Wien und Leipzig 1931, S. 7 (Heimatkunde von Vor-arlberg, Heft 3).

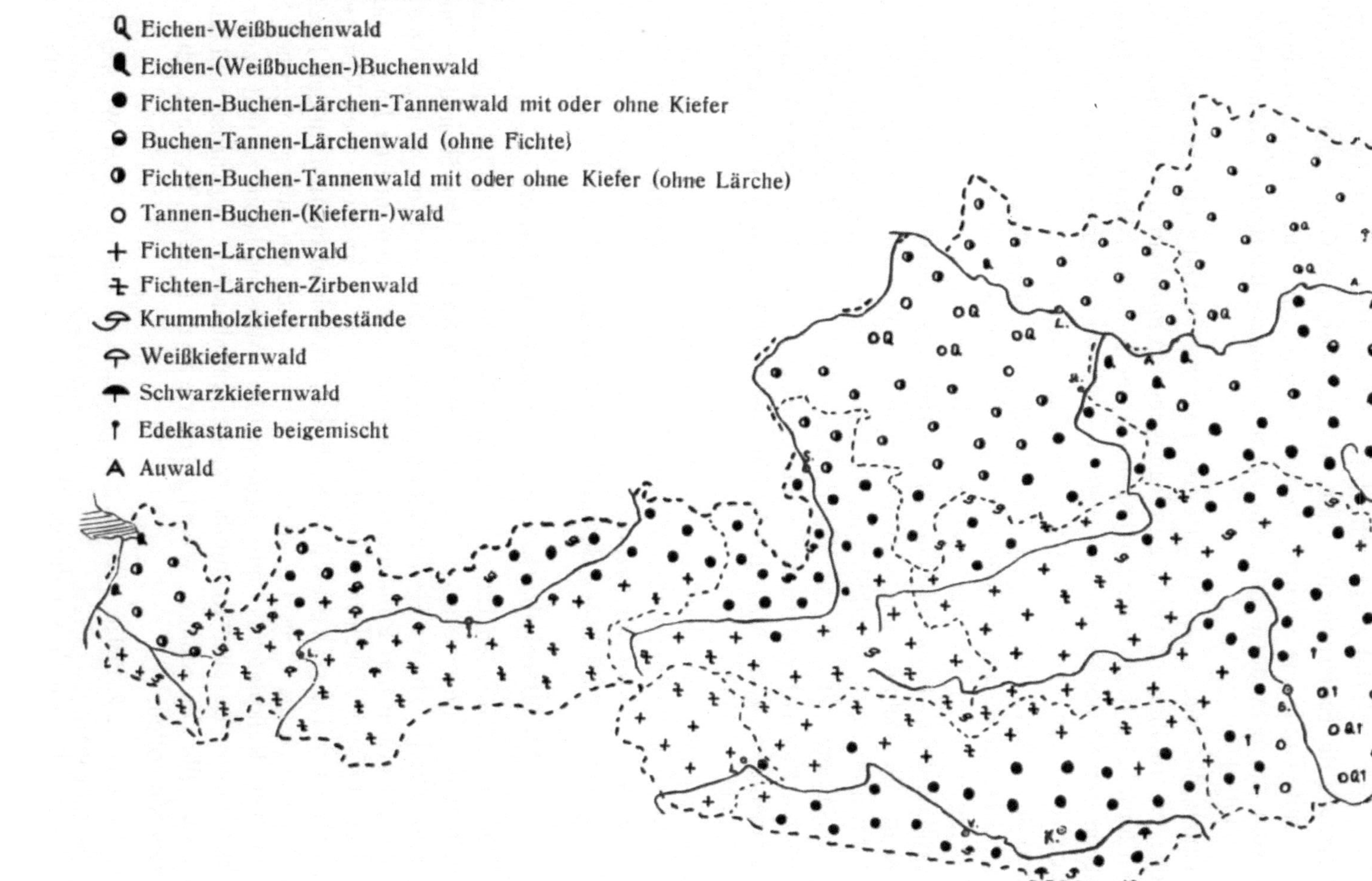

Abb. 51. Die wichtigsten Waldtypen in Österreich.

A. Die Fichten + Tannen + Lärchen + Buchenwälder

(mit oder ohne Weißkiefer) haben in allen Randgebirgen (und auch noch in manchen Randlagen der Innenlandschaft der Alpen) vom Rheintal bei Chur in Graubünden an über den Westen Tirols bis in den äußersten Osten der Alpen in Niederösterreich und Steiermark ein außerordentlich großes Verbreitungsgebiet, ähnlich im Süden in den Karawanken und Karnischen Alpen, sowie gegen den Südrand der italienischen Ostalpen hin und in den Alpen Jugoslawiens. Die Ursprünglichkeit dieser Mischung wurde nachgewiesen. Häufig tritt auch noch die Weißkiefer in die Mischung ein, im Osten (und in Innenlagen, z. B. im Rheintal bei Chur) aus klimatischen Gründen und somit auch auf guten Böden, sonst auf trockeneren Kalk- und Dolomitstandorten. Die Lärchen überragen in der Regel mit ihren Kronen den übrigen Bestand (auch im Altholz und bei annähernd gleichem Alter) um etwa 2 bis 3 m. Die Buchen und sonstigen Laubhölzer bleiben sehr häufig im Höhenwuchs hinter den Nadelhölzern zurück. Andere Mischholzarten, die sich diesem Typ beigesellen, pflegen zu sein: Bergahorn, Esche, Bergulme, Sommerlinde, Birke, Vogelbeerbaum, Wildobstarten, Vogelkirsche, hie und da vereinzelt oder in Horsten die Eibe, und zwar unter dem Kronendach des übrigen Bestandes; an sonnigen Süd- und Westhängen Sorbus Aria und torminalis. Sehr spärlich, meist nur in Strauchform und an Orten mit gutem Schneeschutz, findet sich die Stechpalme.

Unterteilung nach Unterwuchsverein und Güteklasse.

Je nach den herrschenden Arten des Unterwuchsvereins und nach der Standortsgüteklasse läßt sich der genannte sehr verbreitete Waldtyp weiter unterteilen: a) Fichten + Tannen + Lärchen + Buchenwälder auf besten Standorten des Sauerkleegeländes mit Impatiens noli tangere, Asperula odorata, Sanicula europaea, Dentaria enneaphyllos und anderen; Beispiele solcher bester Waldtypen sind in den Abschnitten der vorliegenden Arbeit über Salzburg (Blühnbachtal), Oberösterreich, Niederösterreich (Auberg bei Judenau) und andere wiederholt angeführt. Auf solchen günstigen Standorten erwachsen sehr langschaftige, über 40 m, ja bis 47 m lange, gerade, wertvolle Lärchenstämme; doch pflegt unsere Holzart unter derartig günstigen Standortsbedingungen meist nur eingesprengt zu sein; denn wo die schattenfesten Mitbewerber sehr gut gedeihen, dort kann der Anteil der Lichtholzart Lärche nicht übermäßig groß sein. Bei solchem Wettbewerb können nur sehr langschaftige und gerade Lärchen mitkommen. In dieser untersten Stufe in den Vorbergen am Gebirgsrande sind die Böschungen sanfter als im eigentlichen Gebirge, das Klima ist milder, die Bestände weisen größere Regelmäßigkeit, Gleichstufigkeit, besseren Schluß auf (vgl. Abb. 4, S. 41).

b) Bestände derselben Holzartenmischung auf noch immer sehr guten Standorten des Sauerkleegeländes mit Waldmeister, ohne Springkraut; im Alter von 100 bis 120 Jahren erreichen die Lärchen häufig Scheitelhöhen von 35 bis 36 m. Die Wuchsform, Vollkernigkeit und sonstige Holzbeschaffenheit pflegen sehr gut zu sein. Auch dieser Waldtyp ist sehr verbreitet, wir finden ihn z. B. im Rheintal nördlich von Chur schon in Meereshöhen von 550 m an (Haldenstein, Untervaz, Malans, Maienfeld), dann in Salzburg, in den Flysch-Vorbergen Ober- und Niederösterreichs usw. — Recht häufig geht die Standortsgüte parallel mit den Cajander'schen Waldtypen, anderseits können auf steilen Nordhängen und in höheren Lagen von etwa 1200 m aufwärts die Mischbestände auch im Waldmeister- und Sauerkleegelände oft erst mit 120 bis 150 Jahren die mittlere Bestandeshöhe von 30 m erreichen. Im Bestandesalter von 150 bis 180 Jahren wurden

Scheitelhöhen der Lärchen dieses Typs auf steilem N-Hang, 1200 m, von 35 bis 36 m, vereinzelt bis 40 m beobachtet.

c) In dem recht verbreiteten Gelände der Sauerklee-Genossenschaft o h n e Waldmeister pflegen Wälder mit der gleichen Zusammensetzung des Baumbestandes wie oben n o c h g u t e Standortsverhältnisse aufzuweisen. Die Lärchen erreichen 100jährig etwa 30 m oder auch etwas weniger. Beschreibungen dieses Waldtyps enthalten die Abschnitte über Oberösterreich (Gegend von Breitenau, Molln), über Salzburg (Blühnbachtal) und andere.

d) Der h e i d e l b e e r r e i c h e F i c h t e n + T a n n e n + L ä r c h e n + B u c h e n - M i s c h w a l d wurde in verschiedenen Ostalpenländern und Beispielen als ein solcher einer g e r i n g e r e n E r t r a g s k l a s s e als der bisher angeführten beobachtet. So finden wir z. B. im Abschnitt über Graubünden, daß im Gebiet des Kunkelspasses in 1400 m (Waldort Balsura) ein 170jähriger Bestand von Fichte, Tanne, Lärche, Buche mit Vaccinium Myrtillus und Vaccinium Vitis idaea nur 23 bis 25 m hohe Lärchen aufwies. Im Blühnbachtal Salzburgs sind in ähnlichem 100jährigen Mischbestand des Myrtillus-Typs die Scheitelhöhen der

Lärchen	24 m
Fichten	22 m
Tannen	20 m
Buchen	19 m

e) Als Vertreter der g e r i n g s t e n G ü t e k l a s s e seien räumdige Fichten + Tannen + Lärchen + Buchen-Gruppen auf seichtgründigen, erdarmen, trockenen Böden, meist auf Dolomit- oder Kalkgrundgestein [1]), angeführt, auf Felsen oder Schuttkegeln, mit Schneeheide (Erica carnea), Felsenbirne (Amelanchier ovalis), Zwergalpenrose (Rhodothamnus Chamaecystus), Silberwurz (Dryas octopetala), buchsblättriger Kreuzblume (Polygala Chamaebuxus) und anderen. 100- bis 120jährige Nadelhölzer erreichen hier oft kaum 15 m Höhe. In anderen Fällen wurden 200jährige mit 18 m Baumhöhe oder aber ein Lärchenstamm von bloß 17 cm Brusthöhendurchmesser mit 270 durchwegs außerordentlich engen Jahrringen festgestellt. In den Abschnitten über Salzburg, Oberösterreich, Niederösterreich und andere sind solche Fälle beschrieben.

B. D e r F i c h t e n + L ä r c h e n - M i s c h w a l d.

Der zweite der beiden verbreitetsten Haupttypen ist jener der Fichten + Lärchen-Wälder. Er hält in der zentralalpinen Innenlandschaft von Natur aus große Flächen besetzt und ist dort der herrschende Waldtyp; denn die Buche fehlt in diesem Teil der Alpen auch bei mäßigen Meereshöhen und auch auf kalkhaltigem Grundgestein, sie kann in den kontinentalen Gebieten mit größeren Temperaturausschlägen nicht gedeihen. Auch andere empfindliche Holzarten, so die Tanne, sind in diesem Klimagebiet selten und auf Standorte geringer Höhe beschränkt. Pflanzen, die als Weiser eines ausgeglichenen wintermilden ozeanischen Klimas gelten können, wie z. B. die Stechpalme, bleiben diesen Gegenden vollständig fern. Die Gebiete h ä u f i g s t e n Lärchenvorkommens in den Ostalpen gehören diesem Waldtyp an (und in den Hochlagen der gleichen Landschaften jenem der Fichten + Lärchen + Zirben-Wälder). Das Verbreitungsgebiet dieses Typs (hie und da unterbrochen durch Weißkiefernwälder der Zentralalpen) erstreckt sich in den Ostalpen

---

[1]) denn in den Zentralalpen mit überwiegenden kristallinen silikatischen Gesteinen herrscht aus klimatischen Gründen der andere der beiden verbreitetsten Waldtypen, jener der Fichten+Lärchenwälder.

vom Engadin über das Ober-Inntal Nordtirols, den Pinzgau Salzburgs, den Vinschgau Südtirols, den größten Teil von Osttirol, das Mölltal in Kärnten, die Kärntner Seite der Ankogel-Gruppe, die Gurktaler Alpen, das Murtal vom Mur-Ursprung im Lungau bis in die Nähe von Leoben und in noch einige zentralalpine Längstäler südlich vom Alpenhauptkamm, z. B. den oberen Talabschnitt der Val Camonica. Auch innerhalb dieses Waldtyps überragen in der Regel die Lärchen mit ihren Kronen den Fichtenbestand auch im Altholz um ein beträchtliches. So sind z. B. im Rohrer Wald oberhalb Turrach, Steiermark, in 1500 m Seehöhe die 100jährigen Lärchen um etwa 2 m höher als die gleich alten Fichten. Im Revier Murau, Waldort Hochwald, 1000 m ü. M., wiesen in einem kräuterreichen Fichten + Lärchen-Wald (Piceetum normale) auf basischen Böden, altpaläozoischen Schiefern mit kalkig-dolomitischer Ausbildung, die Lärchen Scheitelhöhen bis 35 m, die Fichten nur weniges über 30 m auf. Auch angeblich buchentreue Pflanzen finden sich im schattigen Fichtenwald mit basischem Boden, obwohl die Buche aus klimatischen Gründen fehlt (vgl. den Abschnitt über Steiermark).

Andere Mischholzarten, die innerhalb dieses Waldtyps eingesprengt vorkommen können, sind (außer der Weißföhre) an einzelnen Stellen Vogelbeerbäume, Bergulmen, Zitterpappeln, Moorbirken, Weiß- und Grünerlen, Traubenkirschen, Salweiden; in mäßigen Höhen z. B. des Ober-Inntals Nordtirols auch Winterlinden, Bergahorne und Stieleichen. An steilen Südhängen einiger Zentralalpentäler Nordtirols ist auch der gemeine Sadebaum (Juniperus Sabina), meist als Unterholz unter lichtem Nadelholzbestand, vertreten. Genaueres enthalten die Abschnitte über die einzelnen Länder.

Auch für den Fichten + Lärchenwald der Innenlandschaft ergibt sich je nach den Arten des Unterwuchsvereins und nach der Standortsgüteklasse eine ähnliche Unterteilung wie für die bereits besprochenen Fichten + Tannen + Lärchen + Buchenwälder. Vor allem ist

f) der sauerklee- und kräuterreiche Fichten + Lärchenwald (Piceetum normale mit Lärchenbeimischung) und

g) der heidelbeerreiche Fichten + Lärchenwald (Piceetum myrtylletosum mit Lärchenbeimischung) zu unterscheiden, auch Übergänge zwischen beiden sind nicht allzu selten.

Als Beispiel für den soeben unter f) angegebenen Typ sei erwähnt: Revier Murau, Waldort Pöllahalt, 1100 m; im 115jährigen Bestand sind Lärchen von 36 bis 40 m Scheitelhöhe, die gleich alten Fichten nur 30 bis 35 m hoch, Hektarerträge bis 670 fm (siehe S. 83). Im Kanton Graubünden wurden innerhalb dieses Waldtyps noch bei 1600 m (bei Bergün, in den Waldorten Davos Siala und am Waldweg Zinols) bis 35 m hohe Lärchen, allerdings bei einem Alter von 150 bis 200 Jahren, beobachtet.

Zu g), heidelbeerreicher Fichten+Lärchenwald, sei als Beispiel angegeben: Revier Murau, Steiermark, Waldort Brandstätter Eck, wo im 90jährigen Bestand die Lärchen Scheitelhöhen von 25 m, die Fichten 23 m erreichen (S. 83).

Als Vertreter des Mischtyps von Piceetum normale und myrtilletosum wurde u. a. in den Waldungen der Interessentschaft Igls bei Innsbruck bei 960 bis 1100 m auf lockerem Lehmboden ein 90- bis 100jähriger Bestand von Fichten und Lärchen, eingesprengt Kiefer, beobachtet, die mittlere Höhe der Lärchen betrug 29 m, die der Fichten und Kiefern 25 m (vgl. S. 113/114).

h) In höheren Lagen der Innenlandschaft, nahe der oberen Baumgrenze, finden wir in räumiger Stellung Lärche + Fichte + Zirbe mit Zwergwacholder, Sumpfheidelbeere, rostfarbener Alpenrose, Heide; dann einzelne Lärchen und Zirben auf Grasfluren, in denen das Borstgras, Nardus stricta, häufig vorkommt. Die Zirbe treffen wir meist erst in Höhen von 1500 m aufwärts im Fichten + Lärchenwald zunächst als Mischholzart; in den Seetaler Alpen Steiermarks tritt sie schon von 1200 m an als eingesprengter Baum auf. In höheren Lagen bildet sie auch reine oder fast reine Bestände, auch solche von gutem Schluß. So findet sich in 1500 bis 1600 m Höhe im Revier Paal bei Murau in Steiermark ein 35 ha großer 120- bis 140jähriger geschlossener Zirbenwald. Im Bezirk Ried in Tirol ist die Zirbe in Höhen zwischen 1900 bis 2200 m, nur mit einigen Lärchen gemengt, vorherrschend; sie erreicht dort ein Alter bis zu 400 Jahren, Stämme von 0·5 bis 8 fm kommen vor, Wuchsform und Holzbeschaffenheit sind sehr gut.

Außer den beiden bisher besprochenen verbreitetsten Haupttypen und ihren Abarten gibt es noch:

C. Einige weniger häufige Waldtypen mit Lärchenvorkommen.

i) Der natürliche Mischbestand aus Buche, Tanne und Lärche ohne Fichte nimmt im westlichen Wienerwald immerhin beträchtliche Flächen ein. Die Ostgrenze des alpinen Fichtengebietes vermag dort etwas weniger weit gegen den warmkontinentalen Osten vorzurücken als die des natürlichen Lärchenverbreitungsgebietes. Sowohl das Fehlen der Fichte als auch das Vorkommen der Lärche im Buchen + Tannen-Mischwald ist dort ein ursprüngliches. Häufig sind auch noch Kiefern, Eichen und Weißbuchen (auch Zerreichen) als natürliche Bestandteile an der Mischung beteiligt. Die Grenzbeschreibungen von 1674/78 bestätigen auch das damalige Vorkommen der gleichen Mischung. Als eine gelegentlich feststellbare Abart dieses Waldtyps kann der Mischwald Buche + Lärche angesehen werden, wir treffen ihn stellenweise im westlichen Wienerwald und in den Randgebirgen und Vorbergen (am Außenrand der Lärchenverbreitung), und zwar jedenfalls als ursprüngliche Pflanzengesellschaft.

j) Ein anderer weniger verbreiteter Typ, öfter auf Sonnseiten im unteren Teil des Buchen + Tannen + Lärchen-Gürtels vorkommend, ist der Eichen + Lärchen-Mischbestand. So enthält der Abschnitt über Graubünden die Abbildung eines Eichen + Lärchen-Weidwaldes bei Tamins, 8 km westlich von Chur, 800 m ü. M., Südhang; beide Holzarten kommen im Rheintal Graubündens natürlich vor. Auch im westlichen und im südöstlichen Wienerwald sind gelegentlich im Mischwald mit Lärchen auch Trauben- und Zerreichen als eingesprengte Holzarten vertreten. Unweit von Graz (Ruine Gösting) wurden Lärchen in Gesellschaft von Hainbuchen, Elsbeerbäumen und Flaumhaareichen beobachtet. Im Rogatschwald in der Nähe der Ortschaft Drau in Kärnten (Klagenfurter Becken) stocken auf der Südseite eines sonnigen Hügels neben einer Trockenrasengesellschaft (Xerobrometum) Reste des ursprünglichen Eichen + Hainbuchen-Mischwaldes mit Kiefern und Lärchen, im Unterwuchs Hasel. In den Südalpen findet man unsere Holzart gelegentlich auch in Gesellschaft anderer wärmeliebender Laubhölzer, so mit Castanea vesca, bzw. Ostrya carpinifolia. So berichtet Prof. Fenaroli über ein Lärchenvorkommen in der Provinz Brescia in Kastanienwäldern am linken Oglioufer (Lärchenanteil 10 bis 30 v. H. in Höhen von 300 m an). Auch im Bergell, Kanton Graubünden, kommt oberhalb Castasegna (700 m) das Verbreitungsgebiet der Edelkastanie in Berührung mit dem der Lärche.

k) Daß die Weißkiefer öfter, bald aus klimatischen, bald aus Gründen der Bodenbeschaffenheit, in den Mischbestand mit Lärche eintritt, wurde schon erwähnt. Seltener (und mit geringer Lärchenbeimischung) findet sich der Waldtyp von lockeren Beständen der Pinus silvestris + Larix europaea mit Juniperus communis (in hohen Lagen nana) — Globularia nudicaulis — Polygala Chamaebuxus und anderen auf trockenen Sonnseiten.

D. Anhang: Waldtypen in Österreich außerhalb des natürlichen
Lärchenverbreitungsgebietes.

Es erübrigt nun noch, anhangsweise zur beigegebenen Karte über die wichtigsten
Waldtypen Österreichs, Abb. 51, über jene Waldtypen (zum Teil schon außerhalb der
Alpen) zu berichten, in denen die Lärche nur gelegentlich bei künstlichem
Anbau zu finden ist:

1. Der Eichen-Weißbuchenwald hat innerhalb Österreichs seine verhält-
nismäßig ansehnlichsten Verbreitungsgebiete in den tieferen und wärmeren Lagen Nieder-
österreichs, dann des Burgenlandes und des oststeirischen Hügellandes. In mehreren
Bezirken des Weinviertels Niederösterreichs entfallen auf die Eiche 40 bis 68 v. H. der
Waldfläche, meist handelt es sich hier um Mittelwälder. Neben der Traubeneiche kommen
Weißbuche, Birke, Esche, Ahorn, Buche, Feldulme, Weißkiefer, Linde, Hasel und andere
Sträucher vor. Dieser Waldtyp findet sich weiter im Leithagebirge, im mittleren und südlichen Burgenland, im Süden des oststeirischen Hügellandes, in der Wachau als saum-
förmiger unterer Laubholzgürtel, im Osten des niederösterreichischen Waldviertels, im
Alpenvorland Ober- und Niederösterreichs, im Rheintal Vorarlbergs usw. In der Hügellandschaft des niederösterreichischen Weinviertels ist die Lärche infolge künstlichen Anbaues teils in Hochwaldbeständen von Kiefer und Eiche, teils als Oberholz im Mittelwald
eingesprengt, z. B. in den Waldungen des Forstamtes Ernstbrunn oder der Forstdirektion
Schönborn (vgl. S. 68, Niederösterreich, „Künstliche Kultur").

m) Der Fichten + Buchen + Tannen-Wald (manchmal mit Weißkiefer,
jedoch von Natur aus ohne Lärche) ist im Waldviertel Niederösterreichs verbreitet
sowie im benachbarten Mühlviertel Oberösterreichs, dann in den höheren Teilen des
Alpenvorlandes, z. B. im Kobernauser Wald in Oberösterreich, in den Flyschvorbergen
Salzburgs und im nördlichen Vorarlberg. Im allgemeinen fallen diesem Typ in Österreich
die „Westwettergebiete" der Bergregion zu. Die Ursprünglichkeit der Mischung (ohne
Lärche) ist aus zahlreichen Quellen geschichtlich nachgewiesen. Infolge künstlichen Anbaues finden sich gelegentlich Lärchenaltholzreste, teils horstweise, teils einzeln eingesprengt, in den Waldungen dieses Typs. Die Altholzlärchen zeigen meist vortrefflichen
Wuchs, doch erweist sich in der Regel das Dickungs- und Stangenholzalter als ein kritisches (vgl. die Angaben „Über künstliche Kultur" in Niederösterreich, S. 66/67, Oberösterreich, S. 44, Salzburg S. 29).

Ähnliches gilt vom Anbau in den tieferen Lagen des Alpenvorlandes, im

n) Tannen + Buchenwald, des öfteren mit Weißbuche. Gegenwärtig ist in
solchen tieferen Lagen durch künstlichen Anbau auch die sonst fehlende Fichte sehr
begünstigt, dies trotz der auf vielen Standorten im Fichtenreinbestand frühzeitig auftretenden Rotfäule.

16. Erreichbares Alter, Urwaldreste.

Im folgenden soll zwischen dem erreichbaren Alter einzelner Stämme und
jenem ganzer Bestände unterschieden werden, im ersten Falle auch zwischen dem
der Stämme in Hochlagen und auf tiefer gelegenen Standorten.

Hochaltrige Einzelstämme.

Der älteste von allen vom Verfasser beobachteten Lärchenstämmen wies 672 Jahrringe auf, diese hochaltrige Lärche stockte in 1500 m Meereshöhe am Nordhang des

Rofangebirges in der Forstverwaltung Steinberg in Achenkirch, Tirol (vgl. S. 116/117). An einem zweiten Stamm des gleichen Standortes wurden 577 Jahrringe gezählt.

Im Oberinntal Tirols (zwischen Prutz und der Grenze Graubündens, bzw. des Engadins) kommen in den Gemeindewäldern 300- bis 400jährige Lärchen mit Massen der Einzelstämme bis zu 6 fm, im Durchschnitt 2 fm vor. Bei Pontresina im Ober-Engadin gibt es in Hochlagen 600jährige Lärchen. In der Landschaft Davos wurden an einer in 1820 m Höhe, am Stilberg im Dischmatal, gefällten Lärche gegen 550 Jahrringe gezählt.

Auch im bayerischen Forstamt Berchtesgaden stocken in Hochlagen außerhalb des Wirtschaftswaldes bis 600jährige Lärchenstämme. Ähnliche Feststellungen an Einzelstämmen wurden auch in Salzburg (Blühnbachtal, 530 Jahrringe), in Ober- und Niederösterreich und Kärnten gemacht, vgl. die betreffenden Abschnitte.

Hohes Alter in tieferen Lagen.

Aber auch in tieferen Lagen ihres natürlichen Verbreitungsgebietes vermag die Lärche ein hohes Alter in gesundem Zustande zu erreichen. Vor allem läßt die Wirtschaft dies, wegen leichterer Bringbarkeit aus den tieferen Lagen und weil dort entsprechende Stammstärken schon früher erzielt werden, etwas seltener zu. Im Revier Türnitz bei Lilienfeld, Niederösterreich, sah der Verfasser im Waldort Laubgrund in Höhen von 720 bis 850 m in Mischbeständen von Buche, Lärche, Kiefer, Fichte zahlreiche etwa 2 m hohe Lärchenstöcke vom vorhergehenden Umtrieb mit Durchmessern von 100, 130 und 150 cm. Der Abtrieb war von 1818 an erfolgt (Näheres S. 64). In den Waldorten Bannwald, Tettenhengst des Revieres Türnitz wurden in Höhen von 600 bis 900 m 150- bis 160jährige gesunde Lärchen natürlichen Vorkommens und vorzüglicher Holzbeschaffenheit gefällt. Eine Stammscheibe und mehrere Ausschnitte einer in 790 m Meereshöhe im oberösterreichischen Salzkammergut gefällten 188jährigen Lärche wurden auf der Wiener Weltausstellung im Jahre 1873 gezeigt (S. 36). Am Ossiacher Tauern in Kärnten konnten in Höhen von 600 bis 800 m einzelne eingesprengte Lärchen in den Revieren Landskron und Velden der Forstverwaltung Finkenstein ein Alter bis zu 250 Jahren erreichen.

Hohes Abtriebsalter ganzer Bestände.

Urwaldrest im Hagengebirge.

Bei dem langsameren Wachstumsgang der Bestände in Hochlagen sowie infolge der weniger intensiven Bewirtschaftung entlegener Teile der Gebirgsforste ergibt sich in den Alpen nicht selten ein höheres Abtriebsalter ganzer Bestände. Z. B. beträgt dieses in der Forstverwaltung Hinterberg der Österreichischen Bundesforste bei Mitterndorf, steirisches Salzkammergut, in mittelhohen Lagen (800 bis 1200 m) durchschnittlich 120 bis 150 Jahre (Hauptholzarten Fichte, Tanne und Lärche), in den oberen Lagen (1200 bis 1600 m) 150 bis 250 Jahre bei guter Holzbeschaffenheit der Lärchen, wenn auch deren Wuchsform in den Hochlagen zu wünschen übrig läßt. In den Bundesforsten von Bad Aussee kam bei doppeltem Umtrieb von Lärchen ebenfalls ein Abtriebsalter von 250 Jahren in Anwendung.

In Innervillgraten, Osttirol, besitzt der Bauer J. Mühlmann zu Ruschlet oberhalb seines Anwesens in 1430 m Seehöhe einen kleinen Reinbestand (0·5 ha) über 200jähriger Lärchen von 38 bis 42 m Scheitelhöhe mit Brusthöhendurchmessern von 60 bis 90 cm. Auf vielen höher gelegenen Standorten in Osttirol sind etwa 200jährige Lärchenbestände teils als ziemlich geschlossener Hochwald, teils mit Weidwaldcharakter vorhanden.

Im Hagengebirge Salzburgs, Rennangeralpswald, sah Verfasser einen ganzen Bestand hochaltriger, über 200jähriger (schätzungsweise wenigstens zum Teil 300- bis 400jähriger) 30 m hoher und fast 1 m starker Nadelholzstämme, Spitzfichten mit eingesprengten Lärchen und Zirben; wegen der Lage oberhalb hoher Wände war das Holz nicht bringbar.

Im Sengsengebirge Oberösterreich weisen z. B. zwischen Größtenberg und Niklbach Mischbestände von Lärche, Fichte, Buche bei einem hohen Lärchenanteil (bis 0·5) in Meereshöhen von 1000 bis 1100 m ein Alter von mehr als 150 Jahren und Scheitelhöhen von 30 bis 35 m auf.

In der Forstverwaltung Windischgarsten der österreichischen Bundesforste beträgt die Umtriebszeit in der Betriebsklasse „Schutzwald" 140 Jahre und wird häufig noch überschritten. 180- bis 200jährige Mischbestände von Lärche, Fichte, Tanne, Buche (mit Sauerklee, Waldmeister) in 1200 m Meereshöhe wurden in diesem Bezirk beobachtet. 150- bis 180jährige Bestände sind dort nicht selten, die Lärchen in solchen Beständen haben Scheitelhöhen von 35 bis 36 m, vereinzelt bis 40 m, die Bestandesmassen bei voller Bestockung können bis 600 fm betragen.

Auch in den Wirtschaftswaldungen des Forstamtes Berchtesgaden läßt man in mittleren Höhen von 1100 bis 1400 m häufig wertvolle, vollholzige, 30 bis 35 m hohe Lärchen bis 200jährig werden.

Im Kreisforstamt Zuoz (Ober- und Unter-Engadin) beträgt das erreichbare wirtschaftliche Alter der Lärchen 180 bis 260 Jahre. Im Kreisforstamt Tiefencastel, gleichfalls Graubünden, gibt es nördlich von Savognin einen 9·5 ha großen, fast reinen Lärchenbestand von etwa 160jährigem Alter in 1290 bis 1350 m Meereshöhe auf Dolomit, mit einer mittleren Bestandeshöhe von 33 m und einer Holzmasse je Hektar von 790 fm (und zwar 600 fm Lärche und 190 fm Fichte); dann im Waldort God de Larisch, nordöstlich von Vazerol, auf Dolomit in 1200 bis 1400 m Höhe einen etwa 150jährigen Bestand mit vorherrschender Lärche, mittlere Bestandeshöhe 31 m, Masse 690 fm je Hektar.

Von Menschenhand fast unberührte hochaltrige Urwaldbestände von Fichten und Lärchen gibt es auch in der als Naturschutzpark erklärten Einöde des Triglaver Siebenseentales (Alpen Jugoslawiens).

Gesundheitszustand hochalteriger Bestände.

Was den Gesundheitszustand ganzer Bestände mit hochalterigen Lärchen im natürlichen Verbreitungsgebiet in den Ostalpen anbelangt, so pflegt dieser in der Regel ein guter zu sein. So wurde z. B. in der Forstverwaltung Windischgarsten, Oberösterreich, an dem bereits erwähnten 150jährigen Bestand von Fichten, Lärchen, Tannen, Buchen (Waldort Schalchgraben) beim Abtrieb weder Ast- noch Stockfäule festgestellt. In dem dortigen 180- bis 200jährigen ähnlichen Mischbestande in 1200 m Meereshöhe, in welchem einzelne Lärchen bis 40 m Scheitelhöhe besaßen, erwies sich im Schlage nicht einmal 0·5 v. H. der Holzmasse als faul. Ebenso wurde im Blühnbachtale Salzburgs auch an 150jährigen Überhältern volle Gesundheit festgestellt.

Zum Vergleich sei auf Untersuchungen des Forstmeisters Oskar Rossipal in Freudenthal, Schlesien, durchgeführt an Überhältern von Sudetenlärchen in deren natürlichem Verbreitungsgebiet, hingewiesen: Laut brieflicher Mitteilung hat Forstmeister Rossipal im Jahre 1932 im Jankesbusch, 600 m ü. M., des Revieres Wildgrub der Forstverwaltung Freudenthal den Gesundheitszustand von 82 gefällten Lärchenüberhältern genau geprüft und dabei festgestellt, daß diese im Alter von 120 Jahren, oft auch schon

<table>
<tr><td>20*</td><td style="text-align:right">307</td></tr>
</table>

etwas früher, von Stock- und Astfäule angegriffen wurden, so daß der Verlust durch Fäulnis 29·3 v. H. betrug! Unter den Standortsverhältnissen des Revieres Wildgrub bei Freudenthal scheint also die Sudetenlärche kein so hohes Alter in gesundem Zustand erreichen zu können wie die Alpenlärche auf außerordentlich vielen ihrer natürlichen Standorte!

17. Formen der Lärche.

Kugellärche.

Die häufigste unter den Spielarten der Lärche ist die Kugellärche, Lusus globosa L. Klein. K l e i n fand Bäume mit ausgesprochenem, recht verschieden gestalteten Gipfelhexenbesen mehrfach z. B. im Ober-Engadin bei Pontresina und Silvaplana, dann einen auch im Rosegtale am Piz Rosatsh, „dessen ganze Krone wie bei den zwei Kugellärchen von Pichlern (Tschermak) einen riesigen, kugeligen Hexenbesen bildet"[1].

In der Nähe der Ortschaft Pichlern (Lungau Salzburgs) stehen bei etwa 1100 m Meereshöhe zwei Lärchen, die auf kurzen Schäften mächtige kugelige Hexenbesen als Kronen tragen. Eine davon habe ich in meiner Arbeit „Die Formen der Lärche in den österreichischen Alpen und der Standort" 1924 bildlich dargestellt[2], hinsichtlich der zweiten vgl. Abb. 52.

In Oberösterreich befindet sich nördlich von Kirchdorf an der Krems am Fußweg nach Schlierbach an einem Westhang in 550 m Meereshöhe auf einem zum „Preningerhof" gehörigen Grundstück unter schütter stehenden Wiesenlärchen eine von der Bevölkerung als „Schirmlärche" bezeichnete, 14 m hohe Kugellärche mit Gipfelhexenbesen (vgl. Abb. 53). Unterhalb der Schirmkrone trägt der Schaft Reste normaler Beastung, die zum Teil abgesägt wurden, wohl um die schirmförmige Krone deutlicher hervortreten zu lassen. Der Brusthöhendurchmesser des Schaftes beträgt 43 cm, der Kronen-

Abb. 52. Kugellärche, südöstlich von P i c h l e r n, Lungau, in etwa 1100 m (die ganze Krone bildet einen großen Hexenbesen).

Aufn. von Ing. Ronacher.

durchmesser 6·8 m, das Alter des Stammes wurde mittels Zuwachsbohrers mit 115 Jahren

---

[1] K l e i n, Forstbotanik, in L o r e y - W e b e r, Handbuch der Forstw., Tübingen 1926, I. Bd., S. 718; 699.

[2] T s c h e r m a k, Centralbl. f. d. ges. Forstwesen, 1924, S. 272.

ermittelt. Die Krone ist außer durch ihre Form auch durch eine schon vom Schaft an auffallend dichte, zunächst radial gerichtete, reichliche Verzweigung und durch die Bildung kurzer Triebe ausgezeichnet. Dafür, daß es sich um eine Spielart (Mutation) und nicht um eine Standortsform (Modifikation, entstanden nach Schädigung des Gipfeltriebes) handelt, sprechen folgende Umstände: Spuren einer Schädigung der Krone sind nicht feststellbar; durch eine solche würde erfahrungsgemäß keineswegs der dichte Hexenbesen hervorgerufen werden. Auch gab es laut Mitteilung des Oberforstrates E d e r in derselben Gegend noch zwei solcher Schirm- oder Kugellärchen, eine in Viechtwang, pol. Bez. Gmunden, u. zw. am Bäckerberg, die andere bei der Haltestelle Frauenstein der Steyrtalbahn, u. zw. am Fuße des Kienbergs; diese besaß über dem schirm- oder kugelförmigen Hexenbesen im obersten Drittel der Krone auch noch einen grünen Gipfel von normaler Beschaffenheit.

In der Schweizerischen Zeitschrift für Forstwesen (1933, S. 280) wurde unter der Bezeichnung „Gipfeldeformation einer Lärche..." ein Gipfelhexenbesen einer etwa 8 m hohen Lärche, erwachsen unweit des Dorfes Sils-Maria im Engadin, kurz beschrieben und abgebildet. Die hier wiedergegebene Darstellung (siehe Abb. 54) läßt am Schafte unterhalb des kugelförmigen Hexenbesens ziemlich reiche normale Beastung erkennen.

Schlangenlärche.

Eine andere, seltenere Spielart ist die Schlangenlärche, Lusus virgata. In der Forstverwaltung Rottenmann in Steiermark sah ich eine leider abgestorbene und dürr gewordene Schlangenlärche in 670 m Meereshöhe am Strechenbach zwischen Erlen, Berberitzen, nächst der Bundesstraße Rottenmann-Selztal. Der Baum hatte etwa 8·5 m Scheitelhöhe, 35 cm Brusthöhendurchmesser

Abb. 53. Kugellärche mit Gipfelhexenbesen, zwischen Wiesenlärchen am Fußweg von Schlierbach nach Kirchdorf a. K., 550 m.

Aufn. von Ing. Rendl.

und besaß acht lange, unverzweigte Äste (vgl. Abb. 55). Dieselbe „Schlangenlärche bei der Stadt Rottenmann in Obersteiermark" wurde schon im Jahre 1890 in dem Werke von G. H e m p e l und K. W i l h e l m[1]) beschrieben und abgebildet. Der Baum war seit 1817 bekannt und wurde im Jahre 1890 auf 90 bis 110 Lebensjahre geschätzt. Durch Abbrechen abgestorbener Äste ist seither die Krone schütterer, der ganze Baum niedriger geworden. Nach H. M a y r[2]) ist bei den meisten Spielarten (Lusus), zu denen auch die Schlangenlärche gehört, das Alter verkürzt, die Stammentwicklung geschmälert; dies würde im vorliegenden Falle zutreffen.

---

[1]) G. H e m p e l u. K. W i l h e l m, Die Bäume und Sträucher des Waldes in botanischer und forstlicher Beziehung, Wien u. Olmütz 1889—1898.

[2]) M a y r H., Waldbau auf naturgesetzlicher Grundlage, Berlin 1909, S. 120.

Auch darauf, daß da und dort Lärchen mit grünlich-weißen weiblichen Blüten-zapfen (ungewöhnlicher Färbung der Deckschuppen) vorkommen, haben Hempel und Wilhelm aufmerksam gemacht. Eine ganze Reihe von Formen nach der Farbe der

Abb. 54. Kugellärche mit Gipfelhexenbesen auf Chastè bei Sils-Maria im Engadin.
Aufn. E. Mumenthaler, Bern.

weiblichen Blütenzapfen, nach der Form der Zapfenschuppen, der Zapfengröße, der Farbe der Zapfen sowie nach der Farbe der Nadeln und nach dem Wuchs unterscheidet K. Domin[1]. Unterschiede in der Färbung der Nadeln fielen auch dem Verfasser bei

[1] K. Domin, Studien über die Variabilität der Lärche in Europa, tschechisch mit englischer und deutscher Zusammenfassung, Prag 1930.

310

vergleichenden Anbauversuchen auf, doch waren die „grünen" und die „blauen" Lärchen Nachkommen eines und desselben Mutterbaumes.

Angebliches Vorkommen der Larix polonica in den Alpen.

Neben der typischen Alpenlärche sollen in den Ostalpen, wie Klotild H a l v a x und R. S ó o (Debrecen) in ihrer ungarisch und französisch erschienenen Neubearbeitung der europäischen Lärchenformen mitteilen, auch die Varietäten adenocarpa (Borb.) und polonica (Racib.) vorkommen [1]. Var. adenocarpa ist durch abweichende Zapfenbildung gekennzeichnet: „Zapfen größer, 3—4 cm lang, zuletzt dicht weichhaarig" [2]. Bei Larix polonica dagegen sollen die Zapfen klein, 2—2·5 cm lang sein, die Beschreibung der Larix polonica (Raciborski-Szafer)[3]) besagt: „Larix polonica Racib. Arbor 35—40 m alta, caulis parte inferiore adscendenti, coma ramosa, saepe inaequalis et assymetrica. Flores ♂ parvi, stamina 1·5—2 mm longa, connectivo brevi. Flores ♀ colore variantes. Strobili parvi, 2—2·5 cm longi, orbiculati vel ovato-orbiculati, squamae concavae, margine rotundato, rarius paulo emarginato, satis crasso, post exsiccationem non retroflexae."

Abb. 55. Schlangenlärche von Rottenmann, Steiermark, in etwa 700 m ü. M.
Aufn. O. Pichler, Rottenmann

Der Verfasser hält die Auffassung von M a u v e für zutreffend, daß die biologischen und zum Teil auch die morphologischen Merkmale die polnische Lärche nicht mit eindeutiger Klarheit von der Alpenlärche zu scheiden vermögen [4]. So ist z. B. die angegebene Baumhöhe von 35 bis 40 m keineswegs ein Unterscheidungsmerkmal, denn ebensolche und noch größere Scheitelhöhen sind auch bei der Alpenlärche häufig. Nach S z a f e r soll leichter Säbelwuchs, nach J e d l i n s k i Abholzigkeit und Säbelwuchs über dem starken Wurzelanlauf zu den morphologischen Merkmalen der polnischen Lärche gehören, dabei sollen (S z a f e r) gewisse Merkmale auf verwandtschaftliche Beziehungen zur Sudetenlärche hinweisen. Mit den sonstigen Anschauungen über die Sudetenlärche stimmt aber die Feststellung ihrer Verwandtschaft mit der „säbelwüchsigen" und angeblich abholzigen polnischen Lärche n i c h t gut überein. Auch nach M ü n c h, „Regeln für die forstliche Saatgutanerkennung", D. Dt. Forstwirt 1932, S. 337—338, wird von der

---

[1]) S ó o R., Formes, distribution et genèse du Mélèze européen, Bull. Soc. Bot. de France 79, 1932, H a l v a x Kl., Az europai vörösfenyö (Larix decidua Mill.). Debrecen 1932.

[2]) F i t s c h e n J., Handbuch der Nadelholzkunde, 1930, S. 300.

[3]) R a c i b o r s k i M., S z a f e r Wl., Flora polska, I., S. 50—52, Krakau 1919 (zit. nach Domin).

[4]) M a u v e K., Die polnische Lärche, Jahrb. d. Dt. Dendrolog. Ges. 44. Jahrg. 1932, S. 359—363.

Rasse der Sudetenlärche die polnische Lärche mitumfaßt. Nach D o m i n (a. a. O., S. 98
u. Bildtafel I) hat aber die Sudetenlärche große Zapfen von „4 cm bis fast 6 cm Länge,
3—3½ cm Breite", hingegen sollen ein besonderes Merkmal der polnischen Lärche die
kleinen Zapfen von nur 2 bis 2·5 cm Länge darstellen; auch das ist ein bei der angeblichen
Verwandtschaft immerhin auffälliger Unterschied!

Wenn nunmehr außerdem noch S ó o (Debrecen) und K l. H a l v a x (a. a. O.,
S. 10, 11 und Bildtafel bei S. 26 Sonderdruck) angeben, daß „Larix var. polonica" auch
in Steiermark, Gösting bei Graz, oder in Italien, Provinz di Como, sowie in der Schweiz
(Kanton Wallis) usw. vorkommt, so spricht auch dies keineswegs für eine Klärung der
Frage, ob und durch welche sicheren Merkmale die polnische Lärche von der Alpenlärche
geschieden werden kann. Nur mit Rücksicht auf die Angaben über ein Vorkommen der
polnischen Lärche in den Ostalpen wurde hier auch zu diesen Fragen Stellung genommen.
Im übrigen ist die Zapfengröße innerhalb weiter Grenzen veränderlich und die Feststellung
von Zapfenvarietäten hätte nur dann größere Bedeutung, wenn deutliche Wechselbezie-
hungen zwischen ihnen und bestimmten Wuchseigenschaften feststellbar wären.

Standortsformen.

Der S ä b e l w u c h s ist nicht als morphologisches Merkmal einer Rasse anzusehen,
sondern stellt eine bloße Standortsform (Modifikation, veranlaßt durch äußere Einflüsse)
dar: Durch Wind, Schneeschub, Schneedruck, Bodenrutschung usw. werden Lärchen
schräg gestellt, nachher erfolgt geotropische Aufkrümmung, so daß die Bäume an der
Stammbasis säbelförmig gekrümmt erscheinen (T s c h e r m a k, Centralbl. f. d. ges.
Forstw., 1924). Sonstige Standortsformen sind die Kandelaberlärchen in der Kampfzone
nahe der oberen Baumgrenze, Lärchen mit Fahnenwuchs u. dgl.

Da die Alpenlärche vielfach auch außerhalb ihres natürlichen Verbreitungsgebietes
zur Kultur verwendet worden ist und da anläßlich dieses Anbaues Werturteile über diese
Rasse im Vergleich zur Sudetenlärche veröffentlicht wurden, so soll im folgenden Abschnitt ein Vergleich dieser beiden Lärchenherkünfte angeschlossen werden.

18. Vergleich der Alpenlärche mit der Sudetenlärche [1]).

Innerhalb der Herkunft „Alpenlärche" mit ihrem großen Verbreitungsgebiet unter
äußerst mannigfaltigen Standortsverhältnissen gibt es verschiedene Biotypen. Es geht
nicht an, die Eigenschaften, die an den Nachkommenschaften nur vereinzelter, sehr weniger
Lärchen alpenländischer Herkunft beobachtet wurden, auf die Gesamtheit der Herkunft
„Alpenlärche" zu übertragen. Seit den bekannten C i e s l a r'schen Versuchen, die den
besseren Jugendwuchs von Sudetenlärchen im Vergleich zu den Nachkommen nur e i n e s
Alpenlärchenbaumes aus Telfs in Tirol[2]) beim Anbau in tieferen Lagen ergeben hatten,
hat man vielfach alle üblen Erfahrungen in der Lärchenkultur außerhalb des natürlichen Verbreitungsgebietes auf alpenländische Herkunft des Lärchensamens zurückzuführen gesucht.
Man ging in den Werturteilen sehr weit; so schreibt z. B. D o m i n in der deutschen Zusammenfassung seiner „Studien über die Variabilität der Lärche in Europa": „In Mitteleuropa sind die niederen und mittelhohen Lagen durch die Kultur der Alpenlärche, die für
diese Zone größtenteils vollkommen ungeeignet ist, verpestet" (!). „Hierin liegt die
Hauptursache des Mißerfolges, doch besteht die Hoffnung, daß der Lärche vom forstlichen
Standpunkt aus eine neue, glänzende Zukunft bevorsteht, vorausgesetzt, daß sich ihre

---

[1]) M ü n c h E., Das Lärchenrätsel als Rassenfrage, Tharandter Forstl. Jahrbuch 1933.
[2]) C i e s l a r, Centralbl. f. d. g. Forstw. 1895, S. 23.

Kultur nach den angeführten modernen Grundsätzen . . . . richten wird . . . . der Sudeten-
und polnischen Lärche sollte vom forstlichen Standpunkt aus die größte Aufmerksamkeit
gewidmet werden" [1]). Auch manche andere Verfasser waren, wenn sie auch nicht gerade
von „verpesteten" Kulturen schrieben, keineswegs zurückhaltend in der Verallgemeinerung
ihres abfälligen Urteiles über die Alpenlärche auf Grund von Anbauversuchen, die aus den
v e r s c h i e d e n s t e n Ursachen mißglückt waren.

V o r z ü g l i c h e A n b a u e r f o l g e d e r P r a x i s m i t A l p e n l ä r c h e n a u ß e r -
h a l b d e s n a t ü r l i c h e n V e r b r e i t u n g s g e b i e t e s.

Diesen Urteilen stehen aber Beispiele besonderen Erfolges des Anbaues von Lärchen
alpenländischer Herkunft in tieferen Lagen des künstlichen Anbaugebietes gegenüber. So
sind die sehr bekannten, in Form und Wuchseigenschaften ausgezeichneten Lärchen der
gräflich Görtz'schen Verwaltung in Schlitz bei Fulda nachweisbar alpenländischer (öster-
reichischer) Herkunft. Laut Mitteilung der Forstverwaltung sollen mehrere Sachverstän-
dige des Ausschusses für forstliche Saatgutanerkennung, und zwar die Professoren
Ö l k e r s , M ü n c h , D e n g l e r , V a n s e l o w dafür halten, daß Lärchenbestände in solcher Güte und in solcher Ausdehnung in Mitteleuropa nicht mehr vorkommen. I m m e l
schreibt über die Schlitzer Lärche: „Heute ist die Lärche die wertvollste Holzart der
Schlitzer Waldungen, ihr Anbau hat eine ungeahnte Entwicklung durchgemacht. Schlitz ist
durch die einzigartigen waldbaulichen und finanziellen Erfolge seiner Lärchenwirtschaft
und ihrer hochwertigen Produkte sozusagen berühmt geworden" [2]).
Nach I m m e l s Untersuchungen begann man mit dem Lärchenanbau in Hessen erst
im 18. Jahrhundert, der Samenbezug erfolgte nachweislich aus T i r o l, 5 Jahre lang auch
aus den Waldungen des Servitenklosters Gutenstein in den niederösterreichischen Kalkalpen. Nach diesem Verfasser kann zusammenfassend behauptet werden, „daß die vor 1826
in Hessen kultivierten Lärchen ausschließlich auf österreichische Mutterbestände zurückzuführen sind, sei es nun, daß ihre Entstehung unmittelbarem Samenimport zu verdanken
ist, oder aber ihre österreichische Abstammung mittelbar über die aus solchem Saatgut bei
uns nach und nach herangewachsenen Bestände abzuleiten wäre". Auch die in Hessen zu
allererst angebauten Lärchen, welche Fr. Chr. H a r t i g, der Vater von Georg Ludwig
Hartig, zu Ende 1730er Jahre aus Braunschweig (Harz) brachte und auf dem Gute Mittel-
scheid aussetzte, waren alpenländischer Herkunft, denn auch im Harz bediente man sich
zur Einbürgerung der Lärche des Tiroler Samens [3]).
Die Schlitzer Lärchen stocken in ungefähr 200—450 m Höhe auf der Leeseite des
Vogelsberges auf Buntstandstein mit verschieden mächtiger Lößauflage, ihre Vorzüge
sollen bestehen: in erstaunlicher Raschwüchsigkeit, Vorwüchsigkeit gegenüber Buche, Kiefer, Fichte; in einem hohen Maß von Sturmsicherheit, Unempfindlichkeit gegen Gefahren;
großer Verjüngungsfreudigkeit; einer Geradschaftigkeit von hervorragender Art; Vollholzigkeit, Astreinheit, reichster Kernbildung, Kern von schöner roter Farbe.
Immels Ergebnisse über die alpenländische Herkunft der Schlitzer Lärchen werden
durch eine neuere, noch nicht veröffentlichte Arbeit der Forstlichen Versuchsanstalt in

---

[1]) D o m i n, Studien über die Variabilität der Lärche in Europa, Prag, 1930, tschechisch mit
deutscher Zusammenfassung.

[2]) I m m e l R., Beiträge zur Frühgeschichte der Nadelholzkultur und der Holzartenverbreitung
in Hessen. Allg. Forst- u. Jagdztg. 1933, bes. S. 226 (S. 173 ff., 219 ff.). Vgl. auch V a n s e l o w im „Jahresbericht 1933" des Deutschen Fortsvereins (Berlin 1934), S. 212.

[3]) K l a m r o t h K., Larix europaea (D.C.) L. decidua (Mill.) und ihr Anbau im Harz, Greifswald 1929, S. 154 ff.

Gießen bestätigt. Darüber teilte der Direktor der hessischen Forstlichen Versuchsanstalt, Prof. G. Baader (Forstinstitut der Universität Gießen), dem Verfasser mit: „Schober hat in der Arbeit ‚Die Schlitzer Lärche, ein Beitrag zur Lärchenfrage' den Bezug des Lärchensamens in Schlitz von 1796 bis 1900 nachgeprüft. In dieser Zeit wurden 23.574 Pfund angekauft, und zwar bei Georg Beyr zu Imst in Tirol, ferner bei süddeutschen Firmen, die ihr Saatgut ebenfalls aus Tirol erhielten. Unsicher ist die Herkunft von rund 5600 Pfund, der von Cassel und aus Thüringen kam. Für den weitaus größten Teil der Schlitzer Lärchenbestände darf mit Sicherheit Tiroler Saatgut angenommen werden. Für die übrigen Bestände ist die gleiche Herkunft wahrscheinlich."

Nach Mitteilung der Forstverwaltung wurden in Hessen bis 1932 durch den Ortsausschuß für forstliche Saatgutanerkennung 260 ha reduzierte Fläche Lärchenbestände anerkannt; davon entfallen auf das Graf Görtz'sche Forstamt Schlitz (bei einer Gesamtwaldfläche von rund 8000 ha) allein 219 ha. In der Schlitzer Herrschaft ist die Lärche mit 3 v. H. der Gesamtfläche, also auf etwa 240 ha, vertreten.

Über die Ertragsleistungen der Lärchen alpenländischer Herkunst auf verschiedenen Standorten in Hessen teilte Prof. Baader dem Verfasser mit:

Werte je ha reine Lärche.

Forstamt	Grundgesteine	Alter	Mittl. Durchmesser	Mittl. Höhe	Stamm-Grundfläche m²	Derbholzmasse fm	Beigemischte Holzart	Bemerkungen
Langen	Rotliegendes	120	43	37	34,94	639	Buchen-Unterstand	Ständige Versuchsfläche
„	„	116	36	33	31,39	531	„	„
Bensheim	Dünne Schlickdecke auf Flugsand	100	39	29	30,15	405	Bu- u. Eichen-Unter- und Zwischenstand	„
„	Hornblendegranit	103	35	32	24,87	363	Buchen-Unterstand	Lichtstand
Graf Görtz'sches zu Schlitz	Mittlerer Buntsandstein mit Lößbeimengung	112	41	37	37,53	651	Buchen-Unter- und Zwischenstand	Probefläche für Ertrags-Untersuchung
„	Mittlerer Buntsandstein	78	Lä 33 Kie 31	Lä 30 Kie 25	Lä 22,68 Kie 3,22	Lä 326 Kie 17	Mischbestand Kie 0,1 Lä 0,9 Buchen-Unterstand	„
				Sa	25,90	343		

Zum Vergleich seien massenreiche schöne Einzelbestände von Lärchen aus den Alpen angeführt; Graubünden, Kreisforstamt Tiefencastel, Lärchenwald von Savognin, Lärche rein und vorherrschend auf 9·5 ha, in 1290—1350 m ü. M., 160 J., mittlere Bestandeshöhe 33 m, Masse je ha 600 fm Lärche und 190 fm Fichte, zusammen 790 fm. Lärchenwald von Brienz (bei Vazerols), Lärche vorherrschend, in 1200 bis 1400 m, 150 J., mittlere Bestandeshöhe 31 m, Masse je ha 620 fm Lärche und 70 fm Fichte, zusammen 690 fm.

In den im Jahre 1932 auf Veranlassung des Deutschen Forstvereines ausgesandten Fragebogen über die Ergebnisse des Lärchenanbaues hat eine ganze Reihe von Oberförstereien in Hessen über gute Erfolge des Anbaues der Alpenlärche, insbesondere über gute Beschaffenheit der Altholzlärchen, völlige Geradschaftigkeit und starke Verkernung des Holzes berichtet.

Auch im H a r z wurden mit Lärchen, die aus Samen Tiroler Herkunft gezogen waren, seit beinahe 200 Jahren sehr gute Erfahrungen gemacht (K l a m r o t h, a. a. O.). Mittelgründige, milde, mäßig steinige Böden der verschiedenartigsten Grundgesteine sind dort geeignet, ein gutes Wachstum der Lärche zu gewährleisten. Schon 1768 hat Christian v. B r o c k e berichtet: „Ich ließ erst einige kleine Lärchenbäume aus Tirol kommen . . . . hernach kaufte ich Samen, welchen ein Tiroler Samenhändler nunmehr alle Jahre nach Braunschweig bringet. Ich säete solchen auf meliertem Sandboden, und zwar im Frühjahr, um welche Zeit dieser Samen eigentlich gesät werden muß."

Auch für die zukünftige Gewinnung des Samens von Harzer Lärchen, also solchen von T i r o l e r Herkunft, sprechen nach Klamroth die durch Höhenanalysen und sonstige Zuwachsuntersuchungen ermittelten guten Zuwachsleistungen an im Harz vorkommenden Lärchen [1].

Ähnlich sind im t h ü r i n g i s c h e n Forstamt Bad Liebenstein Lärchen von sehr gutem Wuchs aus Tiroler Samen gezogen worden, die Stämme zeigen laut Fragebeantwortung des Forstamtes keinen Säbelwuchs und sind dort häufig zu Schiffsmasten geschlagen worden. Sie kommen in allen Altersklassen eingesprengt vor, in Stämmen bis zu 140jährigem Alter in Mischung mit Buche, Fichte, Kiefer, mit Einzelbäumen bis zu 4 fm. Die Samenherkunft aus Tirol ist durch einen Kulturplan vom Anfang des vorigen Jahrhunderts bestätigt. Die Mischbestände stocken in Höhen von 500—600 m auf Granit, Glimmerschiefer, Zechstein, Rotliegendem.

Auch in mehreren b a y e r i s c h e n Forstämtern ist die alpenländische Herkunft der dort infolge künstlichen Anbaues vorkommenden Altholzlärchen von befriedigendem Wuchs verbürgt. So berichtet E. V o i t über verschiedene, aus Tiroler Samen gezogene Lärchenbestände in Bayern. Nürnberger lernten frühzeitig „auf ihren Handelsfahrten nach dem Süden" die Lärche kennen, in der Nürnberger Gegend befaßte sich seit 1752 Ö l h a f e n in größerem Maßstab mit dem künstlichen Anbau der Lärche, wozu er Pflanzen und Samen aus Tirol bezog. „Im Jahre 1838 legten schöne 60jährige Lärchenpflanzbestände im Gräfenberger Wald bei Nürnberg beredtes Zeugnis ab von dem endlichen Erfolge dieses eifrigen Kultivators" [2].

Auch im Pfälzerwald wurde 1759 Tiroler Lärche (im Forstamt Waldfischbach) angebaut. Nach V o i t zeigte diese Kultur ein prächtiges Gedeihen, „im 85. Jahre erreichte sie eine Höhe von 110—120 Fuß bei 16—18 Zoll Brustdurchmesser, während gleichalterige Kiefern in ihrer Nähe kaum die Hälfte dieser Dimensionen erreicht hatten".

Aus dem Wald- und Mühlviertel in Österreich, dem Rumpfgebirge der „Böhmischen Masse", sind gleichfalls ähnliche Fälle nachweisbar, desgleichen aus dem ans niederösterreichische Waldviertel angrenzenden Südmähren. In der Wiener Allg. Forst- und Jagdzeitung 1927 (S. 243) berichtete Oberforstrat N i k o d e m über die vorzüglichen Lärchen von Hrottowitz (etwa 30 km nördlich von Znaim), „Lärchen mit einem tief dunkelroten Kern und schmalem, oft kaum fingerbreiten Splint". Er berief sich auf einen reichsdeutschen Holzfachmann, welcher Lärchenkernbretter für Schiffbau gesucht und behauptet habe, daß die südmährische Ware zum Besten gehöre und im norddeutschen Handel als Blutlärche bezeichnet werde. Die Ausformung des über 100jährigen Bestandes, teils rein, teils mit anderen Nadelhölzern gemischt, sei eine tadellose, mit Stammlängen bis zu 42 m; die Höhenlage beträgt rund 400 m, Untergrund Gneis, Boden sehr guter Beschaffenheit,

---

[1] K l a m r o t h, Larix europaea . . . . Greifswald 1929, S. 154 ff.

[2] G r e y e r z v., Allg. Forst- u. Jagdztg. 1839, S. 162; zit. n. V o i t, Geschichtliche Darstellung des Einflusses der künstlichen Verjüngung auf die Verbreitung der Holzarten (im Königreich Bayern), München 1908, S. 81, 82.

Hrottowitz liegt auf der Ostseite der 600—700 m hohen Wasserscheide zwischen der Donau und der Elbe. Forstkontrollor Ed. Schimitschek, der früher im Forstbezirke Hrottowitz tätig war, teilte dem Verfasser mit, daß die dortigen Lärchen, wie aus Rechnungen über den Samenbezug hervorging, aus alpenländischem Saatgut stammen und daß in den dortigen Revieren Slavĕtic und Chrostow (zusammen rund 3000 ha) der Lärchenanteil durchschnittlich 0·2 der Bestockung betrage, die reduzierte Lärchenfläche somit rund 600 ha. Vor etwa 50 Jahren reichte die Lärchenbeimischung laut einer älteren Bestandesbeschreibung sogar nahe an 0·3, später wurde durch Nutzung der Lärchen (Erzeugung von Sägeholz und Weinpfählen) aus den Eichen + Lärchenmischbeständen ihr Anteil vermindert. Die Lärchen, bis 120jährig, finden sich in Mischung mit Kiefer, Fichte, Laubholz in allen Altersklassen. Gegenwärtig soll es in dem verstaatlichten Besitz wohlgelungene natürliche Lärchenverjüngungen (in Slavĕtic) geben.

In früheren Abschnitten hat der Verfasser wiederholt bemerkt, daß auch im natürlichen Verbreitungsgebiet in den Ostalpen, insbesondere in tieferen Lagen, in milderem Klima und bei sanfteren Böschungen, Lärchen bester Wuchsformen mit schmalen Kronen, steil nach oben gerichteten, dünnen Zweigen, langen, geraden, vollholzigen Stämmen (bei guter Verkernung und schmalem Splint) häufig sind. Auch durch zahlreiche Abbildungen suchte er diese Beobachtung dem Leser zu vermitteln. Nunmehr wurde durch einige Beispiele gezeigt, daß auch im künstlichen Anbaugebiet an vielen Orten Lärchen alpenländischer Herkunft Hervorragendes geleistet haben und in bezug auf Wuchsform, Wuchsleistung, Verhalten gegen die Mitbewerber und Holzbeschaffenheit hoch bewertet wurden. Die Verallgemeinerung des abfälligen Urteiles über die Rasse der Alpenlärche ist also keineswegs gerechtfertigt. Es ist keineswegs bewiesen und auch durchaus nicht wahrscheinlich, daß alle alpenländischen Herkünfte die gleichen Eigenschaften aufweisen.

Vergleichende Anbauversuche.

Der älteste vergleichende Anbauversuch mit Alpen- und Sudetenlärchen rührt von Cieslar (Samenbezug Herbst 1887, Saat 1888) und wird noch gegenwärtig von der Waldbauabteilung der Forstlichen Bundes-Versuchsanstalt in Mariabrunn beobachtet. Der Tiroler Same für diesen Versuch wurde durch Forstmeister v. Zötl „aus dem k. k. Forstwirtschaftsbezirk Telfs in Nordtirol" geliefert. „Das Nationale des Standortes und Mutterbaumes" (Mutterbaum also in der Einzahl laut Bericht Cieslars) „ist leider nicht bekannt geworden, doch darf man mit Sicherheit annehmen, daß der Same aus einer Meereshöhe von über 1000 m stammte . . . ." Der schlesische Lärchensame war aus dem erzherzoglichen Reviere Thiergarten bei Freudenthal aus einer Seehöhe von ca. 600 m bezogen [1]).

Auch aus späteren Mitteilungen Cieslars geht hervor, daß es sich schon von Anfang an um einen kleineren Versuch handelte. 1914 berichtete Cieslar [2]), daß bei der Auspflanzung der im Mariabrunner Versuchsgarten gezogenen dreijährigen Pflanzen im Jahre 1891 auf die Gablitzer Versuchsfläche 442 Sudetenlärchen und 182 Alpenlärchen versetzt wurden. Im Herbst 1911 waren von der schlesischen Lärche 217 Bäume, von der Alpenlärche 88 vorhanden.

Nach Begründung des alpinen forstlichen Versuchsfeldes auf dem Hasenkogl im steirischen Salzkammergut hat Cieslar die vergleichenden Versuche auch im Hochgebirge

---

[1]) Cieslar, Centralbl. f. d. g. Forstw. 1895, S. 23.

[2]) Cieslar, Studien über die Alpen- und Sudetenlärche, Centralbl. f. d. g. Forstw. 1914, Sonderdruck S. 4.

316

fortgesetzt und 1900 auf dem Lawinenstein in 1630 m an der oberen Baumgrenze Alpen-
und Sudetenlärchen ausgesetzt; nach fünf Jahren waren hier bei der Sudetenlärche
80 v. H., bei der Alpenlärche 42 v. H. eingegangen[1]). In der Veröffentlichung Cieslars von
1914[2]) ist vom Versuch auf dem Lawinenstein überhaupt nicht mehr die Rede, wahrscheinlich waren zu dieser Zeit bereits alle dort ausgesetzten Pflanzen zugrunde
gegangen.

An den nunmehr 46jährigen Lärchen des Cieslar'schen vergleichenden Anbauversuches im Gablitzer Forst (unweit Maria-
brunn, im Laubholzgebiet des östlichen Wienerwaldes) ließ Verfasser im Herbst 1934 eine
genaue Messung sämtlicher nicht unterdrückter Stämme am Stehenden durchführen,
und zwar wurden mittels Leitern und Bambusstäben nach dem Verfahren von
H. Schmied[3]) die Scheitelhöhen, die Mittendurchmesser und die Brusthöhendurchmesser genau festgestellt. Das Verfahren erwies sich dabei als sehr zweckmäßig, zuverlässig
und für genaue Untersuchungen sehr gut geeignet.

Die (kleinere) Alpenlärchenfläche hatte noch 34 Stämme (bei Nichtberücksichtigung
der Unterdrückten) aufzuweisen; die (größere) Sudetenlärchenfläche 101 Stämme. Die
ganze Versuchsfläche stellt ein Rechteck von 30 m Breite und 32 m Länge dar; der
größere, westliche Teil des Rechteckes ist mit Sudetenlärchen bestockt, der kleinere,
östliche, mit Alpenlärchen. Noch innerhalb der Sudetenlärchenfläche
ergeben sich trotz ihres geringen Ausmaßes deutliche Unterschiede in den Scheitelhöhen: Im westlichen Teil des Horstes sind die Sudetenlärchen höher, im östlichen werden sie niedriger, dann folgen erst die Alpenlärchen.
Wegen dieses Unterschiedes und um den Vergleich auch für Flächen gleichen Ausmaßes
durchzuführen, wurde die Sudetenlärchenfläche bei der Aufnahme unterteilt. Es folgen
also aufeinander von Westen nach Osten:

Sudetenlärchenfläche II, Rechteck von 14 m $\times$ 30 m Ausmaß;
Sudetenlärchenfläche I, Rechteck von 9 m $\times$ 30 m Ausmaß;
Alpenlärchenfläche, Rechteck von 9 m $\times$ 30 m Ausmaß.

Die Alpenlärchenfläche und die Sudetenlärchenfläche I sind flächengleich und ein-
einander unmittelbar benachbart. Auf der ersteren stehen, wie erwähnt, 34 Lärchenstämme
(ohne die unterdrückten und durch Schneedruck wesentlich beschädigten), auf der zweiten (Sudeten) 33 Stämme. Das arithmetische Mittel der Scheitelhöhen aller Alpenlärchen-
stämme betrug im Spätherbst 1934 17·86 m, jenes der Sudetenlärchen der Fläche I 18·07 m,
für die Sudetenlärche II dagegen 18·73 m. Der Unterschied zwischen den Sudetenlärchen,
je nachdem ob es sich um den westlichen oder östlichen Teil der Anbaufläche handelte,
war also bedeutend größer als der Unterschied zwischen Sudeten- und Alpenlärchen. Da
somit auch innerhalb der gleichen Rasse ein Abfall der Höhen von Westen nach Osten
erfolgt, so kann die geringe Höhenabnahme um 21 cm beim Weiterschreiten nach Osten,
auf der Alpenlärchenfläche, nicht auffallen.

Die absolut größten Scheitelhöhen auf der Alpenlärchenfläche betrugen: 20·21 m, 19·99 m, 19·92 m, 19·65 m und 19·13 m. Auf der Sudetenlärchenfläche I
sind dagegen die absolut größten Scheitelhöhen sogar etwas geringer: 19·58 m, 19·55 m,

---

[1]) Cieslar, Die Bedeutung klimatischer Varietäten unserer Holzarten für den Waldbau, Centralbl. f. d. g. Forstw. 1907, Sonderdruck S. 28.

[2]) Cieslar, Studien über die Alpen- und Sudetenlärche, Centralbl. f. d. g. Forstw. 1914.

[3]) Schmied H., Aufnahme, Berechnung der Ergebnisse und Führung der Aufzeichnungen von
Dauerversuchsflächen, Mitt. a. d. forstl. Versuchswesen Österr., 42. Heft, Wien 1932.

19·51 m, 19·25 m und 19·25 m. Sie werden von jenen auf der Sudetenlärchenfläche II übertroffen: 20·59 m, 20·50 m· 20·10 m, 20·10 m, 20·00 m.

Weitere Messungen galten dem Formquotienten. Nach Cieslar soll die Sudetenlärche vollholziger sein als die Alpenlärche. Schiffel[1]) bezeichnete das Verhältnis des Durchmessers in halber Baumhöhe ($d_{1/2}$) zum Durchmesser in Brusthöhe (d_m) als den Formquotienten qu_2 und gab (S. 19) für die Lärche als Regel an: „Als mittlere Stammform mittlerer Höhen darf man bei der Lärche jene betrachten, deren Formquotient 0·65 beträgt, während die mittlere Fichtenform in mittleren Höhen einen Formquotienten von 0·68 aufweisen dürfte“.

Der Formquotient qu_2 auf unserer Alpenlärchenfläche (ermittelt aus den durch je zwei Messungen gefundenen Durchmessern $d_{1/2}$ und d_m) beträgt 0·689, ist also günstiger als Schiffels mittlere Stammform der Lärche. Auf der Sudetenlärchenfläche I ist er 0·732, auf der Sudetenlärchenfläche II 0·697. Die Vollholzigkeit der Sudetenlärchen auf Fläche II übertrifft also nur um ein ganz Geringes jene der Alpenlärchen.

Die absolut höchsten Formquotienten auf der Alpenlärchenfläche sind im Sinne der Einteilung Schiffels hoch und somit für die Formbeurteilung günstig, nämlich: 0·771, 0·752, 0·748, 0·745, 0·738. Die absolut höchsten auf der Sudetenlärchenfläche I: 0·799, 0·792, 0·780, 0·778, 0·776. Der mittlere Brusthöhendurchmesser der Alpenlärchen (Durchmesser des Bestandesmittelstammes) betrug 20·9 cm, jener der Sudetenlärchen auf Fläche I 18·3 cm, Fläche II 19·7 cm, Mittel für beide Flächen der Sudetenherkünfte: 19·2 cm.

Aus den mitgeteilten Zahlen geht hervor, daß bei dem vorliegenden Versuch 1. auch innerhalb der Sudetenlärchenfläche, also bei gleicher Rasse, durch den Standort bedingte Unterschiede des Wuchses auftreten, 2. daß die Unterschiede zwischen den jetzt 46jährigen Alpen- und Sudetenlärchen (die zum Teil auch durch die aus 1. sich ergebenden Standortsunterschiede beeinflußt sein können) derzeit praktisch nicht mehr sehr schwerwiegend sind.

Nach Cieslar („Studien über die Alpen- und Sudetenlärche“, Centralbl. 1914, Sonderdruck, S. 16) werden sich „Mischungen der Sudetenlärche mit Tanne, Fichte und Buche leichter und wirtschaftlich günstiger gestalten müssen als solche mit der Alpenlärche (aus höheren Lagen)“; der einschränkende Zusatz Cieslars („aus höheren Lagen“) wird in der Regel übersehen, er ist aber besonders wichtig, denn es gibt offenkundig in sehr ausgedehnten Teilen des natürlichen Verbreitungsgebietes auch Alpenlärchen, die sich im Bestande geschlossen zu halten und in Mischung mit Schattholzarten leicht zu bestehen vermögen. Mischungen von Alpenlärchen mit Fichten, Tannen, Buchen kommen von Natur aus (wie die Karte Abb. 50 zeigt) in den Ostalpen auf großen Flächen, vom Rheintal bei Chur bis in den Wienerwald und bis in die südlichen Randgebirge in den Alpen Jugoslawiens und Italiens, vor.

Nach Cieslar sollen Schaftform und größere Rindendicke der Alpenlärche erbliche Erscheinungen sein; ich habe schon in meiner Veröffentlichung von 1924 (Centralbl. f. d. g. Forstw.) gezeigt, daß ungünstige Schaftformen der Alpenlärche im natürlichen Verbreitungsgebiet in der Regel nur dort zu beobachten sind, wo äußere Standortseinflüsse modifizierend einwirken. Betreffs der Rindendicke hat Schiffel Untersuchungen an 133 Lärchenstämmen verschiedener Wuchsgebiete (aus dem Wienerwalde, aus Schlesien und aus Steiermark) vorgenommen; dabei ergab „eine Zusammenstellung nach Standortsgebieten und Seehöhen keine deutlich hervortretenden Unterschiede in den

---

[1]) Schiffel, Form und Inhalt der Lärche, Mitt. a. d. forstl. Versuchswesen Österr., 31. Heft, Wien 1905, S. 4, 19.

Rindeninhaltsprozenten"[1]). (Hingegen zeigte Schiffels Material, jedoch nicht widerspruchslos, daß bei gleichen Baumhöhen die Rindenprozente mit zunehmendem Alter, das ist mit der geringeren Güteklasse, zunehmen.)

Im Laufe der letzten Jahre hat der Verfasser den vergleichenden Anbauversuch von Alpen- und Sudetenlärchen mehrmals wiederholt. Hierbei wurde das Cieslar'sche Ergebnis hinsichtlich des in der Jugend rascheren Höhenwuchses der Sudetenlärche in der Regel vollauf bestätigt. U n t e r d e n b i s h e r v o r l i e g e n d e n V e r s u c h e n v e r h a l ten s i c h n u r d i e j e t z t d r e i j ä h r i g e n N a c h k o m m e n v o n L ä r c h e n a u s d e m B l ü h n b a c h t a l e (b e i W e r f e n , S a l z b u r g) , w o u n s e r e H o l z a r t s c h o n v o n 600 m ü. M., v o n d e r T a l s o h l e a n , n a t ü r l i c h v o r k o m m t u n d s i c h d u r c h s e h r g u t e W u c h s f o r m e n a u s z e i c h n e t , h i n s i c h t l i c h d e s J u g e n d w u c h s e s ä h n l i c h w i e d i e S u d e t e n l ä r c h e n. Darüber soll im folgenden berichtet werden.

Sudetenlärchensamen von der staatlichen tschechoslowakischen Samenbeschaffungsstelle (Semenský závod státnich lesu, Praha) mit der Kontrollmarke der „Anstalt für Forstpflege und forstliche Biologie der staatlichen Forschungsanstalten für Forstproduktion in Brünn", Evidenz-Nr. 2, „Ernte 1929/30, aus dem Sudetengebirge (III b), von 80—100jährigen Stämmen stammend, welche auf Gneisboden wachsen, Meereshöhe 400 bis 600 m, Keimkraft im Jänner 1930 45 v. H." gelangte im Frühjahr 1930 im Mariabrunner Versuchsgarten zur Aussaat, desgleichen Handelssamen von Alpenlärchen aus höheren Lagen. Im Frühjahr 1931 wurden je 3250 Pflanzen dieser beiden Herkünfte verschult. Davon wurden im nächsten Jahre (Frühjahr 1932) je 2500 Stück an die Forstverwaltung Preßbaum der Österreichischen Bundesforste zum vergleichenden Anbau übergeben, je 700 Stück wurden in den Mariabrunner Gärten ausgesetzt und dort weiter beobachtet. Im Herbst 1932 waren die dreijährigen Sudetenlärchen im Mittel 37 cm hoch, die gleich alten Alpenlärchen 25 cm. Zwei Jahre später, nach Abschluß der fünften Vegetationsperiode (Herbst 1934), betrug die mittlere Höhe der Sudetenherkunft auf einer Teilfläche in Mariabrunn 222 cm, der Alpenlärche 166 cm; die fünf höchsten unter den Sudetenlärchen auf dieser Teilfläche wiesen Scheitelhöhen von 310 cm, 300 cm, 297 cm, 292 cm, 289 cm auf; die fünf höchsten unter den Alpenlärchen 245 cm, 231 cm, 219 cm, 218 cm, 213 cm. Die Länge des jüngsten Jahrestriebes (1934, fünfte Vegetationsperiode) betrug bei den Sudetenlärchen im Mittel 92 cm, bei den Alpenlärchen 63 cm. Die fünf längsten Gipfeltriebe bei den Sudetenlärchen sind 131 cm, 128 cm, 124 cm (zweimal), 123 cm; bei den Alpenlärchen 106 cm, 99 cm, 95 cm, 93 cm, 90 cm. Die d e r S u d e t e n l ä r c h e n a c h g e r ü h m t e G e r a d s c h a f t i g k e i t ist durchaus nicht ohne A u s n a h m e festzustellen; modifizierenden Einflüssen, welche Krümmungen zur Folge haben, sind auch die Sudetenlärchen unterworfen; einige der aus echten Sudetenlärchensamen in Mariabrunn gezogenen fünfjährigen Pflanzen weisen beträchtliche Schaftkrümmungen auf. Auch die in Preßbaum in der Unterabteilung 94 a ausgesetzten Lärchen beider Herkünfte haben sich sehr schön entwickelt mit einem Vorsprung der Sudetenlärchen im Höhenwuchs.

Im Frühjahr 1932 erhielt der Verfasser von Prof. Dr. A. D e n g l e r, Forstliche Hochschule Eberswalde, Samen von Sudetenlärchen aus Fürst Liechtenstein'schen Waldungen bei J ä g e r n d o r f, Schlesien; zum vergleichenden Anbau stand zur Verfügung: Lärchensame von der Krupp von Bohlen'schen Gutsverwaltung B l ü h n b a c h in Werfen,

---

[1] S c h i f f e l, Form und Inhalt der Lärche, Wien 1905, S. 52.

Land Salzburg, von Mutterbäumen in geringen Meereshöhen; dann solcher aus dem Fürst Schwarzenberg'schen Revier T u r r a c h, Obersteiermark, von Mutterbäumen in 1300—1350 m Höhe; außerdem Sudetenlärchensame von der preußischen Oberförsterei U l l e r s d o r f, Post Liebau, Schlesien, „aus einem hervorragenden Sudetenlärchen-Mutterbestand" (Mitteilung der Oberförsterei), Distrikt 180 a, N, 580 m ü. M.; endlich Samen von Wienerwaldlärchen von der Fürst Liechtenstein'schen Forstdirektion N e u l e n g b a c h, Revier Altlengbach, aus Meereshöhen von 300—500 m und von der Krupp'schen Herrschaft M e r k e n s t e i n (310 bis 400 m). Die folgende kleine Zahlentafel enthält die Tausendkorngewichte und die Ergebnisse der Keimprüfung:

Herkunft	Tausendkorngewicht	Keimfähigkeit
Jägerndorf	4·52 g	64 v. H.
Blühnbach bei Werfen	3·40 g	45 v. H.
Turrach	4·80 g	49 v. H.
Ullersdorf	4·80 g	53 v. H.
Neulengbach	3·24 g	33 v. H.
Merkenstein	4·16 g	34 v. H.

Anfangs Mai 1932 erfolgte die Aussaat, anfangs April 1933 die Verschulung. Schon bei dieser waren die einjährigen Sämlinge der Sudetenlärche, besonders die Ullersdorfer, etwas größer als die gleichalterigen, daneben auf gleichem Boden erwachsenen Herkünfte aus Turrach, Merkenstein, Neulengbach; unter den Alpenlärchen kamen die Blühnbacher den schlesischen am nächsten. Im März 1934 wurden insgesamt 4925 Pflanzen der genannten sechs Herkünfte zu vergleichenden Anbauversuchen im Revier Altlengbach, also im natürlichen Verbreitungsgebiet der Lärche im Wienerwald, verwendet, weitere 600 Pflanzen wurden im Mariabrunner Versuchsgarten ausgesetzt, und zwar 100 Jägerndorfer, 100 Blühnbacher, 200 Ullersdorfer und 200 Turracher. D i e v o r l ä u f i g b e l a n g r e i c h s t e n E r g e b n i s s e d i e s e r A n b a u v e r s u c h e b e z i e h e n s i c h a u f d i e j e t z t d r e i j ä h r i g e n, a u f d e r g l e i c h e n G a r t e n t a f e l i m M a r i a b r u n n e r V e r s u c h s g a r t e n n e b e n e i n a n d e r b e f i n d l i c h e n H e r k ü n f t e J ä g e r n d o r f, B l ü h n b a c h u n d T u r r a c h. Wiewohl oberhalb Turrach auch bei 1400 m noch recht gute Lärchenstandortsklassen vorkommen können (vgl. S. 75 und 82, Angaben über 100jährige Lärchen von 30·5 m Scheitelhöhe), ist beim Anbauversuch in Mariabrunn bei den dreijährigen Pflanzen der Höhenwuchs von Nachkommen der T u r r a c h e r Mutterbäume w e n i g e r rasch als jener der gleichalten Herkünfte aus Schlesien und aus dem Blühnbachtale. Das arithmetische Mittel der Höhen der dreijährigen T u r r a c h e r Lärchen beträgt 40 cm, jenes der gleichalten Alpenlärchen aus dem B l ü h n b a c h t a l e 56 cm, das der J ä g e r n d o r f e r S u d e t e n l ä r c h e n 53 cm. Auch bei bloßer Besichtigung, ohne Messung, sind die Unterschiede deutlich. (Die Ullersdorfer Lärchen, Mittelhöhe 61 cm, sind an Höhenwuchs sowohl der Jägerndorfer als auch der Blühnbacher Herkunft etwas überlegen.) D i e A l p e n l ä r c h e a u s d e m B l ü h n b a c h t a l (t i e f e r e L a g e n, 600—800 m) s t e h t a l s o h i n s i c h t l i c h d e s r a s c h e n H ö h e n w u c h s e s i n d e r J u g e n d i m v o r l i e g e n d e n F a l l e d e r J ä g e r n d o r f e r L ä r c h e (S c h l e s i e n) k e i n e s w e g s n a c h. Die Scheitelhöhen der fünf höchsten unter den genannten drei Herkünften betragen:

Turrach	88,	67,	66,	64,	63 cm;
Blühnbach	90,	86,	81,	81,	79 cm;
Jägerndorf	100,	84·	82,	82,	81 cm.

Die Längen der jüngsten Jahrestriebe (1934, 3. Lebensjahr) sind:

	arithmet. M i t t e l :	die fünf l ä n g s t e n Triebe:
Turrach	19 cm	47, 43, 41, 40, 39 cm
Blühnbach	32 cm	61, 56, 54, 52, 48 cm
Jägerndorf	21 cm	57, 56, 55, 51, 49 cm
Ullersdorf	33 cm	64, 62, 60, 58, 58 cm

Auf die langschaftigen, schnurgeraden, vollholzigen Lärchen in tieferen (600 bis 800 m), geschützten Lagen des Blühnbachtales habe ich schon in meiner Veröffentlichung „Die Formen der Lärche in den österreichischen Alpen" vom Jahre 1924 (Centralbl. f. d. g. Forstw., S. 242) hingewiesen. Die im F r ü h j a h r 1924 im Mariabrunner Versuchsgarten begründeten Anbauversuche mit N a c h k o m m e n s c h a f t e n v o n e i n z e l n e n L ä r c h e n m u t t e r b ä u m e n a u s d e m B l ü h n b a c h t a l e ergaben bisher durchwegs Pflanzen von sehr guten Wuchseigenschaften und Formverhältnissen. Stämme, die am Steilhang durch Schneeschub schräg gestellt und durch Aufkrümmung säbelwüchsig geworden waren, vererbten diese „Modifikation" keineswegs. Die jetzt 11jährigen Blühnbacher Lärchen in Mariabrunn besitzen s c h m a l e K r o n e n und a u f w ä r t s g e r i c h t e t e d ü n n e Z w e i g e und unterscheiden sich keineswegs von jenen Formen, die als typisch für die Sudetenlärche angesehen werden. Ihre Scheitelhöhen betragen gegenwärtig im Mittel 580 cm, die acht höchsten erreichen 670 cm, 660 cm (zweimal), 650 cm, 645 cm (viermal).

F o l g e r u n g e n.

Aus den C i e s l a r'schen vergleichenden Anbauversuchen, aus den Beobachtungen bei W i e d e r h o l u n g dieses Versuches, aus den Ergebnissen A. E n g l e r s[1]) und H. B u r g e r s[2]) und aus den obigen Feststellungen des V e r f a s s e r s über die Blühnbacher Lärchen im Vergleich zu den Jägerndorfer und Turracher Herkünften kann übereinstimmend geschlossen werden: L ä r c h e n m u t t e r b ä u m e i n k l i m a t i s c h b e g ü n s t i g t e n· t i e f e r g e l e g e n e n T e i l e n d e s n a t ü r l i c h e n V e r b r e i t u n g s g e b i e t e s e r g e b e n N a c h k o m m e n s c h a f t e n, d i e b e i m A n b a u i n t i e f e r e n L a g e n i n d e r J u g e n d d u r c h e i n r a s c h e r e s H ö h e n w a c h s t u m a u s g e z e i c h n e t s i n d. Aus dem (allerdings kleineren) 46jährigen Cieslar'schen Versuch im Wienerwald bei Gablitz scheint zwar hervorzugehen, daß sich solche Unterschiede später allmählich ausgleichen; a b e r b e s o n d e r s b e i m k ü n s t l i c h e n A n b a u i n w ä r m e r e n, v e r h ä l t n i s m ä ß i g t i e f e r e n L a g e n i s t a u c h d a s V e r h a l t e n i n d e n e r s t e n L e b e n s j a h r z e h n t e n w e g e n d e r Ü b e r w i n d u n g d e r J u g e n d g e f a h r e n w i c h t i g.

Nach B u r g e r zeigen die Rassen der europäischen Lärche beim vergleichenden Anbauversuch auch Unterschiede hinsichtlich der „durch innere Anlagen stark festgelegten Dauer der Zuwachsperiode".

Säbelwuchs und sonstige Schaftkrümmungen, die durch äußere Einflüsse wie Schneeschub, Wind, Schneebruch, Bodenrutschungen, Wachstumsbewegung zum Licht usw. hervorgerufen sind, erweisen sich nicht als erblich (vgl. T s c h e r m a k, 1924). Ein

---

[1]) E n g l e r A., Einfluß der Provenienz des Samens auf die Eigenschaften der forstlichen Holzgewächse, Mitt. d. Schweizer. Centralanst. f. d. forstl. Versuchswesen, Zürich 1905, S. 209 ff.

[2]) B u r g e r H., Untersuchungen über das Höhenwachstum verschiedener Holzarten, Mitt. d. Schweizer. Centralanst. f. d. forstl. Versuchswesen, Zürich 1926, S. 94.

anschauliches Beispiel dafür, daß die äußeren Faktoren (und nicht Rassenunterschiede) die ursächlichen Krummwuchsbildner bei einem Lärchenbestand (in Westböhmen) sind, hat G. Ö h m dargestellt [1]).

Aus anderen als den angedeuteten Ursachen — vielleicht infolge schlechten Bodens — mißgeformte Lärchen, und zwar von Bonaduz bei Chur (Graubünden), ergaben nach B u r g e r [2]) und E n g l e r (1905, S. 214, 220) eine Nachwirkung der schlechten Form auf die Nachkommen der ersten Generation. Da es sich bei den mißgeformten Mutterbäumen um sehr tonarmen, dichtgelagerten Schotterboden (Alluvium des Vorder- und Hinterrheins) handelte, so wies W. S c h m i d t [3]) darauf hin, daß nicht auf Vererbung erworbener Eigenschaften oder Nachwirkung gefolgert werden müsse, da das Ausgangsmaterial in seinen Anlagen ungleich und unbekannt war, daß vielmehr „Mangelernährung der Eltern ungünstige Folgen für die Nachkommen gehabt haben kann“. Wenn auch bisher dem „Falle Bonaduz“ keine anderen Fälle gleicher Art zur Erhärtung der Gesetzmäßigkeit der Erscheinung zur Seite gestellt worden sind, und wenn auch die Grundursachen, wie B u r g e r hervorhebt, nach dem heutigen Stand der Erkenntnis nicht angegeben werden können, so muß doch mit der Tatsache praktisch gerechnet werden. Auf die „Alpenlärche“ schlechtweg kann aber selbstverständlich aus dem Einzelfall nicht geschlossen werden, dies liegt auch den schweizerischen Forschern ferne, vielmehr steht fest, daß sich Lärchen alpenländischer Herkunft auch beim Anbau in Schlitz und an vielen anderen Orten des künstlichen Anbaugebietes hervorragend bewährt haben.

In p r a k t i s c h e r H i n s i c h t ergibt sich folgender Vorschlag: Da nach Obigem für den Anbau in tieferen Lagen Saatgut von Mutterbäumen aus klimatisch begünstigten, tiefer gelegenen Teilen des natürlichen Verbreitungsgebietes geeigneter ist (z. B. Sudetenlärchen, Blühnbacher Alpenlärchen von tieferen Standorten), während es sich in Hochlagen umgekehrt verhält, und da gleichzeitig auch dem Falle Bonaduz Rechnung zu tragen ist, **so wäre auch in den Ostalpenländern, vor allem auch in Österreich, die forstliche Saatgutanerkennung und Kontrolle, insbesondere hinsichtlich der Lärche, zu verbessern und auszubauen.**

In der forstlichen Wochenschrift Silva (1934, S. 161 ff.) äußert Oberforstmeister J. E c k die Befürchtung, daß vielleicht von den Zapfensammlern in den Alpenländern seit langem „der bequeme Weg des Zapfensammelns an niedrigen Lärchen“ beschritten worden sei, an tiefbeasteten, gekrümmten, verhältnismäßig geringen Höhenwuchs aufweisenden Zwerglärchen an der Baumgrenze, deren Wuchseigenschaften vererbbar sein dürften. Ecks Vermutung, daß die Einrichtung der a n e r k a n n t e n Samenbestände und Samenbezirke in den meisten Alpenländern noch nicht eingeführt sei, trifft tatsächlich zu. Es ist ohne Zweifel sehr wünschenswert, auch hier Einrichtungen zu schaffen, die dem Samenkäufer die Sicherheit gewähren, daß er einwandfreies Saatgut aus dem für den Anbauort geeigneten Höhengürtel, von anerkannten Beständen mit befriedigender Ausformung, Wuchsleistung, Holzbeschaffenheit, Gesundheit und Widerstandsfähigkeit erhält. Die Frage ist weniger für jene alpenländischen Forstbezirke wichtig, in denen die bodenständige befriedigende Rasse mit Recht weiter nachgezogen wird, als für die Gebiete des künstlichen Anbaues. Die Befürchtung allerdings, daß die Zapfen an den Z w e r g l ä r c h e n in Gebieten der Baumgrenze geerntet werden, ist weniger begründet. Denn die Bäume an der Baumgrenze fruktifizieren nur in sehr langen Zwischenräumen (an der polaren Waldgrenze zum Beispiel nach Aug. R e n v a l l, Reproduktion der Kiefer an der polaren Waldgrenze, Helsingfors 1912, nur alle 90 bis 100 Jahre!). In solchen Höhenlagen trägt die Lärche auch in Samenjahren wenig Zapfen und diese sind sehr klein. Die Zwerglärchen in der Kampfzone an der Baumgrenze stehen nur sehr schütter; auch J. E c k führt aus den Ab-

---

[1]) O e h m G., Ein Bestand ausgeprägter Säbellärchen in Westböhmen, Beihefte zum Botan. Centralbl., Bd. 49, 1932, Abt. I, herausgeg. von A. Pascher, Prag.

[2]) B u r g e r H., Die Vererbung der Krummwüchsigkeit bei der Lärche, Schweizer. Zeitschr. f. Forstw. 1928, Sonderdruck S. 3.

[3]) S c h m i d t W., Unsere Kenntnis vom Forstsaatgut, Berlin 1930, S. 36.

bildungen der Alpenvereins-Zeitung fast nur e i n z e l s t ä n d i g e Lärchen von den Hochlagen an. Der Zapfenpflücker würde also wenig verdienen und bei weiten Wegen nur geringe Mengen zusammenbringen, wenn er sich in der späten Jahreszeit an die entfernte Baumgrenze begeben würde. In günstigeren Lagen kann er mit weniger Aufwand an Zeit und Mühe ungleich bessere Ergebnisse erzielen.

Auch in der Schweiz hat man, um für Aufforstungen in H o c h l a g e n Samen g e e i g n e t e r H e r k u n f t zu gewinnen, eine eigene öffentliche Kleindarre geschaffen, in der insbesondere auch die Lärchenzapfen, und zwar mit Wärme allein, geklengt werden; eine Zerreißung erwies sich als nicht notwendig[1]), Lärchensamen mit einer Keimfähigkeit bis 79 v. H. wurde erzielt[2]). Für peinliche Einhaltung getrennter Klengung der eingelieferten Herkünfte wurde gesorgt.

19. Schädigungen der Lärche.
B e u r t e i l u n g   d e r   W i d e r s t a n d s f ä h i g k e i t   i m   a l l g e m e i n e n.

Im künstlichen Anbaugebiet außerhalb der Alpen sind auf ungeeigneten Standorten viele Lärchenkulturen zugrunde gegangen. Am meisten gefährdet erwiesen sie sich im kritischen Alter vom beginnenden Bestandesschluß bis etwa zum 40. oder 50. Jahre. Der Herkunft nach handelte es sich bei diesen Anbauversuchen, sowohl bei den wohlgelungenen als auch bei den Mißerfolgen, in früherer Zeit meist um Alpenlärchen; denn in dem weitaus kleineren Verbreitungsgebiet in den Sudeten war bis vor wenigen Jahren (bis etwa 1928) das Sammeln der Lärchenzapfen in einem nennenswerten Maße noch gar nicht eingeführt[3]). Aus den Mißerfolgen wurde dann von manchen Verfassern auf eine geringere Widerstandsfähigkeit der Alpenlärche hinsichtlich des Krebsbefalles und des sogenannten Lärchensterbens geschlossen[4]). Demgegenüber betonte ich bei der Aussprache nach den Vorträgen über die Lärche gelegentlich der 29. Mitgliederversammlung (1933) des Deutschen Forstvereines: „Wenn wir die Lärchen-Population in den Alpen mit einem Volke vergleichen, so ist sie ein Vielmillionen-Volk; denken wir an die reduzierte Lärchenfläche Österreichs von etwa 223.000 ha und rechnen wir mit Stammzahlen je nach der Altersklasse von 400—4000 je Hektar! D i e s e s „V o l k" v o n v i e l e n   M i l l i o n e n   i s t   g e s u n d, nur unter besonders ungünstigen Umständen leiden einzelne durch den Krebs, dieser hat aber praktisch keine besondere Bedeutung, ganz ähnlich, wie es Prof. M ü n c h hinsichtlich mancher klimatisch günstiger Gebiete des Anbaues der Sudetenlärche festgestellt hat."

Durch künftige Versuche wird noch weiter festzustellen sein, ob, wie auf Grund der bisherigen Ergebnisse anzunehmen ist, Herkünfte aus tieferen Lagen des natürlichen Verbreitungsgebietes in den Alpen (z. B. Blühnbachtal, untere Lagen) sich für den Anbau im milderen Klima der Nachbarländer besser eignen als Nachkommen von Lärchen aus

---

[1]) F l u r y, Zur Frage der forstlichen Samenprovenienz, Schweizer. Zeitschr. f. Forstw. 82. Jg. 1931, S. 41—47.

H e n n e, Die erste öffentliche Kleindarre in der Schweiz, Schweizer. Zeitschr. f. Forstw. 82. Jg. 1931, S. 101—107.

[2]) H e n n e, Die Kleindarre Bern im Vollbetrieb, Schweizer. Zeitschr. f. Forstw. 84. Jg. 1933, S. 167—176.

H e n n e, Die Kleindarre Bern im Jahre kleiner Ernte 1933, Schweizer. Zeitschr. f. Forstw. 85. Jg. 1934, S. 157—166.

[3]) K l e i n, Die Wahrheit über die Herkunft des „Sudetenlärchensamens", Dt. Forstwirt, 12. Jg. 1930, S. 31—32; dagegen: Anbau von Lärchen aus Ober-Schlesien, 1745: M ü n c h, Tharandter Forstl. Jahrbuch 1933, S. 453 ff.

[4]) M ü n c h, Aussprache bei der 29. Mitgliederversammlung d. Dt. Forstvereines, Jahresber. 1933, S. 208 ff.; Erwiderung H e r m a n n, ebenda S. 216 ff., und T s c h e r m a k, ebenda S. 217 ff.

21*

Hochlagen. Hinsichtlich i h r e s b o d e n s t ä n d i g e n V o r k o m m e n s i n d e n O s t -
a l p e n s e l b s t i s t d i e L ä r c h e i m g r o ß e n g a n z e n a l s e i n e a u ß e r -
o r d e n t l i c h w i d e r s t a n d s f ä h i g e , z ä h e , g e s u n d e A r t z u b e z e i c h n e n .
Ihr Besitzstand im Gelände der ganzen Ostalpen ist noch wesentlich größer als die vor-
hin angeführte reduzierte Fläche in Österreich, dies ist auch aus der beigegebenen Verbreitungskarte ersichtlich.

Mit diesen Angaben über die Gesundheit der Art steht es in keinem Widerspruch,
wenn im folgenden auf Grund der Erhebungen in einem sehr a u s g e d e h n t e n Gebiet
eine ganze Reihe von Schädigungen und Schädlingen angeführt werden, die aber im
natürlichen Verbreitungsgebiete und unter normalen wirtschaftlichen Verhältnissen meist
nur eine untergeordnete Bedeutung für die Wirtschaft besitzen, ja oft für diese un-
merkbar sind.

Abb. 56. Lärchen im Stadtwalde St. Pölten, säbelwüchsig infolge von Windwirkung im Bestandes-Inneren.
Aufnahme J. Klimesch.

Beschädigungen durch atmosphärische Einflüsse.

In bezug auf S t u r m f e s t i g k e i t steht die Lärche infolge ihrer kräftigen Be-
wurzelung unter den Nadelhölzern obenan; nicht selten kann man beobachten, daß bei
Windwurf, und zwar Flächenwurf, nur die Lärchen unbeschädigt geblieben sind, während
alle Fichten geworfen wurden.

Unter den Beschädigungen durch atmosphärische Einflüsse spielt zunächst die
S c h r ä g s t e l l u n g durch Wind, Schneeschub, Schneedruck usw. mit nachfolgender
geotropischer Aufkrümmung insofern eine Rolle, als sie den Säbelwuchs verursacht.
Abb. 56 zeigt Säbelwuchs als Folge der Schrägstellung durch Wind, in Abb. 57 ist Schrägstellung durch Schneeschub dargestellt. Die im Forstschutz von H e ß - B e c k [1] auch in

____

[1] H e ß - B e c k, Forstschutz, 5. Aufl., 2. Bd., Neudamm 1930, S. 391.

324

der jüngsten Auflage enthaltene Angabe, die Säbelform dürfe nicht s t e t s als Windwirkung angesehen werden, ist zweifellos richtig; die weitere Schlußfolgerung, daß das Vorkommen des Säbelwuchses an windgeschützten Lärchen für die Wahrscheinlichkeit der Vererbung spreche, ist jedoch nicht zutreffend; denn wo die Schrägstellung nicht durch Wind erfolgt ist, dort kann sie noch durch naß fallenden Schnee, durch quelligen, zu Bewegungen neigenden Boden usw. verursacht worden sein. Säbelwuchs ohne vorherige Schrägstellung durch irgend welche äußere Einflüsse pflegt nicht vorzukommen[1]). Bei sorgfältigen Beobachtungen kann man feststellen, daß dort, wo im Walde Bodenbewegungen vorkommen und zu Schrägstellungen der Bäume führen, dann dort, wo Schneeschub auf steilen Hängen auf die jungen Holzpflanzen einwirkt, a l l e Holzarten gelegentlich sehr deutlichen Säbelwuchs aufweisen. Davon kann man sich besonders in den Alpen häufig überzeugen, ab und zu auch in anderen Gebieten. Auf quelligem Boden fand Verfasser z. B. im Stadtforst Reichenstein, Pr.-Schlesien, Abt. 35 b, auch 80—90jährige

Sudetenlärchen und die mit ihnen gemischten Fichten und Kiefern säbelwüchsig. Die in der Jugend raschwüchsige Lärche zeigt den Säbelwuchs deutlicher als andere, langsamer wüchsige Holzarten, die in dem jugendlichen Alter, in welchem die Schrägstellung leichter erfolgen kann, noch weniger hoch sind.

Gegen S c h n e e d r u c k und S c h n e e b r u c h sind die Lärchen besonders im Stangenholzalter ziemlich empfindlich. In ozeanischen Gebieten mit sehr reichlichen Nie

Abb. 57. Durch Schneeschub schräg gestellte Lärchen (Klostertal, Vorarlberg); nachfolgende Aufkrümmung wird Säbelwuchs ergeben.

Aufnahme: Ing. Müller, Kufstein.

derschlägen, mächtigen Schneelagen und mit verhältnismäßig milden Wintern, daher häufigerem Vorkommen nassen, schweren Schnees, sind Schneebruch- und Schneedruckschäden an Lärchen häufiger als in den kontinentalen Innenlandschaften zu beobachten. Nirgends sah der Verfasser so viel Schneebruch an Lärchen wie in einigen ausgedehnteren Waldungen des sehr niederschlagsreichen Triglav-Gebietes in Jugoslawien; beim Aufstieg auf den Nordhängen des Radowna-(Rotwein-)Tales gegen Klek fand er Lärchen mit Gipfelbrüchen und Ersatzgipfeln infolge Schneebruches wesentlich häufiger als deren unbeschädigte Artgenossen, und zwar handelte es sich um Einzelbrüche an den Lärchen im Mischbestande. Ähnlich verhält es sich mit den kultivierten Lärchen im Poljana-Gebiet

---

[1]) T s c h e r m a k, Die Formen der Lärche in den österreichischen Alpen und der Standort, Centralbl. f. d. ges. Forstw. 1924. (Auch die bei Heß-Beck berührte Frage, warum andere, unter demselben Windeinfluß stehende Holzarten die gleiche Wuchseigentümlichkeit seltener aufweisen, wurde hier S. 259—262 beantwortet.)

bei Veldes. Auch Vorarlberg mit seinem ozeanischen Klima hat reichen Niederschlag, regelmäßige Schneebedeckung im Winter und Schneedruckschäden an Bäumen und Häusern aufzuweisen [1]), auch von mehreren der dortigen kleinen und ohnedies spärlichen Lärchenvorkommen sind beträchtliche Schneedruckschäden bekannt. Aber auch in den Innenlandschaften der Alpen kommen gelegentlich Schneedruckschäden an Lärchen vor, z. B. im Engadin (Samaden, Zuoz).

Im nordöstlichen Waldviertel Niederösterreichs (künstlicher Anbau der Lärche) trat im Herbst 1930 frühzeitig Schneefall ein zu einer Zeit, da die Lärchen noch voll benadelt waren. In einem Stangenholzbestand von Kiefern und Lärchen kam es zu Schneebruchschäden (Schaftbrüchen) an Lärchen, wie sie Abb. 58 darstellt.

Abb. 58. Schneebruch an Lärchen in einem Stangenholz von Kiefern und Lärchen bei Karlslust, Niederösterreich (künstlicher Anbau der Lärche).   Aufnahme: E. Schimitschek.

Die V e r n i c h t u n g von Lärchen (im künstlichen Anbaugebiet am Alpenrande), die erst rasch herangewachsen waren, dann infolge Schneedruckes im Fichtenbestande untertauchten, und zwar auf einem der Salzburger Flyschvorberge, Abt. Geberholz, Revier Thalgauberg, habe ich im Centralblatt für das gesamte Forstwesen 1924, S. 252—255, geschildert. Auch an anderen Orten, besonders im Randgebirge der Alpen, konnte beobachtet werden, daß sehr schlank erwachsene junge Lärchen durch naß fallenden, an den Kronen hängen bleibenden Schnee zu Boden gedrückt wurden und dann infolge Lichtmangels zugrunde gingen.

Gegen F r ü h - u n d W i n t e r f r ö s t e ist die Lärche kaum empfindlich, sie gilt daher in dieser Hinsicht mit Recht als frosthart. Etwas weniger unempfindlich erweist sie sich hie und da gegen S p ä t f r ö s t e während des Nadelausbruches. So wurden gelegentlich z. B. in der Innsbrucker Gegend, dann in jener von Wolfsberg (Lavanttal, Kärnten)

---

[1]) S c h n e t z e r, Bewässerung und Klima von Vorarlberg, Wien und Leipzig 1931, S. 22.

Spätfrostschäden an Lärchen beobachtet, desgleichen in der Forstverwaltung St. Martin bei Hüttau (Land Salzburg). Gegen Barfrost (Ausfrieren) ist die junge Lärchenpflanze wegen des frühzeitigen Tiefganges ihrer Wurzel geschützt.

Blitzschäden: Da die Lärchen nicht bloß zu den hochstämmigen Nadelhölzern gehören, sondern im natürlichen Verbreitungsgebiet in den Ostalpen in der Regel mit ihren spitzen, schlanken Kronen auch noch das Kronendach der übrigen Nadelhölzer beträchtlich überragen, so ist es nicht auffallend, daß sie, besonders auf freien Höhen, verhältnismäßig häufiger durch den Blitz geschädigt werden. Allerdings bleiben auf solchen Höhen auch die benachbarten Fichten und Tannen vom Blitz keineswegs verschont. So sah ich z. B. auf dem höchsten Punkt des „Brandstätter Eck" (1325 m) bei Murau in Steiermark einige Lärchen und Fichten mit Schädigungen durch Blitzschlag. Auf dem Rothkogl (1050 m) südlich vom Dürrenstein in Niederösterreich beobachtete ich eine Gruppe blitzgeschädigter Bäume, Tanne + Lärche + Fichte, die Lärchen um etwa 3 m höher als die anderen Arten. An allen drei Holzarten sah man Blitzrinnen als entrindete Längsstreifen. Einzelne Tannen waren vollständig abgestorben, von einigen Bäumen waren bloß die Gipfel tot. Im Forstamt Berchtesgaden wurde beobachtet, daß die Lärche in Hochlagen anscheinend mehr vom Blitz getroffen wird als die mit ihr vergesellschafteten Fichten und Zirben. Das Forstamt Reichenhall-Nord (Außenstelle St. Zeno) teilte mit, daß auf der Reiteralpe (1600 m) die Lärchen (in Mischung mit Zirbe und Fichte) lediglich durch Blitzschläge geschädigt werden und sonst bis ins höchste Alter gesund bleiben.

Beschädigungen als Folgen von Bodenbewegungen.

Durch Steinschlag werden gelegentlich Bäume unterhalb von Wänden und an steilen, felsigen Lehnen an ihrer Bergseite verletzt. So wurde z. B. in den Hohen Tauern Kärntens (Forstverwaltung Obervellach) stellenweise eine Minderung der Holzgüte durch Steinschlag beobachtet. Aus dem Wallis, Sägerei in Außerberg, wurde berichtet [1]: Beim Sägen des untersten Stammstückes einer Lärche von 50 cm Durchmesser ohne Rinde geriet die Säge auf einen im Holzkörper eingeschlossenen, in Harz und Wundkork eingebetteten Stein von $7.5 \times 8 \times 6$ cm, der durch Steinschlag vor 200 Jahren „wie eine Gewehrkugel" in den Stamm eindrang und noch durch 200 gesunde Jahrringe überwallt wurde. Der Stein war hoch am Hang in Bewegung geraten und ungefähr 1 m über dem Boden mit Wucht in den Stamm eingedrungen, ohne ein Spalten oder Splittern des Holzes zu verursachen. Der Baum zeigte weder Fäulnis noch Wachstumsstörungen.

Daß die Bodenbewegung an steilen Hängen Schrägstellung der Bäume, auch der Lärchen, und damit Säbelwuchs verursacht, wurde schon erwähnt. Eine Reihe von Beispielen aus den Ostalpen habe ich im Centralblatt für das gesamte Forstwesen 1924, S. 263—265, angegeben.

Schäden durch Säugetiere.

Zu den verhältnismäßig häufigeren unter den Schädigungen durch Säugetiere gehört das Ringeln und Schälen junger Lärchen durch Eichhörnchen. Die Gipfel bis ungefähr 0·5 m von der Spitze herab, also die dünnberindeten Teile, werden teils plätze-, teils ringelweise geschält. Bei der Ringelung sterben die oberhalb der Schälstelle befindlichen (meist kurzen) Kronenpartien ab. Falls es sich um eine im selben Jahre

---

[1] Schweizerische Zeitschrift für Forstwesen 1934, S. 65 ff.

erfolgte Ringelung handelt, so fällt während der Vegetationszeit auf, daß die sonst gesunden, grün benadelten Bäume Gipfel mit goldgelber, herbstlich verfärbter Belaubung tragen. Mitunter sind Hunderte von Stämmchen in einem Bestand so beschädigt. Einen solchen Fall (im Murtal Obersteiermarks, Waldort Saurau) stellt Abb. 59 dar. Im folgenden Jahre ist der geringelte Gipfel kahl, später bildet sich durch Aufrichtung eines Seitenastes ein Ersatzgipfel aus.

Die auf diese Weise geschädigten Lärchen können dort, wo der Standort unserer Holzart zusagt, auch im Mischbestande mit Fichten dennoch wettbewerbsfähig bleiben. So sah ich im Revier Murau, Obersteiermark, im Waldorte Hochwald, Abt. 20, in einem etwa 40jährigen Fichten- + Lärchenmischbestande in ungefähr 1000 m Höhe viele Lärchen mit Ersatzgipfeln. Die Beschaffenheit und das Alter des Bestandes ließ es wahrscheinlich erscheinen, daß hier vor etwa 20 Jahren ringelweise Schälung durch Eichhörnchen erfolgt sei; tatsächlich war der Forstverwaltung bekannt, daß damals eine

Abb. 59. Lärchen mit beschädigten Gipfeln (Eichhörnchen-Ringelfraß), Murtal bei Saurau, Steiermark. Aufnahme: K. Rubner.

Übervermehrung des Schädlings und die Schälung stattgefunden habe. Die Ersatzgipfel hatten von der Ansatzstelle an bereits wieder mehrere Meter Höhe erreicht und die Lärchen überragten noch immer den Fichtenbestand, trotzdem daß die Fichten einen kleinen Altersvorsprung besaßen und trotz der beträchtlichen Schädigung unserer Holzart durch den Nager.

Ähnliche Schälschäden an den Gipfeln jüngerer Lärchen wurden im Zuge vorliegender Untersuchungen noch an verschiedenen Orten wahrgenommen, so im Bezirke Murau in den Gemeinden Triebendorf und Noreia; in Kärnten, im Bezirk Wolfsberg, dann im Forstwirtschaftsbezirk Greifenburg sowie in der Forstverwaltung Millstatt; in Salzburg in der Gemeinde Landwerfen, Kat.-Gemeinde Sulzau; in Tirol in einigen Waldbeständen der Interessentschaft Igls sowie auf den Nordlehnen des Patscherkofels; im Pitztal in der Nähe des Pillerbaches (in bescheidenem Ausmaß); im Ober-Inntal in der Gemeinde Fließ usw. Auch B i l c h schäden (an Lärchenstangenhölzern) wurden in Kärnten beobachtet.

Daß gepflanzte und somit im Vergleich zu dichten natürlichen Verjüngungen mehr vereinzelt vorkommende junge Lärchen vom R e h b o c k gefegt werden, ist allgemein bekannt. Auch an einem vergleichenden Anbauversuch im Laubholzgebiet des östlichen Wienerwaldes (Forstverwaltung Purkersdorf, Waldort Feuerstein) waren beträchtliche Schäden durch Fegen des Rehbockes an den 5—8jährigen Lärchen und durch Wildverbiß zu beobachten. Gelegentlich kommen auch Schäden durch Schälen und Fegen des H o c h w i l d e s an Lärchen vor.

In graswüchsigen künstlichen Aufforstungen in milderen Lagen am Gebirgsrande wurden an Lärchen, die zur Füllung lockerer Buchengruppen ausgepflanzt worden waren, stärkere Schäden durch M ä u s e, welche die zarte Rinde im Winter völlig abnagten, festgestellt.

S c h ä d e n   d u r c h   I n s e k t e n.

Während der Beobachtungsjahre (von 1929 an) waren wohl die auffallendsten Insektenschäden an Lärchen in den Ostalpen die durch die L ä r c h e n m i n i e r m o t t e, *Coleophora laricella* Hb., hervorgerufenen. Besonders in den Jahren 1929 und 1930 war stellenweise in den Alpen ein stärkeres Auftreten der Lärchenminiermotte zu beobachten, die örtlich und zeitlich beschränkten Schädigungen bewirkten aber nur in bescheidenem Ausmaße Zuwachsverluste. So bezeichnete die Bezirksforstinspektion Lienz, die 1930 in ihrem Bezirk ein stärkeres Auftreten der Motte festzustellen hatte, die wirtschaftlichen Schäden als nicht erheblich. Das bayerische Forstamt Berchtesgaden bemerkte, daß nur die Motte ab und zu stärker auftrete, „ohne einen bemerkbaren Schaden zu verursachen“. Ähnlich wurde in den Waldungen des oberen Wipptales (Bezirksforstinspektion Steinach in Tirol) die Motte beobachtet. Auch im Bezirk Kufstein verzeichnete man ihr etwas vermehrtes Auftreten, jedoch ohne belangreiche wirtschaftliche Schädigung. Im Oberinntal, Umgebung von Landeck, war sie gleichfalls zu bemerken.

An nicht wenigen Stellen innerhalb Kärntens war sie 1929 und 1930 ebenfalls örtlich vorkommend, so in der Forstverwaltung Himmelberg, bis 1500 m Seehöhe; im Lavanttal im Bezirk Wolfsberg, in den Gailtaler Alpen, Forstverwaltung Paternion, bis etwa 1300 m Höhe, usw. In den Ländern Steiermark und Salzburg war stellenweise ihre Vermehrung nicht minder festzustellen, so in der Murauer Gegend, in den Forsten von Gusterheim, von Rottenmann, von Hinterberg im steirischen Salzkammergut, dann im Lungau Salzburgs (St. Michael i. L.), im Wirtschaftsbezirk St. Martin bei Hüttau. In den Alpenforsten Oberösterreichs trat sie gleichfalls auf, z. B. um Goisern, jedoch ohne nennenswerten Schaden zu verursachen, und um Windischgarsten.

Im Frühjahr 1934 führte der Befall in Steiermark und auch in Kärnten nach Mitteilung Dr. S c h i m i t s c h e k s vielfach zu Kahlfraß. Die Befallszone reichte in Steiermark von der Talsohle bis etwa 1000 m Höhe, in Salzburg bis etwa 1100 m.

Am nachteiligsten ist der Frühjahrsfraß an den ausbrechenden jungen Nadeln. Schon H e m p e l und W i l h e l m haben darauf hingewiesen, daß in tieferen Lagen des Lärchenanbaugebietes der Schaden durch die Motte größer ist als im Hochgebirge, wo „der jähe Übergang vom Winter zum Frühjahr“ (also binnenländische Wärmeverhältnisse!) „und die damit zusammenhängende rasche Entfaltung der Knospen diese trotz massenhaften Vorkommens des Insektes vor weitgehender Zerstörung und somit den Baum vor allzu starker Entnadelung schützen“. Zu erwähnen ist auch die L ä r c h e n t r i e b m o t t e, *Argyresthia laevigatella* H. Sch. Sie soll im warm-trockenen künstlichen Lärchenanbaugebiet oft derart stark auftreten, daß die infolge des Befalls abgestorbenen äußersten Enden der Längstriebe die grüne Krone wie ein gelber Mantel umgeben, in den Alpen dagegen ist sie von untergeordneter Bedeutung.

Im Engadin wurden in den letzten Jahrzehnten Lärchen, z. B. im Forstkreis Samaden, durch zeitweises Auftreten des G r a u e n L ä r c h e n w i c k l e r s, *Grapholita*

329

diniana Gn., sehr empfindlich geschädigt; die letzte Übervermehrung fand 1927—1929 statt. In manchen Teilen des Engadin, so im Forstkreis Zuoz (Münstertal), wurden nur die Lärchen an steilen, sehr trockenen, sonnseitigen Hängen sehr stark befallen. Der Nadelfraß kann bei starker Vermehrung bis zu vollständigem Kahlfraß führen. In der Regel erfolgt noch im Fraßjahre Reproduktion, doch kann bei Wiederkehr des Kahlfraßes auch ein Absterben befallener Bäume eintreten.

An jüngeren, 4—10jährigen Lärchen konnte ich gelegentlich erbsen- bis haselnußgroße Gallen des Lärchenrindenwicklers, *Grapholita zebeana* Rtzb., wahrnehmen. Von einer wirtschaftlichen Bedeutung konnte bei diesem Insekt (zum Unterschied vom vorhin genannten) nicht die Rede sein.

Von Borkenkäfern kam in manchen Alpengegenden, z. B. im Bezirke Murau, der achtzähnige Lärchenborkenkäfer, *Ips cembrae* Heer, verhältnismäßig häufiger vor. Auch an anderen Orten trat er vereinzelt auf, so im Bezirke Wolfsberg in Kärnten, dann in der Forstverwaltung Finkenstein des gleichen Landes. Schimitschek berichtet über seine Verbreitung, daß er im natürlichen Lärchenverbreitungsgebiet in den österreichischen Alpen im allgemeinen eine untergeordnete Rolle spiele und daß dort Primärbefall durch *cembrae* eine Seltenheit sei. Diese Holzart (Lärche) leide in ihrem autochthonen Vorkommensgebiet unter allen Nadelhölzern am wenigsten unter Borkenkäferschäden [1]. Hingegen folgt der achtzähnige Lärchenborkenkäfer der Lärche in ihre künstlichen Verbreitungsgebiete nach und neigt gerade in diesen, soweit sie sich in warmtrockenen Klimaten befinden, zu Massenvermehrungen. In den niederschlagsreichen Gegenden (über 800 m) soll es nur unter besonderen standörtlichen und wirtschaftlichen Verhältnissen (unsaubere Wirtschaft) und in Trockenlagen zu Massenvermehrungen kommen.

Von Käfern ist als Lärchenschädling besonders für Gegenden außerhalb des natürlichen Vorkommens noch der Bockkäfer *Tetropium Gabrieli* Weise zu nennen, der an Lärchen, die wegen weniger geeigneter standörtlicher Verhältnisse oder aus sonstigen Ursachen kränkeln, gar nicht selten auftritt und der nicht nur als physiologischer, sondern auch als technischer Schädling zu werten ist [2].

Ein Schädling geringerer Bedeutung, der die Knospen der Kurztriebe zerstört, Knospengallen hervorruft und bei starkem örtlichen Auftreten ein Absterben von Zweigen und Ästen, deren Knospen befallen sind, und somit einen Zuwachsverlust bewirken kann, ist die Lärchenknospengallmücke, *Cecidomya Kellneri* Hnschl. (*Dasyneura laricis* Löw). Vom Forstamt Parsch bei Salzburg wurde 1930 ihr Vorkommen in Waldungen am Untersberg beobachtet. Henschel fand (vor sechs Jahrzehnten) die Mücke in großer Menge im Salzatal Obersteiermarks [3]. 1876 wurde ihr Auftreten im Adlitzgraben, Semmeringgebiet, festgestellt [4].

Auch Chermes-Arten kommen an der Lärche vor. Von *Chermes abietis* L. überwintern die Hiemalis-Larven an Stämmen und Astunterseiten von Lärchen; im Frühjahr wird die Hiemalis-Larve zu einer mit Wachsflaum umgebenen, eierlegenden Hiemalismutter. Aus einem Teil ihrer Eier entstehen grüne, an die Lärchennadeln gehende

---

[1] Schimitschek E., Der achtzähnige Lärchenborkenkäfer, Ips cembrae Heer, Zeitschr. f. angew. Entomologie, Bd. 17. 1930, S. 261.　　brieli Weise und Tetropium fuscum F., ein Beitrag

[2] Schimitschek Erwin, Tetropium GaZeitschr. f. angewandte Entomologie, 1929, S. 276 ff. zu ihrer Lebensgeschichte und Lebensgemeinschaft,
(231 ff.).

[3] Henschel G., Centralbl. f. d. ges. Forstw. 1875, S. 183.

[4] Löw, Verh. d. Zool. Bot. Ges. 1879, S.393.

Aestivalis-Larven. Die Lärche spielt dabei nur die Rolle eines Zwischenwirtes, später erfolgt Abwanderung auf Fichtenarten[1].

Von *Chermes (Cnaphalodes) strobilobius* Kltb. überwintern die Hiemalis-Larven auf Lärchen und werden im Frühjahr zu Hiemalis-Müttern; die aus ihren Eiern hervorgehenden Sommerlarven saugen sich an jungen Lärchennadeln fest, dieser Schaden kann fühlbarer werden als der von Chermes abietis, doch ist auch er nicht von Bedeutung.

Auch auf einen, erst vor wenigen Jahren bekannt gewordenen Zapfen- und Samenschädling der Lärche sei hingewiesen, den 1929 M. S e i t n e r neu beschrieben hat: Die L ä r c h e n z a p f e n- u n d S a m e n f l i e g e, *Chortophila laricicola* Karl, die zuerst im Semmeringgebiet Niederösterreichs, dann auch im Dunkelsteiner Wald beobachtet wurde, Als weitere Gebiete, in denen die Fliege gefunden werden konnte, gibt S e i t n e r den Raum der Forstverwaltung Strobl in Oberösterreich, dann den Zirbitzkogel und das Dachsteingebiet in Steiermark an, in Kärnten das Mölltal und die Gegend von Mallnitz, in Salzburg den Lungau, in Tirol die Lienzer Dolomiten sowie das Ötztal. Durch die Fliege wird nach Seitner der Samenertrag geschädigt, ja in manchen Jahren vernichtet[2].

Zu erwähnen wären noch: Die N o n n e auch als Lärchenschädling, von der aber gefahrdrohende Massenvermehrungen im weitaus größten Teil des Lärchenverbreitungsgebietes, vor allem in den höheren Lagen, nicht bekannt sind[3], ferner der G r o ß e s c h w a r z e R ü s s e l k ä f e r, *Otiorrhynchus niger* F., der Maikäfer und die Maulwurfsgrille

Sc h ä d l i n g e   a u s   d e r   P f l a n z e n w e l t.

Der Befall durch den L ä r c h e n k r e b s p i l z, *Peziza (Dasyscypha) Willkommii* R. Htg., ist eine sekundäre Erscheinung[4] Nichtzusagende Standortsverhältnisse oder aber mechanische Verletzungen im Hochgebirge stellen die wichtigste primäre Ursache dar. Im natürlichen Verbreitungsgebiet in den Ostalpen pflegen daher die Schäden örtlich sehr eng beschränkt zu sein, auch werden sie in der Regel ausgeheilt.

So sah ich z. B. in der Forstverwaltung Obervellach in Kärnten unter dem Moosboden in nahezu 1700 m Meereshöhe krebskranke junge Anfluglärchen; sie stockten auf seichtgründigem, schlechtem Schotterboden eines kleineren Murganges, die alten Lärchen des gleichen Standortes waren durch das herabgekommene Gestein vermurt und zu Baumleichen geworden. Die Ursache der Erkrankung war der nicht zusagende Boden; auf Böden normaler Beschaffenheit in nächster Nähe waren die Lärchen gesund.

Bei Spittal a. d. Drau, Weg nach Fratres, fanden sich bei 610 m etwa 10jährige bäuerliche Forstkulturen mit ungefähr 4 m hohen, zum Teil krebskranken Lärchen. Der Boden bestand aus diluvialen Ablagerungen von Schotter und Sand in raschem Wechsel. Infolge unpfleglicher Behandlung, mangelnder Überschirmung nach der Schneitelung des Vorbestandes, war der Bodenzustand auch noch durch die Wirtschaft in ungünstigem Sinne beeinflußt worden. Offenkundig bedingten diese standörtlichen Verhältnisse die Erkrankung der Lärche.

Auf der Turracher Höhe (1763 m) in Obersteiermark konnten (am Weg zum Badwirt) Lärchen mit alten Krebsstellen am Stamme wahrgenommen werden; die Erkran-

---

[1] He ß - B e c k, Forstschutz, 1. Bd. 1927, S. 540.

[2] S e i t n e r M., Chortophila laricicola Karl, Centralbl. f. d. ges. Forstw., 1929, S. 153 ff.

[3] Z e d e r b a u e r E., Klima und Massenvermehrung der Nonne, Mitt. a. d. forstl. Versuchswesen Österr., 36. H., 1911, S. 51 ff.

[4] P l a ß m a n n E., Untersuchungen über den Lärchenkrebs, Neudamm 1927; v. G a i s b e r g E., Beiträge zur Biologie des Lärchenkrebspilzes, Dasyscypha Willkommii Hrtg., Mitt. d. Württ. Forstl. Versuchsanstalt, Tübingen 1928.

kungen waren jedenfalls durch mechanische Beschädigungen, wie sie auch an benachbarten Fichten und Zirben in der rauhen Höhe vorkommen, verursacht. Das Klima begünstigt dort aber offenkundig den Krebs nicht, so daß Ausheilung der kranken Stämme erfolgte. Ähnlich wurde auch aus dem Engadin vom Kreisforstamt Zuoz über „Krebs auf schlechten Standorten" berichtet.

In der Forstverwaltung Langau in den niederösterreichischen Alpen, Waldort Lärchriedl, etwa 1100 m ü. M., wurde der Bestand von Fichten und Tannen (mit unterdrückten Buchen) an Höhe um 2—3 m von den beigemischten Lärchen überragt, welche Scheitelhöhen von 35 m erreichten; auch an Stärke waren die Lärchen den übrigen Holzarten auffallend überlegen. Diese gut gedeihenden Lärchen wiesen ziemlich viel ausgeheilte Krebsstellen auf. In früheren Jahrzehnten war die betreffende Lehne starkem Weidegang unterworfen, Beschädigungen durch das Weidevieh stellten die ursprüngliche Ursache der nunmehr ausgeheilten Krebserkrankungen dar.

Abb. 60. Geschneitelte Lärchen im Villnößtal bei Klausen, Südtirol, in der Nähe von St. Peter, 1250 m.

Österr. Lichtbild- und Filmdienst, Aufnahme Prof. Dr. Kunzfeld.

Die Krebsempfänglichkeit der Lärche in ihrem künstlichen Anbaugebiet außerhalb der Alpen wird von einzelnen Verfassern für eine Rasseneigentümlichkeit der Alpenlärche (zum Unterschied von der Sudetenlärche) angesehen. Mit Recht hat dagegen auch C i e s l a r das Auftreten des Krebses für sekundär angesehen und gezeigt, daß im Mährisch-Schlesischen Gesenke, in der Heimat der Sudetenlärche, A n f l u g - l ä r c h e n [1]) unter ungünstigen äußeren Umständen, Standorts- und Bestandesverhältnissen, dem Krebs zum Opfer fielen. Umgekehrt zeigen auch Nachkommen von Alpenlärchen z. B. beim Anbau in Schlitz durchaus befriedigende Widerstandsfähigkeit gegen Erkrankungen. In den A l p e n s e l b s t s p i e l t d e r L ä r c h e n k r e b s p i l z h i n - s i c h t l i c h d e s G e s u n d h e i t s - z u s t a n d e s d e r L ä r c h e n im g r o ß e n g a n z e n e i n e s e h r b e s c h e i d e n e, untergeordnete R o l l e.

Geringere wirtschaftliche Bedeutung besitzt der S c h ü t t e p i l z d e r L ä r c h e, *Hypodermella Laricis* v. Tub., der z. B. im Bezirk Murau im Murtal und dessen Seitentälern Nadeln der Lärchen, besonders der unteren Äste, befällt und an den kleinen, in der Mitte der Nadel in einer Längsreihe angeordneten Apothezien zu erkennen ist.

Auch der L ä r c h e n n a d e l r o s t, *Melampsora Larici-Tremulae* Kleb. und andere verwandte Arten, die ihr Caeoma auf den Nadeln der Lärche bilden, können der

---

[1]) C i e s l a r, Waldbauliche Studien über die Lärche, Centralbl. f. d. ges. Forstwesen 1904, Sonderdr. S. 15, 16.

Benadelung gelegentlich Abbruch tun, ohne aber nennenswerte Schäden zu verursachen; dieser Rostpilz wurde z. B. in der Umgebung von Windischgarsten beobachtet.

Dem schädlichen Wettbewerb des G r a s w u c h s e s vermag die junge Lärche infolge ihrer Raschwüchsigkeit sich bald zu entziehen.

B e s c h ä d i g u n g e n   d u r c h   m e n s c h l i c h e   E i n w i r k u n g.

In manchen Alpenländern, z. B. in Tirol, ist im großen ganzen alles Waldland mit Weiderechten belastet. Das Weidevieh kann durch Verbeißen junger Triebe und Knospen, durch Überreiten, Verbiegen und Umbrechen junger Wüchse sowie auch durch den Tritt schaden. Der Lärche kommt im Kampf gegen alle diese Unbilden ein beträchtliches Ausheilungsvermögen zugute, immerhin leidet nicht selten die Formausbildung durch den Viehtritt und Verbiß. In manchen Gegenden der Alpen ist noch Aststreugewinnung durch Schneitelung auch der Lärchen üblich (vgl. Abb. 60). So manche Verstümmelung und üble Wuchsform ist auf die Schneitelung zurückzuführen. Durch Waldbrände ist die Lärche weniger als die anderen Nadelhölzer gefährdet, auch sollen durch Bodenfeuer erzeugte Schaftwunden bei ihr am besten verheilen [1]. Was die Widerstandsfähigkeit gegen die im Rauche enthaltenen schädlichen Abgase anbelangt, so verhält sich auch da die Lärche wegen der kürzeren Lebensdauer der Nadeln und wegen ihres guten Ausheilungsvermögens im Vergleich zu den übrigen Nadelhölzern recht günstig.

20. Einige Erfahrungen über die Dauer und Verwendbarkeit des Holzes.

B e z i e h u n g e n   z w i s c h e n   S t a n d o r t   u n d   H o l z b e s c h a f f e n h e i t
(S t e i n l ä r c h e,   J o c h l ä r c h e,   G r a s l ä r c h e).

Uralte Bezeichnungen für die Unterscheidung der Lärchen nach Standort und Holzbeschaffenheit wurden von der bäuerlichen Bevölkerung selbst geprägt. Ihre Deutung im Zusammenhange mit neueren Untersuchungen folgt weiter unten. 1831 berichtet G. Zötl [2]: „Wohlbekannt sind im Gebirge immer . . . . jene Standpunkte, wo sie vorzüglich gedeiht. Der Gebirgsbewohner scheidet auch nach diesen Standpunkten sehr charakteristisch die Lärchen ihrer inneren Güte gemäß, ohne sich durch Schnellwüchsigkeit oder schöne äußere Gestalt täuschen zu lassen, aus. Jochlärche, Steinlärche, Graslärche, dieses sind die treffenden Bezeichnungen der Lärche nach ihrem Standort und ihrer Güte“. J o c h l ä r c h e n sind die obersten Vorkommen, die dem Gebirgsbewohner zwar mehr wert sind als die Fichte, „aber nicht so viel als die Steinlärche“. S t e i n l ä r c h e n nennt er, wie wir es ausdrücken möchten, die im natürlichen Verbreitungsgebiet bei zusagendem Klima auf Waldboden von normaler Beschaffenheit und nicht zu geringer Tiefgründigkeit erwachsenen (nach Zötl auf „Boden, der ihr am meisten zusagt, ohne durch üppiges Wachstum ihrer inneren Güte zu schaden, humos, mit Steinen gelockert, nicht zu seicht, nicht zu trocken und nicht zu naß“); G r a s l ä r c h e n aber die „in den niederen, fettgründigen Wiesen“ vorkommenden, die ungeachtet ihrer großen Schnellwüchsigkeit im Werte hinter die Fichte gesetzt werden.

Daß die auf Wiesen erwachsenen Lärchen n i c h t   i m m e r minderwertige Graslärchen sind, hat schon 1852 W e s s e l y [3] mit Recht hervorgehoben; weiter unten wird noch

---

[1] H e ß - B e c k, Forstschutz, 2. Bd., 1930, S. 66.

[2] Z ö t l G., Handbuch der Forstwirthschaft im Hochgebirge, Wien 1831, S. 187, 195.

[3] W e s s e l y, Über die Dichte der Hölzer in den welschen Alpen, Österr. Vierteljahresschr. f. Forstwesen, 1852, S. 27.

333

dargetan, unter welchen Standortsbedingungen auch Wiesenlärchen gute Holzbeschaffenheit besitzen. Allerdings sind sie, wenn es sich nicht um Gruppen, sondern um freistehende Bäume handelt, durch Abholzigkeit und Ästigkeit gekennzeichnet.

Die Lärchen von den „höchsten Jochen" („J o c h l ä r c h e n") sind häufig kurzschaftig, abholzig, starkastig und weisen zu enge Jahrringe mit geringem Spätholzanteil auf. G e r i n g e J a h r r i n g b r e i t e ist beim Lärchenholz k e i n e s w e g s u n t e r a l l e n U m s t ä n d e n e i n A n z e i c h e n b e s o n d e r e r H o l z g ü t e. J a n k a[1]) hat darauf hingewiesen, daß es bei der Verwendung des Lärchenholzes im Erd-, Brücken- und Wasserbau in erster Linie auf Festigkeit und Dauer ankomme und daß Lärchenhölzer m i t m i t t e l b r e i t e n J a h r r i n g e n hiezu das geeignetste Material seien, weil nur solches die breitesten und härtesten Spätholzzonen und damit die größte Festigkeit und Dauerhaftigkeit aufweise. Lärchenholz aus großer Meereshöhe (Südtiroler Alpen, 1800 m)[2]), das Janka untersuchte, war durch sehr geringe Jahrringbreite und sehr schwache Entwicklung der Spätholzzonen ausgezeichnet. Das von solchen Örtlichkeiten stammende Lärchenholz bezeichnet J a n k a als sehr leicht und weich, wenig druckfest, wenig elastisch, wenig biegungsfest, als Bau- und Konstruktionsmaterial wenig geeignet, dagegen wegen seiner gleichmäßigen Jahrringbildung, seiner Engringigkeit, Weichheit und leichten Bearbeitbarkeit sowie der Feinheit seiner Faser als Möbelholz sehr beliebt.

Auch der Verfasser konnte sich an Lärchenhölzern aus hohen Lagen, z. B. des Engadin (Graubünden), von deren Engringigkeit, Weichheit und leichten Bearbeitbarkeit überzeugen u. a. durch Besuch der Chalet-Fabrik Davos A.-G., wo solches Holz verarbeitet wurde. W e s s e l y hat gleichfalls im Jahre 1852 in der angeführten Arbeit „Über die Dichte der Hölzer in den welschen Alpen" die Ergebnisse von Lärchenholzuntersuchungen mitgeteilt, wobei er das Holz von der obersten Vegetationsgrenze mit Recht als ein weiches und ein solches von geringer Tragkraft und Dauer bezeichnete.

„G r a s l ä r c h e n": Guter, lehmreicher bis schwerer, das Wachstum fördernder Boden bewirkt zu große Breitringigkeit des Lärchenholzes n u r d o r t, wo auch das ausgeglichene Klima einem zu raschen Wuchse nicht hinderlich ist. Zum Beispiel ist im nördlichen Teil des Forstamtes Berchtesgaden, Bezirk Vordereck, in Randgebirgslagen der Außenlandschaft, u. zw. in tieferen Lagen auf schweren Kreideböden, die Jahrringbreite des Lärchenholzes eine zu große. Die Holzgüte dieser sog. „Graslärchen", die allerdings einen Massengehalt bis zu 4 fm aufweisen, ist geringer. Mehr im Alpeninneren, im südlichen Teil des gleichen Forstamtsbezirkes, ist die Holzbeschaffenheit besser, Örtlichkeiten besten Lärchenvorkommens mit mittelbreiten Jahrringen sind dort zahlreich, wie sich Verfasser selbst, z. B. auf dem Ganterplatz Grafensandgrube (an der Königsseer Hauptstraße) an dort lagernden Langhölzern (Splintbreiten von bloß 1—1.5 cm!) und Säulenhölzern überzeugen konnte.

Während also in den Randgebirgen (Außenlandschaften) der bayerischen Alpen auf lehmreichen Böden, z. B. auch auf Flyschböden (Forstamt Siegsdorf), weniger geschätztes breitringiges Lärchenholz erwächst, wird dagegen weiter im Osten, in Niederösterreich, auch auf den guten Flyschböden des westlichen Wienerwaldes vorzügliches Lärchenholz erzeugt, das als Handelsware in die Schweiz ausgeführt wurde. Hier ver-

---

[1]) J a n k a, Untersuchungen über die Elastizität und Festigkeit der österreichischen Bauhölzer, IV, Lärche aus dem Wienerwald usw., Mitt. a. d. forstl. Versuchswesen Österreichs, 37. H., Wien 1913, S. 59.

[2]) J a n k a, Untersuchungen über die Elastizität und Festigkeit, V, Lärche aus Krain usw., Mitt. a. d. forstl. Versuchswesen Österr., 40. H., Wien 1918, S. 34.

hindert offenbar das schon etwas weniger ausgeglichene Klima einen allzu üppigen Wuchs auch auf guten Flyschböden.

Der Freistand bewirkt vor allem in warmen Tieflagen, auf üppigen Böden sowie im ausgeglichenen Randgebirgsklima die Entstehung der weniger begehrten Graslärchen. Seine Wirkung ist aber nicht überall dieselbe. In Hochlagen (1700—2300 m) der Innenlandschaft mit festländischen Wärmeverhältnissen, z. B. im Engadin, erwächst im Bestand, wie bereits angeführt, engringiges, weiches Holz; nur im Freistand, in sonnigen tieferen Lagen mit gutem Boden, weist dort die Entwicklung von Spätholz größeren Anteil im Jahrring auf, dort gelten also die sog. „Rasenlärchen" als ein zähes, hartes und widerstandsfähiges Holz! Wo also im allgemeinen zu schmale Jahrringe entstehen würden, dort sind Einflüsse, die größere Ringbreite hervorrufen (Freistand, guter Boden), für die Holzbeschaffenheit günstig.

Nach den Untersuchungen von Janka war das Holz der Gras- oder Wiesenlärchen aus den Alpen des oberösterreichischen und steiermärkischen Salzkammergutes (Steinbach a. Attersee, bzw. Mitterndorf, Meereshöhen 500, 550 und 880 m ü. M.) trotz seines ziemlich hohen spezifischen Gewichtes von schlechter Beschaffenheit (abholzig, astig, geringe Elastizität, hohe Ringbreite)[1].

Die „Steinlärchen" schließlich entsprechen den „Lärchenhölzern mit mittelbreiten Jahrringen", jenen Hölzern, die zwischen den beiden Extremen der allzu engringigen Jochlärchen und der zu breitringigen Graslärchen die Mitte einhalten.

Holzbeschaffenheit der Alpenlärche im Vergleich zur Sudetenlärche.

Bei Jankas Schätzung der Holzgüte der von ihm untersuchten Lärchen stand an der Spitze (als „bestes Holz") die Lärche aus dem Wienerwald und die aus Nordtirol. Hierauf folgte erst Krain und dann erst das kleine natürliche Verbreitungsgebiet in Schlesien (Sudetenlärche)[2]. Die von Janka untersuchten Stämme von Wienerwaldlärchen entstammten zum größeren Teile dem staatlichen Wirtschaftsbezirke Preßbaum, dessen Bereich wenigstens teilweise bereits dem natürlichen Verbreitungsgebiet der Lärche im Wienerwald angehört, im übrigen ihm wenigstens nahe benachbart ist. Zum kleineren Teil waren Jankas Probestämme dem Bezirk Tullnerbach (jenem von Preßbaum benachbart, aber schon außerhalb des natürlichen Verbreitungsgebietes) entnommen.

Bezüglich der Ästigkeit fand Janka, daß die Alpenlärche „eine bedeutend größere Ästigkeit aufweise als die schlesische und die Wienerwaldlärche"; da aber der Wienerwald zu den Alpen und die natürlich vorkommende Wienerwaldlärche somit zur Alpenlärche gehört, so ergibt sich aus Jankas Urteil, daß auch innerhalb der Herkunft der Alpenlärchen Unterschiede bestehen je nachdem, ob diese in Hochlagen der Alpen oder in milderen Lagen, z. B. im Wienerwalde, erwachsen sind.

Im westlichen Teil des Wienerwaldes, besonders im dortigen natürlichen Verbreitungsgebiet der Lärche, ist keine einzige Holzart als Nutzholz so geschätzt und von so vorzüglicher Beschaffenheit wie die Lärche, die z. B. in der Neulengbacher Gegend besonders von den Brückenbaufirmen gerne gekauft wird. Auch als Ausfuhrware für die Schweiz (zum Schiffbau für die Schweizer Seen) ist sie begehrt. Jankas Untersuchungen

---

[1] Janka, V, Lärche, S. 44.
[2] Janka, V, Lärche, 1918, S. 42.

zusammen mit den eigenen Beobachtungen des Verfassers gestatten den Schluß, daß in den tieferen Lagen des Verbreitungsgebietes der Alpenlärche Holz von mindestens ebenso guter Beschaffenheit und ebenso befriedigenden Formen und Ausmaßen erwächst wie im Verbreitungsgebiet der Sudetenlärche.

Beispiele hoher Dauer.

Die Stämme der Alpenlärche weisen im Abtriebsalter — mit Ausnahme mancher Graslärchen — in der Regel sehr schmalen Splint und sehr gute Verkernung auf. Das Lärchenkernholz ist in den Alpenländern sehr geschätzt, es ersetzt überall, wo es auf Festigkeit und Dauer ankommt, die Eiche.

Wegen seiner Elastizität und Festigkeit, seiner Dauer und wegen des Umstandes, daß es, wohl infolge des Geruches, d e m W u r m f r a ß n i c h t a u s g e s e t z t ist, stellt es das beste Holz zu Hochbauten dar.

Ein Beispiel gewaltigen Ausmaßes für die Verwendung des Lärchenholzes im Hochbau, und zwar an dem bedeutendsten gotischen Baudenkmal in Österreich, stellt der Dachstuhl der St. Stephanskirche in Wien dar. Nach dem „Führer durch die Stephanskirche in Wien"[1]) ist das Langschiff mit der Chorgalerie 108 m lang und 70 m breit, das steile Dach dieses Langhauses aber nicht weniger als 33 m hoch, der Dachstuhl aus „2889 Lärchenstämmen zusammengefügt". Die Höhe des Gebäudes bis zum Gesimse verhält sich zur Höhe des Daches wie 2 : 3 (Höhe bis zum Gesimse 22·15 m, Dachhöhe vom Gesimse an 33 m). Zu Ende des 15. Jahrhunderts wurde der Dachstuhl des Stephansdomes aufgestellt, er umfaßt fünf Stockwerke. Bei wiederholter Besichtigung überzeugte sich der Verfasser, daß der Dachstuhl wohlerhalten, nur an ganz wenigen Stellen geringen Umfanges ausgebessert und bis auf seltene kleine Ausnahmen vollkommen wurmfrei ist. Aus jedem einzelnen der fünf Stockwerke entnommene Holzproben sind an glatten Hirnschnitten in einer allen Zweifel ausschließenden Weise als Lärchenholz erkennbar, vor allem sind innerhalb der Jahresringe die Spätholzzonen deutlich und scharf abgegrenzt. (Bei einem Glockenstuhl wurde auch Eichenholz vorgefunden.) Auch bei der mikroskopischen Untersuchung erwies sich ein Span vom Dachstuhl als Lärchenholz.

In den gotischen Kirchen und Domen des Mittelalters in Salzburg, Steiermark, Tirol wurde laut Mitteilung des Dombaumeisters zu St. Stephan A. K i r s t e i n durchwegs Lärchenholz wegen seiner durch die Jahrhunderte erprobten Wurmfreiheit verwendet, die Lärche hat sich in allen diesen Kirchen sehr gut bewährt. Auch der Dachstuhl der Kirche Maria Stiegen (Maria am Gestade) in Wien ist nach K i r s t e i n aus Lärchenholz hergestellt, das einschiffige Langhaus dieser Kirche ist aus der 1. Hälfte des 15. Jahrhunderts, der älteste Teil vom Ende des 14. Jahrhunderts[2]). Auch in Hofgastein beobachtete Dombaumeister Kirstein, daß die dortige, in den ältesten Teilen in romanischem, später in gotischem Stil erbaute Kirche einen wohlerhaltenen Dachstuhl aus Lärchenholz besitzt. Mit Recht berichtete schon Z ö t l über die Verwendung im Hochbau, man habe Beispiele, daß in alten Kirchtürmen noch ganz gesundes Lärchenholz aufgefunden wurde, dessen Alter seit der Erbauung man mit Sicherheit auf 300 Jahre berechnete. Auch in Rußland sollen bis 500 Jahre alte Kirchen und sonstige Gebäude aus Lärchenholz festgestellt worden sein, den russischen forstlichen Forschungsanstalten soll

---

[1]) H e r z m a n s k y S. L., Führer durch die Stephanskirche in Wien, Wien 1922.
[2]) B a e d e k e r K., Österreich, Handbuch für Reisende, 1926, S. 55.

die Aufgabe zugewiesen worden sein, die Nutzungs- und Verwendungsmöglichkeiten des
Lärchenholzes möglichst eingehend zu klären[1]).

Zum Vergleich suchte Verfasser zu erheben, wie sich die Dachstühle der gotischen
Kirchen des Mittelalters in jenen Teilen Deutschlands erhalten haben, wo Lärchenholz
n i c h t zur Verfügung stand. E. M ö r a t h, Technische Hochschule Darmstadt, teilte dem
Verfasser mit, daß es sich laut Auskunft von hessischen Denkmalpflegern, vor allem von
Prof. Dr. W o l b e, dort in der Regel um Fichtenholz handle; dieses sei bei einer großen
Anzahl von alten Dachstühlen vom Wurm angegangen, doch soll der Wurm in der Regel
„nicht bis ins Kernholz" eingedrungen sein. Gegen den Rat des Denkmalpflegers wurden
Dachstühle abgebrochen, doch erwies sich auf dem Zimmerplatz, daß das Kernholz noch
gesund war und noch Jahrzehnte hätte stehen bleiben können.

In Hölzern, die in Häuser verbaut sind, z. B. Dachstühlen, Parkettböden, ferner in Möbeln, Holz-
schnitzereien usw. kommen als Hauptschädlinge der Hausbock, *Hylotrupes bajulus* L., der Parkettkäfer,
Lyctus linearis Goeze, und die verschiedensten Nagekäfer, *Anobiidae*, vor[2]). Das Zerstörungswerk wird
oft lange fortgesetzt, ohne augenscheinlich zu werden. Das Innere ist häufig weitgehend zerstört, während eine dünne Oberflächenschicht nahezu unversehrt bleibt. Der gefährlichste Feind des verbauten Nadelholzes ist der Hausbock. (Im Gouvernement Orel soll er innerhalb von 10 bis 15 Jahren 60 v. H. der
aus Kiefernholz erbauten Forsthäuser vernichtet haben.) Je nach dem Klima, der Bauweise, den Wärmeverhältnissen unter dem Dache usw. ist die Raschheit der Zerstörung verschieden.

Von Blaufäule befallenes Kiefernholz soll von Anobien und dem Hausbock viel früher
und dichter geschädigt werden als gesundes Kiefernholz. Lärchenholz ist auch dem Kie-
fernkernholz in bezug auf Wurmfreiheit überlegen. Da unter den chemischen Mitteln (An-
strich und Imprägnierung), auch unter den recht guten, kein einziges nachgewiesenermaßen eine vollkommene Dauerwirkung besitzt, so ist der V o r z u g d e s L ä r c h e n -
h o l z e s i n d i e s e r H i n s i c h t a u c h h e u t e n o c h v o n B e d e u t u n g.

Im Jahresbericht 1928/29 des Vereins der Ingenieure in Tirol und Vorarlberg wurde
eine aus L ä r c h e n h o l z hergestellte Brücke erwähnt, diese wurde 1780/81 als gedeckte
Holzbrücke (Hängewerks-Konstruktion) über den Villgratenbach nächst Sillian von schwä-
bischen Zimmerleuten errichtet, seit der Erbauung hat noch keine Reparatur stattgefunden[3]). Die Brücke hatte drei je 20 m breite Öffnungen.

Das Herrenhaus des Schlosses Stixenstein in Niederösterreich (westlich von Neunkirchen) brannte im Jahre 1803 ab und wurde im Jahre 1820/21 wieder aufgebaut und mit
Lärchenschindeln gedeckt. Bei der Erneuerung des Daches nach 108 Jahren, im Jahre
1928, fand der Zimmermann noch Lärchenschindeln mit der Jahreszahl 1820/21! In einem
Schaufenster der Stadt Reichenhall war im Jahre 1934 eine Lärchenlegschindel aus-
gestellt, die vom Jahre 1842 an bis 31. März 1934, also durch 92 Jahre ununterbrochen auf
einem Hausdache lag. Ebenso eine Legschindel, ebenfalls Lärche, die sogar 150 Jahre lang
Dienst versah. (Früher sollen die Schindeln auch durch Räuchern und durch Kochen in
Sole haltbarer gemacht worden sein)[4]).

Im Bauernhof Haselreith bei Opponitz in Niederösterreich sah der Verfasser in der
Wohnstube einen Lärchen-Durchzugsbalken mit der Jahreszahl 1788. Im Bauernhof (der
trotz der geringen Meereshöhe von 518 m von natürlich vorkommenden Lärchen aus-

---

[1]) B u c h h o l z E., Forstarchiv 1934, S. 406 (in einem Bericht über: P o n o m a r e w N. A., Die
Lärche der U.d.S.S.R., Moskau 1934).

[2]) S c h i m i t s c h e k E., Schutz des Holzes gegen Angriffe technisch schädlicher Insekten. Sonderdr. aus „Österreichs Weidwerk", Abteilung „Die Forstwirtschaft", 1933 (daselbst auch reiche Hinweise
auf das Schrifttum).

[3]) Zeitschr. d. Österr. Ing.- u. Architekten-Vereins, 82. Jg., 1930, S. 91.

[4]) Wiener Allg. Forst- u. Jagd-Ztg. 1934, S. 151.

reichend umgeben ist), erscheint Lärchenholz reichlich verbaut, so für die Dielen der Fußböden, für Träme und Sparren in der Scheune, für die zwei Reihen von Säulen im Stalle
zu beiden Seiten des Mittelganges usw. — Zur Zeit der Besichtigung waren von den Säulen der einen Reihe die äußersten, schon etwas angegriffenen Holzlagen vor kurzem entfernt worden. Es kam gesundes, rotes Lärchenkernholz zum Vorschein, die Säulen
erweckten dann den Eindruck, als wären sie eben erst hergestellt worden, obwohl sie seit
fast 150 Jahren der feuchten Stall-Luft ausgesetzt waren.

In einem abgetragenen Haus in Lunz fand sich ein gut erhaltener Durchzugsbalken
mit der Jahreszahl 1642 (vgl. die Abbildung 14, Seite 61). Besonders pflegen lärchene Alm-
hütten oft von hohem Alter zu sein. So sind nach Mitteilung des Forstamtes Berchtesgaden
„die Kaser der Hochalmen durchwegs lärchen; ihre Dauer ist nahezu unbegrenzt. In
zwei Kasern finden sich auf deren Durchzugsbalken die Jahreszahlen 1665, bezw. 1667
eingeschnitten".

Im Dachsteingebiet, auf der Niederen Schönbergalpe bei Obertraun, wurde das
Dachsteinhöhlen-Unterkunftshaus in 1345 m Meereshöhe zum Teil aus einer ehemaligen
Almhütte, die bereits in Trümmern lag, aufgebaut. Bei dieser Wiederherstellung wurde
über dem Türbalken der ehemaligen Almhütte die Jahreszahl ihrer Gründung: 1414, entdeckt [1]); daraus ist zu schließen, daß die untersten, roh mit der Axt beschlagenen, ver-
witterten, aber noch festen lärchenen Grundbalken, auf denen die heutige Küche des
Unterkunftshauses an Stelle der alten Almhütte steht, mehr als 500 Jahre ausgedauert
haben.

In Untervaz (Rheintal bei Chur, Graubünden) findet sich über dem Eingang zum
Hof des Hauses Nr. 38 in einem lärchenen Durchzugsbalken die Jahreszahl 1697 mit
gotischen Ziffern neben dem Hauszeichen eingeschnitten.

In den sehr niederschlagsreichen Alpen Jugoslawiens (sowie auch in Kärnten) sind
auf den landwirtschaftlichen Grundstücken zum besseren Trocknen der Ernte sogenannte
„Harfen" (hölzerne Stangengerüste) errichtet. Die in den Boden eingelassenen, im Freien
auf Dauerhaftigkeit besonders beanspruchten Säulen dieser Harfen sind aus Lärchenholz
und erreichten in manchen Fällen (z. B. Obere Radowna) eine Dauer ihrer Verwendung
von 100 bis 110 Jahren.

Bekannt ist die lange Dauer des Lärchenholzes bei Verwendung unter Wasser-
bedeckung. Im Rheintal Graubündens [2]) soll der Rest des Brückenkopfes der sogenannten
Feldiser Brücke (bei Rhäzüns) — und zwar ein auf dem ursprünglichen Fundament liegender Balken aus Lärchenholz, der zeitweise sichtbar wird — mindestens 300 bis
400 Jahre alt sein.

Im Lunzer See in Niederösterreich befinden sich laut Mitteilung der Guts- und
Forstverwaltung Seehof in Lunz Jahrhunderte alte Piloten aus Lärchenholz, „die unter
Wasser fast versteinert sind". Auch Zötl wußte (1831) zu berichten, daß man an „alten
Archen" unter Wasser Lärchenholz über 500 Jahre alt schätzte, „und doch war es so
frisch, als wenn es erst eingelegt worden wäre".

Verwendung.

Als Bauholz zum Erd-, Brücken-, Wasser- und Schiffsbau, für Stallungen und Kel-
lerräume, Brennereien, Salzwerke und Brauereien, neuestens auch für Grünfuttersilos,

---

[1]) L a h n e r G., Wunder des Dachsteinhöhlenparks in Oberösterreich, Linz 1920; zit. nach briefl.
Mitteilung von R. B o e h m k e r, Wien.
[2]) Mitteilung des Konservators des Rhätischen Museums in Chur, Prof. Dr. L. J o o s.

für Holzdruckrohre, Laugentürme und Bottiche ist die Lärche allen Nadelhölzern überlegen. Beim Hochbau wird sie insbesondere auch zu Fensterrahmen, Treppenstufen, Türen, Veranden, zu dauerhaften Fußböden, Schindeln und Täfelungen mit Vorliebe verwendet, dann für Grundschwellen im Stall und Keller, sowie für den untersten Kranz der Holzhäuser.

Auch Eisenbahnschwellen werden in manchen Hochgebirgsgegenden aus Lärchenholz hergestellt. Im landwirtschaftlichen Betrieb in den Alpen sind vielfach auch noch die aus einem einzigen Lärchenstammabschnitt gezimmerten Wassertröge in Verwendung. Gut geformte Lärchenbauhölzer finden als Träger für Brücken Nachfrage, so wurden z. B. für die Murbrücke bei Gratwein 24 m lange Lärchenbauhölzer mit 43 cm Zopfstärke (am unteren Ende etwa 65 cm stark) im Revier Stübing des Stiftes Rein erzeugt. Am Gebirgsrande in der Nähe der Weinbau-Gegenden kommen als Weinpfähle hauptsächlich Lärchenspaltstücke in Frage.

In manchen Industriebetrieben, z. B. Berndorfer Metallwaren-Erzeugung, Niederösterreich, werden Säurebottiche für schwächere Säure-Konzentration aus geschnittenem Kernholz stärkerer Lärchen hergestellt. Solches Holz zeigt gegenüber schwächeren Säurekonzentrationen fast dieselbe Beständigkeit wie die säurefesten Spezialstähle, die außerordentlich viel teurer sind [1]). Durch Versuche an 14 wichtigeren Holzarten, und zwar 4 Nadelholz- und 10 Laubholzarten, über die Gewichtsverluste, bezogen auf die Zeit- und Flächen-Einheit, in den einzelnen Lösungen hat M ö r a t h festgestellt, daß L ä r c h e n k e r n h o l z in der Reihenfolge der chemischen Widerstandsfähigkeit im Durchschnitt sämtlicher angewandter Chemikalien (7 Stoffe) und sämtlicher berücksichtigten Konzentrationen dieser o b e n a n s t e h t. Für Grünfuttersilos, Sauerkrautfässer, Transportgefäße für Milch und Molkerei-Produkte, Behälter in der Färberei, Gerberei, Gärungs- und sonstigen Lebensmittelindustrie, Badewannen bei angreifenden Mineralbädern und in der chemischen und metallurgischen Industrie kann so das Lärchenholz mit Vorteil verwendet werden.

Auch zur Herstellung naturfarbener Möbel, für den Wagen- und Waggonbau, zu Blindholz, Drechsler- und Küferholz ist das Holz der Lärche brauchbar. Erwähnt sei noch, daß Lärchenharz („venezianischer Terpentin"), das in den Ostalpen gleichfalls gewonnen wird, zu den feinen Terpentinen zählt.

21. Zusammenfassung der wichtigsten Ergebnisse.

1. Wie aus der beigegebenen Karte der natürlichen Verbreitung ersichtlich ist, besiedelt die Lärche nahezu die ganzen Ostalpen. Doch bestehen innerhalb dieses Gebietes bedeutende Unterschiede in der Häufigkeit ihres natürlichen Vorkommens. Aus den Tatsachen der Verbreitung läßt sich mit voller Deutlichkeit herauslesen, daß diese Verschiedenheiten in erster Linie klimatisch bedingt sind; außerdem werden feinere örtliche Unterschiede durch die Bodenbeschaffenheit hervorgerufen.

2. Die natürliche Verbreitung der Lärche erstreckt sich in der Hauptsache auf jene Höhenstufen, die durch die Buche und weiterhin durch die Fichte als Hauptholzarten gekennzeichnet sind, jedoch innerhalb dieser Gürtel nur auf jene Teile, in denen (bei genügenden, ja größtenteils bei reichlichen Niederschlägen) verhältnismäßig binnenländische Wärmeverhältnisse herrschen.

---

[1]) M ö r a t h E., Widerstandsfähigkeit der Hölzer gegen chemische Einflüsse, Heft 5 der „Mitt. des Fachausschusses f. Holzfragen beim Verein deutscher Ing. und Dt. Forstverein".

3. Jenen Außenseiten (Luvseiten) der Randgebirge, die den ozeanischen Luftströmungen gut zugänglich sind, fehlt die Lärche als einheimische Holzart vollständig, dies trotz der bedeutenden, die Lage der oberen Baumgrenze oft um ein beträchtliches überragenden Höhen der Berge. Das Höchstmaß ihrer Verbreitung erreicht unsere Holzart in den zentralalpinen Innenlandschaften.

Häufig ist ein und derselbe Gebirgszug auf seiner Luvseite lärchenfrei, auf der Leeseite von Lärchen besiedelt. So weist z. B. im südöstlichen Teil der Alpen in der Nähe des Triglavstockes der Gebirgszug südlich vom Wocheiner-See auf der jugoslawischen oder Leeseite noch natürliche Lärchenstandorte auf, dagegen ist er auf der italienischen, also auf der gegen adriatische Luftströmungen offenen Luvseite, nach F e n a r o l i (S. 189 dieser Schrift), frei von Lärchen, obwohl diese Grenzkette „östlich vom Berge Bogatin" im Mittel noch 1800 m hoch ist.

Dieselbe Gesetzmäßigkeit gilt von der lärchenfreien Vorarlberger Seite des Arlberges zum Unterschied vom Lärchengebiet der Tiroler Seite (Leeseite); sie gilt vom Allgäuer Hauptkamm, dessen Luvseite im Allgäu lärchenfrei ist, wogegen die Leeseite im Lechtal Lärchenbesiedlung erkennen läßt; demselben Gesetz begegnen wir im Wetterstein- und Karwendelgebirge (Unterschied zwischen der bayerischen Luv- und der Tiroler Leeseite). Auch der Gaisberg bei Salzburg und die dortigen Flyschvorberge, sowie jene des oberösterreichischen Salzkammergutes sind der Westluft gut zugänglich und (von Natur aus) frei von Lärchen.

4. Eine ganz ähnliche Gesetzmäßigkeit zeigt sich in großem Ausmaß auch hinsichtlich der Hauptkämme der Alpen: Im Hinblick auf die vorherrschenden NW-Winde ist der N o r d h a n g d e s A l p e n h a u p t k a m m e s d i e L u v s e i t e , d e r S ü d h a n g d i e L e e s e i t e . Wir finden z. B. im Gebiet der Zillertaler Alpen auf der Südseite, im Ahrntal, ein Höchstmaß, die Lärche häufig rein oder vorherrschend; dagegen auf der Nordseite, in der Forstverwaltung Mayrhofen (Zemmtal, Stilluptal, Zillergrund), bloß einen Lärchenanteil von durchschnittlich weniger als 0·1. Ähnlich ist auf der Südseite der Hohen Tauern in Osttirol und Kärnten die Häufigkeit der Lärche ganz auffallend größer als auf der Nordseite im Pinzgau Salzburgs; in den Niederen Tauern ist sie gleichfalls auf der Südseite im Lungau größer als auf den gegen das Ennstal abfallenden Nordhängen der Niederen Tauern. Die Karte der natürlichen Verbreitung läßt deutlich erkennen, daß die Gebiete südlich vom Alpenhauptkamm in bezug auf Verbreitung unserer Holzart allgemein begünstigt zu sein pflegen. Aus den Klimazahlen aber ergibt sich, daß südlich vom Alpenhauptkamm dem Einfluß der atlantischen NW-Winde betreffs der Wärmeschwankung eine gewisse Schranke gesetzt ist.

5. In der Richtung vom Außenrande gegen die Innenlandschaften der Alpen ist auch bei gleicher Meereshöhe offenkundig eine Zunahme der Häufigkeit des Lärchenvorkommens nachweisbar. In dieser Richtung ist auch sonst eine grundlegende Änderung der Vegetation zugleich mit einer solchen des Klimas festzustellen. Beispiele: vom 1064 m hohen Pfänder bei Bregenz oder vom Bregenzer Wald gegen das Unter-Engadin (Martinsbruck, 1040 m); von der Gegend nördlich Reutte gegen Imst; von Murnau über Garmisch nach Telfs und in die Ötztaler Alpen; von den 1000 m hohen Flyschvorbergen zwischen Traunsee und Attersee zum 1020 m hohen Tamsweg im Lungau usw. In allen diesen Fällen kommt man aus Gegenden v e r h ä l t n i s m ä ß i g a u s - g e g l i c h e n e r T e m p e r a t u r v e r h ä l t n i s s e in solche g r o ß e r W ä r m e - s c h w a n k u n g e n (auch bei gleicher Seehöhe); zugleich aus buchen- und tannenreichem Gelände in buchenfreie Gebiete des Lärchenhöchstmaßes. In diesen Gebieten beträgt häufig der Anteil der Lärche im Durchschnitt ganzer Bezirke 0·3 bis 0·5 der

Bestockung (der Fläche, oft auch der Masse nach), mitunter auch noch mehr. Der Weg aus dem einen in das andere Gelände führt durch Mischwälder von Buche, Fichte, Lärche.

6. Die Höhenlage allein ist auch in den Alpen für ein reicheres Lärchenvorkommen durchaus nicht entscheidend. Der 1787 m hohe Rigikulm als freistehender Voralpengipfel liegt im lärchenfreien Westwettergebiet, in seinem Umkreis gedeihen Mischwälder mit frostempfindlichen, „ozeanisch" gestimmten Arten. Das fast ebenso hohe Bevers im Ober-Engadin (1713 m) dagegen befindet sich im Gebiet des reichsten Lärchenvorkommens im inneralpinen Längstal des Engadin.

7. Alle ostalpinen S t a n d o r t s g e b i e t e d e s H ö c h s t m a ß e s der Lärchenverbreitung weisen eine inneralpine, gegen temperaturausgleichende Luftmassen abgesperrte Lage auf. Es ist somit auch die Geländegestaltung von großem Einfluß auf die Häufigkeit des Lärchenvorkommens. Die betreffenden Lagen (meist Längstäler) sind durch größere Temperaturextreme gekennzeichnet sowie auch durch eine den Unbilden des binnenländischen Klimas entsprechende Vegetation, der alle gegen Wärmeschwankungen empfindlicheren Arten fehlen.

Die wichtigsten derartigen Gebiete sind: das Ober-Engadin mit dem Puschlav- und Münstertal; das Unter-Engadin und der angrenzende Teil des Ober-Inntales in Nordtirol (Bezirk Ried in Tirol); der Vinschgau (oberes Etschtal); das Draugebiet Osttirols und das Ahrntal (Seitental des Pustertales) am Südhang der Zillertaler Alpen; die Tauern Kärntens, durch das Mölltal und Liesertal entwässert, und die angrenzenden Gurktaler Alpen; der Lungau Salzburgs und der benachbarte obersteirische Murgau; das Längstal im oberen Talabschnitt des Oglio (Val Camonica), dann das Längstal der Noce (Val di Sole) und das Hochtal des Boite (rechtsufriger Piavezufluß).

8. Hinsichtlich der Besiedlung der Randberge am nördlichen und östlichen Alpensaum verhält sich die Lärche in den ö s t l i c h e n T e i l e n d e r O s t a l p e n anders als im Westen; während ungefähr westlich von Steyr und von Kirchdorf a. d. Krems in Oberösterreich an die Randberge bis nach Vorarlberg und in die Schweiz von der Lärche gemieden sind, und zwar je weiter nach Westen, in desto breiterem Gürtel, so ist dies im Osten (ostwärts von den genannten Orten) nicht der Fall. In Niederösterreich und im steirischen Randgebirge sind selbst die niedersten Randberge der Alpen in der Regel von der Lärche natürlich besiedelt, dabei sind in tieferen Lagen am Alpenrand die Schattseiten bevorzugt. Im Osten sind eben die Wärmeverhältnisse auch am Gebirgsrand etwas weniger ausgeglichen als im Westen, die Temperaturschwankungen und auch die mittleren Jahresschwankungen nehmen zu, im Jänner herrscht ein Temperaturgefälle in der Richtung West-Ost, also gegen den Kontinent.

9. In den Tälern der Innenlandschaft mit bedeutender Massenerhebung, wo die binnenländischen Wärmeverhältnisse sowohl eine größere Häufigkeit der Lärche als auch eine höhere Lage der oberen Baumgrenze ermöglichen, dort prägt sich deutlich eine Z u n a h m e d e s A n t e i l s u n s e r e r H o l z a r t i n d e r R i c h t u n g v o n u n t e n n a c h o b e n aus. In solchen Hochlagen der Innenlandschaft können wegen der großen Wärmeschwankungen nur widerstandsfähige, harte Pflanzen gedeihen. Zwar ist in manchen hochgelegenen Wetterwarten des Lärchenverbreitungsgebietes die mittlere Jahresschwankung verhältnismäßig klein. Allein in solchen Höhen im Gebiet großer Massenerhebung nimmt auch die Strahlungswärme zu, sonnige Nachmittage weisen dann beträchtliche Wärmegrade auf, die Tages- und Monatsmittel aber sind durch die nächtliche starke Ausstrahlung herabgedrückt, die Temperaturextreme kommen also im Mittel (und in der aus den Mitteln berechneten Jahresschwankung) nicht entsprechend zum Ausdruck.

10. In solchen **h o h e n   L a g e n** findet sich nur das **H ö c h s t m a ß** der Verbreitung unserer Holzart, **n i c h t   d a s   B e s t m a ß**. Sie vermag also nur besser als ihre Mitbewerber (Fichte) in den Hochlagen der Innenlandschaft mit kurzem Sommer noch zu bestehen. Hingegen finden wir den besten Wuchs, gute Holzbeschaffenheit, überhaupt das Vorkommen in bestem Zustand in tieferen und mittleren Lagen in geschlossenen Beständen.

11. Innerhalb ihres zusammenhängenden Verbreitungsgebietes in den Ostalpen findet sich unsere Holzart überall von den Talsohlen an, es gibt daher in den Ostalpen **a u s g e d e h n t e   B e z i r k e   n a t ü r l i c h e n   L ä r c h e n v o r k o m m e n s   i n   t i e f e r e n   L a g e n.** Die Lage und die klimatischen Verhältnisse lassen erkennen, daß es sich hiebei zumeist um Innenlandschaften handelt, für die der Zutritt der vom Meere kommenden, auf den jährlichen Wärmegang ausgleichend wirkenden Luftströmungen einigermaßen gehemmt ist. So hat z. B. Werfen, 550 m, ein reiches natürliches Lärchenvorkommen schon bei der genannten geringen Meereshöhe, das Januarmittel der Temperatur beträgt —5·3⁰, Juli 17·1⁰, die mittlere Jahresschwankung 22·4⁰. Beispiele solcher tiefgelegener Verbreitungsbezirke (aus Graubünden, Tirol, Salzburg, Oberösterreich, Niederösterreich, dem steirischen Randgebirge, den italienischen Ostalpen) mit Nachweis der Ursprünglichkeit auch in der tieferen Lage und mit möglichst genauen Angaben über die Standortsbedingungen sind auf S. 247 ff. vorliegender Arbeit dargestellt.

12. Die Gebiete des Höchstmaßes der Lärchenverbreitung und jene des besten Lärchengedeihens sind keineswegs regenarm. Die Kennzeichnung der **N i e d e r s c h l a g s v e r h ä l t n i s s e** in einigen der wichtigsten Verbreitungsbezirke ergibt dies einwandfrei (vgl. S. 263 ff.). Die Lärche ist also in ihrem Vorkommen und Gedeihen keineswegs an Regenarmut gebunden. Dies wäre auch unwahrscheinlich bei einer Holzart, deren Wasserbedarf („Transpirationsbedürfnis"), wenigstens für je 100 g Blattrockengewicht, für hoch angesehen werden muß, bei einer Art, die trockene Sonnseiten in der Regel nur schwach besiedelt und frische Böden vorzieht. Große Transpiration setzt ausreichende Wasserzufuhr voraus, zugleich die Anregung zur Wasserabgabe (z. B. durch warme Sommertage, wie sie binnenländischen Wärmeverhältnissen entsprechen).

13. Stellt man die **Z a h l e n   z u r   D a r s t e l l u n g   d e r   W ä r m e v e r h ä l t n i s s e** für Orte annähernd gleicher Seehöhe je aus einer Gegend **o h n e** Lärchenvorkommen und einer solchen **m i t** Lärchenverbreitung (aus möglichster Nähe) einander vergleichend gegenüber, so drängt sich (vgl. S. 267 ff.) die Schlußfolgerung auf, daß im lärchenfreien Gebiet mäßige Temperaturausschläge, im lärchenreichen hingegen größere Ausschläge, also verhältnismäßig festländische Wärmeverhältnisse herrschen. Die Sommer der natürlichen Lärchenstandorte sind wärmer, die Winter kälter als jene an lärchenfreien Orten gleicher Seehöhe.

14. Es wurde bereits erwähnt, daß die Gegenden des Höchstmaßes der Lärchenverbreitung regelmäßig an eine bestimmte Geländebeschaffenheit gebunden sind, u. zw. handelt es sich in der Regel um inneralpine, gegen Westen durch hohe Berge abgeschlossene **L ä n g s t ä l e r; G e g e n b e i s p i e l e** stellen die nach NW[1]) offenen Quertäler dar, in denen die Lärche entweder vollständig fehlt oder mindestens sehr zurücktritt (vgl. S. 275—277).

15. Was die **H ö h e n g r e n z e n** des natürlichen Vorkommens anbelangt, so reicht dieses z. B. in Graubünden (Rheintal bei Maienfeld) bis 550 m herab, in Tirol bis 500 m, in Kärnten an der tiefsten Stelle des Landes bei Lavamünd, Bleiburg bis 400 und 450 m,

---

[1]) am Alpennordrand; in den Alpen Jugoslawiens dagegen finden sich ähnliche Erscheinungen in den gegen SW (Adria) offenen Lagen.

in Steiermark bis 375 m, Salzburg bis 550 m, Oberösterreich bis 400 m, Niederösterreich bis 300 m (bei Neulengbach). Die Lage der oberen Grenze des Vorkommens hängt von der Höhe der oberen Wald- und Baumgrenze ab; die Waldvegetation steigt dort, wo große Flächen hoch in die Atmosphäre erhoben sind, also in Gebieten großer Massenerhebungen mit größerer Einstrahlung, festländischen Wärmeverhältnissen, wegen der hohen Tages- und Sommertemperaturen in Höhen geringerer Mitteltemperaturen empor (Brockmann-Jerosch). Die Längstäler mit festländischem Klima als Standortsgebiete des Höchstmaßes der Lärchenverbreitung sind daher zugleich auch Gebiete einer sehr hohen Lage der oberen Baumgrenze (vgl. S. 259 ff.). Im Engadin oberhalb Pontresina reicht das Lärchenvorkommen bis gegen 2400 m empor, im Vinschgau bis 2300 m, im Draugebiet Osttirols bis 2200 m. In der Richtung gegen die Außenlandschaft, also gegen das Randgebirge mit ozeanisch kühlen Sommern, senken sich die oberen Baumgrenzen und die oberen Grenzen des Vorkommens unserer Holzart.

16. Die Lärche besiedelt in ihrem natürlichen Verbreitungsgebiet in den Ostalpen Verwitterungsböden der verschiedensten Gesteinsgruppen. In der Schweiz wird sie von manchen, weil sie die Randgebirge im NW meidet, für einen kalkfliehenden Baum des Urgesteins gehalten; in Deutschland hingegen sind manche zu dem Schluß gelangt, daß sie Kalkboden besonders liebe. In Wirklichkeit werden Böden der einen und der anderen Gesteinsgruppe auf ausgedehnten Flächen weder bevorzugt noch gemieden. Auch die Merkmale der Relikte: Vorkommen auf armen Böden, können für die Verbreitung in den Alpen keineswegs allgemein geltend gemacht werden; denn zum Schutz gegen den Wettbewerb anderer Arten bedarf sie in der Regel nicht erst der auslesenden Wirkung durch den Boden, da ihr in den Alpen ohnehin schon das Klima als einer gegen die Ungunst binnenländischer Wärmeverhältnisse widerstandsfähigen, durch den sonnigen Sommer begünstigten Holzart zu Hilfe kommt.

17. Mittel- bis tiefgründige, lockere, frische Lehm- und sandige Lehmböden sagen unserer Holzart in ihrem natürlichen Verbreitungsgebiet am besten zu. Auch auf ziemlich bindigen Lehmböden kann sie noch gut gedeihen, u. zw. auch in sehr niederschlagsreichen Gebieten. Erst dort, wo auch das Klima einen allzu raschen Wuchs der Lärche fördert, können sich bessere, lehmhaltige Böden in einer Hinsicht als ungünstig erweisen wegen Bildung eines allzu breitringigen Lärchenholzes („Graslärchen"). In rauhen Hochlagen sowie in Gegenden mit binnenländischen Wärmeverhältnissen tritt diese unerwünschte Wirkung schwerer, fruchtbarer Böden nicht ein.

18. Dafür, daß die Lärche eine Holzart frischer Böden von ziemlicher Tiefgründigkeit ist, spricht insbesondere noch folgendes: Auf trockenen, sonnseitigen Böden pflegt der Bestockungsanteil der Lärche gering zu sein. Auf sehr flachgründigen Böden erreichen auch im natürlichen Verbreitungsgebiet der Lärche nur wenige kurzschaftige Bäume von engem Jahrringbau in räumdiger Stellung ein höheres Alter. Weiter bevorzugt die Lärche schattige Nordlagen, ohne deshalb Südseiten gänzlich zu meiden. Das häufigere Vorkommen auf Schattseiten ist insbesondere unter folgenden Bedingungen wahrzunehmen: Im zerklüfteten, daher zur Austrocknung neigenden Kalk- und Dolomitgebirge; in warmen Tieflagen; in jenen sonnseitigen Tallagen, die vom austrocknenden Föhn getroffen werden; in tieferen Lagen der in der Nähe der Talsohle niederschlagsarmen zentralalpinen Längstäler. Sonst spricht auch der Niederschlagsreichtum des alpinen Lärchenverbreitungsgebietes für ihren Wasserbedarf, bzw. für Beanspruchung frischer Böden. Vor der pflanzenverdorrenden

Wirkung des trockenen Föhns zieht sich die Lärche auf die Nordhänge zurück. Für trockene Südhänge ist die Kiefer entschieden besser geeignet als die Lärche.

19. Nasse Böden und Bodenverdichtung sagen der Lärche gleichfalls nicht zu. Gegen Bodenverdichtung (auf ehemaligem Ackerland, das nach der Aufforstung sich selbst überlassen wurde) erweist sie sich noch empfindlicher als die Fichte. Ihr Verhalten bei Bodennässe und bei Bodenverdichtung dürfte für den Sauerstoffbedarf der Wurzeln sprechen.

20. Die p_H-Werte der aktuellen und der Austausch-Azidität der Böden der Lärchenstandorte (S. 289 ff.) ergeben, daß unsere Holzart auf neutralen sowie auch auf alkalischen und sauren Böden vorkommt. Bei p_H-Werten von 5·0 bis 8·85 konnte gutes bis sehr gutes Gedeihen der Lärchen (mit Scheitelhöhen von 35 und 36 m) beobachtet werden.

21. Die Einwirkung der Forstwirtschaft auf die Holzartenverbreitung konnte in den Ostalpen die großen gesetzmäßigen Unterschiede hinsichtlich der Häufigkeit des Vorkommens der Lärche in verschiedenen Teilen der Alpen bis heute keineswegs verwischen, dies geht aus den Ergebnissen der geschichtlichen Untersuchungen mit Sicherheit hervor. Durch künstliche Forstkultur ist in den Alpen nur in den Grenzgebieten des natürlichen Vorkommens eine recht bescheidene Vergrößerung des Verbreitungsgebietes bewirkt worden.

22. Ein Vergleich mit der Verbreitung der Buche läßt die Klimaansprüche beider Arten deutlicher hervortreten. Die Buche hat das Höchstmaß und Bestmaß ihrer Verbreitung am Außenrande des Gebirges, sie fehlt den Gebieten häufigster Lärchenverbreitung in den Ostalpen ohne Rücksicht auf die Meereshöhe von Natur aus völlig, weil sie festländische Wärmeverhältnisse nicht verträgt. In einem Übergangsgebiet, dessen Klima beiden Arten, der Lärche und der Buche, noch zusagt, findet ein Übergreifen ihrer Verbreitungsgrenzen statt. Abb. 50 (S. 298) stellt das Verbreitungsgebiet der Mischung Lärche-Buche in den Ostalpen dar. Hinsichtlich des Fehlens in der Innenlandschaft verhalten sich Stechpalme, Eibe und Tanne ähnlich wie die Buche. Dabei vermögen die Eibe und die Tanne gegen den Bereich des binnenländischen Klimas noch etwas über die Buchengrenze hinaus vorzudringen, doch sind auch sie am Außenrande wesentlich häufiger als im Inneren.

23. Die beiden verbreitetsten Haupttypen von Wäldern, denen die Lärche in den Ostalpen beigemischt ist, sind die Fichten + Tannen + Lärchen + Buchenwälder mit oder ohne Weißkiefer (in den dem Gebirgsrand näheren Lagen) und die Fichten + Lärchenwälder in den Innenlandschaften (in den Hochlagen mit Zirbe). Die Karte, Abb. 51 (S. 300), stellt die wichtigsten Waldtypen in Österreich dar. Im I. Teil dieser Schrift („Natürliche Verbreitung der Lärche in den einzelnen Ländern") ist in jedem der den einzelnen Ländern gewidmeten Abschnitte auch auf die Waldtypen unter Berücksichtigung der Mischholzarten, dann der herrschenden und charakteristischen Arten des Unterwuchsvereines im Zusammenhang mit der Güteklasse entsprechend Bedacht genommen.

Für die Gesundheit und Widerstandsfähigkeit der Lärche im natürlichen Verbreitungsgebiet spricht das erreichbare hohe Alter (Abtriebsalter ganzer Bestände in mittelhohen Lagen häufig bis 150 Jahre, in Hochlagen 150—250 Jahre bei guter Holzbeschaffenheit; Alter einzelner Stämme nach den vorliegenden Beobachtungen 400 bis 672 Jahre).

24. Besonders in den tieferen und mittleren Lagen des natürlichen Verbreitungsgebietes, also in milderem Klima und bei sanfteren Böschungen, sind Lärchen bester

Wuchsformen (auch solche mit schmalen Kronen, nach oben gerichteten dünnen Zweigen), langen, geraden, vollholzigen Stämmen (bei guter Verkernung und schmalem Splint) in den Ostalpen häufig. Durch Abbildungen suchte der Verfasser diese Beobachtung dem Leser zu vermitteln (vgl. S. 13, 41, 57, 58, 60, 80, 102, 118, 122, 130, 195, 196, 250). In den meisten Mischbeständen überragen die Lärchen die übrigen Holzarten auch noch im Altholz um ein beträchtliches. Bei Beschreibung der Waldtypen ist dies an vielen Beispielen aus allen Ostalpenländern dargestellt. Scheitelhöhen der Lärchen von 36—40 m und selbst bis 47 m kommen auf natürlichen Standorten bester Güte vor. Günstige Standortsbedingungen finden sich in der Innenlandschaft mit ihrer höheren Lage der oberen Baumgrenzen stellenweise selbst bis zu Höhen von 1400—1500 m und mehr (vgl. Abb. 29, S. 122); gegen die Außenlandschaft zu (bei tieferer Lage der oberen Baumgrenze) bis zu etwa 1200 m Höhe.

25. Zu den häufigeren Spielarten gehören Kugellärchen (Abb. 52—54, S. 308 ff.); dagegen ist von der Schlangenlärche ein einziger, bereits abgestorbener Baum (bei Rottenmann, Abb. 55) bekannt. Der Säbelwuchs stellt eine bloße Standortsform dar, veranlaßt durch äußere Einflüsse.

26. Innerhalb der Herkunft „Alpenlärche" mit ihrem großen Verbreitungsgebiet unter äußerst mannigfaltigen Standortsverhältnissen gibt es verschiedene Biotypen. Mit Nachkommen von Alpenlärchen (Herkunft Tirol und niederösterreichische Alpen) wurden beim künstlichen Anbau z. B. in der Graf Görtz'schen Verwaltung Schlitz bei Fulda sowie an anderen Orten hervorragende Erfolge erzielt.

27. Auf der Fläche des von Cieslar begründeten ältesten vergleichenden Anbauversuchs mit Alpen- und Sudetenlärchen (46jährig) wurde eine genaue Aufnahme durchgeführt; bei Wiederholung der vergleichenden Anbauversuche wurde das Cieslar'sche Ergebnis hinsichtlich des in der Jugend rascheren Höhenwuchses der Sudetenlärche in der Regel vollauf bestätigt; doch verhielten sich die Nachkommen von Lärchen aus dem Blühnbachtale (bei Werfen, Salzburg) aus geringerer Höhe, 600 m, beim Anbau in Mariabrunn hinsichtlich des Jugendwuchses ähnlich wie die Sudetenlärchen. Lärchenmutterbäume in klimatisch begünstigten, tiefer gelegenen Teilen des natürlichen Verbreitungsgebietes ergeben also Nachkommenschaften, die beim Anbau in tieferen Lagen in der Jugend durch ein rascheres Höhenwachstum ausgezeichnet sind.

Aus dem (kleineren) 46jährigen Cieslar'schen Versuch im Wienerwalde bei Gablitz scheint zwar hervorzugehen, daß sich solche Unterschiede später allmählich ausgleichen. Aber beim künstlichen Anbau in den wärmeren, verhältnismäßig tieferen Lagen ist auch das Verhalten in den ersten Lebensjahrzehnten wegen der Überwindung der Jugendgefahren wichtig.

28. Da somit für den Anbau in tieferen Lagen Saatgut von Mutterbäumen aus klimatisch begünstigten, tiefer gelegenen Teilen des natürlichen Verbreitungsgebietes geeigneter ist (z. B. Sudetenlärchen und Blühnbacher Alpenlärchen von tieferen Standorten), während es sich in Hochlagen umgekehrt verhält, so wäre auch in den Ostalpenländern und vor allem in Österreich die forstliche Saatgutanerkennung und -kontrolle, insbesondere hinsichtlich der Lärche, zu verbessern und auszubauen. Dem Samenkäufer soll die Sicherheit gewährt werden, daß er einwandfreies Saatgut aus dem für den Anbauort geeigneten Höhengürtel, von anerkannten Beständen mit befriedigender Ausformung, Wuchsleistung, Holzbeschaffenheit, Gesundheit und Widerstandsfähigkeit erhält.

29. Was die F e i n d e u n d S c h ä d l i n g e unserer Holzart anbelangt, so erweist sich die Lärche in ihrem bodenständigen Vorkommen in den Ostalpen im ganzen als eine außerordentlich widerstandsfähige, zähe, gesunde Art.

30. Die ältesten Zeugnisse über Vorfahren der Lärche finden sich schon im älteren Jungtertiär (Miozän). Über tertiäre Larix-Funde wurde auch aus Österreich (Sandstein von Wallsee, N.-Ö.) von E. H o f m a n n berichtet. Eine Reihe von Funden aus dem Diluvium und aus der nacheiszeitlichen Wald- und Moorzeit ist bekannt. Aus den Funden kann geschlossen werden, daß die nacheiszeitliche Wiederausbreitung der Lärche von verschiedenen Seiten ausging.

31. Beim k ü n s t l i c h e n A n b a u außerhalb des natürlichen Verbreitungsgebietes waren Mißerfolge auf mehrere Ursachen zurückzuführen: auf Anbau auf u n g e e i g n e t e m B o d e n (vgl. Punkt 16—20 vorliegender Zusammenfassung; bei den sehr guten Anbauerfolgen in Schlitz bei Fulda hingegen spielt wahrscheinlich die Tiefgründigkeit und gute Wasserführung der Böden auf den Nordosthängen des Vogelsberges, Buntsandstein mit verschieden mächtiger Lößauflage, auch eine wesentliche Rolle); dann darauf, daß in Lagen mit a u s g e g l i c h e n e n W ä r m e v e r h ä l t n i s s e n die anderen Holzarten — Fichte, Tanne, Buche — durch das Klima sehr begünstigt sind, im Dickungs- und Stangenholzalter rascheres Höhenwachstum aufweisen und so den W e t t b e w e r b d e r k ü n s t l i c h e i n g e b r a c h t e n L ä r c h e n e r s c h w e r e n. Das Alter vom beginnenden Bestandesschluß bis etwa zum 40. oder 50. Jahre stellt bei der Lichtholzart Lärche in den standörtlich weniger zusagenden Teilen des künstlichen Anbaugebietes das „kritische Alter" dar.

In einem Anbaugebiet wurde beobachtet, daß in den der Westluft gut zugänglichen Teilen des Mittelgebirges die Lärche unterdrückt wird, daß sie aber in anderen Teilen mit weniger ausgeglichenem Temperaturgang und langsamerer Entwicklung der Fichte den Wettbewerb mit dieser aushält (vgl. S. 67/68 dieser Schrift).

In ozeanischen Gebieten ist auch die Vegetationsperiode in einer für die Lärche unnatürlichen Weise verlängert, sie baut ein zu weitringiges, weniger wertvolles Holz auf (Beispiel S. 44, 143). Auch die Schneedruckschäden sind in Gebieten mit „ozeanisch" milden Wintern, die das Fallen „nassen", großflockigen Schnees möglich machen, für die Lärche verderblicher als in den Innenlandschaften (vgl. S. 146, 204, 324).

Endlich können ungünstige Anbau-Ergebnisse auch mit der w a l d b a u l i c h e n B e h a n d l u n g zusammenhängen: Fehlerhaft ist z. B. die Verwendung zur Nachbesserung, als „Lückenbüßer", wozu die Raschwüchsigkeit in der ersten Jugend verleitet; die reihenweise Einmischung in dichte Fichtenbestände; die zu dichte Erziehung im reinen Horst mit schlechter Kronenbildung infolge undurchforsteten Bestandes.

Da die Lärche als Lichtholzart immerwährend vorwüchsig bleiben muß, so kann auch die Wahl einer H e r k u n f t, die, wenn auch nur in den ersten Lebensjahrzehnten, langsameren Höhenwuchs aufweist, dazu beitragen, daß unsere Holzart im Fichtenbestand untertaucht und zugrunde geht. Die Berücksichtigung dieses Sachverhaltes beim Anbau in tieferen Lagen schließt keineswegs die Verwendung alpenländischer Herkünfte aus klimatisch begünstigten tieferen Teilen des Verbreitungsgebietes aus (vgl. Punkt 26 bis 28 vorliegender Zusammenfassung).

32. Das festeste und dauerhafteste Lärchenholz ist (nach J a n k a) solches mit m i t t e l b r e i t e n Jahrringen, weil es die breitesten und härtesten Spätholzzonen aufweist; es erwächst im natürlichen Verbreitungsgebiet mit Ausnahme der höchsten Lagen, also bei zusagendem Klima, auf Waldboden von normaler Beschaffenheit und nicht zu geringer Tiefgründigkeit. S e h r e n g r i n g i g e s Holz aus großer Meereshöhe ist leicht

und weich, weniger fest, dagegen gut bearbeitbar und als Möbelholz beliebt. „G r a s-
l ä r c h e n" sind im Freistand in milderem Klima auf gutem, lehmreichem Boden z u
b r e i t r i n g i g erwachsene Lärchen von geringerer Holzgüte. In Hochlagen z. B. des
Engadin aber, wo sonst häufig sehr engringiges Holz erwächst, ist gerade das Holz der
im Freistand erwachsenen „Rasenlärchen" fest und dauerhaft.

33. Vor allen anderen Nadelhölzern ist das Lärchenholz durch h o h e D a u e r
ausgezeichnet, bei der Verwendung im Hochbau auch durch seine „W u r m f r e i h e i t".
Dachstühle aus Lärchenholz in gotischen Kirchen des Mittelalters haben sich durch die
Jahrhunderte bis in die Gegenwart s e h r g u t e r h a l t e n, so jener des St. Stephansdomes zu Wien vom Ende des 15. Jahrhunderts an.

Imst 101, 110, 113, 126, 128, 229.
231, 314.
Ingering-Wasserberg 217.
Innichen 105.
Innsbruck 101, 109, 229, 231, 249.
Inntal 109, 147, 276, 293.
Inzing 104.
Isartal 104, 156.
Isarwinkel 147.
Ischl 31, 211, 250.
Iselberg 118.
Isonzotal 189.
Italienische Ostalpen 160 ff.

Jachenau 150, 156.
Jägerndorf 319, 320.
Jamtal 104.
Jauerling 60.
Jenaz 129, 235.
Jenins 129, 235.
Johann, St., i. Pongau, 206.
Johann, St. (Tirol) 108.
Johnsbach (Steiermark) 219.
Johnsbach bei Wartha (Schlesien) 243.
Judenau 47, 214, 251, 258, 301.
Judenburg 84, 217 ff.
Jugoslawische Alpen 194 ff., 239, 338.
Julier 124.
Julische Alpen 194, 196, 266.
Julisches Venetien 189.

Kainach 222.
Kaisergebirge 103.
Kalkalpen Bayerns 153.
Kalkalpen, niederösterr., 46 ff., 212 ff.
Kalkalpen, nordsteirische, 80.
Kalkalpen, östliche Oberöster-
reichs, 39, 209.
Kalkalpen Salzburgs 207 ff., 287.
Kalkalpen Tirols (nördliches) 102, 108, 230, 231.
Kals 105.
Kanker (Kokra) 241.
Karawanken 86, 92, 94, 97, 225 ff.
Karnische Alpen 92, 225 ff.
Kärnten 85 ff., 222 ff., 272, 274.
Karres 113.
Katharina, St., bei Neumarktl, 240.
Katsch 216.
Kaumberg 56.
Kelchsau 230.
Kernhof 213.
Kirchberg a. Walde 67.
Kirchberg a. Wechsel 215, 220.

Kirchbichl 108.
Kirchdorf a. d. Krems 251, 257, 273, 308.
Kiskunféle 243.
Kitzbühel 101, 104, 108, 110, 230, 232, 284.
Kitzbühler Alpen 229.
Klachau 219.
Klagenfurt 90, 224.
Klagenfurter Becken 86, 92, 98.
Klausen-Leopoldsdorf 258, 288.
Kleinlobming 69.
Klein-Pertenschlag 68.
Klösterle 138.
Klostertal 277.
Kobernauser Wald 35, 305.
Koblach 144.
Königssee 237.
Koralpe in Steiermark 69.
Koralpe in Kärnten 86, 88.
Kortsch 193.
Kössen-Erpfendorf 110.
Krainburg (Kranj, Jugosl.) 198, 202, 239.
Kramsach 102, 232.
Kranabetsattel 38.
Kremsbrücke 96.
Kreuth 147, 158, 238.
Kreutzeckgruppe 86.
Krieglach 220.
Krimmler Achental 19, 295.
Krmatal 194, 197, 199, 201, 202, 204.
Kronau (Kranjska gora) 194, 196, 197, 239.
Krumbach 46, 56, 62, 215.
Kufstein 102, 103, 110, 111, 233, 329.
Kunkelspaß 119, 133, 134, 281.

Lainach 223.
Landeck 101, 106, 109, 113, 128, 229, 230, 268, 293, 296.
Landskron 86, 225.
Langau (N.-Ö.) 52, 62, 63, 212, 286, 332.
Langen (Arlberg) 115, 133, 138, 139, 267, 268.
Langenwang 78, 220.
Längenfeld 107, 229.
Laterns 137, 139, 142, 236.
Latsch 193.
Lattengebirge 151, 154.
Lauterach 142.
Lavanttal 87, 92, 97, 223 ff.
Lavanttaler Alpen 86, 223 ff.
Lawinenstein (Stmk.) 317.

Lechtal 102, 106, 112, 277.
Leithagebirge 305.
Lend 206.
Leoben 69, 84, 218.
Leogang 207.
Leonhardt, St., 224.
Leonstein 210.
Lerchenfeld (Wien) 58.
Lermoos 102, 112.
Lessachtal 87, 92, 100, 266.
Lessinische Berge 180, 181.
Lichtenwert 112.
Liebenstein (Thüringen) 315.
Liechtenstein 3.
Lienz 101, 103, 105, 109, 227 ff., 253, 271, 329.
Lieser- und Maltatal 87, 91, 254.
Liezen 71, 152, 219.
Ligist 222.
Lilienfeld 61, 64, 65, 213, 257, 271, 283, 294, 306.
Litschau 67.
Lofer 153, 209.
Loibltal 98.
Loisach 147, 156.
Lombardische Provinzen 164.
Losenstein 210.
Lungau 12, 15, 16 ff., 26 ff., 124, 205, 255, 260, 264, 276, 308.
Lunz 7, 50, 59, 108, 212, 246, 283, 338.
Luzern 121.

Maienfeld 120, 121, 131, 132, 235, 257, 258, 281, 290.
Malans 126, 130, 131, 132, 136, 235, 248, 281.
Mallnitz 89, 99, 100.
Malojapaß 119, 123, 126, 127, 253.
Malta- und Liesertal 87, 91.
Manhartsberg 66.
Mariabrunner Klostergebäude 39.
Mariazeller Gegend 78.
Marschlins (Rheintal) 248.
Martin, St., bei Lofer, 208.
Martinsbruck (Engadin) 126, 128, 272.
Marquartstein 147, 154, 158, 238.
Matrei i. Osttirol 101, 227, 228.
Mautern 218.
Mauterndorf 73, 205.
Mayrhofen 101, 229, 254.
Mellau 136, 141, 145, 236.
Meran 193.
Merkenstein 48, 53, 64, 214, 320.
Michael, St., im Lungau, 205, 271.
Mieming 102, 103, 150.

Saalachtal 147, 208.
Saalfelden 152, 207.
Sachrangtal 155.
Sachsenburg 90, 99, 225.
Salzachtal 277.
Salzburg 12 ff., 205 ff., 249, 277,
     336.
Salzkammergut, oberösterr., 30,
     31, 37, 211.
Salzkammergut, steirisches, 79,
     83, 219.
Salzkammergutlücke 69, 76, 262.
Samaden 135, 158, 233.
Sanntaler Alpen 194, 196, 199, 203,
     266.
Säntis 124.
Sargans 120.
Sarstein 37.
Sattnitz 86, 224.
Saualpe 88, 89, 224.
Schafberggebiet 38.
Schanfigg 130.
Scharnitz 102, 115, 116, 231.
Scharnstein (O.-Ö.) 38.
Schladming 71, 73, 81, 219.
Schladnitz 218.
Schlägl 45.
Schlanders 193.
Schleis 193.
Schlierbach 308, 309.
Schliersee 158.
Schlitz bei Fulda 313, 346.
Schmittenhöhe 108.
Schneeberg (N.-Ö.) 213, 262, 277 ff.
Schönborn (N.-Ö.) 68.
Schöpfl (Wienerwald) 52, 61, 214,
     288, 291.
Schottwien 46, 215.
Schuls 119, 123, 124, 233, 253, 268.
Schwarzau 55.
Schwarzenbach a. d. Gölsen 251.
Schwarzwassertal (Lech) 102,
     112.
Schwaz 101, 102, 229, 231.
Seefeld 108, 231.
Seehof (bei Lunz) 212.
Semmeringgebiet 46, 62, 63, 215,
     280, 289, 331.
Sengsengebirge 43, 210, 307.
Sette Comuni 176, 182.
Siegsdorf (Bayern) 147, 157, 158,
     237.
Silbertal 235.
Sillian 101, 228, 337.
Sils-Maria 123, 124, 125, 127, 233,
     253, 281, 309.
Silz 101, 229.

Sirnitz 92, 100, 223.
Slawonien, nördliches, 194 ff.
Soglio 123.
Sondrio (Provinz) 165, 191, 252.
Sonnegg 226.
Spiß 103, 105, 117, 118, 228.
Spital a. Pyhrn 30, 34, 209.
Spittal (Kärnten) 98, 225, 287, 331.
Splügen 125.
Stainach (Stmk.) 218.
Stainz 70.
Stanz 220.
Stappitzer See 89, 99.
Staufengebiet 147, 148, 237.
Steiermark 3, 68 ff., 216 ff., 265,
     336.
Stein 198.
Steinach 101, 229.
Steinberg-Achenkirch 116, 118,
     232.
Steiner Alpen 194, 198.
Steinernes Meer 262.
Steinfeld bei Wr.-Neustadt 54.
Steirisches Randgebirge 69, 76,
     77, 221 ff.
Steyersberg (N.-Ö.) 215.
Steyr 39, 40, 41, 210, 250, 257, 273.
Steyrling 210.
Stibol 77.
Stilluptal 229, 254.
Stixenstein 46, 53, 213, 291, 337.
Stoder 39, 209.
Straßburg (Kärnten) 98.
Strobl 209, 211, 331.
Stubalpe 69.
Südtirol 193, 334.
Sulzberg (Val di Sole) 173, 192,
     256.
Sulzschneid 158, 159.

Tagliamentotal 127, 188.
Tamins 119, 234, 281.
Tamsweg 17, 205, 270, 271, 340.
Tänneck 249.
Tannberg 21, 23.
Tarsch 193.
Tarvis 187, 189.
Taufers 193.
Tegernseer und Schlierseer Ber-
     ge 147, 151, 155, 238, 268.
Telfs 113, 231, 316, 340.
Ternberg 39.
Thalgauberg 326.
Thannhausen bei Weiz 221, 252.
Thörl bei Aflenz 69, 220.
Thusis 119, 121, 134, 135, 235.
Tiefencastel 119, 235, 307, 314.

Tirol 100 ff., 227 ff., 249, 274, 293,
     313, 335, 336, 337.
Tirol (Dorf) 193.
Toblach 106.
Tölz 156.
Tomils 122, 130.
Totes Gebirge 32, 209.
Tragöß 69, 220.
Traun- und Attersee (Vorberge)
     34, 38.
Traungebiet Steiermarks 79, 218 ff.
Traunkirchen 38.
Traunstein 38, 211, 250, 257.
Trebesing 96.
Trentatal 189.
Trento 173.
Trieben (Stmk.) 217.
Triest 190.
Triglavstock 194, 325.
Trins 107, 119.
Tröpolach 92.
Türnitz 61, 64, 257, 283, 306.
Turrach 69, 73, 75, 82, 216, 280,
     292, 320, 331.
Turracher Höhe 71.

Übelbachtal 70, 78, 221, 252.
Udine (Provinz) 187.
Udenwald bei Neumarktl 202.
Ullersdorf (Schlesien) 320.
Ulrich, St., 210.
Umhausen 107, 229.
Ungarn, westliches, 85.
Unterdrauburg 92.
Unterengadin 119, 123, 124, 128,
     233, 253.
Unterinntal 103, 111, 112, 118, 249.
Untersberg 19, 209, 257, 330.
Untervaz 121, 129, 131, 248, 277.
„Urwald" im Dürrensteingebiet
     65.

Valcamonica 169, 170, 192, 255.
Val di Scalve 168.
Val di Sole 173, 192, 256.
Val Fumane 181, 258.
Valsugana 176, 183.
Vandans 144.
Varena 177, 178.
Veit, St., a. d. Glan, 224.
Veitsch 220.
Velden 86, 225.
Veldes (Bled) 194, 195, 197, 199,
     202, 240, 326.
Veltlin (Valtellina) 166, 192, 276,
     282.
Vent 279.